LEHRBÜCHER UND MONOGRAPHIEN

AUS DEM GEBIETE DER

EXAKTEN WISSENSCHAFTEN

18

ASTRONOMISCH-GEOPHYSIKALISCHE REIHE

BAND III

EINFÜHRUNG
IN DIE ASTROPHYSIK

VON

M. WALDMEIER

PROFESSOR AN DER EIDGENÖSSISCHEN TECHNISCHEN HOCHSCHULE
UND AN DER UNIVERSITÄT ZÜRICH

Springer Basel AG

1948

ISBN 978-3-0348-4071-2   ISBN 978-3-0348-4145-0 (eBook)
DOI 10.1007/978-3-0348-4145-0

VORWORT

Astrophysik ist hier im erweiterten Sinne verstanden als Inbegriff der modernen Astronomie, als Gegenüberstellung zu der die Gebiete der sphärischen Astronomie, der Orts- und Zeitbestimmung, der Bahnbestimmung und der Himmelsmechanik umfassenden klassischen Astronomie. Im Laufe der letzten Jahrzehnte hat sich die astronomische Forschung fast ganz der Astrophysik zugewendet, hauptsächlich infolge der großen Fortschritte der Theorie des Atombaues und der Spektroskopie. Die rasche Entwicklung der jungen Astrophysik und ihre sensationellen Ergebnisse haben eine Flut literarischer Werke ausgelöst. Es handelt sich dabei entweder um populäre Werke, welche sich an breitere Kreise wenden, oder um oft sehr umfangreiche und zeitgebundene Monographien, welche für den Fachmann bestimmt sind. Keine dieser beiden Kategorien kann die Bedürfnisse der Studierenden nach einer kurzgefaßten Einführung in die Probleme der Astrophysik und ihre Behandlung erfüllen; die populären Werke nicht, weil sie bloß die Ergebnisse mitteilen, ohne sie zu erarbeiten, die Monographien nicht wegen ihres speziellen Charakters und ihres Umfanges. Das vorliegende Werk, das nicht nur im deutschen Sprachgebiet, sondern, soviel mir bekannt ist, überhaupt die erste lehrbuchartige Darstellung der Astrophysik gibt, ist ein Versuch, diese empfindliche Lücke auszufüllen. Von einem Lehrbuch sind in erster Linie folgende Bedingungen zu erfüllen: es soll umfassend sein, den Stoff systematisch gliedern und die Ergebnisse von Grund auf ableiten. Die Schwierigkeiten, diese Forderungen zu erfüllen, mögen der tiefere Grund dafür sein, daß bisher eine lehrbuchmäßige Darstellung gefehlt hat. Die Erfüllung der beiden ersten Bedingungen ist schwierig, weil bei einer jungen, in rascher Entwicklung begriffenen Wissenschaft sich der Umriß ihres dereinstigen Gebäudes erst ahnen läßt, diejenige der dritten, weil schon relativ einfache Probleme mitten in die Physik hineinführen und ihre Behandlung ein hohes Maß von mathematischen und physikalischen Vorkenntnissen erfordert. Die Stoffauswahl konnte deshalb nicht ausschließlich nach sachlichen Gesichtspunkten erfolgen, sondern es mußten auch didaktische berücksichtigt werden. Die vorausgesetzten mathematisch-physikalischen Kenntnisse gehen nicht über das hinaus, was hierzulande in den ersten vier Semestern des Hochschulstudiums geboten wird. Um den Weg von der Physik zur Astrophysik zu ebnen, ist im ersten Teil, mehr nur in Form einer Rekapitulation, das Wichtigste aus der Strahlungstheorie, aus Atombau, Spektroskopie, Anregung und Ionisation im Hinblick auf die astrophysikalischen Anwendungen zusammengestellt.

Nach dem Studium des vorliegenden Werkes sollte der Leser in der Lage sein, sich in Originalarbeiten vertiefen zu können und spezielle Monographien mit Gewinn zu lesen. Zur Fortbildung auf den verschiedenen Teilgebieten seien folgende neuere Monographien empfohlen, an deren Darstellungsweise sich der Verfasser z.T. vielfach angelehnt hat.

W. Becker: Sterne und Sternsysteme, Leipzig 1942.

A. Eddington: Der innere Aufbau der Sterne, Berlin 1928.

S. Chandrasekhar: Stellar Structure, Chicago 1938.

H. Vogt: Aufbau und Entwicklung der Sterne, Leipzig 1943.

Z. Kopal: Eclipsing variables, Cambridge (Mass.) 1946.

A. Unsöld: Physik der Sternatmosphären, Berlin 1938.

S. Rosseland: Theoretical Astrophysics, Oxford 1936.

M. Waldmeier: Ergebnisse und Probleme der Sonnenforschung, Leipzig 1941.

W. M. Smart: Stellar Dynamics, Cambridge 1938.

E. von der Pahlen: Stellarstatistik, Leipzig 1937.

E. von der Pahlen: Einführung in die Dynamik von Sternsystemen, Basel 1947.

S. Chandrasekhar: Principles of stellar dynamics, Chicago 1942.

E. Hubble: The realm of the nebulæ, New Haven 1936.

J. H. Jeans: Astronomy and Cosmogony, Cambridge 1929.

O. Heckmann: Theorien der Kosmologie, Berlin 1942.

W. Becker: Materie im interstellaren Raum, Leipzig 1938.

Beim Abschluß des vorliegenden Werkes spreche ich in erster Linie dem Verlag Birkhäuser für die rasche und sorgfältige Drucklegung meinen aufrichtigen Dank aus, Herrn Ing. E. Husmann für die fachmännische Ausführung der Abbildungen, Frl. Dr. Edith Müller für die Mitarbeit bei der Herstellung des Manuskriptes und Herrn Dr. Helmut Müller für die Redaktion des Sachregisters.

Die Herausgabe dieses Lehrbuches wurde durch eine Subvention der Eidg. Techn. Hochschule erleichtert, wofür der Verfasser Herrn Schulratspräsident Prof. Dr. A. Rohn zu großem Dank verpflichtet ist.

Zürich, den 1. Juli 1948.   M. Waldmeier

INHALTSVERZEICHNIS

Erster Teil

GRUNDLAGEN

Zweiter Teil

DER INNERE AUFBAU DER STERNE

Dritter Teil

STERNATMOSPHÄREN

Vierter Teil

STERNSYSTEME

Fünfter Teil

DIE INTERSTELLARE MATERIE

ERSTER TEIL

Grundlagen

Das Studium der Astrophysik, d. h. der Physik derjenigen Materie und ihrer Strahlung, welche sich außerhalb des irdischen Erfahrungsbereiches befindet und die deshalb nicht dem Experiment, sondern nur der Beobachtung zugänglich ist, setzt neben den mathematisch-physikalischen Hilfsmitteln die Vertrautheit mit einigen astrophysikalischen Beobachtungsgrundlagen voraus. Soweit es sich dabei um spezielle Erscheinungen handelt, wird auf dieselben in den einschlägigen Kapiteln eingegangen werden; sofern es sich jedoch um allgemeine Grundlagen und Begriffsbildungen handelt, auf die immer wieder zurückgegriffen werden muß, werden dieselben in dem vorstehenden ersten Teil bereitgestellt.

I. THEORIE DER STERNSTRAHLUNG

Die einzige Verbindung zwischen der Erde und der stellaren Außenwelt besteht, abgesehen von der Gravitation, in der von den Sternen ausgesandten Strahlung. Alles, was wir über die Sterne erfahren wollen, haben wir der Analyse dieser Strahlung zu entnehmen. Qualität und Quantität derselben hängen in kaum zu übersehender Weise von der chemischen und physikalischen Konstitution der strahlenden Materie ab. Hingegen zeigen sich leicht übersehbare und durch einfache Formeln darstellbare Gesetzmäßigkeiten für den Fall eines schwarzen Körpers im thermischen Gleichgewicht, welcher Zustand im Inneren der Sterne praktisch vollkommen und in den Sternatmosphären wenigstens annähernd realisiert ist. Diese Gesetze haben den Ausgangspunkt der Quantentheorie gebildet und werden in den Lehrbüchern der Physik ausführlich behandelt, so daß wir uns hier mit einer Rekapitulation derselben begnügen können.

1. Strahlungsintensität und Strahlungsdichte

Als Intensität $I_\nu(\vartheta, \varphi)$ der Strahlung der Frequenz ν an einer bestimmten Stelle des Strahlungsfeldes und in der durch die Winkel ϑ und φ festgelegten Richtung bezeichnet man die Energiemenge, welche pro Raumwinkel 1 und

Frequenzbereich 1 pro Sekunde durch eine senkrecht zur Richtung ϑ, φ stehende Einheitsfläche strömt. Mit dieser Definition erhält man nach Abb. 1, in welcher $d\omega$ das Raumwinkelelement bedeutet, für die gesamte pro Sekunde durch die Fläche df hindurchtretende Strahlung der Frequenz ν:

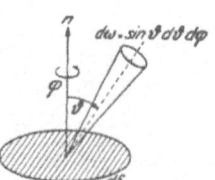

$$S_\nu \, df = \int_{\vartheta=0}^{\pi} \int_{\varphi=0}^{2\pi} I_\nu(\vartheta, \varphi) \, df \cos\vartheta \sin\vartheta \, d\vartheta \, d\varphi \qquad (1.1)$$

Abb. 1. Zur Definition der Strahlungsintensität.

S_ν bezeichnet man als den Strahlungsstrom der Frequenz ν in der Richtung n. Vielfach ist es zweckmäßig, denselben zu zerlegen in eine Komponente S_ν^+ in der positiven Richtung von n und eine Komponente S_ν^- in der negativen n-Richtung:

$$S_\nu^+ = \int_{\vartheta=0}^{\pi/2} \int_{\varphi=0}^{2\pi} I_\nu(\vartheta, \varphi) \cos\vartheta \sin\vartheta \, d\vartheta \, d\varphi \qquad (1.2)$$

$$S_\nu^- = - \int_{\vartheta=\pi/2}^{\pi} \int_{\varphi=0}^{2\pi} I_\nu(\vartheta, \varphi) \cos\vartheta \sin\vartheta \, d\vartheta \, d\varphi \qquad (1.3)$$

Im Falle thermischen Gleichgewichtes (Hohlraumstrahlung) ist das Strahlungsfeld isotrop und der Strahlungsstrom $S_\nu = S_\nu^+ - S_\nu^- = 0$. In einer Sternatmosphäre dagegen herrscht ein nach außen gerichteter Strahlungsstrom (Nettostrom), d. h. es ist $S^+ > S^-$. An der Sternoberfläche selbst ist $S^- = 0$.

Bedeutet df insbesondere ein Element der Sternoberfläche, so ist der Mittelwert der durch dasselbe nach außen hindurchtretenden Intensität:

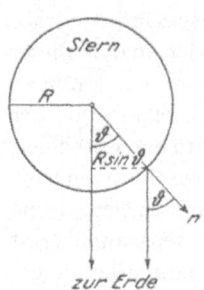

$$\overline{I_\nu^+} = \frac{\displaystyle\int_0^{\pi/2} \int_0^{2\pi} I_\nu \, df \cos\vartheta \sin\vartheta \, d\vartheta \, d\varphi}{\displaystyle\int_0^{\pi/2} \int_0^{2\pi} df \cos\vartheta \sin\vartheta \, d\vartheta \, d\varphi} = \frac{S_\nu^+}{\pi} \qquad (1.4)$$

Abb. 2. Zur Berechnung der mittleren Strahlungsintensität.

Da bei einem kugelsymmetrischen Stern kein Grund vorhanden ist für eine Abhängigkeit der Strahlungsintensität vom Azimutwinkel φ, werden wir später von dieser Variablen absehen. Was die ϑ-Abhängigkeit der Strahlungsintensität betrifft, so kann diese nur bei der Sonnenatmosphäre untersucht werden, die uns als ausgedehntes Objekt erscheint und deshalb die Möglichkeit bietet, die unter dem Winkel ϑ austretende Strahlung zu isolieren, während man von den stets punktförmig erscheinenden Sternatmosphären nur die über die Sternscheibe (Radius R) gemittelte Strahlungsintensität I_ν beobachten kann. Diese erhält man nach Abb. 2, wenn man beachtet, daß die Projektion des Flächenelementes $R^2 \cos \vartheta \sin \vartheta \, d\vartheta \, d\varphi$ beträgt:

$$\pi R^2 \overline{I_\nu} = \int\limits_0^{\pi/2} \int\limits_0^{2\pi} I_\nu(\vartheta) \, R^2 \cos \vartheta \sin \vartheta \, d\vartheta \, d\varphi \qquad (1.5)$$

$$\overline{I_\nu} = \frac{S_\nu^+}{\pi} \qquad (1.6)$$

Der Strahlungsstrom S_ν^+ hat somit die beiden folgenden Bedeutungen: erstens ist er gleich dem π-fachen der mittleren Intensität $\overline{I_\nu^+}$ der austretenden Strahlung, zweitens ist er gleich dem π-fachen der über die Sternscheibe gemittelten Intensität $\overline{I_\nu}$.

In vielen Fällen ist es zweckmäßiger, zur Beschreibung des Strahlungsfeldes nicht die Strahlungsintensität, sondern die Strahlungsdichte u_ν zu verwenden. Man versteht darunter die im Frequenzbereich 1 pro Kubikzentimeter enthaltene Strahlungsenergie. Der Zusammenhang zwischen I_ν und u_ν ergibt sich aus der Betrachtung der Abb. 3. Darin bedeutet V das Volumen eines Hohlraumes. Das Element df seiner Begrenzung emittiert unter dem Winkel ϑ gegen seine Normale in den Raumwinkel $d\omega$ pro Sekunde die Energie $I_\nu(\vartheta) \, df \cos \vartheta \, d\omega$. Davon befindet sich innerhalb des Volumens V die Teilenergie $I_\nu(\vartheta) \, df \cos \vartheta \, d\omega \, (s/c)$, wobei s den Abstand bis zur gegenüberliegenden Begrenzung und c die Lichtgeschwindigkeit bedeutet. Durch Summation dieser Teilenergien über alle Raumwinkelelemente und über alle Oberflächenelemente erhält man den gesamten Energieinhalt des Volumens V:

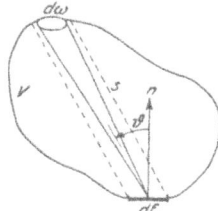

Abb. 3. Zur Ableitung der Strahlungsdichte.

$$V \overline{u_\nu} = \int\limits_{d\omega} \int\limits_{df} I_\nu(\vartheta) \, df \cos \vartheta \, d\omega \, \frac{s}{c} \qquad (1.7)$$

Da nach Abb. 3 $df \cos \vartheta \, s$ gleich dem Volumenelement dV ist, so liefert die Integration über df bei festgehaltenem $d\omega$ das Gesamtvolumen. Es ist somit:

$$\overline{u_\nu} = \int\limits_\omega I_\nu \, \frac{d\omega}{c} \qquad (1.8)$$

Im Falle thermischen Gleichgewichts, das besteht, wenn sich die Wandung des Hohlraumes auf konstanter Temperatur befindet, ist u_ν räumlich konstant und I_ν isotrop. In diesem Falle besteht die Beziehung

$$u_\nu = \frac{4 \pi I_\nu}{c} \qquad (1.9)$$

Durch Integration über alle Frequenzen können wir von den monochromatischen Strahlungsgrößen zu den entsprechenden der Gesamtstrahlung übergehen:

$$I = \int_0^\infty I_\nu \, d\nu \qquad\qquad S = \int_0^\infty S_\nu \, d\nu \qquad\qquad u = \int_0^\infty u_\nu \, d\nu \qquad (1.10)$$

und erhalten für die Gesamtstrahlungsdichte:

$$u = \frac{4\,\pi\,I}{c} \qquad\qquad (1.11)$$

2. Der Strahlungsdruck

Strahlung besitzt stets auch Impuls, der allgemein gleich Strahlungsenergie durch Lichtgeschwindigkeit ist. Ein Lichtquant der Frequenz ν z. B. hat die Energie $h\nu$ (h = Plancksche Konstante) und den Impuls $h\nu/c$. Wird der Im-

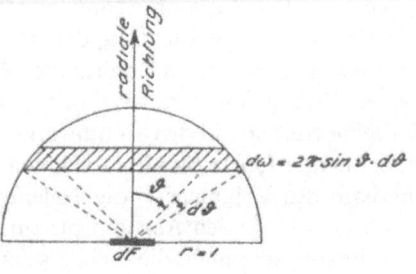

Abb. 4
Zur Berechnung des Strahlungsdruckes.

puls geändert, so tritt stets ein Strahlungsdruck auf, der wie in der Mechanik durch den pro Flächen- und Zeiteinheit übertragenen Impuls definiert wird. Das in Abb. 4 dargestellte Flächenelement dF empfängt aus dem Raumwinkelelement $d\omega = 2\,\pi \sin\vartheta \, d\vartheta$ pro Zeiteinheit die Energie

$$dE_\nu = I_\nu \, d\omega \, dF \cos\vartheta \qquad\qquad (1.12)$$

Ist I_ν nicht von der Richtung abhängig, so beträgt die pro Zeiteinheit empfangene Energie

$$E_\nu = I_\nu \, dF \int_0^{\pi/2} 2\,\pi \cos\vartheta \sin\vartheta \, d\vartheta \qquad\qquad (1.13)$$

und der pro Flächeneinheit übertragene Impuls, falls das Element alle auffallende Strahlung reflektiert

$$\Delta J_\nu = \frac{4\,\pi\,I_\nu}{c} \int_0^{\pi/2} \cos^2\vartheta \sin\vartheta \, d\vartheta = \frac{4\,\pi}{3} \cdot \frac{I_\nu}{c} = p_\nu = \frac{u_\nu}{3} \qquad (1.14)$$

Der Faktor $\cos\vartheta$ kommt daher, daß bei der Reflexion nur die zu dF senkrechte Impulskomponente das Vorzeichen ändert. Durch Integration über alle Frequenzen erhält man schließlich den Gesamtstrahlungsdruck:

$$p = \frac{4\pi}{c} \cdot \frac{I}{3} = \frac{u}{3} \qquad (1.15)$$

Diese Beziehung gilt unabhängig davon, ob die Bewandung reflektierend ist oder nicht. Im Falle einer vollkommen absorbierenden Wand z. B. ist der aufgefangene Impuls allerdings nur die Hälfte von (1.14), aber die Wand emittiert in jeder Richtung genau soviel Strahlung, wie sie aus dieser Richtung absorbiert. Der Rückstoß der emittierten Strahlung ist somit gleich dem Strahlungsdruck der absorbierten.

3. Das Gesetz der Gesamtstrahlung (Stefan-Boltzmann)

Wir denken uns wieder einen Hohlraum, dessen Bewandung die Temperatur T habe, dessen Volumen V jetzt aber variabel sei, etwa durch einen in einem Zylinder verschiebbaren Kolben. Die von den Wänden an das Strahlungsgas abgegebene Wärmemenge dQ wird verwendet, um einerseits die innere Energie um dU zu erhöhen, andererseits zur äußeren Arbeitsleistung $p\,dV$:

$$dQ = dU + p\,dV = d(V\,u) + \frac{u}{3}\,dV \qquad (1.16)$$

Die bei diesem reversiblen Prozeß erfolgende Entropieänderung beträgt somit

$$dS = \frac{dQ}{T} = \frac{V}{T}\,du + \frac{4\,u}{3\,T}\,dV = \frac{V}{T} \cdot \frac{du}{dT}\,dT + \frac{4\,u}{3\,T}\,dV \qquad (1.17)$$

Da dS ein vollständiges Differential ist, bestehen die Beziehungen:

$$\frac{\partial S}{\partial T} = \frac{V}{T} \cdot \frac{du}{dT} \qquad\qquad \frac{\partial S}{\partial V} = \frac{4\,u}{3\,T} \qquad (1.18)$$

$$\frac{\partial^2 S}{\partial V\,\partial T} = \frac{1}{T} \cdot \frac{du}{dT} = \frac{4}{3}\left(\frac{du}{dT} \cdot \frac{1}{T} - \frac{u}{T^2}\right) \qquad (1.19)$$

$$\frac{du}{u} = 4\,\frac{dT}{T} \qquad (1.20)$$

Die Integration dieser Gleichung liefert das Stefan-Boltzmannsche Strahlungsgesetz:

$$u = a\,T^4 \qquad (1.21)$$

Im Inneren des Hohlraumes der Temperatur T herrscht somit die Strahlungsintensität $I = (a\,c/4\,\pi)\,T^4$ und der Strahlungsdruck $(a/3)\,T^4$. Machen wir in die Wandung dieses Hohlraumes ein Loch von $1\,\mathrm{cm}^2$, so tritt durch dieses pro Sekunde die Energie E aus:

$$E = \int_0^{\pi/2} I \cos\vartheta\; 2\,\pi \sin\vartheta\; d\vartheta = \frac{a\,c}{4}\,T^4 = \sigma\,T^4 \qquad (1.22)$$

Die Gesamtemission und damit σ ist der direkten Messung besser zugänglich als die Integrationskonstante a.

4. Das Gesetz der monochromatischen Strahlung (Planck)

Da die Dichte der Gesamtstrahlung, welche aus derjenigen der monochromatischen nach (1.10) hervorgeht, nur von der Temperatur abhängt, muß dies auch für u_ν gelten:

$$u_\nu = u_\nu(\nu, T) \tag{1.23}$$

Diese Funktion wurde von PLANCK 1900 unter Benutzung der eigens hiezu postulierten Quantenvorstellung berechnet. Es ist charakteristisch, daß dieses Strahlungsgesetz nur quantentheoretisch abgeleitet werden kann. Wir bedienen uns nachfolgend der von EINSTEIN gegebenen Ableitung, deren Betrachtungsweise uns später noch nützlich sein wird. Wir betrachten zwei Zustände n und m mit den Energien E_n, E_m, wobei m der energiereichere (höhere) Zustand sein soll. Die statistischen Gewichte dieser Zustände seien g_n, g_m und ihre Besetzungszahlen pro Kubikzentimeter N_n, N_m. Durch ein Strahlungsfeld, das durch die Strahlungsdichte u_ν charakterisiert ist, werden, klassisch gesprochen, die Oszillatoren zum Mitschwingen angeregt, wobei sie dem Strahlungsfeld nicht nur Energie entziehen, sondern selbst emittieren, während quantentheoretisch ein Atom im Zustand m durch ein Quant der Frequenz ν_{nm} veranlaßt wird, ein diesem Quant nach Frequenz und Richtung gleiches zu emittieren (erzwungene Emission), ein solches im Zustand n das Quant $h\nu_{nm} = E_m - E_n$ absorbiert und dabei in den Zustand m übergeht (Absorption). Für die Anzahl dieser Übergänge pro Sekunde machen wir die Ansätze:

$$\text{erzwungene Emission}: \quad B_{nm} N_m u_\nu \tag{1.24}$$

$$\text{Absorption}: \quad B_{mn} N_n u_\nu \tag{1.25}$$

Bei den Doppelindizes der Übergangswahrscheinlichkeiten bezeichnet der erste Index den Endzustand. Schließlich haben wir noch die spontane Emission zu berücksichtigen. Die angeregten Atome im Zustand m werden, auch wenn sie sich nicht in einem Strahlungsfeld befinden, sondern sich selbst überlassen sind, nach einiger Zeit in den tieferen Zustand n übergehen unter Emission eines Quants $h\nu_{nm}$. Die Zahl dieser spontanen Übergänge pro Sekunde setzen wir, analog dem Zerfall einer radioaktiven Substanz, proportional der Zahl der vorhandenen angeregten Atome:

$$\text{spontane Emission}: \quad A_{nm} N_m \tag{1.26}$$

Im Falle thermodynamischen Gleichgewichtes können wir auf die Besetzungszahlen N_n, N_m die Boltzmannsche Formel (4.2) anwenden ($k =$ Boltzmannsche Konstante; g_n, $g_m =$ statistische Gewichte):

$$\frac{N_m}{N_n} = \frac{g_m}{g_n}\, e^{-h\nu/kT} \tag{1.27}$$

Ferner muß die Zahl der Übergänge $n \to m$ gleich sein derjenigen der Übergänge $m \to n$:

$$(A_{nm} + B_{nm}\, u_\nu)\, N_m = B_{mn} N_n u_\nu \tag{1.28}$$

Aus der Kombination dieser beiden letzten Gleichungen erhält man die Strahlungsdichte:

$$u_{\nu} = \frac{A_{nm} N_m}{B_{mn} N_n - B_{nm} N_m} = \frac{A_{nm}}{(g_n/g_m) B_{mn} e^{h\nu/kT} - B_{nm}} \qquad (1.29)$$

Da die Quanten die Energie $h\,\nu$ haben, verschwindet für $\nu \to 0$ die Quantenstruktur, und das obige Gesetz muß in den von der klassischen Theorie gelieferten Ausdruck für die Strahlungsdichte übergehen. Für kleine Werte von ν setzen wir $e^{h\nu/kT} = 1 + (h\,\nu/k\,T)$ und erhalten aus (1.29):

$$u_{\nu} = \frac{A_{nm}}{(g_n/g_m) B_{mn} - B_{nm} + (g_n/g_m) B_{mn} (h\,\nu/k\,T)} = (u_{\nu})_{kl} \qquad (1.30)$$

Zur Ableitung der zuerst von RAYLEIGH und JEANS berechneten klassischen Strahlungsdichte $(u_{\nu})_{kl}$ bedienen wir uns der Vorstellung von Eigenschwingungen in einem würfelförmigen Hohlraum der Kantenlänge a mit reflektierenden Wänden. Es können sich nur ganz bestimmte stehende Wellen ausbilden, nämlich solche, bei denen die Projektion einer Würfelkante auf die durch die Richtungskosinus α, β, γ gegebene Ausbreitungsrichtung ein ganzzahliges Vielfaches der halben Wellenlänge beträgt:

$$k_1 \frac{\lambda}{2} = \alpha\,a \qquad k_2 \frac{\lambda}{2} = \beta\,a \qquad k_3 \frac{\lambda}{2} = \gamma\,a \qquad (1.31)$$

Durch Quadrieren und Addieren dieser drei Bedingungsgleichungen erhält man, wenn man beachtet, daß die Quadratsumme der Richtungskosinus $= 1$ beträgt:

$$k_1^2 + k_2^2 + k_3^2 = \frac{4\,a^2}{\lambda^2} \qquad (1.32)$$

Die Wellenlänge einer Eigenschwingung wird somit durch die drei ganzen positiven Zahlen k_1, k_2, k_3 bestimmt, d. h. jede Eigenschwingung kann durch einen Gitterpunkt im positiven Oktanten des k-Raumes dargestellt werden. Da der Abstand eines Gitterpunktes vom Koordinatennullpunkt $2\,a/\lambda$ beträgt, liegen sämtliche Bildpunkte der Eigenschwingungen $> \lambda$ im Kugeloktanten mit dem Radius $2\,a/\lambda$. Ihre Anzahl beträgt somit

$$Z = \frac{2}{8} \cdot \frac{4\,\pi}{3} \left(\frac{2\,a}{\lambda}\right)^3 = \frac{8\,\pi V}{3\,c^3}\,\nu^3 \qquad (1.33)$$

Darin haben wir mit V das Volumen bezeichnet und mit $\nu = c/\lambda$ die Frequenz. Ferner haben wir einen Faktor 2 hinzugefügt, da zu jeder durch (1.31) festgelegten Eigenschwingung noch zwei verschiedene Wellen mit zueinander senkrechten Polarisationsrichtungen gehören. Die Zahl der Eigenschwingungen im Frequenzintervall ν bis $\nu + d\nu$ beträgt somit pro Kubikzentimeter:

$$dz = \frac{8\,\pi}{c^3}\,\nu^2\,d\nu \qquad (1.34)$$

In der klassischen Theorie beträgt im thermischen Gleichgewicht bei der Temperatur T der zeitliche Mittelwert der Energie einer Eigenschwingung oder eines Oszillators kT. Damit ergibt sich aus (1.34) die Energiedichte

$$(u_\nu)_{kl} = \frac{8\pi\nu^2}{c^3}\,kT \tag{1.35}$$

Setzt man diesen Ausdruck in (1.30) ein, so erhält man durch Koeffizienten-vergleichung:

$$g_n\,B_{mn} = g_m\,B_{nm} \tag{1.36}$$

$$A_{nm} = \frac{8\pi h\nu^3}{c^3} \cdot \frac{g_n}{g_m}\,B_{mn} \tag{1.37}$$

Schließlich erhält man das Plancksche Strahlungsgesetz, indem man diese Übergangswahrscheinlichkeiten in (1.29) einsetzt:

$$u_\nu = \frac{8\pi h\nu^3}{c^3} \cdot \frac{1}{e^{h\nu/kT}-1} \tag{1.38}$$

Damit ergibt sich für die Strahlungsintensität nach (1.9):

$$I_\nu = \frac{2h\nu^3}{c^2} \cdot \frac{1}{e^{h\nu/kT}-1} \tag{1.39}$$

Häufig ist es zweckmäßig, an Stelle der Frequenz die Wellenlänge λ einzuführen. Der Übergang vollzieht sich unter Berücksichtigung der Beziehungen

$$c = \lambda\nu \qquad u_\nu\,d\nu = u_\lambda\,d\lambda \qquad I_\nu\,d\nu = I_\lambda\,d\lambda \tag{1.40}$$

und ergibt:

$$u_\lambda = \frac{8\pi hc}{\lambda^5} \cdot \frac{1}{e^{hc/k\lambda T}-1} \tag{1.41}$$

$$I_\lambda = \frac{2hc^2}{\lambda^5} \cdot \frac{1}{e^{hc/k\lambda T}-1} \tag{1.42}$$

5. Diskussion des Planckschen Strahlungsgesetzes

In Abb. 5 ist die Strahlungsintensität nach (1.42) in Abhängigkeit von der Wellenlänge für den in normalen Sternatmosphären auftretenden Temperatur-bereich dargestellt. Das visuelle Spektralgebiet ist durch strichpunktierte Linien begrenzt, während der bei kosmischen Lichtquellen infolge der Absorption durch die Luftbestandteile nicht beobachtbare kurzwellige Bereich ($\lambda < 2900$ Å) schraffiert ist. Mit zunehmender Temperatur zeigen die Planck-schen Kurven zwei charakteristische Veränderungen, von denen sich die eine auf die Quantität, die andere auf die Qualität der Strahlung bezieht: a) bei jeder Wellenlänge nimmt die Intensität mit der Temperatur zu; b) mit zuneh-mender Temperatur verschiebt sich das Intensitätsmaximum nach kürzeren Wellen.

Ist $h\nu/kT \gg 1$, so kann man in (1.38) die 1 gegen die Exponentialfunktion vernachlässigen und erhält das sog. Wiensche Strahlungsgesetz:

$$u_\nu = \frac{8\pi h \nu^3}{c^3} e^{-h\nu/kT} \qquad (1.43)$$

Ist dagegen $h\nu/kT \ll 1$, so entwickelt man die Exponentialfunktion in eine Reihe und erhält die klassische Strahlungsformel von RAYLEIGH und JEANS:

$$u_\nu = \frac{8\pi \nu^3}{c^3} kT \qquad (1.44)$$

aus welcher in charakteristischer Weise die der klassischen Physik völlig fremde Plancksche Konstante h verschwunden ist.

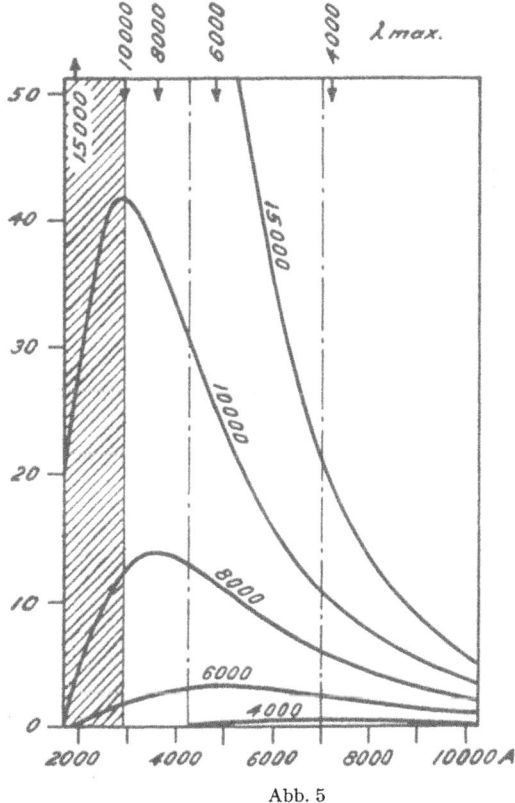

Abb. 5
Darstellung des Planckschen Strahlungsgesetzes.

Nun berechnen wir nach (1.22) und (1.39) die Gesamtemission pro Quadratzentimeter und Sekunde bei der Temperatur T:

$$E = \int_{\nu=0}^{\infty} \int_{\vartheta=0}^{\pi/2} I_\nu \cos\vartheta \, 2\pi \sin\vartheta \, d\vartheta \, d\nu = \pi \int_0^\infty I_\nu \, d\nu = \frac{2\pi k^4}{c^2 h^3} T^4 \int_0^\infty \frac{x^3 \, dx}{e^x - 1} \qquad (1.45)$$

Das Integral, in welchem zur Abkürzung $(h\,\nu)/(k\,T) = x$ gesetzt worden ist, hat den Wert $\pi^4/15$. Da aber $E = \sigma\,T^4$ ist, kann nun die Konstante des Stefan-Boltzmannschen Gesetzes auf die fundamentalen Konstanten zurückgeführt werden:

$$\sigma = \frac{2\,\pi^5\,k^4}{15\,c^2\,h^3} \qquad (1.46)$$

Wir fragen noch, bei welcher Wellenlänge λ_{max} das Intensitätsmaximum auftritt. Dazu hat man in bekannter Weise von (1.42), worin wir die Substitution $h\,c/k\,\lambda\,T = x$ einführen, die Ableitung nach λ zu bilden und diese $= 0$ zu setzen:

$$\frac{d}{dx} \cdot \frac{x^5}{e^x - 1} = \frac{5\,x^4}{e^x - 1} - \frac{x^5\,e^x}{(e^x - 1)^2} = 0 \qquad (1.47)$$

$$1 - \frac{x}{5} - e^{-x} = 0 \qquad (1.48)$$

Die Lösung dieser Gleichung lautet $x_{max} = 4{,}9651$. Es ist somit:

$$\lambda_{max}\,T = \frac{h\,c}{k\,x_{max}} = 0{,}288 \text{ cm grad} \qquad (1.49)$$

Nach diesem sog. Wienschen Verschiebungsgesetz ist λ_{max} der Temperatur umgekehrt proportional. Zum Beispiel liegt für $T = 10000^0$ das Intensitätsmaximum bei 2880 Å (siehe Abb. 5).

Mit der eben eingeführten Substitution $x = h\,c/k\,\lambda\,T$ nimmt (1.42) folgende Form an:

$$I_x = \frac{2\,k^5\,x^5\,T^5}{h^4\,c^3} \cdot \frac{1}{e^x - 1} \qquad (1.50)$$

Für $x = x_{max}$ erhält man

$$I_{max} = \frac{2\,k^5\,x_{max}^5}{h^4\,c^3\,(e^{x_{max}} - 1)}\,T^5 = C\,T^5 \qquad (1.51)$$

Während die Gesamtemission proportional T^4 ist, steigt die Maximumsintensität mit T^5 an.

6. Der Kirchhoffsche Satz

Bezeichnen wir die von der Flächeneinheit in Richtung ihrer Normalen pro Sekunde im Frequenzintervall 1 in den Raumwinkel 1 strömende Energie E_ν als das Emissionsvermögen der strahlenden Wand, so beträgt die Emission des Flächenelementes df im Frequenzbereich $d\nu$ in den Raumwinkel $d\omega$ unter dem Winkel ϑ gegen die Flächennormale pro Sekunde:

$$E_\nu\,d\nu\,df\,\cos\vartheta\,d\omega \qquad (1.52)$$

Das Flächenelement df bilde einen Teil eines thermodynamischen Hohlraumes, in dessen Inneren die durch (1.39) gegebene isotrope Strahlungsintensität I_ν herrscht. Aus diesem Strahlungsfeld erhält das Element df pro Sekunde aus dem Raumwinkelelement $d\omega$ die Energie $I_\nu\, d\nu\, df \cos\vartheta\, d\omega$ zugestrahlt, wovon der Bruchteil A_ν, also der Betrag

$$A_\nu\, I_\nu\, d\nu\, df \cos\vartheta\, d\omega \tag{1.53}$$

absorbiert wird. A_ν bezeichnet man als das Absorptionsvermögen der Wand. Da im thermischen Gleichgewicht die beiden Ausdrücke (1.52) und (1.53) einander gleich sind, erhalten wir den Kirchhoffschen Satz:

$$\frac{E_\nu}{A_\nu} = I_\nu \tag{1.54}$$

Während E_ν und A_ν von den Materialeigenschaften der Wand abhängen, ist ihr Quotient eine vom Material unabhängige universelle Funktion von ν und T.

II. DIE ZUSTANDSGRÖSSEN DER STERNE

Zunächst untersuchen wir die der Beobachtung zugänglichen Integraleigenschaften der Sterne: Masse, Radius, Oberflächentemperatur, Leuchtkraft usw., die das Grundmaterial bilden, auf das wir unsere Theorien aufbauen müssen, mit dem Ziel, die zwischen jenen Zustandsgrößen empirisch gefundenen Beziehungen zu erklären.

7. Die Klassifikation der Sternspektren

geschieht heute ausschließlich nach der im Henry-Draper-Katalog benutzten Einteilung, welche die folgenden 12, mit großen Buchstaben bezeichneten Klassen aufweist:

$$P-W-O-B-A-F-G-K-M\begin{smallmatrix} \nearrow S \\ \searrow R-N \end{smallmatrix}$$

von denen die am Anfang dieser Sequenz stehenden (P, W, O) als frühe Typen, die am Ende stehenden (K, M, S, R, N) als späte bezeichnet werden, entsprechend der heute nicht mehr haltbaren Vorstellung, die Spektralsequenz stelle das Entwicklungsschema der Sterne dar. Da die Nebenfolgen R—N und S weit weniger als 1% aller Sterne enthalten, kann die Spektralreihe als eine im wesentlichen einparametrige Sequenz betrachtet werden. Im folgenden geben wir eine kurze Charakterisierung der einzelnen Spektraltypen, die jeweils noch in die dezimalen Untergruppen 0 … 9 eingeteilt werden. Als Klassifikationskriterien dienen die in den Spektren enthaltenen Absorptions- bzw. Emissionslinien.

P: Planetarische Nebel; sehr ausgedehnte Gasmassen, welche im Fernrohr wie die Planeten als Scheibchen erscheinen. Sie zeigen ein meist schwaches Kontinuum mit intensiven Balmer-Linien (Wasserstoff) und verbotenen Linien von O II, O III, N II.

W: (auch als Oa-, Ob-, Oc-Sterne oder als Wolf-Rayet-Sterne bezeichnet). Breite Emissionslinien von H, He I, He II, in der Untergruppe W_C ferner solche von C II, C III, C IV, O III, O IV, O V, in der Untergruppe W_N solche von N III, N IV, N V. Absorptionslinien kaum erkennbar.

O: (auch als Od und Oe bezeichnet). Hauptmerkmal: Absorptionslinien von ionisiertem Helium (He II), daneben auch solche von C III, N III, Si IV und, allerdings nur schwach, von He I und H.

B 0−4: Charakteristisch sind die Absorptionslinien von He I, daneben solche von H, O II, Si III.

B 5−9: Balmer-Linien intensiv, daneben He I, Si II, Mg II.

A 0−4: Die Balmer-Linien erreichen ihre maximale Intensität. An metallischen Linien sind zu erwähnen solche der Ionen Mg II, Ca II, Ca I.

A 5−9: Gegenüber A 0−4 sind die Balmer-Linien schwächer, die Metallinien stärker und zahlreicher.

F 0−4: Die Metallinien nehmen an Intensität weiter zu, die H-Linien ab. Die Linien H (3968 Å) und K (3934 Å) von Ca II sind etwa ebenso intensiv wie die Balmer-Linien.

F 5−9: Weitere Intensitätszunahme der Linien H und K sowie der Linie 4227 Å von Ca I und des G-Bandes (CH) bei 4314 Å.

G: Die Intensität der Balmer-Linien nimmt weiter ab, diejenige von H, K, 4227 und des G-Bandes zu. Zahlreiche Linien neutraler Metallatome. In den späten Unterklassen erreichen die Linien von Fe I größere Intensität als die Balmer-Linien. Das Spektrum der Sonne ist vom Typus G 0 bis G 2.

K: Die Ca-Linien H, K und 4227 sowie das G-Band erreichen ihre maximale Intensität. Zahlreiche intensive Linien neutraler Metallatome. Erstes Auftreten der TiO-Banden (nach Rot abschattiert).

M: Neben der Linie 4227 und dem G-Band ist das Spektrum hauptsächlich durch die sehr intensiven TiO-Banden charakterisiert.

S: Diese Klasse unterscheidet sich von M, mit welcher sie die intensiven Linien H, K, 4227 gemeinsam hat, durch die Ba-II-Linie 4554 Å und besonders durch die ZrO-Banden (nach Blau abschattiert).

R: Wie in Klasse K treten die Linien H, K und das G-Band in maximaler Intensität auf. Besondere Charakteristika sind Banden von Zyan (CN) und Kohlenmonoxyd (CO).

N: Dieselben Charakteristika wie R, jedoch röter, d. h. von niedrigerer Temperatur als die R-Sterne. (Hier wurde somit zur Klassifikation das kontinuierliche Spektrum herangezogen). Intensive Linien von Fe I, Na I, Ca I, schwache von H.

Durch weitere Bezeichnungen wird auf Besonderheiten des betreffenden Sternspektrums hingewiesen:

n, s werden bei Sternen der frühen Typen zur Charakterisierung von besonders diffusen («nebulous») bzw. besonders scharfen («sharp») Absorptionslinien benutzt; z. B. B $2n$, B $5s$.

c bezeichnet ganz besonders scharfe Linien und ist ein Kriterium für große Leuchtkraft; z. B. c B 0.

g, d   weisen auf typische Merkmale eines Riesensternes («giant») bzw. eines Zwergsternes («dwarf») hin; z. B. gK5, dG0.

e   bezeichnet das Auftreten von Emissionslinien; z. B. B0e.

v   bedeutet variables Spektrum.

K   bezeichnet das Vorhandensein der interstellaren K-Absorptionslinie 3934 Å.

p   weist auf sonstige Eigentümlichkeiten hin.

Die Spektren der Nebenfolgen sowie der frühen Klassen sind selten; 99% aller bekannten Spektren entfallen auf die Hauptklassen B bis M.

Die beschriebene Spektralsequenz stellt zugleich eine Klassifikation nach progressiver Sternfarbe dar: die frühen Typen erscheinen bläulich, die A-Sterne weiß, die G-Sterne gelb und die späten Typen rot. Da die Farbe aber durch das kontinuierliche Spektrum bedingt wird, dessen Schwerpunkt aber nach dem Wienschen Verschiebungsgesetz (1.49) bei um so kürzeren Wellen liegt, je höher die Temperatur ist, so folgt, daß die Spektralsequenz eine Folge nach absteigender Oberflächentemperatur der Sterne darstellt.

8. Scheinbare und absolute Sternhelligkeiten

In der astronomischen Photometrie rechnet man nicht mit der Intensität I der Sternstrahlung selbst, sondern mit sog. Größenklassen m, die durch folgende Gleichung definiert sind:

$$\Delta m = -2{,}5 \, \Delta \log I \qquad (2.1)$$

Einer Abnahme der Intensität um einen Faktor 10 entspricht eine Zunahme von 2,5, einer solchen um einen Faktor 100 eine Zunahme um 5 Größenklassen, usw. Sind m_1, m_2 die Größenklassen zweier Sterne, so beträgt ihr Intensitätsverhältnis

$$\frac{I_1}{I_2} = 10^{-0{,}4\,(m_1 - m_2)} = \left(\frac{1}{2{,}512}\right)^{m_1 - m_2} \qquad (2.2)$$

Die Intensität jeder Größenklasse ist somit um einen Faktor 2,512 geringer als diejenige der vorangehenden. Der Nullpunkt der Größenklassenskala wurde dadurch festgelegt, daß dem Polarstern die Helligkeit $m = 2{,}12$ (geschrieben $2\overset{m}{,}12$) beigelegt wurde.

Diese sog. scheinbare Helligkeit m ist jedoch für den Stern nicht charakteristisch, denn sie hängt wesentlich von der Entfernung Stern–Erde ab. Man führt deshalb als sog. absolute Helligkeit M diejenige scheinbare Helligkeit ein, welche der Stern hätte, wenn er sich in der Entfernung von 10 pc (1 Parsec = Entfernung, aus welcher der Erdbahnradius unter dem Winkel von 1″ erscheint) befinden würde. M berechnet sich nach (2.1) aus m und der in Parsec gemessenen Sterndistanz d:

$$M - m = -2{,}5 \log \frac{d^2}{100} = -5 \log d + 5$$

$$M = m + 5 - 5 \log d \qquad (2.3)$$

oder wenn man die in Bogensekunden ausgedrückte Parallaxe $p = 1/d$ einführt:

$$M = m + 5 + 5 \log p \tag{2.4}$$

Diese Größenklassenskala wird auch für Flächenhelligkeiten verwendet, indem man definiert: eine Fläche besitzt eine Helligkeit n-ter Größe, wenn das von 1 Quadratgrad emittierte Licht gleich intensiv ist wie dasjenige eines Sternes n-ter Größe.

Neben der visuellen Photometrie wird auch die photographische, die lichtelektrische und die radiometrische Photometrie verwendet. Jede dieser Methoden reagiert auf verschiedene Wellenlängenbereiche, die durch Verwendung verschiedener photographischer Emulsionen, Farbfilter usw. fast in beliebiger Weise verschoben werden können. Es ist somit unerläßlich, bei jeder Photometrie die effektive Wellenlänge anzugeben. Sie liegt für visuelle Beobachtungen, da das Auge hauptsächlich für Strahlen zwischen 5000 und 6000 Å empfindlich ist, bei etwa 5290 Å, bei der photographischen Photometrie mit nur blauempfindlichen Platten bei etwa 4250 Å usw. Da die Strahlungsintensität selbst stark von der Wellenlänge abhängt, ergeben die verschiedenen Spektralbereiche bei demselben Stern verschiedene Helligkeiten. Zwei Sterne, welche in einem Spektralbereich gleich hell erscheinen, werden in einem andern Bereich im allgemeinen verschiedene Helligkeiten aufweisen. Für alle photometrischen Systeme gilt dieselbe Größenklassenskala (2.1); ihre Nullpunkte werden dadurch festgelegt, daß man den Sternen vom Typus A0 in allen Systemen dieselbe Helligkeit zuschreibt, welche sie im visuellen System besitzen.

Setzen wir die Sternoberflächen als schwarze Strahler voraus, d.h. nach (1.54) als solche, deren Strahlungsemission nach dem Planckschen Gesetz erfolgt, so beträgt ihre Gesamtemission pro Sekunde (nach allen Richtungen) im Bereich $d\lambda$:

$$E_\lambda \, d\lambda = 4 \pi \, R^2 \pi \, I_\lambda \, d\lambda \tag{2.5}$$

(R = Sternradius). Benutzen wir für I_λ die Wiensche Näherung (1.43), so erhält man in der Entfernung d vom Stern pro Quadratzentimeter und Sekunde im Bereich $d\lambda = 1$ die Energie

$$e_\lambda = \frac{R^2}{d^2} \cdot \frac{2 \pi h c^2}{\lambda^5} \, e^{-hc/k\lambda T} \tag{2.6}$$

Nach (2.1) ist

$$m = -2,5 \log I + c \tag{2.7}$$

so daß die Größenklassenskala für Strahlung der Wellenlänge λ lautet:

$$m_\lambda = C_\lambda - 5 \log R + \frac{1,56}{\lambda T} + 5 \log d \tag{2.8}$$

wobei alle Konstanten und die nur von λ abhängigen Größen in der für das photometrische System charakteristischen Konstanten C_λ zusammengefaßt sind. Setzen wir $\lambda = 5290$ Å, so erhalten wir die visuelle Skala, mit $\lambda = 4250$ Å die photographische:

$$m_v = C_v - 5 \log R + \frac{29\,500}{T} + 5 \log d \qquad (2.9)$$

$$m_{ph} = C_{ph} - 5 \log R + \frac{36\,700}{T} + 5 \log d \qquad (2.10)$$

Die Differenz $m_{ph} - m_v$ bezeichnet man als den Farbindex FI:

$$\text{FI} = C_{ph} - C_v + \frac{7200}{T} \qquad (2.11)$$

Da die beiden Skalen definitionsgemäß für A0-Sterne, deren Temperatur etwa $13\,500^0$ beträgt, übereinstimmen, der FI also verschwinden soll, ergibt sich:

$$\text{FI} = -0,53 + \frac{7200}{T} \qquad (2.12)$$

Wesentlich ist, daß dieser Ausdruck weder von R noch von d, sondern nur von T abhängt. Die leicht auszuführenden FI-Messungen liefern somit unmittelbar die Sterntemperatur. Die FI der einzelnen Spektralklassen sind für die effektiven Wellenlängen: $\lambda_{ph} = 4270$, $\lambda_v = 5570$ Å in Tabelle 1 aufgeführt.

Zur Rechtfertigung, daß wir mit dem Wienschen Gesetz gerechnet haben, sei erwähnt, daß $hc/k = 1,43$ beträgt und λT beispielsweise im visuellen für $T = 6000^0$ 0,29, der Exponent somit 5, so daß gegen e^5 die 1 vernachlässigt werden kann.

Von großer Wichtigkeit, besonders bei theoretischen Betrachtungen, sind ferner die bolometrischen Helligkeiten, die sich auf die Gesamtstrahlung der Sterne beziehen. Nach dem Stefan-Boltzmannschen Gesetz (1.22) erhält man im Abstand d vom Stern pro Quadratzentimeter und Sekunde die Energie

$$e = \frac{R^2}{d^2} \sigma T^4 \qquad (2.13)$$

so daß nach (2.7) die Skala der bolometrischen Helligkeiten lautet:

$$m_{bol} = C_{bol} - 5 \log R - 10 \log T + 5 \log d \qquad (2.14)$$

Nun bilden wir analog dem FI die als bolometrische Korrektion bezeichnete Differenz

$$\text{BK} = m_v - m_{bol} = C_v - C_{bol} + \frac{29\,500}{T} + 10 \log T \qquad (2.15)$$

Diese Funktion ist für niedrige und hohe Temperaturen groß und durchläuft für mittlere ein Minimum, dessen Lage man in bekannter Weise zu $T = 6800^0$ berechnet. Man legt die Konstante $C_v - C_{bol}$ durch die Forderung fest, daß die BK im Minimum verschwinden soll und erhält

$$\text{BK} = -42,63 + 10 \log T + \frac{29\,500}{T} \qquad (2.16)$$

Bei der Temperatur von 6800^0 kommt die spektrale Intensitätsverteilung der Strahlung mit der Empfindlichkeitskurve des Auges zu bestmöglicher Überdeckung. Sowohl bei zu- als auch bei abnehmender Temperatur verschiebt sich jene aus dieser heraus, weshalb in beiden Fällen die BK zunimmt. Die Beziehung (2.16) dient dazu, aus der visuellen Helligkeit und der Temperatur die theoretisch wichtige, aber nur in wenigen Fällen meßbare bolometrische Helligkeit zu berechnen.

9. Das kontinuierliche Spektrum und die Temperatur der Sterne

Wir gehen wieder von der Voraussetzung aus, die Sternoberfläche emittiere wie ein schwarzer Strahler. Jedoch müssen wir schon hier darauf hinweisen, daß diese Voraussetzung aus verschiedenen Gründen nur annähernd zutreffen kann. Schwarze Strahlung setzt nämlich eine konstante Temperatur und ein isotropes Strahlungsfeld voraus, während in den Sternatmosphären die Temperatur nach innen zunimmt und die Strahlung im wesentlichen nur von innen nach außen strömt. Die Sternatmosphären zeigen somit erhebliche Abweichungen vom Zustand des thermodynamischen Gleichgewichtes, wofür die Fraunhoferschen Linien der sinnfälligste Ausdruck sind. Diese verraten uns die chemische Konstitution der Sternmaterie, während eine reine Hohlraumstrahlung vom Chemismus unabhängig wäre.

Da der Temperaturbegriff nur für Systeme im thermischen Gleichgewicht eindeutig ist, müssen wir erwarten, daß die nach verschiedenen Methoden bestimmten Temperaturen um so mehr auseinandergehen, je mehr die Sternatmosphäre vom Zustand thermischen Gleichgewichtes abweicht. Von der Temperatur der Sternatmosphäre schlechtweg kann man deshalb nicht sprechen, sondern hat stets beizufügen, nach welcher Methode die Temperatur bestimmt worden ist. Aber selbst die an ein und demselben Stern mit derselben Methode in verschiedenen Spektralbereichen bestimmten Temperaturen gehen oft weit auseinander; dies liegt zum Teil an methodischen Schwierigkeiten (Extinktion, Einfluß der Fraunhoferschen Linien), zum Teil aber auch an einer noch ungenügenden Kenntnis der Wellenlängenabhängigkeit des Absorptionskoeffizienten der Sternmaterie.

Ehe wir die verschiedenen in der Astrophysik üblichen Temperaturen definieren, wollen wir die Plancksche Strahlungsformel, welche die Grundlage für das Folgende bildet, in einer normierten Form darstellen. Ausgehend von (1.42):

$$I_\lambda = \frac{2\,h\,c^2}{\lambda^5} \cdot \frac{1}{e^{h c / k \lambda T} - 1} = \frac{c_1}{\lambda^5} \cdot \frac{1}{e^{c_2 / \lambda T} - 1} \tag{2.17}$$

führen wir nach (1.49) die neue Variable

$$x = \frac{\lambda}{\lambda_{max}} = \frac{\lambda T}{0,288} \tag{2.18}$$

ein, während I_λ nach (1.51) in Einheiten von I_{max} ausgedrückt wird:

$$I_z = \frac{I_\lambda}{I_{max}} = \frac{c_1}{C\,\lambda^5\,T^5} \cdot \frac{1}{e^{c_2 / \lambda T} - 1} = \frac{c_3}{x^5} \cdot \frac{1}{e^{c_4 / x} - 1} \tag{2.19}$$

Durch diese Normierung hat man erreicht, daß die ganze Kurvenschar (2.17) auf die einzige, in Abb. 6 dargestellte Kurve $I(x)$ reduziert worden ist. Beispielsweise erhält man für die Grenzen des visuellen Spektrums $\lambda = 7600$ Å bzw. 3800 Å bei $T = 20\,000^0$ nach (2.18) $x = 5,26$ bzw. 2,63. Diese beiden Punkte sind am oberen Rand des Diagrammes als B und C eingetragen und beide mit dem Nullpunkt verbunden. Der visuelle Bereich eines Strahlers niedrigerer Temperatur liegt dann zwischen den Abszissen, bei welchen das Linienpaar OB und OC die Ordinate $T/20\,000$ schneidet. Durch Schraffur sind die visuellen Bereiche bei den Temperaturen 2000^0, 6000^0 und $15\,000^0$ speziell hervorgehoben. Eine dritte Gerade OA entspricht dem äußersten Ultraviolett, das von der Erdatmosphäre noch merklich durchgelassen wird, nämlich $\lambda = 3000$ Å.

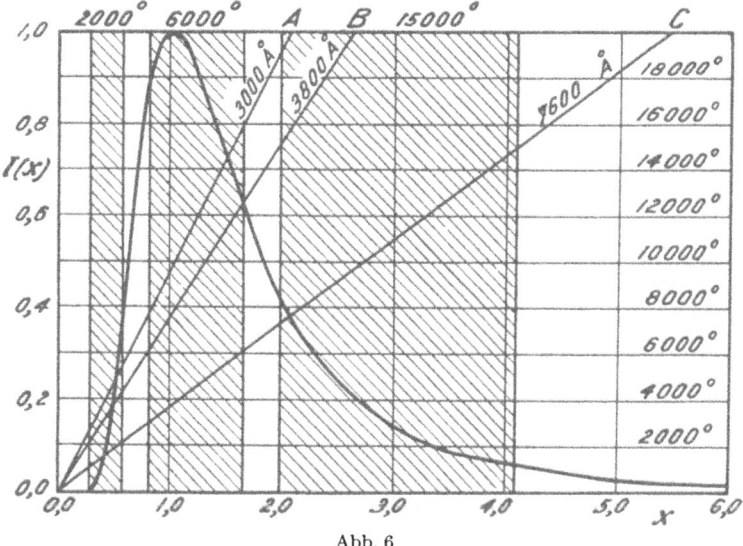

Abb. 6
Die normierte Plancksche Strahlungskurve.

Die Farbtemperatur. Stimmt die relative Intensitätsverteilung im Spektrum eines Sternes mit derjenigen eines schwarzen Strahlers der Temperatur T überein, so sagt man, der Stern besitze in demjenigen Spektralbereich, auf den sich die Vergleichung bezieht, die Farbtemperatur $T_F = T$. Es genügt zur Ableitung der Farbtemperatur die Intensität für zwei Wellenlängen bzw. für zwei Spektralbereiche mit den Schwerpunkten bei λ_1 und λ_2 zu messen. Rechnen wir wieder mit der Wienschen Näherung, so erhalten wir nach (2.17):

$$\frac{I_{\lambda_1}}{I_{\lambda_2}} = \left(\frac{\lambda_2}{\lambda_1}\right)^5 e^{\frac{c_2}{T_F}\left(\frac{1}{\lambda_2} - \frac{1}{\lambda_1}\right)} \tag{2.20}$$

$$\lg\left(\frac{I_{\lambda_1}}{I_{\lambda_2}}\right) = 5 \lg \frac{\lambda_2}{\lambda_1} + \frac{c_2}{T_F}\left(\frac{1}{\lambda_2} - \frac{1}{\lambda_1}\right) \tag{2.21}$$

Geht man noch nach (2.1) von den Intensitäten I auf die Größenklassen m über, so folgt für die Farbtemperatur:

$$\frac{c_2}{T_F} = 0,921 \frac{m_2 - m_1}{1/\lambda_2 - 1/\lambda_1} - 11,52 \frac{\log \lambda_2 - \log \lambda_1}{1/\lambda_2 - 1/\lambda_1} \tag{2.22}$$

Wählt man z. B. den visuellen und photographischen Bereich ($\lambda_1 = 5290$ Å, $\lambda_2 = 4250$ Å), so ergibt sich die reziproke Farbtemperatur als lineare Funktion des FI $= m_{ph} - m_v$.

Die Gradiententemperatur. Rücken die beiden Wellenlängen zusammen, so legen die beiden benachbarten Punkte I_{λ_1}, I_{λ_2} der Energiekurve den Gradienten derselben an dieser Stelle fest. Die Farbtemperatur entartet dann zur Gradienten- oder Gradationstemperatur T_G, die der Stern bei der Wellenlänge λ dann besitzt, wenn der Gradient der Energiekurve bei dieser Wellenlänge derselbe ist wie bei einem schwarzen Strahler der Temperatur T_G. Zunächst folgt aus (2. 21) und (2. 22) beim Zusammenrücken von λ_1 und λ_2:

$$- \Delta \lg I(\lambda, T_G) = 5 \, \Delta \lg \lambda + \frac{c_2}{T_G} \, \Delta\left(\frac{1}{\lambda}\right) = 0,921 \, \Delta m \qquad (2.23)$$

und beim Übergang zum Differentialquotienten:

$$\frac{d \lg I(\lambda, T_G)}{d\,(1/\lambda)} = 5\,\lambda - \frac{c_2}{T_G} = 5\,\lambda - \Phi = -\,0,921 \, \frac{dm}{d\,(1/\lambda)} \qquad (2.24)$$

Man bezeichnet $\Phi = h\,c/k\,T_G$ als den absoluten Gradienten. Er ist in der hier benutzten Wienschen Näherung bemerkenswerterweise von λ unabhängig. Rechnet man mit dem Planckschen Strahlungsgesetz, so kommt eine geringe Wellenlängenabhängigkeit hinein:

$$\Phi = \frac{h\,c}{k\,T} \cdot \frac{1}{1 - e^{-\,h\,c/k\,\lambda\,T}} \qquad (2.25)$$

Vergleicht man den Stern nicht mit einem schwarzen Strahler, sondern mit einem andern Stern, indem man für verschiedene Wellenlängen die Helligkeitsunterschiede Δm der beiden Sterne bestimmt, so erhält man den relativen Gradienten $\Delta \Phi$, der nach (2. 24) in der Wienschen Näherung ebenfalls eine reine Temperaturfunktion ist:

$$\Delta \Phi = \Phi_1 - \Phi_2 = 0,921 \, \frac{d\Delta m}{d\,(1/\lambda)} = \frac{c_2}{T_1} - \frac{c_2}{T_2} \qquad (2.26)$$

Man kann somit aus dem relativen Gradienten eines Sternes dessen Temperatur bestimmen, falls diejenige des Bezugssternes bekannt ist.

Die effektive Temperatur. Während Farb- und Gradiententemperatur nur auf die relative Intensitätsverteilung im Spektrum Rücksicht nehmen, geht in die im folgenden erwähnten Temperaturbestimmungen der absolute Betrag der emittierten Strahlung ein, was die Kenntnis der Größe der strahlenden Oberfläche, also des Sternradius, voraussetzt.

Ein Stern besitzt die effektive Temperatur T_e, wenn er pro Quadratzentimeter und Sekunde ebensoviel Energie emittiert wie ein schwarzer Strahler dieser Temperatur. Sie charakterisiert die Gesamtstrahlung des Sterns und ist deshalb für alle energetischen Betrachtungen maßgebend. Sie berechnet sich nach dem Stefan-Boltzmannschen Gesetz:

$$\int_0^\infty \pi \, I_\lambda \, d\lambda = \sigma \, T_e^4 \qquad (2.27)$$

Da aber I_λ nur in einem begrenzten Bereich meßbar ist (z. B. nicht im Gebiet $\lambda < 2900$ Å infolge der Ozonabsorption), kann die Integration auch nur über diesen endlichen Bereich erstreckt werden. Man erhält dann die sog. Strahlungstemperatur T_{St}, die dadurch definiert ist, daß in dem erfaßten Spektralbereich Stern und schwarzer Strahler der Temperatur T_{St} gleich viel Energie emittieren. Je nach der Lage jenes Bereiches unterscheidet man visuelle, photographische usw. Strahlungstemperaturen. Die bolometrische Strahlungstemperatur ist identisch mit der effektiven Temperatur. Rücken die Begrenzungen des Spektralbereiches auf die Wellenlänge λ zusammen, so entartet die Strahlungstemperatur zur schwarzen Temperatur T_S der Wellenlänge λ. Es ist diejenige Temperatur, die ein schwarzer Körper haben müßte, um bei derselben Wellenlänge pro Flächen- und Zeiteinheit gleich viel Strahlung zu emittieren.

10. Das Hertzsprung-Russell-Diagramm (HRD)

Trägt man in einem Diagramm als Abszisse den Spektraltyp oder als Äquivalent die Oberflächentemperatur oder den FI auf, als Ordinate die absolute Helligkeit (Abb. 7), so erkennt man, daß die Gesamtheit der Sterne nicht das ganze

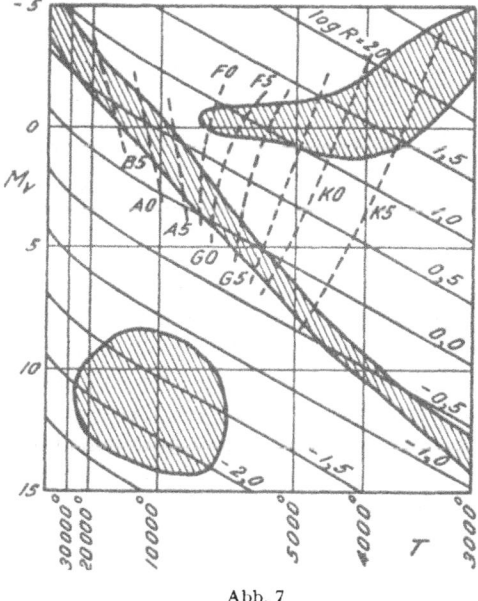

Abb. 7
Hertzsprung-Russell-Diagramm (nach A. Unsöld).

Diagramm besetzt, sondern sich zu drei Gruppen anordnet, die in Abb. 7 durch Schraffur hervorgehoben sind. Das erste Gebiet verläuft nahezu horizontal durch das Diagramm und liegt für alle Spektralklassen in der Nähe von $M = 0$.

Wie wir sogleich noch zeigen werden, liegen in diesem Gebiet die Sterne mit den größten Radien, weshalb dasselbe als Riesenast bezeichnet wird. Das zweite Gebiet, der sog. Hauptast, verläuft von links oben nach rechts unten. In ihm nimmt die Leuchtkraft in systematischer Weise mit fortschreitendem Spektraltyp bzw. abnehmender Oberflächentemperatur ab. Während bei den frühen Typen O bis A die absolute Helligkeit durch den Spektraltyp eindeutig festgelegt ist, bestehen bei den späten Typen F bis M zwei Möglichkeiten, je nachdem es sich um einen Riesenstern handelt oder um ein Objekt des Hauptastes (Zwergstern). Die dritte Klasse der sog. weißen Zwerge gruppiert sich um den Spektraltyp A, weist aber gegenüber normalen A-Sternen eine um rund 10 Größenklassen geringere Leuchtkraft auf. Während im Hauptast die absoluten Helligkeiten der einzelnen Spektralklassen nur um zirka $\pm 1^{m}\!,\!0$ streuen, beträgt im Riesenast die Streuung bis zu mehreren Größenklassen, so daß man verschiedene Gruppen von Riesensternen unterscheiden muß. Die übernormal hellen Riesen werden als Überriesen, die unternormal hellen als Unterriesen bezeichnet. Die Spektren der Riesen- und Zwergsterne derselben Spektralklasse zeigen trotz allgemeiner Übereinstimmung charakteristische Unterschiede, sowohl im Kontinuum als auch im Linienspektrum. Die Zwerge haben eine etwas höhere Temperatur als die Riesen derselben Klasse. Da in der Spektralklassifikation gleicher Spektraltyp gleichen mittleren Ionisationsgrad bedeutet, in den Riesen aber die Dichte kleiner ist als in den Zwergen, muß nach der Ionisationsgleichung (4. 26) auch die Temperatur niedriger sein. Man erhält somit aus dem beobachteten Spektraltyp in Verbindung mit dem HRD die absolute Helligkeit des Objektes, und zwar bei den Typen O bis A unmittelbar, bei den Typen F bis M nachdem die Frage, ob Zwerg oder Riese, entschieden ist (etwa aus der Messung des FI). Aus der so ermittelten absoluten Helligkeit M und der gemessenen scheinbaren Helligkeit m erhält man nach (2. 3) die Entfernung des Objektes (spektroskopische Parallaxe).

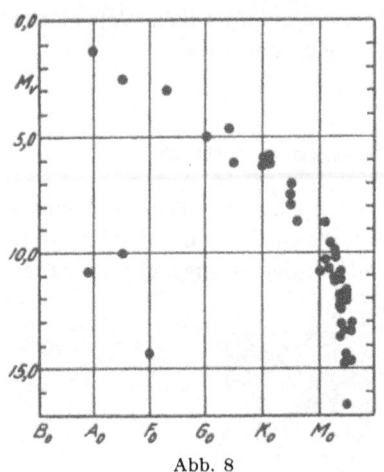

Abb. 8

Hertzsprung - Russell - Diagramm für die Sterne näher als 5 pc (nach P. VAN DE KAMP).

Eine auffällige Lücke im Gebiet der F-Riesen zeigt, daß Haupt- und Riesenast nicht stetig ineinander übergehen. Im übrigen gibt aber Abb. 7 ein sehr verzerrtes Bild der Häufigkeitsverteilung, indem man die absolut hellen Sterne bis in viel größere Entfernungen zu erfassen vermag als schwache. Reduziert man die Sternzahlen auf gleiche Volumina, so erweisen sich die Riesen- sowie die O- und B-Sterne als seltene Objekte im Vergleich zu den Zwergen. Dies geht deutlich aus Abb. 8 hervor, in welcher ein HRD konstruiert worden ist unter ausschließlicher Verwendung der Sterne näher als 5 pc. In dieser nächsten Umgebung der Sonne dürfte das Sterninventar einigermaßen vollständig bekannt sein. Wie das Diagramm zeigt, sind in diesem Gebiet überhaupt keine Riesen vorhanden. Rund 90 % der Objekte gehören zum Hauptast, während die restlichen 10 % weiße Zwerge sind. Auf dem Hauptast nimmt die Häufigkeit mit abnehmender Leuchtkraft zu.

Durch die absolute Helligkeit ist die Gesamtemission des Sternes festgelegt und durch die Temperatur die Emission pro Quadratzentimeter, so daß man aus diesen beiden Größen die Oberfläche und damit den Radius des Sterns berechnen kann. Aus (2. 3), zusammen mit (2. 9), (2. 10) und (2. 14), erhält man:

$$M_v = C'_v - 5 \log R + \frac{29\,500}{T} \tag{2.28}$$

$$M_{ph} = C'_{ph} - 5 \log R + \frac{36\,700}{T} \tag{2.29}$$

$$M_{bol} = C'_{bol} - 5 \log R - 10 \log T \tag{2.30}$$

Drückt man die Sternradien in Einheiten des Sonnenradius $R_\odot$ aus, so folgt aus den Daten der Sonne: $T = 6000^0$, $M_v = +4,73$, $M_{ph} = +5,64$, $M_{bol} = +4,62$ für die drei Konstanten: $C'_v = -0,18$, $C'_{ph} = -0,47$, $C'_{bol} = 42,40$. Mit Hilfe von (2. 28) wurden in Abb. 7 die Kurven $R = f(M_v, T) = $ const eingezeichnet. Die Radien der Sterne (siehe Tab. 1) variieren in dem weiten Spielraum von 0,004 (weiße Zwerge) bis 500 (rote Riesen).

Ergänzend sei erwähnt, daß von einigen Riesensternen die Durchmesser interferometrisch gemessen und daß bei zirka 50 Bedeckungsveränderlichen (siehe Ziffer 93) aus dem Verlauf der Lichtkurve die Durchmesser der einzelnen Komponenten mit großer Genauigkeit bestimmt werden konnten.

11. Die empirische Masse-Leuchtkraft-Beziehung

Genaue Massenbestimmungen sind nur auf Grund des Gravitationsgesetzes aus der Bewegung von Doppelsternen ableitbar (Ziffer 92), und dementsprechend sind wir über die Massen der Sterne noch wenig orientiert, wie Abb. 9 zeigt, in welcher von allen Sternen bekannter Masse die absolute bolometrische Helligkeit dargestellt ist. Aus dieser Abbildung geht eine ziemlich enge Beziehung zwischen Masse und Leuchtkraft hervor. Abgesehen von den weißen Zwergen ist der Zusammenhang zwischen M_{bol}, d. h. zwischen dem Logarithmus der Leuchtkraft und dem Logarithmus der Masse (M ausgedrückt in Einheiten der Sonnenmasse $M_\odot$), nahezu linear. Dadurch wird auch die aus den Untersuchungen der Doppelsterne bekannte Tatsache, daß die Masse der Nebenkomponente im Verhältnis zu derjenigen der Hauptkomponente um so kleiner ausfällt, je mehr ihre Leuchtkraft gegen diejenige des Hauptsterns zurücktritt, verständlich.

Der Vollständigkeit halber sei hier kurz noch die Methode der Massenbestimmung aus der Rotverschiebung der Spektrallinien erwähnt. Ein Lichtquant der Energie E besitzt die Frequenz $v = E/h$ und die Masse E/c^2. Damit das Quant das Schwerefeld des Sterns verlassen kann, ist die Ablösearbeit

$$A = \Phi \frac{h\,v}{c^2} \tag{2.31}$$

aufzuwenden, wenn Φ das Gravitationspotential an der Sternoberfläche bedeutet. Nur die um diesen Betrag verminderte Energie gelangt in den Weltraum als Quant der Frequenz ν':

$$h\,\nu = h\,\nu' + \Phi\,\frac{h\,\nu}{c^2} \tag{2. 32}$$

Daraus folgt

$$\nu - \nu' = -\,\Delta\nu = \frac{c}{\lambda^2}\,\Delta\lambda = \frac{\Phi}{c\,\lambda} \tag{2. 33}$$

$$\frac{\Delta\lambda}{\lambda} = \frac{\Phi}{c^2} = \frac{G\,M}{R\,c^2} \tag{2. 34}$$

wobei G die Gravitationskonstante bedeutet. Da diese Rotverschiebung selbst bei massereichen Sternen nur sehr klein ist und überdies nur unter gewissen An-nahmen von einem gewöhnlichen Doppler-Effekt abgetrennt werden kann, hat

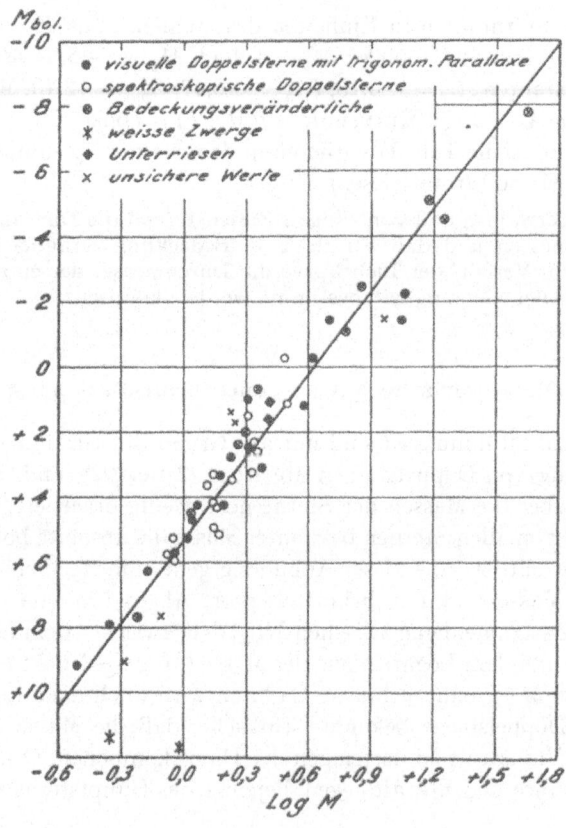

Abb. 9

Beziehung zwischen Sternmasse und bolometrischer Helligkeit
(nach H. R. Russell und Ch. E. Moore).

diese Methode bis heute noch keine überzeugenden Resultate geliefert, mit Aus-nahme bei den weißen Zwergen, wo die Verhältnisse wegen des sehr kleinen Sternradius viel günstiger liegen.

Tabelle 1

Die Zustandsgrößen der Sterne

Spektrum	FI (4270/5570 Å)	M_v	M_{bol}	T_e	T_{St} visuell	T_F langwellig	T_F kurzwellig	$R/R_\odot$	$M/M_\odot$	$\varrho/\varrho_\odot$	$g/g_\odot$
O	—	−3,5	−7,5	35 000	—	—	—	5,7	50	$2,7 \cdot 10^{-1}$	1,54
B 0	−0,23	−3,2	−5,9	25 000	—	23 500	33 000	6,9	15	$4,5 \cdot 10^{-2}$	0,32
B 5	−0,15	−1,1	−2,7	15 500	13 900	18 500	24 000	4,3	6	$7,7 \cdot 10^{-2}$	0,32
A 0	0,00	+1,0	+0,3	10 700	10 200	13 650	15 950	2,3	2,7	$2,2 \cdot 10^{-1}$	0,51
A 5	+0,22	+2,3	+2,0	8 530	8 370	9 700	11 300	1,6	1,8	$4,4 \cdot 10^{-1}$	0,70
d F 0	+0,42	+3,0	+2,9	7 500	7 310	8 050	8 700	1,4	1,5	$5,5 \cdot 10^{-1}$	0,76
g F 0	+0,42	+0,6	+0,6	7 500	—	—	—	4,0	2,5	$3,9 \cdot 10^{-2}$	0,156
d F 5	+0,55	+3,7	+3,7	6 470	6 600	8 050	8 700	1,2	1,2	$6,9 \cdot 10^{-1}$	0,83
g F 5	+0,55	+0,6	+0,6	6 470	—	7 050	7 050	5,7	2,5	$1,4 \cdot 10^{-2}$	0,077
d G 0	+0,65	+4,6	+4,5	6 000	6 070	6 700	6 750	1,0	1,0	$1,0$	1,0
g G 0	+0,85	+0,6	+0,3	5 200	4 970	6 450	5 700	9,0	2,5	$3,4 \cdot 10^{-3}$	0,031
d G 5	+0,82	+5,4	+5,4	5 360	5 510	5 800	4 850	0,87	0,8	$1,21$	1,06
g G 5	+1,12	+0,5	+0,2	4 620	4 500	5 900	4 850	13,2	2,5	$1,1 \cdot 10^{-3}$	0,014
d K 0	+1,03	+6,3	+6,2	4 910	5 170	5 100	3 950	0,80	0,7	$1,37$	1,09
g K 0	+1,37	+0,4	+0,1	4 230	4 130	5 050	3 700	20,9	2,5	$2,8 \cdot 10^{-4}$	0,0057
d K 5	+1,34	+7,5	+7,0	3 900	4 500	4 600	3 100	0,71	0,6	$1,67$	1,19
g K 5	+1,86	+0,0	−1,2	3 580	3 770	4 180	3 000	39,9	2,5	$3,9 \cdot 10^{-5}$	0,0016
d M 0	+1,69	+8,9	+8,2	3 500	3 910	3 850	2 300	0,55	0,5	$2,94$	1,65
g M 0	+2,06	−0,2	−1,7	3 400	3 500	—	—	55,5	2,5	$1,5 \cdot 10^{-5}$	0,00081
d M 5	—	+12,3	+11,0	2 950	—	3 400	—	—	—	—	—
g M 5	—	−0,5	—	2 850	—	—	—	—	—	—	—

Wie aus Tabelle 1 hervorgeht, streuen die Sternmassen in ihrer überwiegenden Mehrzahl nur etwa zwischen 0,4 und 4 Sonnenmassen, d. h. zwischen 0,8 und $8 \cdot 10^{33} g$. Die Extremwerte betragen 0,14 und 400 $M_\odot$, wobei aber die sehr massereichen Sterne äußerst selten sind. Wie aus Abb. 9 hervorgeht, treten bei ein und derselben Masse Sterne von etwas verschiedener Leuchtkraft auf, d. h. diese ist nur in erster Näherung durch die Masse bestimmt und hängt von mindestens einem weiteren Parameter ab, als den man heute die chemische Zusammensetzung bzw. das mittlere Molekulargewicht der Sternmaterie ansieht (Ziffer 56).

Aus M und R berechnen sich schließlich die in Tabelle 1 ebenfalls aufgeführten Werte der mittleren Dichte ϱ und der Schwerebeschleunigung g an der Sternoberfläche (beide in Einheiten der entsprechenden solaren Größen).

III. ATOMBAU UND SPEKTROSKOPIE

Obschon wir die grundlegenden Kenntnisse über Atombau und Lichtemission voraussetzen müssen, seien die wichtigsten derselben hier in Form einer Rekapitulation wieder in Erinnerung gebracht.

12. Energieniveaus und Termschema

Die innere Energie eines Atoms kann nicht beliebige, sondern nur ganz bestimmte Werte, welche wenigstens in den einfachsten Fällen theoretisch berechnet werden können, annehmen. Das sich selbst überlassene Atom wird in den energetisch tiefsten Zustand, den Grundzustand, übergehen. Die Lage der übrigen sog. angeregten Zustände wird in einem sog. Termschema durch horizontale Striche dargestellt, deren Abstand vom Grundniveau den Energieüberschuß des betreffenden Zustandes über die Energie des Grundzustandes darstellt. Solche Termschemas sind in den Abb. 10 und 11 für die Atome Wasserstoff und Natrium dargestellt. Als Energieeinheit ist, wie dies in der Atomphysik allgemein üblich ist, das Elektronenvolt, 1 eV $=1,602 \cdot 10^{-12}$ erg, verwendet worden, das die von einem Elektron beim Durchlaufen der Potentialdifferenz 1 V gewonnene Energie darstellt. Geht das Atom von einem höheren Zustand m mit der Energie E_m auf einen niedrigeren n mit der Energie E_n über, so wird die frei gewordene Energie in Form eines Lichtquants der Frequenz ν_{mn} emittiert:

$$E_m - E_n = h \, \nu_{mn} \tag{3.1}$$

wobei h die Plancksche Konstante bedeutet. Dem Niveauschema lassen sich sämtliche vom Atom emittierte Frequenzen bzw. Wellenlängen $\lambda = c/\nu$ entnehmen. Umgekehrt läßt sich aus den beobachteten Frequenzen das Niveauschema konstruieren. Im Zustand n kann das Atom aus einem vorhandenen Strahlungsfeld die Frequenz v_{mn} absorbieren und dabei in den Zustand m übergehen. Das Atom absorbiert somit dieselben Frequenzen, die es emittiert.

In den Abb. 10 und 11 sind die Übergänge zwischen den einzelnen Niveaus durch vertikale Striche dargestellt, denen die zugehörigen Wellenlängen beigeschrieben sind. Alle Übergänge, welche das tiefere Niveau gemeinsam haben, sind zu einer Serie zusammengefaßt. Das erste über dem Grundniveau gelegene angeregte Niveau bezeichnet man als Resonanzniveau und den Übergang zwischen diesem und dem Grundniveau als Resonanzlinie.

Das Atom besteht aus einem praktisch die gesamte Masse enthaltenden Kern, der Z positive Elementarladungen trägt (Z = Atomnummer im periodischen System), und aus Z negativen Elektronen, welche die Atomhülle bilden. Den einzelnen Niveaus entsprechen verschiedene Konfigurationen dieser Elektronen. Beim Na bilden 10 von den 11 Elektronen eine abgeschlossene Schale, so daß das Niveauschema nur die verschiedenen Zustände des äußersten sog. Leuchtelektrons darstellt, während beim H-Atom überhaupt nur 1 Elektron vorhanden ist. Die Niveaus eines jeden Atoms konvergieren gegen eine obere Grenze, die bei H 13,53 eV, bei Na 5,12 eV beträgt. Diese maximale Energie, die das Atom aufnehmen kann, nennt man Ionisationsenergie; sie reicht gerade aus, das Elektron vom Grundniveau aus völlig vom Atom abzutrennen, d. h. dieses in ein positives Ion und ein negatives Elektron zu zerspalten. Das neutrale Atom und sein Spektrum bezeichnet man mit I, das einfach geladene Ion mit II, das zweifach geladene mit III usw., z. B. Si I, Si II, Si III usw.

13. Termbezeichnungen und Auswahlregeln

Der Zustand eines Elektrons und damit das ihm entsprechende Energieniveau können durch vier Quantenzahlen, die nur ganz- bzw. halbzahlige Werte annehmen können, beschrieben werden. Die Hauptquantenzahl n bestimmt im wesentlichen die Energie des Zustandes und in der Bohrschen Vorstellung die große Halbachse der Ellipsenbahn des Elektrons. Die Nebenquantenzahl l bestimmt die Bahnform und kann die Werte $0, 1, \ldots, n-1$ annehmen ($n-1$ = Kreisbahn); gleichzeitig stellt sie den in der Quanteneinheit $h/(2\pi)$ gemessenen Bahndrehimpuls des Elektrons dar. In derselben Einheit ausgedrückt ist s der von der Rotation des Elektrons herrührende Drehimpuls (Spin); s kann nur die Werte $+1/2$ und $-1/2$ und der Gesamtdrehimpuls j somit nur die beiden Werte $l \pm 1/2$ annehmen. Elektronen, für welche $l = 0, 1, 2, \ldots$ ist, werden mit $s, p, d, f, g, h, \ldots$ bezeichnet (nicht zu verwechseln das Symbol s mit der Quantenzahl s). Es bedeutet $1s_{1/2}$ ein Elektron mit $n = 1, l = 0, s = 1/2$, $j = 1/2$; $2p_{3/2}$ ein solches mit $n = 2, l = 1, s = 1/2, j = 3/2$; $2p_{1/2}$ ein solches mit $n = 2, l = 1, s = -1/2, j = 1/2$.

Sind mehrere Leuchtelektronen vorhanden, so sind deren Drehimpulse oft in komplizierter Weise miteinander verkoppelt. Wir betrachten hier nur den einfachsten Fall der Russell-Saunders-Kopplung, welche in vielen Spektren,

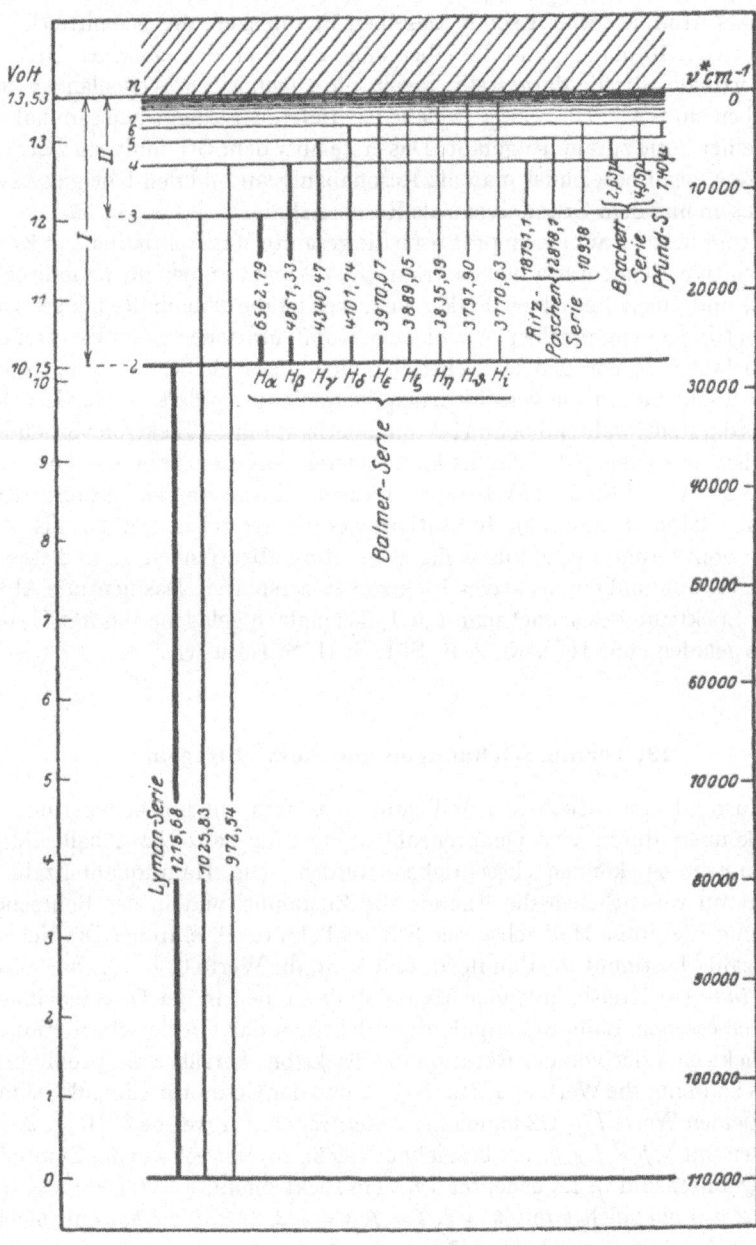

Abb. 10
Termschema des H-Atoms.

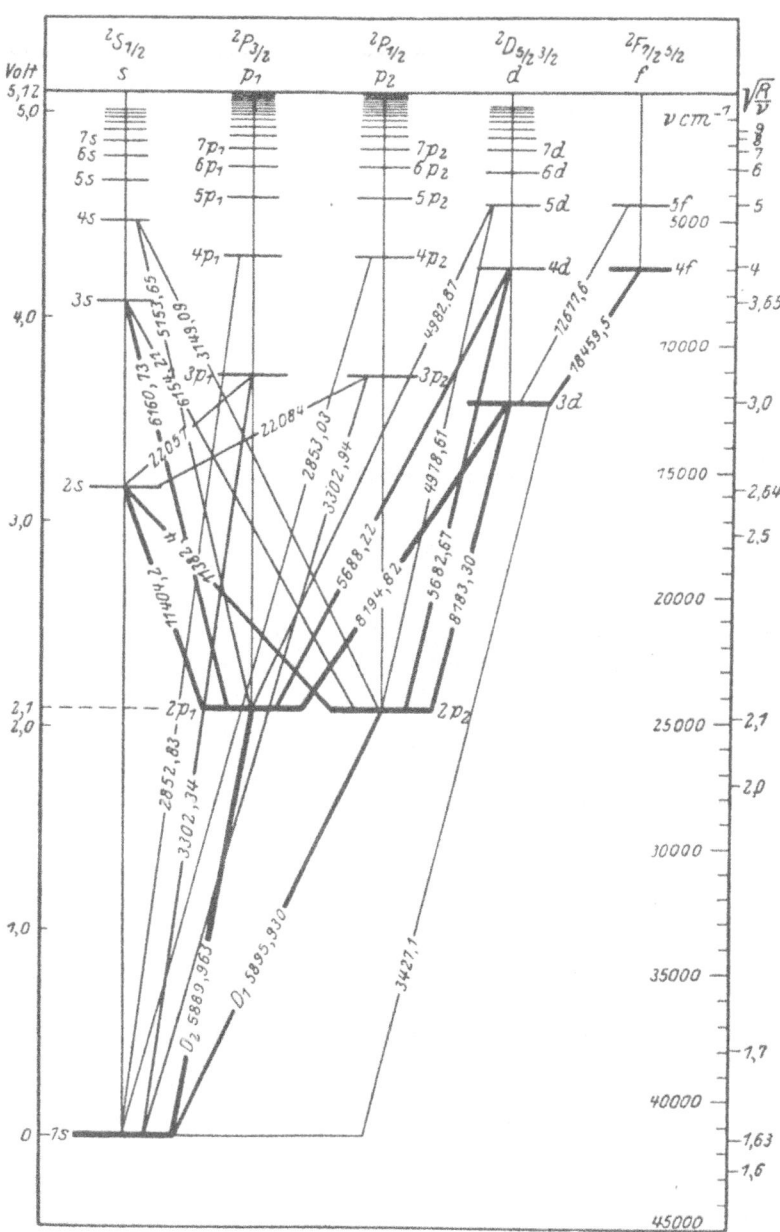

Abb. 11
Termschema des Na-Atoms.

besonders der leichten Elemente, realisiert ist. Dabei überwiegt die Wechselwirkung der Spins unter sich und der Bahnmomente unter sich, so daß ein
resultierender Spinvektor

$$S = \Sigma s \tag{3.2}$$

und ein resultierendes Bahnmoment

$$L = \Sigma l \tag{3.3}$$

entstehen, die sich ihrerseits zum Gesamtimpulsmoment

$$J = S + L \tag{3.4}$$

zusammensetzen. Dabei sind alle Summationen vektoriell auszuführen. Für
$L = 0, 1, 2, 3, \ldots$ schreibt man analog zum Einelektronensystem die Symbole
$S, P, D, F, G, \ldots$ Da sich die Elektronenspins nur parallel oder antiparallel an-
einander lagern können, ist S halb- oder ganzzahlig, je nachdem das System
eine ungerade oder gerade Anzahl von Elektronen enthält. Dasselbe gilt für die
«innere» Quantenzahl J, da L immer ganzzahlig ausfällt. Es gilt somit: Spektra,
die von Atomen oder Ionen mit gerader Elektronenzahl emittiert werden, haben
Niveaus mit ganzzahligen inneren Quantenzahlen, solche mit ungerader Elektronenzahl halbzahlige. An das Symbol für L wird rechts unten der Index J
angehängt, links oben die sog. Multiplizität $r = 2S + 1$. Diese r Terme
unterscheiden sich nur hinsichtlich der Wechselwirkung zwischen Spin- und
Bahnmoment und liegen deshalb meist nahe beisammen und bilden ein sog.
Multiplett. Man spricht von Singulett- $(r = 1, S = 0)$, Dublett- $(r = 2, S = 1/2)$,
Triplett- $(r = 3, S = 1)$ Termen usw.

$^1S_0$ bedeutet Singulett-Term $(S = 0)$ mit $L = 0$ und $J = 0$

$^2D_{3/2}$ bedeutet Dublett-Term $\left(S = \dfrac{1}{2}\right)$ mit $L = 2$ und $J = 1{,}5$

$^3P_2$ bedeutet Triplett-Term $(S = 1)$ mit $L = 1$ und $J = 2$

Mit den hier eingeführten Symbolen lautet z. B. die vollständige Term-
bezeichnung des Grundzustandes des Sauerstoffatoms: $1\,s^2\,2\,s^2\,2\,p^4\,{}^3P_2$. Dies
bedeutet, daß die acht Elektronen, von denen sich zwei im $(1\,s)$-Zustand befinden, zwei im $(2\,s)$-Zustand und vier im $(2\,p)$-Zustand, das Gesamtbahnmoment 1,
das Gesamtspinmoment 1 und das Gesamtimpulsmoment 2 besitzen. Ent-
sprechend lautet z. B. der Grundterm von Mg: $1\,s^2\,2\,s^2\,2\,p^6\,3\,s^2\,{}^1S_0$. Die abgeschlossenen oder spektroskopisch unwesentlichen inneren Elektronenschalen
werden meistens weggelassen, so daß die beiden angeführten Termbezeich-
nungen in der abgekürzten Form lauten: $2\,p^4\,{}^3P_2$ bzw. $3\,s^2\,{}^1S_0$.

Die Zahl der Übergänge zwischen den einzelnen Niveaus eines Atoms wird
durch folgende Auswahlregeln eingeschränkt:

a) J ändert sich um 0 oder ± 1; der Übergang $0 \nrightarrow 0$ jedoch ist verboten.

b) L ändert sich um 0 oder ± 1.

c) S ändert sich nicht.

d) Es gibt nur Übergänge zwischen geraden und ungeraden Termen, wobei sich die Bezeichnung gerad bzw. ungerad auf die arithmetische Summe der Bahndrehimpulse l bezieht.

Unter gewissen Bedingungen treten allerdings auch Übergänge auf, welche diese Auswahlregeln durchbrechen; solche sog. verbotenen Linien spielen in der Astrophysik eine große Rolle (Gasnebel, Novae, Sonnenkorona).

Tabelle 2

Die J-Werte in Multipletts

$L\backslash J$	Ungerade Multiplizität								Term-symbol	Gerade Multiplizität								$J\backslash L$
	0	1	2	3	4	5	6	7		$\frac{1}{2}$	$1\frac{1}{2}$	$2\frac{1}{2}$	$3\frac{1}{2}$	$4\frac{1}{2}$	$5\frac{1}{2}$	$6\frac{1}{2}$	$7\frac{1}{2}$	
0	×		Singulettsystem						S	×		Dublettsystem						0
1		×							P	×	×							1
2			×				$S=0$		D		×	×			$S=\frac{1}{2}$			2
3				×					F			×	×					3
4					×				G				×	×				4
0		×	Triplettsystem						S		×	Quartettsystem					0
1	×	×	×						P	×	×	×						1
2		×	×	×			$S=1$		D	×	×	×	×		$S=\frac{3}{2}$			2
3			×	×	×				F		×	×	×	×				3
4				×	×	×			G			×	×	×	×			4
0			×	Quintettsystem					S			×	Sextettsystem					0
1		×	×	×					P		×	×	×					1
2	×	×	×	×	×		$S=2$		D	×	×	×	×	×				2
3		×	×	×	×	×			F	×	×	×	×	×	×			3
4			×	×	×	×	×		G		×	×	×	×	×	×		4
0				×	Septettsystem				S				×	Oktettsystem				0
1			×	×	×		$S=3$		P			×	×	×		$S=\frac{7}{2}$ ||	1
2		×	×	×	×	×			D		×	×	×	×	×			2
3	×	×	×	×	×	×	×		F	×	×	×	×	×	×	×		3
4		×	×	×	×	×	×	×	G	×	×	×	×	×	×	×	×	4

In Tabelle 2 sind die bei vorgegebenen L- und S-Werten möglichen J-Werte eingetragen. Wie man sieht, ist der S-Term immer einfach; mit zunehmendem L wird die Multiplizität größer, bis die maximale oder permanente Multiplizität erreicht ist, nach der man von Singuletts, Dubletts usw. spricht. Die Zahl der J-Werte beträgt für $S < L$ $(2S+1)$ und für $L < S$ $(2L+1)$; der Maximalwert von J ist $L+S$, der Minimalwert $|L-S|$, falls die Quantenzahlen nicht als Vektoren, sondern als reine Zahlen aufgefaßt werden. Wenn man noch das obenerwähnte Theorem über S berücksichtigt, so erhält man den folgenden Rydbergschen Wechselsatz: In Spektren, die von Atomen oder Ionen mit ungerader (gerader) Elektronenzahl emittiert werden, treten Termsysteme gerader (ungerader) Multiplizität auf. Das System niedrigster Multiplizität ist ein Dublett- (Singulett-) System, das System höchster Multiplizität ist gleich der Anzahl der Valenzelektronen + 1.

14. Multiplettintensitäten

Wie aus dem Vorangegangenen folgt, verstehen wir unter einem Multiplett eine Linienkombination zweier Vielfachterme. Für die Komponenten eines Multipletts gilt die Summenregel von BURGER-DORGELO-ORNSTEIN: Die Summe der Intensitäten aller Linien eines Multipletts, welche zu dem gleichen Anfangs- bzw. Endzustand gehören, ist proportional zum statistischen Gewicht des Anfangs- bzw. Endzustandes. Um das statistische Gewicht eines Zustandes zu bestimmen, bringt man das Atom in ein schwaches äußeres Magnetfeld. Der

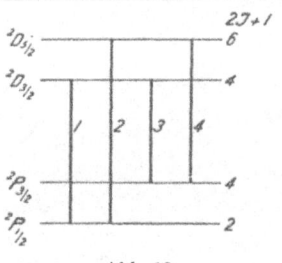

Abb. 12
Zur Bestimmung der Linienintensitäten eines Multipletts.

Gesamtimpulsvektor J nimmt dann eine solche Richtung ein, daß seine Projektion auf die Feldrichtung ein ganzzahliges Vielfaches von $h/2\pi$ ist, falls J ganzzahlig ist, oder ein halbzahliges Vielfaches, falls J halbzahlig ist. In jedem Fall spaltet somit das Niveau in $2J+1$ äquidistante Niveaus auf. Da das Niveau somit aus $2J+1$ Teilniveaus besteht, welche bei Abwesenheit eines äußeren Feldes zusammenfallen, ist das statistische Gewicht desselben $2J+1$.

Zur Illustration wenden wir die Summenregel auf den in Abb. 12 dargestellten Übergang $^2D - {}^2P$ an. Nach Tab. 2 bestehen Anfangs- und Endzustand aus je zwei Teilniveaus mit $J = 3/2, 5/2$ bzw. $1/2, 3/2$. Die statistischen Gewichte $2J+1$ sind rechter Hand beigeschrieben. Welches sind die relativen Intensitäten der vier möglichen mit 1 bis 4 bezeichneten Linien? Zunächst folgert man für die Intensität der Linie 2 $I_2 = 0$, denn sie widerspricht der Auswahlregel für J. Dann liefert die Summenregel:

$$\frac{I_1}{I_3 + I_4} = \frac{2}{4} \qquad \frac{I_1 + I_3}{I_4} = \frac{4}{6}$$

Die Auflösung dieser Gleichung ergibt das Intensitätsverhältnis $I_1 : I_3 : I_4 = 5 : 1 : 9$.

Noch einfacher werden die Verhältnisse bei den S–P-Übergängen, da der S-Term nach Tab. 2 stets einfach ist und die relativen Intensitäten somit den statistischen Gewichten $2J+1$ des P-Terms proportional sind. Beispiele:

		Intensitäts-verhältnis	Beispiel
Dublettsystem . .	$J = \dfrac{1}{2}, \dfrac{3}{2}$	$2:4$	Na λ 5896, 5890
Triplettsystem . .	$J = 0, 1, 2$	$1:3:5$	Mg λ 5167, 5173, 5184
Quartettsystem .	$J = \dfrac{1}{2}, \dfrac{3}{2}, \dfrac{5}{2}$	$2:4:6$	Mn λ 5414, 5399, 5378

Zur Berechnung der Intensitäten komplizierterer Multipletts hat man die von SOMMERFELD und HÖNL gegebenen Formeln zu verwenden:

Übergang		Intensität

$$
\begin{array}{lll}
L \to L \pm 1 & J \to J - 1 & \dfrac{2S+1}{4L} \cdot \dfrac{1}{J}\, P(J)\, P(J-1) \\[2mm]
L \to L \pm 1 & J \to J & \dfrac{2S+1}{4L} \cdot \dfrac{2J+1}{J(J+1)}\, P(J)\, Q(J) \\[2mm]
L \to L \pm 1 & J \to J + 1 & \dfrac{2S+1}{4L} \cdot \dfrac{1}{J+1}\, Q(J+1)\, Q(J) \\[2mm]
L \to L & J \to J - 1 & \dfrac{2S+1}{4} \cdot \dfrac{2L+1}{L(L+1)} \cdot \dfrac{1}{J}\, P(J)\, Q(J-1) \\[2mm]
L \to L & J \to J & \dfrac{2S+1}{4} \cdot \dfrac{2L+1}{L(L+1)} \cdot \dfrac{2J+1}{J(J+1)}\, R^2(J) \\[2mm]
L \to L & J \to J + 1 & \dfrac{2S+1}{4} \cdot \dfrac{2L+1}{L(L+1)} \cdot \dfrac{1}{J+1}\, P(J+1)\, Q(J)
\end{array}
\qquad (3.5)
$$

Die darin verwendeten Abkürzungen haben folgende Bedeutung:

$$
\begin{aligned}
P(J) &= (J+L)(J+L+1) - S(S+1) \\
Q(J) &= S(S+1) - (J-L)(J-L+1) \\
R(J) &= J(J+1) + L(L+1) - S(S+1)
\end{aligned}
$$

Diese Formeln schließen naturgemäß die Summenregel ein, indem die Summe der drei ersten Gleichungen von (3.5) proportional $2J+1$ ist und ebenso die Summe der drei letzten Gleichungen.

15. Übergangswahrscheinlichkeiten und Oszillatorenstärken

Die Intensität einer Spektrallinie wird bestimmt durch die in Ziffer 4 eingeführten Übergangswahrscheinlichkeiten bzw. durch die in Ziffer 76 definierten

Oszillatorenstärken. Nach der Maxwellschen Theorie ist die Ausstrahlung eines harmonischen klassischen Oszillators proportional dem Quadrat der Ladung und dem Amplitudenquadrat, also proportional dem Quadrat des Dipolmomentes. Im Falle einer Ansammlung von Punktladungen (Elektronen) betragen die Komponenten des Dipolmomentes: $\sum e_i x_i$, $\sum e_i y_i$, $\sum e_i z_i$. Im Bild der Wellenmechanik tritt an Stelle der diskreten Punktladungen eine kontinuierlich verteilte Ladungswolke, deren elektrische Dichte durch die Schrödingersche ψ-Funktion gegeben wird: $\varrho = e\,\psi\,\psi^* = e\,|\psi|^2$. Die Funktion ψ enthält den Zeitfaktor $e^{-2\pi i (E/h)t}$, die konjugierte Größe ψ^* den Faktor $e^{+2\pi i (E/h)t}$, so daß $|\psi|^2$ eine reine Ortsfunktion ist. $|\psi|^2$ kann auch interpretiert werden als die Wahrscheinlichkeit, das Elektron an der betreffenden Stelle zu finden. Im Falle eines einzigen Elektrons mit der Ladung e betragen somit die Komponenten des Dipolmomentes

$$P_x = e \int \psi_n\,\psi_n^*\, x\,dV$$

$$P_y = e \int \psi_n\,\psi_n^*\, y\,dV \qquad\qquad (3.6)$$

$$P_z = e \int \psi_n\,\psi_n^*\, z\,dV$$

Dabei ist die Integration über den ganzen Bereich der Ladungswolke zu erstrecken. Jedem Quantenzustand n entspricht eine andere, durch ψ_n gegebene Ladungsverteilung. Die Integrale (3.6) sind nicht nur unabhängig von der Zeit, sondern infolge der symmetrischen Ladungsverteilung gleich Null. Somit wird ein Atom in einem stationären Zustand nicht strahlen. Wie DIRAC gezeigt hat, ist in (3.6) für den Übergang $n \to m$ $\psi_n\,\psi_n^*$ zu ersetzen durch $\psi_n\,\psi_m^*$. Dadurch wird das Dipolmoment weder Null noch von der Zeit unabhängig, d. h. das Atom wird während des Überganges strahlen, und zwar mit der durch die Bohrsche Bedingung gegebenen Frequenz $\nu = |E_m - E_n|/h$, denn ψ_n enthält den Zeitfaktor $e^{-2\pi i (E_n/h)t}$ und ψ_m^* den Faktor $e^{+2\pi i (E_m/h)t}$. Besteht die Elektronenhülle aus i Ladungen, so hat man dieselben zu summieren, um das Übergangsmoment zu erhalten:

$$P_x^{n\,m} = \sum_i e_i \int \psi_n\,\psi_m^*\, x_i\,dV \qquad\qquad (3.7)$$

Man erhält nun die Ausstrahlung des Atoms nach der klassischen Theorie, indem man dort das Dipolmoment des Oszillators durch $P^{n\,m}$ ersetzt.

Streng gerechnet sind die ψ-Funktionen und damit die Oszillatorenstärken f nur für das H-Atom (Tab. 3). Von einigen weiteren astrophysikalisch wichtigen Linien sind theoretische f-Werte in hinreichender Näherung bekannt. Ferner sind zahlreiche f-Werte experimentell bestimmt. Im Prinzip geschieht dies durch Messung der Gesamtabsorption, die nach (14.24) und (14.60) $\dfrac{\pi e^2 N_n f_{mn} d}{m\,c}$ beträgt. In diesem Ausdruck kommen außer f_{mn} nur die meßbaren Größen d (Schichtdicke) und N_n (Teilchendichte bestimmt durch den Partialdruck) vor.

Tabelle 3

Oszillatorenstärken der Linien und Grenzkontinua des Wasserstoffs (nach BETHE)

Ausgangszustand	$n = 1$ Lyman-Serie	$n = 2$ Balmer-Serie	$n = 3$ Paschen-Serie
Endzustand $n = $ 1	--	− 0,104	− 0,0087
2	0,416	--	− 0,284
3	0,0791	0,637	--
4	0,0290	0,119	0,841
5	0,0139	0,0443	0,150
6	0,0078	0,0212	0,0554
7	0,0048	0,0122	0,0269
8	0,0032	0,0080	0,0161
$n = 9$ bis ∞	0,0101	0,0237	0,0421
Linienspektrum	0,564	0,762	0,839
Seriengrenzkontinuum	0,436	0,238	0,161

16. Molekülspektren

Während in den heißen Sternatmosphären die Materie nur atomar auftritt, werden in denjenigen niedriger Temperatur (Typus G bis M) auch einige einfache, biatomare Moleküle gefunden. Wie man die Atome an ihrem Linienspektrum erkennt, so die Moleküle an ihrem Bandenspektrum. Ein biatomares Molekül kann um eine zur Verbindungsrichtung der beiden Atome senkrechte Achse rotieren. Diese Bewegung unterliegt der allgemeinen Quantenbedingung, daß das Integral des Drehimpulses über einen ganzen Umlauf ein ganzzahliges Vielfaches von h ist:

$$\oint D \, d\varphi = \oint A \, \omega \, d\varphi = 2\,\pi\,A\,\omega = j\,h \qquad (j = 0, 1, 2, \ldots) \quad (3.8)$$

Dabei bedeutet A das Trägheitsmoment und ω die Winkelgeschwindigkeit. Die kinetische Energie des Rotators beträgt somit

$$E - \frac{A}{2}\,\omega^2 = \frac{h^2 j^2}{8\,\pi^2 A} \qquad (3.9)$$

Die Quantenmechanik liefert hiefür den etwas abweichenden Betrag:

$$E = \frac{h^2}{8\,\pi^2 A} \cdot j\,(j+1) \qquad (3.10)$$

Für die Rotationsquantenzahl gilt die Auswahlregel $\Delta j = \pm 1$. Somit ist

$$\Delta E = \frac{h^2}{4\,\pi^2 A}\,(j+1) = h\,\nu \qquad (3.11)$$

Dieses sog. Rotationsspektrum besteht somit aus äquidistanten Linien und ist meistens im langwelligen Ultrarot gelegen. Das Molekül kann aber auch in Richtung seiner beiden Komponenten schwingen; ist diese Schwingung rein harmonisch, so tritt nur die Eigenfrequenz ν_0 auf, so daß bei gleichzeitigem Sprung der Schwingungs- und Rotationsquantenzahl die Frequenz

$$\nu = \nu_0 \pm \frac{h}{4\,\pi^2 A}\,(j+1) \tag{3.12}$$

emittiert wird. Da ν_0 groß ist gegen $h/(4\,\pi^2 A)$, kann die Rotationsenergie sowohl zu- als auch abnehmen, woraus in (3.12) das alternative Vorzeichen resultiert. Schließlich kann gleichzeitig noch ein Elektronensprung stattfinden, der das ganze Rotations-Schwingungs-Spektrum nach noch größeren Frequenzen verschiebt.

Die Intensität I einer Rotationslinie ist proportional der Anzahl der Moleküle im Ausgangszustand der Linie, also proportional der a-priori-Wahrscheinlichkeit $(2\,j + 1)$ dieses Zustandes und dem Boltzmann-Faktor (siehe Ziffer 17):

$$I_j = \text{const}\,(2\,j+1)\,e^{-h^2 j(j+1)/8\,\pi^2 A\,k\,T} \tag{3.13}$$

wobei k wieder die Boltzmannsche Konstante und T die Temperatur bedeutet. I_j hat ein Maximum, das wir in bekannter Weise bestimmen. Die Differentiation von (3.13) liefert:

$$\frac{(j+1/2)}{I_j} \cdot \frac{dI_j}{dj} = 1 - \frac{h^2\,(2\,j+1)^2}{16\,\pi^2 A\,k\,T} \tag{3.14}$$

Der Linie maximaler Intensität entspricht $j = j_m$; für dieses ist $dI_j/dj = 0$, so daß wir erhalten:

$$T = \frac{h^2\,(2\,j_m+1)^2}{16\,\pi^2 A\,k} \tag{3.15}$$

Mit dieser einfachen Methode kann man somit aus beobachteten Intensitäten der Linien der Rotationsbanden die Temperatur des Molekülgases bestimmen.

IV. DIE IONISATION DER STERNMATERIE

Ein sehr wesentlicher Unterschied der kosmischen Materie gegenüber der irdischen besteht darin, daß unter stellaren Bedingungen die Materie stets, meist sogar sehr stark ionisiert ist, d. h. aufgespalten in positive Ionen und negative Elektronen. Wo wir im Kosmos Materie antreffen, ist die Bestimmung ihres Ionisationsgrades eine der ersten Aufgaben. Ist der Ionisationsgrad durch Beobachtung bekannt, so lassen sich aus ihm weitgehende Schlüsse auf Dichte und Temperatur der Materie ziehen.

17. Thermische Anregung und die Boltzmannsche Formel

Jedes Atom oder Ion besitzt eine Folge von diskreten Energiezuständen s (Abb. 10); $s = 0$ bedeutet dabei den Zustand niedrigster Energie (Grundzustand). Die Verteilung der Atome auf die verschiedenen Zustände wird bei thermischem Gleichgewicht durch die Boltzmannsche Formel bestimmt:

$$\frac{n_{r,s}}{n_{r,0}} = e^{-\chi_{r,s}/kT} \tag{4.1}$$

wobei $n_{r,s}$ bzw. $n_{r,0}$ die Anzahl der r-fach ionisierten Atome ($r = 0$ bezeichnet das neutrale Atom) im s-ten bzw. im 0-ten Zustand bedeutet, $\chi_{r,s}$ den Energieüberschuß (Anregungsenergie) im s-ten Zustand gegenüber dem Grundzustand, k die Boltzmannsche Konstante und T die absolute Temperatur. Darnach befinden sich bei sehr tiefer Temperatur praktisch alle Atome im Grundzustand, während bei wachsender Temperatur die Atome mehr und mehr in die höheren Zustände übergehen und der Gleichverteilung ($n_s = n_0$) zustreben. Formel (4.1) enthält die Voraussetzung, daß alle Quantenzustände einfach seien; im allgemeinen aber bestehen diese aus einer Anzahl $g_{r,s}$ sehr nahe zusammenfallender Quantenzustände, die z. B. durch ein Magnetfeld aufgelöst werden können. Da diese $g_{r,s}$ Zustände sich energetisch voneinander nur sehr wenig unterscheiden, sind sie gleich stark besetzt, und man erhält die Besetzungszahlen für einfache Zustände, indem man die $n_{r,s}$ durch die statistischen Gewichte $g_{r,s}$ dividiert, so daß die Boltzmannsche Formel die endgültige Form annimmt:

$$\frac{n_{r,s}}{n_{r,0}} = \frac{g_{r,s}}{g_{r,0}} e^{-\chi_{r,s}/kT} \tag{4.2}$$

Daraus folgt für das Verhältnis von $n_{r,s}$ zur Gesamtzahl n_r aller Atome im r-ten Ionisationszustand:

$$\frac{n_{r,s}}{n_r} = \frac{g_{r,s}}{u_r} e^{-\chi_{r,s}/kT} \tag{4.3}$$

wobei die Temperaturfunktion

$$u_r(T) = \sum_{s=0}^{\infty} g_{r,s} e^{-\chi_{r,s}/kT} = g_{r,0} + g_{r,1} e^{-\chi_{r,1}/kT} + \cdots \tag{4.4}$$

als die Zustandssumme des r-fach ionisierten Atoms bezeichnet wird. Da die Energieniveaus gegen χ_r, die Ionisationsenergie des r-fach ionisierten Atoms, konvergieren und die $g_{r,s}$ mit wachsendem s zunehmen, so scheint zunächst die Reihe (4.4) zu divergieren. Daß dies nicht eintritt, liegt daran, daß die höheren Zustände nicht realisiert sind, die Reihe somit nur aus endlich vielen Gliedern besteht. Nach der modellmäßigen Vorstellung entsprechen größeren Werten von s größere Radien der Elektronenbahnen. Durch den gegenseitigen Abstand der Atome ist aber eine obere Grenze für diese Radien und damit für s gegeben. Beobachtungsmäßig kommt dies darin zum Ausdruck, daß die höheren Glieder einer Spektralserie zusammenfließen und in das Seriengrenzkontinuum übergehen.

18. Starke Ionisation

Bei den leichteren Atomen, die in der stellaren Materie mengenmäßig allein von Bedeutung sind, ist das Atomgewicht A rund doppelt so groß als die Kernladungszahl N. Bei vollständiger Ionisation spaltet dann das Atom in 1 Ion und N Elektronen auf, so daß das mittlere Molekulargewicht, unter welchem wir die mittlere Masse eines freien Teilchens, ausgedrückt in Einheiten der Masse m_H des Wasserstoffatoms, verstehen, $A/(N+1) \sim A/N \sim 2$ beträgt. Ausnahmen hievon machen nur Wasserstoff: $A/(N+1) = 1/2$ und Helium: $A/(N+1) = 4/3$. Vollständig ionisierte Materie besteht somit aus drei Komponenten, einer mit dem Molekulargewicht $\mu = 1/2$ (H), einer mit $\mu = 4/3$ (He) und einer mit $\mu = 2$ (übrige Atome). Besteht 1 g dieses Gemisches aus X g H, Y g He und $1 - X - Y$ g der übrigen Elemente, so beträgt sein mittleres Atomgewicht

$$\mu = \frac{1}{\left(2\,\dfrac{X}{m_H} + \dfrac{3\,Y}{4\,m_H} + \dfrac{(1-X-Y)\,(N+1)}{A\,m_H}\right) m_H}$$

$$= \frac{1}{2X + \dfrac{3}{4}Y + \dfrac{1}{2}(1-X-Y)} = \frac{2}{1 + 3X + \dfrac{1}{2}Y} \tag{4.5}$$

Allgemein ist das mittlere Molekulargewicht, wenn die Menge des Elementes E pro 1 g Sternmaterie X_E g beträgt und n_E die Zahl der freien Teilchen bedeutet, in die m_H g des Elementes E aufgespalten sind:

$$\mu = \frac{1}{\sum \dfrac{X_E\,(N+1)}{A_E\,m_H}} \cdot \frac{1}{m_H} = \frac{1}{\Sigma X_E\,n_E} \tag{4.6}$$

Im Falle daß die Ionisation weit fortgeschritten, aber nicht vollständig ist, kann man näherungsweise die Ablösearbeit χ_n eines Elektrons aus der n-ten Elektronenschale durch den Coulomb-Feld-Ausdruck darstellen,

$$\chi_n = \frac{2\,\pi^2\,m\,e^4}{n^2\,h^2}\,Z^2 \tag{4.7}$$

wobei m die Masse und e die Ladung des Elektrons bedeutet, h die Plancksche Konstante und $Z = N$ die Kernladungszahl. Es ist dies für $Z = 1$ der bekannte Ausdruck der Bohrschen Theorie des H-Atoms für das Elektron im Quantenzustand n. In dieser Näherung werden somit die Elektronen nur in bezug auf die Schale (K-Schale für $n = 1$, L-Schale für $n = 2$ usw.), der sie angehören, unterschieden, so daß χ_K, χ_L, ... mittlere Bindungsenergien der Elektronen dieser Schalen bedeuten. Die Elektronenkonfiguration eines Ions wird dann beschrieben durch die Anzahlen n_K, n_L, ... (nicht zu verwechseln mit der Quantenzahl n) der Elektronen in den einzelnen Schalen. Die statistischen Gewichte q der Besetzungen der einzelnen Schalen entsprechen den Realisierungsmöglichkeiten dieser Besetzungen. Da nach dem Paulischen Ausschließungsprinzip die

K-Schale maximal 2, die L-Schale 8, die M-Schale 18 ... Elektronen enthält, betragen die statistischen Gewichte

$$q(n_K) = \binom{2}{n_K}$$

$$q(n_L) = \binom{8}{n_L} \qquad\qquad (4.8)$$

. . . .

und somit ist das statistische Gewicht der ganzen Konfiguration

$$\binom{2}{n_K}\binom{8}{n_L}\binom{18}{n_M} \cdots \qquad\qquad (4.9)$$

Diesem Gewicht ist die Zahl der pro Kubikzentimeter enthaltenen, durch n_K, n_L, n_M, ... charakterisierten Atome proportional, für welche die Quantenstatistik liefert:

$$\binom{2}{n_K}\binom{8}{n_L}\binom{18}{n_M} \cdots z_K^{n_K}\, z_L^{n_L}\, z_M^{n_M} \cdots \qquad\qquad (4.10)$$

wobei die z_i die Bedeutung haben:

$$z_i = \frac{h^3}{2\,(2\,\pi\,m\,k)^{3/2}} \cdot \frac{N_e}{T^{3/2}}\, e^{\chi_i/kT} \qquad\qquad (4.11)$$

Darin ist mit N_e die Elektronendichte bezeichnet. Die K-Schale kann nur durch 0, 1 oder 2 Elektronen besetzt sein, wobei sich die Häufigkeiten dieser drei Besetzungsmöglichkeiten verhalten wie

$$\binom{2}{0} : \binom{2}{1} z_K : \binom{2}{2} z_K^2 \qquad\qquad (4.12)$$

Daraus berechnet sich die durchschnittliche Anzahl N_K der K-Elektronen pro Atomkern:

$$N_K = \frac{0\binom{2}{0} + 1\binom{2}{1} z_K + 2\binom{2}{2} z_K^2}{\binom{2}{0} + \binom{2}{1} z_K + \binom{2}{2} z_K^2} = \frac{2}{1 + z_K^{-1}} \qquad\qquad (4.13)$$

Analog ergibt sich für die mittlere Anzahl der L-Elektronen:

$$N_L = \frac{8}{1 + z_L^{-1}} \qquad\qquad (4.14)$$

und allgemein für die mittlere Anzahl der in der i-ten Schale gebundenen Elektronen:

$$N_i = \frac{2\,i^2}{1 + z_i^{-1}} \qquad\qquad (4.15)$$

Da aber die i-te Schale des nichtionisierten Atoms $2\,i^2$ Elektronen enthält, liefert diese Schale bei der Ionisation

$$2\,i^2 - N_i = \frac{2\,i^2}{1 + z_i} \qquad\qquad (4.16)$$

Elektronen. Die Gesamtzahl der freien Teilchen (Atomkern inbegriffen), in welche das Atom bei der Ionisation aufspaltet, beträgt somit

$$1 + \sum_i \frac{2\,i^2}{1 + z_i} \tag{4.17}$$

Mit dieser Formel läßt sich von jeder Atomsorte (Kernladung Z) der Ionisationsgrad als Funktion der Temperatur und der Elektronendichte berechnen.

19. Die Ionisationsformel von Saha

Während der soeben betrachtete Fall starker Ionisation bei der Materie im Inneren der Sterne vorliegt, betrachten wir nunmehr den in den Sternatmosphären realisierten Fall schwacher Ionisation, bei der die Atome nur ein oder einige wenige Elektronen abgegeben haben. Dieser Fall wurde zuerst von J. EGGERT untersucht, während M. N. SAHA die Ionisationsformel zur Deutung der Sternspektren herangezogen hat.

Wir bezeichnen mit x, y, z die Lage- und mit p_x, p_y, p_z die Impulskoordinaten eines Elektrons in bezug auf «seinen» Atomkern. Wird dem Elektron eine Energie zugeführt, welche größer ist als seine Ablösearbeit χ_0, so vermag das Elektron das Atom zu verlassen, was man als Ionisation bezeichnet. Die Energie des abgetrennten Elektrons, wieder bezogen auf den Atomkern, beträgt dann:

$$\chi_0 + \frac{m}{2}\,(\dot{x}^2 + \dot{y}^2 + \dot{z}^2) = \chi_0 + \frac{1}{2\,m}\,(p_x^2 + p_y^2 + p_z^2) \tag{4.18}$$

Das Volumenelement dV enthalte dn_e Elektronen, deren Impulskoordinaten zwischen p_x und $p_x + dp_x$, p_y und $p_y + dp_y$, p_z und $p_z + dp_z$ liegen, die also im sechsdimensionalen Phasenraum das Volumen

$$ds = dx\,dy\,dz\,dp_x\,dp_y\,dp_z = dq_x\,dq_y\,dq_z\,dp_x\,dp_y\,dp_z \tag{4.19}$$

bewohnen. Jede ein Atom charakterisierende Quantengröße hat die Dimension $dp\,dq$, und da das Impulsmoment eines jeden Quantenzustandes sich von demjenigen seiner Nachbarn um h unterscheidet, hat die Quantenzelle die Größe h^3. Die Zahl der Elektronen pro Quantenzelle beträgt somit:

$$\frac{dn_e\,h^3}{ds} \tag{4.20}$$

Bezeichnen wir noch die Anzahl der neutralen Atome im Grundzustand (ebenfalls pro Quantenzelle) mit n_0, so ergibt die Anwendung der Boltzmannschen Formel (4.1):

$$\frac{dn_e\,h^3}{dV\,n_0} = e^{-1/k\,T\,[\chi_0 + (1/2\,m)\,(p_x^2 + p_y^2 + p_z^2)]}\,dp_x\,dp_y\,dp_z \tag{4.21}$$

Integriert man über den ganzen Bereich der Impulskoordinaten und über das Volumen ΔV, so ergibt sich:

$$\frac{n_e}{n_0} = \frac{(2\,\pi\,m\,k\,T)^{3/2}}{h^3}\,e^{-\chi_0/k\,T}\,\Delta V \tag{4.22}$$

Da die Koordinaten des Elektrons auf «sein» Atom oder nach seiner Abtrennung auf «sein» Ion bezogen waren, hat man sinngemäß ΔV gleich dem dem Ion im Mittel zugehörigen Raum zu wählen, d. h. es ist $\Delta V n_1 = 1$, falls n_1 die Zahl der Ionen pro Kubikzentimeter bezeichnet. Damit nimmt (4.22) die Form an:

$$\frac{n_1 n_e}{n_0} = \frac{(2\,\pi\,m\,k\,T)^{3/2}}{h^3}\,e^{-\chi_0/k\,T} \tag{4.23}$$

Da sich an dem Verhältnis n_e/n_0 nichts ändert, wenn man die betreffenden Konzentrationen statt pro Quantenzelle pro Kubikzentimeter rechnet, seien fortan n_0, n_1, n_e als Dichten pro Kubikzentimeter aufgefaßt. Es ist nun üblich, die Elektronendichte zu ersetzen durch den Elektronendruck P_e. Nach der Gasgleichung ist:

$$P = \frac{\Re\,\varrho\,T}{\mu} = \frac{N\,k\,\varrho\,T}{\mu} = \frac{N\,k\,\varrho\,T}{\varrho\,V} = n\,k\,T \tag{4.24}$$

wobei N die Teilchenzahl pro Mol, V das Molvolumen und n die Teilchenzahl pro Kubikzentimeter bedeutet. Insbesondere beträgt somit der Elektronendruck:

$$P_e = n_e\,k\,T \tag{4.25}$$

wodurch die Sahasche Gleichung (4.23) die Form erhält:

$$\frac{n_1}{n_0}\,P_e = \frac{(2\,\pi\,m)^{3/2}\,(k\,T)^{5/2}}{h^3}\,e^{-\chi_0/k\,T} \tag{4.26}$$

Während die Verteilung der Atome auf die verschiedenen angeregten Zustände nach der Boltzmannschen Formel lediglich eine Temperaturfunktion ist, hängt der Ionisationsgrad außer von der Temperatur auch vom Druck ab. Die Ionisation wird durch Erhöhung der Temperatur und Erniedrigung des Druckes gefördert.

Unsere Ableitung der Ionisationsformel hat einfache Quantenzustände vorausgesetzt; trifft dies nicht zu, so haben wir wie bei der Boltzmannschen Formel die n_0, n_1, n_e durch die entsprechenden statistischen Gewichte zu dividieren, wobei dasjenige des Elektrons $g_e = 2$ zu setzen ist, entsprechend den 2 Einstellungsmöglichkeiten des Spins in einem äußeren Feld. Fassen wir nicht speziell die Ionisation des neutralen Atoms ins Auge, sondern allgemein diejenige des r-fach ionisierten, dessen Ionisationsenergie χ_r beträgt, so erhalten wir schließlich die allgemeine Form der Sahaschen Gleichung:

$$\frac{n_{r+1,0}}{n_{r,0}}\,P_e = \frac{g_{r+1,0}}{g_{r,0}}\,2\,\frac{(2\,\pi\,m)^{3/2}\,(k\,T)^{5/2}}{h^3}\,e^{-\chi_r/k\,T} \tag{4.27}$$

worin durch den zweiten Index 0 explizite zum Ausdruck gebracht wird, daß es sich um das Verhältnis der Anzahl der $(n+1)$-fach ionisierten Atome im Grundzustand zu derjenigen der r-fach ionisierten im Grundzustand handelt. Richtet man hingegen die Aufmerksamkeit auf das Verhältnis der Anzahl aller $(r+1)$-fach ionisierten Atome zu derjenigen aller r-fach ionisierten, also auf n_{r+1}/n_r ohne zweiten Index, so erhält man

$$\frac{n_{r+1}}{n_r}\,P_e = \frac{u_{r+1}}{u_r}\,2\,\frac{(2\,\pi\,m)^{3/2}\,(k\,T)^{5/2}}{h^3}\,e^{-\chi_r/k\,T} \tag{4.28}$$

wobei u die schon in Ziffer 17 eingeführte Zustandssumme bedeutet. In sehr vielen Fällen kann man u durch das erste Glied $g_{r,0}$ approximieren, so daß

$$\frac{n_{r+1}}{n_r} \sim \frac{n_{r+1,0}}{n_{r,0}}$$

Diese Fälle liegen vor, wenn das erste angeregte Niveau hoch über dem Grundniveau liegt, d. h. wenn sich die überwiegende Mehrzahl der Atome bzw. Ionen im Grundzustand befindet.

Um mit diesen Gleichungen numerisch operieren zu können, logarithmieren wir sie und messen die Energien in Elektronenvolt und die Drucke in Bar = dyn/cm². Dann lauten die Formeln von BOLTZMANN und SAHA:

$$\log \frac{n_{r,s}}{n_{r,0}} = - \chi_{r,s} \frac{5040}{T} + \log \frac{g_{r,s}}{g_{r,0}} \tag{4.29}$$

$$\log \frac{n_{r,s}}{n_r} = - \chi_{r,s} \frac{5040}{T} + \log \frac{g_{r,s}}{u_r} \tag{4.30}$$

$$\log \frac{n_{r+1,0}}{n_{r,0}} P_e = - \chi_r \frac{5040}{T} + \frac{5}{2} \log T - 0{,}48 + \log \left(\frac{g_{r+1,0}}{g_{r,0}} 2 \right) \tag{4.31}$$

$$\log \frac{n_{r+1}}{n_r} P_e = - \chi_r \frac{5040}{T} + \frac{5}{2} \log T - 0{,}48 + \log \left(\frac{u_{r+1}}{u_r} 2 \right) \tag{4.32}$$

Die statistischen Gewichte g der einzelnen Zustände lassen sich berechnen, wenn deren Spektralklassifikation, d. h. der resultierende Bahndrehimpuls L und das resultierende Spinmoment S, bekannt sind (Ziffer 13). Jener besitzt gegen ein äußeres Magnetfeld $2L + 1$ Einstellrichtungen, dieses $2S + 1$, so daß das statistische Gewicht des Terms

$$g = (2L + 1)(2S + 1) \tag{4.33}$$

beträgt. In Tab. 4 sind diese statistischen Gewichte für die Grundterme sowie die Ionisierungsspannungen der astrophysikalisch allein wichtigen leichteren Elemente mitgeteilt. Nach Ziffer 13 hat beispielsweise der Sauerstoff den Grundzustand $^3P_2$, das Magnesium $^1S_0$; somit beträgt das statistische Gewicht für jenen 9, für diesen 1. Bei den nicht näher bezeichneten g-Werten folgt das zweittiefste Niveau erst in einem Abstand von mehr als 2 eV über dem Grundniveau, so daß jenes und die höheren Niveaus bei näherungsweiser Berechnung der Zustandssumme vernachlässigt werden können, bei den mit * bezeichneten in einem Abstand von 1 bis 2 eV, so daß das Resonanzniveau jedenfalls bei Temperaturen > 10000° mit berücksichtigt werden muß, bei den mit ** bezeichneten schließlich in einem Abstand von weniger als 1 eV und muß in der Berechnung von u stets mit berücksichtigt werden. Der in der Saha-Formel auftretende Faktor $2(u_{r+1}/u_r)$ bzw. $2(g_{r+1,0}/g_{r,0})$ ist stets von der Größenordnung 1, so daß man bei Überschlagsrechnungen die statistischen Gewichte überhaupt vernachlässigen kann.

20. Mehrfache Ionisation und Ionisation von Elementgemischen

Wir geben der linken Seite der Sahaschen Formel eine andere Form, indem wir auch die n_{r+1} und n_r durch die entsprechenden Partialdrucke ersetzen. Es sei p_0 der Druck des Gases vor der Ionisation; wird dann der Bruchteil x der

Tabelle 4

Statistische Gewichte und Ionisierungsspannungen der leichten Elemente
(nach Unsöld)

Z	Symbol	$g_{0,0}$	χ_0	$g_{1,0}$	χ_1	$g_{2,0}$	χ_2
1	H	2	13,53	—	—	---	—
2	He	1	24,46	2	54,14	—	—
3	Li	2*	5,37	1	75,28	2	121,8
4	Be	1	9,28	2	18,12	1	153,1
5	B	6	8,28	1	25,0	2	37,75
6	C	9*	11,22	6	24,27	1	47,65
7	N	4	14,48	9*	29,47	6	47,40
8	O	9*	13,55	4	34,93	9	54,87
9	F	6	18,6	9	34,6	4	
10	Ne	1	21,47	6	40,9	9	63,2
11	Na	2	5,12	1	47,0	6	
12	Mg	1	7,61	2	14,96	1	(80)
13	Al	6	5,96	1	18,74	2	28,31
14	Si	9**	8,12	6	16,27	1	33,35
15	P	4	10,3	9	19,8	6	30,0
16	S	9	10,3	4*	23,3	9	34,9
17	Cl	6	12,96	9	22,5	4	39,7
18	Ar	1	15,69	6	27,72	9	40,7
19	K	2*	4,32	1	31,7	6	47
20	Ca	1*	6,09	2*	11,82	1	51,0
21	Sc	10**	6,7	15**	12,8	10	24,3
22	Ti	21**	6,81	28**	13,6	21*	27,6
23	V	28**	6,76	25**	14,1	28*	26,4
24	Cr	7**	6,74	6*	16,6	25	(31)
25	Mn	6	7,41	7*	15,7	6	(32)
26	Fe	25**	7,83	30**	16,5		
27	Co	28**	7,81	21	17,3		
28	Ni	21**	7,61	10*	18,7		

Atome ionisiert, so wird der Druck der neutralen Atome $p_1 = p_0 (1 - x)$, derjenige der Ionen $p_2 = p_0 x$ und ebenfalls derjenige der Elektronen $p_3 = p_0 x$. Nach der Ionisation beträgt daher der Gesamtdruck $p = p_1 + p_2 + p_3 = p_0(1+x)$. Es ist somit $n_{r+1}/n_r = p_2/p_1 = x/(1 - x)$ und aus der linken Seite der Saha-Gleichung wird

$$\frac{x}{1-x}\, P_e = \frac{x}{1-x} \cdot \frac{x}{1+x}\, p = \frac{x^2}{1-x^2}\, p \qquad (4.34)$$

Wir betrachten nun den Fall, daß nebeneinander neutrale, einfach und zweifach ionisierte Atome vorkommen, deren relative Häufigkeiten $1 - x - y$, x, y betragen sollen. Es ist dann der Partialdruck der Ionen $x p_0$ bzw. $y p_0$, derjenige der Elektronen $(x + 2y)\, p_0$ und derjenige der neutralen Atome $(1 - x - y)\, p_0$, so daß der Totaldruck $p = (1 + x + 2y)\, p_0$ beträgt. Dann nimmt die Saha-Formel ohne Berücksichtigung der statistischen Gewichte für die erste Ionisationsstufe die Gestalt an:

$$\log \frac{x\,(x+2\,y)\,p}{(1-x-y)\,(1+x+2\,y)} = -\chi_0 \frac{5040}{T} + \frac{5}{2} \log T - 0{,}48 \qquad (4.35)$$

und für die zweite:

$$\log \frac{y\,(x+2\,y)\,p}{x\,(1+x+2\,y)} = -\chi_1 \frac{5040}{T} + \frac{5}{2} \log T - 0{,}48 \qquad (4.36)$$

Durch Subtraktion dieser Gleichungen ergibt sich:

$$\log \frac{x^2}{y\,(1-x-y)} = (\chi_1 - \chi_0) \frac{5040}{T} \qquad (4.37)$$

Für die in Tabelle 4 aufgeführten Elemente ist im Mittel $\chi_1 - \chi_0$ 18 eV und der unter dem Logarithmus stehende Ausdruck somit sehr groß, d. h. es ist entweder y oder $1 - x - y$ sehr klein. Drei aufeinanderfolgende Ionisationsstufen (als welche wir anstatt die Stufen 0, 1, 2 ebensogut die Stufen r, $r + 1$, $r + 2$ hätten betrachten können) kommen somit nicht gleichzeitig nebeneinander in beträchtlicher Menge vor. Die zweite Ionisation wird erst merklich, wenn die neutralen Atome praktisch verschwunden sind. Unter stellaren Verhältnissen verteilen sich somit die Atome eines Elementes im wesentlichen auf zwei benachbarte Ionisationsstufen. Bei Betrachtung des Ionisationsgleichgewichtes (4.35) ist somit y zu vernachlässigen, bei (4.36) die neutralen Atome, d. h. es ist $x + y \sim 1$, so daß die Gleichungen für die aufeinanderfolgenden Ionisierungen voneinander unabhängig werden:

$$\log \frac{x^2}{(1-x)\,(1+x)}\, p = -\chi_0 \frac{5040}{T} + \frac{5}{2} \log T - 0{,}48 \qquad (4.38)$$

$$\log \frac{y\,(1+y)}{(1-y)\,(2+y)}\, p = -\chi_1 \frac{5040}{T} + \frac{5}{2} \log T - 0{,}48 \qquad (4.39)$$

Bis jetzt haben wir nur den Fall eines einzelnen Elementes betrachtet. Durch die Anwesenheit anderer Elemente, wie es dem Zustand der stellaren Materie entspricht, werden zwar die Partialdrucke der Atome und Ionen eines bestimmten Elementes nicht verändert, hingegen tragen zum Elektronendruck die von sämtlichen Elementen abgetrennten Elektronen bei. Der Elektronendruck beträgt dann

$$P_e = \frac{\Sigma\, n_i\, x_i}{\Sigma\, n_i + \Sigma\, n_i\, x_i}\, p = \frac{x_0}{1+x_0}\, p \qquad (4.40)$$

Darin bedeutet x_i den Bruchteil der ionisierten Atome des i-ten Elementes und n_i die Anzahl Atome + Ionen desselben; $x_0 = \dfrac{\Sigma\, n_i\, x_i}{\Sigma\, n_i}$ ist der mittlere Ionisationsgrad. Nunmehr lautet nach (4.34) die Ionisationsgleichung:

$$\log \frac{x}{1-x} \cdot \frac{x_0}{1+x_0}\, p = -\chi_0 \frac{5040}{T} + \frac{5}{2} \log T - 0{,}48 \qquad (4.41)$$

Gegenüber der Saha-Formel für ein reines Element ist $x/(1+x)$ ersetzt durch $x_0/(1 + x_0)$. Danach wird für $x < x_0$ der Ionisationsgrad $x/(1 - x)$ kleiner, für

$x > x_0$ größer, als wenn bei demselben Gesamtdruck und derselben Temperatur das Element allein vorhanden wäre. Ein Zusatz anderer Elemente bewirkt somit bei den leicht ionisierbaren Elementen eine Erhöhung, bei den schwer ionisierbaren eine Erniedrigung des Ionisationsgrades.

21. Ionisationsprozesse

Wir haben die Ionisationsgleichung auf rein thermodynamischer Grundlage unter Voraussetzung thermischen Gleichgewichtes abgeleitet, wobei wir nicht nötig hatten, auf den Mechanismus der Ionisation einzugehen. Als Ionisationsursachen kommen im wesentlichen in Betracht: Photoeffekt und Elektronenstoß. Trifft ein Lichtquant der Frequenz ν auf ein Atom im Grundzustand, so kann dasselbe aus dem Atom ein Elektron der Geschwindigkeit v auslösen:

$$\frac{m v^2}{2} = h \nu - \chi_0 \tag{4.42}$$

Befindet sich das Atom in einem angeregten Zustand, so tritt an Stelle von χ_0 die um die Anregungsenergie verminderte Ionisationsarbeit. Dem Photoeffekt wirkt die Wiedervereinigung von Ion und Elektron unter Ausstrahlung des Quants $h \nu = (m v^2/2) + \chi_0$ entgegen, dem Ionisationsprozeß durch Elektronenstoß die Rekombination von Ion und Elektron unter strahlungsloser Abgabe der dabei frei werdenden Energie an ein drittes Teilchen. Bei astrophysikalischen Anwendungen liegt häufig der Fall hoher Strahlungsdichte und kleiner Materiedichte vor, in welchem praktisch nur der Photoeffekt als Ionisationsursache in Betracht kommt (Sternatmosphären).

Eine detaillierte Untersuchung der Ionisationsmechanismen hat dann einzusetzen, wenn kein thermisches Gleichgewicht besteht und somit die rein thermodynamische Betrachtungsweise versagt (Gasnebel).

22. Die Interpretation der Spektralklassifikation

Das Charakteristische der Spektralklassifikation besteht darin, daß die Intensität irgendeiner bestimmten Spektrallinie längs der Sequenz monoton bis zu einem Maximum zu- und hernach wieder abnimmt. Es sei z. B. an die Balmer-Linien des Wasserstoffs erinnert, welche in der Klasse A 0 ihre maximale Intensität erlangen. Betrachten wir gerade den Fall, wie er bei den Balmer-Linien vorliegt, daß nämlich das Ausgangsniveau der Linie ein angeregtes Niveau i des neutralen Atoms ist (Anregungsenergie χ_i). Wie wir gesehen haben, verteilen sich die Atome nur auf zwei konsekutive Ionisationszustände, in unserem Fall auf den neutralen und den einfach ionisierten gemäß (4.23):

$$\frac{n_1}{n_0} = q \cdot \frac{(2 \pi m k T)^{3/2}}{n_e h^3} e^{-\chi_0/k T} \tag{4.43}$$

Dabei sind in q die Gewichtsfaktoren zusammengefaßt. Die Gesamtzahl der Atome + Ionen pro Kubikzentimeter beträgt somit

$$n = n_0 + n_1 = n_0 \left[1 + \frac{q\,(2\,\pi\,m\,k\,T)^{3/2}}{n_e\,h^3}\, e^{-\chi_0/kT} \right] \qquad (4.44)$$

Die Anzahl n_i der Atome im Ausgangsniveau der betrachteten Linie ist nach (4.2):

$$n_i = q_i\,n_0\,e^{-\chi_i/kT} \qquad (4.45)$$

wobei jetzt die statistischen Gewichte in q_i zusammengefaßt sind. Eliminieren wir noch aus diesen beiden Gleichungen n_0, so erhalten wir die für die Intensität der betrachteten Linie maßgebliche Konzentration n_i:

$$n_i = q_i\,n\,e^{-\chi_i/kT} \left[1 + \frac{q\,(2\,\pi\,m\,k\,T)^{3/2}}{n_e\,h^3}\, e^{-\chi_0/kT} \right]^{-1} = q_i\,n\,A\,B \qquad (4.46)$$

Dies ist, abgesehen von n_e, eine reine Temperaturfunktion. Mit zunehmender Temperatur steigt der Faktor A von 0 bis 1, während der Faktor B von 1 auf 0 abnimmt. Somit nimmt n_i und damit die Intensität der vom Zustand i ausgehenden Linien von Null an zu bis zur Erreichung eines Maximums und fällt dann wieder auf Null ab. Dies kommt dadurch zustande, daß bei zunehmender Temperatur die Besetzung des angeregten Niveaus zunächst zunimmt, bei noch weiter steigender Temperatur dagegen wieder zurückgeht, weil die Atome in den ionisierten Zustand abwandern. Hat man eine bestimmte Linie in einem bestimmten Spektraltyp in maximaler Intensität beobachtet, so ergibt sich, indem man die Ableitung von (4.46) gleich Null setzt, unmittelbar die Temperatur der betreffenden Sternatmosphäre. Der Umstand, daß in (4.46) außer den für die gewählte Linie charakteristischen Atomkonstanten auch die Elektronendichte auftritt, hat zur Folge, daß in einem Riesenstern mit kleinem n_e bei denselben spektroskopischen Charakteristika sich eine niedrigere Temperatur ergibt als für einen Zwergstern mit größerem n_e.

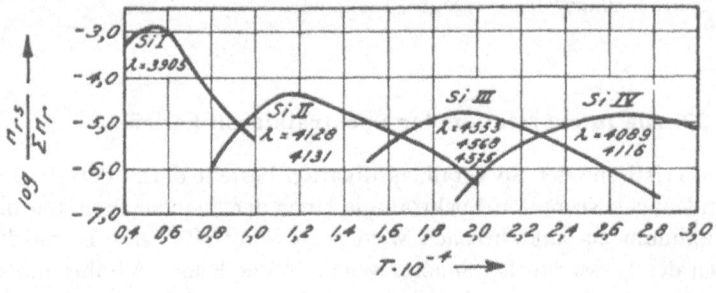

Abb. 13
Der Intensitätsverlauf einiger Si-Linien nach FOWLER und MILNE für $P_e = 132$ Bar.

Abschließend zeigen wir in Abb. 13 das instruktive Verhalten der Si-Linien in Sternatmosphären verschiedener Temperaturen. Schon bei mittleren Sterntemperaturen erreichen die Si-I-Linien ihre maximale Intensität. Bei höheren Temperaturen werden dieselben wieder schwächer, indem die Atome in Si II übergehen, bei noch höheren Temperaturen in Si III usw.

V. ORTS- UND GESCHWINDIGKEITSKOORDINATEN DER STERNE

Außer den für den betreffenden Stern charakteristischen, in Kap. II betrachteten Zustandsgrößen gibt es noch solche, welche nur zum Teil vom Stern selber abhängen und zum Teil vom Beobachtungsstandort, nämlich die Lage- und die Geschwindigkeitskoordinaten.

23. Die sphärischen Koordinaten

eines Gestirns bestimmen dessen Lage an der Himmelssphäre. Am meisten finden die mit dem Meridianinstrument absolut meßbaren Äquatorkoordinaten, die Rektaszension α und die Deklination δ Verwendung. Die Deklination ist der

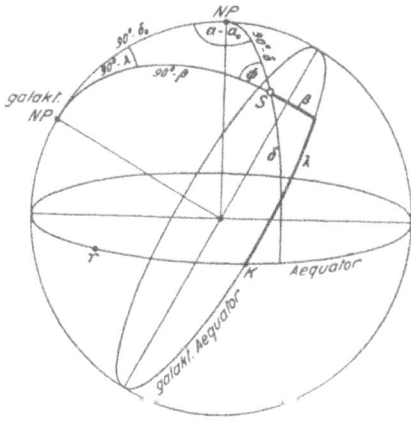

Abb. 14
Äquatoriale und galaktische Koordinaten.

Winkelabstand des Objektes (S in Abb. 14) von der Äquatorebene und α der Winkel zwischen der Stundenkreisebene durch S und derjenigen durch den Frühlingspunkt ♈. Da aber die Orientierung des Sternsystems keine Beziehung zeigt zur irdischen Äquatorebene, so ist dieses Koordinatensystem für eine sinngemäße Darstellung des Sternsystems ungeeignet. Das Sternsystem ist, wie in Kap. XIX gezeigt werden wird, ein rotationssymmetrisches Gebilde von der Form eines stark abgeplatteten Diskus. In der den Himmel in einem Großkreis umspannenden Milchstraße erkennen wir die «Kante» unseres Sternsystems. Die Milchstraßen- oder galaktische Ebene ist somit eine für die Strukturbeschreibung des Sternsystems geeignete Bezugsebene. Den Winkelabstand des Objektes S von dieser Ebene bezeichnet man als die galaktische Breite β, den auf dem galaktischen Äquator gemessenen Abstand vom aufsteigenden Knoten K des galaktischen Äquators als die galaktische Länge λ. Die relative Lage der

beiden Koordinatensysteme ist durch die Koordinaten des galaktischen Nord-
pols gegeben:

$$\delta_0 = +28^0 \quad \alpha_0 = 190^0 \quad \text{(mittleres Äquinoktium 1900,0)} \quad (5.1)$$

Aus dem sphärischen Dreieck: Himmelsnordpol–S–galaktischer Nordpol erhält
man folgende Transformationsformeln zur Berechnung von β und λ aus δ und α:

$$\sin\beta = \sin\delta_0 \sin\delta + \cos\delta_0 \cos\delta \cos(\alpha - \alpha_0) \quad (5.2)$$

$$\sin(\alpha - \alpha_0)\, \text{tg}\,\lambda = \text{tg}\,\delta \cos\delta_0 - \sin\delta_0 \cos(\alpha - \alpha_0) \quad (5.3)$$

24. Die Eigenbewegung

Bringt man von den beobachteten Koordinatenänderungen den durch die
Verlagerung der Koordinatenebenen und die endliche Ausbreitungsgeschwin-
digkeit des Lichtes bedingten Anteil in Abzug, so verbleibt eine gleichförmig
fortschreitende Verlagerung, die sog. Eigenbewegung μ des Sterns. Ihr Betrag
wird in Bogensekunden pro Jahr angegeben, ihre Richtung durch den Positionswinkel P = Winkel zwischen der Bewegungsrichtung und der N-Richtung,
von N über E positiv gerechnet. Die Komponenten der Eigenbewegung in
Äquatorkoordinaten betragen:

$$\mu_\alpha = \mu'' \frac{\sin P}{\cos\delta} \qquad \mu_\delta = \mu'' \cos P \quad (5.4)$$

Ist V die Geschwindigkeit des Sternes an der Sphäre in km/s und d seine in
Kilometern gemessene Entfernung und n die Anzahl Sekunden pro Jahr, so
beträgt die Eigenbewegung

$$\mu'' \sin 1'' = \frac{V n}{d} \quad (5.5)$$

Andererseits beträgt die Parallaxe p = Winkel, unter dem der Erdbahnradius a
von dem Stern aus erscheint

$$p'' = \frac{a}{d \sin 1''} \quad (5.6)$$

Aus Eigenbewegung und Parallaxe ergibt sich somit die Geschwindigkeit an
der Sphäre:

$$V = \frac{a}{n} \cdot \frac{\mu''}{p''} = 4,74 \frac{\mu''}{p''} \text{ km/s} \quad (5.7)$$

Die Bewegungskomponenten in galaktischen Koordinaten ergeben sich ebenfalls aus Abb. 14:

$$\mu_\lambda \cos\beta = \mu_\alpha \cos\delta \cos\Phi + \mu_\delta \sin\Phi \quad (5.8)$$

$$\mu_\beta = -\mu_\alpha \cos\delta \sin\Phi + \mu_\delta \cos\Phi \quad (5.9)$$

Der Hilfswinkel Φ berechnet sich aus folgender Beziehung:

$$\sin(\alpha - \alpha_0) \cot g\, \Phi = \cos\delta\, \text{tg}\,\delta_0 - \sin\delta \cos(\alpha - \alpha_0) \quad (5.10)$$

Eigenbewegungen sind von etwa 250 000 Sternen bekannt. Die zweite Spalte
der Tab. 5 gibt die Gesamtzahlen der Sterne der betreffenden Eigenbewegung

für die ganze Sphäre nach dem Boss General Catalogue, die übrigen Spalten die Sternzahlen pro Quadratgrad nach dem Radcliffe Catalogue.

Tabelle 5

Häufigkeitsverteilung der Eigenbewegungen nach scheinbarer Helligkeit und galaktischer Breite

μ''	0^m bis 9^m	9^m bis 14^m		14^m bis 15^m	
		$\beta < 20^0$	$\beta > 20^0$	$\beta < 20^0$	$\beta > 20^0$
0,00 bis 0,01	26 978	304	118	439	164
0,01 bis 0,02	3 200	183	125	334	188
0,02 bis 0,03	} 1 471	48	56	80	79
0,03 bis 0,04		13	25	21	28
0,04 bis 0,05	} 500	6	14	5	11
0,05 bis 0,10		7	21	3	10
> 0,10	100	2	6	0,5	2

25. Radialgeschwindigkeiten

Die Geschwindigkeitskomponente v_r in der Richtung Erde–Stern erhält man aus der Doppler-Verschiebung $\varDelta\lambda$ der Spektrallinien:

$$v_r = c \, \frac{\varDelta\lambda}{\lambda} \qquad (5.11)$$

Direkt gemessen wird die Relativgeschwindigkeit Erde–Stern; diese reduziert man in bezug auf Rotation und Bahnbewegung der Erde, d. h. man bezieht die Radialgeschwindigkeiten auf die Sonne. Wesentlich ist, daß man aus dem Doppler-Effekt v_r direkt in km/s erhält, unabhängig von der Entfernung des Sternes.

Tabelle 6

Häufigkeitsverteilung der Radialgeschwindigkeiten

v_r km/s	Anzahl
0 bis 10	32 %
10 bis 20	27
20 bis 30	19
30 bis 40	10
40 bis 50	6
50 bis 60	2
> 60	4

Von etwa 7000 Sternen sind Radialgeschwindigkeiten bekannt, über deren Häufigkeit Tabelle 6 orientiert. Aus Radialgeschwindigkeit v_r und Tangentialgeschwindigkeit V erhält man nach Größe und Richtung die Raumgeschwindigkeit W.

26. Die Entfernungen der Sterne

Zwischen der Entfernung d und der Parallaxe p besteht die Beziehung (5.6):

$$p'' = 206\,265\,\frac{a_{km}}{d_{km}} = \frac{1}{d_{pc}} \qquad (5.12)$$

Die hier neu eingeführte Entfernungseinheit 1 Parsec beträgt $206\,265 \cdot a = 3{,}0872 \cdot 10^{18}$ cm. Infolge der endlichen Entfernung der Sterne zeigen deren Koordinaten eine jährliche Oszillation, aus deren Amplitude man die Parallaxe erhält. Da Winkelunterschiede höchstens mit einer Genauigkeit von $0{,}01''$ gemessen werden können, reicht die Methode der trigonometrischen Parallaxen nur bis zu höchstens 100 pc. Es sind 100 Sternparallaxen $> 0{,}11''$ bekannt und 1730 zwischen $0{,}11''$ und $0{,}02''$. Den noch kleineren trigonometrischen Parallaxen kommt im allgemeinen keine reelle Bedeutung zu.

Um zu größeren Entfernungen vorstoßen zu können, benötigt man eine größere Basis, als sie durch den Erdbahnradius gegeben ist. Eine solche liefert die fortschreitende Bewegung der Sonne, die nach dem Punkt $\alpha = 270^0$, $\delta = +35^0$ (Apex) gerichtet ist und mit einer Geschwindigkeit von rund 20 km/s gegen die uns umgebenden Sterne erfolgt (Ziffer 115). Diese Bewegung spiegelt sich in einer in entgegengesetzter Richtung erfolgenden sog. parallaktischen Eigenbewegung des Sterns von v'' Bogensekunden pro Jahr. Beträgt die Entfernung dieses Sterns d, sein Winkelabstand vom Apex ϑ und die von der Sonne jährlich zurückgelegte Strecke h, so besteht die Beziehung:

$$\frac{h}{d} = \frac{v'' \sin 1''}{\sin \vartheta} \qquad (5.13)$$

Da man aber über die individuelle Eigenbewegung im allgemeinen nichts weiß, läßt sich diese Beziehung nicht auf einen einzelnen Stern anwenden. Greift man aber eine nach vernünftigen Gesichtspunkten gebildete Gruppe von Sternen mit demselben ϑ heraus, so werden sich im Mittel die regellosen individuellen Eigenbewegungen kompensieren, und man erhält für die mittlere Entfernung d der Gruppenmitglieder

$$\bar{d} = \frac{h \sin \vartheta}{\overline{v''} \sin 1''} \qquad (5.14)$$

In Tabelle 7 sind die mittleren Parallaxen von Sternen verschiedener scheinbarer visueller Helligkeit für niedrige und hohe galaktische Breiten mitgeteilt.

Die bereits in Ziffer 10 besprochene Methode der spektroskopischen Parallaxen gestattet, individuelle Entfernungen zu bestimmen, soweit es gelingt, klassifizierbare Spektren zu erhalten.

Neben diesen allgemein verwendbaren Methoden gibt es noch zahlreiche spezielle, die jeweils für bestimmte Klassen von Objekten verwendbar sind. Von diesen seien nur die Sternstromparallaxen und die dynamischen Parallaxen erwähnt.

Es gibt größere Gruppen von Sternen, welche nach Größe und Richtung alle dieselbe Geschwindigkeit besitzen. Dies äußert sich darin, daß die Eigenbewegungsvektoren alle nach demselben Konvergenzpunkt der Sphäre weisen.

Tabelle 7

Säkulare Parallaxen für Sterngruppen verschiedener Helligkeit (nach van Rhijn)

m_v	$\beta < 20^0$	$\beta > 40^0$
3	0,0262″	0,0347″
4	192	262
5	143	199
6	104	151
7	78	114
8	57	87
9	41	66
10	29	49
11	21	38
12	15	29
13	14	22

Bezeichnet man den Winkel Erde–Stern–Konvergenzpunkt mit γ, so beträgt die Transversalgeschwindigkeit:

$$V = \operatorname{tg}\gamma \, v_r \tag{5.15}$$

und in Verbindung mit (5.7) erhält man die Parallaxe:

$$p'' = 4,74 \, \frac{\mu''}{\operatorname{tg}\gamma \, v_r} \tag{5.16}$$

Die Methode der Sternstromparallaxen setzt somit die Kenntnis der Radialgeschwindigkeit und der Eigenbewegung voraus.

Die dynamischen Parallaxen beruhen auf der Anwendung des 3. Keplerschen Gesetzes auf Doppelsterne. Danach besteht die Beziehung (siehe Ziffer 92):

$$a^3 = \text{const } (m_1 + m_2) \, T^2 \tag{5.17}$$

Da die Sternmassen erfahrungsgemäß nur wenig streuen, kann man $m_1 + m_2$ näherungsweise gleich der doppelten Sonnenmasse annehmen. Man erhält dann aus der beobachteten Umlaufszeit a in Kilometern. Andererseits liefert die Beobachtung a'' in Bogensekunden; aus beiden Größen zusammen erhält man die Entfernung

$$d = \frac{a}{a'' \sin 1''} \tag{5.18}$$

27. Überblick über den Bau des Universums

Abgesehen von den unbedeutenden Mitgliedern des Sonnensystems haben wir es in der Astronomie in erster Linie mit Sternen, sonnenähnlichen, selbstleuchtenden Objekten zu tun. Diese bilden das bereits in Ziffer 23 erwähnte abgeplattete galaktische Sternsystem. In diesem nimmt die Sterndichte von einer zentralen Verdichtung nach außen ab, in Richtung der galaktischen Ebene langsam, senkrecht zu ihr rasch. In dieses System eingelagert sind, besonders in der galaktischen Ebene und gegen den Zentralkern hin, kleinere, als offene Haufen bezeichnete Sternansammlungen und ausgedehnte diffuse Massen, teils in Form von Gas, teils als Staub, teils leuchtend, teils absorbierend. Wir stehen sehr nahe in der Symmetrieebene dieses Systems von etwa 30000 pc Durchmesser, aber rund 10000 pc von dessen Zentrum entfernt. Um dieses System stehen als Vorposten in nahezu sphärischer Verteilung die sog. kugelförmigen Sternhaufen. Die bereits durch die starke Abplattung des Sternsystems nahegelegte Vermutung einer Rotation desselben konnte durch die Analyse der Sternbewegungen bestätigt werden.

Objekte, welche alle die erwähnten Eigenschaften unseres Sternsystems aufweisen, beobachtet man am Himmel in außerordentlich großer Zahl als sog. extragalaktische Nebel oder Sternsysteme. Ihre Dimensionen sind von derselben Größenordnung oder etwas kleiner als diejenigen des unsrigen, während ihre gegenseitigen Entfernungen ihre Dimensionen rund um das Zehnfache übertreffen.

ZWEITER TEIL

Der innere Aufbau der Sterne

Die Analyse der inneren Konstitution der Sterne ist, da wir niemals in der Lage sind, das Innere der Sterne zu beobachten, eine rein theoretische Angelegenheit. Es handelt sich darum, auf Grund allgemeiner physikalischer Gesetze die Zustandsgrößen im Inneren der Sterne zu berechnen, was aber in eindeutiger Weise nur unter Heranziehung mehr oder weniger gesicherter Hypothesen oder bei Einführung schematisierender Vereinfachungen möglich sein wird. Wir berechnen somit die Zustandsgrößen für gewisse Sternmodelle und versuchen, diese den realen Sternen zuzuordnen.

VI. DIE GRUNDGLEICHUNGEN DES INNEREN AUFBAUES DER STERNE

Ein Stern ist eine kugelsymmetrische Materieansammlung. Indem wir die allgemeinen physikalischen Gesetze auf eine solche anwenden, erhalten wir eine Reihe von den Stern beschreibenden Differentialgleichungen, die wir als Grundgleichungen des inneren Aufbaues der Sterne bezeichnen. Ihre Lösungen und die Diskussion derselben wird in späteren Kapiteln gegeben werden.

28. Mechanisches Gleichgewicht

Wir betrachten im folgenden einen Stern als eine Gaskugel, die unter der Wirkung ihrer Gravitation zusammenhält. Von der Rotation dieser Kugel sehen wir ab, ebenso von möglicherweise auftretenden Konvektionsströmen innerhalb derselben, betrachten sie vielmehr als im stationären Zustand befindlich und stabil geschichtet. Der Druck P hält an jeder Stelle der Gaskugel der Schwerkraft das Gleichgewicht und verhindert, daß die Kugel in sich zusammensinkt. Betrachten wir nun ein kleines Volumenelement in der Entfernung r vom Sternzentrum, das in radialer Richtung die Erstreckung dr besitzt, während seine senkrecht zu r stehende Grundfläche df betragen soll. An der inneren Grundfläche sei der Druck $P(r)$, an der äußeren $P(r + dr) = P + dP$; somit wirkt auf unser Volumenelement die Kraft $dP\,df$. Dasselbe unterliegt ferner der Schwerkraft = Gravitationsbeschleunigung im Abstand r vom Sternzentrum g_r mal Masse des Volumenelementes $\varrho\,df\,dr$ (ϱ = Dichte). Im Falle von Gleichgewicht verschwindet die Summe beider Kräfte

$$dP + g_r\,\varrho\,dr = 0 \qquad (6.1)$$

Die Schwerebeschleunigung ist gegeben durch

$$g_r = \frac{G\,M_r}{r^2} = \frac{G}{r^2} \int\limits_0^r 4\,\pi\,r^2\,\varrho\,dr \qquad (6.2)$$

wobei M_r die gesamte innerhalb des Abstandes r gelegene Masse und G die Gravitationskonstante bedeutet. Aus (6.1) und (6.2) folgt weiter

$$\frac{r^2}{\varrho} \cdot \frac{dP}{dr} = -g_r\,r^2 = -G \int\limits_0^r 4\,\pi\,r^2\,\varrho\,dr \qquad (6.3)$$

woraus sich schließlich durch Differentiation die hydrostatische Grundgleichung ergibt:

$$\frac{1}{r^2} \cdot \frac{d}{dr}\left(\frac{r^2}{\varrho} \cdot \frac{dP}{dr}\right) + 4\,\pi\,G\,\varrho = 0 \qquad (6.4)$$

Diese Differentialgleichung enthält die beiden unbekannten Funktionen ϱ und P, genügt somit allein nicht, den inneren Aufbau der Sterne zu erschließen. Es ist auch gar nicht zu erwarten, daß ohne die Heranziehung des für den Aufbau und die Ausstrahlung des Sterns ausschlaggebenden thermodynamischen Zustandes die innere Konstitution erschlossen werden könnte.

Wir können unserer Grundgleichung durch die Einführung des Gravitationspotentials φ durch die Definitionsgleichung

$$g_r = -\frac{d\varphi}{dr} \qquad (6.5)$$

eine etwas zweckmäßigere Form geben; durch Differentiation dieser Gleichung erhalten wir:

$$\frac{d^2\varphi}{dr^2} = -\frac{dg_r}{dr} = -4\,\pi\,G\left[\varrho - \frac{2}{r^3}\int\limits_0^r r^2\,\varrho\,dr\right] = -4\,\pi\,G\,\varrho + \frac{2}{r}\,g_r \qquad (6.6)$$

$$\frac{d^2\varphi}{dr^2} + \frac{2}{r} \cdot \frac{d\varphi}{dr} + 4\,\pi\,G\,\varrho = 0 \qquad (6.7)$$

Dadurch sind wir aber der Lösung des Problems nicht näher gekommen, sondern haben in (6.4) lediglich P durch φ substituiert.

29. Polytrope Gaskugeln

Wir haben nun darnach zu trachten, noch eine weitere Beziehung zwischen den beiden unbekannten Funktionen P und ϱ bzw. φ und ϱ aufzustellen. Der Gesamtdruck P setzt sich aus dem Gasdruck p, der seinerseits wieder aus den

Partialdrucken der Elektronen, Ionen und neutralen Atome resultiert, und
dem Strahlungsdruck q zusammen; in vielen Fällen begeht man jedoch keinen
wesentlichen Fehler, wenn man q vernachlässigt und den Gesamtdruck gleich
dem Gasdruck setzt. Dieser wird geliefert durch die Zustandsgleichung der Gase

$$P = \frac{\Re \varrho T}{\mu} = \frac{\Re T}{V} \tag{6.8}$$

worin $\Re$ die Gaskonstante, μ das Molekulargewicht und V das Molvolumen bedeuten. Durch diese Gleichung haben wir zwar eine weitere Beziehung zwischen
Druck und Dichte gefunden, zugleich aber eine neue unbekannte Funktion, die
Temperatur T, eingeführt. Es ist durchaus erlaubt, für die Materie des Sterninnern mit der Zustandsgleichung der idealen Gase zu rechnen, denn infolge
der dort herrschenden sehr hohen Temperaturen sind die Atome weitgehend
oder vollständig ionisiert, ihre Durchmesser somit sehr viel kleiner als diejenigen neutraler Atome, so daß bis zu Dichten von 100 g/cm³ noch keine merklichen Abweichungen von der idealen Zustandsgleichung auftreten.

Verschieben wir ein Massenelement im Inneren des Sternes in radialer Richtung nach außen, so wird es unter dem abnehmenden Druck sich expandieren
und abkühlen. Würde nun seine neue Temperatur mit der Temperatur seiner
neuen Umgebung übereinstimmen, so wäre der Stern auf dem vom verschobenen
Element zurückgelegten Weg nach einer Adiabaten aufgebaut, und die Adiabatengleichung würde die «Weggleichung» des Sternes darstellen und die gesuchte
Beziehung zwischen p und ϱ liefern. Es ist aber nicht zu erwarten, daß ein Stern
gerade nach einer Adiabaten aufgebaut sein soll, die eine ganz spezielle Zustandsänderung darstellt, weshalb man die geforderte Beziehung zwischen p und ϱ in
Form einer möglichst allgemeinen Zustandsänderung zu suchen hat, als welche
R. EMDEN die Polytrope eingeführt hat.

Eine Zustandsänderung wird als polytrop bezeichnet, wenn während des
ganzen Vorganges die spezifische Wärme c konstant bleibt:

$$\frac{dQ}{aT} = c = \text{const} \tag{6.9}$$

Dabei bedeutet Q die Energie eines Mols; diese läßt sich um dQ vermehren,
indem man die innere Energie U des Gases, die nur von der Temperatur abhängt, vermehrt, oder an dem Gas eine äußere Arbeit $p\,dV$ leistet:

$$dQ = \frac{dU}{dT}\,dT + p\,dV \tag{6.10}$$

Unter Berücksichtigung, daß dU/dT die spezifische Wärme bei konstantem
Volumen, C_v, bedeutet, ergibt sich aus (6.9) und (6.10):

$$
\begin{aligned}
C_v\,dT - c\,dT + p\,dV &= 0 \\
(C_v - c)\,\frac{dT}{T} + \Re\,\frac{dV}{V} &= 0 \\
(C_v - c)\,\frac{dT}{T} + (C_p - C_v)\,\frac{dV}{V} &= 0
\end{aligned}
\tag{6.11}
$$

Dabei haben wir von der Gasgleichung Gebrauch gemacht und die bekannte Beziehung $\Re = C_p - C_v$ benutzt ($C_p =$ spezifische Wärme pro Mol bei konstantem Druck). Die Integration von (6.11) liefert:

$$T^{C_v - c} \, V^{C_p - C_v} = \text{const} \qquad (6.12)$$

Dies ist die Gleichung der Polytropen in den Variablen T und V, die bei Einführung des Polytropenexponenten γ

$$\gamma = \frac{C_p - c}{C_v - c} \qquad (6.13)$$

$$\gamma - 1 = \frac{C_p - C_v}{C_v - c} \qquad (6.14)$$

die einfachere Gestalt annimmt:

$$T \, V^{\gamma - 1} = \text{const} \qquad (6.15)$$

Mit Hilfe der Gasgleichung läßt sich dieselbe auf andere Variablenpaare transformieren:

$$p \, V^\gamma = \text{const} \qquad (6.16)$$

$$p = \varkappa \, \varrho^\gamma \qquad (6.17)$$

Schließlich ersetzt man noch den Polytropenexponenten γ durch den Polytropenindex n:

$$\gamma = 1 + \frac{1}{n} \qquad (6.18)$$

$$\gamma - 1 = \frac{1}{n} = \frac{C_p - C_v}{C_v - c} \qquad (6.19)$$

Besteht für das Innere eines Sternes zwischen p und ϱ die Beziehung

$$p = \varkappa \, \varrho^{1 + (1/n)} \qquad (6.20)$$

so sagt man, der Stern sei nach der Polytropen n aufgebaut. Da n noch verfügbar ist, handelt es sich bei (6.20) um einen sehr allgemeinen Zusammenhang zwischen p und ϱ, so daß praktisch jeder vorgegebene Zusammenhang durch geeignete Wahl von n dargestellt werden kann. Bei Vernachlässigung des Strahlungsdruckes ($p = P$) können nun aus (6.4) und (6.20) die Funktionen P und ϱ berechnet werden; jedoch wird in beiden Funktionen der noch unbekannte Parameter n auftreten.

Die Polytropen stellen Zustandsänderungen bei konstanter spezifischer Wärme dar und schließen alle üblicherweise in der Thermodynamik verwendeten Zustandsänderungen, bei denen die spezifische Wärme ebenfalls konstant ist, aber bei jeder Art einen ganz bestimmten Wert hat, als Spezialfälle in sich ein. So erhält man aus der Polytropen (6.9)

für $c = 0$ adiabatische Zustandsänderungen,
für $c = C_v$ Zustandsänderungen bei konstantem Volumen,
für $c = C_p$ Zustandsänderungen bei konstantem Druck,
für $c = \infty$ isotherme Zustandsänderungen,

wie man sofort erkennt, wenn man diese Werte nach (6.9) in (6.10) einsetzt.

30. Die Emdensche Differentialgleichung

Wir kombinieren nun die Polytrope $P = \varkappa\, \varrho^{1 + (1/n)} = \varkappa\, \varrho^{\gamma}$ mit der Differentialgleichung (6.7). Durch Differentiation erhalten wir aus jener

$$dP = \gamma\, \varkappa\, \varrho^{\gamma - 1}\, d\varrho \qquad (6.21)$$

aus (6.1) und (6.5) dagegen

$$dP = \varrho\, d\varphi \qquad (6.22)$$

Gleichsetzen der beiden letzten Gleichungen liefert

$$d\varphi = \gamma\, \varkappa\, \varrho^{\gamma - 2}\, d\varrho \qquad (6.23)$$

woraus man durch Integration erhält:

$$\varphi + \text{const} = \frac{\gamma}{\gamma - 1}\, \varkappa\, \varrho^{\gamma - 1} = (1 + n)\, \varkappa\, \varrho^{1/n} \qquad (6.24)$$

Durch die Angabe des Nullpunktes des Gravitationspotentials φ wird die Integrationskonstante festgelegt: φ soll an der Oberfläche des Sterns verschwinden.
Da dort $\varrho = 0$ wird, verschwindet auch die Integrationskonstante. Damit erhalten wir aus (6.24)

$$\varrho = \left[\frac{\varphi}{\varkappa\,(1 + n)}\right]^{n} \qquad (6.25)$$

$$P = \varkappa\, \varrho\, \varrho^{\gamma - 1} = \frac{\varrho\, \varphi}{1 + n} \qquad (6.26)$$

Die Kombination von (6.25) mit der Differentialgleichung (6.7) liefert

$$\frac{d^2\varphi}{dr^2} + \frac{2}{r}\cdot\frac{d\varphi}{dr} + \frac{+\pi G}{[\varkappa\,(1 + n)]^n}\,\varphi^n = \frac{d^2\varphi}{dr^2} + \frac{2}{r}\cdot\frac{d\varphi}{dr} + \alpha^2\,\varphi^n = 0 \qquad (6.27)$$

Zur Normierung dieser Differentialgleichung substituieren wir r und φ durch
die neuen, zu den alten proportionalen Variablen z und u:

$$z = r\, \alpha\, \varphi_0^{(1/2)\,(n-1)} \qquad u = \frac{\varphi}{\varphi_0} \qquad (6.28)$$

und erhalten schließlich die Emdensche Differentialgleichung

$$\frac{d^2u}{dz^2} + \frac{2}{z}\cdot\frac{du}{dz} + u^n = 0 \qquad (6.29)$$

Für den Sternmittelpunkt, für welchen wir $\varphi = \varphi_0$ gesetzt haben, gelten die
Grenzbedingungen

$$z = 0,\ u = 1 \quad \text{und} \quad \frac{du}{dz} = 0 \quad \text{wegen} \quad \frac{d\varphi}{dr} = -g_{r=0} = 0 \qquad (6.30)$$

31. Der Strahlungsaustausch im Inneren der Sterne

Unsere bisherigen mechanischen und thermischen Betrachtungen genügen
nicht, das Problem des Sternaufbaues zu erfassen, wie schon daraus hervorgeht, daß der Polytropenindex n noch unbestimmt ist. Diese Lücke wird durch

die Einbeziehung der Strahlung und der Energieproduktion im Sterninnern geschlossen werden. Die stellare Energie entsteht im innersten Kern (Kap. XI), von wo sie in Form von Strahlung in unzähligen Absorptions- und Emissionsprozessen durch den Stern hindurchwandert, schließlich seine Oberfläche erreicht und in den Weltraum austritt. Andere Mechanismen des Energietransportes spielen keine Rolle: der Energietransport durch Wärmeleitung verschwindet ganz neben demjenigen durch Strahlung, während Konvektion in den von uns vorausgesetzten stabil geschichteten Sternen nicht auftritt.

Wir betrachten nun ein Flächenelement von der Größe df im Innern des Sternes, das senkrecht zum Radius steht (Abb. 4). Dieses wird in jeder Richtung von Strahlungen verschiedener Frequenzen durchsetzt. Die Strahlung ist aber nicht isotrop, denn es besteht ja ein Temperaturgefälle in radialer Richtung und demzufolge ein von innen nach außen gerichteter Nettostrom. Die Strahlungsenergie, die pro Zeiteinheit im Frequenzbereich $d\nu$ in Richtung ϑ gegen den Radius in das Raumwinkelelement $d\omega$ strömt, beträgt nach Ziffer 1:

$$I_\nu (\vartheta) \cos \vartheta \, df \, d\omega \, d\nu \qquad (6.31)$$

oder wenn wir nach (1.9) die Strahlungsintensität I_ν durch die Energiedichte u_ν ersetzen

$$\frac{c}{4\,\pi} \, u_\nu \cos \vartheta \, df \, d\omega \, d\nu \qquad (6.32)$$

Durch Integration über die ganze Einheitskugel erhält man schließlich den pro Zeiteinheit und Flächeneinheit ($df = 1$) in radialer Richtung durch das Flächenelement nach außen fließenden Nettostrom $F(\nu)\,d\nu$ der Strahlung der Frequenz ν:

$$F(\nu) = \frac{c}{4\,\pi} \int_{\vartheta=0}^{\pi} u_\nu \cos \vartheta \, d\omega \qquad (6.33)$$

Die benutzte Beziehung $u_\nu = (4\,\pi/c)\,I_\nu$ gilt streng nur für Hohlraumstrahlung, d. h. für die isotrope Strahlung eines isothermen Gebietes. Diese Bedingung ist aber in den Sternen (eine sehr dünne, uns in diesem Zusammenhang nicht interessierende Oberflächenschicht, die Sternatmosphäre, ausgenommen) nahezu erfüllt, indem der Nettostrom gegen den Gesamtstrahlungsstrom und damit die Anisotropie der Strahlung ganz zurücktritt.

Die Strahlung wird von der Sternmaterie teilweise absorbiert; ihre Intensität I nimmt auf der Wegstrecke dr um den Betrag dI ab:

$$dI = -\varkappa_L \, dr \, I = -\varkappa_m \, dm \, I \qquad (6.34)$$

Dabei bedeutet $\varkappa_L$ den Absorptionskoeffizienten pro Längeneinheit (Dimension cm^{-1}) und $\varkappa_m$ den Massenabsorptionskoeffizienten (Dimension cm^{2}g^{-1}); dm bedeutet die Masse, welche in einer Säule von 1 cm^2 Querschnitt und der Höhe dr enthalten ist:

$$dm = \varrho \, dr \qquad (6.35)$$

Wenn wir zunächst bei der Strahlung der Richtung ϑ bleiben, so müssen wir berücksichtigen, daß das Element, welches die Intensität durch Absorption um

dI erniedrigt, zugleich Strahlung in die Richtung ϑ reemittiert, die primäre Absorption somit teilweise aufhebt. Diese Reemission können wir formal dadurch berücksichtigen, daß wir die wirklichen Absorptionskoeffizienten $\varkappa_L$, $\varkappa_m$ durch die effektiven $\varkappa'_L$, $\varkappa'_m$ ersetzen:

$$\varkappa'_L < \varkappa_L \qquad \varkappa'_m < \varkappa_m \qquad (6.36)$$

Damit folgt aus (6.31) bis (6.33) für die in einem Element von der Grundfläche 1 und der radialen Erstreckung dr pro Zeiteinheit aus dem Nettostrom der Frequenz ν effektiv absorbierte Energie

$$dF(\nu) = - \varkappa'_m \, \varrho \, dr \, F(\nu) \qquad (6.37)$$

Da aber eine Strahlungsenergie E in ihrer Bewegungsrichtung stets einen Impuls E/c (c = Lichtgeschwindigkeit) mit sich führt, so wird bei der Absorption der Energie $dF(\nu)$ auf das absorbierende Volumenelement dr der radiale Impuls

$$dJ = - \frac{\varkappa'_m}{c} \, \varrho \, dr \, F(\nu) \qquad (6.38)$$

übertragen. Nun ist aber definitionsgemäß der pro Zeit- und Flächeneinheit übertragene Impuls gleich dem Druck, in unserem Fall gleich dem Strahlungsdruck $q(\nu)$ der Strahlung der Frequenz ν. Da aber dJ sich gerade auf die Flächen- und Zeiteinheit bezieht, bedeutet dJ die Zunahme des Strahlungsdruckes auf der Strecke dr:

$$dq(\nu) = - \frac{\varkappa'_m}{c} \, \varrho \, dr \, F(\nu) \qquad (6.39)$$

$$F(\nu) = - \frac{c}{\varkappa'_m(\nu) \, \varrho} \cdot \frac{dq(\nu)}{dr} \qquad (6.40)$$

In dieser Gleichung haben wir explizite $\varkappa'_m(\nu)$ geschrieben, um daran zu erinnern, daß $\varkappa'_m$ wie auch die in (6.36) aufgeführten Absorptionskoeffizienten frequenzabhängig sind. Analog zu (6.40) können wir nun den radialen Strahlungsstrom der Gesamtstrahlung hinschreiben:

$$F = - \frac{c}{k \, \varrho} \cdot \frac{dq}{dr} \qquad (6.41)$$

wobei q den Gesamtstrahlungsdruck und k einen in geeigneter Weise über alle Frequenzen gemittelten Absorptionskoeffizienten, den sogenannten Opazitätskoeffizienten, bedeutet.

32. Strahlungsgleichgewicht

Da die Sterne mit seltenen Ausnahmen keine Veränderungen erkennen lassen, muß man annehmen, daß in ihnen die Temperaturverteilung stationär ist, was wiederum voraussetzt, daß die durch den Nettostrom durch irgendeine Kugelschale vom Radius r pro Zeiteinheit nach außen transportierte Energie gleich ist der pro Zeiteinheit innerhalb der Kugel vom Radius r produzierten Energie L_r. Diese Bedingung lautet, wenn wir die pro Massen- und Zeiteinheit im Abstand r erzeugte Energie mit $\varepsilon(r)$ bezeichnen:

$$L_r = 4\,\pi \int_0^r r^2\,\varrho\,\varepsilon(r)\,dr = -\,4\,\pi\,r^2\,\sigma\,\frac{dT}{dr} \qquad (6.42)$$

Die zweite Umformung gilt im Falle des Wärmetransportes durch Leitung; dann ist σ der Leitungskoeffizient, dT/dr der Temperaturgradient und $\sigma\,dT/dr$ somit die pro Zeit- und Flächeneinheit transportierte Energie. Das Minuszeichen rührt daher, daß der Energietransport in Richtung abnehmender Temperatur erfolgt. Wir wissen zwar, daß die Energie nicht durch Wärmeleitung, sondern durch Strahlung transportiert wird. Formal können wir aber die obige Gleichung stehenlassen; sie definiert dann einen «Leitungskoeffizienten der Strahlung», der natürlich eine Funktion der Zustandsgrößen der Sternmaterie, also eine Funktion von r sein wird. Bezeichnen wir noch die mittlere, innerhalb des Radius r pro Massen- und Zeiteinheit produzierte Energie mit

$$\bar{\varepsilon}(r) = \frac{L_r}{M_r} = \frac{4\,\pi}{M_r} \int_0^r r^2\,\varrho\,\varepsilon\,dr \qquad (6.43)$$

so folgt aus (6.42)

$$M_r\,\bar{\varepsilon}(r) = -\,4\,\pi\,r^2\,\sigma\,\frac{dT}{dr} \qquad (6.44)$$

Durch Kombination mit (6.1) und (6.2) erhalten wir schließlich aus (6.44):

$$\frac{\bar{\varepsilon}(r)}{\sigma} = \frac{4\,\pi\,r^2}{M_r} \cdot \frac{dT}{dP} \cdot \frac{G\,M_r}{r^2}\,\varrho = 4\,\pi\,G\,\varrho\,\frac{dT}{dP} \qquad (6.45)$$

Wenn wir uns zunächst auf den Standpunkt stellen, die Funktion $\bar{\varepsilon}(r)/\sigma$ sei bekannt, so bildet (6.45) zusammen mit der Grundgleichung des mechanischen Gleichgewichtes und der Zustandsgleichung ein Gleichungstripel, aus welchem die drei unbekannten Funktionen P, ϱ und T zu bestimmen sind. Man ersieht daraus, daß der Aufbau eines sich im statischen Gleichgewicht befindlichen Sternes wesentlich von der Funktion $\bar{\varepsilon}(r)/\sigma$ abhängt; da aber die Berechnung dieser Funktion die Kenntnis des Verlaufes der Zustandsgrößen im Sterninnern bereits voraussetzt, ferner die Kenntnis der chemischen Zusammensetzung der Sternmaterie sowie die T- und ϱ-Abhängigkeit von ε, ist es klar, daß man nicht auskommt, ohne Annahmen über $\bar{\varepsilon}/\sigma$ einzuführen.

Nun kehren wir zu (6.41) zurück und führen darin für den Strahlungsdruck den aus der Thermodynamik bekannten Ausdruck (siehe Ziffer 3) ein:

$$q = \frac{a}{3}\,T^4 \qquad\qquad dq = \frac{4}{3}\,a\,T^3\,dT \qquad (6.46)$$

$$F = -\,\frac{4\,a\,c\,T^3}{3\,k\,\varrho} \cdot \frac{dT}{dr} = -\,\frac{a\,c}{3\,k\,\varrho} \cdot \frac{dT^4}{dr} \qquad (6.47)$$

Damit ergibt sich für die pro Zeiteinheit durch die Kugelschale vom Radius r nach außen strömende Energie

$$L_r = 4\,\pi \int_0^r \varepsilon\,\varrho\,r^2\,dr = 4\,\pi\,r^2\,F$$

$$= -\,4\,\pi\,r^2\,\frac{4\,a\,c\,T^3}{3\,k\,\varrho} \cdot \frac{dT}{dr} = -\,\frac{4\,\pi\,a\,c\,r^2}{3\,k\,\varrho} \cdot \frac{dT^4}{dr}$$

(6.48)

Ein Vergleich mit (6.42) ergibt im vorliegenden Fall, wo der Energietransport nur durch Strahlung allein erfolgt, für den «Leitungskoeffizienten der Strahlung»

$$\sigma = \frac{4\,a\,c\,T^3}{3\,k\,\varrho}$$

(6.49)

Da in der Kugelschale von der Dicke dr pro Zeiteinheit die Energie $4\,\pi\,r^2\,dr\,\varepsilon\,\varrho$ erzeugt wird, fließt im stationären Fall durch die Kugelfläche $r + dr$ eine um diesen Betrag größere Energie nach außen als durch die Kugelfläche vom Radius r:

$$L\,(r + dr) - L(r) = dL_r = 4\,\pi\,r^2\,\varepsilon\,\varrho\,dr$$

(6.50)

$$\frac{dL_r}{dr} = -\,\frac{4\,\pi\,a\,c}{3} \cdot \frac{d}{dr}\left(\frac{r^2}{k\,\varrho} \cdot \frac{dT^4}{dr}\right) = 4\,\pi\,r^2\,\varepsilon\,\varrho$$

(6.51)

Die spezifische Energieerzeugung ε beträgt somit

$$\varepsilon = -\,\frac{a\,c}{3\,\varrho\,r^2} \cdot \frac{d}{dr}\left(\frac{r^2}{k\,\varrho} \cdot \frac{dT^4}{dr}\right)$$

(6.52)

Schließlich nimmt die Grundgleichung (6.45), wenn wir darin für σ den Ausdruck (6.49) einsetzen, die Form an:

$$\bar{0} = 4\,\pi\,G\,\frac{4\,a\,c\,T^3}{3\,k\,\varrho}\,\varrho\,\frac{dT}{dP} - \frac{4\,\pi\,G\,a\,c}{3\,k} \cdot \frac{dT^4}{dP}$$

(6.53)

33. Die Situation des Problems des Sternaufbaues

kann an Hand der Grundgleichungen, die wir nachstehend nochmals zusammenfassen, überblickt werden:

Mechanisches Gleichgewicht:

$$\frac{dP}{dr} = \frac{dp}{dr} + \frac{dq}{dr} = \frac{dp}{dr} - \frac{k\,\varrho\,L_r}{4\,\pi\,r^2\,c} = -\,\frac{G\,M_r}{r^2}\,\varrho$$

(6.54)

Strahlungsgleichgewicht:

$$\frac{dT}{dr} = -\,\frac{3\,k\,\varrho\,L_r}{4\,a\,T^3\,4\,\pi\,r^2\,c}$$

(6.55)

Masse der Kugel vom Radius r:

$$M_r = \int_0^r 4\,\pi\,r^2\,\varrho\,dr$$

(6.56)

Energieproduktion der Kugel vom Radius r:

$$L_r = \int_0^r 4\,\pi\,r^2\,\varrho\,\varepsilon\,dr \qquad (6.57)$$

Wir setzen nun voraus, daß die chemische Zusammensetzung der Sternmaterie bekannt sei; dann ist es eine rein physikalische Angelegenheit, den Gasdruck, die Opazität und die Energieerzeugung, also die Funktionen

$$p = \beta\,P = \frac{\Re\,\varrho\,T}{\mu} \qquad \frac{1-\beta}{\beta} = \frac{a\,\mu\,T^3}{3\,\Re\,\varrho} \qquad (6.58)$$

$$k = k(\varrho,\,T) \qquad (6.59)$$

$$\varepsilon = \varepsilon(\varrho,\,T) \qquad (6.60)$$

in Abhängigkeit von den Zustandsgrößen ϱ und T zu berechnen. Prinzipiell wird dies jedenfalls möglich sein, in der Praxis jedoch stets nur näherungsweise entsprechend dem jeweiligen Grad, bis zu dem man das physikalische Verhalten der Materie beherrscht. Denkt man sich mit Hilfe von (6.58), (6.59) und (6.60) die Größen p, k und ε aus den vier Grundgleichungen eliminiert, so enthalten diese noch die vier Variablen T, ϱ, M_r und L_r als Funktion der unabhängigen Variablen r. Bei der Auflösung von (6.56) und (6.57) hat man folgende Grenzbedingungen zu beachten:

$$\begin{aligned} \text{für } r=0\colon &\quad M_r = 0 \quad\quad L_r = 0 \\ \text{für } r=R\colon &\quad M_r = M \quad\quad L_r = L \end{aligned} \qquad (6.61)$$

wodurch sich M_r und L_r als Funktionen von r und den Parametern R und M, bzw. R und L darstellen lassen. Dadurch ist das Problem auf die Lösung der beiden linearen Differentialgleichungen (6.54) und (6.55) reduziert, welche die Parameter R, M, L und μ enthalten. Bei der Integration von (6.54) ist die Randbedingung $p = 0$ zu beachten und bei derjenigen von (6.55) die Bedingung $T = T_e$; die effektive Temperatur stellt aber keinen neuen, unabhängigen Parameter dar, weil dieselbe bereits durch L und R festgelegt ist:

$$L = 4\,\pi\,R^2\,\sigma\,T_e^4 \qquad (6.62)$$

Der Aufbau des Sterns, d. h. der Verlauf der Zustandsgrößen ϱ, T, P ist somit durch die Parameter M, L, R und μ vollständig bestimmt. Die Leuchtkraft hängt somit nur von M, R und μ ab; es wird das Hauptziel unserer späteren Betrachtungen sein, die genaue Form dieses Leuchtkraftgesetzes zu berechnen, denn dieses bildet einen der wenigen Berührungspunkte zwischen Beobachtung und Theorie des inneren Aufbaues der Sterne.

Während für p in allen normalen Sternen bedenkenlos die Zustandsgleichung (6.8) eingesetzt werden darf, ergeben sich für k und ε Ausdrücke von so kompliziertem Bau, daß die Lösung der Differentialgleichungen auf unüberwindliche Schwierigkeiten stößt. Man ist deshalb gezwungen, die Funktionen k und ε durch mathematisch einfach gebaute, diese Funktionen möglichst gut approximierende Ausdrücke zu ersetzen. Diese Ansätze können in mannigfacher Weise variiert werden; jedem Ansatz entspricht ein bestimmtes Sternmodell. Die Berechtigung dieser Modellbetrachtungen liegt nun darin, daß, wie wir noch sehen werden, die unter verschiedenen plausibel erscheinenden Ansätzen berechneten Modelle unter sich und damit wohl auch mit den realen Sternen weitgehend übereinstimmen.

VII. ALLGEMEINE BETRACHTUNGEN ÜBER DEN AUFBAU GASFÖRMIGER STERNE

Ehe wir uns der Lösung der Grundgleichungen zuwenden, seien im folgenden einige allgemeine Beziehungen und Grenzwerte über den Aufbau der Sterne abgeleitet, die unabhängig sind von irgendwelchen speziellen Modellvorstellungen.

34. Das Lanesche Gesetz

Eine im Gleichgewicht befindliche Gaskugel werde in radialer Richtung expandiert, so daß die Entfernung r eines Teilchens vom Sternzentrum übergeht in die Entfernung $r' = \alpha\, r$, wobei die Konstante α natürlich auch Werte <1 annehmen kann (Kompression). Die neue Dichte beträgt nun

$$\varrho' = \alpha^{-3}\, \varrho \qquad\qquad (7.1)$$

und der neue Druck (Strahlungsdruck vernachlässigt)

$$p' = \alpha^{-4}\, p \qquad\qquad (7.2)$$

Dies folgt aus der Grundgleichung (6.1), indem man dort $\varrho' = \alpha^{-3}\varrho$, $dr' = \alpha\, dr$ und nach (6.2) $g' = \alpha^{-2}g$ einsetzt. In diesen transformierten Größen lautet die Grundgleichung des mechanischen Gleichgewichtes (6.4):

$$\frac{1}{(\alpha\, r)^2} \cdot \frac{d}{d\,(\alpha\, r)} \left[\frac{(\alpha\, r)^2}{\alpha^{-3}\, \varrho} \cdot \frac{d\,(\alpha^{-4}p)}{d\,(\alpha\, r)} \right] + 4\,\pi\, G\, \alpha^{-3}\, \varrho = 0 \qquad\qquad (7.3)$$

Durch Multiplikation mit α^3 geht diese Gleichung in (6.4) über, d. h. der Stern ist auch nach der Expansion bzw. Kompression noch im Gleichgewicht. Unter Heranziehung der Zustandsgleichung berechnen wir noch die bei der Expansion erfolgende Temperaturänderung:

$$T' = \frac{\mu}{\Re} \cdot \frac{p'}{\varrho'} = \frac{\mu}{\Re}\, \alpha^{-1}\, \frac{p}{\varrho} = \alpha^{-1}\, T \qquad\qquad (7.4)$$

(Lanesches Gesetz, 1870).

Zwei Konfigurationen (p, ϱ, T, r) und (p', ϱ', T', r') einer Gaskugel von gegebener Masse, für welche die Beziehungen (7.1), (7.2) und (7.4) bestehen, nennt man homolog. Den Werten $\alpha = 0$ bis $\alpha = \infty$ entspricht eine ganze homologe Serie. Für homologe Punkte (das sind solche, zwischen denen die Beziehung $r' = \alpha\, r$ besteht) homologer Konfigurationen gelten somit die Relationen:

$$r\, T = \text{const} \qquad (7.5)$$

$$\frac{T^3}{\varrho} = \text{const} \qquad (7.6)$$

$$\frac{P}{T^4} = \text{const} \qquad (7.7)$$

35. Ein Theorem über den unteren Grenzwert des Zentraldruckes P_c

Ausgehend von der Grundgleichung (6.1) erhalten wir

$$dP = -\frac{G\,M_r}{r^2}\,\varrho\, dr = -\frac{G\,M_r}{r^2}\cdot\frac{dM_r}{4\,\pi\,r^2} \qquad (7.8)$$

woraus sich durch Aufsummieren der Druck im Zentrum des Sterns ergibt:

$$P_c = \frac{G}{4\,\pi}\int\limits_0^R \frac{M_r\, dM_r}{r^4} \qquad (7.9)$$

In Ermangelung der Kenntnis der Massenverteilung im Inneren der Sterne ersetzen wir, um die Integration ausführen zu können, r durch den Sternradius R. Dadurch wird aber der Integrand und damit der Zentraldruck zu klein; man erhält somit für diesen einen unteren Grenzwert:

$$P_c > \frac{G}{8\,\pi}\cdot\frac{M^2}{R^4} \qquad (7.10)$$

Wenn wir auch die Massenverteilung im Sterninnern nicht kennen, so können wir doch mit Sicherheit sagen, daß die Dichte ϱ gegen das Zentrum hin jedenfalls nicht abnimmt. Beachten wir noch, daß jede Massenverlagerung im Inneren des Sternes, bei welcher das betrachtete Massenelement in eine größere Entfernung vom Sternzentrum versetzt wird, nach (7.9) den Zentraldruck vermindert, so erhalten wir den minimalen Zentraldruck, wenn die Massen möglichst weit vom Zentrum angeordnet sind, was bei der zusätzlichen Annahme, daß ϱ nach außen nicht zunehmen soll, für $\varrho = \bar{\varrho} = 3\,M/(4\,\pi\,R^3)$ der Fall ist. Dann erhalten wir durch Integration von (7.9) einen schärferen Grenzwert des Zentraldruckes:

$$P_c \geqq \frac{3\,G\,M^2}{4\,\pi\,R^6}\int\limits_0^R r\, dr = \frac{3\,G\,M^2}{8\,\pi\,R^4} \qquad (7.11)$$

Drückt man M und R in Einheiten der Sonnenmasse $M_\odot$ bzw. des Sonnenradius $R_\odot$ aus und setzt die numerischen Werte ein, so folgt für den Druck im Sternzentrum

$$P_c > 13{,}3\cdot 10^{14}\left(\frac{M}{M_\odot}\right)^2\left(\frac{R_\odot}{R}\right)^4 \text{dyn cm}^{-2} \qquad (7.12)$$

$$P_c > 13{,}5 \cdot 10^8 \left(\frac{M}{M_\odot}\right)^2 \left(\frac{R_\odot}{R}\right)^4 \text{Atm.} \tag{7.13}$$

Der Druck im Zentrum der Sonne beträgt demnach mindestens $1{,}35 \cdot 10^9$ Atm.; wir werden ihn später zu $1 \cdot 10^{11}$ Atm. berechnen (Tab. 10). Dagegen wird der Zentraldruck des weißen Zwergsternes Sirius B, dessen Masse und Radius $0{,}97\, M_\odot$ bzw. $0{,}020\, R_\odot$ betragen, größer als $7{,}8 \cdot 10^{15}$ Atm. sein.

36. Ein Theorem über die untere Grenze des mittleren Druckes

Zunächst führen wir den mittleren Druck $\bar{P}$ durch die Definitionsgleichung

$$\bar{P} = \frac{1}{M} \int_0^R P\, dM_r \tag{7.14}$$

ein. Durch partielle Integration erhalten wir

$$\bar{P} = \frac{P\, M_r}{M}\bigg|_0^R - \frac{1}{M} \int_0^R M_r\, dP \tag{7.15}$$

wovon aber der erste Ausdruck verschwindet, weil an der oberen Grenze P und an der unteren Grenze $M_r = 0$ ist. Nun benutzen wir wieder, daß unter der zusätzlichen Annahme, ϱ nehme nach innen nicht ab, der Druck für konstante Dichte seinen minimalen Wert annimmt, und integrieren (7.15), indem wir dP von (7.8) übernehmen

$$\bar{P} = \frac{1}{M} \int_0^R \frac{G\, M_r^2}{r^2}\, \varrho\, dr > \frac{G}{M} \int_0^R \frac{M^2\, r^6}{R^6} \cdot \frac{3\, M}{4\, \pi\, R^3} \cdot \frac{dr}{r^2} = \frac{3\, G\, M^2}{20\, \pi\, R^4} \tag{7.16}$$

Vergleichen wir dieses Ergebnis mit demjenigen von (7.11), so folgt, daß der minimale Zentraldruck 2,5mal größer ist als der minimale mittlere Druck.

37. Ein unterer Grenzwert für die mittlere Temperatur

Analog zum mittleren Druck definieren wir die mittlere Temperatur $\bar{T}$:

$$\bar{T} = \frac{1}{M} \int_0^R T\, dM_r \tag{7.17}$$

Diesen Ausdruck formen wir durch Einbeziehung der Zustandsgleichung, in der wir unter Vernachlässigung des Strahlungsdruckes $p = P$ setzen, um:

$$\bar{T} = \frac{1}{M} \int_0^R \frac{\mu\, P}{\Re\, \varrho}\, dM_r = \frac{1}{M} \int_0^R \frac{4\, \pi\, \mu\, P}{\Re}\, r^2\, dr \tag{7.18}$$

Bezeichnen wir mit μ_{min} den kleinsten Wert, den das Molekulargewicht im Sterninnern annimmt, so besteht die Ungleichheit:

$$\bar{T} > \frac{1}{M} \cdot \frac{4\pi}{3\,\Re} \, \mu_{min} \int_0^R P \, d(r^3) \qquad (7.19)$$

Die Berechnung des Integrals liefert zunächst

$$\int_0^R P \, dr^3 = P \, r^3 \Big|_0^R - \int_0^R r^3 \, dP \qquad (7.20)$$

Da aber an der oberen Grenze P und an der unteren r verschwindet, bleibt von dem Integral nur das zweite Glied übrig. Dies berechnen wir, indem für dP nach (7.8) $-[G\,d(M_r^2)]/(8\,\pi\,r^4)$ gesetzt und bei der Integration r durch R substituiert wird, wodurch sich die Ungleichheit in (7.19) verstärkt.

$$\bar{T} > \frac{4\pi}{3\,M\,\Re} \, \mu_{min} \frac{G}{8\,\pi\,R} \int_0^R d(M_r^2) = \frac{1}{6\,\Re} \, \mu_{min} \frac{G\,M}{R} \qquad (7.21)$$

Oder bei Einsetzung der numerischen Werte:

$$\bar{T} > 3,9 \cdot 10^6 \, \mu_{min} \frac{M}{M_\odot} \cdot \frac{R_\odot}{R} \qquad (7.22)$$

Für eine ganz aus Wasserstoff bestehende Sonne beträgt das minimale Molekulargewicht 1/2, nämlich bei vollständiger Ionisation, so daß die mittlere Sonnentemperatur $2 \cdot 10^6$ Grad überschreitet (wie aus den Tabellen 10 und 11 hervorgeht, beträgt die Temperatur im Abstand $R/2$ vom Sonnenzentrum rund $5 \cdot 10^6$ Grad).

38. Obere Grenzwerte für Zentraldruck und Zentraltemperatur

Da bei einer Verschiebung eines Massenelementes innerhalb eines Sternes nach kleineren Abständen vom Sternzentrum der Zentraldruck P_c vergrößert wird, erhält man bei vorgegebener Gesamtmasse M und Zentraldichte ϱ_c den größtmöglichen Zentraldruck und damit dessen oberen Grenzwert, wenn man die Massen so nahe als möglich an das Sternzentrum heranbringt. Dies führt unter der schon früher gemachten zusätzlichen Annahme, daß die Dichte nach außen nicht zunehmen soll, zu einem Stern konstanter Dichte ϱ_c. Dieser maximale Zentraldruck berechnet sich nach (7.9) mit $\varrho = \varrho_c$

$$P_{c\,max} = \frac{G}{8\,\pi} \int_0^R \frac{d(M_r^2)}{r^4} = \frac{G}{8\,\pi} \int_0^R \frac{M^2}{R^6} 6\,r\,dr = \frac{3\,G}{8\,\pi} \cdot \frac{M^2}{R^4} \qquad (7.23)$$

Somit gilt für den Zentraldruck P_c mit $M = (4/3)\,\pi\,\varrho_c\,R^3$:

$$P_c < \frac{1}{2} \left(\frac{4\,\pi}{3}\right)^{1/3} G\,M^{2/3}\,\varrho_c^{\,4/3} \qquad (7.24)$$

Bei Einsetzen der numerischen Werte nimmt diese Gleichung die Form

$$P_c < 8{,}7 \cdot 10^8 \left(\frac{M}{M_\odot}\right)^{2/3} \varrho_c^{4/3} \text{ Atm.} \qquad (7.25)$$

an, und liefert für die Sonne mit dem später zu berechnenden Wert $\varrho_c = 76\,\text{g/cm}^3$ $P_c < 2{,}8 \cdot 10^{11}$ Atm., während wir finden werden $P_c = 1 \cdot 10^{11}$ Atm.

Auch für die Zentraltemperatur T_c läßt sich ein oberer Grenzwert ableiten. Da der Strahlungsdruck höchstens gleich dem Gesamtdruck sein kann, ist sicher $(a/3)\,T_c^4 < P_{c\,max}$ und somit, numerisch ausgedrückt,

$$T_c < 2{,}4 \cdot 10^7 \left(\frac{M}{M_\odot}\right)^{1/6} \varrho_c^{1/3} \qquad (7.26)$$

Mit $\varrho_c = 76\,\text{g/cm}^3$ folgt für die Sonne als obere Grenze der Zentraltemperatur $10 \cdot 10^7$ Grad, während unsere späteren Rechnungen $T_c = 1{,}9 \cdot 10^7$ Grad liefern werden.

Diese naturgemäß ziemlich rohen Abschätzungen zeigen uns jedoch, in welcher Größenordnung die Zustandsgrößen im Inneren der Sterne liegen werden.

39. Der Anteil des Strahlungsdruckes im Inneren der Sterne

Der Gesamtdruck P setzt sich aus dem Gasdruck p und dem Strahlungsdruck q zusammen, was wir in der Form

$$\begin{aligned} p &= \beta\,p \\ q &= (1 - \beta)\,P \end{aligned} \qquad (7.27)$$

zum Ausdruck bringen. Wir wollen nun zeigen, daß der Anteil des Strahlungsdruckes im Zentrum des Sternes und damit im ganzen Stern überhaupt einen gewissen Grenzwert nicht überschreiten kann:

$$1 - \beta_c < 1 - \beta^* \qquad (7.28)$$

Unter der schon früher gemachten Voraussetzung, daß ϱ nach außen nicht zunehmen soll, ist β^* durch die folgende Gleichung bestimmt:

$$M = \left(\frac{6}{\pi}\right)^{1/2} \left[\left(\frac{\Re}{\mu_c}\right)^4 \frac{3}{a} \cdot \frac{1 - \beta^*}{\beta^{*4}}\right]^{1/2} \frac{1}{G^{3/2}} \qquad (7.29)$$

Dabei beziehen sich die mit einem Index c versehenen Größen auf das Sternzentrum.

Zum Beweise dieses Theorems lösen wir zunächst die beiden Gleichungen (7.27)

$$(1 - \beta)\,P = \frac{1}{3}\,a\,T^4 \qquad (7.30)$$

$$\beta\,P = \frac{\Re\,\varrho\,T}{\mu} \qquad (7.31)$$

nach T auf:
$$\frac{1}{1 - \beta} \cdot \frac{a}{3}\,T^4 = \frac{\Re\,\varrho\,T}{\mu\,\beta} \qquad T = \left[\frac{(1 - \beta)\,3\,\Re}{\beta\,\mu\,a}\right]^{1/3} \varrho^{1/3} \qquad (7.32)$$

Setzen wir diesen Wert in (7.31) ein, so erhalten wir für den Gesamtdruck

$$P = \frac{\Re \varrho T}{\mu \beta} = \left[\frac{(1-\beta)\, 3\, \Re^4}{\beta^4\, \mu^4\, a} \right]^{1/3} \varrho^{4/3} \qquad (7.33)$$

und für den Zentraldruck

$$P_c = \left[\frac{(1-\beta_c)\, 3\, \Re^4}{\beta_c^4\, \mu_c^4\, a} \right]^{1/3} \varrho_c^{4/3} \qquad (7.34)$$

Durch Kombination dieser Gleichung mit der im vorangehenden Abschnitt abgeleiteten Ungleichung (7.24) ergibt sich weiter:

$$\left[\frac{(1-\beta_c)\, 3\, \Re^4}{\beta_c^4\, \mu_c^4\, a} \right]^{1/3} < \left(\frac{\pi}{6} \right)^{1/3} G\, M^{2/3} \qquad (7.35)$$

oder nach M aufgelöst:

$$M > \left(\frac{6}{\pi} \right)^{1/2} \left[\frac{(1-\beta_c)\, 3\, \Re^4}{\beta_c^4\, \mu_c^4\, a} \right]^{1/2} \frac{1}{G^{3/2}} \qquad (7.36)$$

Diese Beziehung stimmt bis auf das Ungleichheitszeichen mit der Definitionsgleichung für β^* überein; es ist demnach

$$\frac{1-\beta^*}{\beta^{*4}} > \frac{1-\beta_c}{\beta_c^4} \qquad (7.37)$$

Da bei zunehmendem β $1-\beta$ monoton ab-, β^4 aber zunimmt, nimmt auch die Funktion $(1-\beta)/\beta^4$ ab, woraus folgt

$$1 - \beta^* > 1 - \beta_c \qquad (7.38)$$

was zu beweisen war. Wir sehen daraus, daß der Anteil des Strahlungsdruckes im Zentrum und um so mehr noch in den äußeren Teilen des Sternes einen gewissen Grenzwert, der, abgesehen von dem unwesentlichen Einfluß von μ_c, nur von der Masse des Sterns abhängt, nicht überschreiten kann.

Tabelle 8

Grenzwerte des Strahlungsdruckanteils

$\dfrac{M}{M_\odot}\, \mu_c^2$	$1-\beta^*$	$\dfrac{M}{M_\odot}\, \mu_c^2$	$1-\beta^*$
0,5	0,008	32	0,63
1	0,030	64	0,73
2	0,092	128	0,80
4	0,21	256	0,86
8	0,36	512	0,90
16	0,51	∞	1,00

Für die Sonne können wir $\mu_c = 1$ setzen und erhalten aus Tab. 8 das Ergebnis, daß der Strahlungsdruck selbst im Zentrum weniger als 3% des Gesamtdruckes beträgt. Allgemein ist der Strahlungsdruckanteil bei allen Zwergsternen sehr klein, so daß er keine wesentliche Rolle spielen kann. Bei den Riesensternen dagegen kann der Strahlungsdruck von derselben Größenordnung werden wie der Gasdruck oder diesen sogar übertreffen.

Die Massen der Sterne streuen nur in dem relativ engen Bereich zwischen 10^{33} und 10^{35} g. Gaskugeln mit Massen wesentlich kleiner als 10^{33} g oder wesentlich größer als 10^{35} g scheinen nicht vorzukommen und demnach wohl nicht existenzfähig zu sein. Der Bereich von 10^{33} bis 10^{35} g ist auffallenderweise dadurch charakterisiert, daß p und q miteinander vergleichbar sind, während für $M < 10^{33}$ der Strahlungsdruck und für $M > 10^{35}$ der Gasdruck zurücktritt.

Bezüglich des Verhaltens des Strahlungsdruckes in homologen Sternen gilt folgendes Theorem:

Beträgt der Anteil des Strahlungsdruckes an einer bestimmten Stelle einer Gleichgewichtskonfiguration $1 - \beta_0$ und an der entsprechenden Stelle einer homolog transformierten Konfiguration $1 - \beta_1$, so ist

$$\frac{1 - \beta_1}{\beta_1^4} \cdot \frac{1}{M_1^2} = \frac{1 - \beta_0}{\beta_0^4} \cdot \frac{1}{M_0^2} \qquad (7.39)$$

wobei M_0 und M_1 die Massen vor und nach der homologen Transformation bedeuten.

Zunächst müssen wir den bereits in Abschnitt 34 eingeführten Begriff homologer Konfigurationen erweitern. Eine allgemeine homologe Transformation ist eine solche, bei welcher durch Multiplikation der Dichte und der Lineardimensionen mit konstanten Faktoren eine Gleichgewichtskonfiguration in eine andere übergeführt wird. Man kann die allgemeine homologe Transformation in zwei Komponenten zerlegen:

a) die Dimensionen bleiben unverändert, während die Dichte in jedem Punkte mit einem konstanten Faktor multipliziert wird;

b) lineare Transformation der radialen Dimensionen.

Zum Beweis unseres Theorems wenden wir zuerst die Transformation a) an und multiplizieren die Dichten mit x; da hiebei auch M_r mit x multipliziert wird, folgt aus (7.8) für den Druck eine Vergrößerung um einen Faktor x^2. Somit wird bei dieser Transformation in Gleichung (7.33) die linke Seite mit x^2, $\varrho^{4/3}$ mit $x^{4/3}$, der Klammerausdruck folglich mit $x^{2/3}$ multipliziert:

$$\left(\frac{1 - \beta_1}{\beta_1^4}\right)^{1/3} = \left(\frac{1 - \beta_0}{\beta_0^4}\right)^{1/3} x^{2/3} \qquad (7.40)$$

x bedeutet aber das Verhältnis der Massen M_1/M_0 vor und nach der Transformation:

$$\frac{1 - \beta_1}{\beta_1^4} \cdot \frac{1}{M_1^2} = \frac{1 - \beta_0}{\beta_0^4} \cdot \frac{1}{M_0^2} \qquad (7.41)$$

Nun wenden wir die Transformation b) an, indem alle Abstände vom Sternzentrum mit y multipliziert werden. Dabei wird in der Grundgleichung (7.8) ϱ mit y^{-3}, dr mit y und r^{-2} mit y^{-2}, der Druck folglich mit y^{-4} multipliziert. Unterwerfen wir nun die Gleichung (7.33) der Transformation b), so wächst die linke Seite um einen Faktor y^{-4}, $\varrho^{4/3}$ auf der rechten Seite aber ebenfalls um

y^{-4}, so daß der β enthaltende Klammerausdruck invariant bleibt, womit das in (7.39) ausgedrückte Theorem bewiesen ist. In einer Serie homologer Gaskugeln nimmt somit der Anteil des Strahlungsdruckes mit der Masse zu.

40. Die Masse-Leuchtkraft-Beziehung homologer Sterne

Nach den Ausführungen am Schluß des vorangehenden Kapitels ist die physikalische Konstitution eines Sternes und insbesondere seine Leuchtkraft durch dessen Masse, Radius und chemische Konstitution bestimmt. Dies ist eine der wenigen prüfbaren Aussagen der Theorie des innern Aufbaues der Sterne, und die quantitative Darstellung des empirischen Masse-Leuchtkraft-Gesetzes bildet deshalb ein Hauptproblem und einen Prüfstein der Theorie.

Im folgenden wird die allgemeine Form des Masse-Leuchtkraft-Gesetzes für den Fall, daß die Sterne Glieder ein und derselben homologen Serie sind, abgeleitet. Für entsprechende Punkte einer allgemeinen homologen Transformation gelten die im vorangegangenen Abschnitt bereits benutzten Beziehungen:

$$\varrho \sim \frac{M}{R^3} \qquad P \sim \frac{M^2}{R^4} \tag{7.42}$$

Die Gleichung (7.30) für den Strahlungsdruck nimmt somit die Form an:

$$T^4 = \frac{3(1-\beta)}{a} P = f(s)(1-\beta)\frac{M^2}{R^4} \tag{7.43}$$

wobei f für alle Sterne derselben Serie ein und dieselbe Funktion des normierten Abstandes $s = r/R$ vom Sternzentrum ist. Den entsprechenden Ausdruck bilden wir aus (7.31):

$$T^4 = \frac{\mu^4 \beta^4}{\mathfrak{R}^4 \varrho^4} P^4 = g(s)\beta^4 \mu^4 \frac{M^4}{R^4} \tag{7.44}$$

Die Kombination der beiden letzten Gleichungen liefert:

$$\frac{1-\beta}{\beta^4} = h(s) M^2 \mu^4 \tag{7.45}$$

wobei h, wie f und g, für alle Sterne einer homologen Serie ein und dieselbe Funktion darstellt. Diese Gleichung schreiben wir in logarithmischer Form:

$$\lg(1-\beta) = \lg\beta^4 + \lg M^2 + \lg[h(s)\mu^4] \tag{7.46}$$

und differenzieren sie nach s

$$\frac{d\lg(1-\beta)}{ds} = \frac{4\beta^3}{\beta^4} \cdot \frac{d\beta}{ds} + \frac{d\lg[h(s)\mu^4]}{ds} \tag{7.47}$$

Für den darin auftretenden Differentialquotienten $d\beta/ds$ berechnen wir:

$$\frac{d\beta}{ds} = -\frac{d(1-\beta)}{ds} = -\frac{d(1-\beta)}{(1-\beta)} \cdot \frac{(1-\beta)}{ds} = -\frac{d\lg(1-\beta)}{ds}(1-\beta) \tag{7.48}$$

wodurch (7.47) übergeht in

$$\frac{d\lg(1-\beta)}{ds} = -\frac{4}{\beta}(1-\beta)\frac{d\lg(1-\beta)}{ds} + \frac{d\lg[h(s)\,\mu^4]}{ds} \qquad (7.49)$$

$$\frac{d\lg(1-\beta)}{ds} = \frac{\beta}{4-3\beta}\cdot\frac{d\lg[h(s)\,\mu^4]}{ds} \qquad (7.50)$$

Nun berechnen wir, ausgehend von (6.42) und unter Benutzung der Beziehung $dr = (-\,dP\,r^2)/(G\,M_r\,\varrho)$, die Leuchtkraft

$$L_r = -4\pi r^2\sigma\frac{dT}{dr} = \frac{4\pi r^2\sigma\,dT\,G\,M_r\,\varrho}{r^2\,dP} = \frac{\pi G\sigma M_r\,\mu\,\beta}{\Re}\cdot\frac{4\,P\,dT}{T\,dP} \qquad (7.51)$$

Es ist aber bei Einführung des Strahlungsdruckes

$$\frac{4\,dT}{T}\cdot\frac{P}{dP} = \frac{dq}{q}\cdot\frac{P}{dP} = \frac{d\lg q}{d\lg P} = \frac{d\lg P + d\lg(1-\beta)}{d\lg P} = 1 + \frac{d\lg(1-\beta)}{d\lg P} \qquad (7.52)$$

$$= 1 + \frac{\beta}{4-3\beta}\cdot\frac{d\lg[h(s)\,\mu^4]}{d\lg P} = 1 + \frac{\beta}{4-3\beta}\left(\frac{d\lg h(s)}{d\lg P} + \frac{d\lg\mu^4}{d\lg P}\right)$$

$$= 1 + \frac{\beta}{4-3\beta}\left(\psi(s) + \varphi\right) \qquad (7.53)$$

womit die Leuchtkraftformel übergeht in:

$$L_r = \frac{\pi G}{\Re}M_r\,\mu\,\beta\,\sigma\left[1 + \frac{\beta}{4-3\beta}(\psi+\varphi)\right] \qquad (7.54)$$

Dieselbe Formel gibt bei Weglassung des Index r den Zusammenhang zwischen der gesamten Leuchtkraft und der Gesamtmasse, wobei dann ψ und φ die Funktionswerte für den äußeren Rand des Sternes bedeuten. Für den Leitungskoeffizienten σ ergibt sich aus (6.49) bei Berücksichtigung von (7.30) und (7.31)

$$\sigma = \frac{4\,c\,(1-\beta)\,\Re}{k\,\mu\,\beta} \qquad (7.55)$$

wodurch das Leuchtkraftgesetz für homologe Sterne im Strahlungsgleichgewicht die Form annimmt:

$$L = \frac{4\pi c\,G}{k}M\,(1-\beta)\left[1 + \frac{\beta}{4-3\beta}(\psi+\varphi)\right] \qquad (7.56)$$

Darin bedeutet k die Opazität der oberflächennahen Schichten des Sterns.

41. Die Masse-Leuchtkraft-Beziehung polytroper Sterne

Nach den Ausführungen von Abschnitt 29 sagt man, ein Stern sei nach der Polytropen n aufgebaut, wenn die Beziehung

$$P = \varkappa\,\varrho^{1+(1/n)} \qquad (7.57)$$

besteht. Bei festgehaltenem Polytropenindex n ist somit P proportional einer Funktion von ϱ bzw. von $\varrho/\bar{\varrho}$. Die Auflösung von (7.57) zusammen mit der Grundgleichung (6.1) liefert die relative Dichteverteilung $\varrho/\bar{\varrho}$, welche für alle Sterne desselben Polytropenindex dieselbe Funktion des normierten Abstandes $s = r/R$ ist, unabhängig von M und R. Die Sterne, die nach derselben Polytropen aufgebaut sind, bilden somit eine homologe Serie, und wir können deshalb auf sie das Leuchtkraftgesetz (7.56) anwenden. Es handelt sich nur darum, für die Polytrope die Funktion ψ zu bestimmen. Ausgehend von (7.45) erhalten wir unter Benutzung von (7.30) und (7.31)

$$h(s) = \frac{1-\beta}{\beta^4\,\mu^4}\frac{1}{M^2} = \frac{a}{3\,\mathfrak{R}^4\,M^2}\cdot\frac{P^3}{\varrho^4} = \frac{a\,\varkappa^3}{3\,\mathfrak{R}^4\,M^2}\,\varrho^{\left(\frac{n+1}{n}\cdot\frac{3-n}{n+1}\right)}$$

$$= \frac{a\,\varkappa^{3-\frac{3-n}{n+1}}}{3\,\mathfrak{R}^4\,M^2}\,P^{\frac{3-n}{n+1}} \tag{7.58}$$

und damit

$$\psi = \frac{d\lg h(s)}{d\lg P} = \frac{3-n}{n+1} \tag{7.59}$$

Bei Vernachlässigung der Variation des Molekulargewichtes im Innern des Sterns ist $\varphi = 0$; in diesem Fall lautet die Leuchtkraftformel

$$L = \frac{\pi G}{\mathfrak{R}}\,M\,\mu\,\beta\,\sigma\left[1 + \frac{\beta}{4-3\,\beta}\cdot\frac{3-n}{1+n}\right] \tag{7.60}$$

Führt man noch für σ den Wert aus (7.55) ein, so nimmt die Masse-Leuchtkraft-Beziehung für polytrope Sterne die Form an:

$$L = \frac{4\,\pi c\,G}{k}\,M\,(1-\beta)\left[1 + \frac{\beta}{4-3\,\beta}\cdot\frac{3-n}{n+1}\right] \tag{7.61}$$

VIII. STERNMODELLE

Die Aussagen, welche die allgemeinen physikalischen Gesetze über einen Stern zu machen gestatten, reichen nicht aus, dessen innere Konstitution in eindeutiger Weise zu bestimmen. Man ist deshalb genötigt, zusätzliche Annahmen einzuführen, welche mehr oder weniger gut begründet werden können. Je nach der Art dieser Annahmen erhält man eine verschiedene Lösung, ein verschiedenes Modell des Sternes. Die Tatsache, daß man für einen bestimmten Stern unter verschiedenen plausiblen Annahmen Lösungen erhält, welche nicht weit auseinanderliegen, macht es sehr wahrscheinlich, daß diese Modelle den Aufbau des realen Sternes im wesentlichen richtig wiedergeben.

42. Bestimmung des Polytropenindex und Lösung der Emdenschen Differentialgleichung

Der Polytropenindex n, der in der Emdenschen Theorie noch offen geblieben war, läßt sich bei Berücksichtigung des Strahlungsdruckes bestimmen. Eliminiert man nämlich aus den Ausdrücken für den Gas- und Strahlungsdruck

$$p = \beta P = \frac{\Re \varrho T}{\mu} \qquad (8.1)$$

$$q = (1 - \beta) P = \frac{a}{3} T^4 \qquad (8.2)$$

die Temperatur

$$T = \frac{\mu p}{\Re \varrho} \qquad (8.3)$$

so erhält man

$$q = \frac{a}{3} \cdot \frac{\mu^4 \beta^4 P^4}{\Re^4 \varrho^4} = (1 - \beta) P \qquad (8.4)$$

$$P = \left(\frac{(1 - \beta) 3 \Re^4 \varrho^4}{a \mu^4 \beta^4} \right)^{1/3} = \left[\frac{3 (1 - \beta) \Re^4}{a \mu^4 \beta^4} \right]^{1/3} \varrho^{4/3} = \varkappa \varrho^{4/3} \qquad (8.5)$$

Unter der Voraussetzung, daß β und μ durch den ganzen Stern als konstant angenommen werden können, stellt $\varkappa$ eine Konstante, (8.5) somit eine Polytrope dar, und zwar diejenige mit dem Index $n = 3$. Sterne, deren Aufbau durch den Strahlungsdruck wesentlich mitbedingt ist und für welche die erwähnten Annahmen zutreffen, sind somit nach der Polytropen $n = 3$ aufgebaut. Die Emdensche Differentialgleichung (6.29) nimmt in diesem Fall die Form an:

$$\frac{d^2 u}{d z^2} + \frac{2}{z} \cdot \frac{du}{dz} + u^3 = 0 \qquad (8.6)$$

mit den bereits in (6.30) aufgeführten Mittelpunktsbedingungen.

Die Emdensche Differentialgleichung kann nur für die Werte $n = 0, 1$ und 5 geschlossen gelöst werden. Für andere Werte von n, speziell für den uns interessierenden Fall $n = 3$, nimmt man versuchsweise an, daß u für kleine Werte von z in eine unendliche Reihe von der Form

$$u = a_0 + a_1 z + a_2 z^2 + a_3 z^3 + a_4 z^4 + \cdots \qquad (8.7)$$

entwickelt werden kann. Aus den Zentrumsbedingungen $du/dz = 0$ und $u = 1$ sowie unter Berücksichtigung von (8.6) ergeben sich die ersten Koeffizienten: $a_0 = 1$, $a_1 = 0$, $a_2 = -1/6$. Die übrigen Koeffizienten sind so zu bestimmen, daß die Differentialgleichung (8.6) stets erfüllt ist. Man erhält so eine Lösung für kleine Werte von z. Ausgehend von den Werten u und du/dz, welche noch erreichbar sind, ehe die Reihe divergiert, kann die Lösung durch Quadraturen schrittweise fortgepflanzt werden. Wenn der Wert $u = 0$ erreicht ist, so ist nach (6.28) und (6.25) $\varrho = 0$, d. h. man ist an der Oberfläche des Sternes angelangt.

Tabelle 9

Lösung der Emdenschen Differentialgleichung für $n = 3$

z	u	u^3	u^4	$-\dfrac{du}{dz}$	$-\dfrac{z}{3} \cdot \dfrac{dz}{du}$	$-z^2 \dfrac{du}{dz}$
0,00	1,00000	1,00000	1,00000	0,00000	1,0000	0,0000
0,25	0,98975	0,96960	0,95966	0,08204	1,0158	0,0051
0,50	0,95987	0,88436	0,84886	0,15495	1,0756	0,0387
0,75	0,91355	0,76242	0,69650	0,21270	1,1754	0,1196
1,00	0,85505	0,62513	0,53451	0,25219	1,3218	0,2522
1,25	0,78897	0,49111	0,38747	0,27370	1,5224	0,4276
1,50	0,71948	0,37244	0,26797	0,27993	1,7862	0,6298
1,75	0,64996	0,27458	0,17847	0,27460	2,1243	0,8410
2,00	0,58282	0,19796	0,11538	0,26149	2,5495	1,0450
2,50	0,46109	0,09803	0,04520	0,22396	3,7210	1,3924
3,00	0,35921	0,04635	0,01665	0,18393	5,4370	1,6553
3,50	0,27629	0,02109	0,00583	0,14859	7,8697	1,8203
4,00	0,20942	0,00918	0,00192	0,11998	11,113	1,9197
4,50	0,15529	0,00375	0,00058	0,09748	15,387	1,9740
5,00	0,11110	0,00137	0,00015	0,08003	20,826	2,001
6.00	0,04411	0,00009	0,00038	0,05599	35,720	2,015
6,80	0,00471	0,00001	0,00000	0,04360	51,987	2,016
6,9011	0,00000	0,00000	0,00000	0,04231	54,360	2,016

Die von EMDEN gegebene Lösung für die Polytrope $n = 3$ ist in Tab. 9 enthalten, und zwar sind darin außer u selbst noch verschiedene Funktionen von u mitgeteilt, die wir noch gebrauchen werden. Die Beziehungen (6.25), (6.26) und (6.28) lauten für den Fall $n = 3$:

$$\varrho = \left(\frac{\varphi}{4\,\varkappa} \right)^3 \tag{8.8}$$

$$P = \frac{\varrho\,\varphi}{4} \tag{8.9}$$

$$\varphi = u\,\varphi_0 \tag{8.10}$$

Damit lassen sich die Zustandsgrößen an irgendeiner Stelle des Sternes ausdrücken durch u und die entsprechenden Werte im Zentrum des Sternes, die wir mit dem Index 0 versehen und sogleich berechnen werden:

$$\frac{\varphi}{\varphi_0} = u \qquad \frac{\varrho}{\varrho_0} = u^3 \qquad \frac{P}{P_0} = u^4 \tag{8.11}$$

Um zu numerischen Werten der Zustandsgrößen zu gelangen, müssen wir noch die meßbaren integralen Größen des Sterns, seine Masse M und seinen Radius R mit unseren Formeln in Verbindung bringen. Dazu berechnen wir die mittlere Dichte ϱ_m:

$$\varrho_m = \frac{M}{(4/3)\,\pi\,R^3} = \left(\frac{g\,r^2}{G\,(4/3)\,\pi\,r^3} \right)_{\substack{r=R \\ u=0}} = -\frac{3}{4\,\pi\,G} \left(\frac{1}{r} \cdot \frac{d\varphi}{dr} \right)_{\substack{r=R \\ u=0}} \tag{8.12}$$

Diese Umformung erfolgte mit Hilfe von (6.2) und (6.5); zugleich wurde R durch r ersetzt mit der zusätzlichen Forderung, daß man zum Schluß $r = R$ bzw. $u = 0$ setzen soll. Nach (6.28) ist für $n = 3$:

$$\frac{1}{r} \cdot \frac{d\varphi}{dr} = \alpha^2\, \varphi_0^3\, \frac{1}{z} \cdot \frac{du}{dz} \tag{8.13}$$

Damit erhält man für die mittlere Dichte den Ausdruck:

$$\varrho_m = \frac{3\,\alpha^2\,\varphi_0^3}{4\,\pi\,G} \left(-\frac{1}{z} \cdot \frac{du}{dz} \right)_{u=0} \tag{8.14}$$

Aus der Vergleichung von (6.7) mit (6.27) folgt für $n = 3$:

$$4\,\pi\,G\,\varrho_0 = \alpha^2\,\varphi_0^3 \tag{8.15}$$

und daraus:

$$\frac{\varrho_m}{\varrho_0} = \left(-\frac{3}{z} \cdot \frac{du}{dz} \right)_{u=0} \tag{8.16}$$

Diese Funktion ist in Tab. 9 aufgeführt, und man entnimmt ihr, daß für einen nach der Polytropen $n = 3$ aufgebauten Stern die Zentrumsdichte 54,360mal größer ist als die mittlere Dichte. Aus ϱ_0 folgt nach (8.9) unmittelbar der Zentraldruck

$$P_0 = \frac{\varrho_0\,\varphi_0}{4} \tag{8.17}$$

Für die Sternoberfläche ist $r = R$ und $z = Z$ und nach (6.28):

$$\frac{R}{Z} = \frac{1}{\alpha\,\varphi_0} \tag{8.18}$$

Damit ergibt sich aus (8.15):

$$\varphi_0 = \frac{4\,\pi\,G\,\varrho_0}{\alpha^2\,\varphi_0^2} = \frac{R^2}{Z^2}\, 4\,\pi\,G\,\varrho_0 \tag{8.19}$$

und zusammen mit (8.17)

$$P_0 = \frac{\pi\,G\,R^2\,\varrho_0^2}{Z^2} \tag{8.20}$$

worin nach Tab. 9 $Z = 6{,}9011$ zu setzen ist. Schließlich erhält man noch mit Hilfe der Gasgleichung die Zentraltemperatur

$$T_0 = \frac{P_0\,\mu}{\Re\,\varrho_0} \tag{8.21}$$

Auf die numerische Auswertung dieser Ergebnisse und ihre Anwendung auf spezielle Sterne werden wir erst im nächsten Abschnitt zurückkommen, weil nämlich unsere bisherige Entwicklung aus folgender Überlegung in einem etwas zweifelhaften Lichte erscheint: es gelang unter Berücksichtigung des Strahlungsdruckes, den Polytropenindex zu bestimmen. Nach den Ausführungen von Abschnitt 39 spielt aber, jedenfalls bei den Zwergsternen, der Strahlungsdruck keine nennenswerte Rolle; wie sollte dann aber der Strahlungsdruck bei diesen Sternen für den Polytropenindex und damit für die ganze innere Konstitution verantwortlich sein können?

43. Das Eddingtonsche oder Standardmodell

Wir greifen zurück auf die am Schluß des Abschnittes über das Strahlungsgleichgewicht abgeleitete Gleichung (6.53) für die mittlere Energieerzeugung

$$k\,\bar{\varepsilon} = \frac{4\,\pi\,G\,a\,c}{3} \cdot \frac{dT^4}{dP} \tag{8.22}$$

k und $\bar{\varepsilon}$ sind nicht näher bekannte Funktionen der Zustandsgrößen. Man kann
aber mit Sicherheit annehmen, daß die Energieerzeugung ε, und damit auch $\bar{\varepsilon}$,
mit zunehmender Temperatur, d. h. nach innen, zunimmt; dagegen wird die
Opazität k abnehmen, weil mit zunehmender Temperatur die Atome mehr und
mehr ionisiert werden und dadurch die Fähigkeit, durch Photoeffekt Strahlung
zu absorbieren, verlieren. Aus diesem Grund hat EDDINGTON die naheliegende,
allerdings ziemlich rohe Näherung gemacht, $k\,\bar{\varepsilon}$ sei durch den ganzen Stern
konstant. Den unter dieser Annahme berechneten Sternaufbau bezeichnet man
als das Standardmodell. Die Integration von (8.22) liefert

$$P = \frac{4\,\pi\,a\,c\,G}{3\,k\,\bar{\varepsilon}}\,T^4 - P_0 \tag{8.23}$$

An der Sternoberfläche ist $P = 0$ und $T = T_e$, woraus sich die Integrationskonstante ergibt:

$$P_0 = \frac{4\,\pi\,a\,c\,G}{3\,k\,\bar{\varepsilon}}\,T_e^4 \tag{8.24}$$

$$P = \frac{4\,\pi\,a\,c\,G}{3\,k\,\bar{\varepsilon}}\,(T^4 - T_e^4) \sim \frac{4\,\pi\,a\,c\,G}{3\,k\,\bar{\varepsilon}}\,T^4 \tag{8.25}$$

T_e^4 konnte gegen T^4 vernachlässigt werden, weil die Temperatur an der Sternoberfläche nur einige tausend, im Inneren dagegen einige Millionen Grad beträgt. Nach der Theorie des Strahlungsgleichgewichtes ergibt sich somit bei der
gemachten Annahme der Gesamtdruck als proportional T^4, d. h. proportional
dem Strahlungsdruck; durch Vergleichung mit (7.30) erhält man den Propor-
tionalitätsfaktor:

$$(1 - \beta) = \frac{k\,\bar{\varepsilon}}{4\,\pi\,c\,G} \tag{8.26}$$

Unter den Voraussetzungen des Standardmodells ist somit $1 - \beta$ durch den
ganzen Stern konstant. Eliminiert man aus (8.25) und der Gasgleichung

$$\beta^4\,P^4 = \frac{\Re^4\,\varrho^4}{\mu^4}\,T^4 \tag{8.27}$$

die Temperatur, so erhält man

$$P^3 = \frac{\Re^4\,3\,k\,\bar{\varepsilon}}{\mu^4\,\beta^4\,4\,\pi\,a\,c\,G}\,\varrho^4 = \frac{3\,(1-\beta)\,\Re^4}{a\,\mu^4\,\beta^4}\,\varrho^4 \tag{8.28}$$

Macht man die ergänzende Annahme, μ sei durch den ganzen Stern konstant,
so ist auch der Koeffizient von ϱ^4 konstant, und man kann mit $C^3 = \dfrac{3\,(1-\beta)\,\Re^4}{a\,\mu^4\,\beta^4}$
schreiben:

$$P = C\,\varrho^{4/3} \tag{8.29}$$

Dies ist aber genau unsere Gleichung (8.5), also die Polytrope $n = 3$. Sterne
des Standardmodells, d. h. Sterne im Strahlungsgleichgewicht, für welche $k\,\bar{\varepsilon}$

sowohl als auch μ konstant ist, sind somit nach der Polytropen $n = 3$ aufgebaut. Damit haben wir eine befriedigende Begründung für die bevorzugte Stellung der Polytropen $n = 3$ gefunden.

Das Masse-Leuchtkraft-Gesetz (7.61) polytroper Sterne nimmt für $n = 3$ die besonders einfache Gestalt an:

$$L = \frac{4\,\pi\,c\,G}{k}\,M\,(1 - \beta) \tag{8.30}$$

44. Numerische Beispiele

Wir berechnen den inneren Aufbau zweier typischer Sterne, des Zwergsternes Sonne und des Riesensternes Capella (α Aurigae) mit Hilfe der in Abschnitt 42 abgeleiteten Formeln, also unter der Voraussetzung, sie seien nach dem Standardmodell gebaut. Aus den vorgegebenen Größen M und R wird zunächst die mittlere Dichte ϱ_m berechnet und mit Hilfe von (8.16) ϱ_0; daraus weiter P_0 und T_0 aus (8.20) bzw. (8.21). Diese Zentralgrößen sind in Tab. 10 mitgeteilt. Bei der Berechnung der Temperatur muß eine Annahme über das Molekulargewicht μ bzw. über die chemische Konstitution der Sternmaterie gemacht werden. Den in Tab. 10 mitgeteilten Werten wurde die Annahme $\mu = 1$ zugrunde gelegt (vgl. Ziffer 56) bzw. $\beta\mu = 1$ für den Fall, daß man in (8.21) T_0 korrekterweise aus dem Gasdruck βP_0 anstatt aus dem Gesamtdruck P_0 berechnet. Praktisch ist dies allerdings belanglos, denn mit den aufgeführten Zentraltemperaturen ergibt sich $q_0/P_0 = 1 - \beta$ für die Sonne zu 0,003, für Capella zu 0,045. Trotzdem der Riesenstern eine wesentlich größere Masse besitzt als der Zwergstern, sind Druck, Dichte und Temperatur in jenem bedeutend kleiner als in diesem. Aus den Zentralgrößen erhält man nun mit den Angaben in Tab. 9 die Zustandsgrößen in irgendeinem Abstand $r = s\,R$ vom Sternzentrum, wenn man berücksichtigt, daß T proportional u, ϱ proportional u^3 und P proportional u^4 verläuft. Die relativen Werte dieser Funktionen, T/T_0, ϱ/ϱ_0 und P/P_0 sind in Tab. 11 als Funktion des normierten Abstandes $s = r/R$ aufgeführt. Von Interesse ist ferner die Verteilung der Massen. Die innerhalb des Abstandes r gelegene Masse M_r ist proportional der mitt-

Tabelle 10

Die Zustandsgrößen im Zentrum der Sonne und der Capella

	Sonne	Capella
Masse M	$1,98 \cdot 10^{33}$ g	$8,3 \cdot 10^{33}$ g
Radius R	$6,95 \cdot 10^{10}$ cm	$9,55 \cdot 10^{11}$ cm
Mittlere Dichte ϱ_m	$1,41$ g $\cdot$ cm^{-3}	$0,00227$ g $\cdot$ cm^{-3}
Zentraldichte ϱ_0	$76,5$ g $\cdot$ cm^{-3}	$0,1234$ g $\cdot$ cm^{-3}
Zentraldruck P_0	$1,2 \cdot 10^{17}$ dyn $\cdot$ cm^{-2}	$6,11 \cdot 10^{13}$ dyn $\cdot$ cm^{-2}
Zentraltemperatur T_0	$19 \cdot 10^6$ Grad	$6 \cdot 10^6$ Grad

Tabelle 11

Der Verlauf der Zustandsgrößen im Standardmodell

$s = r/R$	T/T_0	ϱ/ϱ_0	P/P_0	M_r/M
0,000	1,000	1,000	1,000	0,000
0,036	0,990	0,970	0,960	0,003
0,072	0,960	0,884	0,849	0,019
0,109	0,914	0,762	0,696	0,059
0,145	0,855	0,625	0,535	0,125
0,181	0,789	0,491	0,387	0,212
0,217	0,719	0,372	0,268	0,313
0,254	0,650	0,275	0,178	0,418
0,290	0,583	0,198	0,115	0,519
0,362	0,461	0,0980	0,045	0,695
0,435	0,359	0,0464	0,017	0,822
0,507	0,276	0,0211	0,006	0,905
0,580	0,209	0,0092	0,002	0,953
0,652	0,155	0,0038	0,001	0,980
0,725	0,111	0,0014	0	0,993
0,870	0,044	0,0009	0	1,000
1,000	0	0	0	1,000

leren Dichte ϱ_m innerhalb dieses Abstandes und proportional r^3 bzw. z^3, unter Berücksichtigung von (8.16) somit proportional $-z^2\,du/dz$. Diese Funktion ist in der letzten Spalte von Tab. 9 aufgeführt; aus ihr berechnet man unter Berücksichtigung, daß für den Sternrand $M_r = M$ ist, den Bruchteil M_r/M der innerhalb des Radius r gelegenen Masse. Dieser Quotient ist in Tab. 11 ebenfalls aufgeführt, während Abb. 15 die Kugelflächen veranschaulicht, innerhalb welcher sich 10%, 20%, ..., 100% der Sternmasse befinden. Beispielsweise sind innerhalb der schraffierten Kugelfläche vom Radius $s = 0{,}286$, welche nur 2,3%

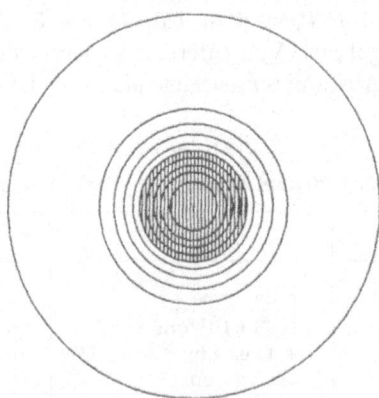

Abb. 15

Die Massenverteilung in einem nach dem Standardmodell gebauten Stern.

des Sternvolumens umschließt, 50% der Sternmasse enthalten. Die Kugel vom Radius $s = 0,5$ andererseits, welche einen Achtel des Sternvolumens umschließt, enthält bereits 90% der Sternmasse. Dadurch wird die starke Konzentration der Masse gegen das Sternzentrum zum Ausdruck gebracht.

45. Das Punktquellenmodell

Heute wissen wir (Kapitel XI), daß die Energieerzeugung im Sterninnern durch Kernreaktionen erfolgt, deren Ausbeute mit einer hohen Potenz der Temperatur erfolgt. Die Energieerzeugung ist deshalb praktisch ganz auf die innersten Teile des Sternes beschränkt und wird besser als durch die Annahme des Standardmodells durch die Annahme einer im Sternzentrum befindlichen punktförmigen Energiequelle beschrieben. Mit Ausnahme des Sternzentrums ($r = 0$) ist der durch irgendeine Kugelfläche nach außen hindurchtretende Strahlungsstrom konstant:

$$L_r = L \qquad r \neq 0 \qquad (8.31)$$

In diesem Fall, wo die mittlere Energieerzeugung $\bar{\varepsilon} = L/M_r$ beträgt, nimmt (6.53), wenn wir wieder durch (6.46) den Strahlungsdruck einführen, die Form an:

$$\frac{L}{M_r} = \frac{4\pi c G}{k} \cdot \frac{dq}{dP} \qquad (8.32)$$

$$\frac{dp}{dP} = 1 - \frac{dq}{dP} = 1 - \frac{k}{4\pi c G} \cdot \frac{L}{M_r} \qquad (8.33)$$

Mit Annäherung an das Sternzentrum nimmt M_r bis auf Null ab. Auch k nimmt mit steigender Temperatur ab, weil die Ionisation zu- und damit die Anzahl der durch Photoeffekt zur Absorption befähigten Elektronen abnimmt; diese Temperaturabhängigkeit des Opazitätskoeffizienten ist beträchtlich und kann für Materie unter den Verhältnissen des Sterninnern in guter Näherung durch $T^{-3,5}$ dargestellt werden. Da die Opazität ferner der Dichte proportional ist, kommt man schließlich für den stellaren Opazitätskoeffizienten auf den Ausdruck

$$k = k_0 \frac{\varrho}{T^{3,5}} \qquad (8.34)$$

Mit Annäherung an das Sternzentrum nimmt k jedoch nicht unbegrenzt ab, auch wenn schließlich alle Atome ionisiert sind und kein Photoeffekt mehr stattfinden kann, denn dann bleibt als Opazitätsursache immer noch die Streuung und Absorption durch die freien Elektronen.

In Wirklichkeit wird aber die Energiequelle nicht punktförmig, sondern von endlicher Ausdehnung sein und demzufolge schließlich auch L_r abnehmen, jedoch wesentlich langsamer als M_r, so daß jedenfalls in dem innersten, Energie erzeugenden Kern der Gradient des Strahlungsdrucks und damit derjenige der Temperatur sehr groß, derjenige des Gasdrucks nach (8.33) sehr klein, ja sogar negativ werden kann. Das heißt aber, daß dieser innerste Kern nicht mehr stabil geschichtet sein kann; denn wenn der Temperaturgradient sehr groß, nämlich größer als der adiabatische Temperaturgradient wird, so ist das Strahlungsgleichgewicht nicht mehr stabil und schlägt in Konvektion um (siehe Ziffer 47). Zu der gleichen Schlußfolgerung führt auch die Abnahme des Druckgradienten. Sterne, welche nach dem Punktquellenmodell gebaut sind, besitzen somit ein zentrales konvektives Gebiet. Als Gegenstück zu dem Standardmodell

Tabelle 12

Der Verlauf der Zustandsgrößen im Punktquellenmodell

$s = r/R$	T/T_0	ϱ/ϱ_0	$s = r/R$	T/T_0	ϱ/ϱ_0
0,00	1,000	1,000	0,57	0,196	0,015
0,06	0,974	0,961	0,62	0,156	0,007
0,11	0,898	0,852	0,68	0,121	0,003
0,17	0,784	0,693	0,74	0,092	0,0013
0,23	0,661	0,508	0,80	0,067	0,0046
0,28	0,551	0,331	0,85	0,049	0,00013
0,34	0,455	0,197	0,91	0,026	0,000021
0,40	0,372	0,11	0,97	0,009	0,000001
0,45	0,303	0,059	0,99	0,001	0
0,51	0,245	0,030	1,00	0	0

ist in Tab. 12 die Temperatur- und Druckverteilung im Punktquellenmodell mitgeteilt. Dieser Berechnung wurde die Annahme zugrunde gelegt, daß der Strahlungsdruck klein sei gegen den Gesamtdruck ($\beta = 1$) und daß für den ganzen Stern das Opazitätsgesetz (8.34) Gültigkeit besitze. Die Integration von (8.33) zeigt dann, daß bei $s = 0,17$ der Strahlungsgleichgewichts-Temperaturgradient den adiabatischen übersteigt, daß somit für die Berechnung der inneren Teile ($s < 0,17$) die Gleichung des Strahlungsgleichgewichtes zu ersetzen ist durch die Adiabatengleichung. Der konvektive Kern nimmt 0,5% des Sternvolumens ein und enthält 15,3% der Sternmasse.

Eine Vergleichung der Tabellen 11 und 12 zeigt, daß der Temperatur- und Dichteverlauf nach den beiden Modellen sehr ähnlich ist, besonders was die Temperaturverteilung anbetrifft, während sich beim Standardmodell eine merklich stärkere Konzentration der Masse gegen das Zentrum ergibt als beim Punktquellenmodell. Zentraldichte und Zentraltemperatur betragen für den Fall $\mu \beta = 1$ nach dem Standardmodell

$$\varrho_0 = 76,5 \left(\frac{M}{M_\odot}\right)\left(\frac{R_\odot}{R}\right)^3 \text{ g} \cdot \text{cm}^{-3} \tag{8.35}$$

$$T_0 = 19,7 \cdot 10^6 \left(\frac{M}{M_\odot}\right)\left(\frac{R_\odot}{R}\right) \text{ Grad} \tag{8.36}$$

und nach dem Punktquellenmodell

$$\varrho_0 = 52,2 \left(\frac{M}{M_\odot}\right)\left(\frac{R_\odot}{R}\right) \text{ g} \cdot \text{cm}^{-3} \tag{8.37}$$

$$T_0 = 20,8 \cdot 10^6 \left(\frac{M}{M_\odot}\right)\left(\frac{R_\odot}{R}\right) \text{ Grad} \tag{8.38}$$

Abgesehen von der Zentraldichte, die sich beim Standardmodell zu ungefähr 50% größer ergibt als beim Punktquellenmodell, stimmen die beiden Modelle über Erwarten gut überein. Die beiden gemachten Annahmen, $k\,\bar{\varepsilon}(r)$ sei durch den ganzen Stern konstant bzw. die Energieproduktion erfolge nur im Sternzentrum, stellen offenbar Grenzfälle dar. Da der physikalische Aufbau der Modelle dieser beiden Grenzfälle nahezu übereinstimmt, kann er auch nicht wesentlich von dem Aufbau der realen Sterne verschieden sein.

46. Masse-Leuchtkraft-Gesetz und Erfahrung

Von den vier integralen, durch Beobachtung bestimmbaren Zustandsgrößen eines Sternes, der Masse, der Leuchtkraft, des Radius und der effektiven Temperatur bzw. des Spektrums, sind die drei letzteren durch das Stefan-Boltzmannsche Gesetz miteinander verbunden:

$$L = 4\,\pi\,R^2\,\sigma\,T_e^4 = 4\,\pi\,R^2\,\frac{a\,c}{4}\,T_e^4 \qquad (8.39)$$

so daß sich die Zahl der unabhängigen Parameter, als welche wir M, L, R wählen, auf drei reduziert. Um zu einer bestimmten Lösung zu gelangen (wir erinnern an die Berechnung des inneren Aufbaues von Sonne und Capella in Abschnitt 44), mußten wir bereits über M und R verfügen und überdies eine Annahme über die chemische Zusammensetzung der Sternmaterie treffen. Einzig über L ist noch nicht verfügt worden; aus diesem Grund bildet die Vergleichung der beobachteten mit der als Funktion der übrigen Parameter berechneten Leuchtkraft die einzige Prüfungsmöglichkeit der Theorie des inneren Aufbaus. Nach Abschnitt 33 ist die Leuchtkraft eines Sterns durch seine Masse, seinen Radius und seine chemische Zusammensetzung bestimmt. Wenn die chemische Konstitution bekannt ist, läßt sich durch Vergleichung von beobachteter und berechneter Leuchtkraft die Theorie prüfen, wenn sie nicht bekannt ist, kann das Molekulargewicht bestimmt werden, indem man dieses so wählt, daß beobachtete und berechnete Leuchtkraft zur Übereinstimmung kommen. Damit ist über den letzten Parameter verfügt worden; es ist in diesem Fall nur noch möglich, die Zustandsgrößen widerspruchsfrei zu kombinieren, jedoch nicht mehr, die Theorie zu prüfen.

Wir knüpfen an das in Abschnitt 40 abgeleitete Leuchtkraftgesetz (7.56) an:

$$L = \frac{4\,\pi\,c\,G}{k}\,M\,(1-\beta)\left[1 + (\psi+\varphi)\,\frac{\beta}{4-3\,\beta}\right] \qquad (8.40)$$

und erinnern an die Bedeutung von ψ und φ:

$$\psi(s) = \frac{d\lg h(s)}{d\lg P} \qquad (8.41)$$

$$\varphi = \frac{d\lg \mu^4}{d\lg P} \qquad (8.42)$$

Zunächst setzen wir $\varphi = 0$, indem wir von den geringfügigen Änderungen des Molekulargewichtes im Innern der Sterne absehen. Für k bedienen wir uns wieder des Ansatzes (8.34), ersetzen darin jedoch ϱ und T nach (7.42) durch M und R:

$$\varrho \sim \frac{M}{R^3} \tag{8.43}$$

$$T^4 \sim \frac{(1-\beta)\, M^2}{R^4} \tag{8.44}$$

$$k \sim k_0\, \frac{M\, R^{28/8}}{R^3\, (1-\beta)^{7/8}\, M^{14/8}} = \frac{k_0\, R^{1/2}}{M^{3/4}\, (1-\beta)^{7/8}} \tag{8.45}$$

Damit erhält man für die Leuchtkraft bis auf eine nur vom Modell abhängige Konstante:

$$L \sim \frac{4\,\pi\, c\, G}{k_0} \cdot \frac{M^{7/4}}{R^{1/2}}\, (1-\beta)^{15/8} \left[1 + \psi\, \frac{\beta}{4 - 3\,\beta} \right] \tag{8.46}$$

k_0 bedeutet dabei eine von der chemischen Zusammensetzung abhängige Materialkonstante. Da aber die Beobachtung primär nicht R, sondern T_e liefert, schreiben wir für $R^{1/2}$ nach (8.39)

$$R^{1/2} = \frac{L^{1/4}}{\pi^{1/4}\, a^{1/4}\, c^{1/4}\, T_e} \tag{8.47}$$

und erhalten aus (8.46)

$$\begin{aligned}
L &= (4\,G)^{4/5}\, a^{1/5}\, \pi\, c\, T_e^{4/5} \left[1 + \psi\, \frac{\beta}{4 - 3\,\beta} \right]^{4/5} (1-\beta)^{3/2}\, M^{7/5}\, \frac{1}{k_0^{4/5}} \\
&= C\, \frac{M^{7/5}}{k_0^{4/5}}\, (1-\beta)^{3/2}\, T_e^{4/5} \left[1 + \psi\, \frac{\beta}{4 - 3\,\beta} \right]^{4/5}
\end{aligned} \tag{8.48}$$

Da ψ im allgemeinen klein ist, kann man die eckige Klammer näherungsweise $= 1$ setzen; für das Eddingtonsche Modell trifft dies nach (8.30) sogar streng zu. Dadurch nimmt die Leuchtkraftformel die Form an:

$$L = C\, \frac{1}{k_0^{4/5}}\, M^{7/5}\, (1-\beta)^{3/2}\, T_e^{4/5} \tag{8.49}$$

aus der man durch Kombination mit (7.45) erhält:

$$L = C'\, \frac{1}{k_0^{4/5}}\, M^{22/5}\, \mu^6\, \beta^6\, T_e^{4/5} \tag{8.50}$$

Dies ist das Leuchtkraftgesetz für homologe, nach dem Eddingtonschen Modell aufgebaute Sterne; k_0 und nach (7.45) auch β hängen nur von μ bzw. μ und M ab, so daß die Leuchtkraft außer von dem Parameter μ nur von den Variablen M und T_e abhängt. Da aber der Exponent von M 4,4 beträgt, derjenige von T_e dagegen nur 0,8, tritt die T_e-Abhängigkeit der Leuchtkraft neben der M-Abhängigkeit ganz zurück, so daß man kurz von einer Masse-Leuchtkraft-Beziehung sprechen kann, vorausgesetzt, daß μ für alle Sterne konstant ist. Dieses Resultat wird durch die in Abb. 9 dargestellte empirische Masse-Leuchtkraft-Beziehung bestätigt. Betrachten wir μ und β als Konstanten und rechnen wir mit einem mittleren Wert von T_e, so folgt aus (8.50), da C' bzw. C neben universellen Konstanten nur Größen enthalten, welche sich ausschließlich auf das Modell beziehen, daß bei einer Zunahme der Masse auf das Zehnfache die Leuchtkraft um elf Größenklassen anwächst, was angenähert den Verhältnissen in Abb. 9 entspricht. Allerdings zeigt das Diagramm, auch wenn wir von den weißen Zwergen, die eine gesonderte Behandlung erfordern (Kapitel IX), absehen, daß Sterne derselben Masse oft eine beträchtliche Streuung ihrer absoluten Helligkeiten aufweisen, was durch eine entsprechende Variation von μ gedeutet werden kann. Wir werden die Frage nach der chemischen Zusammensetzung jedoch erst in Kapitel XI im Zusammenhang mit der Entwicklung der Sterne wieder aufgreifen.

47. Konvektive Sterne

Wir haben bis jetzt stets vorausgesetzt, daß die untersuchten Sterne sich im Strahlungsgleichgewicht befinden sollen. Ob dies zutrifft oder nicht, d. h. ob Konvektionsströme auftreten, hängt lediglich vom Temperaturgradienten ab. Die allgemeine Bedingung für das Auftreten von Konvektion ist, daß der unter der Voraussetzung statischen Gleichgewichtes berechnete Temperaturgradient größer ist als der adiabatische, d. h. als der Temperaturgradient, welcher sich im Stern ausbilden muß, wenn dieser durch Strömungen durchmischt wird und die einzelnen Massenelemente dabei adiabatische Zustandsänderungen erleiden:

$$\left|\frac{dT}{dr}\right|_{statisch} > \left|\frac{dT}{dr}\right|_{adiabatisch} \tag{8.51}$$

Ist diese Bedingung erfüllt, so wird eine aufsteigende, sich adiabatisch ausdehnende und abkühlende Gasmasse relativ zu ihrer sich im statischen Gleichgewicht befindlichen Umgebung wärmer und spezifisch leichter und wird deshalb ihren Aufstieg fortsetzen; die entsprechende Überlegung gilt auch für die absteigende Bewegung. Ist die Bedingung (8.51) dagegen nicht erfüllt, so wird das um einen kleinen Betrag aufgestiegene Element gegenüber seiner Umgebung eine geringere Temperatur und größere Dichte aufweisen und deshalb wieder in seine ursprüngliche Lage zurücksinken.

Eine adiabatische Zustandsänderung ist eine solche, bei der dem Element weder Energie zugeführt noch entzogen wird, bei der somit in (6.10) $dQ = 0$ ist. Streng adiabatische Zustandsänderungen gibt es im Inneren der Sterne allerdings nicht, denn durch die Strahlung wird stets ein gewisser Energieaustausch hergestellt; aber die übertragenen Energien sind, verglichen mit der Energiedichte, so klein, daß sie nur unwesentliche Abweichungen von adiabatischen Zustandsänderungen bewirken. Bei konvektiven Sternen wird sich somit der Temperaturgradient immer sehr nahe auf den adiabatischen einstellen.

Nach Abschnitt 29 ist die Adiabate eine spezielle Polytrope, nämlich diejenige mit der spezifischen Wärme $c = 0$. Damit folgt aus (6.16) die Adiabatengleichung

$$p\, V^{c_p/c_v} = \text{const} \tag{8.52}$$

Sie hat somit die Form der Polytropen, jedoch ist der Polytropenexponent durch das Verhältnis der spezifischen Wärmen ersetzt; durch Kombination mit der Zustandsgleichung (6.8) bringt man sie auf die Form:

$$p\,\mu^{C_p/C_v} = \text{const } \varrho^{C_p/C_v} \qquad (8.53)$$

und eliminiert durch Differentiation die Konstante:

$$dp\,\mu^{C_p/C_v} = \text{const } \frac{C_p}{C_v}\,\varrho^{C_p/C_v-1}\,d\varrho \qquad (8.54)$$

$$\frac{dp}{p} = \frac{C_p}{C_v}\cdot\frac{d\varrho}{\varrho} \qquad (8.55)$$

Die Konvektionsströme befördern heiße Gasmassen nach außen und relativ kalte nach innen. Der Energietransport erfolgt in diesem Falle also nicht ausschließlich durch die Strahlung, sondern vorwiegend durch die Konvektion. Gegenüber dem bisher betrachteten Fall wird nun die Gleichung des Strahlungsgleichgewichts ersetzt durch diejenige des adiabatischen Gleichgewichts (8.55), während die Zentrums- und Oberflächenbedingungen nach wie vor Gültigkeit besitzen. Die in Abschnitt 33 gezogenen allgemeinen Schlüsse bestehen demnach auch für konvektive Sterne. Ohne näher auf die Behandlung konvektiver Sterne einzugehen, sei nur erwähnt, daß auch für diese eine eindeutige, zu (8.50) analoge Beziehung zwischen der Masse, der Leuchtkraft, der effektiven Temperatur und dem Molekulargewicht besteht.

IX. WEISSE ZWERGSTERNE

Nachdem wir uns bisher nur mit «normalen» Sternen beschäftigt haben, d. h. mit solchen, für welche die Zustandsgleichung für ideale Gase Gültigkeit besitzt, wenden wir uns jener Gruppe von Sternen zu, die zwar normale Massen aufweisen, jedoch durch ihre kleinen Dimensionen und dementsprechend hohen Dichten besonderes Interesse beanspruchen, den sogenannten weißen Zwergen (siehe Abschnitt 10). Das bekannteste Beispiel dieser Gruppe ist der Begleiter des Sirius, Sirius B, dessen Konstanten in Erinnerung gerufen seien:

Masse $= 0{,}96$ Sonnenmassen
Durchmesser $= {}^1/_{50}$ Sonnendurchmesser
Leuchtkraft $= {}^1/_{300}$ der Leuchtkraft der Sonne
mittlere Dichte $= 170\,000$ g $\cdot$ cm^{-3}.

Die Dichte ist somit rund 10^5-mal größer als bei normalen Zwergsternen. Die Atome besitzen Durchmesser von der Größenordnung 10^{-8} cm; eine dichte Packung solcher Atome (feste Körper) führt je nach der Masse der Atome auf eine Dichte der Größenordnung 1. Im Inneren der Sterne sind aber die Atome weitgehend in Elementarteilchen aufgespalten, deren Durchmesser nur etwa 10^{-12} cm beträgt; eine dichte Packung solcher Elementarteilchen hätte somit eine Dichte von 10^{12}g · cm⁻³. Vom Standpunkt der Atomphysik bietet deshalb das Auftreten von Dichten von 10^6g · cm⁻³ dem Verständnis keinerlei Schwierigkeiten. Hingegen verliert bei diesen hohen Dichten die Zustandsgleichung für ideale Gase ihre Gültigkeit; man sagt, die Materie sei entartet.

48. Die Zustandsgleichung entarteter Materie

Entartung der Materie ist eine Erscheinung, die in der klassischen Physik nicht existiert und nur durch die Quantentheorie ihre Erklärung findet. Nach der klassischen Theorie ist die kinetische Energie eines Gases proportional der

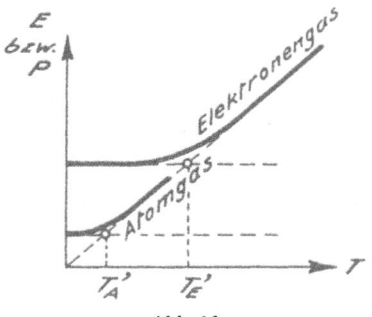

Abb. 16
Energie und Druck eines entarteten Gases.

Temperatur, verschwindet somit beim absoluten Nullpunkt. Anders dagegen bei Berücksichtigung der Quantelung; das Gas besitzt eine unendliche Folge diskreter Energiezustände, die, und das ist das Wesentliche, nur leer oder durch 1 Atom besetzt sein können. Bei hoher Temperatur und geringer Dichte wären an sich Mehrfachbesetzungen sehr selten, und zwischen je zwei besetzten Niveaus liegt eine große Zahl unbesetzter, so daß bei diesen Zuständen das quantisierte Gas sich nicht merklich von dem klassischen Gas unterscheidet. Wird das Gas abgekühlt, so gehen die Atome nach und nach auf die tieferen Niveaus über, während die höheren entleert werden. Besteht das Gas aus N Teilchen, so geht dieser Prozeß weiter, bis der Zustand erreicht ist, bei dem die Teilchen die N niedrigsten Niveaus besetzen, während alle höheren unbesetzt sind. Dieser Zustand, der beim absoluten Nullpunkt erreicht wird, weist einen endlichen Energieinhalt (Nullpunktsenergie) und einen endlichen Druck (Nullpunktsdruck) auf (Abb. 16). Es läßt sich eine Temperatur T', die sog. Entartungstemperatur, angeben, so daß für $T > T'$ das Gas die Zustandsgleichung für ideale Gase befolgt, für $T < T'$ dagegen sich wie am absoluten Nullpunkt (vollständige Entartung) verhält. Das Übergangsgebiet ist relativ schmal.

Da im Inneren der Sterne die Ionisation sehr fortgeschritten ist, sind die Elektronen viel zahlreicher als die Atomkerne (im ungünstigsten Fall, wenn die Sternmaterie nur aus Wasserstoff besteht, gleich häufig wie diese) und damit der Druck der Atomkerne zu vernachlässigen neben dem Elektronendruck, um so mehr, als die Entartungstemperatur der Elektronen, wie wir noch sehen werden, viel höher liegt als diejenige der Atomreste (Abb. 16). Im Hinblick auf die Zustandsgleichung braucht man somit nur den Elektronendruck zu berücksichtigen.

Wir betrachten deshalb im folgenden ein vollständig entartetes Elektronengas, das ist ein solches, bei welchem alle Quantenzellen von unten herauf bis zu einem Maximalwert aufgefüllt, alle höheren Zellen dagegen leer sind. Das Gas erfülle das Volumen V und bestehe aus N Elektronen, so daß die Elektronendichte $n = N/V$ beträgt. Der Elektronendruck ist in dem betrachteten Falle gleich dem Gesamtdruck und wird deshalb mit P bezeichnet. Es seien ferner v und p Geschwindigkeit und Impuls eines Elektrons, p_0 der der höchsten Quantenzelle entsprechende, also maximale Impuls.

Die Quantisierungsvorschrift («Pauli-Prinzip») lautet, daß bei vollständiger Entartung die niederen Zellen $dq_x\, dq_y\, dq_z\, dp_x\, dp_y\, dp_z$ des sechsdimensionalen Phasenraumes je durch zwei Elektronen (entsprechend den zwei Einstellmöglichkeiten des Spins in einem äußeren Feld) besetzt sind. Da die Quantenzellen das Volumen h^3 besitzen (h = Plancksche Konstante), beträgt die Gesamtzahl der bis zum maximalen Impuls p_0 enthaltenen Elektronen:

$$N = \int_0^{p_0}\!\!\int_V \frac{2\, dq_x\, dq_y\, dq_z\, dp_x\, dp_y\, dp_z}{h^3} = \frac{2\,V}{h^3}\int_0^{p_0} 4\,\pi\, p^2\, dp \qquad (9.1)$$

$$n = \frac{N}{V} = \frac{8\,\pi}{h^3}\int_0^{p_0} p^2\, dp = \frac{8\,\pi}{3\,h^3}\, p_0^3 \qquad (9.2)$$

Zwischen dem Druck P und der kinetischen Energie pro Kubikzentimeter, E, besteht die Beziehung:

$$P = n\, k\, T = \frac{2}{3}\cdot\frac{3\,n\,k\,T}{2} = \frac{2}{3}\,E = \frac{1}{3}\int_0^{p_0} v\, p\, dn = \frac{1}{3}\int_0^{p_0} v\, p\,\frac{8\,\pi}{h^3}\, p^2\, dp \qquad (9.3)$$

Ferner besteht zwischen der kinetischen Energie ε eines Teilchens bzw. derjenigen pro Kubikzentimeter und dem Impuls die Beziehung:

$$E = n\,\varepsilon = \frac{n\, m\, v^2}{2} = \frac{n\, p^2}{2\, m} \qquad \frac{\partial E}{\partial p} = \frac{n\, p}{m} = n\, v \qquad (9.4)$$

wodurch (9.3) in die Form übergeht

$$P = \frac{8\,\pi}{3\,h^3}\int_0^{p_0}\frac{p^3}{n}\cdot\frac{\partial E}{\partial p}\, dp = \frac{8\,\pi}{3\,h^3\, m}\int_0^{p_0} p^4\, dp = \frac{8\,\pi}{15\,h^3\, m}\, p_0^5 \qquad (9.5)$$

Durch Kombination dieser Gleichung mit (9.2) erhält man weiter:

$$P = \frac{8\,\pi}{15\,h^3\, m}\left(\frac{3\,n\,h^3}{8\,\pi}\right)^{5/3} = \frac{8\,\pi\,(3\,h^3)^{5/3}}{15\,m\,h^3\,(8\,\pi)^{5/3}}\cdot\frac{\varrho^{5/3}}{(\mu\, m_H)^{5/3}}$$

$$= \frac{1}{20}\left(\frac{3}{\pi}\right)^{2/3}\frac{h^2}{m\, m_H^{5/3}}\cdot\frac{\varrho^{5/3}}{\mu^{5/3}} = 9{,}91\cdot 10^{12}\,\frac{\varrho^{5/3}}{\mu^{5/3}} \qquad (9.6)$$

worin wir die Zahl der Elektronen pro Kubikzentimeter, n, durch die Dichte ϱ und das Molekulargewicht μ ausgedrückt haben (m_H = Masse des Wasserstoffatoms). Da P von T unabhängig ist, stellt (9.6) in Abbildung 16 die Horizontale $P = $ konstant $=$ Nullpunktsdruck dar. Der Schnittpunkt dieser Horizontalen mit der durch den Nullpunkt gehenden, den Gasdruck $p = \Re \varrho T/\mu$ darstellenden Geraden liefert die Entartungstemperatur T':

$$9{,}91 \cdot 10^{12} \, \frac{\varrho^{5/3}}{\mu^{5/3}} = \frac{\Re \varrho \, T'}{\mu} \qquad (9.7)$$

Entartung tritt ein bei sehr großer Dichte oder bei tiefer Temperatur. Da im Innern der Sterne die Temperatur aber sehr hoch ist, kann nur die erstere Ursache in Betracht kommen. Wir fragen nun: Wie groß muß die Dichte sein, damit Entartung eintritt? Bei normalen Sternen hatten wir Zentraltemperaturen von der Größenordnung 10^7 Grad gefunden. Um nicht zu tief zu greifen, rechnen wir hier mit 10^8 Grad; bei dieser Temperatur und beim Molekulargewicht $\mu = 1$ folgt aus (9.7) die kritische Dichte, bei der Entartung einsetzt, zu $10^{4,5}$ g·cm^{-3}. Da aber die mittlere Dichte der weißen Zwerge mehr als 10^5 g·cm^{-3} beträgt, ist in diesen die Materie sicher nicht nur im Zentrum, sondern wahrscheinlich bis nahe unter die Sternoberfläche, der Stern somit praktisch vollständig entartet.

Der Quotient ϱ/μ in (9.6) ist für ein atomares Gas von derselben Größenordnung wie für das Elektronengas, im Fall von Wasserstoff, wo auf ein Proton ein Elektron kommt, sogar genau gleich. Daneben hängt der Nullpunktsdruck nach (9.6) nur von der Masse m der Teilchen ab; da diese bei einem atomaren Gas einige tausendmal größer ist als beim Elektronengas, liegt bei jenem der Nullpunktsdruck und damit die Entartungstemperatur ebensovielmal niedriger als bei diesem (Abb. 16).

49. Der Strahlungsdruck in entarteter Materie

Wir haben im vorangegangenen Abschnitt stillschweigend den Druck des entarteten Elektronengases dem Gesamtdruck P gleichgesetzt, also sowohl den Strahlungsdruck als auch den Druck der Ionen vernachlässigt. Die letztere Vernachlässigung haben wir bereits begründet, während die erstere im folgenden gerechtfertigt werden soll.

Indem wir aus den Gleichungen (7.30) und (7.31) für Strahlungs- und Gasdruck die Temperatur eliminiert haben, erhielten wir (7.33):

$$p = \Re^{4/3} \left(\frac{3}{a} \right)^{1/3} \left(\frac{1-\beta}{\beta} \right)^{1/3} \frac{1}{\mu^{4/3}} \, \varrho^{4/3} \qquad (9.8)$$

Diese Gleichung nimmt bei Einführung der Substitution

$$\frac{\varrho}{\mu} = \frac{8 \, \pi \, m^3 \, c^3 \, m_{\mathrm{H}}}{3 \, h^3} \, x^3 \qquad (9.9)$$

durch welche wir an Stelle von ϱ/μ die neue Variable x setzen unter Berücksichtigung von $m_{\mathrm{H}} \, \Re = k$ die Form an:

$$p = \frac{\pi \, m^4 \, c^5}{3 \, h^3} \left(\frac{512 \, \pi \, k^4}{a \, h^3 \, c^3} \cdot \frac{1-\beta}{\beta} \right)^{1/3} 2 \, x^4 \qquad (9.10)$$

Schließlich setzt man für die Strahlungsdruckkonstante nach (1. 46) und (1. 22):

$$a = \frac{8}{15} \cdot \frac{\pi^5 k^4}{h^3 c^3} \tag{9.11}$$

und erhält

$$p = \frac{\pi m^4 c^5}{3 h^3} \left(\frac{960}{\pi^4} \cdot \frac{1 - \beta}{\beta} \right)^{1/3} 2 x^4 \tag{9.12}$$

Im Falle von Entartung muß dieser nach dem Gasgesetz berechnete Gasdruck kleiner sein als der nach der Gleichung (9. 6) für entartete Materie berechnete Druck P (siehe Abb. 16). Indem wir auch in dieser Gleichung ϱ/μ durch x substituieren, erhalten wir

$$P = \frac{\pi m^4 c^5}{3 h^3} \cdot \frac{8}{5} x^5 \tag{9.13}$$

Aus der Vergleichung von (9. 12) mit (9. 13) folgt das Entartungskriterium:

$$\left(\frac{960}{\pi^4} \cdot \frac{1 - \beta}{\beta} \right)^{1/3} < \frac{4}{5} x \tag{9.14}$$

Unter Verwendung der eingangs mitgeteilten mittleren Dichte des Siriusbegleiters findet man, wenn wir noch die Annahme $\mu = 1$ machen: $x = 0,545$. Daraus folgt nach (9. 14) weiter: $1 - \beta < 0,008$, d. h. der Anteil des Strahlungsdruckes beträgt weniger als 1%.

Bei sehr großen Dichten kann allerdings $x \gg 1$ werden, und man würde dann erwarten, daß auch der Anteil des Strahlungsdruckes schließlich beträchtlich wird. Dies ist jedoch nicht der Fall, denn bei sehr großen Dichten wird der Druck des entarteten Gases nicht mehr durch (9. 13) dargestellt. Dies erkennen wir, wenn wir die physikalische Bedeutung von x suchen, indem wir aus (9. 2) die Dichte berechnen

$$\varrho = n \mu m_{\mathrm{H}} = \frac{8 \pi \mu m_{\mathrm{H}}}{3 h^3} p_0^3 \tag{9.15}$$

Aus der Gegenüberstellung dieser Gleichung mit (9. 9) folgt für x:

$$x = \frac{p_0}{m c} \tag{9.16}$$

Für $x \gg 1$, d. h. $p_0 \gg m c$, darf man jedoch nicht mehr mit der klassischen Formel

$$\varepsilon = \frac{m v^2}{2} = \frac{p^2}{2 m} \tag{9.17}$$

rechnen, sondern hat die relativistische Formel

$$\varepsilon = m c^2 \left\{ \left(1 + \frac{p^2}{m^2 c^2} \right)^{1/2} - 1 \right\} \tag{9.18}$$

zu verwenden; für $p \ll m c$ geht (9. 18) in (9. 17) über. Bildet man nun wieder nach (9. 4) $\partial E / \partial p$ unter Verwendung von (9. 18), setzt in (9. 5) ein und führt die Integration aus, so erhält man für den Druck des entarteten Gases

$$P = \frac{\pi m^4 c^5}{3 h^3} 2 x^4 \qquad\qquad (x \gg 1) \quad (9.19)$$

Für diesen Fall liefert die Entartungsbedingung $p < P$:

$$\frac{1-\beta}{\beta} < \frac{\pi^4}{960} \tag{9.20}$$

und gilt in dieser Form für alle Werte von x; sie ist gleichbedeutend mit

$$1 - \beta < 0,092 \tag{9.21}$$

In einem Stern aus entarteter Materie kann somit der Strahlungsdruck höchstens 9,2% des Gesamtdruckes betragen.

50. Der innere Aufbau der weißen Zwergsterne

Nach Ausweis des Spektrums besteht die Atmosphäre der weißen Zwerge aus nichtentartetem Gas; die Entartung wird somit erst in tieferen Schichten bei großer Dichte einsetzen, so daß man bei den weißen Zwergsternen zwei Gebiete unterscheiden kann: einen Kern, den wir vereinfachend als aus vollständig entarteter Materie bestehend betrachten, und eine Hülle aus nichtentarteter Materie. Der Aufbau der Hülle wird wie derjenige normaler Sterne durch Gravitationsgleichgewicht, Strahlungsgleichgewicht und chemische Zusammensetzung bestimmt. Für den entarteten Kern tritt an Stelle der Zustandsgleichung idealer Gase diejenige entarteter Materie, also:

$$P = \frac{\pi\, m^4 c^5}{3\, h^3} \cdot \frac{8}{5}\, x^5 = K_1 \left(\frac{\varrho}{\mu}\right)^{5/3} \text{ für } x < 1 \tag{9.22}$$

$$\text{bzw. } P = \frac{\pi\, m^4 c^5}{3\, h^3}\, 2\, x^4 = K_2 \left(\frac{\varrho}{\mu}\right)^{4/3} \text{ für } x > 1 \tag{9.23}$$

Bezeichnenderweise enthalten diese Zustandsgleichungen die Temperatur nicht, sondern neben dem Parameter μ nur die Funktionen P und ϱ; eine zweite Gleichung für diese beiden Funktionen liefert das mechanische Gleichgewicht

$$\frac{dP}{dr} = -\frac{G\, M_r}{r^2}\, \varrho \tag{9.24}$$

Der Aufbau des Kerns wird somit, soweit dieser als vollkommen entartet angesehen werden kann, allein schon durch das mechanische Gleichgewicht und die Zustandsgleichung bestimmt. Das Nichtauftreten von T bedeutet, daß der Aufbau des entarteten Kerns von der Temperatur und damit von der Verteilung der Energiequellen im Stern unabhängig ist. Dem Fall gewöhnlicher Entartung $x < 1$ entspricht ein Aufbau des Kerns nach der Polytropen $n = 3/2$, dem Fall relativistischer Entartung $x > 1$ ein solcher nach der Polytropen $n = 3$.

Wir berechnen nun die Tiefe, in welcher der Übergang von dem vollständig entarteten Kern zu der ideal gasförmigen Hülle stattfindet. Da die Masse und ganz besonders die Energiequellen stark gegen das Zentrum des Sterns konzentriert sind, können die Masse und die Energieerzeugung der Hülle gegen die Gesamtmasse bzw. die Gesamtenergieerzeugung des Sterns vernachlässigt werden, d. h. man kann $L_r = L$, $M_r = M$ setzen. An jeder Stelle der Hülle gilt dann das Leuchtkraftgesetz (8.30):

$$\frac{q}{p} = \frac{1-\beta}{\beta} = \frac{1}{4\pi c G} \cdot \frac{L}{M} \cdot \frac{k}{\beta} \qquad (9.25)$$

Daraus ergibt sich, wenn man für p und q die bekannten Ausdrücke (8.1) und (8.2) einsetzt:

$$\frac{a\mu T^3}{3 \Re \varrho} = \frac{1}{4\pi c G} \cdot \frac{L}{M} \cdot \frac{k}{\beta} \qquad (9.26)$$

Nun ziehen wir die Gleichung (6.48) des Strahlungsgleichgewichtes heran, berücksichtigen aber, daß in der Hülle $L_r \sim L$ ist:

$$L = - \frac{4\pi a c r^2}{3 k \varrho} \cdot \frac{dT^4}{dr} \qquad (9.27)$$

$$4 T^3 dT = - \frac{3 k \varrho L\, dr}{4\pi a c r^2} \qquad (9.28)$$

Daraus eliminiert man $k\varrho$, indem man durch (9.26) dividiert:

$$\frac{4 T^3 dT\, 3 \Re}{a\mu T^3} = - \frac{3 k \varrho L\, dr\, 4\pi c G M \beta}{4\pi a c r^2 L k \varrho} \qquad (9.29)$$

$$dT = - \frac{\mu}{4 \Re} \beta G M \frac{dr}{r^2} \qquad (9.30)$$

Dies läßt sich leicht integrieren, wenn wir noch beachten, daß für die Sternhülle $\beta = 1$ ist und die Grenzbedingung lautet: $T = T_0$ für $r = R$ ($R =$ Radius des Sterns).

$$T - T_0 = \frac{\mu}{4 \Re} G M \left(\frac{1}{r} - \frac{1}{R} \right) = \frac{\mu}{4 \Re} \cdot \frac{G M}{R} \cdot \frac{R-r}{r} \cong \frac{\mu}{4 \Re} \cdot \frac{G M}{R^2} h \qquad (9.31)$$

Dabei haben wir $R - r = h$ gesetzt und, weil, wie wir sogleich sehen werden, $h \ll R$, $r\, R$ durch R^2 ersetzt. In der Sternhülle ist somit der Temperaturgradient proportional $\mu G M/R^2 = \mu g$, also proportional dem mittleren Molekulargewicht und der Schwerebeschleunigung. Abgesehen von den äußersten Schichten der Hülle, der Sternatmosphäre, kann T_0 gegen T vernachlässigt werden:

$$T = \frac{\mu}{4 \Re} \cdot \frac{G M}{R^2} h \qquad (9.32)$$

Entartung setzt in der Tiefe h^* ein, in welcher der mit Hilfe von (9.32) berechnete Gasdruck und der Druck des entarteten Gases gleich groß sind; und zwar haben wir den Druck des entarteten Gases nach Formel (9.22) zu berechnen, denn bei eben einsetzender Entartung ist $x \ll 1$. Somit erhalten wir:

$$K_1 \frac{\varrho^{5/3}}{\mu^{5/3}} = \frac{\Re \varrho T}{\mu} \qquad (9.33)$$

$$\frac{K_1}{\Re} = \frac{\mu^{2/3}}{\varrho^{2/3}} T \qquad (9.34)$$

Nun kennen wir aber zunächst weder T noch ϱ am Rand des entarteten Kerns, und wir müssen deshalb noch über eine weitere Beziehung zwischen T und ϱ verfügen. Eine solche erhalten wir, indem wir in (9.26) für k das Opazitätsgesetz (8.34) einsetzen:

$$T^{6,5} = \frac{3\,\Re}{4\,\pi\,a\,c\,G} \cdot \frac{k_0}{\beta} \cdot \frac{L}{M} \cdot \frac{\varrho^2}{\mu} = C\,\frac{\varrho^2}{\mu} \tag{9.35}$$

$$\varrho^{2/3} = T^{13/6}\,\frac{\mu^{1/3}}{C^{1/3}} \tag{9.36}$$

Setzt man diesen Ausdruck in (9.34) ein, so erhält man die Temperatur am Rande des entarteten Kerns

$$T = \frac{\Re^{6/7}\,C^{6/21}}{K_1^{6/7}}\,\mu^{6/21} = 1,66 \cdot 10^7 \tag{9.37}$$

Dabei haben wir für die Konstante $k_0 = 4 \cdot 10^{24}$, $\mu = 1$ und ebenso nach unseren Betrachtungen im vorangegangenen Abschnitt $\beta = 1$ gesetzt; für L und M haben wir die zu Beginn des Kapitels angeführten Werte von Sirius B verwendet. Mit dem soeben abgeleiteten Wert von T erhalten wir weiter nach (9.32)

$$\frac{h}{R} = T\,\frac{4\,\Re\,R}{\mu\,G\,M} = 0,057 \tag{9.38}$$

Bei den weißen Zwergen besteht somit nur eine dünne Schale, deren Dicke wenige Prozent des Sternradius beträgt, aus idealem Gas, während sich die inneren Teile, die praktisch die gesamte Sternmasse darstellen, im entarteten Zustand befinden. Für die Dichte am Rande des entarteten Kerns folgt aus (9.34) $\varrho = 1640\,g \cdot cm^{-3}$. Da die mittlere Dichte von Sirius B $1,7 \cdot 10^5\,g \cdot cm^{-3}$ beträgt, ist es klar, daß vom Rande des entarteten Kerns gegen das Sternzentrum eine weitere Dichtezunahme erfolgen muß. Für den einen Grenzfall der Entartung, $x \gg 1$, haben wir gesehen, daß der Kern nach der Polytropen $n = 3$ aufgebaut ist. In diesem Fall ist die Zentraldichte ϱ_c nach Tab. 9 54mal größer als die mittlere Dichte ϱ_m. Im andern Grenzfall, $x \ll 1$, erfolgt der Aufbau nach der Polytropen $n = 3/2$, und das entsprechende Dichteverhältnis beträgt $\varrho_c/\varrho_m = 6,0$. Für Sirius B ist die Zentraldichte somit mindestens 10^6 und kann sogar bis gegen $10^7\,g \cdot cm^{-3}$ betragen.

Zur Beurteilung der Temperaturverhältnisse im Inneren der weißen Zwerge müssen wir berücksichtigen, daß entartete Materie einen sehr kleinen Opazitätskoeffizienten besitzt. Denn bei vollständiger Entartung sind im Phasenraum sämtliche Zellen mit $p \leqq p_0$ besetzt; Übergänge können deshalb nur zu Zellen mit $p > p_0$ erfolgen. Da aber im Inneren der Sterne auch nur Energien von beschränktem Betrage zur Verfügung stehen, können nur die Zustände absorbieren, deren p nicht zu weit von p_0 entfernt ist. Die Zustände $p \ll p_0$ sind blockiert und kommen für die Absorption nicht in Betracht. Bei vorgegebenem Energiestrom entspricht aber einer kleinen Opazität nach (6.48) ein kleiner Temperaturgradient. Die Temperatur, die in der dünnen Hülle rasch auf einen hohen Wert ansteigt, wird deshalb im entarteten Kern gegen das Zentrum nur noch verhältnismäßig langsam weiter ansteigen. Wir können den Sachverhalt nach

(6.49) auch so interpretieren, daß der «Leitungskoeffizient der Strahlung» in entarteter Materie sehr groß ist. Es kommt noch hinzu, daß im entarteten Gas die Nullpunktsenergie und damit die mittlere Geschwindigkeit der Elektronen und deshalb auch die materielle Leitfähigkeit sehr groß ist.

X. PULSIERENDE STERNE

Bis jetzt haben wir uns nur mit Sternen befaßt, die, abgesehen von innerer Konvektion, sich nach außen in einem stationären Zustand präsentieren. Nunmehr müssen wir uns einer speziellen Klasse von Sternen zuwenden, deren Zustandsgrößen: Radius, Oberflächentemperatur, Spektrum, Dichte usw., periodisch variieren und die kurz als veränderliche Sterne bezeichnet werden. Die Helligkeitsschwankungen werden auf radiale Schwingungen, sog. Pulsationen, zurückgeführt. Das Auftreten solcher Pulsationen deutet darauf, daß sich diese Sterne nahe der Stabilitätsgrenze befinden; tatsächlich liegen sie alle in den obersten Gebieten des Hertzsprung-Russell-Diagramms (Abb. 7).

51. Klassifikation und Zustandsgrößen der veränderlichen Sterne

Zunächst schließen wir diejenigen Veränderlichen aus, bei denen es sich um enge Doppelsternsysteme handelt, deren Lichtwechsel dadurch zustande kommt, daß abwechslungsweise die eine Komponente die andere abdeckt. Die Form der Lichtkurve gestattet in jedem Fall zu entscheiden, ob es sich um einen Bedeckungsveränderlichen oder um einen reellen Veränderlichen handelt. Ferner schließen wir die unregelmäßigen und aperiodischen Veränderlichen (Novae) aus; es bleiben dann die periodisch veränderlichen Sterne, die man nach der Länge der Helligkeitsperiode in folgende Gruppen, die nach einem charakteristischen Vertreter benannt sind, unterteilt:

a) RR-Lyrae-Sterne, Periode kleiner als 1 Tag;
b) δ-Cephei-Sterne, Periodenlänge 1 bis 45 Tage;
c) Mira-Sterne, Periodenlänge 45 bis 760 Tage.

Diese Gruppierung bezieht sich auch auf andere Merkmale; so zeigen die RR-Lyrae-Sterne keine, die δ-Cephei-Sterne starke und die Mira-Sterne mäßige galaktische Konzentration. Die Sterne der Gruppe a) besitzen Spektraltypen A oder F, diejenigen der Gruppe b) Typen A bis K und die Mira-Sterne fast ausschließlich M-Typen, meistens mit Emissionslinien (H, Fe, Fe^+, Si, Mg). Mit der Periodenlänge nimmt auch die absolute Helligkeit und damit die Masse zu, die Raumgeschwindigkeit ab. Die Lichtkurven der RR-Lyrae-Sterne sind stark asymmetrisch mit einem steilen Anstieg zum Helligkeitsmaximum und einem flachen Abfall zum Minimum; auch bei den beiden andern Gruppen herrscht diese Form der Lichtkurve vor, wenn auch gelegentlich symmetrische sinusförmige Lichtkurven beobachtet werden. Die Helligkeitsamplitude beträgt bei den kurzperiodischen Veränderlichen etwa eine, bei den langperiodischen bis zu acht Größenklassen. Die Radien der Cepheiden betragen 10 bis 150, diejenigen der Mira-Sterne bis 1000 Sonnenradien. Die charakteristischen Ver-

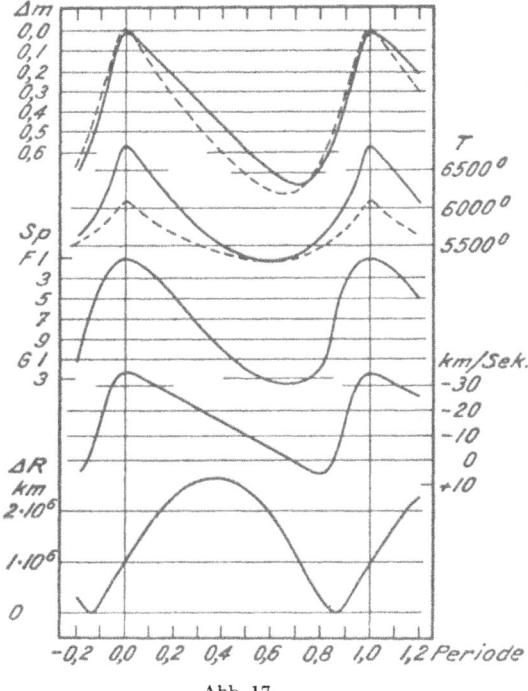

Abb. 17
Die Variation der Zustandsgrößen von δ-Cephei (nach W. BECKER).

änderungen der Zustandsgrößen sind an Hand des klassischen Beispiels von δ-Cephei in Abb. 17 dargestellt. Temperaturmaximum und frühester Spektraltyp fallen mit dem Helligkeitsmaximum zusammen, ebenso Temperaturminimum und spätester Spektraltyp mit dem Helligkeitsminimum. Auch die Radialgeschwindigkeitskurve ist der Helligkeitskurve sehr ähnlich; die größte Expansionsgeschwindigkeit entspricht der größten, die größte Kontraktionsgeschwindigkeit der kleinsten Helligkeit. Schließlich erhält man durch Integration der Radialgeschwindigkeiten das Ausmaß der Schwankungen des Radius R im linearen Maß (Abb. 17, unterste Kurve). Bei δ-Cephei ist $R_{max}/R_{min} = 1,12$. Man entnimmt der Abbildung, daß der Radius im Maximum und Minimum der Lichtkurve gleich groß ist. Der Helligkeitsunterschied in diesen beiden Phasen, also die gesamte Helligkeitsamplitude, rührt vom Temperaturunterschied her.

In allen übrigen Phasen ist die Gesamthelligkeit auch durch den jeweiligen Radius, also die Größe der strahlenden Oberfläche, mitbedingt.

Die Leuchtkraft eines beliebigen Sterns ist

$$L = 4\,\pi\,R^2\,\sigma\,T_e^4 \tag{10.1}$$

diejenige der Sonne

$$L_\odot = 4\,\pi\,R_\odot^2\,\sigma\,T_{e\,\odot}^4 \tag{10.2}$$

Man erhält somit den Radius

$$\frac{R}{R_\odot} = \left(\frac{L}{L_\odot}\right)^{1/2}\left(\frac{T_{e\oplus}}{T_e}\right)^2 \tag{10.3}$$

aus der effektiven Temperatur und der absoluten Helligkeit; aus letzterer erhält man mit Hilfe des Masse-Leuchtkraft-Gesetzes die Sternmasse und weiter die mittlere Dichte ϱ. Die wichtigsten Zustandsgrößen der pulsierenden Sterne sind in Tab. 13 zusammengestellt. Die letzte Spalte enthält das Produkt $P\sqrt{\varrho}$, das sich als auffallend konstant erweist und im Mittel 0,093 beträgt, wenn P in Tagen und ϱ in $\mathrm{g\cdot cm^{-3}}$ ausgedrückt ist.

Tabelle 13

Zustandsgrößen der pulsierenden Sterne

Stern	P in Tagen	T_s max.	Spektrum	$\bar{R}$ in 10^6 km	M_{vis}	$M/M_\odot$	ϱ	$P\sqrt{\varrho}$
RR Lyrae	0,57	7380	A 0 bis A 6	5,6	$-0\overset{m}{,}1$	3,5	0,00965	0,056
SU Cas	1,94	5700	F 0 bis F 5	13,7	$-1,1$	4,3	0,00080	0,055
DT Cyg	2,50	6690		9,7	$-1,4$	5,1	0,00269	0,130
SZ Tau	3,15	6230	A 9 bis F 8	12,0	$-1,3$	5,0	0,00140	0,118
RT Aur	3,73	6420	A 9 bis F 9	13,8	$-1,4$	5,1	0,00109	0,123
T Vul	4,44	5820	A 9 bis F 9	14,1	$-1,3$	5,0	0,00087	0,131
δ Ceph	5,37	6070	F 1 bis G 3	23,3	$-2,4$	6,9	0,00027	0,088
η Aql	7,18	5680	F 0 bis G 4	38,8	$-2,9$	7,9	0,00007	0,059
W Gem	7,91	6370	F 1 bis F 9	26,5	$-2,8$	7,6	0,00020	0,111
ζ Gem	10,15	5770	F 5 bis G 3	40,9	$-3,4$	10,0	0,00007	0,084
X Cyg	16,38	5470	F 8 bis G 9	68,7	$-4,0$	12,6	0,000018	0,070
Y Oph	17,12	5400	F 8 bis G 3	58,9	$-3,7$	12,0	0,000028	0,091
T Mon	27,01	6000	F 5 bis G 5	105,0	$-5,2$	18,6	0,000008	0,075
o Ceti	330	2400	Me 5 bis M 8	700	-2	80	$1,13\cdot10^{-7}$	0,111

Schon die wenigen in Tab. 13 aufgeführten Objekte zeigen mit aller Deutlichkeit, daß bei den RR-Lyrae- und δ-Cephei-Sternen eine sehr enge Beziehung besteht zwischen der Periodenlänge und der absoluten Helligkeit. Aus der leicht zu beobachtenden Periodenlänge ergibt sich somit unmittelbar die absolute Helligkeit, und zusammen mit der gemessenen scheinbaren Helligkeit folgt aus der photometrischen Grundgleichung (2.3) die Entfernung. Da es sich bei den erwähnten Objekten ausnahmslos um sehr helle Sterne handelt, reicht diese Methode bis in sehr große Distanzen, und sie ist zu einer der Grundlagen geworden, auf der unsere Vorstellung vom räumlichen Aufbau unseres Sternsystems und der Entfernung der nachbarlichen Systeme beruht.

52. Pulsationen einer homogenen Gaskugel

Mit A. Ritter betrachten wir den Fall kleiner radialer Schwingungen einer Kugel von konstanter Dichte. Bedeutet r den Abstand eines Volumenelementes vom Sternzentrum, g die Schwerebeschleunigung, ϱ die Dichte und p den Gasdruck, so lautet die Bewegungsgleichung:

$$\frac{d^2 r}{dt^2} = -g - \frac{1}{\varrho} \cdot \frac{dp}{dr} \qquad (10.4)$$

Im Falle kleiner Schwingungen ist

$$r = r_0 (1 + \alpha) \qquad (10.5)$$

$$g = g_0 (1 + \alpha)^{-2} = g_0 (1 - 2\alpha) \qquad (10.6)$$

$$\varrho = \varrho_0 (1 + \alpha)^{-3} = \varrho_0 (1 - 3\alpha) \qquad (10.7)$$

wobei sich die mit dem Index 0 bezeichneten Größen auf den Gleichgewichtszustand beziehen. Im Falle adiabatischer Schwingungen ist ferner $p \sim \varrho^\gamma$, wobei γ das Verhältnis der spezifischen Wärmen bedeutet, also:

$$p = p_0 (1 + \alpha)^{-3\gamma} = p_0 (1 - 3\alpha\gamma) \qquad (10.8)$$

Schließlich sind die in (10.4) auftretenden Differentiale:

$$dr = dr_0 (1 + \alpha) \qquad (10.9)$$

$$dp = -g \varrho \, dr \quad dp_0 = -g_0 \varrho_0 \, dr_0 \qquad (10.10)$$

$$dp = dp_0 (1 - 3\alpha)^\gamma = -g_0 \varrho_0 \, dr_0 (1 - 3\alpha)^\gamma \qquad (10.11)$$

Damit nimmt die Differentialgleichung (10.4) die Form an:

$$\frac{d^2 r}{dt^2} = -g_0 (1 - 2\alpha) + \frac{g_0 \varrho_0 \, dr_0}{\varrho_0 \, dr_0} \cdot \frac{1 - 3\alpha\gamma}{1 - 2\alpha} \qquad (10.12)$$

$$= -g_0 [(1 - 2\alpha) - (1 + 2\alpha - 3\alpha\gamma)] = -g_0 (3\gamma - 4)\alpha = r_0 \frac{d^2\alpha}{dt^2}$$

$$\frac{d^2\alpha}{dt^2} + \frac{g_0}{r_0} (3\gamma - 4)\alpha = 0 \qquad (10.13)$$

Da die relative Dilatation bzw. Kompression, d.h. α, und damit auch $d^2\alpha/dt^2$ nicht von r abhängen soll, gilt dasselbe auch von g_0/r_0. Diese Bedingung ist tatsächlich nur in dem vorausgesetzten Fall konstanter Dichte erfüllt:

$$\frac{g_0}{r_0} = \frac{4\pi \varrho_0 G}{3} \qquad (10.14)$$

(10.13) stellt somit die Differentialgleichung einer harmonischen Schwingung dar mit der Periodenlänge

$$P = \sqrt{\frac{3\pi}{G \varrho_0 (3\gamma - 4)}} \qquad (10.15)$$

Wir erhalten somit für adiabatische homologe Pulsationen, die nur bei homogenen Gaskugeln auftreten können, das in Tab. 13 durch das empirische Material belegte Gesetz, daß $P\sqrt{\varrho}$ konstant ist. Mit $G = 6,66 \cdot 10^{-8}$ und $\gamma = 5/3$

erhält man für jenes Produkt (P in Tagen ausgedrückt) 0,138, was in Anbetracht unseres stark vereinfachten Modells eine beachtlich gute Übereinstimmung mit dem beobachteten Wert von 0,093 darstellt.

Betrachtet man die Pulsationen als stationäre, stehende Grundschwingung des Sterns, so liegt der erste Schwingungsknoten, d. h. ein Gebiet konstanten Druckes, an der Sternoberfläche. Der Sternradius ist somit ein Viertel der Wellenlänge und die Zeit für die Fortpflanzung einer Druckwelle vom Zentrum bis an die Oberfläche des Sterns ein Viertel der Pulsationsperiode. Die Fortpflanzungsgeschwindigkeit einer Druckwelle (Schallgeschwindigkeit) beträgt:

$$v = \sqrt{\gamma \, \frac{p}{\varrho}} \tag{10.16}$$

Damit erhalten wir die Laufzeit τ unter Vernachlässigung des Strahlungsdruckes:

$$\tau = \frac{R}{v} = R \left(\gamma \, \frac{\mathfrak{R} \, T_m}{\mu} \right)^{-1/2} \tag{10.17}$$

Die mittlere Temperatur beträgt beim Standardmodell das 0,37fache der Zentraltemperatur, und diese ist nach (8.21), (8.20) und (8.16):

$$T_0 = \frac{\pi \, G \, R^2 \, \varrho_0^2 \, \mu}{Z^2 \, \mathfrak{R} \, \varrho_0} = \frac{54,36 \, \pi \, \mu \, G \, R^2 \, 3 \, M}{Z^2 \, \mathfrak{R} \, 4 \, \pi \, R^3} = 0,856 \, \frac{G}{\mathfrak{R}} \cdot \frac{\mu \, M}{R} \tag{10.18}$$

Damit ergibt sich

$$\tau = \sqrt{\frac{10}{4 \, \pi \, \gamma \, G \, \varrho}} = 0,03 \, \varrho^{-1/2} \text{ Tage} \tag{10.19}$$

Die ganze Periode wäre somit $P = 0,12 \, \varrho^{-1/2}$ Tage, wiederum in befriedigender Übereinstimmung mit der Beobachtung.

Die Schwingungsdauer ist nach (10.15) empfindlich von γ abhängig; für ein- und zweiatomige Gase ergeben sich Zeiten, die der Größenordnung nach mit den beobachteten übereinstimmen, für $\gamma = 4/3$ dagegen würde die Schwingungsdauer unendlich, was damit zusammenhängt, daß dreiatomige Gase keine stabilen Gaskugeln aufbauen.

53. Allgemeine adiabatische Pulsationen

A. S. EDDINGTON hat die Untersuchungen von RITTER verallgemeinert, indem er zwar die adiabatische Zustandsänderung beibehielt, aber die Annahme räumlich konstanter Dichte (die mit der angenommenen adiabatischen Zustandsänderung nur näherungsweise vereinbar ist) fallen ließ. Bezeichnet man mit r_0, ϱ_0, p_0, ... die ungestörten, mir r, ϱ, p, ..., die gestörten Größen, so schreiben wir:

$$r - r_0 = \delta r = r_0 \, r_1$$
$$\varrho - \varrho_0 = \delta \varrho = \varrho_0 \, \varrho_1$$
$$p - p_0 = \delta p = p_0 \, p_1 \tag{10.20}$$
$$\dots\dots\dots\dots\dots$$

Bezeichnet man mit n die Kreisfrequenz, so ist $P = 2\pi/n$ die Periodenlänge; die zeitlich variablen Glieder enthalten dann den Faktor $\cos(n\,t)$. Wir waren berechtigt, in (10.20) für die Differenzen δ zu schreiben, weil wir uns auf kleine Schwingungen beschränken. Für adiabatische Schwingungen ist ferner $p \sim \varrho^{\gamma}$:

$$\frac{\delta p}{p_0} = p_1 = \gamma \, \frac{\delta \varrho}{\varrho_0} = \gamma \, \varrho_1 \qquad (10.21)$$

Die Masse der in der Kugelschale vom Radius r und der Dicke dr enthaltenen Materie ist gleich der in der ungestörten Schale r_0, $r_0 + dr_0$ enthaltenen:

$$\varrho \, r^2 \, dr = \varrho_0 \, r_0^2 \, dr_0 = \text{const} \qquad (10.22)$$

woraus durch logarithmische Differentiation folgt:

$$\frac{\delta\varrho}{\varrho_0} + 2\,\frac{\delta r}{r_0} + \frac{d\,\delta r}{dr_0} = \varrho_1 + 2\,r_1 + \frac{d}{dr_0}\,(r_0\,r_1) = \varrho_1 + 3\,r_1 + r_0\,\frac{dr_1}{dr_0} = 0 \qquad (10.23)$$

Nun nimmt die Differentialgleichung (10.4) die Form an:

$$\frac{d^2\,(r_0\,r_1)}{dt^2} = -\,n^2\,r_0\,r_1 = -\,g - \frac{1}{\varrho}\cdot\frac{dp}{dr} \qquad (10.24)$$

woraus durch Division mit r^2 weiter folgt:

$$\frac{1}{\varrho\,r^2}\cdot\frac{dp}{dr} = -\,\frac{g}{r^2} + n^2\,\frac{r_0\,r_1}{r^2} = \frac{1}{\varrho_0\,r_0^2}\cdot\frac{dp}{dr_0} \qquad (10.25)$$

Für g/r^2 schreiben wir:

$$\frac{g}{r^2} = \frac{g_0}{r_0^2} + \delta\left(\frac{g}{r^2}\right) = \frac{g_0}{r_0^2} - 4\,\frac{G\,M}{r_0^5}\,\delta r$$

$$= \frac{g_0}{r_0^2} - 4\,g_0\,\frac{\delta r}{r_0^3} = \frac{g_0}{r_0^2} - 4\,g_0\,\frac{r_1}{r_0^2} \qquad (10.26)$$

und erhalten damit aus (10.25):

$$\frac{1}{\varrho_0\,r_0^2}\cdot\frac{d}{dr_0}\,(p_0 + p_0\,p_1) = -\,\frac{g_0}{r_0^2} + 4\,g_0\,\frac{r_1}{r_0^2} + \frac{n^2\,r_0\,r_1}{r_0^2}$$

$$= -\,\frac{g_0}{r_0^2} + \left(\frac{4\,g_0}{r_0^2} + \frac{n^2}{r_0}\right)r_1 \qquad (10.27)$$

Diese Differentialgleichung kann aufgespalten werden in diejenige für den Gleichgewichtszustand:

$$\frac{dp_0}{dr_0} = -\,g_0\,\varrho_0 \qquad (10.28)$$

und diejenige für die Abweichung von demselben:

$$\frac{d\,(p_0\,p_1)}{dr_0} = p_0\,\frac{dp_1}{dr_0} - g_0\,\varrho_0\,p_1 = \varrho_0\,(4\,g_0 + n^2\,r_0)\,r_1 \qquad (10.29)$$

Aus dieser Gleichung eliminiert man p_1; zunächst erhalten wir aus (10.21) und (10.23):

$$p_1 = -\,\gamma\left(3\,r_1 + r_0\,\frac{dr_1}{dr_0}\right) \qquad (10.30)$$

und daraus:

$$\frac{dp_1}{dr_0} = -4\,\gamma\,\frac{dr_1}{dr_0} - \gamma\,r_0\,\frac{d^2r_1}{dr_0^2} \tag{10.31}$$

Durch Einsetzen in (10. 29) ergibt sich schließlich:

$$\frac{d^2r_1}{dr_0^2} + \frac{4-\mu}{r_0}\cdot\frac{dr_1}{dr_0} + \left\{\frac{n^2\varrho_0}{\gamma\,p_0} - \left(3-\frac{4}{\gamma}\right)\frac{\mu}{r_0^2}\right\}r_1 = 0 \tag{10.32}$$

wobei zur Abkürzung

$$\mu = \frac{g_0\,\varrho_0\,r_0}{p_0} \tag{10.33}$$

gesetzt worden ist.

Nach (8.11) ist

$$\varrho_0 = \varrho_c\,u^3 \qquad p_0 = p_c\,u^4 \qquad \frac{\varrho_0}{p_0} = \frac{\varrho_c}{p_c}\cdot\frac{1}{u} \tag{10.34}$$

wobei sich diese Indizes c auf das Sternzentrum beziehen. Wir führen deshalb noch die Abkürzungen ein:

$$\omega^2 = \frac{n^2}{\gamma}\cdot\frac{\varrho_c}{p_c} \tag{10.35}$$

$$\alpha = 3 - \frac{4}{\gamma} \tag{10.36}$$

wodurch die Differentialgleichung adiabatisch pulsierender Sterne die Form erhält:

$$\frac{d^2r_1}{dr_0^2} + \frac{4-\mu}{r_0}\cdot\frac{dr_1}{dr_0} + \left(\frac{\omega^2}{u} - \frac{\alpha\,\mu}{r_0^2}\right)r_1 = 0 \tag{10.37}$$

Wie wir in den Abschnitten 30 und 42 gezeigt haben, ist $\frac{\varrho_0}{p_0}\sim\frac{1}{u}$, $r_0\sim z$, $g_0\sim-\frac{du}{dz}$, somit $\mu\sim-\frac{z}{u}\cdot\frac{du}{dz}$, und zwar:

$$\mu = -4\,\frac{z}{u}\cdot\frac{du}{dz} \tag{10.38}$$

Auf Grund der Tab. 9 ist somit μ für jeden Abstand vom Sternzentrum als bekannt vorauszusetzen.

Die Gleichung (10. 37) kann nur numerisch gelöst werden. Entsprechend den Grenzen 5/3 und 4/3, in denen γ variieren kann, liegt α zwischen 0,6 und 0. Zu einer Reihe von α-Werten werden durch Probelösungen die zugehörigen ω-Werte gesucht, welche die Differentialgleichung derart erfüllen, daß der erste Schwingungsbauch, gekennzeichnet durch die Bedingung $p_0\,p_1 = 0$, an die Oberfläche des Sterns zu liegen kommt. Es ergibt sich, daß ω^2 für die Grundschwingung nahezu proportional zu α ist. Mit hinreichender Genauigkeit gilt:

$$\omega^2 = \frac{3}{10}\,\alpha \tag{10.39}$$

In der normierten Emdenschen Differentialgleichung ist die Längeneinheit R/Z, wo nach Tab. 9 für $Z = 6,9011$ zu setzen ist. Dann lautet (10.35) aus

Dimensionsgründen in der von der Längeneinheit unabhängigen Form:

$$\omega^2 = \frac{n^2}{\gamma} \cdot \frac{\varrho_c}{p_c} \left(\frac{R}{Z}\right)^2 \tag{10.40}$$

Nach (8.17) und (8.19) ist

$$\frac{\varrho_c}{p_c} = \frac{4}{\varphi_c} = \frac{Z^2}{R^2 \pi G \varrho_c} \tag{10.41}$$

und damit

$$\omega^2 = \frac{n^2}{\gamma} \cdot \frac{1}{\pi G \varrho_c} \tag{10.42}$$

Da die Periode $P = 2\pi/n$ beträgt, erhält man schließlich:

$$P^2 \varrho_c = \frac{10}{3} \cdot \frac{4\pi}{G \gamma \alpha} \tag{10.43}$$

$$P \sqrt{\varrho_c} = \frac{0,290}{\sqrt{\gamma \alpha}} = \frac{0,290}{\sqrt{3\gamma - 4}} \text{ Tage} \tag{10.44}$$

Man erhält also wieder das Rittersche Gesetz, jedoch ist hier der Zahlenfaktor 0,290 gegenüber 0,138 in der primitiven Theorie, entsprechend dem Umstand, daß in (10.43) die Zentraldichte, in (10.15) dagegen die mittlere Dichte eingeht. Für den Fall, daß die Cepheiden nach der Polytropen $n = 3$ aufgebaut sind, ist $\varrho_c = 54\,\bar{\varrho}$ und somit der Mittelwert von $P\sqrt{\varrho_c}$ für die in Tab. 13 aufgeführten Objekte 0,685, was einem γ-Wert von 1,39 entspricht. Dieser Wert liegt tatsächlich zwischen den möglichen Grenzen 4/3 und 5/3. Bei Mitberücksichtigung des Strahlungsdruckes bedeutet p den Gesamtdruck, und es ist γ dann nicht mehr gleich dem Verhältnis der spezifischen Wärmen c_p/c_v.

Bis jetzt haben wir nur kleine Amplituden berücksichtigt und dementsprechend in der Differentialgleichung der Pulsationen Glieder zweiter Ordnung vernachlässigt, wobei wir auf rein harmonische Schwingungen geführt worden sind. Da aber die Amplituden $\delta R/R$ bis 20% betragen können, sind die Quadrate der Amplituden nicht mehr zu vernachlässigen, was dann zu Termen mit $\cos 2nt$ führt; der Schwingungsvorgang wird dann durch die Gleichung

$$r_1 = A \cos nt - B \cos 2nt \tag{10.45}$$

dargestellt, worin die Koeffizienten A und B positiv sind. Entsprechend erhält man für die Geschwindigkeit der radialen Expansion:

$$v = A_1 \sin nt - B_1 \sin 2nt, \tag{10.46}$$

worin die Koeffizienten A_1, B_1 ebenfalls positiv sind. Damit ist die Asymmetrie der Radialgeschwindigkeitskurve und ihre Phasenverschiebung gegen die r_1-Kurve (Abb. 17) gedeutet. Hingegen hat die Phasenverschiebung zwischen den Kurven der Helligkeit und des Radius noch keine befriedigende Interpretation gefunden, ebensowenig die Frage nach der Aufrechterhaltung der Pulsationen, die jedenfalls mit der Energieproduktion eng zusammenhängen dürfte, welche aber gerade bei den Riesensternen, zu denen alle pulsierenden gehören, noch ungeklärt ist.

XI. ENERGIEERZEUGUNG UND ENTWICKLUNG DER STERNE

Durch die äußerst rasche Entwicklung der Atomkernphysik in den letzten 15 Jahren hat auch die alte Frage nach der Herkunft der Sonnen- und Sternenergie ihre Lösung gefunden. Wir wissen heute nicht nur, daß es sich dabei um Atomkernenergie handelt, sondern kennen sogar, wenigstens bei den Sternen vom Sonnentypus, die Prozesse, welche zu ihrer Erzeugung führen.

54. Kontraktionsenergie

Die Frage nach der Quelle der von den Sternen ausgestrahlten Energiemengen bildet eines der Hauptprobleme der Astrophysik. Zum erstenmal hat HELMHOLTZ 1854 durch seine Kontraktionstheorie eine physikalische Erklärung der Herkunft der Sternenergie gegeben. Wir berechnen die Gravitationsenergie, welche befreit wird, wenn sich eine homogene Gaskugel von der Masse der Sonne aus anfänglicher, praktisch unendlicher Verdünnung zu einer Kugel vom Sonnenradius zusammenzieht. Zunächst betrachten wir eine Kugelschale, welche die Masse dM_r enthält und die Masse M_r umschließt; bei der Kontraktion um den Betrag dr wird die Arbeit d^2A geleistet:

$$d^2A = -G M_r dM_r \frac{dr}{r^2}. \tag{11.1}$$

Da bei der Kontraktion unter den gemachten Voraussetzungen sowohl dM_r als auch M_r konstant bleibt, beträgt die gewonnene Arbeit bei der Kontraktion der betrachteten Kugelschale aus dem Unendlichen bis auf den Radius r:

$$dA = \frac{G M_r dM_r}{r}. \tag{11.2}$$

Die darin enthaltenen Größen M_r und dM_r lassen sich durch die Gesamtmasse M und den Endradius R ausdrücken:

$$M_r = r^3 \frac{M}{R^3} \tag{11.3}$$

$$dM_r = 3 r^2 \frac{M}{R^3} dr \tag{11.4}$$

Damit erhält man durch Integration über alle Kugelschalen schließlich die gesamte Gravitationsarbeit:

$$A = \frac{G M^2 3}{R^6} \int_0^R r^4 \, dr = \frac{3 G M^2}{5 R} \tag{11.5}$$

Setzt man die numerischen Werte ein, so ergibt sich $A = 2{,}3 \cdot 10^{48}$ erg; legt man jedoch der Berechnung einen Aufbau der Sonne nach der Polytropen $n = 3$ zugrunde, so erhält man den nur unwesentlich höheren Wert $A = 2{,}8 \cdot 10^{48}$.

Dieser Betrag vermöchte die heutige Sonnenausstrahlung von $4 \cdot 10^{33}$ erg/s oder von $1,2 \cdot 10^{41}$ erg/Jahr nur für eine Zeitdauer von $2,4 \cdot 10^7$ Jahren zu decken, also nur für einen im Vergleich zum Alter der Sonne von mehreren Milliarden Jahren kurzen Zeitraum. Die Kontraktionsenergie kann also höchstens zeitweise eine gewisse Rolle spielen und vermag die Gesamtenergieproduktion bei weitem nicht zu decken.

Einzig in dem Fall, daß das Innere der Sterne wesentlich anders aufgebaut wäre, als wir berechnet haben, nämlich eine sehr starke Konzentration der Masse gegen das Sternzentrum aufweisen würde, könnte der Kontraktionsenergie eine größere Bedeutung zukommen. Würde die Sonne einen überdichten Kern besitzen, welcher bei einem Radius von zirka $^1/_{100}$ Sonnenradius fast die ganze Sonnenmasse enthalten würde, so könnte die gesamte gewinnbare Gravitationsenergie sogar von derselben Größenordnung werden, wie die in einigen Milliarden Jahren angestrahlte.

55. Energieerzeugung durch Atomkernreaktionen

Bereits etwa um das Jahr 1926 war ziemlich allgemein die Ansicht vertreten, daß der gewaltige Energiebedarf der Sterne nur durch Umwandlung aus Masse nach dem Äquivalenzgesetz

$$E = m \, c^2 \qquad (11.6)$$

gedeckt werden könne, wobei c die Lichtgeschwindigkeit und E die der Masse m äquivalente Energie bedeutet. Da die Masse der Sonne $2 \cdot 10^{33}$ g beträgt, berechnet sich die bei vollständiger Zerstrahlung der Materie gewinnbare Energie zu $1,8 \cdot 10^{54}$ erg, was ausreichen würde, die Sonnenausstrahlung für $1,5 \cdot 10^{13}$ Jahre zu decken. Tatsächlich kennen wir aber heute keine Prozesse, nach welchen die Sternmaterie vollständig zerstrahlt werden könnte. Bei den heute bekannten und in den Sternen möglichen Atomkernreaktionen wird nur rund 1% der reagierenden Massen in Energie verwandelt. Bei diesem Prozentsatz würde die maximale Strahlungsdauer der Sonne zwar auf $1,5 \cdot 10^{11}$ Jahre reduziert, aber immer noch bedeutend größer sein als ihre bisherige Lebensdauer.

Damit zwei Atomkerne miteinander reagieren können, müssen sie ineinander eindringen, was bei der starken elektrostatischen Abstoßung der beiden positiv geladenen Kerne nur möglich ist, wenn dieselben über eine hohe Energie verfügen. Sind Z_1 und Z_2 die Kernladungen der beiden Partner, so beträgt die gegen die elektrische Abstoßung aufgewendete Arbeit, falls die Kerne bis auf den Abstand r_0 einander genähert werden:

$$A = -Z_1 Z_2 \int_{\infty}^{r_0} \frac{e^2}{r^2} \, dr = Z_1 Z_2 \frac{e^2}{r_0} \qquad (11.7)$$

Da die Kernradien einige 10^{-12} cm messen, setzen wir $r_0 = 10^{-11}$ cm und erhalten mit der Elementarladung $e = 4,80 \cdot 10^{-10}$ für Wasserstoffkerne ($Z = 1$) $A = 2 \cdot 10^{-8}$ erg. Damit die Teilchen diese mittlere thermische Energie besitzen, muß die Temperatur $T = (2/3) \, (A/k) \sim 10^8$ Grad betragen. Da aber die Zentraltemperatur der Sonne nur $0,2 \cdot 10^8$ Grad beträgt, so reicht die mittlere thermische Energie nicht einmal aus, die leichtesten Atomkerne zur Reaktion zu bringen, geschweige denn solche mit höherer Kernladungszahl. Man hat aber zu beachten, daß es stets Teilchen gibt, deren Energie ein beliebiges Vielfaches der mittleren beträgt, deren Anzahl allerdings mit zunehmender Energie sehr stark abnimmt. Es werden also, jedenfalls unter den leichteren Kernen, Reaktionen stattfinden, aber hinreichend selten. Gerade dieses Verhalten muß gefordert werden; denn würde schon die mittlere Energie zur Auslösung einer Kernreaktion hinreichen, so würde praktisch momentan die gesamte Sternmasse reagieren unter katastrophaler Energieproduktion, welche den Stern zur Explosion bringen würde. Die Kernreaktionen müssen vielmehr so selten erfolgen, daß die zur Verfügung stehende Energie erst im Laufe von Jahrmilliarden befreit wird.

Es sei hier daran erinnert, daß man im Laboratorium Lithium bereits mit Protonen von 20000 bis 30000 eV umwandeln kann; bei der Temperatur von $20 \cdot 10^6$ Grad beträgt die mittlere Energie eines Teilchens 2600 eV und der Bruchteil aller Teilchen, welche über eine Energie von 20 bis $30 \cdot 10^3$ eV verfügen, ein Zehntausendstel Promille.

Die Geschwindigkeit der Umwandlung der einzelnen Atomkerne ist für die Zustände im Zentrum der Sonne eingehend von H. A. BETHE untersucht worden. Dabei zeigte sich, daß nur Protoneneinfangreaktionen leichter Atomkerne eine Rolle spielen, während Reaktionen, bei denen beide Partner schwerer sind als Wasserstoff, so selten auftreten, daß sie für die Energieerzeugung bedeutungslos sind. Die Protoneneinfangreaktionen der leichten Atomkerne sind in Tab. 14 aufgeführt, welcher die Annahme einer Temperatur von $2 \cdot 10^7$ Grad, einer Dichte von 80 g/cm^3 und eines Wasserstoffgehaltes von 35% zugrunde liegt. Beispielsweise entnehmen wir dieser Tabelle, daß ein Li^7-Kern im Sonnenzentrum durchschnittlich 1 Minute existieren kann, ehe er durch einen Protoneneinfang umgewandelt wird, wobei eine Energie von $27 \cdot 10^{-6}$ erg frei wird. Je nach der Lebensdauer können wir die Kerne zu folgenden Gruppen zusammenfassen: Gruppe 1 enthält die Kerne schwerer als N^{15}: sie besitzen, mit einziger Ausnahme von F^{19}, eine Lebensdauer, die groß ist verglichen mit dem Alter der Sonne, und erleiden deshalb praktisch keine Umwandlung. Die Gruppe 2 enthält die Atome, deren Lebensdauer gegen Protoneneinfang sehr kurz ist, so daß diese Elemente schon längst vollständig umgewandelt worden sind und heute höchstens noch in dem Betrag existieren können, als sie evtl. durch Kernreaktionen dauernd neu gebildet werden. Da bei F^{19} eine solche Nachlieferung nicht stattfindet, dürfte auch dieses Element nur noch in so kleinen Mengen vorhanden sein, daß es für die Energieproduktion ohne Bedeutung ist, weshalb wir dasselbe der Gruppe 2 zugeordnet haben. Von den leichten Kernen ist in Tab. 14 He^4 nicht aufgeführt, weil dieses mit Protonen nicht reagiert, d. h. seine Lebensdauer unendlich wäre. Aus diesem Grund können in der Sonne H^1 und He^4 nebeneinander in großen Mengen vorkommen. Andererseits versteht man nun die sehr geringe Häufigkeit von Li, Be, B in der Sonne als eine Folge ihrer kurzen Lebensdauer. Es stehen somit nur noch H^1 (Gruppe 3) sowie Kohlenstoff und Stickstoff (Gruppe 4) zur Diskussion.

Tabelle 14

Lebensdauer leichter Kerne gegen Protoneneinfang

(nach H. A. BETHE)

Reaktion	Energie-produktion (erg) $\times 10^6$	Lebensdauer	Gruppe
$H^1 + H^1 \to H^2 + \varepsilon^+$	2,2	$1,2 \cdot 10^{11}$ a	(3)
$H^2 + H^1 \to He^3 + \gamma$	8,5	2 s	(2)
$H^3 + H^1 \to He^4 + \gamma$	31	0,2 s	(2)
$He^3 + H^1 \to Li^4$ instabil	0,7	1 d	(2)
$Li^6 + H^1 \to He^4 + He^3$	5,9	5 s	(2)
$Li^7 + H^1 \to 2\,He^4$	27	1 min	(2)·
$Be^7 + H^1 \to B^8$ unsicher	0,7	2000 a	(2)
$Be^9 + H^1 \to Li^6 + He^4$	3,5	15 min	(2)
$B^{10} + H^1 \to C^{11} + \gamma$	13,2	1000 a	(2)
$B^{11} + H^1 \to 3\,He^4$	13,5	3 d	(2)
$C^{11} + H^1 \to N^{12} + \gamma$	0,6	10^8 a	(2)
$C^{12} + H^1 \to N^{13} + \gamma$	2,9	$2,5 \cdot 10^6$ a	(2)
$C^{13} + H^1 \to N^{14} + \gamma$	11,8	$5 \cdot 10^4$ a	(4)
$N^{14} + H^1 \to O^{15} + \gamma$	11,2	$4 \cdot 10^6$ a	(4)
$N^{15} + H^1 \to C^{12} + He^4$	7,5	2000 a	(2)
$O^{16} + H^1 \to F^{17} + \gamma$	0,7	10^{12} a	(1)
$F^{19} + H^1 \to O^{16} + He^4$	12,7	$3 \cdot 10^7$ a	(2)
$Ne^{22} + H^1 \to Na^{23} + \gamma$	15,4	$2 \cdot 10^{13}$ a	(1)
$Mg^{26} + H^1 \to Al^{27} + \gamma$	11,5	10^{17} a	(1)
$Si^{30} + H^1 \to P^{31} + \gamma$	10,0	$3 \cdot 10^{20}$ a	(1)
$Cl^{37} + H^1 \to A^{38} + \gamma$	17,4	$2 \cdot 10^{25}$ a	(1)

Der Aufbau aus Protonen liefert nach Tab. 14 zunächst:

$$H^1 + H^1 \to H^2 + \varepsilon^+ \qquad (11.8)$$

$$H^2 + H^1 \to He^3 + \gamma \qquad (11.9)$$

Für die Weiterentwicklung von He^3 bestehen folgende Möglichkeiten:

a) $He^3 + H^1 \to Li^4 + \gamma$ $\quad$ $Li^4 \to He^4 + \varepsilon^+$ $\hfill$ (11.10)

b) $He^3 + He^4 \to Be^7 + \gamma$ $\quad$ $Be^7 \to Li^7 + \varepsilon^+$ $\quad$ $Li^7 + H^1 \to 2\,He^4$ $\hfill$ (11.11)

c) $He^3 + \varepsilon^- \to H^3$ $\quad$ $H^3 + H^1 \to He^4 + \gamma$ $\hfill$ (11.12)

Alle diese Möglichkeiten führen zu demselben Endprodukt He^4. Ein Aufbau über He^4 hinaus findet nicht statt.

Der Aufbau über die C—N-Gruppe geht nach folgendem Schema vor sich:

$$C^{12} + H^1 \to N^{13} + \gamma$$
$$N^{13} \to C^{13} + \varepsilon^+$$
$$C^{13} + H^1 \to N^{14} + \gamma \qquad (11.13)$$
$$N^{14} + H^1 \to O^{15} + \gamma$$
$$O^{15} \to N^{15} + \varepsilon^+$$
$$N^{15} + H^1 \to C^{12} + He^4$$

Die Bilanz aus diesem Zyklus zeigt, daß C^{12} regeneriert wird, also nur die Rolle eines Katalysators spielt, und, abgesehen von drei entstandenen γ-Quanten und zwei emittierten Positronen, lediglich vier Protonen zu einem Heliumkern aufgebaut werden. Das Resultat ist somit dasselbe wie beim (H + H)-Aufbau.

Da die Kernmassen von H^1 und He^4 1,008 bzw. 4,004 betragen, verschwinden beim Aufbau von He^4 aus 4 H^1 0,028 Masseneinheiten, also 0,7% der beteiligten Massen. Nach (11.6) liefert somit jedes Gramm Wasserstoff, das zu Helium aufgebaut wird, $6,3 \cdot 10^{18}$ erg. Die Sonne hat aber im Laufe ihres Mindestalters von $2 \cdot 10^9$ Jahren, falls sich ihre Strahlungsintensität nicht wesentlich ge-

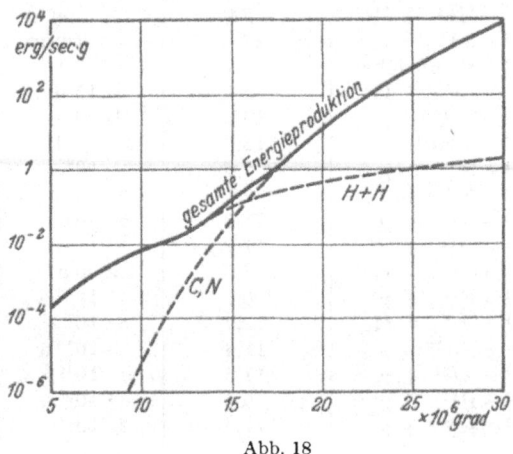

Abb. 18

Die Energieproduktion in Abhängigkeit von der Zentraltemperatur (nach H. A. Bethe).

ändert hat, $2,4 \cdot 10^{50}$ erg ausgestrahlt, wozu $4 \cdot 10^{31}$ g Wasserstoff (≐ 2% der Sonnenmasse) in Helium verwandelt werden mußten. Die sekundliche Ausstrahlung der Sonne von $4 \cdot 10^{33}$ erg entspricht einem Massenverlust von 4 Millionen Tonnen pro Sekunde. Trotzdem beläuft sich der gesamte Massenverlust der Sonne in den letzten $2 \cdot 10^9$ Jahren, entsprechend der Ausstrahlung von $2,4 \cdot 10^{50}$ erg, auf nur $^1/_{10\,000}$ ihrer ursprünglichen Masse!

In Abb. 18 sind die Energien, die von den beiden besprochenen Reaktionen, dem (H + H)-Aufbau und dem C—N-Zyklus, geliefert werden, als Funktion der Zentraltemperatur dargestellt. Den Berechnungen wurde eine Dichte von 100 g/cm³, ein Wasserstoffgehalt von 35% und ein Stickstoffgehalt von 10% zugrunde gelegt. Ferner wurde angenommen, die mittlere Energieproduktion betrage einen Fünftel der zentralen beim (H + H)-Aufbau und einen Zehntel beim C—N-Zyklus. Die Abbildung zeigt, daß bei der Sonne ($T = 20 \cdot 10^6$ Grad) fast die gesamte Energie vom C—N-Zyklus produziert wird, und die (H + H)-Reaktion nur wenige Prozent beisteuert. Bei der Zentraltemperatur von $15 \cdot 10^6$ Grad, wie sie etwa bei den K- und M-Zwergen vorliegt, liefern beide Prozesse gleichviel Energie, während bei noch geringeren Temperaturen die Energie vorwiegend durch die (H + H)-Reaktion geliefert wird. Nach Abb. 18

beträgt für die Sonne die Energieproduktion 3 erg/g · s, was bei Berücksichtigung der zahlreichen Annahmen, die eingeführt werden mußten, hinreichend gut mit dem beobachteten Wert von 2 erg/g · s übereinstimmt. Neuberechnungen sowohl der im Spiele stehenden Kernreaktionen als auch der Zustandsgrößen im Sonneninnern haben die Übereinstimmung noch verbessert.

Diese Mechanismen der Energieerzeugung dürften allgemein für die Sterne der Hauptreihe des Russell-Diagramms Gültigkeit besitzen. Wenn diese Sterne alle nach demselben Modell aufgebaut sind, so nimmt längs der Hauptreihe mit abnehmender Masse die Zentraltemperatur und damit auch Energieerzeugung und Leuchtkraft ab. Dagegen steht die Frage nach der Energieerzeugung in den Riesensternen noch offen. Bei der Zentraltemperatur von $6 \cdot 10^6$ Grad, wie wir sie in Ziffer 44 für einen typischen Riesenstern abgeleitet haben, ist die Ergiebigkeit der betrachteten Kernprozesse so gering, daß sie für die Erklärung der großen Leuchtkraft der Riesen nicht in Betracht kommt. Wenn unsere theoretischen Vorstellungen über den inneren Aufbau der Riesensterne zutreffen und in diesen die Energieproduktion ebenfalls durch Kernprozesse erfolgt, so erscheinen bei den heutigen Kenntnissen auf dem Gebiete der Kernphysik nur die leichten Atomkerne Li, Be, B als Energielieferanten in Frage zu kommen. Da diese Elemente nur in beschränkter Menge vorhanden sind und nicht regeneriert werden, würde ihr Vorrat in relativ kurzer Zeit aufgebraucht sein, d. h. das Riesensternstadium wäre, astronomisch gesprochen, nur von kurzer Dauer.

Wir erhalten so das außerordentlich einfache Resultat, daß unter den jetzt in den Sternen der Hauptreihe herrschenden Bedingungen sich lediglich eine Verwandlung von Wasserstoff in Helium vollzieht, daß die übrigen Elemente in nennenswerten Mengen weder erzeugt noch abgebaut werden. Die Bildung der 92 Elemente und ihrer Isotopen war ein abgeschlossener Prozeß, als vor etwa $2 \cdot 10^9$ Jahren die Sterne ihre selbständige Existenz begannen. Die Entstehung der chemischen Elemente erforderte Temperaturen von 10^{10} bis 10^{11} Grad, wie sie heute nirgends mehr gefunden werden, wie sie aber vermutlich vor $2 \cdot 10^9$ Jahren geherrscht haben, als das sich expandierende Universum noch auf einem sehr engen Raum konzentriert war.

56. Die chemische Zusammensetzung der Sterne

In Ziffer 33 haben wir den fundamentalen Satz abgeleitet, daß die Leuchtkraft eines Sterns im stationären Zustand vollständig bestimmt ist durch Masse, Radius und chemische Zusammensetzung, welch letztere im wesentlichen durch das Molekulargewicht charakterisiert werden kann. Vom Standpunkt dieses Theorems aus ist die Tatsache, daß Sterne derselben Masse verschiedene Leuchtkraft aufweisen können (Streuung der Leuchtkräfte in Abb. 9), als Variation in der chemischen Zusammensetzung zu deuten, denn der Einfluß des Radius auf die Leuchtkraft ist nach Ziffer 46 nur gering. Im Hertzsprung-Russell-Diagramm sind die Leuchtkräfte in Abhängigkeit vom Spektraltyp bzw. von der effektiven Temperatur T_e dargestellt. Vernachlässigen wir die erfahrungsgemäß kleine Streuung der Masse innerhalb einer Spektralklasse, so ist die Leuchtkraft bei vorgegebenem T_e nach (8.50) nur noch von μ abhängig. Bei gleicher chemischer Zusammensetzung würden somit die Sterne im Hertzsprung-Russell-Diagramm eine eindimensionale Serie bilden. In den Abbildungen 19 und 20 sind solche Diagramme für die Sterne der Umgebung der Sonne und für die Objekte des Sternhaufens der Praesepe dargestellt. In dem letzteren ist die Streuung nicht größer als die Beobachtungsungenauigkeit, wenn man von

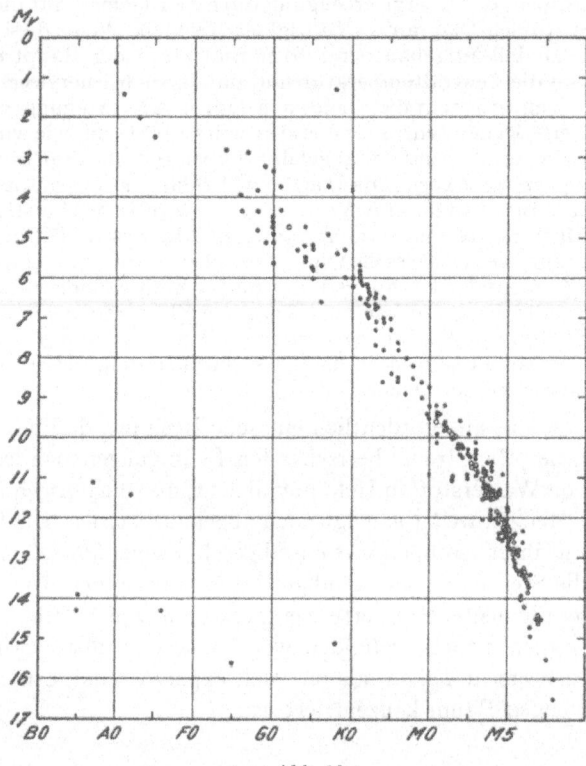

Abb. 19
Hertzsprung-Russell-Diagramm der Sterne der engeren Sonnenumgebung.

den Punkten absieht, welche beträchtlich über dem Hauptast der Farben-Helligkeits-Kurve liegen und als nichtaufgelöste Doppelsterne interpretiert werden können. In dem Diagramm unserer näheren Umgebung dagegen streuen die absoluten Helligkeiten von Sternen ein und desselben Spektraltyps beträchtlich. Vom Standpunkt des eingangs erwähnten Satzes aus sind diese Diagramme dahin zu interpretieren, daß die physisch zusammengehörigen Objekte der Praesepe bei gleicher Masse alle dieselbe chemische Zusammensetzung aufweisen, die physisch nicht zusammengehörigen «Feldsterne» unserer näheren Umgebung dagegen in ihrer chemischen Zusammensetzung variieren.

Man bestimmt zunächst das Molekulargewicht μ so, daß das Masse-Leuchtkraft-Gesetz die richtige, d. h. die beobachtete Leuchtkraft liefert. Dieses mittlere Molekulargewicht hängt von der chemischen Zusammensetzung ab. Da im Sterninnern die leichten und mittelschweren Elemente praktisch vollständig ionisiert sind und ihre Massenzahl rund das Doppelte der Kernladungszahl beträgt, ergibt sich für alle diese Elemente im ionisierten Zustand das mittlere Molekulargewicht zu ~ 2. Ausnahmen hievon machen nur Wasserstoff von der Masse 1, der in zwei Teilchen aufspaltet, und Helium von der Masse 4, welches in drei Teilchen aufspaltet, so daß deren Molekulargewichte im ionisierten Zustand 1/2 bzw. 4/3 betragen. Wir betrachten nun Materie, von welcher 1 g aus

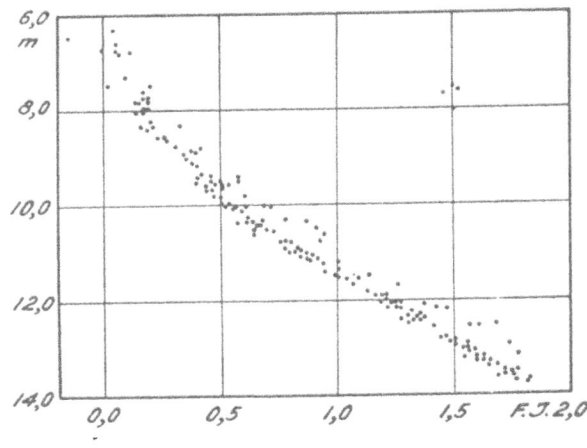

Abb. 20
Farben-Helligkeits-Diagramm der Praesepe (nach HAFFNER und HECKMANN).

X g Wasserstoff, Y g Helium und $1 - X - Y$ g Materie vom Molekulargewicht 2 besteht. Da dieses Gramm aus $2\,\dfrac{X}{m_H} + 3\,\dfrac{Y}{4\,m_H} + \dfrac{1 - X - Y}{2\,m_H}$ Teilchen besteht, wobei mit m_H die Masse des Wasserstoffatoms bezeichnet ist, so beträgt das mittlere Molekulargewicht dieser Materie:

$$\mu = \frac{1}{2\,X + (3/4)\,Y + (1/2)\,(1 - X - Y)} \qquad (11.14)$$

Da die Elemente schwerer als H und He sich im Molekulargewicht nicht unterscheiden, können sie nach dieser Methode auch nicht voneinander getrennt werden. Bestimmung der chemischen Zusammensetzung eines Sterns bedeutet somit Bestimmung der relativen Häufigkeit von Wasserstoff, Helium und schwereren Elementen. Gleichung (11.14) allein gestattet nicht, die beiden Unbekannten X und Y zu bestimmen; wir benötigen deshalb außer der Masse-Leuchtkraft-Beziehung eine weitere Gleichung, welche diese beiden Unbekannten enthält. Eine solche erhält man aus der Energieerzeugung. Nach BETHE beträgt die Energieproduktion durch den in Ziffer 55 besprochenen C—N-Zyklus pro Gramm Materie:

$$\varepsilon = k\,(1 - X - Y)\,X\,\varrho\,T^{17} \qquad (11.15)$$

Die Dauer eines C—N-Zyklus wird bestimmt durch die langsamste Teilreaktion, nämlich den Protoneneinfang durch N^{14}; diese Reaktion tritt um so häufiger auf und die Energieproduktion ist deshalb um so größer, je größer der Wasserstoffgehalt ist, woraus man den Faktor X in (11.15) versteht. Ferner werden gleichzeitig um so mehr Zyklen ablaufen, je mehr Ausgangsmaterial vorhanden, d. h. je größer der Kohlenstoffgehalt ist, der seinerseits einen bestimmten Bruchteil des Nicht-Wasserstoff-Helium-Anteils beträgt, woraus in (11.15) der Faktor $1 - X - Y$ resultiert. Der Koeffizient k ist als Konstante zu betrachten, da er nur universelle Konstanten und Größen, welche für den C—N-Zyklus im Sonnenkern ganz bestimmte Werte besitzen, enthält. Durch Integration von (11.15) erhält man die Leuchtkraft des Sternes

$$L = k\,(1 - X - Y)\,X \int_0^R 4\,\pi\,r^2\,\varrho^2\,T^{17}\,dr \qquad (11.16)$$

Da die Variation von ϱ und T im Inneren der Sterne nach Ziffer 44 als bekannt gelten kann, läßt sich dieses Integral numerisch berechnen, so daß (11.16) die gesuchte zweite Beziehung zwischen X und Y darstellt. Die Auflösung dieser beiden Gleichungen führt für die Sonne nach M. SCHWARZSCHILD auf:

$$X = 0{,}47 \pm 0{,}12 \qquad Y = 0{,}41 \pm 0{,}12 \qquad 1 - X - Y = 0{,}12 \qquad (11.17)$$

Es kann als ziemlich sicher gelten, daß der Gewichtsanteil von Wasserstoff und Helium zusammen mindestens 70% beträgt.

57. Sternentwicklung

Da die Konstitution der Sterne im wesentlichen durch Masse und chemische Zusammensetzung bestimmt ist, bedeutet Entwicklung, d. h. Veränderung eines Sterns, Veränderung seiner Masse oder seiner chemischen Zusammensetzung oder von beiden zugleich. Nun haben wir aber gesehen, daß bei Kernreaktionen im Innern der Sterne höchstens der Packungsanteil von der Größenordnung 1% der Masse in Energie verwandelt werden kann und somit die Sternmasse im Laufe der Entwicklung höchstens um 1% abnehmen kann, also praktisch konstant bleibt. Sternentwicklung bedeutet somit Veränderung in der chemischen Zusammensetzung. Da wir die Prozesse, welche die chemische Veränderung bedingen, nur bei den Sternen des Hauptastes kennen und die chemische Zusammensetzung selbst, d. h. X und Y, einigermaßen zuverlässig nur bei der Sonne, müssen wir uns hier auf die Entwicklung der Sonne beschränken. In Tab. 15 sind die Berechnungen von RUSSELL mitgeteilt, welche von den Werten $X = 0{,}51$, $Y = 0{,}40$, $1 - X - Y = 0{,}09$ ausgehen, welche mit den am Schluß von Ziffer 56 mitgeteilten innerhalb der Fehlergrenzen verträglich sind. Damit ergibt sich für das gegenwärtige Molekulargewicht 0,731. Durch den Ablauf des C—N-Zyklus wird der H-Gehalt dauernd vermindert, während Y im gleichen Maße zunimmt und der Gehalt an schwereren Elementen unverändert bleibt. Dabei nimmt das Molekulargewicht und damit die Zentraltemperatur und mit dieser die Energieerzeugung und die Leuchtkraft zu; dadurch wird der

Wasserstoff rascher umgewandelt, das Molekulargewicht und die Leuchtkraft steigen weiter usf. Tab. 15 zeigt die Zunahme der Leuchtkraft bis zu einem H-Gehalt von nur noch 1%. Während die Leuchtkraft fast auf das 100fache ihres heutigen Betrages ansteigt, nimmt der Radius nur unwesentlich zu. Trägt man die in den letzten Spalten enthaltenen Zustandsgrößen (Spektraltyp und absolute Helligkeit M) in ein Russell-Diagramm ein, so erkennt man, daß der die Sonne repräsentierende Punkt sich nahezu längs des Hauptastes bewegen wird. Dieses Bild wird vervollständigt, wenn wir daran erinnern, daß die Sonne

Tabelle 15

Entwicklung der Sonne
(nach H. N. RUSSELL)

X	Y	μ	R	L	Spektrum	M
0,51	0,40	0,731	1,000	1,00	G 2	4,7
0,41	0,50	0,803	1,040	1,95	F 4	3,9
0,31	0,60	0,894	1,076	4,08	A 8	3,2
0,21	0,70	1,005	1,132	9,22	A 3	2,6
0,11	0,80	1,149	1,184	23,5	B 9	2,1
0,06	0,85	1,238	1,193	40,4	B 7	1,8
0,01	0,90	1,341	1,129	77,2	B 5	1,5

in ihrem bisherigen Leben von $2 \cdot 10^9$ Jahren etwa 2% Wasserstoff umgewandelt hat. Im Urzustand der Sonne wäre demnach $X = 0,53$, $Y = 0,38$. Von diesem Zustand aus hat man sich die Sonnenentwicklung etwa folgendermaßen vorzustellen: in einer relativ kurzen Anfangsphase kontrahiert sich die Sonne, bis die Zentraltemperatur soweit gestiegen ist, daß zunächst die leichten Elemente Li, Be, B umgewandelt werden und, nachdem diese bald erschöpft sind, die Temperatur weiter steigt, bis die (H + H)-Reaktion und der C−N-Zyklus in Gang kommen. In den vergangenen 2 Milliarden Jahren hat sich die chemische Zusammensetzung und damit die Stellung der Sonne im Russell-Diagramm nur unwesentlich verändert; nun beginnt sie sich immer schneller längs des Hauptastes in Richtung zunehmender Leuchtkraft zu verschieben. Da bisher erst 2% Wasserstoff verbraucht worden sind, der Sonne aber noch 50% zur Verfügung stehen, könnte man erwarten, daß die Sonne ihr Leben kaum erst begonnen habe. Tatsächlich wird aber die Entwicklung immer schneller vor sich gehen, so daß in etwa 10^{10} Jahren der H-Gehalt aufgebraucht sein wird. Die Sonne wird dann, nachdem sie für sehr kurze Zeit als Objekt mit der hundertfachen ihrer heutigen Leuchtkraft aufgeflammt sein wird, zu einem kleinen erloschenen Stern zusammensinken, der durch die dabei frei werdende Gravitationsenergie noch einige Zeit weiter zu strahlen vermag.

Würde man dagegen annehmen, alles Helium sei durch Kernreaktionen gebildet worden, so wäre im Urzustand $X = 0,91$ und die Entwicklung von diesem bis zum heutigen Zustand hätte einige 10^{10} Jahre beansprucht, so daß die Sonne schon über 90% ihres Strahlungsdaseins hinter sich und nur noch den glanzvollen Abschluß vor sich hätte.

Abschließend soll noch die Frage angeschnitten werden, wie das Hertz-sprung-Russell-Diagramm vom Standpunkt der Sternentwicklung aus zu deuten sei. Die Riesensterne müssen wir dabei außer Betracht lassen, da wir über deren Entwicklung keine gesicherten Kenntnisse besitzen. Da sich die Sonne im Hertzsprung-Russell-Diagramm nach links oben verschiebt, allerdings etwas weniger steil als der Hauptast verläuft, ist die Auffassung naheliegend, der Hauptast stelle ein stationäres Entwicklungsdiagramm dar, in welchem sich die Sterne von rechts unten nach links oben bewegen. Im stationären Fall wäre dann die Häufigkeit der Sterne einer Spektralklasse umgekehrt proportional der Entwicklungsgeschwindigkeit in diesem Stadium, und da diese mit fortschreitender Entwicklung zunimmt, könnte man verstehen, daß längs des Haupt-astes die Sternhäufigkeit mit abnehmender Leuchtkraft ansteigt. Dem steht aber die Tatsache entgegen, daß im Hauptast die Masse mit der Leuchtkraft zu-nimmt, während die Masse im Laufe der Sternentwicklung praktisch konstant bleibt. Die heutigen B-Sterne z. B. können niemals G-Sterne in unserem Sinne gewesen sein. Stellt man sich auf den Standpunkt, daß die Sternbildung ein einmaliges Geschehen von kurzer Dauer gewesen sei, so stellt das Hertzsprung-Russell-Diagramm kein Entwicklungs-, sondern ein momentanes Zustandsdia-gramm dar, wobei sich der Hauptast mit fortschreitendem Alter verlagert und deformiert. Die Streuung im Hertzsprung-Russel-Diagramm, die eine Streuung der chemischen Zusammensetzung bedeutet, kann durch eine primäre Ver-schiedenheit der chemischen Konstitution bedingt sein oder sekundär durch ein verschiedenes Alter und damit eine verschieden stark fortgeschrittene chemische Umwandlung. Wenn wir uns hingegen auf Objekte eines Sternhau-fens beschränken, welche mit großer Wahrscheinlichkeit am gleichen Ort und zur gleichen Zeit entstanden sind und dieselbe chemische Zusammensetzung besaßen, so müssen diese Objekte im Hertzsprung-Russell-Diagramm in jedem Entwicklungsstadium eine streng eindimensionale Beziehung darstellen, die aber für verschiedene Sternhaufen *a priori* je nach der Vorentwicklung des Haufens verschieden aussehen kann und tatsächlich für verschiedene Sternhau-fen auch verschieden ausfällt.

Die früher weitverbreitete Auffassung, das Hertzsprung-Russell-Diagramm stelle ein Entwicklungsdiagramm dar, in dem die Sterne ihr Dasein als Riesen beginnen und als Zwerge beenden, muß heute aufgegeben werden, da einerseits die Masse der Riesen ein Vielfaches derjenigen der Zwerge beträgt, andererseits aber nach unseren heutigen Kenntnissen die Masse sich während der Ent-wicklung der Sterne nicht merklich ändert.

Die Vorstellung der Gleichaltrigkeit der Sterne des Hauptastes führt bei den Objekten großer Leuchtkraft jedoch auf Schwierigkeiten, da z. B. bei den B-Sternen die aus dem C–N-Zyklus gewinnbare Energie die Ausstrahlung nur für etwa 10^7 Jahre zu decken vermag. Man neigt deshalb heute der Auffassung zu, daß die «späten» Typen des Hauptastes alte, die «frühen» dagegen junge Sterne seien.

DRITTER TEIL

Sternatmosphären

Die Atmosphären sind das Antlitz der Sterne, aus deren sorgfältiger Beobachtung man den Charakter des Sternes erfährt. Alles, was wir über die Natur eines Sternes erfahren wollen, müssen wir der Strahlung seiner Atmosphäre entnehmen. Waren die Untersuchungen über den der direkten Beobachtung entzogenen inneren Aufbau der Sterne vorwiegend theoretischer Natur, so steht die Theorie der Sternatmosphären in dauernder, enger Beziehung mit der Beobachtung, sei es, daß die Theorie durch die Beobachtung stimuliert, sei es, daß sie durch diese geprüft werde.

XII. STRAHLUNGSGLEICHGEWICHT UND KONTINUIERLICHES SPEKTRUM DER STERNE

Die im innersten Kern des Sternes erzeugte Energie wandert entsprechend dem radialen Temperaturgefälle nach außen, wobei sie dauernd absorbiert und reemittiert wird; schließlich gelangt sie in Schichten, die nur wenig unter der «Oberfläche» des Sternes gelegen sind und von denen aus die reemittierten Quanten, zum Teil ohne eine weitere Absorption zu erfahren, in den Weltraum hinaus gelangen können. Für noch weiter außen gelegene Schichten ist der Anteil der absorptionsfrei in den Weltraum austretenden Quanten noch größer, und die in der äußersten Schicht in den Außenraum emittierten Quanten verlassen den Stern vollzählig. Die kontinuierliche Strahlung, die wir von einem Stern erhalten, stellt somit ein Gemisch dar von verschieden stark absorbierter Strahlung verschiedener Schichten der Sternatmosphäre. Gegenstand dieses Kapitels ist die Interpretation der Energieverteilung im kontinuierlichen Spektrum der Sterne; sie wird uns zu bestimmten Vorstellungen über den Strahlungsaustausch und die Schichtung in den Sternatmosphären führen.

58. Der Begriff des Strahlungsgleichgewichtes

Von den drei Möglichkeiten des Energietransportes: Wärmeleitung, Konvektion und Strahlung, kommt für die gewaltige Energiebeförderung in den

Sternen nur die letztgenannte ernstlich in Frage. Die Wärmeleitung der Gase ist so gering, daß diese keinen irgendwie nennenswerten Beitrag zur Energieströmung liefern kann. Günstiger steht es um die Konvektion; es gibt Sterne, in denen, wenigstens zonenweise, Konvektion stattfindet und diese zur Energiebeförderung einen nicht verschwindenden Beitrag zu leisten vermag. Im ganzen gesehen wird aber die Energie im wesentlichen durch die Strahlung transportiert; dies erkannt und konsequent weiter verfolgt zu haben, ist das Verdienst von K. SCHWARZSCHILD (1906).

Beispielsweise ist der Energietransport in der Sonnenatmosphäre = Energieproduktion pro Sekunde/Oberfläche $= 4 \cdot 10^{33} : 4\pi (7 \cdot 10^{10})^2 = 0,65 \cdot 10^{11}$ erg/cm² s. Die durch Wärmeleitung transportierte Energie beträgt:

$$E_L = \frac{c_v \sqrt{3\,\Re\,T/\mu}}{4\,\pi\,L\,d^2} \cdot \frac{dT}{dh}$$

(L = Loschmidtsche Zahl). Für die spezifische Wärme pro Gramm c_v setzen wir größenordnungsmäßig $\Re$, für das Molekulargewicht $\mu = 1$, für den Teilchenradius $d = 10^{-8}$ cm und erhalten bei dem Temperaturgradienten der Sonnenatmosphäre von 10^{-4} Grad/cm (Tab. 22) den im Vergleich zum Gesamtstrom sehr kleinen Energietransport durch Leitung von $E_L = 10^1$ erg/cm² s. Falls sich die Sonnenatmosphäre im konvektiven Zustand befinden und die radiale Geschwindigkeitskomponente $v = 10^4$ cm/s betragen würde, so ergäbe sich der Energietransport durch Konvektion für ein aufsteigendes Element zu

$$E_K = \frac{3}{2} \cdot \frac{k\,T\,L}{\mu}\, v\, \varrho = 1 \cdot 10^9 \text{ erg/cm}^2 \text{ s},$$

wobei ϱ nach Tab. 22 zu $0,2 \cdot 10^{-6}$ g/cm³ angenommen worden ist. Neben den aufsteigenden müssen stets auch absteigende Konvektionsströme vorhanden sein, die aber, weil sie ihren Ursprung in kühleren Gebieten haben als die aufsteigenden, bei gleicher Geschwindigkeit und Dichte weniger Energie transportieren als diese. Der durch die Konvektion beförderte Nettostrom — auswärts minus einwärts gerichteter Energietransport, wird aber im günstigsten Fall nur einen kleinen Bruchteil des oben errechneten Betrages ausmachen, wodurch die Konvektion selbst bei einer zehnmal größeren als der angenommenen Geschwindigkeit noch nicht einmal imstande wäre, 1 % des gesamten Energiestromes zu übernehmen. Es bleibt somit für den Energietransport im wesentlichen nur die Strahlung; diese transportiert nach dem Stefan-Boltzmannschen Gesetz $E_S = \sigma\,T^4$, was mit $T = 5800^0$ genau auf den Betrag des Gesamtenergietransportes von $6,6 \cdot 10^{10}$ erg/cm² s führt.

Um den wichtigen Begriff des Strahlungsgleichgewichtes klar herauszustellen, geben wir zunächst in Anlehnung an die historische Entwicklung eine die Tatsachen stark vereinfachende, aber alles Wesentliche enthaltende Darstellung. Jedes Volumenelement einer Sternatmosphäre wird in jeder Richtung von Strahlung durchsetzt; es absorbiert diese teilweise und reemittiert sie mit veränderter Frequenz und Richtung. Strahlungsgleichgewicht soll nun heißen, daß jedes Element pro Sekunde gleich viel Strahlung emittiert, wie es aus dem Strahlungsfeld absorbiert. Die Vereinfachung, die wir hier zunächst einführen, besteht nun darin, daß man nur zwei radiale Energieströme betrachtet, einen von innen nach außen mit der Intensität I und einen von außen nach innen mit der Intensität I'. Unser Volumenelement enthalte Materie von der

Dichte ϱ, der Temperatur T und dem Absorptionskoeffizienten k pro g/cm², so daß es nach dem Kirchhoffschen Gesetz in jeder Richtung den Betrag $k \varrho E(T)$ emittiert, wobei E die Emission des schwarzen Körpers, d. h. die Kirchhoff-Plancksche Funktion bedeutet. Die Bilanz der beiden Energieströme lautet somit, wenn die nach außen positiv gerechnete radiale Koordinate mit h bezeichnet wird:

$$\frac{dI}{dh} = -k \varrho I + k \varrho E \qquad \frac{dI'}{dh} = +k \varrho I' - k \varrho E \qquad (12.1)$$

In beiden Gleichungen gibt das erste Glied die absorbierte, das zweite die reemittierte Energie. Daraus folgt durch Addition bzw. Subtraktion der beiden Gleichungen

$$\frac{d(I+I')}{dh} = -k \varrho (I - I') \qquad \frac{d(I-I')}{dh} = -k \varrho (I + I' - 2E) \qquad (12.2)$$

In jede der beiden radialen Richtungen emittiert das Volumenelement pro Sekunde die Energie $k \varrho E$, im gesamten somit den Betrag $2 k \varrho E$, während es aus der einen Richtung den Betrag $k \varrho I$, aus der entgegengesetzten $k \varrho I'$ absorbiert; somit lautet die mathematische Formulierung des Strahlungsgleichgewichtes in dem Zweistrommodell:

$$k \varrho (I + I') = 2 k \varrho E \qquad (12.3)$$

Bei Einführung der optischen Tiefe t, definiert durch

$$dt = -k \varrho\, dh \qquad (12.4)$$

die also radial einwärts positiv gerechnet wird, nehmen die Differentialgleichungen (12.2) die einfachere Form an:

$$\frac{d}{dt}(I + I') = I - I' \qquad \frac{d}{dt}(I - I') = 0 \qquad (12.5)$$

Daraus folgt zunächst

$$I - I' = F \qquad I + I' = F t + c \qquad (12.6)$$

Die Konstante F bedeutet die auswärts gerichtete Nettoströmung, die durch das Stefan-Boltzmannsche Gesetz mit der sog. effektiven Temperatur T_e zusammenhängt:

$$F = \sigma T_e^4 \qquad (12.7)$$

Es ist klar, daß F nicht von t abhängt, da ja in der Sternatmosphäre keine Strahlung erzeugt, sondern solche nur umgewandelt wird. An der äußeren Grenze der Atmosphäre verschwindet die Einstrahlung: $I' = 0$; deshalb erhält man für die Integrationskonstante $c = F$ und nunmehr für die beiden Energieströme:

$$I = \left(1 + \frac{1}{2} t\right) F \qquad I' = \frac{1}{2} t F \qquad (12.8)$$

Nun führen wir die Temperatur T in der Tiefe t ein, indem wir diese, da wir hier stets mit der über alle Frequenzen summierten Gesamtstrahlung rechnen, durch das Stefan-Boltzmannsche Gesetz festlegen. Dabei ergibt sich aber die Schwierigkeit, daß die Energieströmung in den beiden radialen Richtungen verschieden ist und damit die Temperatur richtungsabhängig wird, was aber, da die Temperatur eine skalare Größe ist, keinen physikalischen Sinn hat. Die Temperatur ist eben in eindeutiger Weise nur für Systeme im thermischen Gleichgewicht bestimmt, bei welchen die Strahlung isotrop ist. In den Sternatmosphären treten aber stets Abweichungen von der Isotropie, d. h. vom thermischen Gleichgewicht auf, indem mehr Strahlung von innen nach außen als von außen nach innen fließt oder, anders ausgedrückt, weil die Sternatmosphären nicht isotherm sind, sondern einen radialen Temperaturgradienten aufweisen. Wir definieren die Temperatur so, daß der mittlere Energiefluß $E = 1/2\,(I + I')$ das Stefan-Boltzmannsche Gesetz erfüllt:

$$E = \frac{1}{2}\,(1 + t)\,F = \frac{1}{2}\,(1 + t)\,\sigma\,T_e{}^4 = \sigma\,T^4 \qquad (12.9)$$

An der äußeren Grenze der Atmosphäre $t = 0$ erreicht T den minimalen Wert, die sog. Grenztemperatur T_0. Diese beträgt

$$T_0 = \frac{T_e}{\sqrt[4]{2}} = 0{,}84\,T_e \qquad (12.10)$$

Damit erhalten wir schließlich für die Tiefenabhängigkeit der Temperatur:

$$T = \sqrt[4]{\frac{1 + t}{2}}\,T_e = \sqrt[4]{1 + t}\,T_0 \qquad (12.11)$$

Für $t = 1$ ist somit $T = T_e$.

59. Die Differentialgleichung des Strahlungsgleichgewichtes

Im allgemeinen hat die Atmosphäre eines Sternes in vertikaler Richtung eine im Vergleich zum Sternradius geringe Ausdehnung (siehe Tab. 22), weshalb wir diese als eben betrachten können; in ihr wählen wir ein willkürliches Nullniveau, von dem aus die Tiefe t (hier geometrische, nicht optische Tiefe) gemessen wird (Abb. 21). Wir betrachten ein Flächenelement der Größe df, das sich in der Tiefe t befindet und dessen Normale gegen die Normale zur Sternoberfläche um den Winkel ϑ geneigt ist. Bedeutet $I_\nu(t, \vartheta)$ die Strahlungsintensität in der Tiefe t, in der Richtung ϑ und bei der Frequenz ν, so strömt durch unser Flächenelement in Richtung seiner Normalen pro Sekunde in dem Intervall ν bis $\nu + d\nu$ die Energie $I_\nu(t, \vartheta)\,d\omega\,d\nu\,df$ in das Raumwinkelelement $d\omega$ hinein. Wir behandeln das Problem hier also, im Gegensatz zu den Ausführungen des vorangehenden Abschnittes, in seiner vollen Richtungs- und Frequenzabhängigkeit. Auf der Wegstrecke ds, d. h. in dem Volumenelement $df\,ds$, wird der Bruchteil $\varkappa_\nu\,ds$ der Strahlung absorbiert und (immer in Richtung ϑ) der Betrag $\varepsilon_\nu\, df\, ds\, d\omega\, d\nu$ emittiert, wobei $\varkappa_\nu$ den Absorptionskoeffizienten bedeutet, so daß die Energiebilanz unseres Volumenelementes lautet:

$$dI_\nu(t, \vartheta)\, d\omega\, df\, d\nu = -\varkappa_\nu\, I_\nu(t, \vartheta)\, d\omega\, df\, d\nu\, ds + \varepsilon_\nu\, df\, ds\, d\omega\, d\nu \quad (12.12)$$

$$dI_\nu(t, \vartheta) = -\varkappa_\nu\, I_\nu\, ds + \varepsilon_\nu\, ds \quad (12.13)$$

Würden wir hier für die Strahlungsintensität nach dem Kirchhoffschen Gesetz

$$I_\nu = \frac{\varepsilon_\nu}{\varkappa_\nu} \quad (12.14)$$

setzen, so ergäbe sich $dI_\nu = 0$, $I_\nu = $ const, also ein völlig falsches Bild von der Sternatmosphäre. Es wird hier klar, wie vorsichtig man die Strahlungsgesetze anzuwenden hat, die streng nur für den Fall thermischen Gleichgewichtes gelten, also für einheitliche Temperatur und isotropes Strahlungsfeld. Aber gerade diese Bedingung ist in den Sternatmosphären nicht erfüllt, indem die Temperatur und damit die Strahlungsintensität nach innen zunimmt und infolge dieses Temperaturgradienten die Strahlung vorwiegend nach außen fließt. Wir führen deshalb an Stelle von (12.14) eine neue Funktion

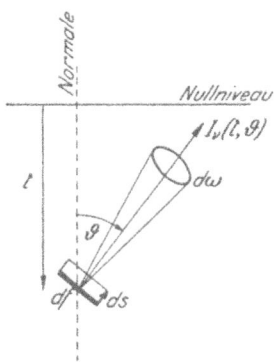

Abb. 21. Zur Ableitung der Strömungsgleichung.

$$J_\nu = \frac{\varepsilon_\nu}{\varkappa_\nu} \quad (12.15)$$

ein, die wie ε_ν und $\varkappa_\nu$ unabhängig ist von ϑ und bei Annäherung an den Zustand thermischen Gleichgewichtes, d. h. mit zunehmender Tiefe nach und nach in die Kirchhoff-Plancksche Funktion I_ν übergeht. Nun führen wir wieder an Stelle der geometrischen die optische Tiefe τ_ν ein durch die Definition

$$d\tau_\nu = \varkappa_\nu\, dt = -\varkappa_\nu\, ds \cos \vartheta \quad (12.16)$$

Begründung und Bedeutung dieser Substitution ergeben sich aus dem Absorptionsgesetz:

$$dI_\nu = -\varkappa_\nu\, I_\nu\, ds \quad (12.17)$$

oder integriert

$$I_\nu = I_{\nu,0}\, e^{-\varkappa_\nu s} = I_{\nu,0}\, e^{-\tau_\nu} \quad (12.18)$$

Die absorbierende Wirkung hängt somit nicht vom Absorptionskoeffizienten und von der Wegstrecke im einzelnen ab, sondern nur von deren Produkt, dem optischen Weg. Eine Schicht der optischen Dicke 1 reduziert die Intensität auf $1/e = 0{,}37$. Indem wir (12.15) und (12.16) in die Energiebilanz (12.13) einsetzen, erhalten wir die sog. Strömungsgleichung

$$\cos \vartheta\, \frac{dI_\nu(\tau_\nu, \vartheta)}{d\tau_\nu} = I_\nu(\tau_\nu, \vartheta) - J_\nu(\tau_\nu) \quad (12.19)$$

in der wir noch für den Fall, daß der Absorptionskoeffizient frequenzunabhängig ist oder wenn $\varkappa_\nu$ durch einen geeigneten Mittelwert über alle Frequenzen,

$\overline{\varkappa}$ ersetzt wird, den Index ν weglassen können und die Strömungsgleichung der Gesamtstrahlung erhalten:

$$\cos\vartheta \; \frac{dI(\tau,\vartheta)}{d\tau} = I(\tau,\vartheta) - J(\tau) \tag{12.20}$$

Der Umstand, daß die Strömungsgleichung sowohl für monochromatische wie für die Gesamtstrahlung gilt, ist wohl zu beachten.

Nun haben wir noch das Strahlungsgleichgewicht zu formulieren, wonach das Volumenelement pro Sekunde ebensoviel Strahlung absorbiert, wie es emittiert,

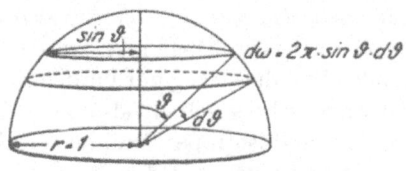

Abb. 22
Zur Integration der Kontinuitätsgleichung.

sein Energieinhalt und damit seine Temperatur somit stationär bleiben. Der nach außen gerichtete Gesamtstrahlungsstrom beträgt

$$S = \int I(\vartheta) \cos\vartheta \, d\omega \tag{12.21}$$

wobei sich, was nicht näher hervorgehoben ist, S und $I(\vartheta)$ auf die Tiefe τ beziehen und die Integration über die ganze Einheitskugel zu erstrecken ist. Das Integral gibt die durch eine horizontale Fläche von 1 cm² pro Sekunde nach außen (Überschuß der auswärts gerichteten Strahlung über die einwärts gerichtete) hindurchtretende Strahlung; da in der Sternatmosphäre keine Energie erzeugt wird, ist dieses Integral unabhängig von τ, also $dS/d\tau = 0$. Durch Integration der Strömungsgleichung über den ganzen Raumwinkel erhält man:

$$\frac{d}{dt} \int I(\tau,\vartheta) \cos\vartheta \; \frac{d\omega}{4\pi} = \int I(\tau,\vartheta) \; \frac{d\omega}{4\pi} - J(\tau) = \frac{1}{4\pi} \cdot \frac{dS}{d\tau} = 0 \tag{12.22}$$

Als Raumwinkelelement nehmen wir die zwischen ϑ und $\vartheta + d\vartheta$ gelegene Kugelzone der Einheitskugel (Abb. 22): $d\omega = 2\pi \sin\vartheta \, d\vartheta$ und erhalten damit für J:

$$J(\tau) = \int I(\tau,\vartheta) \; \frac{d\omega}{4\pi} = \frac{1}{2} \int_{0}^{\pi} I(\tau,\vartheta) \sin\vartheta \, d\vartheta \tag{12.23}$$

Da diese Gleichung zum Ausdruck bringt, daß die vom Volumenelement aufgenommene Strahlung gleich der abgegebenen ist, bezeichnet man sie in Analogie zur Hydromechanik als Kontinuitätsgleichung. Die Bedeutung von J geht aus der Definitionsgleichung (12.15) hervor: die Emission pro Kubikzentimeter und Sekunde im Frequenzintervall 1, die sog. Ergiebigkeit, beträgt:

$$\int \varepsilon_\nu \, d\omega = \int \varkappa_\nu J_\nu \, d\omega = 4\pi \varkappa_\nu J_\nu \tag{12.24}$$

Analog bezeichnet man $4 \pi \bar{\varkappa} J$ oder auch J selbst als die Ergiebigkeit der Gesamtstrahlung in der Tiefe τ. Die spektrale Energieverteilung der absorbierten Strahlung ist aber eine andere als diejenige der emittierten, indem jene aus tiefergelegenen, d. h. heißeren Gebieten stammt und deshalb kurzwelliger ist als die reemittierte Strahlung. Deshalb gilt die Kontinuitätsgleichung, im Gegensatz zur Strömungsgleichung, nur für die Gesamtstrahlung, nicht aber für die monochromatische Strahlung der Frequenz ν. Die Kontinuitätsgleichung bringt den Energiesatz zum Ausdruck und stellt einen Zusammenhang her zwischen der Ergiebigkeit und der Strahlungsintensität. Strömungs- und Kontinuitätsgleichung können wir schließlich miteinander verbinden und erhalten die Differential-Integral-Gleichung des Strahlungsgleichgewichtes für die Gesamtstrahlung:

$$\cos \vartheta \, \frac{dI(\tau, \vartheta)}{d\tau} = I(\tau, \vartheta) - \frac{1}{2} \int_0^\pi I(\tau, \vartheta) \sin \vartheta \, d\vartheta \qquad (12.25)$$

60. Lösung der Grundgleichungen des Strahlungsgleichgewichtes

Nach (12.23) hat J die Bedeutung des Mittelwertes von I über den ganzen Raumwinkel:

$$J = \int I \, \frac{d\omega}{4 \pi} \qquad (12.26)$$

Analog führen wir die Mittelwerte H und K ein, die durch die folgenden Gleichungen definiert sind:

$$II = \int I \cos \vartheta \, \frac{d\omega}{4 \pi} = \frac{S}{4 \pi} \qquad (12.27)$$

$$K = \int I \cos^2 \vartheta \, \frac{d\omega}{4 \pi} \qquad (12.28)$$

Nun multiplizieren wir die Strömungsgleichung mit $d\omega/4\pi$ und integrieren:

$$\int \cos \vartheta \, \frac{dI}{d\tau} \cdot \frac{d\omega}{4 \pi} = \int I \, \frac{d\omega}{4 \pi} - \int J \, \frac{d\omega}{4 \pi} = 0 \qquad (12.29)$$

das heißt

$$\frac{dH}{d\tau} = 0 \qquad (12.30)$$

Dies ist kein neues Resultat, denn wir haben schon im vorhergehenden Abschnitt festgestellt, daß der zu H proportionale Gesamtstrahlungsstrom S von τ unabhängig ist. Analog multiplizieren wir die Strömungsgleichung mit $\cos \vartheta \, (d\omega/4 \pi)$ und integrieren wieder:

$$\int \cos^2 \vartheta \, \frac{dI}{d\tau} \cdot \frac{d\omega}{4 \pi} = \int I \cos \vartheta \, \frac{d\omega}{4 \pi} - \int J \cos \vartheta \, \frac{d\omega}{4 \pi} \qquad (12.31)$$

das heißt

$$\frac{dK}{d\tau} = H \qquad (12.32)$$

denn das Integral von $\cos \vartheta$ über den ganzen Raumwinkel verschwindet. Wäre I isotrop, so könnte man in dem Integral für K den Faktor $\cos^2 \vartheta$ durch seinen räumlichen Mittelwert ersetzen; bei Abweichungen von der Isotropie, wie im Falle der Sternatmosphären, führt diese Substitution dagegen nur auf einen Näherungswert von K:

$$K \sim \int I \,\overline{\cos^2 \vartheta} \,\frac{d\omega}{4\,\pi} = \frac{1}{3} \int I \,\frac{d\omega}{4\,\pi} = \frac{J}{3} \qquad (12.33)$$

Der räumliche Mittelwert von $\cos^2 \vartheta$ berechnet sich am einfachsten nach Abb. 22:

$$\overline{\cos^2 \vartheta} = \frac{1}{2} \int\limits_0^\pi \cos^2 \vartheta \,\sin \vartheta \,d\vartheta = \frac{1}{2} \int\limits_\pi^0 \cos^2 \vartheta \,d\cos \vartheta = \frac{1}{2} \cdot \frac{2}{3} = \frac{1}{3} \quad (12.34)$$

Mit dieser Näherung folgt weiter:

$$\frac{dJ}{d\tau} = 3 \,\frac{dK}{d\tau} = 3\,H \qquad (12.35)$$

$$J(\tau) = 3\,H\,\tau + J(0) \qquad (12.36)$$

Wir haben nur noch die Integrationskonstante $J(0)$, die Ergiebigkeit für $\tau = 0$ zu berechnen. Dazu wenden wir unsere Näherungsbetrachtung auch auf das Integral H an und schreiben

$$H \sim \int I \,\overline{\cos \vartheta} \,\frac{d\omega}{4\,\pi} \qquad (12.37)$$

Da aber der Mittelwert von $\cos \vartheta$ im Bereich $\vartheta = 0$ bis π verschwindet, weil jedem positiven Beitrag ein dem Betrag nach gleich großer negativer entspricht, verschwinden auch H und S. Dies ist trivial, denn unsere Näherung bedeutet Isotropie und Isothermie; ohne Temperaturgradient aber gibt es keinen Nettostrom. Anders liegen die Verhältnisse am Rande der Atmosphäre; dort hat man nur auswärts gerichtete Strahlung, so daß für $\tau = 0$ in unserer Näherung I im Bereich $\vartheta = 0$ bis $\pi/2$ einen endlichen Wert hat, im Bereich $\vartheta = \pi/2$ bis π dagegen verschwindet. Man hat somit in diesem Fall die Integration nur von $\vartheta = 0$ bis $\pi/2$ zu erstrecken und erhält

$$H(0) = H(\tau) = \int\limits_0^{\pi/2} I(0,\vartheta) \,\overline{\cos \vartheta} \,\frac{d\omega}{4\,\pi} = \frac{1}{2} \,J(0) \qquad (12.38)$$

Diesen Wert setzen wir in (12.36) ein und erhalten:

$$J(\tau) = \frac{3}{2} \,J(0)\,\tau + J(0) = 2\,H \left(1 + \frac{3}{2}\,\tau\right) = \frac{S}{2\,\pi} \left(1 + \frac{3}{2}\,\tau\right) \quad (12.39)$$

Schließlich bestimmen wir $I(\tau, \vartheta)$ aus (12.25), indem wir dort $dI/d\tau$ durch $dJ/d\tau$ approximieren und $\int I \sin \vartheta \,d\vartheta$ durch $\int J \sin \vartheta \,d\vartheta$:

$$I(\tau, \vartheta) = \cos \vartheta \,\frac{3\,S}{4\,\pi} + \frac{S}{4\,\pi} \left(1 + \frac{3}{2}\,\tau\right) \int\limits_0^\pi \sin \vartheta \,d\vartheta$$

$$= \frac{S}{2\,\pi} \left(1 + \frac{3}{2}\,\tau + \frac{3}{2}\,\cos \vartheta\right) \qquad (12.40)$$

Diese Formel liefert die Abhängigkeit der Gesamtstrahlungsintensität von der Richtung und der optischen Tiefe. $I(\tau, \vartheta)$ setzt sich zusammen aus dem isotropen Anteil $\dfrac{S}{2\pi}\left(1 + \dfrac{3}{2}\tau\right)$, der linear mit der optischen Tiefe zunimmt, und dem anisotropen Anteil $(S/2\pi)\,(3/2)\cos\vartheta$, der unabhängig ist von τ. In Abb. 23 ist die Winkelverteilung der Gesamtstrahlungsintensität für verschiedene optische Tiefen dargestellt. Die ausgezogenen Kurven stellen $I(\tau, \vartheta)$ dar, die gestrichelten Kreise den anisotropen Anteil. Die Abbildung zeigt in instruktiver Weise, wie mit zunehmender Tiefe der isotrope Anteil mehr und mehr über den von τ unabhängigen anisotropen dominiert und das Strahlungsfeld sich mehr und mehr demjenigen der reinen Hohlraumstrahlung nähert. Die eigenartige Schleife bei $\tau = 0$, die für die Einstrahlung an der Sternoberfläche an Stelle von Null kleine positive und negative Werte liefert, zeigt, daß (12.40) eben nur eine Näherungslösung der Differentialgleichung (12.25) darstellt, welche die Randbedingung $I(0, \vartheta) = 0$ für $\vartheta = \pi/2$ bis π nur approximativ zu erfüllen vermag.

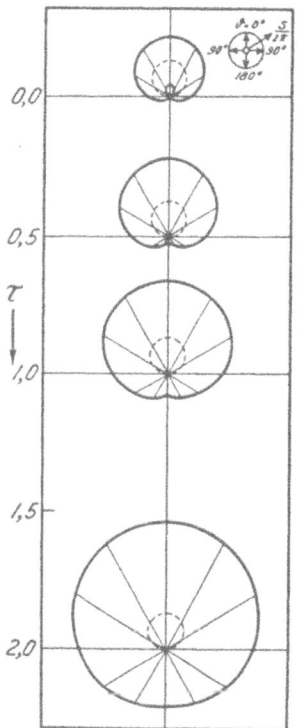

Abb. 23. Winkel- und Tiefenabhängigkeit der Strahlungsintensität (nach A. Unsöld).

Wegen der großen Bedeutung des Strahlungsgleichgewichtes für die Physik der Sternatmosphären wollen wir nach dieser formalen Lösung der Grundgleichung noch eine mehr anschauliche vorführen. Dabei bedienen wir uns eines der Erfahrung entnommenen Ansatzes. $I(\tau, \vartheta)$ ist nämlich in einem bestimmten Fall für einen bestimmten Wert von τ bekannt, nämlich bei der Sonne für $\tau = 0$. Hier bedeutet $I(0, \vartheta)$ die Intensität der im Winkelabstand ϑ vom Zentrum der Sonnenscheibe von der Sonnenoberfläche in Richtung auf die Erde emittierten Gesamtstrahlung (Abb. 24). Die Flächenhelligkeit der Sonne ist am Rande der Scheibe geringer als im Zentrum; diese Erscheinung bezeichnet man als Randverdunkelung. Die Winkelabhängigkeit von $I(0, \vartheta)$, ausgedrückt in Einheiten der Zentrumsintensität $I(0, 0)$, ist in Abb. 25 dargestellt. $I(0, \vartheta)$ läßt sich in die beiden schraffierten Teile zerlegen, von denen der eine unabhängig ist von ϑ und der andere die Form der Kosinusfunktion hat. Dies führt zu dem Ansatz

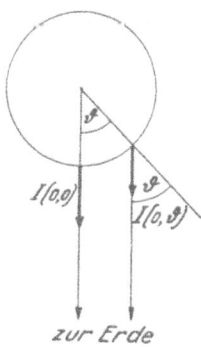

Abb. 24. Beobachtung der Winkelabhängigkeit der Strahlungsintensität bei der Sonne.

$$I(0, \vartheta) = a + b\cos\vartheta \qquad (12.41)$$

wobei a und b Konstanten sind. Nun machen wir die naheliegende Annahme, I habe auch für $\tau > 0$ die Form (12.41), und schreiben:

$$I(\tau, \vartheta) = A + B \cos \vartheta \qquad (12.42)$$

wobei jetzt die Koeffizienten A und B nicht mehr Konstanten, sondern Funktionen von τ sein werden; hingegen sollen sie nicht von ϑ abhängen, sondern

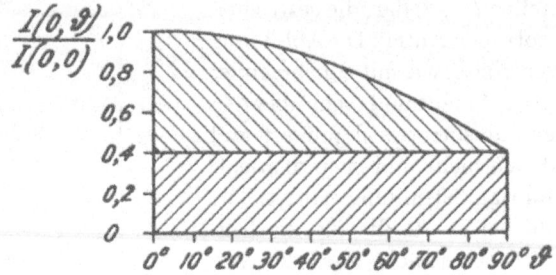

Abb. 25
Die Randverdunkelung der Gesamtstrahlung der Sonne.

die ganze Winkelabhängigkeit soll in $\cos \vartheta$ enthalten sein. Nun berechnen wir den Gesamtstrahlungsstrom S nach (12.21):

$$S = \int_0^{\pi} (A + B \cos \vartheta) \cos \vartheta \; 2 \pi \sin \vartheta \; d\vartheta$$

$$= 2 \pi \int_0^{\pi} A \sin \vartheta \; d\sin \vartheta + 2 \pi \int_{\pi}^{0} B \cos^2 \vartheta \; d\cos \vartheta = -\frac{4}{3} B \pi \qquad (12.43)$$

B ist somit wie S unabhängig von τ. Ferner berechnen wir $J(\tau)$ nach (12.26):

$$J(\tau) = \frac{1}{2} \int_0^{\pi} (A + B \cos \vartheta) \sin \vartheta \; d\vartheta$$

$$= \frac{A}{2} \int_{\pi}^{0} d\cos \vartheta + \frac{B}{2} \int_0^{\pi} \sin \vartheta \; d\sin \vartheta = A \qquad (12.44)$$

Diese Werte setzen wir in die Strömungsgleichung ein und erhalten:

$$\cos \vartheta \; \frac{dA}{d\tau} = B \cos \vartheta \qquad (12.45)$$

$$A = B \tau + C \qquad (12.46)$$

Die Integrationskonstante C ergibt sich aus der Grenzbedingung, daß für $\tau = 0$ der Einstrahlungsstrom, den wir erhalten wie S, jedoch die Integration nur von

$\vartheta = \pi/2$ bis π erstrecken, verschwinden muß:

$$2\pi \int_{\pi/2}^{\pi} (C + B\cos\vartheta)\cos\vartheta\sin\vartheta\,d\vartheta = 2\pi\left(-\frac{C}{2} + \frac{B}{3}\right) = 0 \qquad (12.47)$$

$$C = \frac{2}{3}B \qquad (12.48)$$

Damit erhalten wir die Lösungen

$$I(\tau,\vartheta) = B\tau + \frac{2}{3}B + B\cos\vartheta = \frac{2}{3}B\left(1 + \frac{3}{2}\tau + \frac{3}{2}\cos\vartheta\right)$$

$$= \frac{S}{2\pi}\left(1 + \frac{3}{2}\tau + \frac{3}{2}\cos\vartheta\right) \qquad (12.49)$$

$$J(\tau) = \frac{S}{2\pi}\left(1 + \frac{3}{2}\tau\right) \qquad (12.50)$$

die mit (12.39) und (12.40) übereinstimmen.

61. Die Temperaturverteilung in der Photosphäre

Als Photosphäre bezeichnet man diejenigen Schichten, in denen die in den Weltraum austretende kontinuierliche Strahlung emittiert wird oder, anders ausgedrückt, diejenigen Schichten, die von außen beobachtbar sind. Der Ausdruck Photosphäre ist somit eine speziellere Bezeichnung des allgemeineren Begriffes der Sternatmosphäre. Die Einführung der Temperatur geschieht prinzipiell in derselben Weise wie bei der in Abschnitt 58 behandelten primitiven Lösung. Wir benutzen die in Kapitel I abgeleiteten Ausdrücke (1.11) und (1.22) für die Energiedichte der Hohlraumstrahlung:

$$u = \frac{4\pi I}{c} = \frac{4\sigma}{c}T^4 \qquad (12.51)$$

Dieser Ausdruck gilt nur für thermisches Gleichgewicht, also isotrope Strahlung; in diesem Fall wird durch I die Temperatur in eindeutiger Weise festgelegt. Würden wir aber in (12.49) für I den Ausdruck (12.51) einsetzen, so erhielten wir als Ausdruck der Abweichung des Zustandes der Photosphäre vom Zustand thermischen Gleichgewichtes einen von der Richtung abhängigen Wert von T. Um dies zu vermeiden, definieren wir die Temperatur so, daß die Relation (12.51) bestehen bleibt, falls man I durch den räumlichen Mittelwert $\bar{I}$ ersetzt:

$$\frac{4\pi}{c}\bar{I} = \frac{4\pi}{c}\cdot\frac{S}{2\pi}\left(1 + \frac{3}{2}\tau\right) = \frac{2S}{c}\left(1 + \frac{3}{2}\tau\right) = \frac{4\sigma}{c}T^4 \qquad (12.52)$$

$$T^4 = \frac{2S}{4\sigma}\left(1 + \frac{3}{2}\tau\right) \qquad (12.53)$$

Die Temperatur nimmt somit nach außen ab und erreicht für $\tau = 0$ den Grenzwert

$$T_0^4 = \frac{2S}{4\sigma} \qquad (12.54)$$

Substituiert man diesen Ausdruck in (12.53), so erhält man schließlich die Temperaturverteilung:

$$T^4 = T_0^4 \left(1 + \frac{3}{2}\,\tau\right) \tag{12.55}$$

Da aber die Grenztemperatur nur bei der Sonne direkt gemessen werden kann, charakterisiert man eine Sternatmosphäre durch die effektive Temperatur T_e; diese ist so definiert, daß der Gesamtstrahlungsstrom der Photosphäre gleich wird demjenigen eines ideal schwarzen Strahlers der Temperatur T_e:

$$S = 2\,\sigma\,T_0^4 = \sigma\,T_e^4 \tag{12.56}$$

$$T_0 = \sqrt[4]{\frac{1}{2}}\,T_e = 0{,}84\,T_e \tag{12.57}$$

$$T^4 = \frac{T_e^4}{2}\left(1 + \frac{3}{2}\,\tau\right) \tag{12.58}$$

Die effektive Temperatur wird somit in der optischen Tiefe $\tau = 2/3$ erreicht.

62. Die Randverdunkelung der Gesamtstrahlung

ergibt sich unmittelbar aus (12.49), indem wir $\tau = 0$ setzen:

$$\frac{I(0,\vartheta)}{I(0,0)} = \frac{2}{5}\left(1 + \frac{3}{2}\,\cos\vartheta\right) \tag{12.59}$$

Da dieses Gesetz keine die Sternatmosphäre charakterisierende Größe enthält, insbesondere nicht die effektive Temperatur, müssen alle Sternatmosphären in der Gesamtstrahlung dieselbe Randverdunkelung zeigen. Die Randverdunkelung kann nur bei der Sonne, die uns als Scheibe erscheint, gemessen werden, und darin liegt die besondere Bedeutung der Sonne für die Physik der Sternatmosphären, indem bei ihr die Winkelabhängigkeit der Strahlungsintensität gemessen werden kann, während bei den punktförmig erscheinenden Sternen nur der Mittelwert der Strahlungsintensität über die Sternscheibe beobachtet werden kann. In Tab. 16 ist der Randabfall der Gesamtstrahlung nach der Beobachtung und nach unserem einfachen Randverdunkelungsgesetz (12.59) enthalten.

Tabelle 16

Mitte–Rand-Abfall der Gesamtstrahlung der Sonne

$\cos\vartheta$	1,00	0,92	0,84	0,76	0,66	0,56	0,48	0,39	0,31	0,00
$\sin\vartheta$	0,00	0,40	0,55	0,65	0,75	0,82	0,88	0,92	0,95	1,00
$I(\vartheta)/I(0)$ beobachtet	1,00	0,95	0,91	0,87	0,82	0,77	0,72	0,66	0,61	—
$I(\vartheta)/I(0) = 0{,}4\,[1 + (3/2)\cos\vartheta]$	1,00	0,95	0,90	0,86	0,80	0,74	0,69	0,64	0,59	0,40
mit Rückstrahlung	1,00	0,96	0,91	0,87	0,81	0,76	0,71	0,66	0,62	0,44

Die Übereinstimmung zwischen Beobachtung und Theorie ist überraschend gut, wenn man noch bedenkt, daß die Randverdunkelung der Gesamtstrahlung wegen der Wellenlängenabhängigkeit der atmosphärischen Extinktion nicht direkt gemessen werden kann, sondern aus derjenigen der monochromatischen Strahlung verschiedener Spektralbereiche unter Berücksichtigung der spektralen Energieverteilung berechnet werden muß.

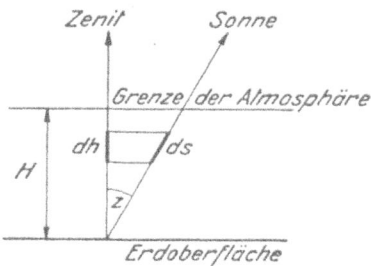

Abb. 26
Zur Berechnung der Extinktion in der Erdatmosphäre.

Es bedeute $I_\lambda(\vartheta, z)$ die Intensität der Sonnenstrahlung bei der Wellenlänge λ im Winkelabstand ϑ vom Sonnenzentrum, gemessen am Erdboden bei der Zenitdistanz z der Sonne. In der Erdatmosphäre wird die Strahlung auf der Wegstrecke ds, falls der Absorptionskoeffizient pro Zentimeter k beträgt, um $dI_\lambda(\vartheta, z)$ geschwächt (Abb. 26):

$$dI_\lambda(\vartheta, z) = - I_\lambda(\vartheta, z) \, k(\lambda) \, ds = - I_\lambda(\vartheta, z) \, k(\lambda) \sec z \, dh \qquad (12.60)$$

Rechnen wir mit einer homogenen Atmosphäre, d. h. einer Atmosphäre, deren Dichte konstant ist und mit der Dichte der wirklichen Atmosphäre am Meeresniveau übereinstimmt und deren Höhe H so bemessen ist, daß im Meeresniveau die Drucke der homogenen und der wirklichen Atmosphäre übereinstimmen, so liefert die Integration

$$I_\lambda(\vartheta, z) = I_\lambda(\vartheta) \, e^{-k(\lambda) H \sec z} \qquad (12.61)$$

wobei $I_\lambda(\vartheta)$ die extraterrestrische Intensität der Strahlung der Wellenlänge λ im Abstand ϑ bedeutet. Aus den bei zwei verschiedenen Zenitdistanzen z_1 und z_2 gemessenen Intensitäten

$$\lg I_\lambda(\vartheta, z_1) = \lg I_\lambda(\vartheta) - k(\lambda) \, H \sec z_1 \qquad (12.62)$$

$$\lg I_\lambda(\vartheta, z_2) = \lg I_\lambda(\vartheta) - k(\lambda) \, H \sec z_2 \qquad (12.63)$$

kann man $k(\lambda) H$ eliminieren und erhält die extraterrestrische Intensität

$$\lg I_\lambda(\vartheta) = \frac{\lg I_\lambda(\vartheta, z_1) \sec z_2 - \lg I_\lambda(\vartheta, z_2) \sec z_1}{\sec z_2 - \sec z_1} \qquad (12.64)$$

Tatsächlich mißt man nicht nur in zwei, sondern in vielen Zenitdistanzen und stellt $\lg I_\lambda(\vartheta, z)$ graphisch als Funktion von $\sec z$ dar; man erhält dabei eine Gerade, deren Extrapolation auf $\sec z = 0$ die extraterrestrische Strahlung $I_\lambda(\vartheta)$ liefert. Führt man nach diesem Rezept die Bestimmung von $I_\lambda(\vartheta)$ für hinreichend viele, über das ganze Spektrum verteilte Wellenlängen aus, so erhält man die Energieverteilungskurve für den Winkelabstand ϑ und durch Integration derselben über alle Wellenlängen die Gesamtemission in Richtung ϑ. Die Anwendung des beschriebenen Verfahrens zur Bestimmung der extraterrestrischen Intensität auf die Gesamtstrahlung ist nicht möglich, weil sich die spektrale Zusammensetzung der Strahlung beim Durchsetzen der Erdatmosphäre infolge der selektiven Extinktion ändert und k deshalb keine Konstante mehr ist; (12.64) stellt dann eine krumme Kurve dar, deren Extrapolation auf sec $z = 0$ unmöglich wird.

Eine genauere Betrachtung der Tab. 16 zeigt jedoch, daß die beobachteten Werte systematisch größer sind als die nach unserer einfachen Formel (12.59) berechneten. Wir können aber unsere Theorie leicht so weit verbessern, daß diese Diskrepanz praktisch vollständig verschwindet. Um diese Verbesserung der Theorie vornehmen zu können, betrachten wir vorerst im nächsten Abschnitt von einem neuen Gesichtspunkt aus den

63. Zusammenhang zwischen Strahlungsintensität und Ergiebigkeit

Wir gehen dazu wieder auf die Strömungsgleichung (12.20) zurück und schreiben sie in der Form:

$$\frac{1}{\sec \vartheta} \cdot \frac{dI_\nu(\tau, \vartheta)}{d\tau} - I_\nu(\tau, \vartheta) = - J_\nu(\tau) \qquad (12.65)$$

in der wir im Hinblick auf spätere Entwicklungen die betreffenden Größen mit dem Index ν versehen haben, was ja ohne weiteres möglich ist, da die Strömungsgleichung in gleicher Weise für die monochromatische wie für die Gesamtstrahlung gilt. Auch τ ist frequenzabhängig; um aber die Formeln nicht zu überlasten, haben wir zum vornherein statt τ_ν stets τ geschrieben. Für die folgenden Überlegungen zur Berechnung der Randverdunkelung der Gesamtstrahlung denken wir uns den Index ν weg. Zunächst erweitern wir (12.65) mit $e^{-\tau \sec \vartheta}$:

$$\frac{dI_\nu \, e^{-\tau \sec \vartheta}}{d(\tau \sec \vartheta)} - \frac{I_\nu \, e^{-\tau \sec \vartheta} \, d(\tau \sec \vartheta)}{d(\tau \sec \vartheta)} = \frac{d(I_\nu \, e^{-\tau \sec \vartheta})}{d(\tau \sec \vartheta)} = - J_\nu \, e^{-\tau \sec \vartheta} \qquad (12.66)$$

und integrieren hernach, wobei wir uns sogleich für die allein zu beobachtende, an der Sternoberfläche ($\tau = 0$) austretende Strahlung interessieren:

$$I_\nu(0, \vartheta) = - \int\limits_{\infty}^{0} J_\nu \, e^{-\tau \sec \vartheta} \, d(\tau \sec \vartheta) = \int\limits_{0}^{\infty} J_\nu(\tau) \, e^{-\tau \sec \vartheta} \sec \vartheta \, d\tau \qquad (12.67)$$

Der Inhalt dieser Gleichung geht anschaulich aus Abb. 27 hervor. Die Ergiebigkeit des Volumenelementes vom Querschnitt 1 und der Länge $d(\tau \sec \vartheta)$ beträgt $J_\nu(\tau) \, d(\tau \sec \vartheta)$ und wird durch Absorption auf dem optischen Weg $\tau \sec \vartheta$ bis zur Oberfläche um den Faktor $e^{-\tau \sec \vartheta}$ geschwächt. Für den Integranden erhalten wir durch Einsetzen der für die Gesamtstrahlung berechneten Ergiebigkeit (12.50):

$$\frac{S}{2\pi} \left(1 + \frac{3}{2}\tau\right) e^{-\tau \sec \vartheta} \sec \vartheta \qquad (12.68)$$

Dieser Ausdruck gibt den Beitrag der Tiefe τ zu der in Richtung ϑ am Rande des Sternes in den Weltraum austretenden Strahlung; er ist in Abb. 28 für drei spezielle Werte von ϑ dargestellt. Die Strahlung von der Mitte der Sternscheibe enthält Anteile aus recht verschiedenen, auch aus sehr tiefen Schichten. Je mehr man sich dem Rand der Sternscheibe nähert, um so geringer wird der

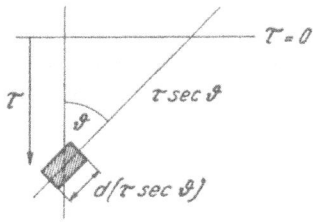

Abb. 27
Zusammenhang zwischen Ergiebigkeit und Strahlungsintensität.

Anteil der tieferen Schichten. Da die Temperatur der einzelnen Schichten sehr verschieden ist, kann schon aus diesem Grund nicht erwartet werden, daß $I(0, \vartheta)$ oder gar die über die ganze Sternscheibe gemittelte Strahlung durch eine Plancksche Kurve darstellbar sei. Am ehesten wäre dies noch möglich für den Rand des Sternes; für diesen ist $\vartheta \sim \pi/2$, $\sec \vartheta \sim \infty$, so daß alle Schichten

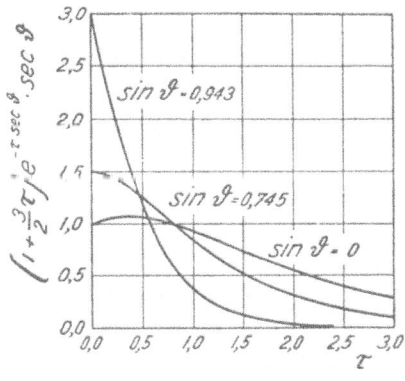

Abb. 28
Aus welcher optischen Tiefe stammt die Gesamtstrahlung der Sonne? (Nach A. UNSÖLD.)

tiefer als $\tau \sim 0$ zur austretenden Strahlung nichts beitragen. Vom Rand des Sternes erhält man somit nur Strahlung aus der obersten Schicht $\tau \sim 0$, d. h. schwarze Strahlung der Grenztemperatur T_0.

Die Abtrennung der Strahlung des äußersten Randes gelingt nur bei der Sonne, am vollkommensten unmittelbar vor Beginn oder nach Ende einer totalen Sonnenfinsternis. Die Strahlung des äußersten Sonnenrandes läßt sich sowohl nach ihrer absoluten Intensität als auch nach ihrer spektralen Energieverteilung befriedigend durch eine Plancksche Kurve für $T_0 = 4860^0$ darstellen.

Wir berechnen noch die mittlere optische Tiefe $\bar{\tau}$, definiert durch

$$\bar{\tau} = \frac{\displaystyle\int_0^\infty \tau\left(1 + \frac{3}{2}\tau\right) e^{-\tau \sec\vartheta} \sec\vartheta \, d\tau}{\displaystyle\int_0^\infty \left(1 + \frac{3}{2}\tau\right) e^{-\tau \sec\vartheta} \sec\vartheta \, d\tau} = \frac{4\cos\vartheta}{1 + \frac{3}{2}\cos\vartheta} \tag{12.69}$$

aus welcher die Strahlung der Richtung ϑ stammt bzw. bis zu welcher man unter dem Winkel ϑ zur Normalen in die Atmosphäre hineinblicken kann. In Tab. 17 sind die Werte von $\bar{\tau}$ mitgeteilt. Es handelt sich dabei natürlich um optische Tiefen, gemessen in Richtung des Sonnenradius; die optische Tiefe, gemessen in der Sehrichtung, ist unabhängig von ϑ.

Tabelle 17

Mittlere optische Tiefe, aus der die unter dem Winkel ϑ austretende Strahlung stammt

ϑ	0⁰	10⁰	20⁰	30⁰	40⁰	50⁰	60⁰	70⁰	75⁰	80⁰	85⁰	90⁰
$\bar{\tau}$	1,60	1,59	1,56	1,50	1,42	1,30	1,14	0,91	0,75	0,56	0,31	0,00

Der durch (12.67) gegebene Zusammenhang zwischen der Intensität der austretenden Strahlung $I_\nu(0, \vartheta)$ und der Tiefenabhängigkeit von $J_\nu(\tau)$ kann sowohl benutzt werden, um aus J, falls dieses aus theoretischen Überlegungen bekannt ist, I zu berechnen oder, was wichtiger ist, um aus der beobachteten Intensität $I_\nu(0, \vartheta)$ auf $J_\nu(\tau)$ zu schließen. Dies wird noch klarer, wenn wir $J_\nu(\tau)$ durch eine Potenzreihe darstellen:

$$J_\nu(\tau) = a_{\nu,0} + a_{\nu,1}\,\tau + a_{\nu,2}\,\tau^2 + a_{\nu,3}\,\tau^3 + \cdots \tag{12.70}$$

Dann wird aus (12.67):

$$I_\nu(0, \vartheta) = \int_0^\infty \sum_0^\infty a_{\nu,n}\,\tau^n\, e^{-\tau \sec\vartheta}\, d(\tau \sec\vartheta)$$

$$= \sum_0^\infty a_{\nu,n} \cos^n\vartheta \int_0^\infty (\tau \sec\vartheta)^n\, e^{-\tau \sec\vartheta}\, d(\tau \sec\vartheta) \tag{12.71}$$

$$= \sum_0^\infty a_{\nu,n} \cos^n\vartheta\, n!$$

$$= a_{\nu,0} + a_{\nu,1}\cos\vartheta + a_{\nu,2}\, 2\cos^2\vartheta + \cdots$$

Genau diese Form haben unsere Lösungen (12.49) und (12.50), deren Näherungscharakter darin besteht, daß sie nur die Glieder $n = 0$ und 1 berücksichtigen.

64. Die Randverdunkelung der Gesamtstrahlung bei Berücksichtigung des «blanketing effect»

Nach diesem Exkurs kehren wir wieder zum Problem der Randverdunkelung zurück und verbessern zunächst unsere Vorstellung vom Aufbau der Sternatmosphären in der in Abb. 29 dargestellten Weise. Darnach unterscheiden wir eine untere Schicht mit nur kontinuierlicher Absorption und Emission und eine obere mit nur selektiver Absorption und Emission, also eine das Kontinuum liefernde Photosphäre und die die Fraunhoferschen Linien erzeugende überlagerte sog. umkehrende Schicht.

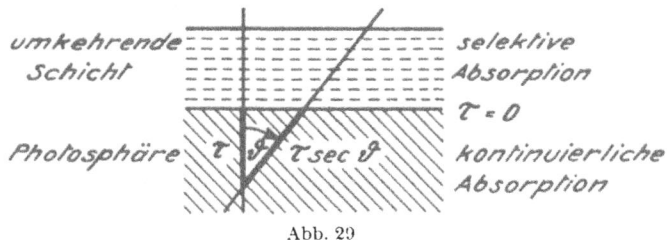

Abb. 29
Zweischichtenmodell einer Sternatmosphäre.

Dieses Zweischichtenmodell wurde durch Beobachtungen an der Sonnenatmosphäre bei totalen Sonnenfinsternissen nahegelegt. Wenn der Mond die Sonnenscheibe nach und nach bedeckt, so verschwindet zunächst das Kontinuum, während die Fraunhoferschen Linien noch für kurze Zeit sichtbar bleiben, jedoch nicht als dunkle Linien in einem Kontinuum, sondern als Emissionslinien auf dunklem Hintergrund. Man erhält somit in diesem Augenblick nur Strahlung aus der äußersten, selektiv absorbierenden und emittierenden Schicht, die als umkehrende Schicht bezeichnet wird, weil sie die Fraunhoferschen Linien in Emission erscheinen läßt. Das Licht, das wir von der Photosphäre erhalten, hat zunächst die selektiv absorbierende Schicht durchsetzt, und da die absorbierte Strahlung im wesentlichen von innen nach außen gerichtet, die reemittierte aber nahezu isotrop ist, wird die Absorption des auswärts fließenden Strahlungsstromes durch die Reemission nur sehr schwach kompensiert, so daß eine selektive Schwächung, d. h. eine Absorptionslinie, bestehen bleibt. Wir wissen zwar heute, daß das Zweischichtenmodell die Verhältnisse stark schematisiert, indem die Gebiete selektiver und kontinuierlicher Absorption tatsächlich ineinandergeschachtelt sind und die meisten Fraunhoferschen Linien eines Sternspektrums in denselben Schichten entstehen, von denen auch die kontinuierliche Strahlung ausgeht.

Da die umkehrende Schicht nur selektiv, d. h. nur im Bereich der Fraunhoferschen Linien absorbiert, haben wir für die kontinuierliche Strahlung $\tau = 0$ nicht mehr an die äußere Grenze der Atmosphäre zu verlegen, sondern an die obere Grenze der kontinuierlich absorbierenden Schicht (Abb. 29). Die umkehrende Schicht absorbiert aus dem bei $\tau = 0$ austretenden Kontinuum einen gewissen Betrag, der aber rund zur Hälfte wieder zur Photosphäre zurückgestrahlt wird. Gegenüber unserer früheren Betrachtung unterscheidet sich diese Zweischichtenatmosphäre lediglich durch die Grenzbedingung, daß bei $\tau = 0$ der einwärts gerichtete Gesamtstrahlungsstrom nicht verschwindet, sondern den Bruchteil η des auswärts gerichteten Gesamtstrahlungsstromes S^+ beträgt. Dies läuft formal auf dasselbe hinaus, wie wenn wir von der ursprünglichen Atmosphäre (Abb. 27) den oberen Teil $\tau < \tau_0$ abschneiden, wobei τ_0 so zu wählen ist, daß in diesem Niveau der einwärts gerichtete Strahlungsstrom $S^- = \eta \, S^+$ wird. Nach (12.67) folgt dann für die Intensität der austretenden Strahlung:

$$I(\tau_0, \vartheta) = \int_{\tau_0}^{\infty} J(\tau) \, e^{-(\tau-\tau_0)\sec\vartheta} \sec\vartheta \, d\tau = \int_0^{\infty} J(\tau_0 + x\cos\vartheta) \, e^{-x} \, dx \quad (12.72)$$

wobei wir $(\tau - \tau_0)\sec\vartheta = x$ gesetzt haben. Daraus folgt unter Benutzung von (12.50):

$$I(\tau_0, \vartheta) = \int_0^{\infty} \frac{S}{2\pi} \left(1 + \frac{3}{2}\tau_0 + \frac{3}{2}x\cos\vartheta\right) e^{-x} \, dx$$

$$= \frac{S}{2\pi} \left(1 + \frac{3}{2}\tau_0 + \frac{3}{2}\cos\vartheta\right) \quad (12.73)$$

Damit erhalten wir für den auswärts gerichteten Strahlungsstrom

$$S^+ = \frac{S}{2\pi} \int_0^{\pi/2} \left(1 + \frac{3}{2}\tau_0 + \frac{3}{2}\cos\vartheta\right) 2\pi \sin\vartheta \cos\vartheta \, d\vartheta = S\left(1 + \frac{3}{4}\tau_0\right) \quad (12.74)$$

und für den einwärts gerichteten

$$S^- = \frac{3}{4}\tau_0 \, S \quad (12.75)$$

Es ist somit

$$\eta = \frac{S^-}{S^+} = \frac{(3/4)\,\tau_0}{1 + (3/4)\,\tau_0} \qquad \tau_0 = \frac{4\,\eta}{3\,(1-\eta)} \quad (12.76)$$

Setzt man diesen Wert von τ_0 in (12.73) ein, so erhält man die Randverdunkelung:

$$\frac{I(\tau_0, \vartheta)}{I(\tau_0, 0)} = \frac{1 + 2\,\eta/(1-\eta) + (3/2)\cos\vartheta}{1 + 2\,\eta/(1-\eta) + 3/2}$$

$$= \frac{(1+\eta)/(1-\eta) + (3/2)\cos\vartheta}{(1+\eta)/(1-\eta) + 3/2} = \frac{1 + (3/2)\,(1-\eta)/(1+\eta)\cos\vartheta}{1 + (3/2)\,(1-\eta)/(1+\eta)} \quad (12.77)$$

Diese Formel zeigt, daß gegenüber dem einfachen Randverdunkelungsgesetz (12.59), das man für $\eta \to 0$ erhält, bei Berücksichtigung der Rückstrahlung der umkehrenden Schicht («blanketing effect» oder Glashauswirkung) der Randabfall schwächer wird. In der letzten Zeile der Tab. 16 sind die nach (12.77) mit $\eta = 0{,}09$ berechneten Werte eingetragen, die nun mit den beobachteten Werten, wenn wir noch bedenken, daß diese aus schon aufgeführten Gründen nicht sehr exakt sind, praktisch vollständig übereinstimmen.

Durch die Berücksichtigung der Rückstrahlung wurde $I(0, \vartheta)/I(0, 0)$ vergrößert und durch passende Wahl von η konnten diese Werte in praktisch vollständige Übereinstimmung mit den beobachteten gebracht werden. Es sei nur beiläufig darauf hingewiesen, daß auch die Berücksichtigung der Refraktion in der Sonnenatmosphäre die Randverdunkelung verkleinert. Ein Strahl, der seinen Ursprung in der optischen Tiefe τ nimmt und die Sonnenoberfläche unter dem Winkel ϑ zur Normalen in Richtung auf die Erde verläßt, kommt ohne Berücksichtigung der Refraktion vom Punkte P (Abb. 30), bei Berücksichtigung der Refraktion aber vom Punkte P'. Nun ist aber offensichtlich $OP' < OP$, und deshalb wird die tatsächlich von P' herkommende Strahlung in der Atmosphäre weniger stark geschwächt, als dies der Fall wäre, wenn sie von P herkäme. Da die senkrecht austretende Strahlung $I(0, 0)$ durch die Refraktion nicht beeinflußt wird, nimmt somit bei Berücksichtigung der Refraktion $I(0, \vartheta)/I(0, 0)$ zu, die Randverdunkelung somit ab.

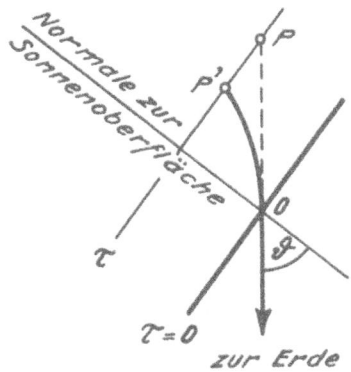

Abb. 30
Einfluß der Refraktion auf die Randverdunkelung.

65. Die Randverdunkelung der monochromatischen Strahlung

Den Randabfall der Gesamtstrahlung konnten wir unter Benutzung der Kontinuitätsgleichung leicht herleiten; da diese aber für die monochromatische Strahlung nicht gilt, haben wir uns nach einer Ersatzgleichung umzusehen. Diese finden wir in der Annahme des sog. lokalen thermodynamischen Gleichgewichtes. Wenn man nämlich nicht die Atmosphäre als ganzes betrachtet, sondern nur ein kleines Volumenelement derselben, so sind die Temperaturunterschiede innerhalb desselben sehr klein, das Element also praktisch isotherm (in der Sonnenatmosphäre z. B. beträgt der Temperaturgradient 10^{-4} grad/cm). Trotzdem ist die Annahme, dieses Volumenelement befinde sich im thermodynamischen Gleichgewicht, bloß eine Näherung, denn das Strahlungsfeld ist ja anisotrop. Im Falle thermischen Gleichgewichtes ist die Ergiebigkeit J_λ gleich der Strahlungsintensität I_λ, und diese wird durch die Plancksche Formel dargestellt (siehe Ziffer 4):

$$J_\lambda(\tau) = \frac{2\,h\,c^2}{\lambda^5} \cdot \frac{1}{e^{\,c_2/(\lambda T)} - 1} \tag{12.78}$$

Damit erhält man aus (12.67) für die unter dem Winkel ϑ austretende Strahlungsintensität der Wellenlänge λ:

$$I_\lambda(0, \vartheta) = \frac{2\,h\,c^2}{\lambda^5} \int\limits_0^\infty \frac{e^{-\tau_\nu \sec\vartheta}\,d\tau_\nu\,\sec\vartheta}{e^{\,c_2/(\lambda T)} - 1} \tag{12.79}$$

Der Absorptionskoeffizient $\varkappa_\nu$ der Strahlung der Frequenz ν bzw. $\varkappa_\lambda$ der Strahlung der Wellenlänge λ ist natürlich von demjenigen für die Gesamtstrahlung, der einen noch näher zu definierenden Mittelwert über alle Wellenlängen darstellt (Ziffer 71) und deshalb mit $\bar{\varkappa}$ bezeichnet wird, verschieden. Dementsprechend sind auch die optischen Tiefen τ_ν bzw. τ der monochromatischen bzw. der Gesamtstrahlung verschieden:

$$\tau_\nu = \int\limits_{-\infty}^{t} \varkappa_\nu(t)\, dt \tag{12.80}$$

$$\tau = \int\limits_{-\infty}^{t} \bar{\varkappa}(t)\, dt \tag{12.81}$$

$$\left. \begin{aligned} d\tau_\nu &= \varkappa_\nu(t)\, dt \\ d\tau &= \bar{\varkappa}(t)\, dt \end{aligned} \right\} \quad d\tau_\nu = \frac{\varkappa_\nu(t)}{\bar{\varkappa}(t)}\, d\tau \tag{12.82}$$

Die Absorptionskoeffizienten $\varkappa_\nu$, $\bar{\varkappa}$ können natürlich in verschiedener Weise von der Tiefe abhängen; in erster Näherung kann man jedoch für beide dieselbe Tiefenabhängigkeit, d. h. für $\varkappa_\nu/\bar{\varkappa}$ einen von t unabhängigen Wert annehmen. Dann ist

$$\tau_\nu = \frac{\varkappa_\nu}{\bar{\varkappa}}\, \tau \tag{12.83}$$

Auch die Temperatur können wir nach (12.58) durch die optische Tiefe τ ausdrücken:

$$T = T_e \sqrt[4]{\frac{1 + (3/2)\,\tau}{2}} \tag{12.84}$$

womit nun im Integral (12.79) nur noch die Variable τ auftritt:

$$\begin{aligned} I_\lambda(0, \vartheta) &= \frac{2\,h\,c^2}{\lambda^5} \int\limits_{0}^{\infty} \frac{e^{-(\varkappa_\nu/\bar{\varkappa})\,\tau\,\sec\vartheta}\,(\varkappa_\nu/\bar{\varkappa})\,\sec\vartheta\, d\tau}{e^{(c_2/\lambda\,T_e\,2^{-1/4})\,[1 + (3/2)\,\tau]^{-1/4}} - 1} \\[2mm] &= \frac{c\,k}{c_2^4\,2^{1/4}}\, T_e^5\, \alpha^5 \int\limits_{0}^{\infty} \frac{e^{-z\tau}\,z\, d\tau}{e^{\alpha\,[1 + (3/2)\,\tau]^{-1/4}} - 1} \end{aligned} \tag{12.85}$$

wobei abkürzungsweise geschrieben wurde:

$$\alpha = \frac{c_2}{\lambda\,T_e\,2^{-1/4}} = \frac{h\,c}{k\,\lambda\,T_0} = \frac{h\,\nu}{k\,T_0} \tag{12.86}$$

$$z = \frac{\varkappa_\nu}{\bar{\varkappa}}\,\sec\vartheta \tag{12.87}$$

$$c_2 = \frac{h\,c}{k} \qquad \text{(nach Ziffer 4)} \tag{12.88}$$

In der durch $I_\lambda(0, \vartheta)/I_\lambda(0, 0)$ dargestellten Randverdunkelung heben sich die in (12.85) vor dem Integral stehenden Faktoren heraus, so daß die Randverdunkelung nicht von den vier Variablen λ, T_e, $\varkappa_\nu/\bar{\varkappa}$ und $\sec\vartheta$ einzeln abhängt, sondern nur von α und z, d. h. von den Produkten $\lambda\,T_e$ und $(\varkappa_\nu/\bar{\varkappa})\,\sec\vartheta$. Es ist zunächst überraschend, daß die monochromatische Randverdunkelung von der Temperatur abhängt, während sie für die Gesamtstrahlung von T unabhängig ist. Der Randabfall wird nach (12.85) um so stärker, je kleiner λT_e ist; bei steigender Temperatur nimmt der Randabfall für jede einzelne Wellenlänge ab, gleichzeitig aber wird nach dem Wienschen Verschiebungsgesetz die Energie auf kürzere λ, d. h. auf solche mit an sich stärkerem Randabfall verlagert, wodurch der temperaturunabhängige Randabfall der Gesamtstrahlung verständlich wird. Daß ferner nur das Produkt $(\varkappa_\nu/\bar{\varkappa}) \sec\vartheta$ als Variable auftritt, bedeutet, daß es nur auf den optischen Weg ankommt und es gleichgültig ist, ob dieser durch hohen Absorptionskoeffizienten und durch kleine geometrische Wegstrecke oder umgekehrt zustande kommt.

Zunächst betrachten wir den wichtigen Spezialfall des Sonnenrandes $\vartheta = \pi/2$. Da am Rand $\sec\vartheta \to \infty$ geht, verschwindet der Integrand von (12.79) für alle Werte von τ_ν, mit Ausnahme von $\tau_\nu = 0$. Die Strahlung des Sonnenrandes stammt somit ausschließlich aus der äußersten Schicht: $\tau = 0$. In (12.79) reduziert sich dann das Integral auf den Beitrag der äußersten Schicht. Bedenkt man weiter, daß für $\tau = 0$ $T = T_0$ ist, so erhält man schließlich für die Randintensität

$$I_\lambda\left(0, \frac{\pi}{2}\right) = \frac{2\,h\,c^2}{\lambda^5} \cdot \frac{1}{e^{\,c_2/(\lambda T_0)} - 1} \tag{12.89}$$

d. h. Hohlraumstrahlung der Grenztemperatur T_0. Wesentlich ist, daß dieses bereits in Ziffer 63 gefundene Resultat ganz unabhängig vom Wert $\varkappa_\nu/\bar{\varkappa}$ gilt. Dieselbe Strahlungsintensität erhalten wir auch im Falle $\varkappa_\nu/\bar{\varkappa} \to \infty$, denn da in die Randverdunkelung nur das Produkt $z = (\varkappa_\nu/\bar{\varkappa}) \sec\vartheta$ eingeht, ist es gleichgültig, welcher der beiden Faktoren sehr groß wird. Im Falle $\varkappa_\nu/\bar{\varkappa} \to \infty$, der im Zentrum starker Fraunhoferscher Linien vorliegt, erhalten wir also unabhängig von ϑ schwarze Strahlung der Grenztemperatur, d. h. keine Randverdunkelung. Allgemein gilt: je größer $\varkappa_\nu/\bar{\varkappa}$, um so kleiner die Strahlungsintensität und um so schwächer der Randabfall. Für eine vorgegebene Wellenlänge λ und eine Atmosphäre der vorgegebenen Temperatur T_e hängt somit die Randverdunkelung nur von dem Parameter $\varkappa_\nu/\bar{\varkappa}$ ab und nimmt zu, wenn dieser Quotient abnimmt. Aus der Beobachtung der Randverdunkelung in der Wellenlänge λ erhält man somit $\varkappa_\nu/\bar{\varkappa}$ für diese Wellenlänge.

Unter Einführung der Abkürzungen

$$p = \frac{3}{2\,z} = \frac{\bar{\varkappa}}{\varkappa_\nu} \cdot \frac{3}{2} \cos\vartheta \tag{12.90}$$

$$f(\alpha, p) = \alpha^5 \int\limits_0^\infty \frac{e^{-z\tau}\,z\,d\tau}{e^{\,\alpha\,[1+(3/2)\,\tau]^{-1/4}} - 1} \tag{12.91}$$

nimmt das Randverdunkelungsgesetz die übersichtlichere Form an:

$$\frac{I_\lambda(0, \vartheta)}{I_\lambda(0, 0)} = \frac{f[\alpha, (\bar{\varkappa}/\varkappa_\nu)\,(3/2) \cos\vartheta]}{f[\alpha, (\bar{\varkappa}/\varkappa_\nu)\,(3/2)]} \tag{12.92}$$

Die numerischen Berechnungen dieser Funktion durch UNSÖLD und MAUE, denen die Annahme $\varkappa_\nu/\bar{\varkappa} = 1$ zugrunde gelegt ist, sind in Tab. 18 neben den von ABBOT beobachteten Werten aufgeführt. Auch hier ist, wie bei der Randverdunkelung der Gesamtstrahlung, die Übereinstimmung im allgemeinen befriedigend; durch Berücksichtigung der Rückstrahlung der umkehrenden Schicht, die wir bei der Randverdunkelung der Gesamtstrahlung eingehend besprochen haben, kann auch bei der monochromatischen Strahlung die Übereinstimmung zwischen Theorie und Beobachtung noch merkbar verbessert werden. Schließlich sei noch erwähnt, daß bei jeder einzelnen Wellenlänge die restlichen Differenzen zwischen Theorie und Beobachtung durch eine geeignete Wahl des Wertes von $\varkappa_\nu/\bar{\varkappa}$ praktisch zum Verschwinden gebracht werden können. (Betreffend die Variation von $\varkappa_\nu$ vgl. Ziff. 70.)

66. Näherungstheorie der monochromatischen Randverdunkelung

Für die im vorangehenden Abschnitt entwickelte Theorie der Randverdunkelung ist es sehr hemmend, daß sich das Integral (12.85) nur numerisch berechnen läßt. Die Integration wird jedoch ausführbar, wenn man mit dem Wienschen Strahlungsgesetz (1.43) rechnet und ferner $[1 + (3/2)\,\tau]^{-1/4}$ durch $1 - (3/8)\,\tau$ ersetzt. Das erwähnte Integral erhält dann die Form

$$\int_0^\infty \frac{e^{-(\varkappa_\nu/\bar{\varkappa})\,\tau\sec\vartheta}\,(\varkappa_\nu/\bar{\varkappa})\,\sec\vartheta\,d\tau}{e^{\alpha\,[1-(3/8)\,\tau]}} \tag{12.93}$$

das sich bei Einführung der Substitution

$$x = \frac{\varkappa_\nu}{\bar{\varkappa}}\,\sec\vartheta\,\tau \tag{12.94}$$

leicht lösen läßt:

$$\int_0^\infty e^{-x}\,e^{-\alpha\,[1-(3/8)\,x\,(\bar{\varkappa}/\varkappa_\nu)\cos\vartheta]}\,dx = \int_0^\infty e^{-\alpha\,-\,x\,[1-(3/8)\,\alpha\,(\bar{\varkappa}/\varkappa_\nu)\cos\vartheta]}\,dx$$

$$= -\frac{e^{-\alpha}}{1-(3/8)\,\alpha\,(\bar{\varkappa}/\varkappa_\nu)\cos\vartheta} \tag{12.95}$$

Damit erhält man für die monochromatische Randverdunkelung bei der Wellenlänge λ:

$$\frac{I_\lambda(0,\vartheta)}{I_\lambda(0,0)} = \frac{1-(3/8)\,\alpha\,(\bar{\varkappa}/\varkappa_\nu)}{1-(3/8)\,\alpha\,(\bar{\varkappa}/\varkappa_\nu)\cos\vartheta}$$

$$\cong \frac{1+(3/8)\,\alpha\,(\bar{\varkappa}/\varkappa_\nu)\cos\vartheta}{1+(3/8)\,\alpha\,(\bar{\varkappa}/\varkappa_\nu)} = \frac{1+\beta_0\cos\vartheta}{1+\beta_0} \tag{12.96}$$

Hat man den Randverdunkelungskoeffizienten β_0 für die Frequenz ν beobachtet, so folgt daraus $\dfrac{\varkappa_\nu}{\bar{\varkappa}} = \dfrac{3}{8}\cdot\dfrac{\alpha}{\beta_0} = \dfrac{3}{8}\cdot\dfrac{h\,\nu}{\beta_0\,k\,T_0}$. Das einfache Randverdunkelungsgesetz (12.96) hat gegenüber (12.92) den Vorteil großer Übersichtlichkeit, dagegen den Nachteil geringerer Genauigkeit. Die Werte der Koeffizienten

Tabelle 18. *Monochromatische Randverdunkelung der Sonne*

λ	$\sin\vartheta$ / $\cos\vartheta$	0,000 / 1,000	0,200 / 0,980	0,400 / 0,916	0,550 / 0,835	0,650 / 0,760	0,750 / 0,662	0,825 / 0,565	0,875 / 0,484	0,920 / 0,392	0,950 / 0,312	1,000 / 0,000	α	β_0	$\dfrac{I_\lambda(0,\pi/2)}{I_\lambda(0,0)}$	$\sin\vartheta^*$
3230	Beobachtung	1,000	0,960	0,897	0,835	0,775	0,690	0,600	0,530	0,452	0,382	—	9,182	3,44	0,225	0,75
	Theorie	1,000	0,976	0,909	0,824	0,744	0,642	0,549	0,474	0,393	0,324	0,098				
3737	Beobachtung	1,000	0,984	0,934	0,871	0,811	0,730	0,652	0,580	0,499	0,432	—	7,936	2,98	0,251	0,75
	Theorie	1,000	0,981	0,921	0,845	0,774	0,684	0,599	0,530	0,456	0,390	0,141				
4265	Beobachtung	1,000	0,985	0,937	0,872	0,812	0,734	0,655	0,587	0,511	0,445	—	6,954	2,61	0,277	0,75
	Theorie	1,000	0,983	0,930	0,865	0,804	0,724	0,645	0,580	0,506	0,444	0,186				
5062	Beobachtung	1,000	0,989	0,951	0,900	0,852	0,787	0,720	0,660	0,591	0,529	—	5,859	2,21	0,312	0,75
	Theorie	1,000	0,986	0,941	0,884	0,830	0,761	0,693	0,638	0,570	0,512	0,250				
5955	Beobachtung	1,000	0,990	0,959	0,916	0,876	0,821	0,764	0,713	0,651	0,595	—	4,980	1,88	0,347	0,75
	Theorie	1,000	0,989	0,951	0,901	0,856	0,796	0,735	0,684	0,624	0,571	—				
6702	Beobachtung	1,000	0,993	0,967	0,929	0,893	0,844	0,794	0,748	0,692	0,640	—	4,425	1,68	0,373	0,75
	Theorie	1,000	0,990	0,957	0,913	0,872	0,818	0,763	0,716	0,660	0,608	0,358				
8580	Beobachtung	1,000	0,993	0,972	0,944	0,916	0,877	0,836	0,799	0,753	0,710	—	3,456	1,26	0,443	0,76
	Theorie	1,000	0,992	0,966	0,933	0,899	0,855	0,807	0,768	0,720	0,676	—				
10080	Beobachtung	1,000	0,994	0,975	0,949	0,923	0,888	0,851	0,816	0,773	0,733	—	2,942	1,17	0,462	0,76
	Theorie	1,000	0,993	0,970	0,943	0,914	0,871	0,832	0,794	0,750	0,710	0,497				

α und β_0 (bei diesem für $\varkappa_\nu/\bar{\varkappa} = 1$) sind ebenfalls in Tab. 18 aufgeführt, ferner die mit diesem Koeffizienten berechneten Quotienten von Randintensität zu Zentrumsintensität $I_\lambda(0, \pi/2)/I_\lambda(0, 0) = 1/(1 + \beta_0)$. Man bestätigt an Hand derselben, daß unsere Näherungsrelation $\beta_0 = (3/8)\,\alpha$ erfüllt ist und sich erst bei langen Wellen kleine Abweichungen von derselben bemerkbar machen.

Nun berechnen wir noch die mittlere Intensität $\bar{I}_\lambda$ der Sternscheibe:

$$\bar{I}_\lambda = \frac{1}{\pi} \int\limits_0^{\pi/2} I_\lambda(0, 0)\,\frac{1 + \beta_0 \cos\vartheta}{1 + \beta_0}\, 2\,\pi \sin\vartheta \cos\vartheta \, d\vartheta = \frac{I_\lambda(0, 0)}{1 + \beta_0}\left(1 + \frac{2}{3}\beta_0\right) \quad (12.97)$$

Im Falle $\varkappa_\nu/\bar{\varkappa} = 1$ ist β_0 proportional α, und α ist proportional $1/\lambda$, so daß der Quotient Zentrumsintensität durch mittlere Intensität die Form annimmt:

$$\frac{I_\lambda(0, 0)}{\bar{I}_\lambda} = \frac{1 + (\gamma/\lambda)}{1 + (2/3)\,(\gamma/\lambda)} \quad (12.98)$$

mit
$$\gamma = \frac{3\,h\,c}{8\,k\,T_0} \quad (12.99)$$

Dieser Quotient beträgt bei 3800 Å 1,41, bei 5000 Å 1,29, bei 10000 Å 1,14 und strebt mit zunehmender Wellenlänge gegen 1.

Schließlich berechnen wir noch den Abstand ϑ^*, in welchem die Strahlungsintensität gleich der mittleren Intensität ist:

$$I_\lambda(0, \vartheta^*) = \frac{1 + \beta_0 \cos\vartheta^*}{1 + \beta_0}\, I_\lambda(0, 0) = \bar{I}_\lambda = \left(1 + \frac{2}{3}\beta_0\right)\frac{I_\lambda(0, 0)}{1 + \beta_0} \quad (12.100)$$

$$\cos\vartheta^* = \frac{2}{3} \quad \sin\vartheta^* = 0,745 \quad (12.101)$$

Bemerkenswert ist, daß dieser Abstand nicht von der Wellenlänge abhängt. Die Strahlungsintensität wird bei jeder Wellenlänge im Abstand $^3/_4$ Sonnenradien vom Zentrum der Sonnenscheibe gleich der mittleren Intensität; diese Aussage unserer vereinfachten Theorie wird durch die beobachteten, in Tab. 18 aufgeführten Werte von $\sin\vartheta^*$ aufs beste bestätigt.

67. Die Lösung von I. W. Busbridge

Wir schließen dieses Kapitel mit einer von BUSBRIDGE gegebenen, halbempirischen Lösung der Grundgleichung des Strahlungsgleichgewichtes:

$$I_\lambda(0, \vartheta) = \sec\vartheta \int\limits_0^\infty J_\lambda(\tau)\, e^{-\tau \sec\vartheta}\, d\tau \quad (12.102)$$

Zunächst wird $I_\lambda(0, \vartheta)$ durch den empirischen, der Beobachtung angepaßten Ansatz darzustellen versucht:

$$\frac{I_\lambda(0, \vartheta)}{I_\lambda(0, 0)} = (m \sec\vartheta + 1 - m)^{-\alpha} \quad (\alpha > 0) \quad (12.103)$$

Durch passende Wahl von m und α gelingt es, die beobachtete Winkelabhängigkeit der Strahlungsintensität innerhalb der Meßfehler, d. h. bis auf 0,4% genau darzustellen; die Werte von α und m sind für verschiedene Wellenlängen in Tab. 19 mitgeteilt. Das Produkt $\lambda \alpha m$ ergibt sich in dem betrachteten Wellenlängenbereich als konstant zu 2520.

Tabelle 19

Wellenlängenabhängigkeit von α und m

λ in Å	α	m	$\lambda \alpha m$
4500	0,800	0,649	2498
5000	0,640	0,780	2496
5060	0,610	0,820	2531
5500	0,500	0,920	2530
5960	0,425	0,999	2530
6700	0,390	0,967	2527

Bei Einführung der Abkürzungen

$$p = \sec \vartheta \qquad \Phi(p) = I_\lambda(0, \vartheta) \tag{12.104}$$

geht (12.102) in die Laplacesche Integralgleichung über:

$$\Phi(p) = p \int_0^\infty J_\lambda(\tau)\, e^{-p\tau}\, d\tau \tag{12.105}$$

Die Lösung von J_λ ergibt sich leicht bei Benutzung der beiden folgenden Theoreme:
Theorem A. $J_\lambda(\tau)$ ist naturgemäß eine für alle Werte $\tau > 0$ positive Funktion, die mit zunehmendem τ nicht abnimmt. Ferner soll $e^{-c\tau}\, J_\lambda(\tau)$ für $0 < c < 1$ auch bei großen Werten von τ mit zunehmendem τ nicht zunehmen. Dann ist

$$\Phi(z) = z \int_0^\infty e^{-zt}\, J_\lambda(t)\, dt \tag{12.106}$$

eine analytische Funktion von z, welche für $R(z) > c$ regulär ist und die für $c' > c$ folgende Grenzwerte hat:

$$\lim_{N \to \infty} \frac{1}{2\pi i} \int_{c'-iN}^{c'+iN} \frac{\Phi(z)}{z}\, e^{z\tau}\, dz = \begin{cases} J_\lambda(\tau) & (\tau > 0) \\ \dfrac{1}{2} \lim_{\tau \to 0} J_\lambda(\tau) & (\tau = 0) \\ 0 & (\tau < 0) \end{cases} \tag{12.107}$$

Theorem B. Setzt man

$$\int_0^\infty e^{-pt}\, J_\lambda(t)\, dt = \frac{\Phi(p)}{p} \tag{12.108}$$

wobei $\Phi(p)$ für alle reellen Werte $1 < p < \infty$ definiert ist, so ist $J_\lambda(\tau)$, sofern die in Theorem A an diese Funktion gestellten Forderungen erfüllt sind, durch (12.107) gegeben, mit einziger Ausnahme des eventuell singulären Falles $\tau = 0$. Physikalisch ist dies jedoch bedeutungslos, da nur Werte $\tau > 0$ von Interesse sind.
Unter Benutzung der eingeführten Abkürzungen erhält man an Stelle von (12.103):

$$\Phi(p) = \varkappa\, (p + a)^{-\alpha} \tag{12.109}$$

mit

$$\varkappa = m^{-\alpha}\, I_\lambda(0, 0) \qquad a = \frac{1 - m}{m} \tag{12.110}$$

Damit setzen wir $\Phi(z) = \varkappa \, (z + a)^{-\alpha}$ und erhalten aus (12.107):

$$J_\lambda(t) = \frac{\varkappa}{2 \pi i} \int\limits_{c' - i\infty}^{c' + i\infty} \frac{e^{zt}}{z \, (z+a)^\alpha} \, dz \qquad (t > 0) \qquad (12.111)$$

Die Ableitung dieser Gleichung nach t ergibt:

$$J_\lambda'(t) = \frac{\varkappa}{2 \pi i} \int\limits_{c' - i\infty}^{c' + i\infty} \frac{e^{zt}}{(z+a)^\alpha} \, dz \qquad (t > 0) \qquad (12.112)$$

oder mit der Substitution $z + a = \zeta$

$$J_\lambda'(t) = \frac{\varkappa \, e^{-at}}{2 \pi i} \int\limits_{a+c' - i\infty}^{a+c' + i\infty} \frac{e^{\zeta t}}{\zeta^\alpha} \, d\zeta = \frac{\varkappa \, e^{-at} \, t^{\alpha-1}}{\Gamma(\alpha)} \qquad (12.113)$$

Daraus erhält man J_λ durch Integration:

$$J_\lambda(\tau) = \frac{\varkappa}{\Gamma(\alpha)} \int\limits_0^\tau e^{-at} \, t^{\alpha-1} \, dt \qquad (12.114)$$

Nun wird e^{-at} in eine Reihe entwickelt und die Integration gliedweise ausgeführt:

$$J_\lambda(\tau) = \frac{\varkappa}{\Gamma(\alpha)} \sum_{n=0}^\infty \frac{(-a)^n}{n!} \cdot \frac{\tau^{n+\alpha}}{n+\alpha} \qquad (12.115)$$

Schließlich wird die Substitution (12.110) rückgängig gemacht, und man erhält die Lösung:

$$J_\lambda(\tau) = \frac{I_\lambda(0,0)}{\Gamma(\alpha)} \left(\frac{\tau}{m}\right)^\alpha \sum_{n=0}^\infty \frac{(-a \, \tau)^n}{n! \, (n+\alpha)} \qquad (12.116)$$

Diese Reihe konvergiert für jeden Wert von τ, und da a klein ist, sogar schnell, so daß stets nur einige wenige Glieder berücksichtigt werden müssen.

Nachstehend ist in Tab. 20 die Lösung J_λ für $\lambda = 5500\,\text{Å}$ (nach Tab. 19 also für $\alpha = 0{,}500$, $m = 0{,}920$, $a = 0{,}087$) mitgeteilt. Da J für eine gegebene Wellenlänge nur von T abhängt, ist mit J auch T in Abhängigkeit von τ festgelegt.

Tabelle 20

Die Ergiebigkeit in Einheiten des Strahlungsstromes für $\lambda = 5500$ Å in Abhängigkeit der optischen Tiefe

τ	$J_\lambda(\tau)$	τ	$J_\lambda(\tau)$
0,1	0,219	1,5	0,817
0,3	0,379	1,9	0,904
0,5	0,487	2,6	1,05
0,7	0,572	3,6	1,20
0,9	0,645	6,4	1,48
1,1	0,708	10,0	1,70

XIII. DER AUFBAU DER STERNATMOSPHÄREN

Bis jetzt haben wir die Strahlungsintensität, die Temperatur und die Strahlungsergiebigkeit nur als Funktion der optischen Tiefe berechnet. Die Schichtung einer Atmosphäre ist aber erst bekannt, wenn wir die Abhängigkeit dieser Größen von der geometrischen Tiefe kennen. Um von der optischen zur geometrischen Tiefe übergehen zu können, benötigen wir die Kenntnis des Absorptionskoeffizienten sowohl für die Gesamtstrahlung als auch für die monochromatische Strahlung. Deshalb haben wir uns in diesem Kapitel zunächst mit dem Absorptionskoeffizienten der Sternatmosphären zu beschäftigen, ehe wir an die Berechnung ihres Aufbaues gehen können.

68. Die Energieverteilung im kontinuierlichen Spektrum

In Abschnitt 65 wurde die monochromatische Randverdunkelung berechnet und gezeigt, daß dieselbe von $\varkappa_\nu/\bar{\varkappa}$ abhängt; je größer dieser Quotient ist, um so schwächer die Randverdunkelung. Aus der Tatsache, daß wir mit der Annahme $\varkappa_\nu/\bar{\varkappa} = 1$ die monochromatische Randverdunkelung befriedigend darstellen konnten, können wir folgern, daß $\varkappa_\nu/\bar{\varkappa}$ jedenfalls nicht stark von 1 abweichen kann. Wie schon erwähnt worden ist, kann man durch geeignete Wahl von $\varkappa_\nu/\bar{\varkappa}$ die Übereinstimmung von berechneter mit beobachteter Randverdunkelung praktisch vollkommen machen. Das ist eine Methode zur Bestimmung von $\varkappa_\nu/\bar{\varkappa}$.

Eine weitere Methode ergibt sich aus der Energieverteilung im kontinuierlichen Spektrum. Die Intensität der Strahlung des Zentrums der Sonnenscheibe ergibt sich nach (12.67) und (12.83):

$$I_\lambda(0, 0) = \int\limits_0^\infty J_\nu(\tau)\, e^{-(\varkappa_\nu/\bar{\varkappa})}\, \frac{\varkappa_\nu}{\bar{\varkappa}}\, d\tau \tag{13.1}$$

Da wir sowohl J_ν als auch T als Funktion von τ kennen, tritt hier nur die einzige Unbekannte $\varkappa_\nu/\bar{\varkappa}$ auf; wir können deshalb diese aus der beobachteten Energieverteilung im Zentrum der Sonnenscheibe berechnen. Die von verschiedenen Autoren gemessenen und von MULDERS reduzierten $\lfloor I_\lambda(0, 0)\rfloor$-Werte sind in Tab. 21 zusammen mit den zugehörigen $(\varkappa_\nu/\bar{\varkappa})$-Werten mitgeteilt. Danach nimmt der Absorptionskoeffizient von 4000 Å an mit wachsender Wellenlänge zu, erreicht bei 9000 Å ein Maximum und fällt bis 16000 Å wieder monoton ab. Ein zweiter sehr starker Anstieg erfolgt bei $\lambda < 4000$ Å; dieser ist bedingt durch die sehr starke Abnahme von I_λ im Bereich $3000 < \lambda < 4000$ Å. In diesem Gebiet des Sonnenspektrums liegen die Fraunhoferschen Linien so dicht, daß praktisch nirgends zwischen zwei Linien das ungestörte Kontinuum zur Messung gelangt; der starke Abfall der Energiekurve dürfte somit auf diese Ursache zurückzuführen sein. Man kann aber von der langwelligen Seite her die Energiekurve in das Gebiet $3000 < \lambda < 4000$ Å extrapolieren unter der Voraus-

Tabelle 21

Die Wellenlängenabhängigkeit der Strahlungsintensität im Zentrum der Sonnenscheibe.
Die Zahlen geben die von einem Quadratzentimeter der Photosphäre pro Sekunde
im Spektralbereich $\Delta\lambda = 1$ cm in den Raumwinkel 1 emittierte Anzahl erg. Die
zweite Kolonne gibt die älteren Werte nach MULDERS, die dritte die neueren nach
CANAVAGGIA und CHALONGE und die vierte die von MÜNCH aus den Mulderschen
Angaben bestimmten Werte von $\varkappa_\nu/\bar\varkappa$.

λ	$I_\lambda\,10^{-13}$		$\varkappa_\nu/\bar\varkappa$
3000	15,0		1,34
3230	16,8	26,0	1,41
3400	19,2	28,9	1,38
3600		31,8	
3700⁻		33,1	
3700⁺		41,7	
3737	31,7		0,94
3800	36,9	42,5	0,80
3900	42,0	43,1	0,72
4000	44,0	43,7	0,67
4265	46,2		0,65
4500	45,4	44,0	0,66
4800		43,0	
5000	41,6	42,7	0,72
5500	37,6	37,9	0,73
6000	33,1	33,1	0,78
7000	25,6		0,84
8000	19,0		0,98
9000	14,3		1,12
10000	11,7		1,03
11000	9,7		0,79

setzung, daß in diesem die Farbtemperatur der Sonne dieselbe ist wie im
Visuellen (7100⁰). In diesem «wahren» Kontinuum fällt die Intensität in dem
kritischen Gebiet $3000 < \lambda < 4000$ Å viel langsamer ab als nach Tab. 21, so
daß der Wiederanstieg von $\varkappa_\nu/\bar\varkappa$ am kurzwelligen Ende des Spektrums wegfällt.
In diesem Zusammenhang muß noch auf eine Diskontinuität in der Energieverteilung der Sternspektren hingewiesen werden, die zwar im Sonnenspektrum
durch den großen Linienreichtum fast verdeckt wird, die aber bei den linien-
armen Sternspektren, z. B. den A_0-Sternen (Abb. 31) sehr stark hervortritt:
den Intensitätssprung an der Grenze der Balmer-Serie bei 3647 Å. Strahlung,
deren λ kleiner ist als diese Grenzwellenlänge, vermag das Wasserstoffatom
aus dem zweiten Quantenzustand zu ionisieren, weshalb der kontinuierliche
Absorptionskoeffizient an dieser Stelle sprunghaft ansteigt. Auch die übrigen
Atome haben solche an die Seriengrenzen anschließende kontinuierliche Absorptionsgebiete; daß aber in allen Sternspektren praktisch nur das Balmer-
Kontinuum in Erscheinung tritt, liegt an der überragenden Häufigkeit des
Wasserstoffs in den Sternatmosphären. Schließlich sei noch erwähnt, daß bei
$\lambda > 16000$ Å $\varkappa_\nu/\bar\varkappa$ wieder schwach ansteigt. Neuerdings scheint es CANAVAGGIA

und CHALONGE gelungen zu sein, auch im kurzwelligen Gebiet das «wahre» Kontinuum zu erfassen; ihre Messungen, die in Tab. 21 mit aufgenommen sind, bestätigen die gehegte Vermutung, daß die Intensitäten in diesem Gebiet bedeutend größer sind, als bisher angenommen worden ist. Überdies kommt die Balmer-Grenze durch einen Intensitätssprung von 23% bei 3700 Å sehr stark zum Ausdruck.

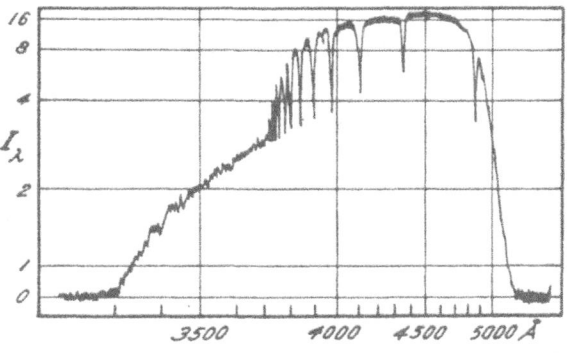

Abb. 31
Intensitätsverteilung im Spektrum eines A 0-Sternes (nach C. S. YÜ).

Stellt man den Randabfall der Strahlungsintensität bei der Wellenlänge λ dar durch den Ansatz

$$I_\lambda(0, \vartheta) = a_{\lambda,0} + a_{\lambda,1} \cos\vartheta + a_{\lambda,2} \, 2\cos^2\vartheta \tag{13.2}$$

so folgt daraus, wie wir in Abschnitt 63 gezeigt haben, sofort die Tiefenabhängigkeit der Ergiebigkeit:

$$J_\lambda(\tau) = a_{\lambda,0} + a_{\lambda,1} \tau_\lambda + a_{\lambda,2} \tau_\lambda^2 \tag{13.3}$$

Identifiziert man $J_\lambda(\tau)$ mit der Planckschen Funktion, so ist die rechte Seite eine reine und bekannte Temperaturfunktion, so daß man für die betrachtete Wellenlänge $\tau_\lambda(T)$ bestimmen kann. Die τ_λ-Werte sind in Abb. 34 als Funktion von T und λ dargestellt, wobei im kurzwelligen Bereich $3000 < \lambda < 4000$ Å mit dem erwähnten langsameren Intensitätsabfall gerechnet worden ist. Da die τ_λ den $\varkappa_\nu$ proportional sind, erkennt man, daß der Absorptionskoeffizient der Sonnenatmosphäre, abgesehen von dem schwachen Anstieg bei $\lambda > 16\,000$ Å und der sprunghaften Zunahme an der Grenze der Balmer-Serie, nur ein einziges Maximum aufweist, das bei zirka 9000 Å liegt und von da aus nach längeren und kürzeren Wellen gleichmäßig abfällt.

69. Der kontinuierliche Absorptionskoeffizient der Sternmaterie

Wir haben gezeigt, wie man den solaren Absorptionskoeffizienten aus der Energieverteilung und der Randverdunkelung bestimmen kann; derselbe läßt sich aber auch atomphysikalisch berechnen, wenn der physikalische Zustand und die chemische Zusammensetzung der Atmosphäre bekannt sind.

Jedes Atom oder Ion besitzt eine Folge von stationären Zuständen, in denen es eine wohldefinierte Energie aufweist; in Abb. 32 sind diese Zustände (schematisch) durch horizontale Striche, sog. Energieniveaus dargestellt. Mit zunehmender Energie, d. h. in unserer Abbildung nach oben, werden die Niveaus dichter und konvergieren gegen die Grenzenergie E_0. Diese Energie ist dadurch ausgezeichnet, daß sie gerade genügt, das Elektron aus dem tiefsten Niveau, dem Grundzustand, von dem Atom bzw. Ion abzutrennen. Das vom Atomverband abgelöste ruhende Elektron besitzt somit die Energie E_0; überdies kann es noch eine beliebige kinetische Energie erhalten, welche keiner Quantisierung unterliegt, d. h. für $E > E_0$ variiert E kontinuierlich. Dieses an die Ionisationsenergie E_0 anschließende Kontinuum ist in Abb. 32 schraffiert gezeichnet. Absorption tritt bei jedem Übergang ein, welcher von niedriger zu höherer Energie führt. Der Übergang von einem tieferen Energieniveau E_n zu einem höheren E_m ist stets mit derselben Energieabsorption und deshalb mit derselben Frequenz ν verbunden:

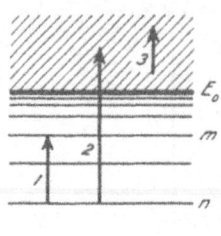

Abb. 32
Die verschiedenen Absorptionsmöglichkeiten in einem Atom oder Ion.

$$h\nu = E_m - E_n \qquad (13.4)$$

und führt deshalb zu linienhafter Absorption (Pfeil 1). Ein Übergang von einem diskreten Energieniveau E_n ins Kontinuum mit der Energie E dagegen ist mit einer Energieabsorption $E - E_n$ verbunden, wobei E beliebige Beträge $\geqq E_0$ annehmen kann, weshalb auch die absorbierte Strahlung alle Frequenzen

$$\nu \geqq \frac{E_0 - E_n}{h} \qquad (13.5)$$

enthalten kann (kontinuierliche Absorption, Pfeil 2). Kontinuierliche Absorption tritt aber auch auf, wenn das freie Elektron von niedriger zu höherer Energie übergeht (Pfeil 3). Einen solchen Übergang nennt man entsprechend einen kontinuierlich-kontinuierlichen Übergang oder auch einen frei-frei-Übergang im Gegensatz zu den diskret-kontinuierlichen Übergängen, welche auch als gebunden-freie Prozesse bezeichnet werden.

Bei den gebunden-freien Übergängen wird ein Strahlungsquant absorbiert und seine Energie teilweise zur Abtrennung eines gebundenen Elektrons aus dem Atom verwendet und der Rest zur Beschleunigung des Elektrons (photoelektrischer Effekt). Bei einem frei-frei-Übergang absorbiert ein freies Elektron ein Energiequant, während es sich im Feld eines Atomkerns befindet und bewegt sich mit erhöhter Geschwindigkeit weiter. Im allgemeinen rührt der Hauptteil der Opazität der Sternatmosphären vom Photoeffekt her, während der Beitrag der frei-frei-Übergänge von untergeordneter Bedeutung ist.

Die beiden betrachteten Absorptionsprozesse sind bei den Röntgenstrahlen schon seit langem bekannt: Der Photoeffekt gibt zu kontinuierlichen Absorptionsgebieten Anlaß, die auf der langwelligen Seite durch die sog. Absorptions-kanten scharf begrenzt sind, deren Frequenz ν_k = Ablösearbeit des Elektrons : h beträgt. Der zum frei-frei-Absorptionsprozeß inverse Emissionsprozeß (Pfeil 3, von oben nach unten) gibt Anlaß zum sog. Röntgen-Brems-Spektrum.

Die Berechnung des Absorptionskoeffizienten setzt die Kenntnis des Feldes des Atomrumpfes voraus, in welchem sich die gebunden-freien und die frei-frei-Übergänge der Elektronen vollziehen. Unter der vereinfachenden Annahme, daß diese Felder Coulomb-Felder sind, berechnet sich der den gebunden-freien Übergängen entsprechende Absorptionskoeffizient, bezogen auf einen Atom-

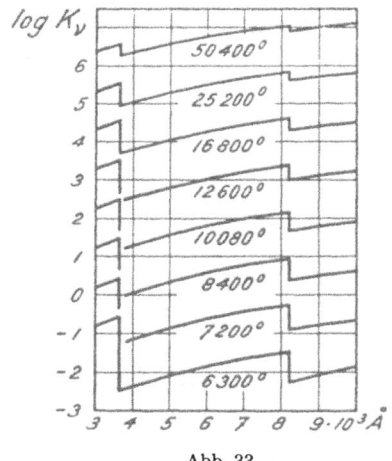

Abb. 33
Der Absorptionskoeffizient des Wasserstoffs bei verschiedenen Temperaturen

kern der Ladung Z und ein Elektron im Zustand der Hauptquantenzahl n für Frequenzen $\nu \geqq \nu_n$:

$$\alpha_\nu(g, f) = \frac{64\,\pi^4\,m\,e^{10}}{3\sqrt{3}\,c\,h^6}\,Z^4\,\frac{1}{n^5}\cdot\frac{1}{\nu^3} \tag{13.6}$$

Hier bedeutet ν_n die der Bindungsenergie χ_n des Elektrons entsprechende Frequenz

$$h\,\nu_n = \frac{2\,\pi^2\,m\,e^4\,Z^2}{n^2\,h^2} = \chi_n \tag{13.7}$$

Unter derselben Voraussetzung beträgt der den frei-frei-Übergängen entspre-chende Absorptionskoeffizient, bezogen auf einen Atomkern der Ladung Z und ein absorbierendes Elektron der Geschwindigkeit v pro Kubikzentimeter:

$$\alpha_\nu(f, f) = \frac{4\,\pi\,Z^2\,e^6}{3\sqrt{3}\,h\,c\,m^2\,v}\cdot\frac{1}{\nu^3} \tag{13.8}$$

Dabei bedeuten e und m Ladung und Masse des Elektrons, h und c Plancksche Konstante und Lichtgeschwindigkeit.

Die beiden Absorptionskoeffizienten $\alpha_\nu(g, f)$ und $\alpha_\nu(f, f)$ nehmen mit zu-nehmender Frequenz rasch ab. Jeweils bei den durch die Ablösearbeiten χ_n

des Elektrons aus dem n-ten Zustand bestimmten Frequenzen ν_n nimmt die Absorption stark zu, weil nun der Photoeffekt aus dem n-ten Zustand einsetzt, worauf die Absorption wieder mit $1/\nu^3$ abnimmt. Der Absorptionskoeffizient $\varkappa_\nu$ der Frequenz ν setzt sich demnach zusammen aus den Beiträgen aller Absorptionskanten, deren Kantenfrequenz $\nu_n < \nu$ ist. In Abb. 33 ist der Absorptionskoeffizient $\varkappa_\nu$ pro Gramm neutralen Wasserstoffes nach Berechnungen von A. UNSÖLD dargestellt. Danach rührt der Hauptanteil des kontinuierlichen Absorptionskoeffizienten im Bereich $\lambda > 8206$ vom Grenzkontinuum der Brackett-Serie, bei $3647 < \lambda < 8206$ von demjenigen der Paschen-Serie und von 3647 Å bis zur Grenze des beobachtbaren Spektrums von demjenigen der Balmer-Serie her. In allen diesen drei Kontinua, für die n die Werte 4 bzw. 3 bzw. 2 hat, steigt die Absorption mit der Temperatur stark an, was vornehmlich davon herrührt, daß mit der Temperatur die Besetzungszahlen der genannten Niveaus nach der Boltzmannschen Formel stark zunehmen.

In prinzipiell gleicher Weise können auch die Absorptionskoeffizienten der übrigen Atome berechnet werden, obschon bei diesen die atomphysikalischen Grundlagen weit unvollständiger bekannt sind als beim Wasserstoff. Schließlich hat man, um den Absorptionskoeffizienten der Sternmaterie zu erhalten, die Absorptionskoeffizienten aller in der Sternatmosphäre vorkommenden Atom- und Ionenarten entsprechend ihrer relativen Häufigkeit zu superponieren.

70. Die chemische Zusammensetzung der Sonnenatmosphäre und die H^--Absorption

Wir verfolgen das im vorausgegangenen Abschnitt aufgegriffene Problem speziell im Hinblick auf die Verhältnisse an der Sonne weiter. Hinsichtlich der chemischen Zusammensetzung derselben hat man einerseits die Nichtmetalle zu unterscheiden, vor allem Wasserstoff und daneben aber auch Helium, Kohlenstoff, Stickstoff, Sauerstoff usw., welche aber gegen den Wasserstoff stark zurücktreten, anderseits die Metalle, von denen aber auch nur einige wenige, leichtere eine Rolle spielen. Der Wasserstoff besitzt (wie auch die übrigen Nichtmetalle) eine hohe Ionisationsenergie und damit eine geringe Übergangswahrscheinlichkeit ins Kontinuum (Photoeffekt), während die Metalle im Gegensatz hiezu eine geringe Ionisationsenergie und somit große Übergangswahrscheinlichkeit ins Kontinuum aufweisen. Deshalb ist die kontinuierliche Absorption der Metalle relativ groß, diejenige des Wasserstoffs relativ klein. Durch Variation des Mischungsverhältnisses von Wasserstoff zu Metallen, $H:M$ (die übrigen Nichtmetalle werden gegen den Wasserstoff vernachlässigt), kann jeder Wert von $\varkappa_\nu$ zwischen $\varkappa_\nu^{(H)}$ und $\varkappa_\nu^{(M)}$ hergestellt werden. Man hat das Mischungsverhältnis $H:M$ so zu wählen, daß $\bar{\varkappa}$ mit dem beobachteten Wert übereinstimmt. Bei der Sonne erhält man Übereinstimmung zwischen Beobachtung und Theorie unter der Annahme, daß die Sonnenatmosphäre gewichtsmäßig zu einem Drittel aus Wasserstoff bestehe und zu zwei Dritteln aus Metallen; da aber die Metallatome beträchtlich schwerer sind als die Wasserstoffatome, entfällt erst auf 30 H-Atome 1 Metallatom.

Dies nennen wir kurz die alte Vorstellung von der chemischen Zusammensetzung der Sonnenatmosphäre.

Diese Auffassung erscheint heute unhaltbar, wofür hier nur zwei Gründe angeführt seien. Durch die angenommene Häufigkeit der Metalle wird nicht nur die kontinuierliche Absorption (die nach der alten Vorstellung praktisch ganz von den Metallen herrührt) festgelegt, sondern auch die Intensität der Fraunhoferschen Linien dieser Metalle. Es zeigt sich aber, daß bei der abgeleiteten Häufigkeit der Metalle deren Absorptionslinien im Sonnenspektrum viel intensiver sein sollten, als sie tatsächlich sind. Für eine bestimmte Linie kann dieser Widerspruch stets beseitigt werden, indem man für das betreffende Element eine kleinere relative Häufigkeit annimmt, wodurch natürlich die relative Häufigkeit anderer Elemente ansteigt. Dieser Ausweg versagt aber, wenn es sich darum handelt, den Widerspruch bei allen Metallinien gleichzeitig zu beseitigen. Zu einer analogen Schwierigkeit führt jene Vorstellung auch bei der quantitativen Berechnung der metallischen Absorptionskanten. Nach der Theorie sollten diese Kanten ausgeprägt in Erscheinung treten, während sie im Sonnenspektrum überhaupt nicht nachgewiesen werden konnten. Eine Verminderung der Atomzahl der Metalle würde wohl die bei der Intensität der Fraunhoferschen Linien und der Absorptionskanten auftretenden Schwierigkeiten beheben, gleichzeitig aber auch den kontinuierlichen Absorptionskoeffizienten, der ja nach der alten Vorstellung im wesentlichen von der Absorption der Metalle herrührt, vermindern, wodurch neue Widersprüche anderer Art entstehen würden.

Einen Ausweg aus diesem Dilemma eröffnete die Entdeckung von R. WILDT, wonach in der Sonnenatmosphäre die negativen Wasserstoffionen, H⁻, – Wasserstoffatome, denen ein negatives Elektron angelagert ist –, einen bedeutenden Beitrag zum kontinuierlichen Absorptionskoeffizienten liefern. Das nur locker an das neutrale H-Atom angelagerte Elektron hat eine außerordentlich hohe Übergangswahrscheinlichkeit vom Grundzustand ins Kontinuum. Das bewirkt, daß der von den H⁻-Ionen stammende Anteil des kontinuierlichen Absorptionskoeffizienten pro Gramm Materie trotz der großen Seltenheit der H⁻-Ionen im Vergleich zu den neutralen H-Atomen sehr beträchtlich wird. Bei großer Häufigkeit des Wasserstoffs bildet er überhaupt den ausschlaggebenden Anteil. Man sieht also, daß man die Diskrepanzen zwischen Theorie und Beobachtung sowohl bei der kontinuierlichen als auch bei der Linienabsorption gleichzeitig beheben kann, wenn man unsere alte Vorstellung von der chemischen Zusammensetzung der Sonnenatmosphäre in folgender Hinsicht abändert: die Sonnenatmosphäre soll vorwiegend aus Wasserstoff bestehen und die Metallatome sollen nur die Rolle von geringen Beimischungen haben. Mit dieser neuen Annahme liefert die Theorie viel kleinere Linienintensitäten als mit der alten und kommt in Übereinstimmung mit den Beobachtungen. Nach der neuen Vorstellung kommen nun aber die Metallatome wegen ihrer zahlenmäßigen Unterlegenheit für die kontinuierliche Absorption nicht mehr in Frage. Diese Funktion wird nun nach der neuen Vorstellung von den dem hohen H-Gehalt entsprechend zahlreichen H⁻-Ionen übernommen. Wir bezeichnen mit A das Verhältnis der Zahl der H-Atome (neutral oder ionisiert) zur Zahl der Metallatome (neutral oder ionisiert); für die Sonnenatmosphäre ergibt sich nach verschiedenen Methoden übereinstimmend A zu 6000 bis 8000.

Wir machen zunächst die für die Sonnenatmosphäre gut erfüllte Annahme, die Zahl der freien Elektronen sei gleich der Zahl der Metallatome; dies bedeutet, daß alle Metalle im Mittel einfach ionisiert sind, während der Wasserstoff praktisch nicht ionisiert ist. In diesem Fall ist der Gasdruck p gleich dem Partialdruck der H-Atome und der Elektronendruck p_e gleich dem Partialdruck der Metalle; somit ist:

$$\frac{p}{p_e} = A \tag{13.9}$$

Zunächst benötigen wir die Kenntnis der relativen Häufigkeit der H⁻-Ionen im Vergleich zu den H-Atomen. Diese, d. h. der «negative» Ionisationsgrad, ergibt sich aus der Saha-Formel (4.32):

$$\log \frac{n_H}{n_{H^-}} \, p_e = -\chi_{H^-} \frac{5040}{T} + \frac{5}{2} \log T - 0{,}48 + \log 2 \frac{u_H}{u_{H^-}} \tag{13.10}$$

Dabei bedeuten n_H und n_{H^-} die Anzahl der H-Atome bzw. H⁻-Ionen pro Volumeneinheit und u_H und u_{H^-} die entsprechenden Zustandssummen, die aber durch die statistischen Gewichte der Grundzustände von H und H⁻ ersetzt werden können (bei H deshalb, weil schon der erste angeregte Zustand sehr hoch liegt, bei H⁻, weil dieses Ion überhaupt nur im Grundzustand vorkommen kann und keine angeregten Zustände besitzt). Daß die Konzentration des Ions im Nenner auftritt (statt im Zähler wie in der Saha-Formel) rührt daher, daß hier H die Rolle des Ions von H⁻ übernimmt: H⁻ → Ionisation → H → Ionisation → H⁺. Das Ionisationspotential des H⁻-Ions wurde mit χ_{H^-} bezeichnet.

Nun führen wir die Abkürzungen ein:

$$\Theta = \frac{5040}{T} \tag{13.11}$$

$$\Phi(T) = \frac{n_{H^-}}{n_H \, p_e} \tag{13.12}$$

Φ ist, wie die Saha-Formel zeigt, tatsächlich eine reine Temperaturfunktion. Es ist:

$$u_H = 2 \qquad u_{H^-} = 1 \qquad \chi_{H^-} = 0{,}70 \text{ eV} \tag{13.13}$$

Damit ergibt sich:

$$\log \Phi(T) = 0{,}70 \, \Theta - \frac{5}{2} \log T - 0{,}12 \tag{13.14}$$

In der optischen Tiefe $\tau = 1$ ist beispielsweise nach (12.58) $T = 5930^0$ und damit $\log \Phi(T) = -8{,}97$ und, wie wir noch sehen werden, $\log p = 5{,}10$ und $\log p_e = 1{,}55$. Daraus ergibt sich:

$$\frac{n_{H^-}}{n_H} = 10^{-7{,}42} = 3{,}8 \cdot 10^{-8} \tag{13.15}$$

Die Konzentration der H⁻-Ionen ist deshalb klein, verglichen mit derjenigen der H-Atome. Die Größe $\varepsilon = n_{H^-}/n_H$ ist also sehr klein, und auch bei den größten Elektronendrucken, die in der Sonnenatmosphäre vorkommen, bleibt ε stets kleiner als 10^{-6}. Aus (13.9) folgt für die Zahl der freien Elektronen pro Volumeneinheit:

$$n_e = \frac{n_H}{A} = \frac{n_{H^-}}{\varepsilon A} \tag{13.16}$$

Wegen $\varepsilon \leqq 10^{-6}$ und $A < 10^4$, ist $\varepsilon A \leqq 10^{-2}$ und $n_e \geqq 10^2 \, n_{\mathrm{H}^-}$. Man sieht also, daß die Zahl der freien Elektronen viel größer ist als die der H-Atome, welche ein Elektron angelagert haben. Deshalb braucht man bei der Berechnung der Ionisationsgrade der Metalle nur die freien Elektronen zu berücksichtigen und kann die durch die H⁻-Ionen gebundenen Elektronen vernachlässigen. Die

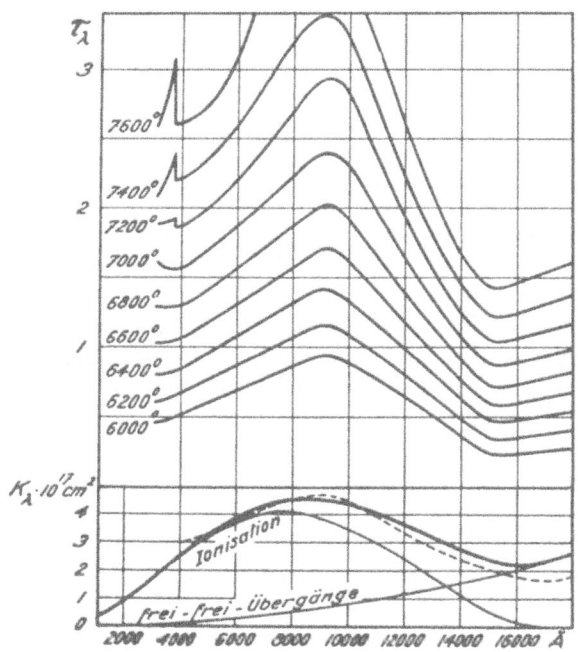

Abb. 34

Oben: Abhängigkeit der optischen Tiefe in der Sonnenatmosphäre von der Wellenlänge und der Temperatur (nach D. CHALONGE). Unten: Wellenlängenabhängigkeit des Absorptionskoeffizienten (nach S. CHANDRASEKHAR und F. H. BREEN).

Zahl der H-Atome pro Gramm Sonnenmaterie ist $1/m_{\mathrm{H}}$, wobei m_{H} die Masse des H-Atoms bedeutet. Daraus folgt nach (13.12):

$$n_{\mathrm{H}^-} = \frac{1}{m_{\mathrm{H}}} \, p_e \, \varPhi(T) \qquad (13.17)$$

Bezeichnen wir den kontinuierlichen Absorptionskoeffizienten des H⁻-Ions mit $\bar{\varkappa}_{\mathrm{H}^-}$, so ergibt sich für die Opazität pro Gramm Sonnenmaterie:

$$\bar{\varkappa} = \frac{\bar{\varkappa}_{\mathrm{H}^-}}{m_{\mathrm{H}}} \, p_e \, \varPhi(T) = C \, p_e \, \varPhi(T) = \frac{C \, p}{A} \, \varPhi(T) \qquad (13.18)$$

Der Absorptionskoeffizient des H⁻-Ions wurde erstmals von H. S. W. MASSEY und D. R. BATES berechnet, später von verschiedenen andern Forschern mit exakteren Methoden. In Abb. 34 ist die Wellenlängenabhängigkeit der H⁻-Absorption für die gebunden-freien sowie für die frei-frei-Übergänge dargestellt, ferner deren Summe (dicke Kurve) und der beobachtete Verlauf (gestrichelte Kurve). Man sieht, daß die Absorption hauptsächlich durch die Ionisation bedingt ist und der Beitrag der frei-frei-Übergänge einerseits die Verlagerung des für die Ionisation allein bei $\lambda = 7800$ Å liegenden Maximums nach $\lambda = 8400$ Å bewirkt, andererseits den Wiederanstieg der Absorption bei $\lambda > 16\,000$ Å. Da die noch bestehende Diskrepanz bei langen Wellen durch verbesserte Beobachtung und Berechnung zum Verschwinden gebracht werden dürfte, kann man sagen, daß die H$^-$-Absorption allein die Opazität der Sonnenatmosphäre im ganzen Bereich von 4000 Å bis 20 000 Å quantitativ zu erklären vermag.

71. Der Opazitätskoeffizient der Sternmaterie

Beim Übergang von der Strömungsgleichung für monochromatische Strahlung zu derjenigen der Gesamtstrahlung haben wir den Absorptionskoeffizienten $\varkappa_\nu$ durch einen geeigneten, jedoch noch nicht näher definierten Mittelwert über $\varkappa_\nu$ ersetzt, den wir mit $\bar{\varkappa}$ bezeichnet und Opazitätskoeffizienten genannt haben. Dieser Koeffizient hat bereits bei der Randverdunkelung und der spektralen Energieverteilung eine Rolle gespielt.

Wir wiederholen zunächst die Strömungsgleichung der Gesamtstrahlung:

$$\cos\vartheta \, \frac{dI}{\bar{\varkappa}\,dt} = I - J \tag{13.19}$$

und benützen wieder die schon in Abschnitt 60 eingeführten Mittelwerte

$$\int I \, \frac{d\omega}{4\,\pi} = J \tag{13.20}$$

$$\int I \cos\vartheta \, \frac{d\omega}{4\,\pi} = H \tag{13.21}$$

$$\int I \cos^2\vartheta \, \frac{d\omega}{4\,\pi} = K \tag{13.22}$$

von denen die erste, die sog. Kontinuitätsgleichung, zum Ausdruck bringt, daß jedes Volumenelement pro Sekunde ebensoviel Strahlung emittiert, als es absorbiert. Die Integration der Strömungsgleichung über die Einheitskugel liefert:

$$\frac{1}{\bar{\varkappa}} \cdot \frac{dH}{dt} = 0 \tag{13.23}$$

und analog erhält man, wenn wir sie vor der Integration mit $\cos\vartheta$ multiplizieren:

$$\frac{1}{\bar{\varkappa}} \cdot \frac{dK}{dt} = H \tag{13.24}$$

Dabei gilt näherungsweise, wie wir schon in Ziffer 60 gezeigt haben, $K = J/3$.

In derselben Weise verfahren wir mit der Strömungsgleichung der monochromatischen Strahlung der Frequenz ν:

$$\cos\vartheta \, \frac{dI_\nu}{\varkappa_\nu\,dt} = I_\nu - J_\nu \tag{13.25}$$

Der Fall monochromatischer Strahlung unterscheidet sich von demjenigen der Gesamtstrahlung wesentlich dadurch, daß die Kontinuitätsgleichung nicht gilt: es ist somit

$$\int I_\nu \frac{d\omega}{4\pi} \neq J_\nu \qquad (13.26)$$

Wenn wir deshalb diesen von J_ν verschiedenen Mittelwert mit J_ν' bezeichnen, so lauten die zu (13.20) bis (13.22) analogen Mittelwerte:

$$\int I_\nu \frac{d\omega}{4\pi} = J_\nu' \qquad (13.27)$$

$$\int I_\nu \cos\vartheta \, \frac{d\omega}{4\pi} = H_\nu \qquad (13.28)$$

$$\int I_\nu \cos^2\vartheta \, \frac{d\omega}{4\pi} = K_\nu \qquad (13.29)$$

Damit erhalten wir wie im Falle der Gesamtstrahlung

$$\frac{1}{\varkappa_\nu} \cdot \frac{dH_\nu}{dt} = J_\nu' - J_\nu \qquad (13.30)$$

$$\frac{1}{\varkappa_\nu} \cdot \frac{dK_\nu}{dt} = H_\nu \qquad K_\nu = \frac{1}{3} J_\nu' \qquad (13.31)$$

Nun soll die Summe der monochromatischen Strahlungsströme H_ν gleich sein dem Gesamtstrahlungsstrom H:

$$\int_0^\infty H_\nu \, d\nu = H \qquad (13.32)$$

$$\int_0^\infty \frac{1}{\varkappa_\nu} \cdot \frac{dK_\nu}{dt} \, d\nu = \frac{1}{3} \int_0^\infty \frac{1}{\varkappa_\nu} \cdot \frac{dJ_\nu'}{dt} \, d\nu = \frac{1}{\overline{\varkappa}} \cdot \frac{dK}{dt} = \frac{1}{3} \cdot \frac{1}{\overline{\varkappa}} \cdot \frac{dJ}{dt} \qquad (13.33)$$

$$\frac{1}{\overline{\varkappa}} = \frac{\displaystyle\int_0^\infty \frac{1}{\varkappa_\nu} \cdot \frac{dJ_\nu'}{dt} \, d\nu}{\dfrac{dJ}{dt}} = \frac{\displaystyle\int_0^\infty \frac{1}{\varkappa_\nu} \cdot \frac{dJ_\nu'}{dt} \, d\nu}{\displaystyle\int_0^\infty \frac{dJ_\nu}{dt} \, d\nu} = \frac{\displaystyle\int_0^\infty \frac{1}{\varkappa_\nu} \cdot \frac{dJ_\nu'}{dt} \, d\nu}{\displaystyle\int_0^\infty \frac{dJ_\nu'}{dt} \, d\nu} \qquad (13.34)$$

Die Kontinuitätsgleichung verlangt ferner, daß die Beziehung besteht:

$$\int_0^\infty (J_\nu - J_\nu') \, d\nu = 0 \qquad (13.35)$$

Diese Beziehung ist aber gleichzeitig mit (13.33) exakt nur erfüllbar für $\varkappa_\nu = \overline{\varkappa} = $ const, näherungsweise dagegen solange $\varkappa_\nu$ nicht stark um $\overline{\varkappa}$ schwankt. Der in (13.34) definierte Mittelwert des Absorptionskoeffizienten wird der Rosselandsche Opazitätskoeffizient $\overline{\varkappa}$ genannt. Es ist $1/\overline{\varkappa}$ der Mittelwert der monochromatischen Durchlässigkeit $1/\varkappa_\nu$, wobei die Gewichtsfaktoren der einzelnen Spektralbereiche, dJ_ν'/dt, dem Strahlungsstrom proportional sind.

Für die Sonnenatmosphäre wurde $\varkappa_\nu$ im vorangehenden Abschnitt mitgeteilt, während für $J_\nu'(t)$ die Intensität der Hohlraumstrahlung bei der in der Tiefe t herrschenden Temperatur eingesetzt wird.

72. Die Schichtung einer Atmosphäre im Strahlungsgleichgewicht

Wir gehen aus von der Gleichung des hydrostatischen Gleichgewichtes:

$$\frac{dp}{dh} = - g \, \varrho \tag{13.36}$$

wobei p den Gasdruck, g die Schwerebeschleunigung an der Sternoberfläche, ϱ die Dichte und h die von einem willkürlich festgesetzten Nullniveau nach außen positiv gerechnete geometrische Höhe bedeutet. Dabei haben wir nur das Gleichgewicht zwischen Gasdruck und Gravitation berücksichtigt und den Strahlungsdruck gegen den Gasdruck vernachlässigt, was in fast allen Sternatmosphären zulässig ist. Durch Ersetzung der geometrischen Höhe durch die optische Tiefe $d\tau = - \bar\varkappa \, \varrho \, dh$ nimmt die hydrostatische Gleichung die Form an:

$$\frac{dp}{d\tau} = \frac{g}{\varkappa} \tag{13.37}$$

Unter der Voraussetzung, daß die Opazität von der Absorption des H^--Ions herrührt, was jedenfalls bei den sonnenähnlichen Sternen der Fall sein dürfte, setzen wir in (13.37) den Wert aus (13.18) ein und erhalten:

$$p \, dp = \frac{g A}{C} \cdot \frac{d\tau}{\Phi(T)} \tag{13.38}$$

Da aber die Temperatur eine eindeutige Funktion von τ ist, können wir anstatt $\Phi(T)$ auch $\Phi(\tau)$ schreiben. Berücksichtigen wir ferner, daß für $\tau = 0$ $p = 0$ sein muß, so liefert die Integration von (13.38):

$$p(\tau) = \left(\frac{g A}{C}\right)^{1/2} \left(2 \int\limits_0^\tau \frac{d\tau}{\Phi(\tau)}\right)^{1/2} \tag{13.39}$$

Aus (13.9) ergibt sich weiter für den Elektronendruck:

$$p_e(\tau) = \left(\frac{g}{A C}\right)^{1/2} \left(2 \int\limits_0^\tau \frac{d\tau}{\Phi(\tau)}\right)^{1/2} \tag{13.40}$$

und aus (13.18) schließlich der Opazitätskoeffizient:

$$\bar\varkappa(\tau) = \left(\frac{g C}{A}\right)^{1/2} \Phi(\tau) \left(2 \int\limits_0^\tau \frac{d\tau}{\Phi(\tau)}\right)^{1/2} \tag{13.41}$$

Bei der Berechnung des in (13.39) bis (13.41) auftretenden Integrals bestimmt man zuerst aus (12.58) die zu τ gehörende Temperatur und hernach aus (13.14) $\Phi(\tau)$ und schließlich durch Aufsummieren der Beiträge $\Delta\tau/\Phi(\tau)$ den Wert des

Integrals. Nachdem $\bar{\varkappa}$, p, p_e als Funktion von τ berechnet sind, vollziehen wir den Übergang zu den geometrischen Höhen h, um die Ausdehnung der Photosphäre in Kilometern ausdrücken zu können. Wir kombinieren dazu die hydrostatische Grundgleichung mit der Gasgleichung und erhalten:

$$\frac{dp}{p} = d\lg p = -\frac{g\,\mu}{R\,T}\,dh \tag{13.42}$$

wobei R die Gaskonstante und μ das mittlere Molekulargewicht der Sternmaterie bedeutet. Für eine Atmosphäre aus reinem, nichtionisiertem Wasserstoff ist $\mu = 1$. Für die Sonne mit $g = 2{,}74 \cdot 10^4$ cm s^{-2} erhält man dann:

$$dh_S = -3{,}50 \cdot 10^7\,\frac{d\log p_S}{\Theta_S} \tag{13.43}$$

Der auf Grund dieser Gleichung berechnete Aufbau der Sonnenatmosphäre ist in Tab. 22 dargestellt, worin die Höhen von dem willkürlich auf $\tau = 1$ festgesetzten Nullniveau aus gemessen sind. Der Gasdruck in der Photosphäre

Tabelle 22

Schichtung der Atmosphären der Sonne und eines gelben Riesen
(nach M. WALDMEIER)

τ	T_S	$\log p_S$	h_S in km	T_R	$\log p_R$	h_R in km
0,01	4830^0	3,99	398	4830^0	3,16	17 900
0,10	4995^0	4,51	223	4995^0	3,68	10 050
0,50	5545^0	4,90	82	5545^0	4,07	3 690
1,00	5930^0	5,10	0	5930^0	4,27	0
2,00	6823^0	5,32	— 96	6823^0	4,49	— 4 320
4,00	7841^0	5,57	— 222	7844^0	4,74	— 10 000

beträgt somit rund 10^5 dyn/cm$^2 \sim 75$ mm Hg. Da nahezu die gesamte Ausstrahlung der Sonne aus Tiefen $0{,}1 < \tau < 4$ stammt, so ergibt sich für die vertikale Ausdehnung der Photosphäre eine Höhe von nur rund 450 km, die, verglichen mit dem Sonnenradius, sehr klein ist; dies zur nachträglichen Rechtfertigung der Behandlung der Photosphäre als ebenes Problem. Die geringe Mächtigkeit der Photosphäre liefert auch die Erklärung des scharfen Sonnenrandes, denn die 450 km erscheinen am Sonnenrand unter einem Winkel von nur 1/2″, was fast stets innerhalb des durch Apparatur und Luftunruhe bedingten Auflösungsvermögens liegt. Der berechnete Helligkeitsabfall am äußersten Sonnenrand von der Randintensität 0,40 auf den Wert 0 ist in Abb. 35 dargestellt. Der ganze Abfall, d. h. der Übergang von vollständiger Undurchsichtigkeit zu praktisch vollständiger Durchsichtigkeit, vollzieht sich auf einer Strecke von 340 km, also in einem Winkelbereich von weniger als 1/2″. Es ist klar, daß dadurch ein völlig scharfer Sonnenrand vorgetäuscht wird. Man vergegenwärtige sich, daß im Maßstab der Abb. 35 der Mittelpunkt der Sonnenscheibe 46 m links vom Nullpunkt liegt!

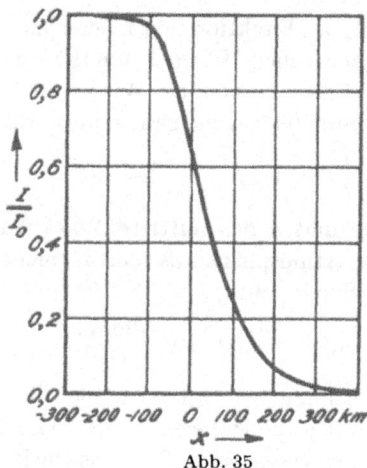

Abb. 35
Der Helligkeitsabfall am äußersten Sonnenrand (nach M. WALDMEIER).

Als Gegenstück ist in Tab. 22 ferner unter denselben Voraussetzungen, nämlich daß die Opazität durch die H⁻-Absorption bedingt sei und die Metalle durchschnittlich ein Elektron abgegeben haben (ohne daß die Berechtigung dieser Annahmen hier diskutiert werden soll), die Schichtung der Atmosphäre eines gelben Riesen mit derselben Temperaturschichtung wie die Sonne aufgeführt. Die Schwerebeschleunigung ist aus den in Tab. 10 mitgeteilten Zustandsgrößen für Capella berechnet worden. Gegenüber der Sonne ist der Druck siebenmal kleiner, die Ausdehnung der Atmosphäre 45mal größer.

XIV. PHYSIK DER SPEKTRALLINIEN

Die bisher allein betrachtete kontinuierliche Emission der Sternatmosphären ist im wesentlichen thermische Hohlraumstrahlung und als solche unabhängig von der chemischen Beschaffenheit der Sternmaterie. Während somit die kontinuierliche Strahlung über den Chemismus nichts auszusagen vermag, sind die Absorptionslinien der Sternspektren für ganz bestimmte Atome charakteristisch und verraten deren Existenz. Über diese qualitative Analyse hinaus vermag eine exaktere Untersuchung der Form und Intensität der Linien einerseits die Konzentration der beteiligten Atomart zu bestimmen, andererseits uns Aufschlüsse zu geben über die physikalischen Zustände in den die Linien erzeugenden Schichten, welche zum Teil weit über die aus der Analyse der kontinuierlichen Strahlung erhaltenen Aufschlüsse hinausgehen. Da uns dieses Programm aber tiefer als die früheren Kapitel in die Atomphysik hineinführen wird, beschäftigen wir uns zunächst nur vom physikalischen Standpunkt aus mit den Spektrallinien und erst im folgenden Kapitel mit der Anwendung der erworbenen Kenntnisse auf die Sternatmosphären.

73. Die klassische Dispersionstheorie

Die Lichtausbreitung in einem durchsichtigen Medium läßt sich durch die einzige Materialkonstante n, den gewöhnlichen reellen Brechungsindex, beschreiben. Im Gebiet einer Absorptionslinie ist aber, wie der Name sagt, das Medium absorbierend, d. h. nur teilweise durchsichtig. In diesem Fall läßt sich die Lichtausbreitung durch einen komplexen Brechungsindex $\mathfrak{n}$ beschreiben:

$$\mathfrak{n} = n\,(1 - i\,\varkappa) \qquad (14.1)$$

Die Größe $\varkappa$ bezeichnet man als Absorptionsindex. Eine in der z-Richtung sich fortpflanzende Welle wird dargestellt durch

$$A = A_0 \cos 2\,\pi\left(\frac{t}{T} - \frac{z}{\lambda}\right) \qquad (14.2)$$

An Stelle der Schwingungsdauer T setzen wir die Frequenz ν oder die Kreisfrequenz ω:

$$T = \frac{1}{\nu} = \frac{2\,\pi}{\omega} \qquad (14.3)$$

und ebenso für die Wellenlänge λ:

$$\lambda = \frac{c}{\mathfrak{n}\,\nu} = \frac{2\,\pi\,c}{\mathfrak{n}\,\omega} \qquad (14.4)$$

Damit nimmt die Wellengleichung die Form an:

$$A = A_0 \cos\omega\left(t - \frac{\mathfrak{n}\,z}{c}\right) \qquad (14.5)$$

oder:

$$A = A_0\,e^{i\,\omega\,[t - (\mathfrak{n}\,z/c)]} = A_0\,e^{-(\omega\,n\,\varkappa\,z/c)}\,e^{i\,\omega\,[t - (n\,z/c)]} \qquad (14.6)$$

Angewandt auf eine Lichtwelle bedeutet A den elektrischen bzw. magnetischen Vektor. Die zweite Exponentialfunktion stellt eine reine Sinuswelle dar und $A_0\,e^{-(\omega\,n\,\varkappa\,z/c)}$ die mit fortschreitendem z abnehmende Amplitude. (14.6) stellt somit eine gedämpfte Welle dar. Für $\varkappa = 0$, d. h. keine Absorption, verschwindet auch die Dämpfung. Da die Intensität des Lichtes dem Quadrat der Amplitude proportional ist, erhalten wir

$$\frac{I}{I_0} = \frac{A_0^2\,e^{-(2\,\omega\,n\,\varkappa\,z/c)}}{A_0^2} = e^{-k\,z} \qquad (14.7)$$

Das Licht wird somit nach einem Exponentialgesetz geschwächt; die im Exponenten auftretende Größe k nennt man den Absorptionskoeffizienten:

$$k = \frac{2\,\omega\,n\,\varkappa}{c} = \frac{4\,\pi\,n\,\varkappa}{\lambda} \qquad (14.8)$$

Um den Absorptionskoeffizienten berechnen zu können, benötigen wir eine Vorstellung über den Mechanismus der Lichtabsorption. Hier wollen wir uns zunächst der klassischen Vorstellung bedienen: ein an ein Atom gebundenes Elektron, ein sog. harmonischer Oszillator, wird wegen seiner elektrischen Ladung durch den elektrischen Vektor der einfallenden Lichtwelle in Schwingungen versetzt. Die Differentialgleichung der erzwungenen gedämpften Schwingung lautet:

$$\ddot{x} + \gamma\, \dot{x} + \omega_0^2\, x = \frac{e}{m}\, E \qquad (14.9)$$

Darin bedeutet x die Verschiebung des Oszillators aus seiner Ruhelage, γ die Dämpfungskonstante, ω_0 die Eigenfrequenz, e und m Ladung und Masse des Elektrons und E die elektrische Feldstärke der Lichtwelle. Mit Hilfe des bekannten Exponentialansatzes $x = x_0\, e^{i\,\omega\,t}$ erhält man

$$x\, (-\omega^2 + i\,\gamma\,\omega + \omega_0^2) = \frac{e}{m}\, E \qquad (14.10)$$

Durch die Verschiebung x erhält das Atom das elektrische Dipolmoment $e\,x$. Man bezeichnet das durch die Feldstärke 1 erzeugte Dipolmoment als die Polarisierbarkeit $\alpha = e\,x/E$. Sind pro Kubikzentimeter N Oszillatoren vorhanden, so beträgt im Feld E die Polarisation pro Kubikzentimeter $P = \alpha\,N\,E$. Zwischen dieser, der elektrischen Feldstärke und dem Maxwellschen Verschiebungsvektor D besteht nach der Elektrodynamik die Beziehung:

$$D = \varepsilon\,E = E + 4\,\pi\,P \qquad (14.11)$$

Somit ist:

$$\varepsilon = \mathfrak{n}^2 = 1 + 4\,\pi\,N\,\alpha \qquad (14.12)$$

Hier ist die Dielektrizitätskonstante ε nach der Maxwellschen Theorie dem Quadrat des Brechungsindex gleichgesetzt. In Verbindung mit (14.10) erhalten wir somit:

$$\mathfrak{n}^2 - 1 = 4\,\pi\,N\,\frac{e\,x}{E} = \frac{4\,\pi\,N\,e^2}{m}\cdot\frac{1}{(\omega_0^2 - \omega^2 + i\,\gamma\,\omega)} \qquad (14.13)$$

Diese komplexe Gleichung ist zwei reellen äquivalent, indem sie die Gleichheit der Realteile sowie diejenige der Imaginärteile verlangt.

Realteil: $\quad n^2\,(1 - \varkappa^2) - 1 = \dfrac{4\,\pi\,N\,e^2}{m}\cdot\dfrac{\omega_0^2 - \omega^2}{(\omega_0^2 - \omega^2)^2 + \omega^2\,\gamma^2} \qquad (14.14)$

Imaginärteil: $\quad 2\,n^2\,\varkappa = \dfrac{4\,\pi\,N\,e^2}{m}\cdot\dfrac{\gamma\,\omega}{(\omega_0^2 - \omega^2)^2 + \omega^2\,\gamma^2} \qquad (14.15)$

Da wir uns nur für die Verhältnisse innerhalb der Spektrallinie und in deren unmittelbaren Umgebung interessieren, ist stets

$$\Delta\omega = \omega - \omega_0 \ll \omega_0 \qquad (14.16)$$

Deshalb kann man folgende Näherungen einführen:

$$\omega_0^2 - \omega^2 = \omega_0^2 - (\omega_0 + \Delta\omega)^2 \sim -\,2\,\omega_0\,\Delta\omega \qquad (14.17)$$

$$(\omega_0^2 - \omega^2)^2 + \omega^2\,\gamma^2 \sim 4\,\omega_0^2\,\Delta\omega^2 + \omega_0^2\,\gamma^2 = 4\,\omega_0^2\left[\Delta\omega^2 + \left(\frac{\gamma}{2}\right)^2\right] \qquad (14.18)$$

Berücksichtigt man ferner, daß die Sternatmosphären aus verdünntem Gas bestehen und demnach $n \sim 1$ und $\varkappa \ll 1$ ist, so nehmen (14.14) und (14.15) schließlich folgende Form an:

$$n - 1 = - \frac{\pi N e^2}{m \, \omega_0} \cdot \frac{\varDelta \omega}{\varDelta \omega^2 + (\gamma/2)^2} \qquad (14.19)$$

$$k = \frac{2 \, \omega \, n \, \varkappa}{c} = \frac{\pi N e^2}{m \, c} \cdot \frac{\gamma}{\varDelta \omega^2 + (\gamma/2)^2} \qquad (14.20)$$

Der Verlauf von $n - 1$ und k in der Umgebung einer Spektrallinie ist in Abb. 36 dargestellt. Die uns hier besonders interessierende Größe k erreicht für $\varDelta \omega = 0$, d. h. in der Linienmitte, das Maximum; im Abstand $\varDelta \omega = \gamma/2$ ist sie auf die

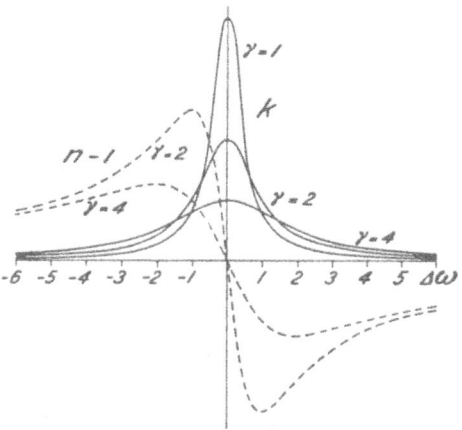

Abb. 36
Verlauf des Absorptionskoeffizienten und des Brechungsindex in der Umgebung einer Spektrallinie.

Hälfte des Maximalwertes abgesunken. Die Größe γ, die wir als Dämpfungskonstante bzw. als reziproke Abklingzeit des Oszillators eingeführt hatten, hat somit auch noch die Bedeutung der Halbwertsbreite des Absorptionskoeffizienten.

Wie aus Abb. 36 anschaulich hervorgeht, hat die Dämpfung einen ausschlaggebenden Einfluß auf die Form einer Absorptionslinie: geringe Dämpfung erzeugt schmale Linien, starke Dämpfung breite. Dagegen hat die Dämpfung keinen Einfluß auf die Gesamtabsorption, wie sofort gezeigt werden soll. Wir betrachten den Durchgang von Licht durch eine absorbierende Schicht der Dicke d. Die Intensität der eintretenden Strahlung der Frequenz ν sei $I_{\nu, 0}$, diejenige der austretenden I_ν; dann ist nach (14.7):

$$I_\nu = I_{\nu, 0} \, e^{-k \, d} \qquad (14.21)$$

Die Lichtschwächung hängt also nur vom Produkt $k \, d$, der sog. optischen Dicke ab; diese soll klein sein gegen 1, d. h. der Lichtverlust soll klein sein gegen $I_{\nu, 0}$. In diesem Falle ist:

$$I_\nu = I_{\nu, 0} \, (1 - k \, d) \qquad (14.22)$$

Die durch die Schicht erzeugte Absorptionslinie hat somit die in Abb. 36 dargestellte Form. Drückt man die Intensitäten in Einheiten der einfallenden, im Bereich der Spektrallinie als konstant zu betrachtenden Intensität $I_{\nu,0}$ aus, so ergibt sich für die gesamte Absorption innerhalb der Linie:

$$A_{\nu} = \int \frac{I_{\nu,0} - I_{\nu}}{I_{\nu,0}}\, d(\Delta \nu) = d \int k\, d(\Delta \nu) = \frac{N e^2 d}{m c} \int_{-\infty}^{+\infty} \frac{\gamma\, d(\Delta \omega)}{2\,[\Delta \omega^2 + (\gamma/2)^2]} \qquad (14.23)$$

Mit $\Delta \nu$, $\Delta \omega$, $\Delta \lambda$ wird stets der Abstand von der Linienmitte bezeichnet, ausgedrückt in Einheiten der Frequenz bzw. der Kreisfrequenz bzw. der Wellenlänge. Mit Hilfe der Substitution $x = 2\,\Delta \omega / \gamma$ läßt sich das Integral (14.23) leicht lösen:

$$A_{\nu} = \frac{N e^2 d}{m c} \int_{-\infty}^{+\infty} \frac{\gamma^2\, dx}{4\,[(\gamma\, x/2)^2 + (\gamma/2)^2]} = \frac{N e^2 d}{m c} \int_{-\infty}^{+\infty} \frac{dx}{x^2 + 1}$$

$$= \frac{N e^2 d}{m c} \operatorname{arc\,tg} x \,\Big|_{-\infty}^{+\infty} = \frac{\pi e^2 N d}{m c} \qquad (14.24)$$

Die Gesamtabsorption ist somit unabhängig von γ, d. h. von der Form der Linie, nur durch die Anzahl der Oszillatoren $N\,d$ pro Quadratzentimeter bedingt.

Wie Abb. 36 zeigt, wächst außerhalb der Spektrallinie der Brechungsindex mit zunehmender Frequenz, was aus der Erfahrung hinreichend bekannt ist. Innerhalb der Linie dagegen, d. h. zwischen $\Delta \omega = \pm \gamma/2$, fällt er sehr stark ab; man nennt dies das Gebiet der anomalen Dispersion.

Der Umstand, daß der Absorptionskoeffizient mit zunehmendem Abstand vom Linienzentrum zunächst sehr stark, später relativ langsam abnimmt, legt es nahe, an der Linie zwei Teile zu unterscheiden: den zentralen Kern $\Delta \omega < \gamma/2$ und die Linienflügel $\Delta \omega > \gamma/2$. Für hinreichend große Abstände vom Linienzentrum nimmt der Ausdruck (14.20) für den Absorptionskoeffizienten folgende einfachere Gestalt an:

$$k = \frac{\pi N e^2}{m c} \cdot \frac{\gamma}{\Delta \omega^2} = \frac{N e^2 \lambda^4}{4 \pi m c^3} \cdot \frac{\gamma}{(\Delta \lambda)^2} \qquad (14.25)$$

Da die Gesamtabsorption proportional $N\,d$ ist, die Absorption in den Linienflügeln dagegen proportional $N \gamma\, d$, so lassen sich aus der Messung dieser beiden Größen N und γ einzeln bestimmen.

Die Dämpfung hat zwei verschiedene physikalische Ursachen: 1. Der Oszillator verliert durch die Ausstrahlung Energie, wodurch seine Amplitude gedämpft wird (Strahlungsdämpfung). 2. Eine ebenfalls als Dämpfung aufzufassende vorzeitige Unterbrechung der Emission des Oszillators kann bei einem Zusammenstoß desselben mit einem anderen Atom erfolgen (Stoßdämpfung). Da dieser Effekt mit zunehmendem Druck stärker in Erscheinung tritt, spricht man auch von Druckverbreiterung der Spektrallinien. Die nähere Untersuchung dieser beiden Ursachen der Dämpfung bildet den Gegenstand der drei folgenden Abschnitte.

74. Strahlungsdämpfung

Jede ungleichförmig bewegte elektrische Ladung erzeugt ein sich mit Lichtgeschwindigkeit ausbreitendes elektromagnetisches Feld, d. h. sie emittiert
Energie, welche der Beschleunigung proportional ist. Eine ruhende oder gleichförmig bewegte Ladung strahlt somit nicht. In Abb. 37 sind für einen beliebigen
Punkt P des Feldes der Ladung e mit der Beschleunigung $\ddot{x}$ die elektrische und
magnetische Feldstärke $\mathfrak{E}$ und $\mathfrak{H}$ eingezeichnet. $\mathfrak{E}$ liegt in der durch den Orts-
vektor r und $\ddot{x}$ gebildeten Ebene, $\mathfrak{H}$ steht senkrecht zu
dieser. Dem Betrage nach sind beide Vektoren gleich:

$$\mathfrak{E} = \mathfrak{H} = \frac{e\,\ddot{x}\,\sin\vartheta}{c^2\,r} \qquad (14.26)$$

($\mathfrak{E}$ und e elektrostatisch gemessen, $\mathfrak{H}$ elektromagnetisch). Der
Energiefluß pro Flächen- und Zeiteinheit beträgt im Punkte P:

$$s = \frac{c}{4\,\pi}\,\mathfrak{E}\,\mathfrak{H} = \frac{e^2\,\ddot{x}^2\,\sin^2\vartheta}{4\,\pi\,c^3\,r^2} \qquad (14.27)$$

Durch Integration über die ganze Kugeloberfläche mit dem
Radius r, wobei wir als Flächenelement die Kugelzone
$2\,\pi\,r^2\,\sin\vartheta\,d\vartheta$ (Abb. 37) wählen, erhält man den gesamten
Energiestrom pro Zeiteinheit:

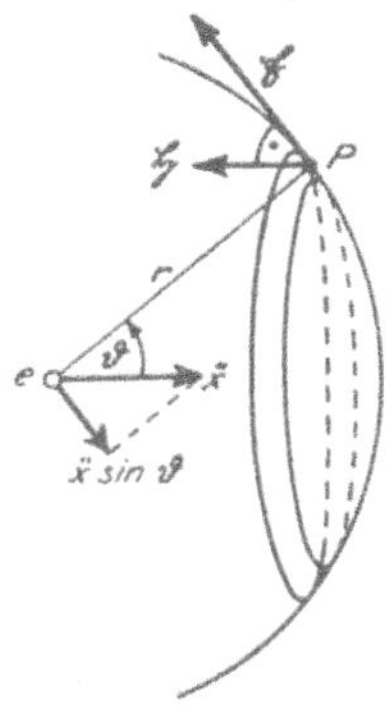

$$S = \frac{e^2\,\ddot{x}^2}{4\,\pi\,c^3\,r^2} \int\limits_0^\pi 2\,\pi\,r^2\,\sin^3\vartheta\,d\vartheta = \frac{2\,e^2\,\ddot{x}^2}{3\,c^3} \qquad (14.28)$$

Abb. 37. Ausstrah-
lung einer beschleu-
nigten Ladung.

Um diesen Betrag nimmt die Energie E des Oszillators pro Zeiteinheit ab; es
ist somit:

$$\frac{dE}{dt} = -\frac{2\,e^2\,\ddot{x}^2}{3\,c^3} \qquad (14.29)$$

Der angeregte Oszillator wird unter dem Einfluß dieser Ausstrahlung eine freie
gedämpfte Schwingung ausführen; diese wird dargestellt durch:

$$\ddot{x} + \gamma\,\dot{x} + \omega_0^2\,x = 0 \qquad (14.30)$$

Ihre Lösung lautet bekanntlich:

$$x = A_0\,e^{-(\gamma/2)t}\,\cos(\omega\,t + \varphi) \qquad (14.31)$$

Die Energie E des Oszillators ist dem Amplitudenquadrat proportional:

$$E = E_0\,e^{-\gamma t} = E_0\,e^{-t/T} \qquad (14.32)$$

Die Dimension der Dämpfungskonstanten ist somit s^{-1} und ihr reziproker
Wert die sog. Abklingzeit T, in welcher die Energie auf $1/e$ abnimmt. Berücksichtigen wir noch, daß im Zeitmittel beim harmonischen Oszillator kinetische
und potentielle Energie gleich sind, E somit gleich der doppelten kinetischen
Energie ist, so erhält man aus (14.32) und (14.29):

$$\frac{dE}{dt} = -\gamma\,E = -\gamma\,m\,\overline{\dot{x}^2} = -\frac{2\,e^2\,\overline{\ddot{x}^2}}{3\,c^3} \qquad (14.33)$$

$$\gamma = \frac{2\,e^2}{3\,m\,c^3} \cdot \frac{\overline{\ddot{x}^2}}{\overline{\dot{x}^2}} \qquad (14.34)$$

Da die Strahlungsdämpfung schwach, die Schwingung also nahezu rein harmonisch ist, können wir den hier auftretenden Quotienten $\ddot{x}^2/\bar{x}^2$ näherungsweise der Lösung für die ungedämpfte Schwingung entnehmen:

$$x = A_0 \cos \omega_0 t$$

$$\dot{x} = -\omega_0 A_0 \sin \omega_0 t \qquad \overline{\dot{x}^2} = \omega_0^2 A_0^2 \overline{\sin^2 \omega t}$$

$$\ddot{x} = -\omega_0^2 A_0 \cos \omega_0 t \qquad \overline{\ddot{x}^2} = \omega_0^4 A_0^2 \overline{\cos^2 \omega t}$$

Damit erhalten wir für die Konstante der Strahlungsdämpfung, die wir mit γ_s bezeichnen:

$$\gamma_s = \frac{2 e^2 \omega_0^2}{3 m c^3} = \frac{8 \pi^2 e^2 \nu_0^2}{3 m c^3} \tag{14.35}$$

Nach (14.20) beträgt die Halbwertsbreite des Absorptionskoeffizienten, ausgedrückt in Kreisfrequenzeinheiten:

$$\gamma_s = \Delta\omega = 2\pi \Delta\nu = \frac{2\pi c}{\lambda_0^2} \Delta\lambda = \frac{\omega_0^2}{2\pi c} \Delta\lambda \tag{14.36}$$

$$\Delta\lambda_n = \frac{4\pi e^2}{3 m c^2} \tag{14.37}$$

Dies ist die minimale Breite, welche eine Absorptionslinie aufweisen kann, die sog. natürliche Linienbreite, welche dann vorliegt, wenn außer der immer vorhandenen Strahlungsdämpfung keine andern Verbreiterungsursachen wirksam sind. Da der Ausdruck (14.37) ausschließlich universelle Konstanten enthält, besitzen sämtliche Linien dieselbe natürliche Linienbreite, nämlich:

$$\Delta\lambda_n = 1{,}18 \cdot 10^{-4} \text{ Å} \tag{14.38}$$

Diese Breite ist so gering, daß sie direkt nicht gemessen werden kann, da das Auflösungsvermögen der Spektrographen dazu im allgemeinen nicht ausreicht, abgesehen davon, daß die Linien meistens eine durch andere Ursachen bedingte viel größere Breite aufweisen. Nach (14.32) und (14.35) beträgt die Abklingzeit

$$T = \frac{3 m c \lambda_0^2}{8 \pi^2 e^2} = \frac{\lambda_0^2}{0{,}22} \tag{14.39}$$

Für visuelles Licht, $\lambda = 5000 \text{ Å} = 5 \cdot 10^{-5}$ cm, ist $T = 1{,}2 \cdot 10^{-8}$ s, in größenordnungsmäßiger Übereinstimmung mit den Beobachtungen.

Schließlich setzen wir den Wert von γ_s in die Gleichung (14.25) für den Absorptionskoeffizienten ein:

$$k = \frac{2\pi N e^4 \lambda_0^2}{3 m^2 c^4 (\Delta\lambda)^2} = 16{,}5 \cdot 10^{-26} \frac{N \lambda_0^2}{(\Delta\lambda)^2} \tag{14.40}$$

Wenn wir hier nicht die allgemeinere Formel (14.20) verwendet haben, so liegt dies daran, daß die Dämpfung, wie wir sehen werden, nur für die Linienflügel maßgebend ist, während für die Verhältnisse im Linienkern andere physikalische Vorgänge ausschlaggebend sind.

Obschon wir erst später auf die Behandlung der Dämpfung vom Standpunkt der Quantentheorie aus eingehen werden, sei hier schon erwähnt, daß die natürliche Linienbreite eine unmittelbare Konsequenz der Heisenbergschen Unbe-stimmtheitsrelation ist. Schreiben wir diese in der Form:

$$\Delta E \, \Delta t \cong \frac{h}{2\,\pi} \qquad (14.41)$$

so bedeutet dies, daß die Energie nur bis auf eine Ungenauigkeit ΔE bestimm-bar ist, falls für deren Messung die Zeit Δt zur Verfügung steht. Dies ist die Verweilzeit T, welche experimentell zu 10^{-8} s gefunden wird. Da ferner $E = h\,\nu$ ist, erhält man

$$\Delta E = h\,\Delta\nu \cong \frac{h}{2\,\pi\,T}$$

$$\frac{1}{T} = 2\,\pi\,\Delta\nu = \frac{2\,\pi\,c}{\lambda^2}\,\Delta\lambda \qquad (14.42)$$

Mit $\lambda = 5 \cdot 10^{-5}$ und $T = 10^{-8}$ erhält man wieder für die natürliche Linien-breite $\Delta\lambda = 1 \cdot 10^{-4}$ Å.

75. Stoßdämpfung

Zunächst wollen wir den bereits in Abb. 36 zum Ausdruck kommenden sehr allgemeinen Zusammenhang zwischen Dämpfungskonstanten und Linienbreite noch von einem höheren Standpunkt betrachten. Für eine beliebige Wellen-gruppe, d. h. eine durch eine beliebige Funktion $G(t)$, die sog. Kontur der Gruppe, modulierte Trägerwelle der Frequenz ω_0 kann das zugehörige Frequenz-spektrum $F(\Delta\omega)$ mit Hilfe des Fourierschen Integrals berechnet werden:

$$F(\Delta\omega) = \frac{1}{2\,\pi} \int_{-\infty}^{+\infty} G(t) \cos(\Delta\omega\,t)\,dt \qquad (14.43)$$

$$G(t) = \int_{-\infty}^{+\infty} F(\Delta\omega) \cos(\Delta\omega\,t)\,d(\Delta\omega) \qquad (14.44)$$

Zunächst behandeln wir den einfachen Fall, daß die Sinusschwingung zur Zeit $-T$ beginnt und zur Zeit $+T$ abbricht. Es ist also $G = A_0$ für $-T \leqq t \leqq +T$ und $G = 0$ außerhalb dieses Intervalls. Damit erhält man nach (14.43):

$$F(\Delta\omega) \cong \frac{\sin(\Delta\omega\,T)}{\Delta\omega} \qquad (14.45)$$

also eine Sinuskurve, deren Amplitude mit zunehmendem $|\Delta\omega|$ schnell ab-nimmt, so daß wir uns auf das zentrale Maximum des Frequenzspektrums be-schränken können, welches zwischen den beiden ersten Nullstellen $\pm\,\Delta\omega = \pi/T$ liegt. Die Breite des Spektrums geht somit $\sim 1/T$, der Zentralwert $F(0)$ dagegen $\sim T$. Nur ein unendlich ausgedehnter Wellenzug besitzt ein streng monochromatisches Spektrum; je kürzer der Wellenzug ist, um so breiter das Frequenzspektrum. Für $T \to 0$ wird dasselbe schließlich in ein Kontinuum aus-einandergezogen. Auch bei komplizierteren Konturen $G(t)$ gilt diese allgemeine reziproke Beziehung zwischen der Breite der Wellengruppe und derjenigen des Frequenzspektrums.

Schließlich berechnen wir nach (14.43) noch das Frequenzspektrum des gedämpften Oszillators: es ist nach (14.31):

$$G = 0 \quad \text{für} \quad t < 0 \qquad G(t) = A_0\, e^{-(\gamma/2)t} \quad \text{für} \quad t \geq 0$$

$$F(\varDelta\omega) = \frac{1}{2\,\pi} \int_0^\infty A_0\, e^{-(\gamma/2)t} \cos(\varDelta\omega\, t)\, dt = \frac{A_0}{4\,\pi} \cdot \frac{\gamma}{(\varDelta\omega)^2 + (\gamma/2)^2} \tag{14.46}$$

Dies ist genau dieselbe Frequenzabhängigkeit, welche wir schon in (14.20) gefunden haben.

Nunmehr können wir die Stoßdämpfung verstehen: durch den Zusammenstoß wird die Lichtemission vorzeitig unterbrochen, der Wellenzug somit verkürzt und das Spektrum verbreitert. In der quantentheoretischen Vorstellung bedingt der Zusammenstoß eine Verkürzung der Verweilzeit T im angeregten Zustand und damit nach (14.42) eine Verbreiterung der Linie.

Es sei die Wahrscheinlichkeit, daß ein Teilchen in der Zeiteinheit einen Zusammenstoß erfährt, p; dann ist die Wahrscheinlichkeit für einen Zusammenstoß im Intervall $\varDelta t$ gleich $p\,\varDelta t$ und die Wahrscheinlichkeit, daß es in diesem Intervall keinen Zusammenstoß erfährt, $q = 1 - p\,\varDelta t$. Somit ist die Wahrscheinlichkeit, daß das Teilchen während der Zeit $t = n\,\varDelta t$ stoßfrei bleibt:

$$W(t) = (1 - p\,\varDelta t)^{t/\varDelta t} = \left[(1 - p\,\varDelta t)^{-1/(p\,\varDelta t)}\right]^{-p\,t} \tag{14.47}$$

Läßt man darin $\varDelta t$ gegen 0 gehen, so erhält man:

$$W(t) = e^{-p\,t} = e^{-t/\tau} \tag{14.48}$$

Da p die mittlere Stoßzahl pro Sekunde bedeutet, ist $\tau = 1/p$ das mittlere Zeitintervall zwischen zwei aufeinanderfolgenden Stößen oder auch die Abklingzeit, nach welcher die Anzahl der Atome, welche noch keinen Stoß erfahren haben, also noch emittieren, auf $1/e$ gesunken ist. Wir haben hier also formal dasselbe Gesetz wie bei der Strahlungsdämpfung, wo nach (14.31) die Abklingzeit $2/\gamma$ beträgt. Aus diesem Grund erzeugen die Zusammenstöße dieselbe Linienform wie die Strahlungsdämpfung, und es ist deshalb begründet, die Stoßverbreiterung ebenfalls als Dämpfung zu bezeichnen. Im Falle reiner Stoßdämpfung haben wir somit in (14.31) $\gamma/2$ durch $1/\tau$ zu ersetzen, d. h. die Konstante der Stoßdämpfung beträgt:

$$\gamma_{St} = \frac{2}{\tau} = 2\,Z \tag{14.49}$$

Darin bedeutet Z die Stoßzahl pro Sekunde. Hat man gleichzeitig Strahlungs- und Stoßdämpfung, so setzt sich die effektive Dämpfungskonstante aus γ_s und γ_{St} (weil diese als Exponenten auftreten) additiv zusammen:

$$\gamma_{eff} = \gamma_s + \gamma_{St} = \frac{0,22}{\lambda_0^2} + 2\,Z \tag{14.50}$$

Die exakte Berechnung von Z ist Sache der Thermodynamik. Wir begnügen uns hier mit einer primitiv abzuleitenden Formel, welche für Z aber immerhin die richtige Größenordnung ergibt. Wir bezeichnen mit σ den Teilchendurchmesser, mit n die Teilchendichte und mit v die Geschwindigkeit des stoßenden Teilchens; dieses erfährt, sofern wir von der Bewegung der übrigen Teilchen absehen, pro Sekunde Z Zusammenstöße:

$$Z = \pi \, \sigma^2 \, v \, n \qquad (14.51)$$

Da die mittlere kinetische Energie des Teilchens $(3/2) \, kT$ beträgt, setzen wir $v = (3\,kT/m)^{1/2}$. Die Teilchendichte ergibt sich aus dem Gasdruck p und der Temperatur: $p = n\,k\,T$. Somit erhält man:

$$Z = \pi \, \sigma^2 \left(\frac{3\,R\,T}{\mu} \right)^{1/2} \frac{L\,p}{R\,T} = \pi \, \sigma^2 \, L \, p \left(\frac{3}{\mu\,R\,T} \right)^{1/2} \qquad (14.52)$$

$L = R/k$ bedeutet darin die Loschmidtsche Zanl.

Die Stoßdämpfung beginnt hervorzutreten, wenn τ wesentlich kleiner als 10^{-8} s wird.

Abschließend wollen wir noch kurz auf die Frage eingehen, was in bezug auf die Emission des Atoms als Stoß zu bezeichnen ist. Die bisher betrachteten Zusammenstöße im gaskinetischen Sinn, welche die Lichtemission vollständig abhacken, treten zahlenmäßig stark zurück gegen die sog. Phasenstörungsstöße, bei denen ein störendes Teilchen im Abstand ϱ am leuchtenden vorbeifliegt. Beträgt die Geschwindigkeit des störenden Teilchens v und wird die Zeit t vom Moment der größten Annäherung ab gezählt, so beträgt die gegenseitige Entfernung:

$$r = (\varrho^2 + v^2\,t^2)^{1/2}$$

Die Anwesenheit des Störteilchens bewirkt eine Verstimmung der Eigenfrequenz ω des Leuchtatoms um den Betrag

$$\Delta\omega = 2\,\pi\,\frac{C}{r^n}$$

wobei der Exponent n je nach Art des Teilchens meist zwischen 2 und 4 liegt. Die gesamte Phasenänderung während des Vorüberganges beträgt somit:

$$\eta = \int\limits_{-\infty}^{+\infty} \Delta\omega \, dt = \int\limits_{-\infty}^{+\infty} \frac{2\,\pi\,C\,dt}{(\varrho^2 + v^2\,t^2)^{n/2}}$$

Oder bei Einführung des Polarwinkels φ zwischen den Richtungen nach dem Störteilchen zur Zeit 0 und zur Zeit t:

$$\eta = \frac{2\,\pi\,C}{v\,\varrho^{n-1}} \, c_n \quad \text{mit} \quad c_n = \int\limits_{-\pi/2}^{+\pi/2} \cos^{n-2}\varphi \, d\varphi = \sqrt{\pi}\,\frac{\Gamma[(n-1)/2]}{\Gamma(n/2)}$$

Ein Phasenstörungsstoß tritt auf, wenn η einen bestimmten Wert η_0 überschreitet bzw. der Stoßparameter ϱ einen gewissen Wert ϱ_0 unterschreitet; man erhält somit für den Stoßradius:

$$\varrho_0 = \left(\frac{2\,\pi\,C\,c_n}{v\,\eta_0} \right)^{1/(n-1)}$$

und schließlich nach (14.49) und (14.51) für die Konstante der Stoßdämpfung:

$$\gamma_{St} = 2\,Z = 2\,\pi \left(\frac{2\,\pi\,C\,c_n}{v\,\eta_0} \right)^{2/(n-1)} v\,n$$

wobei n die Dichte der störenden Teilchen bedeutet.

76. Quantentheorie der Dämpfung

Wir haben hier die Dämpfung nach der klassischen Vorstellung behandelt, weil die Quantentheorie im wesentlichen zum gleichen Resultat führt. Jedoch müssen zwei Begriffe, welche an die Modellvorstellung der Dispersionstheorie gebunden sind, in der Quantentheorie eine neue Interpretation erfahren: die Dichte N der Oszillatoren und die Konstante γ_s der Strahlungsdämpfung.

Wir bedienen uns wieder der in Ziffer 4 eingeführten Einsteinschen Übergangswahrscheinlichkeiten. Wenn wir die erzwungene Emission und die Absorption unberücksichtigt lassen, so «zerfallen» von den N_m Atomen des angeregten Zustandes in der Zeit dt

$$dN_m = -\,N_m\,\Sigma A_{n\,m}\,dt \tag{14.53}$$

wobei die Summation über sämtliche Niveaus zu erstrecken ist, welche tiefer liegen als das Niveau m. Die Anzahl der angeregten Atome nimmt somit exponentiell mit der Zeit ab:

$$N_m = N_{m,0}\,e^{-\Sigma A_{nm}\,t} = N_{m,0}\,e^{-\gamma_m t} \tag{14.54}$$

Da auch die Intensität sämtlicher von m ausgehender Emissionslinien nach diesem Gesetz abnimmt, übernimmt γ_m die Bedeutung von γ_s in der klassischen Theorie:

$$\gamma_m = \Sigma A_{n\,m} = \frac{1}{T_m} \tag{14.55}$$

T_m ist die Abklingzeit oder auch, wie man leicht verifiziert, die mittlere Lebensdauer des Zustandes m. Diese Überlegungen gelten streng nur bei Abwesenheit eines äußeren Strahlungsfeldes. Ist ein solches von hinreichender Stärke vorhanden, so müssen in (14.55) noch zwei von der erzwungenen Emission und der Absorption herrührende Glieder mit berücksichtigt werden. Diese werden jedoch erst von Bedeutung, wenn für hinreichend starke Übergänge $h\,v < k\,T$ ist.

Es muß aber beachtet werden, daß die Größen γ_m, T_m gegenüber den analogen nach (14.35) und (14.39) zu berechnenden Größen γ_s, T der klassischen Theorie eine grundsätzlich verschiedene Bedeutung haben: während sich γ_s und T auf die Linie schlechtweg beziehen, charakterisieren die quantentheoretischen Größen γ_m und T_m nur das Ausgangsniveau der Linie. Nach der Heisenbergschen Unbestimmtheitsrelation (14.41) entspricht der Lebensdauer T_m eine Unbestimmtheit ΔE der Energie im Zustand m, d. h. die Energie in diesem Zustand wird um einen Betrag von dieser Größenordnung von E_m verschieden sein können:

$$\Delta E = \frac{h}{2\,\pi\,T_m} \tag{14.56}$$

Welches ist die Wahrscheinlichkeit, daß das Atom im Zustand m eine Energie zwischen E und $E + dE$ aufweist? Die Diracsche Strahlungstheorie gibt dafür, wie wir hier nicht ableiten können, den Ausdruck:

$$W(E)\, dE = \frac{\gamma_m}{h} \cdot \frac{dE}{(2\,\pi/h)^2\,(E - E_m)^2 + (\gamma_m/2)^2} \tag{14.57}$$

Dieser Ausdruck, der für $E = E_m$ ein Maximum hat und mit zunehmendem $|E - E_m|$ sehr schnell abnimmt, ist auf $\int W(E)\, dE = 1$ normiert. Da für die Energie E' im Zustand n ein ganz analoger Ausdruck besteht, erhält man für die Wahrscheinlichkeit, daß das Atom beim Übergang $m \to n$ das Quant $h\,\nu = E - E'$ emittiert:

$$W(E)\, dE\; W(E')\, dE'$$

$$= \frac{\gamma_m\,\gamma_n}{h^2} \cdot \frac{dE\, dE'}{[(2\,\pi/h)^2\,(E - E_m)^2 + (\gamma_m/2)^2]\,[(2\,\pi/h)^2\,(E' - E_n)^2 + (\gamma_n/2)^2]} \tag{14.58}$$

Dieselbe Frequenz wird auch beim Übergang $(E + \Delta E) - (E' + \Delta E)$ emittiert, wobei ΔE irgendeinen Wert annehmen kann. Man erhält deshalb die Gesamtwahrscheinlichkeit $W(\nu)\, d\nu$ für die Emission eines Quants im Frequenzbereich $d\nu$ durch Integration über dE:

$$W(\nu)\, d\nu = \frac{(\gamma_m + \gamma_n)\, d\nu}{4\,\pi^2\,(\nu - \nu_{m\,n})^2 + (1/4)\,(\gamma_m + \gamma_n)^2} \tag{14.59}$$

Dieser Ausdruck stimmt formal mit (14.20) überein, so daß wir weiterhin mit der klassischen Theorie rechnen dürfen, sofern wir die klassische Dämpfungskonstante γ ersetzen durch die Summe der quantentheoretischen Dämpfungskonstanten $\gamma_m + \gamma_n$ der beiden an der Entstehung der Linie beteiligten Terme.

Wir haben nun noch den Zusammenhang der Dichte N der Oszillatoren in der klassischen Theorie mit der Dichte N_n der Atome im Ausgangsniveau der Absorptionslinie herzustellen. Dazu führen wir die sog. Oszillatorenstärke dieses Überganges $n \to m$ ein, indem die Absorptionswirkung in dieser Linie pro Atom gleich derjenigen von $f_{m\,n}$ klassischen Oszillatoren sein soll:

$$N = N_n\, f_{m\,n} \tag{14.60}$$

Diese Vorschrift für die Ersetzung der Dichte der Oszillatoren ist zunächst bloß eine Definition und muß durch eine zweite ergänzt werden, welche gestattet, die Oszillatorenstärke $f_{m\,n}$ auf die in Ziffer 4 eingeführten Übergangswahrscheinlichkeiten zurückzuführen. Bereits in Ziffer 73 haben wir die Absorption paralleler Strahlung innerhalb einer Spektrallinie für optisch dünne Schicht berechnet. Dort war die nicht von der Wellenlänge abhängige Intensität $= 1$ und die geometrische Dicke der Schicht $= d$ gesetzt worden. Für die Intensität I und die Schichtdicke 1 beträgt somit nach (14.24) die innerhalb einer Spektrallinie absorbierte Energie:

$$A = \frac{\pi\, e^2\, N\, I}{m\, c} \tag{14.61}$$

Nach der Quantentheorie erhält man mit (1.25) für die Gesamtabsorption der dem Übergang $n \rightarrow m$ entsprechenden Linie:

$$A = B_{mn}\, N_n\, u\, h\, \nu = B_{mn}\, N_n\, \frac{I}{c}\, h\, \nu \qquad (14.62)$$

Dabei wurde die im Bereich der Spektrallinie als wellenlängenunabhängig zu betrachtende Strahlungsdichte $u = I/c$ (parallele Strahlung!) gesetzt. Aus (14.60) bis (14.62) sowie (1.37) folgt schließlich:

$$f_{mn} = \frac{m\, h\, \nu}{\pi\, e^2}\, B_{mn} = \frac{g_m}{g_n}\, A_{nm}\, \frac{m\, c^3}{8\, \pi^2\, e^2\, \nu^2} = \frac{g_m}{g_n} \cdot \frac{A_{nm}}{3\, \gamma_{kl}} \qquad (14.63)$$

worin der Ausdruck $(8\,\pi^2\, e^2\, \nu^2)/(3\, m\, c^3)$ nach (14.35) durch die klassische Strahlungsdämpfungskonstante ersetzt worden ist.

Wir können somit den Formalismus der klassischen Theorie beibehalten, sofern wir erstens γ durch $\gamma_m + \gamma_n$, zweitens N durch $N_n\, f_{mn}$ ersetzen.

77. Thermischer Doppler-Effekt

Infolge der hohen Temperatur der Sternatmosphären besitzen die absorbierenden und emittierenden Atome hohe Geschwindigkeiten, welche durch Doppler-Effekt eine Verschiebung $\Delta\lambda$ des absorbierten bzw. emittierten Spektralgebietes bewirken. Bedeutet ξ die Geschwindigkeitskomponente in Richtung Beobachter–Atom und c die Lichtgeschwindigkeit, so ist

$$\Delta\lambda = \frac{\xi}{c}\, \lambda \qquad \text{bzw.} \qquad \Delta\omega = \frac{\xi}{c}\, \omega \qquad (14.64)$$

Man rechnet ξ und $\Delta\lambda$ positiv (Rot-Verschiebung), wenn die Distanz Beobachter–Lichtquelle zunimmt. Da man aber nicht die Absorption bzw. Emission eines einzelnen Atoms beobachten kann, sondern nur die Wirkung einer großen Zahl von Atomen, deren ξ-Komponenten ganz verschiedene Werte besitzen, so resultiert aus den einzelnen Verschiebungen eine Verbreiterung der Linie. Zunächst betrachten wir den Fall, daß die Linie an sich sehr schmal ist und ihre durch die Dämpfung verursachte Eigenbreite gegen die Doppler-Breite vernachlässigt werden kann.

Im thermischen Gleichgewicht sind die Atomgeschwindigkeiten isotrop und werden durch eine Maxwellsche Verteilung dargestellt. Sind pro Kubikzentimeter N Atome vorhanden, so besitzen davon dN Atome in Richtung zum Beobachter eine Geschwindigkeit zwischen ξ und $\xi + d\xi$:

$$\frac{dN}{N} = \frac{1}{\sqrt{\pi}}\, e^{-(\xi/\xi_0)^2}\, \frac{d\xi}{\xi_0} \qquad (14.65)$$

Die Bedeutung von ξ_0 ergibt sich, wenn man den Mittelwert von ξ^2 berechnet:

$$\overline{\xi^2} = \frac{1}{\sqrt{\pi}} \int_{-\infty}^{+\infty} \xi^2\, e^{-(\xi/\xi_0)^2}\, \frac{d\xi}{\xi_0} = \frac{1}{\sqrt{\pi}}\, \xi_0^2 \int_{-\infty}^{+\infty} x^2\, e^{-x^2}\, dx = \frac{\xi_0^2}{2} \qquad (14.66)$$

Sind η, ζ die beiden übrigen rechtwinkligen Geschwindigkeitskomponenten, die wegen der Isotropie alle gleichwertig sind, so erhält man für den quadratischen Mittelwert der Gesamtgeschwindigkeit

$$v^2 = \overline{\xi^2} + \overline{\eta^2} + \overline{\zeta^2} = \frac{3}{2}\,\xi_0^2 \tag{14.67}$$

Dieser Mittelwert hängt andererseits mit der Temperatur T zusammen:

$$\frac{m}{2}\,\overline{v^2} = \frac{3}{2}\,k\,T = \frac{3}{4}\,m\,\xi_0^2 \tag{14.68}$$

$$\xi_0^2 = \frac{2\,k\,T}{m} = \frac{2\,R\,T}{\mu} \tag{14.69}$$

Darin bedeutet m die Masse des Teilchens und μ das Atomgewicht. Die der Geschwindigkeitskomponente ξ_0 entsprechende, in Wellenlängen- oder in Kreisfrequenzeinheiten ausgedrückte Doppler-Verschiebung beträgt nach (14.64):

$$\frac{\Delta\omega_D}{\omega} = \frac{\Delta\lambda_D}{\lambda} = \frac{\xi_0}{c} \tag{14.70}$$

Da die Intensität I der Teilchendichte N proportional ist, erhält man nach (14.65) und (14.70) folgende Intensitätsverteilung innerhalb der Linie:

$$\frac{dI}{I} = \frac{1}{\sqrt{\pi}}\,e^{-(\Delta\omega/\Delta\omega_D)^2}\,\frac{d\Delta\omega}{\Delta\omega_D} = \frac{1}{\sqrt{\pi}}\,e^{-(\Delta\lambda/\Delta\lambda_D)^2}\,\frac{d\Delta\lambda}{\Delta\lambda_D} \tag{14.71}$$

Während die Kontur einer durch Dämpfung verbreiterten Linie im wesentlichen durch $(\Delta\lambda)^{-2}$ gegeben ist, verläuft diejenige einer durch thermischen Doppler-Effekt verbreiterten Linie nach einer Fehlerfunktion $e^{-\Delta\lambda^2}$.

Der Absorptionskoeffizient einer durch Doppler-Effekt verbreiterten Linie hat somit die Form:

$$k(\omega) = \frac{C}{\Delta\omega_D}\,e^{-(\Delta\omega/\Delta\omega_D)^2} \tag{14.72}$$

Nach (14.24) beträgt die Totalabsorption einer optisch dünnen Schicht, in welcher jedes Atom unabhängig von den übrigen absorbiert, bei der Schichtdicke 1:

$$A = \int_{-\infty}^{+\infty} k_\nu\,d(\Delta\nu) = \frac{1}{2\,\pi}\int_{-\infty}^{+\infty} k_\omega\,d(\Delta\omega) = \frac{C}{2\,\pi}\,\sqrt{\pi} = \frac{\pi\,e^2\,N}{m\,c} \tag{14.73}$$

$$k(\omega) = \frac{2\,\pi^{3/2}\,e^2\,N}{m\,c\,\Delta\omega_D}\,e^{-(\Delta\omega/\Delta\omega_D)^2} \tag{14.74}$$

Bei Benützung der Wellenlängenskala erhält man in analoger Weise:

$$k(\lambda) = \frac{\sqrt{\pi}\,e^2\,\lambda^2\,N}{m\,c^2\,\Delta\lambda_D}\,e^{-(\Delta\lambda/\Delta\lambda_D)^2} \tag{14.75}$$

Die Berechtigung für die Verwendung des Resultats aus (14.24) liegt darin, daß bei geringer optischer Dicke alle Atome gleichviel absorbieren, gleichgültig ob die Absorption in der Mitte oder am Rand der Linie erfolgt, so daß A, unabhängig von der Linienkontur, nur durch N bestimmt wird.

Ein Maß für die Linienbreite erhalten wir durch die sog. Halbwertsbreite $\Delta\omega'$, $\Delta\lambda'$:

$$e^{-(\Delta\omega'/\Delta\omega_D)^2} = \frac{1}{2} \qquad e^{-(\Delta\lambda'/\Delta\lambda_D)^2} = \frac{1}{2} \tag{14.76}$$

Die ganzen Halbwertsbreiten betragen somit:

$$2\,\Delta\omega' = 2\sqrt{\lg 2}\,\Delta\omega_D \qquad 2\,\Delta\lambda' = 2\sqrt{\lg 2}\,\Delta\lambda_D \tag{14.77}$$

Zusammen mit (14.69) und (14.70) erhält man weiter:

$$2\,\Delta\lambda' = 2\sqrt{\lg 2}\,\frac{\lambda}{c}\sqrt{\frac{2RT}{\mu}} = 7{,}16 \cdot 10^{-7}\,\lambda\sqrt{\frac{T}{\mu}} \tag{14.78}$$

Damit ergibt sich z. B. für die Halbwertsbreite der Na-D-Linie ($\lambda = 5890 \cdot 10^{-8}$ cm, $\mu = 23$) bei der Temperatur 6000⁰ (Sonne) 0,068 Å. Allgemein sind unter den Bedingungen der Sternatmosphären die Doppler-Breiten sehr viel größer als die durch Strahlungsdämpfung erzeugten und meistens auch beträchtlich größer als die Stoßdämpfungsbreiten.

78. Dämpfung und Doppler-Effekt

Nachdem wir die beiden Spezialfälle, in denen die Linie entweder nur durch Dämpfung oder nur durch Doppler-Effekt verbreitert ist, dargestellt haben, untersuchen wir den allgemeinen Fall, daß beide Einflüsse wirksam sind. Die Kreisfrequenz der unverschobenen Linie sei ω_0 und die Linienverschiebung eines individuellen Atoms mit der Radialgeschwindigkeit ξ sei $\Delta\omega = \omega_0\,\xi/c$; dann ist die Frequenzabhängigkeit des Absorptionskoeffizienten dieses Atoms nach (14.20) gegeben durch:

$$k_{atom} = \frac{\pi e^2}{mc}\,\gamma\,\frac{1}{(\omega - \omega_0 - \Delta\omega)^2 + (\gamma/2)^2} \tag{14.79}$$

Multiplizieren wir diesen Ausdruck mit der Anzahl der pro Kubikzentimeter enthaltenen Atome mit der Radialgeschwindigkeit ξ:

$$dN = \frac{N}{\sqrt{\pi}}\,e^{-(\Delta\omega/\Delta\omega_D)^2}\,\frac{d\Delta\omega}{\Delta\omega_D} \tag{14.80}$$

so erhalten wir den Absorptionskoeffizienten bei der Frequenz ω, welcher von den ξ-Atomen herrührt, und, wenn wir noch über alle ξ- bzw. $\Delta\omega$-Werte integrieren, den gesamten Absorptionskoeffizienten bei der Frequenz ω:

$$k(\omega) = \frac{\pi e^2 N}{mc}\,\gamma \int_{-\infty}^{+\infty} \frac{(1/\sqrt{\pi})\,e^{-(\Delta\omega/\Delta\omega_D)^2}\,(d\Delta\omega/\Delta\omega_D)}{(\omega - \omega_0 - \Delta\omega)^2 + (\gamma/2)^2} \tag{14.81}$$

Diese Formel nimmt bei Einführung der Hilfsgrößen:

$$a = \frac{\gamma}{\Delta\omega_D} = \frac{\Delta\lambda_n}{\Delta\lambda_D} \tag{14.82}$$

$$v = \frac{\omega - \omega_0}{\Delta \omega_D} = \frac{\lambda_0 - \lambda}{\Delta \lambda_D} \tag{14.83}$$

$$y = \frac{\Delta \omega}{\Delta \omega_D} = \frac{\Delta \lambda}{\Delta \lambda_D} \tag{14.84}$$

$$k_0 = \frac{2 \pi^{3/2} e^2 N}{m c \, \Delta \omega_D} \tag{14.85}$$

folgende Form an:

$$k(v) = k_0 \frac{a}{2 \pi} \int\limits_{-\infty}^{+\infty} \frac{e^{-y^2} dy}{(a/2)^2 + (v - y)^2} \tag{14.86}$$

Dieses für das Verständnis der Linienkonturen sehr wichtige Integral ist nur ziemlich schwerfällig diskutierbar, weshalb wir die numerischen Integrationen von HJERTING in graphischer Darstellung wiedergeben (Abb. 38). Darin ist

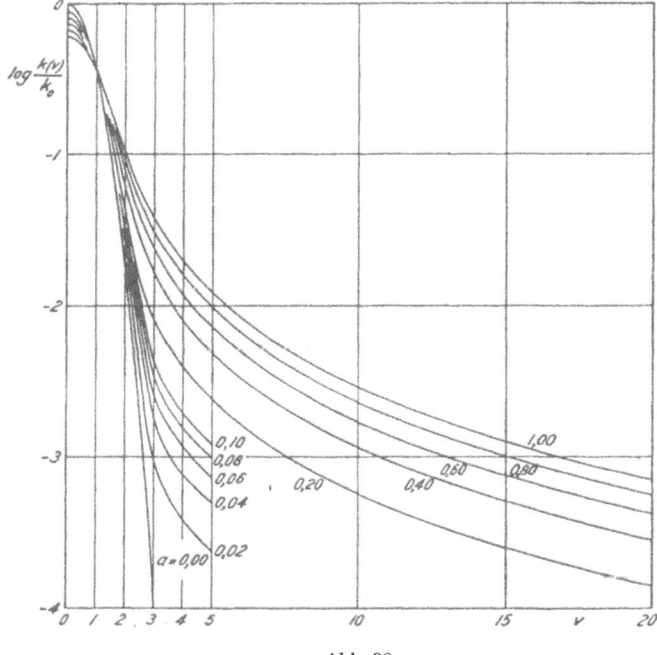

Abb. 38
Verlauf des Linienabsorptionskoeffizienten bei Berücksichtigung von Dämpfung und Doppler-Effekt (nach F. HJERTING).

$k(v)/k_0$ für verschiedene Werte des Parameters a dargestellt. Da in den Stern-atmosphären die Dämpfung infolge der geringen Dichte klein, die Doppler-Breite infolge der hohen Temperaturen groß ist, ist stets $a < 1$, meistens sogar $a \ll 1$. Die Kurve $a = 0$ stellt den Absorptionskoeffizienten bei reiner Doppler-Verbreiterung dar (e^{-v^2}-Gesetz). Der Absorptionskoeffizient nimmt bei zunehmendem Abstand von der Linienmitte sehr schnell ab. Die Mitberücksichtigung der Dämpfung, besonders im astrophysikalisch wichtigen Fall $a \ll 1$, läßt den Absorptionskoeffizienten im zentralen Teil bis mindestens $v = 2$ praktisch unverändert, während umgekehrt bei großen Abständen von der Linienmitte der Absorptionskoeffizient ausschließlich von der Dämpfung herrührt und der Beitrag vom Doppler-Effekt völlig abgeklungen ist. Man kann somit im Absorptionskoeffizienten zwei Teile unterscheiden: den zentralen, der ausschließlich durch den Doppler-Effekt bedingt ist, und die Flügel, welche ausschließlich durch die Dämpfung zustande kommen. Nur in einem relativ engen Übergangsgebiet, das etwa zwischen $v = 2$ und $v = 4$ liegt, tragen beide Ursachen zum

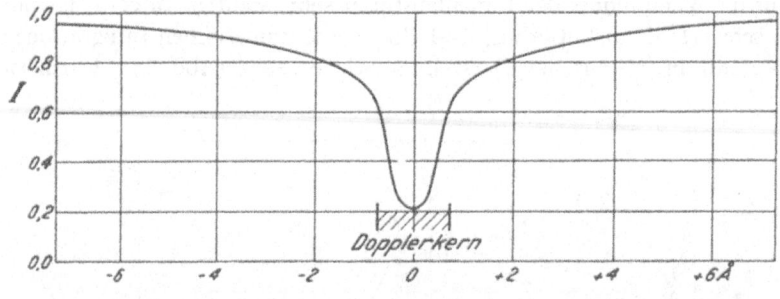

Abb. 39
Doppler-Kern und Dämpfungsflügel im Profil der Wasserstofflinie H_α 6563 Å
(aus dem Utrechter photometrischen Atlas des Sonnenspektrums).

Absorptionskoeffizienten bei. Dementsprechend kann man auch an einer Absorptionslinie zwei Teile unterscheiden: den zentralen Doppler-Kern und die peripheren Dämpfungsflügel. Der Verlauf des Absorptionskoeffizienten für reinen Doppler-Effekt, d. h. im Linienkern, ist durch (14.74) gegeben:

$$k = \frac{2\,\pi^{3/2}\,e^2\,N}{m\,c\,\varDelta\omega_D}\, e^{-(\varDelta\omega/\varDelta\omega_D)^2} \qquad (14.87)$$

derjenige für reine Dämpfung, d. h. für die Linienflügel, durch (14.20):

$$k = \frac{\pi\,e^2\,N\,\gamma}{m\,c\,(\omega-\omega_0)^2} \qquad (14.88)$$

während man an Stelle dieser Formel bei näherungsweiser Berücksichtigung des Doppler-Effektes folgende im Übergangsgebiet verwendbare Formel erhält:

$$k = \frac{\pi\,e^2\,N\,\gamma}{m\,c\,(\omega-\omega_0)^2}\left[1 + \frac{3}{2}\left(\frac{\varDelta\omega_D}{\omega-\omega_0}\right)^2\right] \qquad (14.89)$$

Der ziemlich scharfe Übergang am Rande des Doppler-Kerns von der steilen e^{-v^2}-Kurve auf die flache v^{-2}-Kurve läßt sich meistens in der Linienkontur als deutliche Knickstelle erkennen (Abb. 39).

79. Totalintensität und Wachstumskurve

Zunächst überlegen wir uns qualitativ, wie sich Linienkontur und Totalabsorption mit zunehmender Konzentration der absorbierenden Atome verändern. Bei sehr kleiner Konzentration kommt eine merkbare Absorption nur dort in Frage, wo der Absorptionskoeffizient maximal ist, also im Linienzentrum; wir erhalten eine schwache Absorptionslinie, d. h. eine solche geringer Tiefe mit einer Halbwertsbreite von zirka $\Delta\lambda_D$. Bei steigender Konzentration wächst die Absorption im Linienzentrum rasch an, bis die Intensität schließlich auf Null reduziert ist, während nun auch in den äußeren Teilen des Linienkerns, wo der

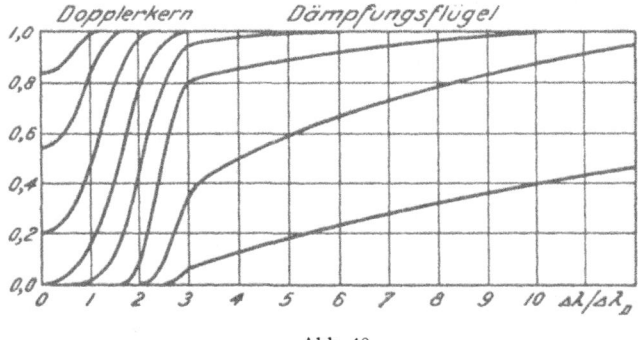

Abb. 40
Schematische Darstellung der Variation der Linienkontur bei zunehmender Konzentration der
absorbierenden Atome.

Absorptionskoeffizient wesentlich geringer ist, die Absorption einsetzt und stärker wird; die Linie wird somit nicht nur tiefer, sondern auch breiter. Da aber nach Abb. 38 die Absorption mit zunehmendem Abstand vom Linienzentrum sehr rasch abfällt, bleibt die Verbreiterung in mäßigen Grenzen. Der Doppler-Kern wächst etwa bis zur Breite $6\,\Delta\lambda_D$ an. Bei noch weiterer Konzentrationszunahme wird nun auch in den Gebieten kleiner Absorptionskoeffizienten, also in den Linienflügeln, merklich absorbiert; es schließen sich dann dem dunklen Linienkern schwächere, aber ausgedehnte Linienflügel an. In Abb. 40 ist die Entwicklung der Kontur einer Absorptionslinie schematisch dargestellt, wobei jede Kontur aus der vorhergehenden entsteht, wenn die Konzentration verzehnfacht wird. Diese Abbildung läßt aber auch erkennen, wie die gesamte innerhalb des Linienprofils aus dem Kontinuum heraus absorbierte Energie von der Zahl NH der absorbierenden Atome abhängt (H = Schichtdicke, N = Dichte der absorbierenden Atome). Solange NH klein ist, steht jedem Atom die volle Kontinuumsintensität zur Absorption zur Verfügung; die Gesamtabsorption ist dann proportional NH. Bei etwas größerer Konzentration ist die Strahlungsintensität innerhalb der Linie schon erheblich reduziert, so daß eine gewisse Atommenge, nachträglich in die absorbierende Schicht eingebracht, bedeutend weniger absorbieren kann als dieselbe Menge anfänglich eingebrachter Atome, d. h. der Anstieg der Gesamtabsorption erfolgt jetzt langsamer als proportional zu NH, und kommt fast zum Stillstand, wenn praktisch der ganze Doppler-Kern aus dem Kontinuum heraus absorbiert ist. Grundsätzlich anders gestalten sich die Verhältnisse erst wieder, wenn wir zu so hohen Atomkonzentrationen übergehen, daß die Dämpfungsflügel in Erscheinung treten. Da diese ein Spektralgebiet umfassen, das viel breiter ist als der Doppler-Kern, steht nunmehr wieder viel Energie zur Absorption zur Verfügung, weshalb die Gesamtabsorption mit weiter zunehmender Atomkonzentration wieder stark ansteigt. Man nennt eine Kurve, welche darstellt, wie die Gesamtabsorption einer Spektrallinie mit NH zunimmt, eine Wachstumskurve. In einer solchen kann man somit drei Teile unterscheiden: I. den linearen Teil, II. das sog. Sättigungsgebiet, III. den Dämpfungsteil. Physikalisch können wir diese drei Teile auch folgendermaßen charakterisieren:

I. Reine Doppler-Verbreiterung bei optisch dünner Schicht.
II. Reine Doppler-Verbreiterung bei optisch dicker Schicht.
III. Optisch dicke Schicht mit Ausbildung der Linienflügel.

Die Definition der Gesamtabsorption übernehmen wir von (14.23):

$$A_\omega = \int \frac{I_{\nu,0} - I_\nu}{I_{\nu,0}}\, d\omega = \int (1 - e^{-k(\omega)NH})\, d\omega \qquad (14.90)$$

wobei $k(\omega)$ den Absorptionskoeffizienten pro Atom bedeutet. Bezieht man die Gesamtabsorption auf die Skala der Wellenlängen bzw. der Frequenzen, so hat man:

$$d\omega = 2\pi\, d\nu = \frac{2\pi c}{\lambda^2}\, d\lambda \qquad (14.91)$$

$$A_\omega = 2\pi\, A_\nu = \frac{2\pi c}{\lambda^2}\, A_\lambda \qquad (14.92)$$

Im Gebiet I haben wir nach (14.83), (14.85) und (14.87) zu setzen:

$$k(\omega) = k_0\, e^{-v^2} \qquad (14.93)$$

und erhalten nach (14.90):

$$A_\omega = \int_{-\infty}^{+\infty} \left\{ 1 - e^{-k_0 NH e^{-v^2}} \right\} dv\, \Delta\omega_D = 2\,\Delta\omega_D \int_0^\infty \left[1 - e^{-C e^{-v^2}} \right] dv \qquad (14.94)$$

mit $C = k_0 NH$. Indem wir die Exponentialfunktion in eine Reihe entwickeln und gliedweise integrieren, ergibt sich:

$$A_\omega = \Delta\omega_D \sqrt{\pi}\, C \left[1 - \frac{C}{2!\,\sqrt{2}} + \frac{C^2}{3!\,\sqrt{3}} \cdots \right] \qquad (14.95)$$

Da wir uns aber im Gebiet optisch dünner Schicht befinden, d. h. $C \ll 1$ ist, reduziert sich dieser Ausdruck auf das erste Glied:

$$A_\omega = \Delta\omega_D \sqrt{\pi}\, C = \frac{2\pi^2 e^2}{m c}\, NH \qquad (14.96)$$

Daß wir hier wieder auf die schon früher für reine Dämpfung erhaltene Gleichung (14.24) gekommen sind, liegt daran, daß bei geringer optischer Dicke jeder Oszillator gleichviel absorbiert, unabhängig von den übrigen vorhandenen Oszillatoren und unabhängig von der Lage seines Absorptionsgebietes.

Im Gebiet II ist $C \gg 1$. Wir schreiben dann: $\lg C = \alpha^2$, $C = e^{\alpha^2}$ und erhalten aus (14.94):

$$A_\omega = 2\,\varDelta\omega_D \int_0^\infty \left\{ 1 - e^{-e^{\alpha^2 - v^2}} \right\} dv \qquad (14.97)$$

Wegen der Bedingung $C \gg 1$ ist der Integrand für $v < \alpha$ praktisch $= 1$, für $v > \alpha$ dagegen praktisch $= 0$, das Integral somit $= \alpha$:

$$A_\omega = 2\,\varDelta\omega_D \sqrt{\lg k_0\,N\,H} \qquad (14.98)$$

Im Gebiet III schließlich haben wir mit dem Absorptionskoeffizienten (14.88) zu rechnen:

$$k(v) = \frac{k_0\,\gamma}{2\sqrt{\pi}\,\varDelta\omega_D\,v^2} \qquad (14.99)$$

und erhalten nach (14.90):

$$A_\omega = 2\,\varDelta\omega_D \int_0^\infty \left(1 - e^{-(k_0\,\gamma\,N\,H)/(2\sqrt{\pi}\,\varDelta\omega_D\,v^2)} \right) dv$$

$$= 2\,\varDelta\omega_D \sqrt{\frac{k_0\,\gamma\,N\,H}{2\sqrt{\pi}\,\varDelta\omega_D}} \int_0^\infty (1 - e^{-1/z^2})\,dz \qquad (14.100)$$

Zur Lösung dieses Integrals benutzt man folgenden Trick: Man multipliziert den Integranden mit $e^{-q^2 z^2}$ und läßt q gegen 0 gehen:

$$\int_0^\infty \left[e^{-q^2 z^2} - e^{-[q^2 z^2 + (1/z^2)]} \right] dz = \frac{\sqrt{\pi}}{2q} - e^{-2q} \int_0^\infty e^{-[q z - (1/z)]^2}\,dz$$

$$\sim \frac{\sqrt{\pi}}{2q} (1 - e^{-2q}) \qquad (14.101)$$

Die verwendete Näherung gründet sich auf den Umstand, daß für kleine Werte von z der Integrand praktisch verschwindet, während bei großen Werten $1/z$ vernachlässigt werden kann. Führt man noch den Grenzübergang $q \to 0$ aus, so ergibt sich:

$$A_\omega = 2\,\varDelta\omega_D \sqrt{\frac{\sqrt{\pi}\,k_0\,\gamma\,N\,H}{2\,\varDelta\omega_D}} = \sqrt{\frac{4\,\pi^2 e^2}{m\,c}\,\gamma\,N\,H} \qquad (14.102)$$

Wir haben somit für die drei Teile der Wachstumskurve folgende Abhängigkeit von $N\,H$ gefunden:

$$\text{Gebiet I:} \quad A_\omega \sim N\,H$$

$$\text{Gebiet II:} \quad A_\omega \sim \sqrt{\lg N\,H} \qquad (14.103)$$

$$\text{Gebiet III:} \quad A_\omega \sim \sqrt{N\,H}$$

Man beachte, daß im Gebiet I die Gesamtabsorption unabhängig von der Linienform ausschließlich von NH abhängt, im Gebiet II dagegen noch von der Doppler-Breite $\Delta\omega_D$ und im Gebiet III noch von der Dämpfungskonstanten γ. In Abb. 41 sind für verschiedene Werte des Parameters $a = \gamma / \Delta\omega_D$ die Wachstumskurven dargestellt. Im astrophysikalisch wichtigen Fall $a \ll 1$ liegen die beiden mehr oder weniger deutlichen Knickstellen für den Übergang I → II bei zirka $\log(NH/\Delta\omega_D) = 1$ und für den Übergang II → III bei zirka $\log(NH/\Delta\omega_D) = 5$. Für die Verhältnisse in den Sternatmosphären rechnen wir

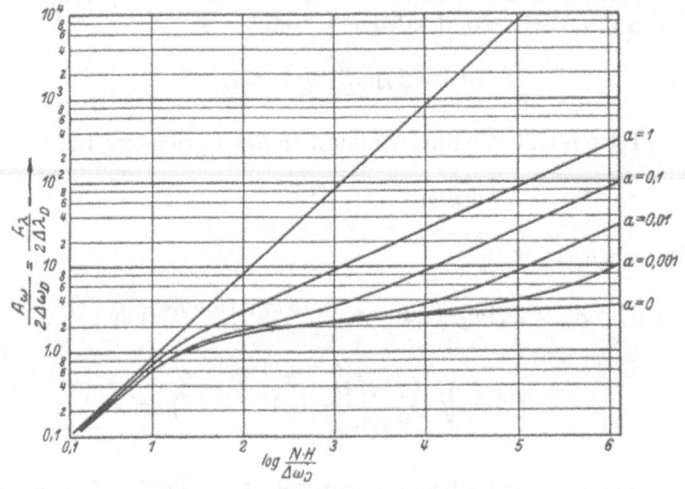

Abb. 41
Wachstumskurven (nach VON DER HELD).

mit $T = 10^4$, $\mu = 50$ und erhalten nach (14.69) und (14.70) $\Delta\omega_D \sim 10^{10}$. Somit beträgt die Konzentration NH beim Übergang vom linearen auf den Sättigungsteil zirka 10^{11}, beim Übergang vom Sättigungsgebiet zum Dämpfungsteil zirka 10^{15}.

Unsere qualitativen Überlegungen an Hand der Abb. 40 haben gezeigt, daß bei Sättigung ungefähr ein Linienkern von der Breite $6\,\Delta\omega_D$ aus dem Kontinuum heraus absorbiert wird. Dies läßt sich an Abb. 41 bestätigen, indem im flachen Gebiet der «astrophysikalischen» Wachstumskurve $A_\omega / 2\,\Delta\omega_D = 3$ beträgt. Die Wachstumskurven können zur quantitativen chemischen Analyse benutzt werden. Zunächst bestimmt man a und damit die zu verwendende Wachstumskurve, hernach bei bekannter Temperatur und bekanntem Molekulargewicht $\Delta\omega_D$ und erhält aus der gemessenen Gesamtabsorption A_ω die Anzahl NH der wirksamen Oszillatoren. In Verbindung mit (14.60) ergibt sich bei bekannter Oszillatorenstärke die Anzahl $N_n H$ der Atome im Ausgangszustand der betrachteten Linie. Daraus erhält man mit Hilfe der Boltzmannschen Formel die Besetzungszahlen sämtlicher Niveaus, also die Gesamtzahl der Atome in dem betreffenden Ionisationszustand und schließlich mit Hilfe der Ionisationsformel die Verteilung auf die verschiedenen Ionisationsstufen und damit die Gesamtteilchenzahl der betreffenden Atomsorte überhaupt.

Von besonderer Wichtigkeit sind die Wachstumskurven in Verbindung mit Multiplettlinien. Ein Multiplett besteht aus mehreren Spektrallinien, die alle dasselbe Ausgangsniveau besitzen, während ihre Endterme etwas verschieden sind. Diese Aufspaltung des Endterms ist eine Wirkung des Elektronenspins; da die Aufspaltungen im allgemeinen klein sind, besitzen die Multiplettkomponenten nur geringe Wellenlängenunterschiede. Am bekanntesten ist wohl das gelbe Na-Dublett 5896/5890 Å. Da die Oszillatorenstärken dieser Dublettkomponenten sich wie $1:2$ verhalten, müssen sich im Gebiet I der Wachstumskurve die Intensitäten ebenfalls wie $1:2$ verhalten, im Gebiet II dagegen wie $1:1,04$ ($A_\omega/2\, \varDelta\omega_D \sim 3$) und im Gebiet III wie $1:1,41$. Besteht das Multiplett aus vielen Komponenten mit sehr verschiedenen Oszillatorenstärken, so erhält man aus den beobachteten Intensitäten derselben ein mehr oder weniger großes Stück einer Wachstumskurve und durch Vergleichung mit den theoretischen Kurven der Abb. 41 den dieselbe charakterisierenden Parameter a. Die empirische Bestimmung von a ist sehr wichtig, weil dieser Parameter, sobald γ nicht ausschließlich durch die Strahlungsdämpfung, sondern auch durch Stoßdämpfung bedingt ist, nicht ohne zusätzliche Annahmen über die Art und Dichte der stoßenden Teilchen berechnet werden kann. Umgekehrt lassen sich aber aus dem empirisch bestimmten Parameter a bzw. γ weitgehende Schlüsse über die Natur der die Stoßdämpfung verursachenden Teilchen und ihre Dichte bzw. ihren Partialdruck ziehen.

XV. THEORIE DER FRAUNHOFER-LINIEN

Gegenüber dem bisher allein betrachteten Fall «laboratoriumsmäßiger» Absorption, bei welchem eine homogene Schicht der Dicke d von parallelem, kontinuierlichem Licht durchsetzt wird, sind die Verhältnisse in den Sternatmosphären in mehrfacher Hinsicht komplizierter. Der Hauptunterschied besteht darin, daß die Sternatmosphären nicht nur absorbieren, sondern infolge ihrer hohen Temperatur auch emittieren. Die Berücksichtigung der Reemission wird in ähnlicher Weise erfolgen, wie dies im Kap. XII für die kontinuierliche Strahlung geschehen ist. In zwei weiteren Punkten haben wir die bisherigen Vorstellungen zu ergänzen: 1. Nach der klassischen Theorie nimmt der Oszillator aus dem Strahlungsfeld Energie auf und verwandelt sie in kinetische. Tatsächlich ist dies nur ein spezieller Fall des Strahlungsaustausches, denn das Atom kann die in Form eines Quants aufgenommene Energie teilweise oder ganz wieder als Licht ausstrahlen. 2. Die Sternatmosphären sind keine homogenen Schichten, sondern die Zustandsgrößen variieren in charakteristischer Weise mit der Tiefe. Wir haben somit zu untersuchen, wie die Kontur einer Fraunhofer-Linie außer von den rein atomphysikalischen Gegebenheiten 1. von der Art des Strahlungsaustausches und 2. von der Schichtung der Sternatmosphäre abhängt. Im Gegensatz zu einer laboratoriumsmäßig erzeugten Absorptionslinie wollen wir die in Sternatmosphären entstehenden als Fraunhofersche Linien bezeichnen.

80. Mechanismen des Strahlungsaustausches

Als ersten und einfachsten Absorptionsmechanismus betrachten wir die Resonanzstreuung, kurz einfach als Streuung bezeichnet. Dieser liegt vor, wenn das Atom aus dem Grundzustand unter Absorption der Resonanzlinie in das erste angeregte Niveau übergeht, um hernach unter Reemission des absorbierten Quants wieder in den Grundzustand zurückzukehren. Auf jedes absorbierte Quant entfällt somit genau ein gleiches emittiertes. Diesen Strahlungsaustausch bezeichnen wir als monochromatisches Strahlungsgleichgewicht. Die Absorptionswirkung kommt dadurch zustande, daß die Einstrahlung im wesentlichen aus einem Halbraum, nämlich von innen nach außen stattfindet, die Reemission dagegen praktisch isotrop erfolgt. Es wird somit in die radiale Richtung bedeutend weniger reemittiert als aus dieser Richtung absorbiert worden ist.

Wir gehen aus von der in Ziffer 59 aufgestellten Energiebilanz (12.13), schreiben jedoch an Stelle von $\varkappa_\nu$ jetzt σ_ν, um anzudeuten, daß hier die Strahlungsschwächung nicht durch Absorption, sondern durch Streuung zustande kommt:

$$dI_\nu(t, \vartheta) = -\sigma_\nu I_\nu(t, \vartheta)\, ds + \varepsilon_\nu\, ds \qquad (15.1)$$

Die gesamte vom Volumenelement $df\, ds$ (Abb. 21) pro Zeiteinheit und pro Frequenzintervall 1 gestreute Strahlung beträgt:

$$\int \varepsilon_\nu\, df\, ds\, d\omega = 4\,\pi\, \varepsilon_\nu\, df\, ds \qquad (15.2)$$

Diese Energie ist gleich der dem Strahlungsfeld entnommenen:

$$\int \sigma_\nu\, I_\nu\, df \cos\vartheta\, d\omega\, \frac{ds}{\cos\vartheta} = \sigma_\nu\, df\, ds \int I_\nu\, d\omega \qquad (15.3)$$

Es ist somit $\varepsilon_\nu = \sigma_\nu \int I_\nu(d\omega/4\,\pi)$, womit man aus (15.1) die bekannte Strömungsgleichung erhält:

$$\cos\vartheta\, \frac{dI_\nu(t, \vartheta)}{dt} = \sigma_\nu\, I_\nu(t, \vartheta) - \sigma_\nu \int I_\nu(t, \vartheta)\, \frac{d\omega}{4\,\pi} \qquad (15.4)$$

Als Gegenstück zu der Streuung betrachten wir nun einen Mechanismus des Strahlungsaustausches, den wir kurz als Absorption bezeichnen werden. Im allgemeinen wird das Atom die aufgenommene Energie in einer anderen Frequenz als der absorbierten reemittieren. Es besteht dann kein monochromatisches Gleichgewicht, indem die in einem bestimmten Frequenzbereich aufgenommene Energie nicht gleich ist der in diesem Bereich emittierten. Wohl aber ist die gesamte absorbierte Energie gleich der gesamten emittierten. Man spricht vom Zustand des lokalen thermodynamischen Gleichgewichtes. Für eine bestimmte Atomsorte wird dieser Mechanismus außerordentlich kompliziert und für eine mathematische Behandlung ungeeignet sein können, wie dies ja meistens der Fall ist, wenn die Materialeigenschaften hereinspielen. Hingegen kann man diese Art von Strahlungsaustausch, wenigstens schematisch, erfassen, indem man die Reemission nach dem Kirchhoffschen Satz (Ziffer 6) berechnet:

$$\varepsilon_\nu = (\varkappa + \varkappa_\nu)\, E_\nu \tag{15.5}$$

Die in Kap. I mit I_ν bezeichnete Intensität eines schwarzen Strahlers trägt hier die Bezeichnung E_ν, um eine Verwechslung mit der erst noch zu berechnenden Strahlungsintensität $I_\nu(t, \vartheta)$ in der Tiefe t und in der Richtung ϑ zu vermeiden. Für den Absorptionskoeffizienten der Frequenz ν haben wir $\varkappa + \varkappa_\nu$ geschrieben, um zum Ausdruck zu bringen, daß im Bereich einer Spektrallinie derselbe aus zwei Komponenten besteht: der allgemeinen kontinuierlichen Absorption, welche im Bereich einer Spektrallinie praktisch als von der Frequenz unabhängig betrachtet werden kann und deshalb mit $\varkappa$ bezeichnet wird, und der selektiven Absorption $\varkappa_\nu$, welche innerhalb der Spektrallinie sehr groß ist und sich stark mit ν ändert und außerhalb der Linie verschwindet. In diesem Fall nimmt die Strömungsgleichung (12.13) die Gestalt an:

$$\cos\vartheta\, \frac{dI_\nu(t, \vartheta)}{dt} = (\varkappa + \varkappa_\nu)\, I_\nu(t, \vartheta) - (\varkappa + \varkappa_\nu)\, E_\nu(t) \tag{15.6}$$

Schließlich können wir den allgemeinen Fall betrachten, daß gleichzeitig Streuung und Absorption vorliegt und erhalten durch Kombination von (15.4) und (15.6):

$$\cos\vartheta\, \frac{dI_\nu(t, \vartheta)}{dt} = (\varkappa + \varkappa_\nu + \sigma_\nu)\, I_\nu(t, \vartheta) - \sigma_\nu \int I_\nu(t, \vartheta)\, \frac{d\omega}{4\pi} - (\varkappa + \varkappa_\nu)\, E_\nu(t) \tag{15.7}$$

In Kap. XIV haben wir von Absorption schlechtweg gesprochen, ohne den Mechanismus der Lichtschwächung genauer zu präzisieren. Was wir dort als Koeffizienten der Linienabsorption bezeichnet haben, ist in der jetzigen Bezeichnung $\varkappa_\nu + \sigma_\nu$. Um schließlich die zu (12.19) analoge Form der Strömungsgleichung zu erhalten, führen wir folgende optische Tiefen ein:

$$
\begin{aligned}
\sigma_\nu\, dt &= ds_\nu & s_\nu &= \int \sigma_\nu\, dt \\
\varkappa_\nu\, dt &= d\tau_\nu & \tau_\nu &= \int \varkappa_\nu\, dt \\
\varkappa\, dt &= d\tau & \tau &= \int \varkappa\, dt \\
(\varkappa + \varkappa_\nu + \sigma_\nu)\, dt &= dx & x &= \int (\varkappa + \varkappa_\nu + \sigma_\nu)\, dt
\end{aligned}
\tag{15.8}
$$

Ferner definieren wir die neue Funktion

$$J_\nu(t) = \frac{\sigma_\nu \int I_\nu\, (d\omega/4\pi) + (\varkappa + \varkappa_\nu)\, E_\nu(t)}{\varkappa + \varkappa_\nu + \sigma_\nu} \tag{15.9}$$

Damit geht (15. 7) in die formal mit (12. 19) übereinstimmende Gleichung über:

$$\cos\vartheta\,\frac{dI_\nu}{dx} = I_\nu - J_\nu \tag{15.10}$$

Wir können somit unter Beachtung der verallgemeinerten Bedeutung von x gegenüber τ die entsprechenden Formeln der Abschnitte 59, 60 und 63 auf die Linienabsorption übertragen.

Wenn man bedenkt, daß die in x enthaltenen Größen $\varkappa$, $\varkappa_\nu$, σ_ν von Temperatur und Druck, also vom Aufbau der Sternatmosphäre, und überdies von ihrer chemischen Zusammensetzung abhängen, so kann man ermessen, wie schwierig es sein muß, die Gleichung (15.10) in möglichster Allgemeinheit zu lösen. Wir müssen uns deshalb mit einigen speziellen Fällen begnügen, sei es, daß wir einen speziellen Mechanismus des Strahlungsaustausches voraussetzen, z. B. $\varkappa_\nu$ oder σ_ν gleich Null setzen, sei es, daß wir durch einen einfachen Ansatz der Tiefenabhängigkeit von $\varkappa$, $\varkappa_\nu$ und σ_ν, d. h. durch Einführung eines einfachen Modells der Sternatmosphäre, das Problem mathematisch faßbar machen.

81. Modelle von Sternatmosphären

Die wichtigsten Modell-Sternatmosphären sind in Abb. 42 dargestellt, nämlich das Modell von SCHUSTER-SCHWARZSCHILD (SS) und dasjenige von MILNE-EDDINGTON (ME) sowie ein neuerdings von HOUTGAST vorgeschlagenes, welches eine Kombination jener beiden darstellt. Dem SS-Modell liegt die Vorstellung zugrunde, daß aus der Photosphäre rein kontinuierliche Strahlung

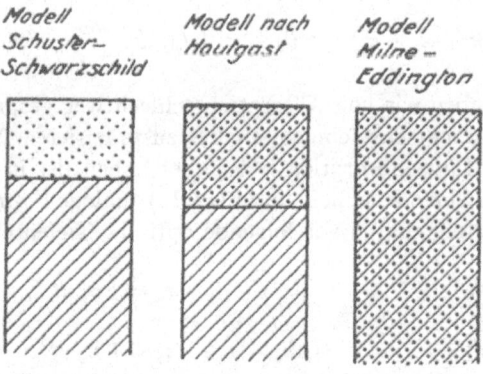

Abb. 42

Modelle von Sternatmosphären.

Schraffiert: Gebiet kontinuierlicher Absorption und Emission.
Punktiert: Gebiet selektiver Absorption und Emission.

austritt, die in der darüberliegenden Atmosphäre, der sogenannten umkehrenden Schicht, selektiv absorbiert und gestreut wird. Man sieht, daß das SS-Modell in erster Linie für solche Linien passend ist, für welche in tiefen Schichten $\sigma_\nu \ll \varkappa$, $\varkappa_\nu \ll \varkappa$ und in hohen Schichten $\sigma_\nu \gg \varkappa$, $\varkappa_\nu \gg \varkappa$, so daß unten nur kontinuierliche, oben nur selektive Schwächung vorliegt. Die Quotienten $\sigma_\nu/\varkappa$ bzw. $\varkappa_\nu/\varkappa$ müssen somit nach oben stark zunehmen. Die Vorstellung einer «umkehrenden» Schicht, d. h. die räumliche Trennung von kontinuierlicher und linienhafter Absorption und Emission, wurde durch Beobachtungen bei totalen Sonnenfinsternissen nahegelegt. Wenn der Mond die Photosphäre bedeckt, sieht man für kurze Zeit nur den äußeren Teil der Sonnenatmosphäre, die sog. Chromosphäre, welche ein reines Emissionslinienspektrum, eine Umkehrung des Fraunhoferschen Sonnenspektrums zeigt und deshalb als umkehrende Schicht bezeichnet wurde. Heute wissen wir allerdings, daß die Chromosphäre eine zu geringe Dichte hat, als daß sie die Fraunhoferschen Linien zu erzeugen vermöchte; diese entstehen vielmehr im wesentlichen in denselben Schichten, welche das Kontinuum liefern, in der Photosphäre. Diese Erkenntnis liegt dem ME-Modell zugrunde, bei welchem die Quotienten $\sigma_\nu/\varkappa$ und $\varkappa_\nu/\varkappa$ bei festgehaltenem ν nicht von der Tiefe abhängen sollen. Das von Houtgast vorgeschlagene Modell stimmt im oberen Teil mit dem ME-Modell überein, im unteren mit dem SS-Modell.

82. Das SS-Modell für reine Streuung

Die Photosphäre, die sozusagen den Boden der selektiv streuenden Atmosphäre bildet, liefert die kontinuierliche Strahlung, deren Intensität durch (12.96) gegeben ist:

$$I_0(\vartheta) = I_0(0) \, \frac{1 + \beta_0 \cos \vartheta}{1 + \beta_0} \tag{15.11}$$

In der Atmosphäre ist in unserem Fall $\varkappa = 0$, $\varkappa_\nu = 0$. Die Differentialgleichung (15.10) wird somit identisch mit (12.20), mit dem einzigen Unterschied, daß die Variable jetzt s_ν heißt. Wir können deshalb ihre Lösung (12.39) übernehmen:

$$J(s_\nu) = \frac{S}{2\pi} \left(1 + \frac{3}{2} s_\nu \right) \tag{15.12}$$

Am oberen Rand der streuenden Atmosphäre ist $s_\nu = 0$, am unteren $s_\nu = s_1 = \sigma_\nu H$, wobei H die geometrische Dicke der Atmosphäre bezeichnet. Die unter dem Winkel ϑ gegen die radiale Richtung aus der Photosphäre austretende Strahlung wird durch die Streuung in der Atmosphäre geschwächt und durch die in die ϑ-Richtung gestreute Strahlung verstärkt, so daß man für die Strahlungsintensität in der Tiefe s_ν in Richtung ϑ erhält:

$$I(s_\nu, \vartheta) = I_0(\vartheta) \, e^{-(s_1 - s_\nu)\sec\vartheta} + \int_{x=s_\nu}^{s_1} J(x) \, e^{-(x - s_\nu)\sec\vartheta} \, dx \, \sec\vartheta \tag{15.13}$$

Das erste Glied stellt die geschwächte photosphärische Strahlung dar, das zweite die in die ϑ-Richtung gestreute. Dies ist der Ausdruck für die auswärts gerichtete Strahlung, $0 \leq \vartheta < \pi/2$. Wir setzen im Integranden den Ausdruck (15.12) ein und führen die Integration aus:

$$I(s_\nu, \vartheta) = I_0(\vartheta)\, e^{-(s_1 - s_\nu)\sec\vartheta} + \frac{S}{2\pi} \int_{s_\nu}^{s_1} e^{-(x - s_\nu)\sec\vartheta} \sec\vartheta\, dx$$

$$+ \frac{S}{2\pi} \int_{s_\nu}^{s_1} \frac{3}{2}\, x\, e^{-(x - s_\nu)\sec\vartheta} \sec\vartheta\, dx$$

$$= I_0(\vartheta)\, e^{-(s_1 - s_\nu)\sec\vartheta} + \frac{S}{2\pi} \left[1 - e^{-(s_1 - s_\nu)\sec\vartheta}\right] + \frac{S}{2\pi} \cdot \frac{3}{2} \cos\vartheta$$

$$\times \left[1 + s_\nu \sec\vartheta - e^{-(s_1 - s_\nu)\sec\vartheta}(1 + s_1 \sec\vartheta)\right]$$

$$I(s_\nu, \vartheta) = e^{-(s_1 - s_\nu)\sec\vartheta} \left[I_0(\vartheta) - \frac{S}{2\pi}\left(1 + \frac{3}{2} s_1 + \frac{3}{2} \cos\vartheta\right)\right]$$

$$+ \frac{S}{2\pi}\left(1 + \frac{3}{2} s_\nu + \frac{3}{2} \cos\vartheta\right) \qquad (15.14)$$

In ganz analoger Weise erhält man die unter dem Winkel ϑ einwärts gerichtete Strahlung, $\pi/2 < \vartheta \leq \pi$, wobei naturgemäß die photosphärische Einstrahlung wegfällt:

$$I(s_\nu, \vartheta) = \int_0^{s_\nu} J(x)\, e^{-(s_\nu - x)\sec\vartheta} \sec\vartheta\, dx$$

$$\qquad (15.15)$$

$$= \frac{S}{2\pi}\left(1 + \frac{3}{2} s_\nu + \frac{3}{2} \cos\vartheta\right) - e^{-s_\nu \sec\vartheta} \frac{S}{2\pi}\left(1 + \frac{3}{2} \cos\vartheta\right)$$

Von besonderem Interesse ist die aus der Sternatmosphäre unter dem Winkel ϑ austretende Strahlung, $s_\nu = 0$, denn nur diese ist direkt beobachtbar:

$$I(0, \vartheta) = e^{-s_1 \sec\vartheta}\left[I_0(\vartheta) - \frac{S}{2\pi}\left(1 + \frac{3}{2} s_1 + \frac{3}{2} \cos\vartheta\right)\right]$$

$$+ \frac{S}{2\pi}\left(1 + \frac{3}{2} \cos\vartheta\right) \qquad (15.16)$$

Nunmehr haben wir noch den Strahlungsstrom S zu berechnen, der nicht von der Tiefe, wohl aber von der Frequenz abhängt. Wir berechnen ihn für den Rand der Photosphäre ($s_\nu = s_1$); nach der Definitionsgleichung (1.1) beträgt derselbe:

$$S = \int_0^{\pi/2} (I_{auswärts} - I_{einwärts}) \cos\vartheta\, 2\pi \sin\vartheta\, d\vartheta$$

$$= \pi \int_0^{\pi/2} \left[2\, I_0(\vartheta) - \frac{S}{\pi}\left(1 + \frac{3}{2} s_1 + \frac{3}{2} \cos\vartheta\right)\right.$$

$$\qquad (15.17)$$

$$\left. + e^{-s_1 \sec\vartheta} \frac{S}{\pi}\left(1 + \frac{3}{2} \cos\vartheta\right)\right] \cos\vartheta \sin\vartheta\, d\vartheta$$

$$= \pi\, I_0(0)\, \frac{1 + (2/3)\,\beta_0}{1 + \beta_0} - S\, \frac{3}{4}\, s_1 + S \int_1^\infty \left(1 - \frac{3}{2\, x}\right) e^{-s_1 x}\, \frac{dx}{x^3}$$

Das hier nicht ausgeführte Integral, in welchem $\sec \vartheta = x$ gesetzt worden ist, kann gegen die beiden ersten Glieder vernachlässigt werden, wodurch man für den Strahlungsstrom erhält:

$$S \left(1 + \frac{3}{4} s_1\right) = \pi \, I_0(0) \, \frac{1 + (2/3) \, \beta_0}{1 + \beta_0} \tag{15.18}$$

Außerhalb der Spektrallinie streut die Atmosphäre nicht ($s_1 = 0$), so daß sich für den Strahlungsstrom des Kontinuums ergibt:

$$S_0 = \pi \, I_0(0) \, \frac{1 + (2/3) \, \beta_0}{1 + \beta_0} \tag{15.19}$$

und folglich:

$$\frac{S}{S_0} = \frac{1}{1 + (3/4) \, s_1} \tag{15.20}$$

Im Zentrum der Linie ist s_1 sehr groß und damit S klein. Wie man sofort überblickt, kann das Integral in (15.17) vor allem bei großen Werten von s_1 vernachlässigt werden. In der Praxis ist (15.20) bereits für Werte $s_1 \geqq 2{,}0$ als völlig korrekt anzusehen; für kleinere Werte von s_1 wird der Faktor von s_1 etwas größer und strebt für $s_1 \to 0$ gegen 1. Aus diesem Grund schreiben wir näherungsweise

$$\frac{S}{S_0} = \frac{1}{1 + s_1} \qquad S = \pi \, I_0(0) \, \frac{1 + (2/3) \, \beta_0}{(1 + \beta_0)(1 + s_1)} \tag{15.21}$$

und setzen den gewonnenen Ausdruck in (15.16) ein:

$$I(0, \vartheta) = e^{-s_1 \sec \vartheta} \, I_0(\vartheta)$$

$$+ \frac{1}{2} \cdot \frac{1 + (2/3) \, \beta_0}{1 + \beta_0} \, I_0(0) \left[\frac{[1 + (3/2) \cos \vartheta](1 - e^{-s_1 \sec \vartheta}) - (3/2) \, s_1 \, e^{-s_1 \sec \vartheta}}{1 + s_1} \right] \tag{15.22}$$

Drücken wir, wie dies üblich ist, die Intensität in Einheiten des ungestörten Kontinuums außerhalb der Linie $I_0(\vartheta)$ aus, so erhält man die Formel für die Linienkontur:

$$\frac{I(0, \vartheta)}{I_0(\vartheta)} = e^{-s_1 \sec \vartheta}$$

$$+ \frac{(1/2) + (1/3) \, \beta_0}{1 + \beta_0 \cos \vartheta} \left[\frac{[1 + (3/2) \cos \vartheta](1 - e^{-s_1 \sec \vartheta}) - (3/2) \, s_1 \, e^{-s_1 \sec \vartheta}}{1 + s_1} \right] \tag{15.23}$$

Das erste Glied dieser Formel stellt die photosphärische Strahlung dar, welche die streuende Schicht unter erheblicher Schwächung durchsetzt hat, das zweite

Tabelle 23

Die Wellenlängenabhängigkeit von β_0

λ	β_0	λ	β_0
3500	3,18	6000	1,87
4000	2,78	7000	1,59
4500	2,47	8000	1,36
5000	2,24	9000	1,22
5500	2,04	10000	1,17

Glied die in die ϑ-Richtung gestreute Strahlung. Die Variable, nämlich die Wellenlänge, steckt in s_1; daneben erweist sich die Linienkontur von den beiden Parametern β_0 und ϑ abhängig. Der Randverdunkelungskoeffizient β_0 läßt sich nach Ziffer 65 berechnen; in Tab. 23 ist derselbe für einige Werte der Wellenlänge λ mitgeteilt. Die ϑ-Abhängigkeit der Linienkontur läßt sich nur bei der Sonne beobachten, wo es möglich ist, die unter verschiedenen Winkeln austretende Strahlung zu separieren. Im Zentrum der Sonnenscheibe ist $\vartheta = 0$ und (15.23) vereinfacht sich zu:

$$\frac{I(0,0)}{I_0(0)} = e^{-s_1} + \frac{(1/2)+(1/3)\,\beta_0}{1+\beta_0}\left[\frac{(5/2)\,(1-e^{-s_1}) - (3/2)\,s_1\,e^{-s_1}}{1+s_1}\right] \quad (15.24)$$

Für den Sonnenrand, $\vartheta = \pi/2$, $\sec\vartheta = \infty$, erhält man die Linienkontur:

$$\frac{I(0,\pi/2)}{I_0(\pi/2)} = \left(\frac{1}{2} + \frac{1}{3}\,\beta_0\right)\left[\frac{1}{1+s_1}\right] \quad (15.25)$$

Wir haben nunmehr noch die Wellenlängenabhängigkeit von s_1 zu berechnen. Da die bei Berechnung der Absorption eines Oszillators in Kap. XIV benutzte Modellvorstellung ganz dem hier vorliegenden Fall der Resonanzstreuung entspricht, können wir den Streukoeffizienten von (14.25) übernehmen:

$$\sigma_\nu = \frac{e^2\,\lambda^4}{4\,\pi\,m\,c^3}\cdot\frac{N\,\gamma}{(\varDelta\lambda)^2} \quad (15.26)$$

Die optische Tiefe der Atmosphäre beträgt somit

$$s_1 = \frac{e^2\,\lambda^4\,\gamma}{4\,\pi\,m\,c^3}\cdot\frac{N\,H}{(\varDelta\lambda)^2} = C\,\frac{N\,H}{(\varDelta\lambda)^2} \quad (15.27)$$

Falls γ als bekannt vorausgesetzt werden kann, z. B. wenn nur Strahlungsdämpfung vorliegt, hängt die Linienkontur somit nur noch von dem Parameter NH, der Anzahl der Atome über 1 cm² der Photosphäre im Ausgangsniveau der betreffenden Linie ab. Durch Vergleichung der beobachteten mit den theoretischen Konturen kann somit NH bestimmt werden. Durch Einführung der reduzierten Wellenlänge $\varDelta\lambda^* = \varDelta\lambda/\sqrt{CNH}$ erhält man die reduzierte Linienkontur $I(\varDelta\lambda^*)/I_0$. Da man nach (14.60) $N = N_n\,f_{mn}$ zu setzen hat, ist die Linienbreite proportional $\sqrt{\gamma\,N_n\,f_{mn}}$. Insbesondere ist für nahe beisammen liegende Multiplettlinien die Breite $\sim\sqrt{f_{mn}}$. Es müssen sich somit beispielsweise die Breiten der beiden Linien des Na-Resonanzdubletts 5890/5896 Å nach Ziffer 14 wie $\sqrt{2}:1$ verhalten.

Auf eine eingehendere Diskussion der Linienkontur werden wir in Ziffer 85 zurückkommen, nachdem wir für andere Voraussetzungen entsprechende Formeln abgeleitet haben werden.

83. Das SS-Modell für reine Absorption

Nunmehr betrachten wir dasselbe Modell, jedoch soll die der Photosphäre überlagerte Atmosphäre die photosphärische Strahlung durch Absorption schwächen. Für die Berechnung der unter dem Winkel ϑ austretenden Strahlung benützen wir (12.67):

$$I(0, \vartheta) = \int_0^\infty J(\tau)\, e^{-\tau \sec \vartheta}\, \sec \vartheta\, d\tau = \int_0^{\tau_1} + \int_{\tau_1}^\infty \qquad (15.28)$$

Die Unterteilung des Integrals entspricht der Unterteilung in die selektiv absorbierende Atmosphäre der optischen Dicke τ_1 und die Photosphäre (τ_1 bis ∞). Den Fall des lokalen thermischen Gleichgewichtes haben wir bereits bei der Gesamtstrahlung untersucht, indem wir dort die Ergiebigkeit $J_\nu = \varepsilon_\nu / \varkappa_\nu$ gesetzt haben. Wir können somit auch die Lösung für J in der Photosphäre von (12.39) übernehmen:

$$J(\tau) = \frac{S}{2\pi}\left(1 + \frac{3}{2}\tau\right) \qquad (15.29)$$

Allerdings haben wir zu bedenken, daß τ von der Grenze der Photosphäre an gerechnet ist, während jetzt die optische Tiefe x von der äußeren Grenze der absorbierenden Atmosphäre gemessen wird. Ferner gilt der Randverdunkelungskoeffizient 3/2 nur für die Gesamtstrahlung; für monochromatische Strahlung haben wir denselben durch den wellenlängenabhängigen Koeffizienten β_0 zu ersetzen (Tab. 23), so daß wir für die Ergiebigkeit in der Photosphäre erhalten:

$$J(x) = \frac{S}{2\pi}\left[1 + \beta_0\,(x - \tau_1)\right] = J_0\left[1 + \beta_0\,(x - \tau_1)\right] \qquad (15.30)$$

J_0 ist die Ergiebigkeit an der Grenze der Photosphäre. Da die Atmosphäre nur in den schmalen Bereichen einzelner Linien absorbiert, im übrigen aber völlig durchsichtig ist, ist ihre optische Dicke für die Gesamtstrahlung praktisch gleich Null, d. h. sie ist eine isotherme Atmosphäre der Grenztemperatur T_0 und der Ergiebigkeit J_0. Damit erhält man für das Integral (15.28):

$$I(0, \vartheta) = J_0 \int_0^{\tau_1} e^{-x \sec \vartheta}\, \sec \vartheta\, dx + J_0 \int_{\tau_1}^\infty \left[1 + \beta_0\,(x - \tau_1)\right] e^{-x \sec \vartheta}\, \sec \vartheta\, dx$$
$$\qquad (15.31)$$
$$= J_0\,(1 + \beta_0 \cos \vartheta\, e^{-\tau_1 \sec \vartheta})$$

Außerhalb der Linie absorbiert die Atmosphäre nicht; es ist $\tau_1 = 0$ und somit die Intensität des ungestörten Kontinuums:

$$I_0(\vartheta) = J_0\,(1 + \beta_0 \cos \vartheta) \qquad (15.32)$$

Damit erhält man schließlich die Linienkontur:

$$\frac{I(0, \vartheta)}{I_0(\vartheta)} = \frac{1 + \beta_0 \cos \vartheta\, e^{-\tau_1 \sec \vartheta}}{1 + \beta_0 \cos \vartheta} \qquad (15.33)$$

84. Das ME-Modell für Streuung und Absorption

Bei diesem Modell, dessen Eigenschaften in Ziffer 81 beschrieben sind, können wir Streuung und Absorption gleichzeitig berücksichtigen, was beim SS-Modell auf mathematische Schwierigkeiten gestoßen wäre, weshalb wir dort die Fälle

Streuung und Absorption von Grund auf getrennt behandelt haben. Durch die in unserer Ausgangsgleichung (15. 7) auftretende Plancksche Funktion

$$E_\nu = \frac{2\,h\,\nu^3}{c^2} \cdot \frac{1}{e^{h\,\nu/k\,T} - 1} \tag{15.34}$$

wird die Temperatur in das Problem eingeführt. Für die Abhängigkeit der Temperatur von der optischen Tiefe τ haben wir in Ziffer 61 gefunden:

$$T^4 = \frac{T_e^4}{2}\left(1 + \frac{3}{2}\,\tau\right) = T_0^4\left(1 + \frac{3}{2}\,\tau\right) \tag{15.35}$$

Damit erhalten wir E_ν als Funktion von τ. Um diese Funktion etwas zu vereinfachen, setzen wir τ als klein voraus und machen die sich daraus ergebenden Vernachlässigungen:

$$
\begin{aligned}
E_\nu &= \frac{2\,h\,\nu^3}{c^2} \cdot \frac{1}{e^{(h\,\nu/k\,T_0)\,[1+(3/2)\,\tau]^{-1/4}} - 1}, \\[2mm]
&= \frac{2\,h\,\nu^3}{c^2} \cdot \frac{1}{e^{h\,\nu/k\,T_0\,[1-(h\,\nu/k\,T_0)\,(3/8)\,\tau]} - 1} \\[2mm]
&= \frac{2\,h\,\nu^3}{c^2} \cdot \frac{1}{e^{h\,\nu/k\,T_0} - 1} \cdot \frac{1}{1 - \dfrac{(h\,\nu/k\,T_0)\,(3/8)}{1 - e^{-\,h\,\nu/k\,T_0}}\,\tau}
\end{aligned}
\tag{15.36}
$$

$$= E_0\,\frac{1}{1 - \beta_0\,\tau} = E_0\,(1 + \beta_0\,\tau)$$

Diese Betrachtungen gelten für die kontinuierliche Strahlung; β_0 ändert sich nur langsam mit der Wellenlänge (siehe Tab. 23), kann somit im Bereich der Spektrallinie als konstant angesehen werden. Innerhalb der Spektrallinie beträgt aber die optische Tiefe $\tau + \tau_\nu$, indem dort der Absorptionskoeffizient $\varkappa + \varkappa_\nu$ herrscht. Wir schreiben deshalb:

$$E = E_0\,[1 + \beta\,(\tau + \tau_\nu)] \quad \text{mit} \quad \beta = \beta_0\,\frac{\varkappa}{\varkappa + \varkappa_\nu} \tag{15.37}$$

Im Gegensatz zu β_0 ändert sich β stark innerhalb der Spektrallinie und geht außerhalb derselben in β_0 über.

Die Lösung der Gleichung (15. 7) erhalten wir nach dem in Ziffer 60 eingeschlagenen Weg, indem wir zunächst wieder die folgenden Mittelwerte einführen:

$$J = \int I\,\frac{d\omega}{4\,\pi} \qquad H = \int I\cos\vartheta\,\frac{d\omega}{4\,\pi} \qquad K = \int I\cos^2\vartheta\,\frac{d\omega}{4\,\pi} \tag{15.38}$$

Indem wir die Differentialgleichung (15. 7) zuerst mit $d\omega/4\,\pi$ multiplizieren und integrieren, hernach mit $\cos\vartheta\,d\omega/4\,\pi$ multiplizieren und wieder integrieren, erhalten wir die beiden Beziehungen::

$$\frac{dH}{dt} = (\varkappa + \varkappa_\nu)\,(J - E) \tag{15.39}$$

$$\frac{dK}{dt} = (\varkappa + \varkappa_\nu + \sigma_\nu)\,H \tag{15.40}$$

Führen wir die schon in Ziffer 60 begründete Näherung $K = \overline{\cos^2\vartheta} \int I \, d\omega / 4\pi$
$= (1/3) \, J$ ein, so erhält man durch Differentiation von (15.40):

$$\frac{d^2 J}{dt^2} = 3 \, (\varkappa + \varkappa_\nu + \sigma_\nu) \, \frac{dH}{dt} = 3 \, (\varkappa + \varkappa_\nu + \sigma_\nu) \, (\varkappa + \varkappa_\nu) \, (J - E) \qquad (15.41)$$

Indem wir die Substitution

$$du = \sqrt{3 \, (\varkappa + \varkappa_\nu + \sigma_\nu) \, (\varkappa + \varkappa_\nu)} \, dt \qquad (15.42)$$

die eine verallgemeinerte optische Tiefe definiert, einführen, erhalten wir aus (15.41):

$$\frac{d^2 J}{du^2} = \frac{d^2 J}{dt^2} \left(\frac{dt}{du}\right)^2 + \frac{dJ}{dt} \cdot \frac{d^2 t}{du^2} = \frac{d^2 J}{dt^2} \left(\frac{dt}{du}\right)^2$$
$$= \left(\frac{du}{dt}\right)^2 (J - E) \left(\frac{dt}{du}\right)^2 = J - E \qquad (15.43)$$

Da in unserer Näherung E linear von der optischen Tiefe abhängt, ist $d^2 E / du^2 = 0$, so daß wir für (15.43) auch schreiben können:

$$\frac{d^2 \, (J - E)}{du^2} = J - E \qquad (15.44)$$

Die allgemeine Lösung dieser Gleichung lautet:

$$J - E = A \, e^{-u} + B \, e^{+u} \qquad (15.45)$$

Dieser Ausdruck muß für große optische Tiefen verschwinden, d. h. es muß $B = 0$ sein:

$$J = E + A \, e^{-u} \qquad (15.46)$$

Indem wir E mit Hilfe von (15.42) ebenfalls durch die Variable u ausdrücken, erhalten wir:

$$E = E_0 \left[1 + \beta \, \frac{\varkappa + \varkappa_\nu}{\sqrt{3 \, (\varkappa + \varkappa_\nu + \sigma_\nu) \, (\varkappa + \varkappa_\nu)}} \, u\right] = E_0 \, [1 + \beta \cdot \alpha \, u] \qquad (15.47)$$

mit

$$\alpha = \sqrt{\frac{\varkappa + \varkappa_\nu}{3 \, (\varkappa + \varkappa_\nu + \sigma_\nu)}} \qquad (15.48)$$

Schließlich erhält man aus (15.40) unter Benutzung der Lösung (15.46):

$$H = \frac{1}{3 \, (\varkappa + \varkappa_\nu + \sigma_\nu)} \cdot \frac{dJ}{dt} = \frac{\sqrt{3 \, (\varkappa + \varkappa_\nu + \sigma_\nu) \, (\varkappa + \varkappa_\nu)}}{3 \, (\varkappa + \varkappa_\nu + \sigma_\nu)} \cdot \frac{dJ}{du}$$
$$= \alpha \, \frac{dJ}{du} = \alpha \, \frac{dE}{du} - A \, \alpha \, e^{-u} = E_0 \, \alpha^2 \, \beta - A \, \alpha \, e^{-u} \qquad (15.49)$$

Für $u = 0$ (Sternrand) ist aber nach (12.38) und (15.46):

$$2 \, E_0 \, \alpha^2 \, \beta - 2 \, A \, \alpha = E_0 + A \qquad (15.50)$$

woraus sich für die Integrationskonstante ergibt:

$$A = E_0 \, \frac{2\,\beta\,\alpha^2 - 1}{1 + 2\,\alpha} \qquad (15.51)$$

Der Strahlungsstrom an der Sternoberfläche beträgt somit:

$$S(0) = 4\,\pi\,H(0) = 4\,\pi \left[E_0\,\alpha^2\,\beta - E_0\,\frac{2\,\beta\,\alpha^2 - 1}{1 + 2\,\alpha}\,\alpha \right] = 4\,\pi\,E_0\,\alpha\,\frac{1 + \alpha\,\beta}{1 + 2\,\alpha} \qquad (15.52)$$

Außerhalb der Spektrallinie ist $\sigma_\nu = 0$, $\varkappa_\nu = 0$, $\beta = \beta_0$, $\alpha = \sqrt{1/3}$, so daß sich für den Strahlungsstrom des ungestörten Kontinuums ergibt:

$$S_0(0) = 4\,\pi\,H_0(0) = 4\,\pi\,E_0\,\frac{1 + \beta_0/\sqrt{3}}{\sqrt{3} + 2} \qquad (15.53)$$

und schließlich für die Linienkontur:

$$\frac{S(0)}{S_0(0)} = \alpha\,\frac{1 + \beta\,\alpha}{1 + 2\,\alpha} \cdot \frac{2 + \sqrt{3}}{1 + \beta_0/\sqrt{3}} \qquad (15.54)$$

Diese Formel erscheint auf den ersten Blick ziemlich einfach; man muß jedoch bedenken, daß α und β in komplizierter Weise von der Frequenz abhängen können. Spezialisiert man die Formel, so ergibt sich im Falle reiner Streuung, $\varkappa_\nu = 0$, $\beta = \beta_0$, $\alpha = \sqrt{\varkappa/[3\,(\varkappa + \sigma_\nu)]}$:

$$\frac{S(0)}{S_0(0)} = \alpha\,\frac{1 + \beta_0\,\alpha}{1 + \beta_0/\sqrt{3}} \cdot \frac{2 + \sqrt{3}}{1 + 2\,\alpha} \qquad (15.55)$$

und im Falle reiner Absorption, $\sigma_\nu = 0$, $\alpha = 1/\sqrt{3}$, $\beta = \beta_0\,[\varkappa/(\varkappa + \varkappa_\nu)]$:

$$\frac{S(0)}{S_0(0)} = \frac{1 + [\varkappa/(\varkappa + \varkappa_\nu)]\,(\beta_0/\sqrt{3})}{1 + \beta_0/\sqrt{3}} \qquad (15.56)$$

Diese Formeln geben die Linienkontur für den Strahlungsstrom, also für die über die ganze Sternscheibe integrierte Strahlung, so daß naturgemäß in ihnen ϑ nicht mehr auftritt. Sie sind zur Interpretation der Linienkonturen in Sternspektren zu verwenden. Da aber für die Prüfung der Formeln der Linienkonturen und für die Vergleichung mit den von anderen Modellen gelieferten Formeln die Winkelabhängigkeit von ausschlaggebender Bedeutung ist, wollen wir nach dem Rezept von (12.67) auch noch die ϑ-Abhängigkeit der austretenden Strahlungsintensität berechnen, wobei wir für die Ergiebigkeit den nach (15.10) und (15.7) verallgemeinerten Ausdruck einzusetzen haben:

$$I(0, \vartheta) = \int_0^\infty \{\sigma_\nu\,J + (\varkappa + \varkappa_\nu)\,E\}\,e^{-(\varkappa + \varkappa_\nu + \sigma_\nu)\,t\,\sec\vartheta}\,\sec\vartheta\,dt \qquad (15.57)$$

Zur Vereinfachung der Schreibweise ist bei J und E wie bisher der Index ν weggelassen worden. Diese Gleichung transformieren wir auf die Variable u, indem wir für J den Wert aus (15.46) und (15.51) einsetzen, für E den in (15.47) abgeleiteten und für die Absorptionskoeffizienten die aus (15.42) und (15.48) folgenden Ausdrücke:

$$\alpha \, du = (\varkappa + \varkappa_\nu) \, dt$$

$$\sigma_\nu \, dt = \frac{1 - 3 \alpha^2}{3 \alpha} \, du \qquad (15.58)$$

$$(\varkappa + \varkappa_\nu + \sigma_\nu) \, dt = \frac{1}{3 \alpha} \, du$$

Damit erhalten wir aus (15.57):

$$
\begin{aligned}
I(0, \vartheta) &= \int\limits_0^\infty \left[\frac{1 - 3 \alpha^2}{3 \alpha} E_0 \, (1 + \alpha \beta u) + \frac{1 - 3 \alpha^2}{3 \alpha} E_0 \, \frac{2 \beta \alpha^2 - 1}{1 + 2 \alpha} e^{-u} \right. \\
&\qquad \left. + \alpha E_0 \, (1 + \alpha \beta u) \right] e^{-(u \sec \vartheta / 3 \alpha)} \sec \vartheta \, du \\[2mm]
&= E_0 \int\limits_0^\infty \left[\frac{1}{3 \alpha} \, (1 + \alpha \beta u) + \frac{1 - 3 \alpha^2}{3 \alpha} \cdot \frac{2 \beta \alpha^2 - 1}{1 + 2 \alpha} e^{-u} \right] e^{-(u \sec \vartheta / 3 \alpha)} \sec \vartheta \, du \\[2mm]
&= E_0 \left[1 + 3 \alpha^2 \beta \cos \vartheta + \frac{1 - 3 \alpha^2}{1 + 2 \alpha} \cdot \frac{2 \alpha^2 \beta - 1}{1 + 3 \alpha \cos \vartheta} \right] \qquad (15.59)
\end{aligned}
$$

Da außerhalb der Spektrallinie $\beta = \beta_0$ und $\alpha = 1/\sqrt{3}$ ist, erhält man für die Winkelabhängigkeit der Linienkontur im ME-Modell:

$$\frac{I(0, \vartheta)}{I_0(\vartheta)} = (1 + \beta_0 \cos \vartheta)^{-1} \left[1 + 3 \alpha^2 \beta \cos \vartheta + \frac{1 - 3 \alpha^2}{1 + 2 \alpha} \cdot \frac{2 \alpha^2 \beta - 1}{1 + 3 \alpha \cos \vartheta} \right] \qquad (15.60)$$

Im Falle reiner Streuung ist $\beta = \beta_0$ und $\alpha = \sqrt{\varkappa/[3\,(\varkappa + \sigma_\nu)]}$, wodurch aber die Formel nicht merklich vereinfacht wird. Hingegen erhält man im Falle reiner Absorption mit $\alpha = 1/\sqrt{3}$ die wesentlich einfachere Formel:

$$\frac{I(0, \vartheta)}{I_0(\vartheta)} = \frac{1 + \beta_0 \, [\varkappa/(\varkappa + \varkappa_\nu)] \cos \vartheta}{1 + \beta_0 \cos \vartheta} \qquad (15.61)$$

85. Diskussion der theoretischen Linienkonturen und Vergleichung mit den beobachteten

Die abgeleiteten Formeln der Linienkontur für das SS- und das ME-Modell je für Streuung und Absorption sind in Tab. 24 nochmals zusammengestellt. Als erstes betrachten wir das Verhalten im Linienzentrum, wo die Streuung bzw. die Absorption sehr groß ist. Im Fall von Streuung haben wir s_1 bzw. $s_\nu = \infty$ zu setzen und erhalten für beide Modelle den Zentralwert 0. Im Fall von Absorption dagegen haben wir τ_1 bzw. $\varkappa_\nu = \infty$ zu setzen und erhalten wiederum für beide Modelle denselben Zentralwert $I_0(\vartheta)/(1 + \beta_0 \cos \vartheta)$. Setzt man den Wert von $I_0(\vartheta)$ aus dem Randverdunkelungsgesetz (12.96) ein, so ergibt sich $I_0(0)/(1 + \beta_0) = I_0(\pi/2)$. Hinsichtlich der Intensität im Linienzentrum erhalten wir somit folgendes wichtiges Ergebnis: Die Intensität erweist sich als unabhängig vom Modell, dagegen als stark abhängig vom Mechanismus des Strahlungsaustausches. Die Zentralintensität kann in dem weiten Bereich zwischen 0 (Streuung) und der Intensität des Kontinuums am Sonnen- bzw. Sternrand (Absorption) variieren. Besonders zu beachten ist, daß in jedem Fall die Zentralintensität von ϑ unabhängig ist. Dies hat im Falle der Absorption eine eigentümliche Konsequenz: da mit zunehmendem ϑ die Kontinuumsintensität abnimmt, die Zentralintensität der Linie dagegen konstant bleibt, wird der Kontrast der Linie gegen den Sonnenrand geringer, und am Rand selbst verschwindet die Linie. Dies kann unmittelbar eingesehen werden, denn für $\tau_1 = \infty$ bekommt man, unabhängig von ϑ, stets nur Strahlung der alleräußersten Schicht von der Grenztemperatur T_0, in dem vorliegenden Fall lokalen thermodynamischen Gleichgewichtes somit schwarze Strahlung der Temperatur T_0.

Bei der Diskussion der Linienflügel ist es üblich, nicht mit der Intensität zu rechnen, sondern mit der Linientiefe $R = 1 - I(0, \vartheta)/I_0(\vartheta)$. In den Linienflügeln ist, im Gegensatz zum Linienzentrum, die Absorption schwach, so daß wir z. B. in der Formel für reine Streuung im SS-Modell $e^{-s_1 \sec \vartheta}$ durch $1 - s_1 \sec \vartheta$ ersetzen können und damit für die Linientiefe in den Flügeln erhalten:

$$R = \frac{\beta_0 s_1}{1 + \beta_0 \cos \vartheta} \tag{15.62}$$

In analoger Weise spezialisieren wir die entsprechende Formel des ME-Modells, indem wir $\alpha = 1/\sqrt{3}$, $\alpha^2 = \varkappa/[3(\varkappa + \sigma_\nu)]$ und $\varkappa/(\varkappa + \sigma_\nu) = 1 - (\sigma_\nu/\varkappa)$ setzen. Das Resultat lautet:

$$R = \frac{\sigma_\nu}{\varkappa} \cdot \frac{\beta_0 \cos \vartheta + [1 - (2/3)\,\beta_0]/[(1 + 2/\sqrt{3})\,(1 + \sqrt{3}\cos\vartheta)]}{1 + \beta_0 \cos \vartheta} \tag{15.63}$$

Im Falle reiner Absorption ist die Berechnung der Linientiefe in den Flügeln einfach. Im SS-Modell hat man $e^{-\tau_1 \sec \vartheta} = 1 - \tau_1 \sec \vartheta$ zu setzen und erhält:

$$R = \frac{\beta_0 \tau_1}{1 + \beta_0 \cos \vartheta} \tag{15.64}$$

während im ME-Modell die Näherung $\varkappa/(\varkappa + \varkappa_\nu) = 1 - (\varkappa_\nu/\varkappa)$ auf folgende Formel führt:

$$R = \frac{\varkappa_\nu}{\varkappa} \cdot \frac{\beta_0 \cos \vartheta}{1 + \beta_0 \cos \vartheta} \tag{15.65}$$

Alle diese spezialisierten Formeln sind in Tab. 24 nochmals zusammengestellt. Im SS-Modell führen Absorption und Streuung auf genau dieselbe Formel für die Intensität der Linienflügel. Auch im ME-Modell sind die beiden entsprechenden Formeln für den Wert $\beta_0 = 3/2$ (wie er der Gesamtstrahlung entspricht) identisch, während für andere β_0-Werte die Unterschiede nur unbedeutend sind. Wir sehen somit, daß die Art des Strahlungsaustausches für die Intensität in den Linienflügeln belanglos ist; hingegen hängt diese in entscheidender Weise vom Modell ab. Rechnen wir mit $\beta_0 = 3/2$, so nimmt beim SS-Modell R von $(3/5)\,\tau_1$ für $\vartheta = 0$ auf $(3/2)\,\tau_1$ für $\vartheta = \pi/2$ zu, während beim

Tabelle 24 *Theoretische Linienkonturen*

Art der Reemission	Linienteil	SS-Modell	ME-Modell
Streuung	ganze Linie	$$\frac{I(0,\vartheta)}{I_0(\vartheta)} = e^{-s_1\sec\vartheta} + \frac{(1/2)+(1/3)\beta_0}{1+\beta_0\cos\vartheta}$$ $$\times\frac{[1+(3/2)\cos\vartheta](1-e^{-s_1\sec\vartheta})-(3/2)\,s_1\,e^{-s_1\sec\vartheta}}{1+s_1}$$	$$\frac{I(0,\vartheta)}{I_0(\vartheta)} = (1+\beta_0\cos\vartheta)^{-1}$$ $$\times\left[1+3\alpha^2\beta_0\cos\vartheta+\frac{1-3\alpha^2}{1+2\alpha}\cdot\frac{2\alpha^2\beta_0-1}{1+3\alpha\cos\vartheta}\right]$$ $$\alpha=\sqrt{\frac{\varkappa}{3(\varkappa+\sigma_\nu)}}$$
Absorption	ganze Linie	$$\frac{I(0,\vartheta)}{I_0(\vartheta)} = \frac{1+\beta_0\cos\vartheta\,e^{-\tau_1\sec\vartheta}}{1+\beta_0\cos\vartheta}$$	$$\frac{I(0,\vartheta)}{I_0(\vartheta)} = \frac{1+\beta_0\,\dfrac{\varkappa}{\varkappa+\varkappa_\nu}\cos\vartheta}{1+\beta_0\cos\vartheta}$$
Streuung	Linienmitte	$$\frac{I(0,\vartheta)}{I_0(\vartheta)} = 0$$	$$\frac{I(0,\vartheta)}{I_0(\vartheta)} = 0$$
Absorption	Linienmitte	$$\frac{I(0,\vartheta)}{I_0(\vartheta)} = \frac{1}{1+\beta_0\cos\vartheta}$$	$$\frac{I(0,\vartheta)}{I_0(\vartheta)} = \frac{1}{1+\beta_0\cos\vartheta}$$
Streuung	Linienflügel	$$R = \frac{\beta_0\,s_1}{1+\beta_0\cos\vartheta}$$	$$R = \frac{\sigma_\nu}{\varkappa}\cdot\frac{\beta_0\cos\vartheta+\dfrac{1-(2/3)\beta_0}{(1+2/\sqrt{3})(1+\sqrt{3}\cos\vartheta)}}{1+\beta_0\cos\vartheta}$$
Absorption	Linienflügel	$$R = \frac{\beta_0\,\tau_1}{1+\beta_0\cos\vartheta}$$	$$R = \frac{\varkappa_\nu}{\varkappa}\cdot\frac{\beta_0\cos\vartheta}{1+\beta_0\cos\vartheta}$$

ME-Modell R von $(3/5)\ (\varkappa_\nu/\varkappa)$ für $\vartheta = 0$ auf 0 für $\vartheta = \pi/2$ abnimmt. Im SS-Modell werden die Linienflügel gegen den Sonnenrand hin intensiver, im ME-Modell schwächer.

Zusammenfassend halten wir fest: Für die Intensität im Linienzentrum ist die Art des Strahlungsaustausches maßgebend, für die Intensität in den Linienflügeln das Modell.

Abschließend sei noch kurz der Zusammenhang mit den entsprechenden Beobachtungen von Linienkonturen hergestellt. Die Aussage der Theorie, daß die Zentralintensität zwischen Null und der Kontinuumsintensität am Sonnenrand

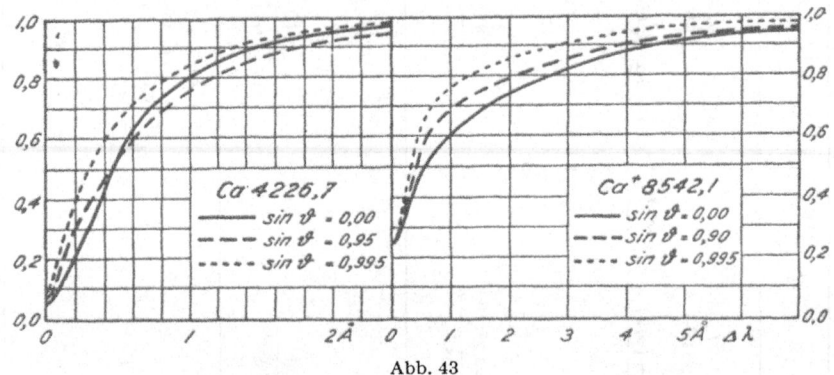

Abb. 43

Mitte-Rand-Variation der Konturen zweier Ca-Linien des Sonnenspektrums (nach J. Houtgast).

liegen müsse, ist bei sämtlichen Linien, deren Zentralintensitäten zuverlässig gemessen sind, erfüllt. Eine genauere Aussage vermag die Theorie nur zu geben, wenn für die betreffende Linie der Mechanismus des Strahlungsaustausches im Detail bekannt ist und damit die Reemission berechnet werden kann. Umgekehrt wird man aus der gemessenen Zentralintensität Aussagen über diesen Mechanismus machen können. Beispiele für Linienkonturen im Sonnenspektrum und ihre Variationen von der Mitte zum Rand der Sonnenscheibe sind in Abb. 43 gegeben (jeweils reduziert auf gleiche Intensität des Kontinuums). Bei der Linie Ca+ 8542,1 werden die Flügel gegen den Sonnenrand schwächer; hier ist somit das ME-Modell zutreffend. Bei der Linie Ca 4226,7 dagegen werden die Flügel zunächst stärker und erst am äußersten Sonnenrand wieder schwächer; für diese Linie ist somit das SS-Modell angezeigt. Daß nämlich die für das SS-Modell abgeleitete Zunahme der Flügeltiefe mit ϑ am äußersten Sonnenrand nicht mehr zutreffen kann, folgt schon daraus, daß z. B. im Falle von Absorption die Fraunhoferschen Linien am Sonnenrand verschwinden.

XVI. LINIENKONTUREN ROTIERENDER UND PULSIERENDER STERNATMOSPHÄREN

Unsere bisherigen Untersuchungen über die Konturen der Spektrallinien bezogen sich auf Sternatmosphären, deren verschiedene Teile sich gegenüber dem irdischen Beobachter in Ruhe befinden bzw. alle dieselbe Radialgeschwindigkeit aufweisen. Diese Bedingung ist nicht erfüllt bei Sternen, die rasch rotieren oder radiale Pulsationen ausführen. In dem uns erreichenden, über die ganze Sternscheibe integrierten Sternlicht sind die Fraunhoferschen Linien durch einen zusätzlichen Doppler-Effekt, welcher von der relativen makroskopischen Bewegung der einzelnen Teile der Sternatmosphäre herrührt, verbreitert.

86. Linienkonturen rasch rotierender Sterne

Wir setzen zunächst vereinfachend voraus, daß die Linie an sich, d. h. wie sie beobachtet würde, falls der Stern nicht rotierte, sehr schmal sei, so daß das beobachtete verbreiterte Linienprofil ausschließlich durch die Rotation bedingt ist. Wir legen ein rechtwinkliges Koordinatensystem mit dem Nullpunkt im Sternmittelpunkt so, daß die ζ-Achse nach der Erde zeigt und die Rotationsachse, die mit der ζ-Achse den Winkel i bilde, in die (ζ, η)-Ebene fällt. Die Komponente der Winkelgeschwindigkeit w in der ζ-Richtung, $w \cos i$, ist auf die Linienkontur ohne Einfluß, da die ihr zugeordneten Geschwindigkeiten zur Sehlinie senkrecht stehen. Man erhält somit dieselbe Rotationskontur, ob der Stern mit der Winkelgeschwindigkeit w um eine gegen die Sehlinie um i geneigte Achse rotiere oder ob er mit der Winkelgeschwindigkeit $w \sin i$ um die zur Blickrichtung senkrechte η-Achse rotiere. Man kann also stets nur den, einen unteren Grenzwert der Winkelgeschwindigkeit darstellenden Ausdruck $w \sin i$ bestimmen. Die Komponente der Rotationsgeschwindigkeit des Oberflächenelementes $d\eta\, d\xi$ in der ζ-Richtung beträgt, wenn wir von der hier belanglosen Relativbewegung Erde–Stern absehen, $w \xi \sin i$, ist

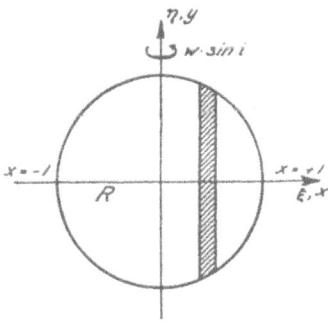

somit unabhängig von η. Alle Elemente des in Abb. 44 schraffierten Streifens der Breite $d\xi$ haben somit dieselbe ζ-Komponente und führen zu einer Verschiebung der Spektrallinie um den Betrag

$$\Delta\lambda = \frac{\lambda}{c}\, \xi\, w \sin i \qquad (16.1)$$

Der Sternrand $\xi = R$ liefert die maximale Verschiebung

$$\Delta\lambda_{max} = \frac{\lambda}{c}\, R\, w \sin i = b \qquad (16.2)$$

Nun führen wir noch die Koordinaten eines Punktes auf der Sternscheibe ein:

$$x = \frac{\xi}{R} = \frac{\Delta\lambda}{\Delta\lambda_{max}} \qquad y = \frac{\eta}{R} \qquad (16.3)$$

Es entspricht somit einem bestimmten Abstand x vom Sternzentrum eine bestimmte Stelle $\Delta\lambda$ der Linienkontur. Die im Bereich $\Delta\lambda$ bis $\Delta\lambda + d\Delta\lambda$ enthaltene Energie entspricht der vom Streifen x bis $x + dx$ emittierten. Insbesondere liefert der Streifen $x = 0$ das Linienzentrum, $x = \pm 1$ die Linienränder. Die Flächenhelligkeit der Sternscheibe im Punkt x, y beträgt unter Benützung des Randverdunkelungsgesetzes (12.96):

$$I = \text{const} \ (1 + \beta \cos\vartheta) = \text{const} \ [1 + \beta \sqrt{1 - (x^2 + y^2)}] \qquad (16.4)$$

Damit erhält man für die Intensitätsverteilung $A(x)$ in der Spektrallinie, wenn wir noch die Normierung $\int\limits_{-1}^{+1} A(x)\,dx = 1$ einführen:

$$A(x) = \frac{2\int\limits_{0}^{\sqrt{1-x^2}} I(x,y)\,dy}{2\int\limits_{-1}^{+1}\int\limits_{0}^{\sqrt{1-x^2}} I(x,y)\,dy} = \frac{(2/\pi)\sqrt{1-x^2} + (\beta/2)\,(1-x^2)}{1 + (2/3)\,\beta} \qquad (16.5)$$

Diese Kontur ist in Abb. 45 für die beiden Grenzfälle $\beta = 0$ und $\beta = \infty$ dargestellt. Ohne Randverdunkelung erhält man ein ellipsenförmiges Profil, bei

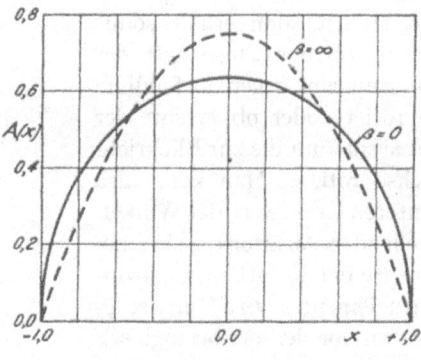

Abb. 45
Durch Rotation erzeugte Linienprofile.

Berücksichtigung der Randverdunkelung eine spitzer verlaufende Kontur, wie ohne weiteres verständlich ist, wenn man bedenkt, daß die äußeren Teile der Linie ausschließlich durch die Strahlung des Sternrandes bedingt sind.

Nun betrachten wir den allgemeinen Fall, daß die Linie schon an sich eine durch Dämpfung und thermischen Doppler-Effekt bedingte Breite besitzt und durch das Profil $W(x)$ dargestellt wird. Dieser wahren Kontur überlagert sich die Rotationskontur $A(x)$, woraus die scheinbare, beobachtete Kontur $S(x)$ entsteht:

$$S(x) = \int\limits_{x' = -\infty}^{+\infty} W(x - x')\, A(x')\, dx' \qquad (16.6)$$

Dabei stellt, wie aus Abb. 46 hervorgeht, der Integrand den Beitrag der Stelle $x - x'$ des wahren Profils zum scheinbaren Profil an der Stelle x dar. Tatsäch-

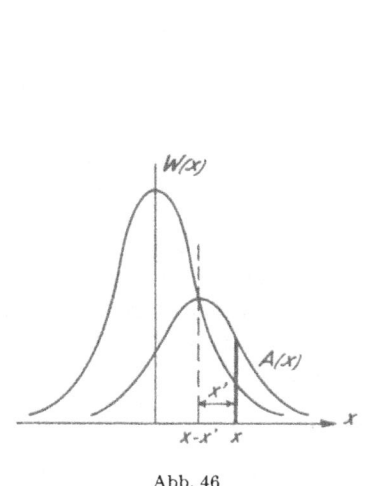

Abb. 46
Überlagerung von wahrer Linienkontur
und Rotationskontur.

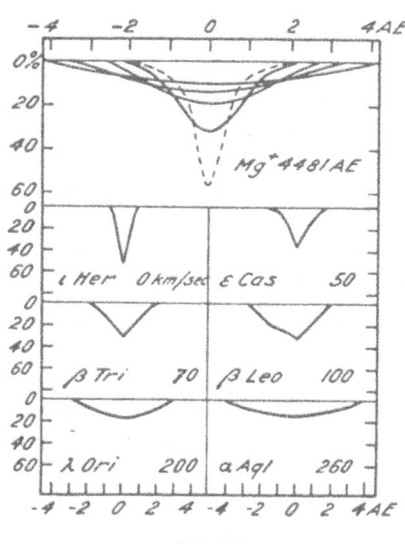

Abb. 47
Rotationsverbreiterungen der Mg-Linie 4481 Å
(nach C. T. ELVEY).

lich liegt aber das umgekehrte Problem vor, indem S beobachtet und A gesucht ist. Um dieses Problem zu lösen, geht man etwa folgendermaßen vor: Man beobachtet die Linienprofile einer großen Zahl von Sternen desselben Spektraltyps, z. B. von B-5-Sternen. In einem von diesen werden die Linien am schärfsten erscheinen; dies wird ein Stern sein, für den $R\,w \sin i$ praktisch $= 0$ ist, sei es, daß die Winkelgeschwindigkeit sehr klein ist, sei es, daß die Rotationsachse nach der Erde weist (eine Variation von R brauchen wir nicht in Betracht zu ziehen, da alle B-5-Sterne praktisch denselben Radius besitzen). Die in diesem Sternspektrum beobachteten Konturen sind somit als die wahren Profile $W(x)$ der B-5-Sterne anzusprechen. Damit lassen sich nun für verschiedene Werte von $R\,w \sin i$ die Konturen $S(x)$ nach (16.6) berechnen. Durch Vergleichung einer individuellen beobachteten S-Kontur mit der Schar der theoretischen ergibt sich unmittelbar der Parameter $R\,w \sin i$ des betreffenden Sternes bzw. $w \sin i$, da R nach Tab. 1 als bekannt angesehen werden kann. Abb. 47 zeigt einige Beispiele von Rotationsverbreiterung; im oberen Teil der Figur ist die Schar der theoretischen Linienkonturen für verschiedene Werte von $R\,w \sin i$ dargestellt, wobei das punktierte Profil die nicht rotationsverbreiterte Kontur W bedeutet. Daß die beobachteten Verbreiterungen bzw. Verflachungen der Linien tatsächlich durch die Rotation bedingt sind und nicht durch den physikalischen Zustand der Sternatmosphären, geht aus folgenden Tatsachen hervor: 1. Alle mit Ausnahme eventueller interstellarer Linien sind gleichartig verbreitert. 2. Die Linienbreiten wachsen proportional λ, wie es bei Doppler-Verbreiterung sein muß. 3. Die Gesamtabsorptionen sind unabhängig von der Verbreiterung.

Rotationsverbreiterung der Spektrallinien ist nur in den Spektraltypen O bis F 5 festgestellt worden; es handelt sich um Äquatorgeschwindigkeiten von 25 bis über 200 km/s. In den späteren Spektralklassen ist noch kein Objekt gefunden worden, dessen $(R\,w\,\sin i)$-Wert die Meßgrenze von 20 km/s überschreitet. Ein typischer Stern späterer Spektralklasse ist die Sonne mit einer Äquatorgeschwindigkeit von nur 2 km/s. In diesem Zusammenhang dürfte der Beobachtung, daß die engen spektroskopischen Doppelsterne fast ganz auf die frühen Spektraltypen beschränkt sind, kosmogonische Bedeutung zukommen. Ferner zeigen die Komponenten enger spektroskopischer Doppelsterne überwiegend starke Rotationsverbreiterung, was darauf hindeutet, daß Rotations- und Umlaufsperiode übereinstimmen.

Während sich im Einzelfall nur $R\,w\,\sin i = v\,\sin i$ ergibt, kann man aus der statistischen Betrachtung vieler Fälle unter der plausiblen zusätzlichen Annahme, die Richtungen der Rotationsachsen seien im Raume regellos verteilt, die Äquatorgeschwindigkeit v selbst berechnen. Die Wahrscheinlichkeit $W(i)\,di$, daß die Achsenneigung zwischen i und $i + di$ liege, beträgt:

$$W(i)\,di = \frac{1}{2}\,\sin i\,di \qquad (16.7)$$

wobei der Normierungsfaktor so bestimmt ist, daß $\int_0^{\pi} W(i)\,di = 1$ wird. Damit erhält man für die Äquatorgeschwindigkeit:

$$\overline{R\,w\,\sin i} = v\,\frac{1}{2}\int_0^{\pi}\sin^2 i\,di \qquad v = \frac{4}{\pi}\,\overline{R\,w\,\sin i} \qquad (16.8)$$

Die Äquatorgeschwindigkeit ist somit 1,27mal größer als der beobachtete Mittelwert von $R\,w\,\sin i$. Um nun eine, wenigstens rohe Statistik der Häufigkeitsverteilung der Äquatorgeschwindigkeiten zu erhalten, kann man jedem Stern die Äquatorgeschwindigkeit $(4/\pi)\,R\,w\,\sin i$ zuschreiben. Solche Untersuchungen liegen für die B- und A-Sterne vor (Tab. 25).

Tabelle 25

Häufigkeitsverteilung der Äquatorgeschwindigkeiten der B- und A-Sterne
(nach WESTGATE)

	v km/s				
	< 50	50–100	100–150	150–200	> 200
B-Sterne	27	53	15	4	1
A-Sterne	30	21	26	15	5

Ergänzend sei noch erwähnt, daß man auch von spektroskopischen Doppelsternen und von Bedeckungsveränderlichen die Rotationsgeschwindigkeit bestimmen kann.

Abschließend wollen wir noch den Fall betrachten, daß die leuchtende
Atmosphäre nicht, wie bisher angenommen worden ist, eine im Vergleich zum
Sternradius nur geringe vertikale Ausdehnung aufweisende Oberflächen-
schicht des Sterns bildet, sondern als dünne, durchsichtige Kugelschale den
Stern umgibt. Solchen Schalen sind die in einigen frühen Spektralklassen auf-
tretenden Emissionslinienspektren zuzuschreiben (Be-Sterne, Wolf-Rayet-
Sterne, Novae). Wir können dann unter der Voraussetzung, daß der Radius des
Sterns sehr klein ist gegenüber demjenigen der Hülle (Abb. 48), die Rotations-

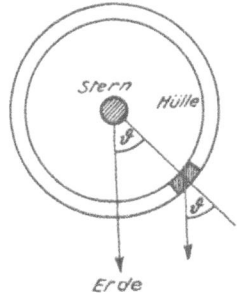

Abb. 48
Zur Berechnung der Linienkontur einer rotierenden Gashülle.

kontur berechnen wie bei einer rotierenden Photosphäre, sofern wir (16.4)
durch die Flächenhelligkeit der Gashülle ersetzen. Diese beträgt nach Abb. 48,
sofern wir von Selbstabsorption in der Hülle absehen:

$$I = \text{const} \; \frac{1}{\cos \vartheta} = \frac{\text{const}}{\sqrt{1-(x^2+y^2)}} \tag{16.9}$$

An Stelle des Randverdunkelungsgesetzes der Photosphäre tritt hier ein Randerhellungsgesetz, wie anschaulich aus Abb. 48 direkt hervorgeht. Damit erhalten wir für die Linienkontur:

$$A(x) = \text{const} \int_0^{\sqrt{1-x^2}} \frac{dy}{\sqrt{1-(x^2+y^2)}}$$

$$= \text{const} \arcsin \frac{y}{\sqrt{1-x^2}} \Bigg|_0^{\sqrt{1-x^2}} = \text{const} \frac{\pi}{2} \tag{16.10}$$

Die Intensität innerhalb der Kontur ist somit konstant, d. h. die Linie besitzt
ein rechteckiges Profil, das symmetrisch zur unverschobenen Linie liegt. Man
überlegt sich leicht, in welcher Hinsicht sich das Linienprofil verändert, wenn
die vorausgesetzten idealisierten Bedingungen nicht erfüllt sind: Ist der Stern-
durchmesser gegenüber dem Hüllendurchmesser nicht zu vernachlässigen, so

tritt im Linienzentrum eine Einsenkung auf; ist die Linie an sich nicht schmal gegenüber der Rotationskontur, so werden die Ecken des Rechtecks abgerundet; dasselbe tritt ein, wenn die Dicke der Nebelhülle nicht klein ist gegenüber ihrem Radius.

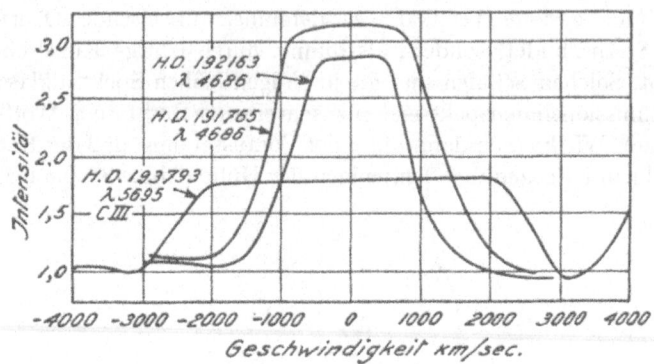

Abb. 49

Charakteristische Profile von Emissionslinien in WR-Sternen (nach C. S. Beals).

In Abb. 49 sind einige Kastenprofile dargestellt, wie sie für die Emissionslinien der WR-Sterne typisch sind (vgl. dazu jedoch den folgenden Abschnitt).

87. Linienkonturen pulsierender Sternatmosphären

Der Lichtwechsel regelmäßiger Veränderlicher, insbesondere der δ-Cephei-Sterne, wird auf pulsierende Bewegungen der Atmosphären dieser Sterne zurückgeführt (Kap. X). Eine unter vielen Prüfungsmöglichkeiten der Pulsationstheorie besteht in der Untersuchung der Linienkonturen, welche charakteristische Veränderungen aufweisen.

Falls ein Element der Sternoberfläche, das vom Zentrum der Sternscheibe den Winkelabstand ϑ besitzt, sich mit der Geschwindigkeit V radial vom Stern entfernt, so beträgt seine Geschwindigkeitskomponente in der Sehrichtung

$$v = V \cos\vartheta \qquad (16.11)$$

und die entsprechende Doppler-Verschiebung:

$$\Delta\lambda = -\frac{\lambda}{c} V \cos\vartheta \qquad (16.12)$$

Unter Berücksichtigung des Randverdunkelungsgesetzes (12.96) ergibt sich die der Ringzone ϑ bis $\vartheta + d\vartheta$ entstammende Strahlung proportional zu

$$(1 + \beta \cos\vartheta) \cos\vartheta \sin\vartheta \, d\vartheta \qquad (16.13)$$

Führen wir nun wieder die Hilfsgröße

$$x = \frac{\Delta\lambda}{\Delta\lambda_{max}} = \cos\vartheta \qquad (16.14)$$

ein, so wird die Expansionskontur der als an sich sehr schmal vorausgesetzten Linie:

$$A(x)\,dx = - C\,(1 + \beta\,x)\,x\,dx \qquad (16.15)$$

welche bei Einführung der Normierung

$$\int_0^1 A(x)\,dx = - C\left(\frac{1}{2} + \frac{\beta}{3}\right) = 1 \qquad (16.16)$$

übergeht in:

$$A(x) = \frac{(1 + \beta\,x)\,x}{(1/2) + (\beta/3)} \qquad (16.17)$$

Diese Funktion ist für die Randverdunkelungskoeffizienten $\beta = 0$ und ∞ in Abb. 50 dargestellt. Die Expansionskonturen sind unsymmetrisch, beginnen mit der Intensität 0 an der Stelle der unverschobe- nen Linie und endigen mit der maximalen Intensität an der Stelle der maximalen Verschiebung. Die Linien besitzen somit eine scharfe kurzwellige (bei Kontraktion langwellige) Kante. Die Expansions- geschwindigkeiten der Cepheiden sind allerdings nur von der Größenordnung 20 km/s, was einem Doppler-Effekt von etwa 0,5 Å entspricht. Da das Auflösungsvermögen der Sternspektrographen im allgemeinen geringer ist als dieser Betrag, gelingt es nicht, diese sägezahnartige Linienkontur zu be- obachten, sondern nur die Verlagerung ihres Schwer- punktes $\bar{x}$ gegenüber der unverschobenen Linie:

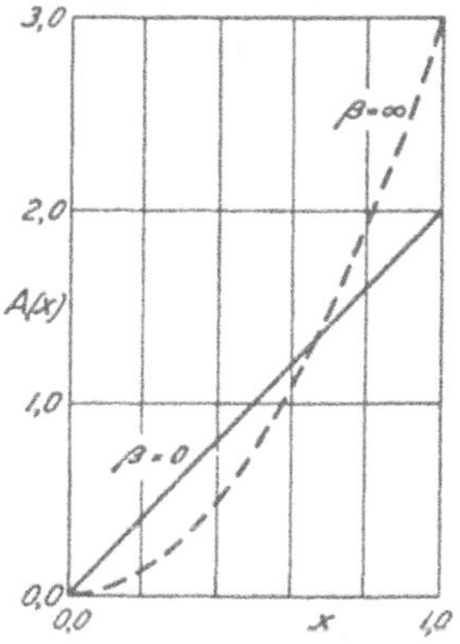

Abb. 50. Durch Pulsation erzeugte Linienprofile.

$$\bar{x} = \int_0^1 x\,A(x)\,dx = \frac{2}{3} \cdot \frac{1 + (3/4)\,\beta}{1 + (2/3)\,\beta} \qquad (16.18)$$

Die Lage des Schwerpunktes der Kontur hängt nur unwesentlich von β ab: $\bar{x}$ beträgt 0,67 für $\beta = 0$ und 0,75 für $\beta = \infty$.

Viel größere Expansionsgeschwindigkeiten, bis zu mehreren tausend Kilo- metern pro Sekunde, werden bei den Novae beobachtet, wo ganze Schalen vom Stern abgestoßen werden, wir somit mit dem in Abb. 48 dargestellten Fall zu rechnen haben. Man hat dann nur das Randverdunkelungsgesetz (16.13) zu ersetzen durch das Randerhellungsgesetz (16.9) und erhält für die Kontur:

$$A(x)\,dx = C\,\frac{x\,dx}{x} \qquad A(x) = \text{const} \qquad (16.19)$$

Das Ergebnis ist wiederum ein rechteckiges Linienprofil wie bei der rotierenden Nebelhülle. Eine Unterscheidung, ob das Rechteckprofil durch Rotation oder Expansion entsteht, ist jedoch möglich, wenn der Sternradius r gegen den Hüllenradius R nicht zu vernachlässigen ist. In diesem Fall verdeckt nämlich der Stern den hinteren Teil der Hülle im Bereich $0 \leqq \sin\vartheta \leqq r/R$. Dieser Bereich lieferte aber gerade die am stärksten rotverschobenen Teile der Kontur, die nun in Wegfall kommen. Der langwellige Flügel schneidet nunmehr bei

$$x' = -\sqrt{1 - \left(\frac{r}{R}\right)^2} \qquad (16.20)$$

ab, während sich der kurzwellige weiterhin bis $x = 1$ erstreckt. Das Linienprofil ist somit nicht mehr symmetrisch zur unverschobenen Linie wie bei der Rotationsverbreiterung, sondern um den Betrag $1 - (1 + |x'|)/2$ nach Violett verschoben. Im Grenzfall $r \to R$ wird der langwellige Flügel vollständig abgedeckt, und es bleibt nur noch das Rechteckprofil $0 \leq x \leq 1$. Die stets beobachtete starke Abrundung der Rechteckskonturen der Emissionslinien der Novae kann nicht ihrer Eigenbreite (thermischer Doppler-Effekt, Dämpfung) zugeschrieben werden, denn diese ist, verglichen mit der gewaltigen Expansionsbreite, ganz unbedeutend. Sie muß vielmehr dadurch zustande kommen, daß gleichzeitig mehrere Schalen mit verschiedenen Expansionsgeschwindigkeiten vorhanden sind.

VIERTER TEIL

Sternsysteme

Die bisherigen Untersuchungen galten ausschließlich den Sternen als Individuen. Diese Betrachtungsweise ist primär gegeben, da zufolge der riesigen Distanzen zwischen den Himmelskörpern die Sterne mit einem sehr hohen Approximationsgrad als «abgeschlossene» Systeme betrachtet werden können. Nunmehr wenden wir uns den Beziehungen zwischen den einzelnen Sternen zu und untersuchen, zu welch höheren Systemen dieselben vergesellschaftet sind. Dabei wird der einzelne Stern bloß noch die Rolle eines Elementes einer Statistik spielen, das durch einige Integraleigenschaften des Sternes charakterisiert wird.

XVII. DOPPELSTERNSYSTEME

Die einfachsten Sternsysteme sind die doppelten und mehrfachen Sterne, von denen gegen 30000 bekannt sind. Mindestens 25% aller Sterne bestehen aus zwei Komponenten, so daß die Sterne, welche Doppelsternkomponenten bilden, etwa ebenso häufig sind wie die Einzelsterne. Von den in unserer nächsten Umgebung bis zur Entfernung von 15 pc enthaltenen 285 bekannten Sternen sind mindestens 152 Doppelsternkomponenten. Nach beobachtungsmäßigen Gesichtspunkten unterscheidet man drei Klassen von Doppelsternen:

a) Visuelle Doppelsterne, bei denen die beiden Komponenten einzeln gesehen werden können.

b) Spektroskopische Doppelsterne, bei denen die Komponenten infolge zu kleinen Winkelabstandes nicht mehr getrennt gesehen werden können und deren Doppelsternnatur nur aus dem Spektrum, sei es aus periodischen Linienverschiebungen, sei es aus dessen zusammengesetztem Charakter, erschlossen werden kann.

c) Bedeckungsveränderliche, spektroskopische Doppelsterne, deren Bahnebene mehr oder weniger exakt durch die Erde geht, so daß sich die beiden Komponenten gegenseitig bei jedem Umlauf einmal mehr oder weniger bedecken.

88. Wahre Bahn und Bahnelemente visueller Doppelsterne

Die wahre Bahn der schwächeren Komponente, des Begleiters, ist eine Ellipse, in deren einem Brennpunkt der Hauptstern S steht (Abb. 51). Es bedeute T die Umlaufszeit, $n = 2\pi/T$ die mittlere Winkelgeschwindigkeit, τ die Zeit des Periastrondurchganges, $M = n(t - \tau)$ die mittlere Anomalie zur Zeit t, v die wahre und E die exzentrische Anomalie; a, b und e bedeuten in üblicher Weise Halbachsen und Exzentrizität der Ellipse.

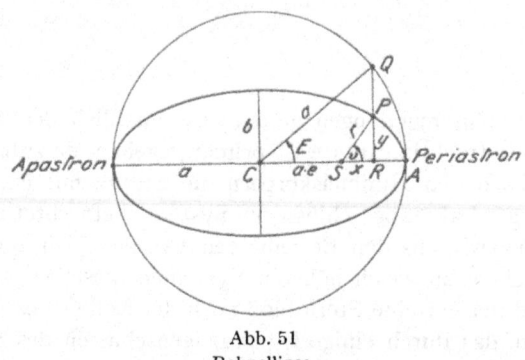

Abb. 51
Bahnellipse.

Nach Abb. 51 ist unter Berücksichtigung des zweiten Keplerschen Gesetzes:

$$\triangle SPA = \frac{a\,b\,\pi}{T}(t - \tau) = \frac{1}{2}\,a\,b\,n\,(t - \tau) = \frac{1}{2}\,a\,b\,M = \triangle SPR + \triangle RPA$$

$$= \frac{1}{2}\,\overline{SR}\,\overline{RP} + \triangle RPA = \frac{1}{2}\,(a\cos E - a\,e)\,b\sin E$$

$$+ \left[\frac{\pi\,a^2\,E}{2\,\pi} - \frac{a^2\sin E\cos E}{2}\right]\frac{b}{a}$$

$$= \frac{1}{2}\,a\,b\cos E\sin E - \frac{1}{2}\,a\,b\,e\sin E + \frac{a\,b\,E}{2} - \frac{1}{2}\,a\,b\cos E\sin E$$

$$= \frac{a\,b}{2}\,(E - e\sin E)$$

$$M = E - e\sin E \tag{17.1}$$

Diese wichtige Beziehung zwischen der mittleren und der exzentrischen Anomalie ist aus der Planetenbewegung unter der Bezeichnung Keplersche Gleichung bekannt. Es ist üblich, mit ihr die der Zeit proportionale mittlere Anomalie durch die exzentrische zu ersetzen. Wir stellen deshalb die Polarkoordinaten r, v des Begleiters als Funktion von E dar:

$$x^2 = r^2\cos^2 v = a^2(\cos E - e)^2 \tag{17.2}$$

$$y^2 = r^2\sin^2 v = b^2\sin^2 E = a^2(1 - e^2)\sin^2 E \tag{17.3}$$

$$r^2 = a^2(1 - 2\,e\cos E + e^2\cos^2 E) = a^2(1 - e\cos E)^2$$

$$r = a(1 - e\cos E) \tag{17.4}$$

Ähnlich ergibt sich $v(E)$:

aus $\sin^2(v/2) = (1 - \cos v)/2$ folgt:

$$2\,r\sin^2\frac{v}{2} = a\,(1 - e\cos E) - a\,(\cos E - e) = a\,(1 + e)\,(1 - \cos E) \qquad (17.5)$$

und analog aus $\cos^2(v/2) = (1 + \cos v)/2$:

$$2\,r\cos^2\frac{v}{2} = a\,(1 - e\cos E) + a\,(\cos E - e) = a\,(1 - e)\,(1 + \cos E) \qquad (17.6)$$

Durch Division folgt weiter:

$$\operatorname{tg}^2\frac{v}{2} = \frac{1+e}{1-e}\cdot\frac{1-\cos E}{1+\cos E} = \frac{1+e}{1-e}\cdot\frac{\sin^2(E/2)}{\cos^2(E/2)}$$

$$\operatorname{tg}\frac{v}{2} = \left(\frac{1+e}{1-e}\right)^{1/2}\operatorname{tg}\frac{E}{2} \qquad (17.7)$$

Die räumliche Lage der wahren Bahnebene wird durch zwei Größen dargestellt, nämlich durch die Neigung i derselben gegen die Ebene der scheinbaren Bahn, d. h. gegen die Ebene senkrecht zur Richtung Stern–Erde, und durch den Positionswinkel Ω desjenigen Knotens, für den derselbe kleiner als

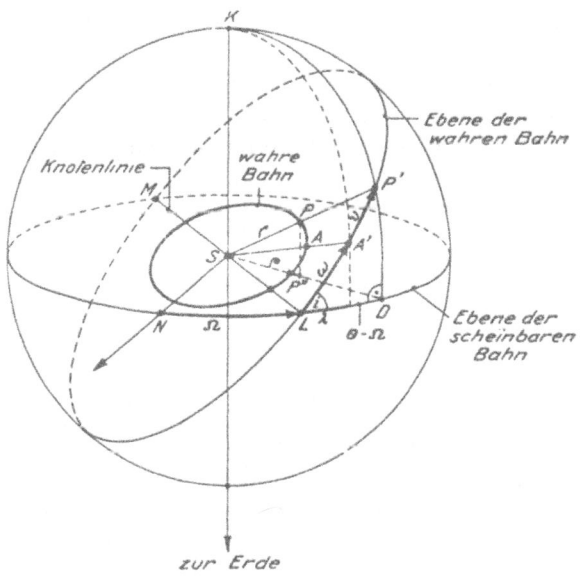

Abb. 52
Wahre Bahn und Bahnelemente.

180^0 ist (Abb. 52). Größe und Form der Bahn sind durch a und e gegeben, ihre Lage innerhalb der Bahnebene durch die in der Bahnebene von der Knotenlinie aus gemessene Länge ω des Periastrons A. Schließlich wird die Bewegung

des Begleiters in der Bahn durch die Umlaufszeit T und die Zeit τ des Periastrondurchganges festgelegt. Die Größen a, e, i, Ω, ω, τ, T sind die Elemente der
wahren Bahn.

89. Die scheinbare Bahn

ist die Projektion der wahren Bahn auf die Ebene senkrecht zum Visions-
radius; sie ist ebenfalls eine Ellipse. Im allgemeinen wird jedoch der Hauptstern nicht im Fokus dieser Ellipse stehen. Der Projektionsort des Begleiters
wird in bezug auf den Hauptstern durch die Polarkoordinaten ϱ und Θ bestimmt, wobei der Positionswinkel in üblicher Weise von der Nordrichtung SN
aus gezählt wird. Die allgemeine Gleichung der scheinbaren Bahnellipse in
rechtwinkligen Koordinaten mit dem Nullpunkt in S lautet:

$$A\,x^2 + B\,y^2 + C\,x\,y + D\,x + E\,y + 1 = 0 \qquad (17.8)$$

Zur Bestimmung der fünf darin auftretenden Konstanten sind fünf Punkte der
Ellipse erforderlich, d. h. fünf Beobachtungen von x, y bzw. von ϱ, Θ. Tatsächlich wird man eine große Zahl von Bahnpunkten messen, die möglichst
über die ganze Ellipse verteilt sind; dabei wird man bei der Bestimmung der
Koeffizienten $A \ldots E$ nach der Ausgleichungsrechnung mit Vorteil vom zweiten Keplerschen Gesetz Gebrauch machen, das auch für die scheinbare Bahn
Gültigkeit hat.

Die Koordinaten ϱ, Θ des Begleiters in der scheinbaren Bahn ergeben sich aus
r, v und den Bahnelementen. Wenn der Begleiter in P steht, erscheint er von
der Erde aus auf dem Strahl SD, also unter dem Positionswinkel $\Theta = \sphericalangle\,NSD$
und im Abstand $\varrho = r \cos DP'$. Aus dem Dreieck LDP' folgt:

$$\cos LP' = \cos\,(\omega + v) = \cos LD \cos P'D = \cos\,(\Theta - \Omega)\,\frac{\varrho}{r} \qquad (17.9)$$

$$\varrho = r \cos DP' = r \cos\,(v + \omega)\,\sec\,(\Theta - \Omega) \qquad (17.10)$$

Aus demselben Dreieck folgt ferner:

$$\cos i = \operatorname{tg}\,(\Theta - \Omega)\,\operatorname{ctg}\,(v + \omega) \qquad (17.11)$$

$$\Theta = \operatorname{arc\,tg}\,[\operatorname{tg}\,(v + \omega)\,\cos i] + \Omega \qquad (17.12)$$

Zu einer gegebenen Zeit t bestimmt man zunächst M, daraus E, weiter r und v
und schließlich mit (17.10) und (17.12) ϱ und Θ. Es bleibt uns nun noch die
Bestimmung der Bahnelemente.

90: Graphische Methode zur Bestimmung der Bahnelemente

In Abb. 53 ist die scheinbare, aus der Beobachtung bekannte Bahnellipse
dargestellt mit dem Zentrum C, welches zugleich das Zentrum der wahren Bahnellipse ist, und der Projektion S des Hauptsternes. SN ist wiederum die Null-

richtung des Positionswinkels. A_1 ist die Projektion des Periastrons. Da bei der Projektion die Streckenverhältnisse nicht geändert werden, erhält man sofort die Exzentrizität der wahren Bahnellipse:

$$CS : CA_1 = a\,e : a = e \qquad (17.13)$$

Es sei B_1E_1 der zu D_1A_1 konjugierte Durchmesser der scheinbaren Ellipse, der in bekannter Weise konstruiert wird. Nun werden alle Sehnen parallel zu B_1E_1 um den Faktor $k = (1 - e^2)^{-1/2}$, der je-denfalls > 1 ist, verlängert. Dadurch wird die scheinbare Bahnellipse in die gestrichelte Hilfsellipse übergeführt. Da konjugierte Durchmesser bei der Projektion wieder in konjugierte übergehen, in der wahren Ellipse aber die beiden Hauptachsen konjugiert sind, ist CB_1 die Projektion der kleinen Achse b der wahren Ellipse. Nun betrachten wir in Abb. 51 die Ordinaten einer zu b paral-lelen Sehne auf der Ellipse und dem Umkreis:

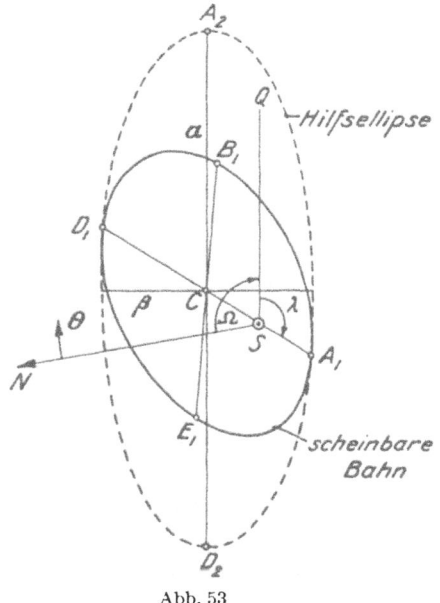

$$\frac{QR}{PR} = \frac{a}{b} = (1 - e^2)^{-1/2} = k \quad (17.14)$$

Dies ist aber gerade das Ordinaten-verhältnis von Hilfsellipse und schein-barer Ellipse; also ist, da das Strecken-verhältnis bei der Projektion nicht ver-ändert wird, die Hilfsellipse die Projek-tion des Umkreises der wahren Ellipse. Diese berührt die scheinbare Ellipse in

Abb. 53
Zur Bestimmung der Bahnelemente

den Punkten A_1 und D_1. Die halbe große Achse der Hilfsellipse sei α; sie ist gleich dem Radius des Umkreises der wahren Ellipse und damit gleich der großen Halbachse derselben: $\alpha = a$. Bedeutet β die halbe kleine Achse der Hilfsellipse, so ist die Bahnneigung:

$$\cos i = \frac{\beta}{\alpha} \qquad (17.15)$$

Darnach ist i nur dem Betrag, nicht aber dem Vorzeichen nach bestimmt. Die Neigung wird positiv gerechnet, wenn der Begleiter im Knoten mit dem Posi-tionswinkel Ω sich vom Beobachter entfernt. Das Vorzeichen von i kann so-mit nur aus der Radialgeschwindigkeit bestimmt werden.

Bei der Projektion bleiben nur die Strecken parallel der Knotenlinie unver-kürzt; da aber von den Durchmessern der Hilfsellipse einzig die große Achse nicht verkürzt ist, muß diese der Knotenlinie parallel sein. Ziehen wir SQ parallel A_2D_2, so ist der $\measuredangle\,NSQ = \Omega$ der Positionswinkel des Knotens.

Bedeutet Θ_a den Positionswinkel des Periastrons $\Theta_a = \Omega + \lambda$, so finden wir nach Abb. 52

$$\cos i = \operatorname{ctg} \omega \, \operatorname{tg} \lambda \tag{17.16}$$

Den Winkel λ zwischen der Knotenlinie und der projizierten Richtung zum Periastron findet man auch in Abb. 53 als $\sphericalangle Q S A_1$.

Nachdem wir e, i, a, Ω und ω berechnet haben, bleibt noch die Bestimmung von τ und T. Aus der Beziehung (17.11)

$$\operatorname{tg} (v + \omega) = \operatorname{tg} (\Theta - \Omega) \sec i \tag{17.17}$$

berechnet man zu jedem Θ-Wert die wahre Anomalie v. Mit Hilfe von (17.7):

$$\operatorname{tg} \frac{v}{2} = \left(\frac{1+e}{1-e} \right)^{1/2} \operatorname{tg} \frac{E}{2} \tag{17.18}$$

geht man von v über auf die exzentrische Anomalie E und von dieser mit Hilfe der Keplerschen Gleichung (17.1) auf M. Man erhält also aus n Positionsbeobachtungen zu verschiedenen Zeiten n Gleichungen der Form

$$M_n = \frac{2\pi}{T} (t_n - \tau) \tag{17.19}$$

welche nach den Unbekannten T und τ aufgelöst werden.

91. Spektroskopische Doppelsterne

sind, auf Grund der Erfahrung bei den helleren Sternen zu schließen, ziemlich häufig; ein solcher entfällt auf je 2 bis 4 Einzelsterne. Zur Zeit sind über 1000 solcher Objekte bekannt; ihre Umlaufszeiten liegen zum größten Teil zwischen 2 und 50 Tagen. Im allgemeinen erkennt man von den beiden nicht trennbaren Komponenten nur das Spektrum der helleren, dasjenige des Begleiters nur, wenn dieser nicht wesentlich mehr als eine Größenklasse schwächer ist als der Hauptstern.

In Abb. 52 bedeute wieder S den Hauptstern, P den Begleiter in einer beliebigen Stellung der Bahn (Radiusvektor r) und A das Periastron. Da bei spektroskopischen Doppelsternen nur 1 Objekt gesehen wird, ist der Positionswinkel des Begleiters und damit Ω nicht bestimmbar. Neu führen wir den Abstand z des Begleiters von der Projektionsebene ein, positiv gezählt, wenn derselbe auf der Seite von K steht. Nach Abb. 52 ist

$$z = r \sin DP' = r \sin i \sin (v + \omega) \tag{17.20}$$

Sind r und z in Kilometern ausgedrückt, so bedeutet dz/dt die Radialgeschwindigkeit des Begleiters in bezug auf S in Richtung der Sonne. Bedeutet V die Radialgeschwindigkeit von S in bezug auf die Sonne, so ist diejenige des Begleiters (korrigiert in bezug auf die Erdbewegung):

$$R = V + \frac{dz}{dt} \tag{17.21}$$

In Polarkoordinaten lautet die Bahngleichung:

$$r = \frac{p}{1 + e \cos v} = \frac{a\,(1 - e^2)}{1 + e \cos v} \tag{17.22}$$

wobei der Parameter $p = b^2/a = a\,(1 - e^2)$ beträgt. Nach dem zweiten Keplerschen Gesetz ist die doppelte Flächengeschwindigkeit $r^2\,dv/dt = h$ konstant:

$$h = \frac{2\,a\,b\,\pi}{T} = \frac{2\,a^2\,\pi\,(1 - e^2)^{1/2}}{T} = n\,a^2\,(1 - e^2)^{1/2} \tag{17.23}$$

$$r^2 \frac{dv}{dt} = [\mu\,a\,(1 - e^2)]^{1/2} \qquad \mu = n^2\,a^3 \tag{17.24}$$

Nun sind wir in der Lage, die Radialgeschwindigkeit nach (17.20) zu berechnen:

$$\frac{dz}{dt} = \frac{dr}{dt} \sin\,(v + \omega)\,\sin i + r \sin i \cos\,(v + \omega)\,\frac{dv}{dt} \tag{17.25}$$

Die hierin auftretenden Differentialquotienten dv/dt und dr/dt berechnen sich nach (17.22) und (17.24):

$$r \frac{dv}{dt} = \frac{h}{r} = \frac{n\,a^2\,(1 - e^2)^{1/2}}{a\,(1 - e^2)}\,(1 + e \cos v) = \frac{n\,a\,(1 + e \cos v)}{(1 - e^2)^{1/2}} \tag{17.26}$$

$$\frac{dr}{dt} = \frac{a\,(1 - e^2)\,e \sin v}{(1 + e \cos v)^2} \cdot \frac{dv}{dt} = \frac{r^2\,e \sin v}{a\,(1 - e^2)} \cdot \frac{dv}{dt} = \frac{n\,a^2\,(1 - e^2)^{1/2}\,e \sin v}{a\,(1 - e^2)} \tag{17.27}$$

Setzt man diese Ausdrücke in (17.25) ein, so ergibt sich nach leichter Umformung:

$$\frac{dz}{dt} = \frac{n\,a \sin i}{(1 - e^2)^{1/2}}\,[\cos\,(v + \omega) + e \cos \omega] = K\,[\cos\,(v + \omega) + e \cos \omega] \tag{17.28}$$

Die Radialgeschwindigkeit geht mit $\sin v$; da aber v nicht linear von t abhängt, ist die Radialgeschwindigkeitskurve $\dot z(t)$ keine reine Sinuskurve (Abb. 54).

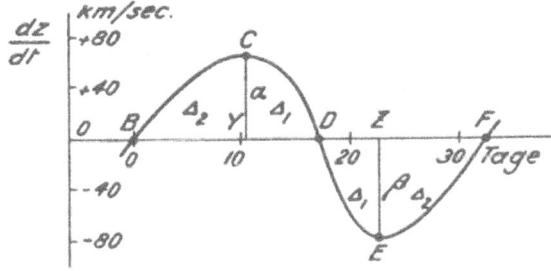

Abb. 54
Die Radialgeschwindigkeitskurve eines spektroskopischen Doppelsternes.

Zur Bestimmung der Bahnelemente greifen wir einige spezielle Punkte der Radialgeschwindigkeitskurve heraus. Das Maximum von dz/dt wird für $v + \omega = 0$ erreicht:

$$\left| \frac{dz}{dt} \right| = \alpha = K\,[1 + e \cos \omega] \tag{17.29}$$

das Minimum für $v + \omega = \pi$:

$$\left| \frac{dz}{dt} \right| = \beta = K\,[1 - e\cos\omega] \tag{17.30}$$

Daraus folgt:

$$K = \frac{\alpha + \beta}{2} \tag{17.31}$$

$$e\cos\omega = \frac{\alpha - \beta}{\alpha + \beta} \tag{17.32}$$

Da der Begleiter eine geschlossene Bahn durchläuft, ist die totale positive Änderung von z gleich der totalen negativen, d. h. die Fläche BCD ist gleich der Fläche DEF. Ferner läßt sich leicht die Gleichheit der Flächen CDY und DZE beweisen. Es ist nämlich:

$$CDY = \triangle_1 = \int\limits_{(Y)}^{(D)} \frac{dz}{dt}\,dt = z_D - z_C = z_D \tag{17.33}$$

denn die maximale wie auch die minimale Radialgeschwindigkeit wird im Knoten, d. h. bei $z = 0$, erreicht. Ebenso ist:

$$DZE = z_E - z_D = -z_D = -\triangle_1 \tag{17.34}$$

Somit sind schließlich auch die Flächen BCY und ZFE dem Betrag nach gleich $(\triangle_2)$.

Im Punkte D sei: $r = r_1$, $v = v_1$, $z_1 = z_D = \triangle_1 = r_1 \sin i \sin(v_1 + \omega)$. Ferner ist $dz/dt = 0$:

$$\cos(v_1 + \omega) = -e\cos\omega = -\frac{\alpha - \beta}{\alpha + \beta} \tag{17.35}$$

$$\sin(v_1 + \omega) = \sqrt{1 - \cos^2(v_1 + \omega)} = \frac{2\sqrt{\alpha\beta}}{\alpha + \beta} \tag{17.36}$$

Es ist hier der positive Wert der Wurzel zu nehmen, da z im Punkte D den größten positiven Betrag annimmt.

Im Punkte F sei analog: $r = r_2$, $v = v_2$, $z_2 = z_F = \triangle_2 = r_2 \sin i \sin(v_2 + \omega)$. Wiederum ist $dz/dt = 0$:

$$\cos(v_2 + \omega) = -e\cos\omega = -\frac{\alpha - \beta}{\alpha + \beta} \tag{17.37}$$

$$\sin(v_2 + \omega) = -\frac{2\sqrt{\alpha\beta}}{\alpha + \beta} \tag{17.38}$$

Hier ist der negative Wert zu nehmen, da z im Punkte F den größten negativen Betrag erreicht.

Bedeuten $\triangle_1$, $\triangle_2$ nunmehr die in Abb. 54 bezeichneten Flächen dem Betrage, nicht dem Vorzeichen nach, so ergibt sich aus (17.36) und (17.38):

$$\frac{\triangle_1}{\triangle_2} = \frac{r_1 \sin i \sin(v_1 + \omega)}{r_2 \sin i \sin(v_2 + \omega)} = \frac{r_1}{r_2} = \frac{1 + e\cos v_2}{1 + e\cos v_1} \tag{17.39}$$

Setzt man hier $v_2 = (v_2 + \omega) - \omega$, $v_1 = (v_1 + \omega) - \omega$, wendet das Additions-theorem an und setzt die Ausdrücke (17. 35) bis (17. 38) ein, so erhält man:

$$\frac{\triangle_1}{\triangle_2} = \frac{2\,\alpha\,\beta - \sqrt{\alpha\,\beta}\,(\alpha + \beta)\,e\,\sin\omega}{2\,\alpha\,\beta + \sqrt{\alpha\,\beta}\,(\alpha + \beta)\,e\,\sin\omega} \qquad (17.40)$$

$$\frac{\triangle_2 - \triangle_1}{\triangle_2 + \triangle_1} = \frac{2\sqrt{\alpha\,\beta}\,(\alpha + \beta)\,e\,\sin\omega}{4\,\alpha\,\beta} = \frac{\alpha + \beta}{\sqrt{4\,\alpha\,\beta}}\,e\,\sin\omega \qquad (17.41)$$

$$e\,\sin\omega = \frac{2\sqrt{\alpha\,\beta}}{\alpha + \beta} \cdot \frac{\triangle_2 - \triangle_1}{\triangle_2 + \triangle_1} \qquad (17.42)$$

Die Größen α, β, $\triangle_1$, $\triangle_2$ (alle positiv gerechnet) werden der Radialgeschwindig-keitskurve entnommen; aus ihnen ergibt sich zunächst $e\,\sin\omega$, und da wir $e\cos\omega$ bereits berechnet haben, die Bahnelemente e und ω.

Die Umlaufzeit T folgt unmittelbar aus der Radialgeschwindigkeitskurve (Abstand BF). Für die Periastronstellung ist $v = 0$ und somit

$$\frac{dz}{dt} = K\,(1 + e)\cos\omega \qquad (17.43)$$

Es gibt aber zwei Zeitpunkte, zu denen diese Radialgeschwindigkeit angenommen wird; diese Zweideutigkeit wird jedoch aufgehoben durch die Bemerkung, daß bei C $v = -\omega$ ist, bei E dagegen $v = 180^0 - \omega$. Man erhält somit aus Abb. 54 zu der Radialgeschwindigkeit (17.43) als zugehörigen Abszissenwert die Zeit τ des Periastrondurchganges. Schließlich erhalten wir durch Kombination von (17.28) mit (17.31)

$$a\,\sin i = \frac{(\alpha + \beta)\,T\,(1 - e^2)^{1/2}}{4\,\pi} \qquad (17.44)$$

Damit sind alle sechs Bahnelemente eines spektroskopischen Doppelsternes, e, ω, τ, T, a, i, bestimmt, d. h. die beiden letzten nur in ihrer Verbindung $a\,\sin i$. Nur im Falle, daß die Neigung i anderweitig bekannt ist, läßt sich die große Halbachse a bestimmen; dies ist der Fall bei den sog. Bedeckungsveränderlichen, bei denen abwechslungsweise die eine Komponente die andere verdeckt, bei denen also $\sin i$ sehr nahe gleich 1 sein muß.

92. Sternmassen

Die besondere Bedeutung der Doppelsterne für die Astrophysik besteht zu einem großen Teil darin, daß die Analyse ihrer Bewegung fast die einzige Methode zur Bestimmung der Sternmasse bietet.

Das dritte Keplersche Gesetz lautet:

$$\frac{4\,\pi^2\,a^3}{T^2} = G\,(m_1 + m_2) \qquad (17.45)$$

worin G die Gravitationskonstante bedeutet und m_1, m_2 die Massen der beiden Komponenten. Angewandt auf das System Sonne—Erde ist, wenn wir als Längeneinheit die astronomische Einheit (Erdbahnradius) und als Zeiteinheit die Umlaufszeit der Erde (Jahr) benutzen und die Massen in Einheiten der Sonnenmasse ausdrücken:

$$4\,\pi^2 = G \tag{17.46}$$

und somit:

$$\frac{a^3}{T^2} = m_1 + m_2 \tag{17.47}$$

Da bei den visuellen Doppelsternen ϱ in Bogensekunden gemessen wird, erhält man auch a zunächst in dieser Einheit. Bei bekannter Entfernung d (in astronomischen Einheiten) bzw. Parallaxe ergibt sich a aus a'':

$$\frac{a}{d} = a'' \sin 1'' \tag{17.48}$$

Bei den spektroskopischen Doppelsternen dagegen ergibt sich a, sofern i bekannt ist, nach (17.44) direkt in Kilometern.

Man erhält somit aus Bahn und Umlaufszeit nur die Summe der Massen der beiden Komponenten; es zeigt sich, daß diese Summe bei den meisten Doppelsternen nahezu gleich 2 ist. Dies kann man benutzen, um die Entfernung eines Doppelsternsystems, dessen Bahn bestimmt worden ist, zu berechnen. Man setzt $m_1 + m_2 = 2$, erhält daraus nach (17.47) a und zusammen mit dem beobachteten a'' nach (17.48) d (dynamische Parallaxen).

Bis jetzt haben wir nur die relative Bahn des Begleiters um den Hauptstern untersucht. Die individuellen Massen der einzelnen Komponenten können aber nur bestimmt werden, wenn ihre absoluten Bahnen in bezug auf den gemeinsamen Schwerpunkt bekannt sind (Abb. 55). In bezug auf diesen führen beide Komponenten eine Ellipsenbahn aus mit den großen Halbachsen a_1 bzw. a_2. Dann ist die halbe große Achse der Bahn des Begleiters in bezug auf den Hauptstern $a_0 - a_1 + a_2$. Nun ist aber

$$\frac{a_0^3}{T^2} = m_1 + m_2 \tag{17.49}$$

und

$$a_1 m_1 = a_2 m_2 \tag{17.50}$$

woraus sich die Einzelmassen ergeben.

Bei den spektroskopischen Doppelsternen ist nicht a selber, sondern nur $a \sin i$ bestimmbar; deshalb multiplizieren wir (17.49) mit $\sin^3 i$:

$$(m_1 + m_2) \sin^3 i = \frac{(a_1 + a_2)^3}{T^2} \sin^3 i = \frac{(a_1 \sin i + a_2 \sin i)^3}{T^2} \tag{17.51}$$

Die Ausdrücke $a_1 \sin i$, $a_2 \sin i$, die durch (17.44) in Kilometern gegeben sind, seien hier in astronomischen Einheiten ausgedrückt:

$$(m_1 + m_2) \sin^3 i = \frac{T (1 - e^2)^{3/2}}{64\,\pi^3} [(\alpha_1 + \beta_1) + (\alpha_2 + \beta_2)]^3 \tag{17.52}$$

Nach (17.50) ist aber

$$\frac{m_1}{m_2} = \frac{a_2}{a_1} = \frac{\alpha_2 + \beta_2}{\alpha_1 + \beta_1} \tag{17.53}$$

Aus diesen beiden Gleichungen können die individuellen Massen bestimmt werden, sofern i bekannt ist. Ist i dagegen unbekannt, so läßt sich zunächst nur ein unterer Grenzwert der Masse berechnen. Liegt jedoch eine größere Anzahl von

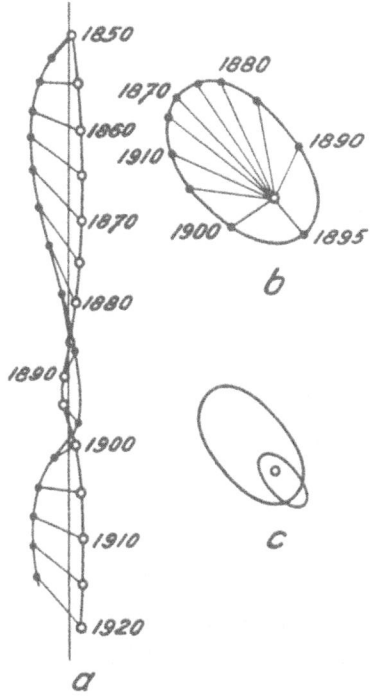

Abb. 55

Das Doppelsternsystem Sirius A/B. – a absolute Örter der beiden Komponenten; b relative Bahn von B in bezug auf A; c absolute Bahnen der beiden Komponenten in bezug auf den gemeinsamen Schwerpunkt.

Systemen vor, so kann man unter der Annahme, daß die Normalen zur Bahnebene in jeder Richtung gleich häufig sind, den Mittelwert von $\sin^3 i$ berechnen:

$$\overline{\sin^3 i} = \frac{\int\limits_0^{\pi/2} 2\pi \sin^4 i \, di}{\int\limits_0^{\pi/2} 2\pi \sin i \, di} = \frac{3}{16}\pi = 0{,}59 \tag{17.54}$$

denn die Häufigkeit der Neigungen i bis $i + di$ ist proportional $2\pi \sin i \, di$ (vgl. Abb. 22). Da aber Systeme mit kleinen i-Werten nur sehr kleine Doppler-Effekte liefern, werden diese der Beobachtung entgehen, so daß für jenen Mittelwert tatsächlich ein etwas höherer Betrag angesetzt werden muß. Mit $\overline{\sin^3 i} = 2/3$ wird man im Mittel eine ziemlich zutreffende Massenbestimmung erhalten. ·

Als Beispiel sind in Abb. 56 die Radialgeschwindigkeiten der beiden Komponenten von 68 u Herculis dargestellt. Die Bahnelemente sind: $T = 2,05^d$, $e = 0,05$; ferner können wir, da es sich um einen Bedeckungsveränderlichen

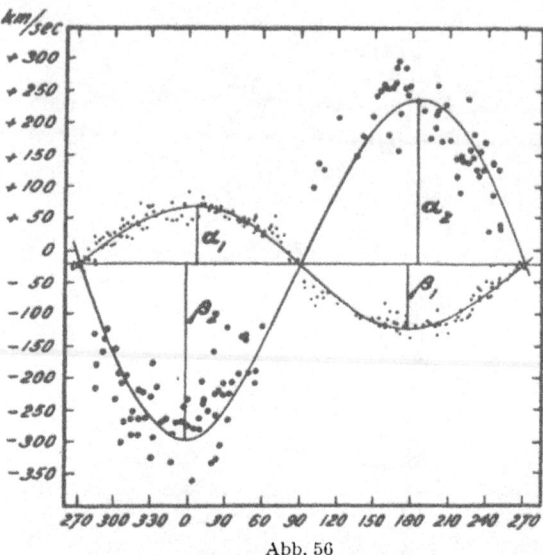

Abb. 56
Die Radialgeschwindigkeitskurve von 68 u Herculis (nach B. SMITH).

handelt, $\sin i \sim 1$ setzen und erhalten schließlich aus (17.52), worin die Größen α_1, β_1, α_2, β_2 der Abb. 56 zu entnehmen sind: $m_1 + m_2 = 11,6$ und mit Hilfe von (17.53) die individuellen Massen: $m_1 = 8,6$, $m_2 = 3,0$.

Weitaus die meisten Sternmassen liegen in dem relativ engen Bereich von 0,4 bis 4, während die extremsten Werte 0,14 bzw. 400 Sonnenmassen betragen.

93. Bedeckungsveränderliche

sind solche spektroskopische Doppelsterne, bei denen $\sin i$ nahezu gleich 1 ist. Dies bewirkt eine periodische, abwechslungsweise Bedeckung der beiden Komponenten. Über tausend solcher Objekte sind bekannt. Aus dem Helligkeitswechsel ergeben sich, wie an einem einfachen Beispiel gezeigt sei, die Radien der beiden Komponenten.

Wir betrachten den Fall, da i genau 90° beträgt und die Bahn kreisförmig ist (Radius a). Tatsächlich haben die engen Doppelsternpaare alle sehr kleine Exzentrizitäten, und erst bei den weiten visuellen Paaren treten e-Werte von durchschnittlich 0,5 auf. Es seien R und r die Radien von Hauptstern und Begleiter, $R > r$, f_1 und f_2 die als konstant angenommenen Flächenhelligkeiten der beiden Sternscheiben. Dann ist die Helligkeit, wenn beide Komponenten nebeneinander stehen (Stellung 1 und 6 in Abb. 57) $\pi R^2 f_1 + \pi r^2 f_2$, wenn die kleinere hinter der größeren steht $\pi R^2 f_1$ und wenn sie vor derselben steht $\pi R^2 f_1 + \pi r^2 (f_2 - f_1)$. Die Radien ergeben sich aus den Verfinsterungszeiten, die der Lichtkurve entnommen werden. Es ist nach Abb. 57:

$$x = 360^0 \frac{t_4 - t_3}{T} \qquad \sin \frac{x}{2} = \frac{R - r}{a}$$
$$y = 360^0 \frac{t_5 - t_2}{T} \qquad \sin \frac{y}{2} = \frac{R + r}{a} \qquad (17.55)$$

Da a aus der Radialgeschwindigkeitskurve direkt in Kilometern hervorgeht, erhält man aus diesen beiden Gleichungen die Sternradien ebenfalls in Kilometern. Nachdem r nun bekannt ist, ergeben sich aus den Einsenktiefen der beiden Minima der Helligkeitskurve, $\pi r^2 f_1$ bzw. $\pi r^2 f_2$, bei bekannter Entfernung unmittelbar die Flächenhelligkeiten und damit die Oberflächentemperaturen.

Die hier dargestellten Verhältnisse werden komplizierter bei Berücksichtigung der Randverdunkelung, der infolge gegenseitiger Flutwirkung ellipsoidischen Form der beiden Komponenten und der Reflexion des gegenseitig zugestrahlten Lichtes. Der erstgenannte Effekt hat zur Folge, daß im Nebenminimum die Helligkeit nicht konstant ist, sondern von der Stellung *3* bis zur Mitte der Finsternis weiter ab- und dann bis *4* wieder zunimmt. Der zweite Effekt erzeugt ein Helligkeitsmaximum in den Stellungen *1* und *6*, weil dann die großen Achsen der Ellipsoide senkrecht zur Blickrichtung stehen und diese uns ihren größten Querschnitt zuwenden. Schließlich bewirkt die Reflexion des Lichtes des Hauptsternes am Begleiter bzw. diejenige des Lichtes des Begleiters am Hauptstern, daß die Helligkeit in den Stellungen *2* und *5* größer oder kleiner ist als in den Stellungen *7* und *10*, je nachdem, ob $f_2 > f_1$ oder $f_1 > f_2$ ist.

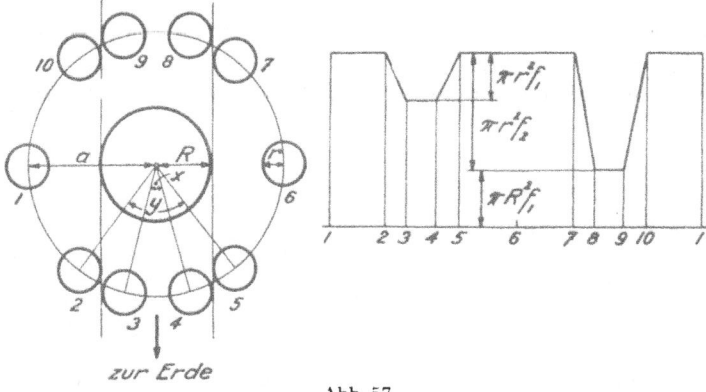

Abb. 57
Schematische Darstellung eines Bedeckungsveränderlichen (links) und seiner Lichtkurve (rechts).

94. Die kosmogonische Stellung der Doppelsterne

Entsprechend dem Umstand, daß die Sternmassen nur wenig streuen, beobachtet man ein paralleles Anwachsen der Umlaufzeit mit den Bahndimensionen. Bei den Bedeckungsveränderlichen und spektroskopischen Doppelsternen betragen die Perioden 0,17 Tage bis zu mehreren Jahren, bei den visuellen 1 bis über 10000 Jahre. Eine für die kosmogonische Stellung der Doppelsterne bedeutungsvolle Korrelation besteht zwischen Periodenlänge und Spektraltyp. Die engen Systeme mit kurzen Umlaufszeiten und kleiner Exzentrizität treten vorzugsweise unter den Spektraltypen O, B, A auf, und die beiden Komponenten sind sich in bezug auf Masse, Spektraltyp, Leuchtkraft usw. meist sehr ähnlich. Die spektroskopischen Doppelsterne längerer Periode ($T > 20^d$) bevorzugen dagegen eher die gG- und gK-Typen. Im Gegensatz hiezu können sich die Komponenten visueller Doppelsterne in ihren Zustandsgrößen sehr stark unterscheiden und verteilen sich mehr oder weniger gleichförmig auf alle Spektraltypen. Der Umstand, daß die engen Doppelsternsysteme vorzugsweise in den «frühen» Typen auftreten, dürfte in engstem Zusammenhang stehen mit der Tatsache, daß schnell rotierende Sterne nur gerade in diesen Spektraltypen beob-

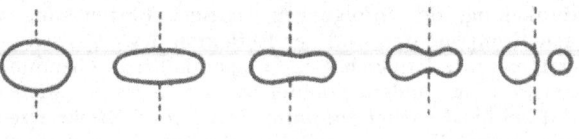

Abb. 58
Spaltung einer rasch rotierenden, inkompressiblen Flüssigkeitskugel.

achtet werden (Ziffer 86), und legt die Annahme nahe, jene Systeme seien durch Spaltung zufolge einer Rotationsinstabilität entstanden. Die Herbeiführung einer solchen Rotationsinstabilität bei wachsender Winkelgeschwindigkeit ω läßt sich im Falle einer inkompressiblen Flüssigkeitskugel überblicken (Abb. 58), die allerdings nur ein sehr stark schematisiertes Bild eines Sternes darstellt. Bei kleinen Werten von ω nimmt der Stern die Form eines Rotationsellipsoides an (Maclaurinsche Ellipsoide), dessen Abplattung mit wachsendem ω zunimmt. Schließlich werden diese Ellipsoide instabil, und es treten an ihrer Stelle dreiachsige Ellipsoide auf (Jacobische Ellipsoide), deren drei Achsen mit zunehmendem ω immer ungleicher werden, bis auch hier die Stabilität aufhört. Der Stern wird dann eingeschnürt und nimmt eine Poincarésche Birnenfigur an, die aber immer instabil ist, so daß die Einschnürung rasch fortschreitet und zur Aufspaltung in zwei Sterne führt, die ihrerseits wieder stabil sind. Die für diesen Spaltungsprozeß erforderliche zeitliche Zunahme von ω kann durch die fortschreitende Kontraktion bei konstantem Drehmoment erklärt werden.

Die Entstehung der langperiodischen offenen Systeme mit großer Exzentrizität und Komponenten, die keine Verwandtschaft erkennen lassen, dürfte vielleicht eher auf Einfangprozesse zurückzuführen sein. Hätte in unserer Umgebung immer die heutige geringe Sterndichte geherrscht, so dürfte erst auf 100 000 Einzelsterne ein Doppelstern entfallen. Es müßte also in früheren Zeiten die Sterndichte viel größer gewesen sein, sei es, daß infolge der Expansion des Universums in früherer Zeit das ganze Weltall auf einen viel kleineren Raum zusammengedrängt war, sei es, daß sich die Sonnenumgebung in der sehr sternreichen Gegend des Zentrums des galaktischen Systems aufgehalten hat.

XVIII. STERNHAUFEN

Wir wenden uns nun jenen Systemen höherer Ordnung zu, welche bereits bei Betrachtung einer Himmelsaufnahme als Gebiete erhöhter Sternkonzentration erscheinen und als Sternhaufen bezeichnet werden. Während bei den meisten Haufen deren Realität keines weiteren Beweises bedarf, gibt es auch sehr aufgelockerte Sternansammlungen, bei denen erst die Untersuchung der Entfernungen, Bewegungen und Spektren ihrer mutmaßlichen Mitglieder erweist, ob es sich um eine physisch einheitliche Gruppe handelt oder um eine statistisch bedingte, zufällige Sternansammlung. Sowohl ihren äußeren Merkmalen nach als auch nach ihrer räumlichen Anordnung lassen sich ziemlich scharf zwei Gruppen unterscheiden: die offenen Sternhaufen mit Durchmessern von 2 bis 30 pc und mit einem Mitgliederbestand von 10 bis 2000 Sternen und die kugelförmigen Sternhaufen, die 5000 bis über 10^6 Sterne enthalten und Durchmesser von rund 100 pc aufweisen und sich außer durch ihren sphärischen Aufbau durch eine sehr starke Konzentration gegen ihr Zentrum auszeichnen, welches im allgemeinen nicht mehr in Einzelsterne aufgelöst werden kann. Während die offenen Haufen nur in unmittelbarer Nähe der galaktischen Ebene auftreten, scheint diese Zone von den Kugelhaufen vollständig gemieden zu werden, worin sich eine gewisse Komplementarität der beiden Gruppen andeutet. Gegenwärtig sind 334 offene und 95 Kugelhaufen katalogisiert.

95. Die räumliche Anordnung der offenen Haufen und die galaktische Absorptionszone

Zunächst können die Entfernungen r' der näheren Haufen, bei denen die Spektren und damit die absoluten Helligkeiten M der Einzelsterne bekannt sind, aus deren scheinbaren Helligkeit m mit Hilfe der photometrischen Grundgleichung bestimmt werden:

$$M = m + 5 - 5 \log r' \qquad (18.1)$$

Nachdem auf diese Art die Entfernungen der nächsten Haufen bestimmt worden sind, könnte man daran denken, diejenigen der entfernteren aus deren Winkeldurchmesser zu berechnen, unter der Voraussetzung, die linearen Durchmesser aller Haufen seien gleich. Diese Voraussetzung trifft aber nicht zu, indem die näheren Haufen Durchmesser von 2 bis 20 pc aufweisen. Um die Durchmesser-Entfernungs-Beziehung verwenden zu können, muß man deshalb die Haufen in Gruppen einteilen, innerhalb welcher der wahre Durchmesser praktisch konstant ist. TRÜMPLER unterscheidet nach dem Grad der zentralen Sternkonzentration folgende vier Gruppen:

I. Haufen mit starker Zentralverdichtung,
II. Haufen mit schwacher Zentralverdichtung,
III. Haufen ohne Zentralverdichtung,
IV. Lokale Sternverdichtungen, die sich gegen ihre Umgebung gerade noch als solche erkennen lassen.

Ferner wird jede Gruppe nach dem Sternreichtum der Haufen in drei Untergruppen eingeteilt: p (= poor) weniger als 50 Sterne, m (= moderately) 50 bis
100 Sterne und r (= rich) mehr als 100 Mitglieder. Innerhalb jeder dieser
zwölf Gruppen wird der Durchmesser D' der individuellen Haufen nur wenig
um das Gruppenmittel $\overline{D'}$ streuen, für welches wir den Ansatz machen:

$$\overline{D'} = D_g \, f_i \qquad (18.2)$$

wobei der Faktor D_g (g = I, II, III, IV) nur von der Hauptgruppe, f_i ($i = p$,
m, r) nur von der Untergruppe abhängen soll. D_g nimmt mit abnehmender
Zentralverdichtung (I → IV), f_i mit zunehmendem Sternreichtum (p → r) zu.
Als Maß für die Abweichung des individuellen Durchmessers vom Gruppenmittel benützen wir den Ausdruck:

$$v' = \log D' - \overline{\log D'} \qquad (18.3)$$

Diese Größe wird nun für jedes klassifizierte Objekt bestimmt, von welchem
r' bekannt ist. In Tab. 26 sind die v' über gewisse Entfernungsintervalle, ohne
Beachtung der Gruppeneinteilung, gemittelt; daraus geht das merkwürdige
Resultat hervor, daß die $\overline{v'}$ mit $\overline{r'}$ systematisch zunehmen (und zwar in allen
Gruppen), was einer Zunahme des Durchmessers von den kleinsten zu den größ-
ten Entfernungen des in Tab. 26 betrachteten Intervalls um einen Faktor 2

Tabelle 26

Beziehung zwischen Durchmesser und Entfernung bei offenen Sternhaufen

Beobachtete Entfernung r'		$\overline{v'}$	$\overline{r}$	$\overline{v''}$
Intervall	$\overline{r'}$			
< 500	294	− 0,09	266	0,00
500 bis 1000	730	− 0,05	594	− 0,01
1000 bis 1500	1200	+ 0,01	870	+ 0,01
1500 bis 2000	1620	+ 0,08	1050	+ 0,05
2000 bis 3000	2460	+ 0,06	1500	− 0,04
> 3000	3850	+ 0,19	1890	+ 0,03

gleichkommt. Dieses Ergebnis entspricht aber nicht einem reellen Tatbe-
stand, sondern wird durch die interstellare Absorption vorgetäuscht. Diese
vermindert nämlich die scheinbare Helligkeit, läßt somit in (18.1) r' und damit
den aus r' und dem Winkeldurchmesser erschlossenen linearen Durchmesser
zu groß erscheinen. Diese scheinbare Vergrößerung wächst mit dem Betrag der
Absorption, also mit der Entfernung. Wir haben nun den Betrag der interstellaren Absorption so zu bestimmen, daß der Gang von $\overline{v'}$ mit $\overline{r'}$ verschwindet.
Bedeutet $\varkappa$ den Absorptionskoeffizienten pro Längeneinheit, so wird die Intensität I_0 auf der Wegstrecke r auf den Betrag I reduziert:

$$I = I_0 \, e^{-\varkappa r} \qquad (18.4)$$

Diese Schwächung entspricht Δm Größenklassen; nach (2.2) ist:

$$\log \frac{I}{I_0} = -0,4\,\Delta m = -\varkappa\,r\,\log e \qquad \Delta m = 2,5\,\varkappa\,\log e\,r = k\,r \quad (18.5)$$

wobei k die Lichtschwächung pro Parsec in Größenklassen bedeutet. Demnach haben wir (18.1) zu ersetzen durch

$$M = (m - k\,r) + 5 - 5\log r \qquad\qquad (18.6)$$

Zwischen der scheinbaren, ohne Berücksichtigung der interstellaren Absorption bestimmten Entfernung r' und der wahren besteht somit die Beziehung

$$5\log r' = 5\log r + k\,r \qquad\qquad (18.7)$$

Bedeutet d den Winkeldurchmesser des Haufens, so sind seine den Entfernungen r' und r entsprechenden scheinbaren und wahren linearen Durchmesser

$$D' = r'\sin d \qquad D = r\sin d \qquad\qquad (18.8)$$

Daraus folgt:

$$\log D' - \log D = \log r' - \log r = \frac{k\,r}{5} \qquad\qquad (18.9)$$

und bei Mittelung über eine Untergruppe:

$$\overline{\log D'} - \overline{\log D} = \overline{\log D'} - \log D = \frac{k}{5}\,\bar r \qquad\qquad (18.10)$$

wobei $\bar r$ die mittlere Entfernung der Mitglieder der betreffenden Untergruppe bedeutet, und, wegen der vorausgesetzten geringen Streuung von D innerhalb der Untergruppe, $\overline{\log D} = \log D$ gesetzt werden konnte. Somit ergibt sich für die Abweichung

$$v' = \log D' - \log D - \frac{k}{5}\,\bar r = \frac{k}{5}\,(r - \bar r) = a + b\,r \qquad (18.11)$$

$$a = -\frac{k}{5}\,\bar r \qquad b = \frac{k}{5} \qquad\qquad (18.12)$$

Zunächst gilt diese Gleichung nur für die betrachtete Untergruppe; da aber eine Variation des Mischungsverhältnisses der einzelnen Gruppen durch nichts angezeigt ist, besitzen alle Gruppen dieselbe mittlere Entfernung $\bar r$, und (18.11) gilt somit für die Gesamtheit der offenen Haufen. Eine direkte Bestimmung der Konstanten a, b ist nicht möglich, weil unsere Ableitung $v'(r)$ liefert, Tab. 26 jedoch $v'(r')$. Durch Elimination von $b\,r$ aus (18.9) und (18.11) erhält man:

$$\log r = \log r' + a - v' \qquad\qquad (18.13)$$

Nun machen wir die rohe Näherungsannahme, daß für das kleinste Entfernungsintervall der Tab. 26 noch keine merkliche Verfälschung der Entfernungen durch die interstellare Absorption stattfinde, setzen also $a = v' = -0,09$. Mit diesem Wert für a berechnen wir nach (18.13) erste Näherungswerte für r, so daß wir jetzt aus Tab. 26 eine Beziehung $v'(r)$ erhalten, aus deren Vergleich mit (18.11) sich sofort die Koeffizienten ergeben. Durch sukzessive Verbesserung erhält man die Werte

$$a = -0,13 \qquad b = 0,00013 \qquad k = 0,00067^m \qquad (18.14)$$

Im photographischen Bereich, auf den sich unsere photometrischen Werte beziehen, beträgt die Lichtschwächung in der galaktischen Absorptionszone somit $0,67^m$ pro kpc. Unter Berücksichtigung dieser Absorption ergeben sich die in Tab. 26 aufgeführten wahren Entfernungen r; berechnet man nun mit diesen

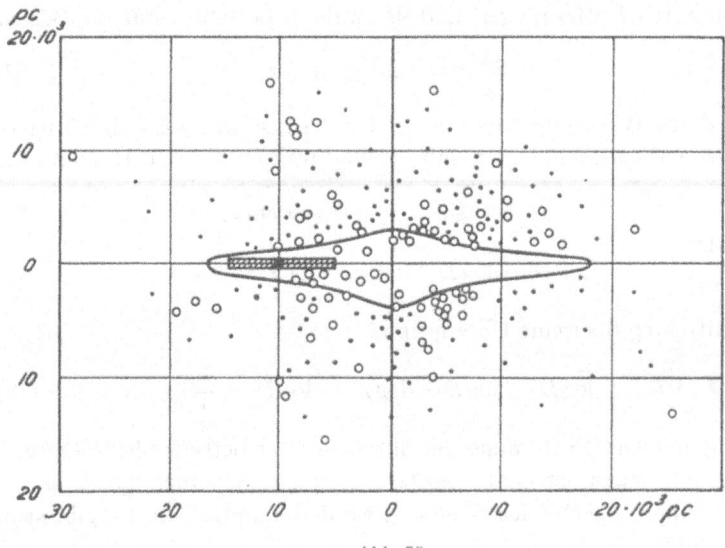

Abb. 59

Meridianschnitt durch das galaktische Sternsystem sowie die Systeme der offenen (schraffiertes Gebiet) und der kugelförmigen Sternhaufen (Kreislein).

die linearen Durchmesser und bildet wieder die nun mit v'' bezeichneten Abweichungen, so erkennt man, daß diese sehr klein sind und keinen systematischen Gang mehr mit r aufweisen.

Nachdem die Absorption und damit die wahre Entfernung bekannt ist, kann der lineare Durchmesser jeder Untergruppe bestimmt werden. Für die Entfernungsbestimmung weiterer Objekte hat man dann nur noch nötig, dieselben möglichst exakt zu klassifizieren und ihre Winkeldurchmesser abzuschätzen. Wir sind somit in der Lage, die räumliche Verteilung des Systems der offenen Haufen aufzuzeichnen (Abb. 59). Dieses bildet eine elliptische Scheibe, deren in der galaktischen Richtung $0^0 \to 180^0$ liegende kleine Achse etwa 9000 pc mißt, während die große Achse etwa 11 000 pc und die Dicke der Scheibe rund 1000 pc beträgt. Die Mittelebene dieser Scheibe fällt praktisch mit der galaktischen Ebene zusammen. Die Dichte der offenen Haufen nimmt vom Mittelpunkt des Systems, der von der Sonne in 350 pc Entfernung in Richtung 247^0 galaktischer Länge liegt, nach außen regelmäßig ab.

Die Dichte innerhalb der verschiedenen Haufentypen beträgt 1 bis 80 Sterne pro Kubikparsec, also das 100- bis 8000fache der Sterndichte in der Sonnenumgebung.

Da die Lichtabsorption in den offenen Sternhaufen über sehr weite Distanzen durch einen einheitlichen Absorptionskoeffizienten dargestellt werden kann, dürfte es sich bei dem absorbierenden Medium um eine mehr oder weniger gleichförmige, in der galaktischen Ebene ausgebreitete Schicht handeln. Da die Sternhaufen in größeren Abständen ($\sim$ 500 pc) von der galaktischen Ebene bei gleicher Entfernung eine merklich kleinere Absorption zeigen als solche in kleinen Abständen, muß man schließen, daß jene bereits außerhalb der galaktischen Absorptionszone liegen, diese also bloß eine Dicke von 300 bis 500 pc aufweist (Ziffer 131).

96. Farben-Helligkeits-Diagramme (FHD) der offenen Haufen

Zwischen FI und Helligkeit der Haufensterne besteht eine dem HRD analoge Beziehung. Der FI dient hier als Ersatz für die Spektralklassifikation, und an Stelle der absoluten Helligkeit verwendet man die scheinbare, die sich von jener nur um eine von der Entfernung (die für alle Sterne des Haufens dieselbe ist) abhängende Konstante unterscheidet. Die FHD der offenen Haufen weichen in zwei Punkten von dem HRD der Feldsterne der näheren Sonnenumgebung ab: 1. Die Haufensterne erfüllen stets nur einen beschränkten Bereich des HRD, der aber individuell verschieden ist. Man unterscheidet neben Haufen, deren Mitglieder alle auf der Hauptreihe liegen, solche, bei denen eine kleine Zahl dem Riesenast angehört, die Mehrzahl aber dem Hauptast, und schließlich solche, bei denen die Mehrzahl der helleren Sterne gelbe und rote Riesensterne sind, während die schwächeren Sterne dem Hauptast angehören. Von der an zweiter Stelle genannten Art ist das in Abb. 20 dargestellte FHD der Praesepe. Mit Ausnahme von vier roten Riesen gehören alle untersuchten Sterne der Hauptreihe an; der Bereich des FI von 0,0 bis 1,8, entsprechend den Spektraltypen A bis M ist ziemlich gleichmäßig besetzt, während die Typen O und B vollständig fehlen. Bei anderen Haufen dagegen fehlen die späten Typen K und M, während die frühen O und B vertreten sind, usw. Diese Eigenschaften der Farben-Helligkeits-Diagramme werden zweifellos von großer Bedeutung sein für die kosmogonische Stellung der Sternhaufen und die Entwicklung der Haufensterne. 2. Die Streuung der Helligkeiten im Hauptast ist sehr klein, nicht größer als die Beobachtungsfehler. Dasselbe Verhalten ist auch bei den Plejaden beobachtet worden und scheint für die Sternhaufen charakteristisch zu sein. Diese Erscheinung ist bereits in Ziffer 56 und 57 hervorgehoben und vom Standpunkt der chemischen Konstitution und der Sternentwicklung betrachtet worden. Zu einem gewissen Teil wird die Streuung im HRD der «Feldsterne» (Abb. 19) allerdings auf ungenaue Kenntnis der Entfernungen zurückzuführen sein, eine Fehlerquelle, welche bei den Haufensternen wegfällt. In Abb. 20 fällt auf, daß bei etwa 20% der Sterne die Helligkeiten um mehrere Zehntelgrößenklassen aus dem Hauptast herausfallen, und zwar ausnahmslos in Richtung größerer Helligkeiten; es handelt sich dabei um nicht aufgelöste Doppelsterne.

97. Bewegte Haufen

Die Bewegungsverhältnisse in den Sternhaufen, die allerdings erst bei den Plejaden, Hyaden und bei der Praesepe erforscht sind, gestalten sich sehr einfach; die Haufen als Ganzes besitzen Geschwindigkeiten von 20 bis 40 km/s, während die Pekuliarbewegungen der Sterne in bezug auf den Schwerpunkt des Haufens nur 0,5 bis 1 km/s betragen. Praktisch bewegen sich somit alle Sterne des Haufens mit derselben Geschwindigkeit und in derselben Richtung. Die Verlängerungen der Projektionen der Bewegungsrichtungen der einzelnen Sterne auf die Himmelssphäre schneiden sich in einem Punkt, dem Zielpunkt oder Vertex der Sternströmung. An Hand der Bewegungsrichtung läßt sich ·nun von jedem Stern in der Umgebung eines Haufens feststellen, ob er ein Mitglied des Haufens ist oder ein Vorder- oder Hintergrundstern, der sich gerade auf den Haufen projiziert. Auf Grund von nach Größe und Richtung der Geschwindigkeit übereinstimmenden Bewegungen hat man sogar Sterne als physisch zusammengehörend erkennen können, die an der Sphäre so weit voneinander entfernt sind, daß sie niemals als Haufen erscheinen könnten, oder sogar über die ganze Sphäre verstreut sind, falls wir uns innerhalb dieser Sterngruppe befinden. Man spricht in diesen Fällen von bewegten Haufen. Sie bestehen je aus größenordnungsmäßig 100 Mitgliedern wie die offenen Haufen, unterscheiden sich aber von diesen durch ihre sehr aufgelockerte Struktur, indem ihre Durchmesser 50 bis 200 pc betragen, woraus sich ihre Sterndichte 10- bis 100mal geringer ergibt als diejenige der Sonnenumgebung, was natürlich nur möglich ist, wenn der bewegte Haufen von nicht zu ihm gehörenden Sternen durchsetzt ist. Die bewegten Haufen schließen sich an die Klasse IV der offenen Haufen an. Ihre Bewegungsrichtungen bilden wie diejenigen der offenen Haufen mit der galaktischen Ebene nur kleine Winkel, hingegen liegen ihre Geschwindigkeiten mit 5 bis 10 km/s bedeutend unter den oben angeführten der offenen Haufen. Es sei hier noch an die in Ziffer 26 besprochene Methode der Entfernungsbestimmung von Mitgliedern bewegter Haufen aus deren Eigenbewegung und Radialgeschwindigkeit erinnert.

98. Die Dichtefunktion in den Kugelsternhaufen

Da bei allen Kugelhaufen die Sterndichte vom Zentrum nach allen Richtungen monoton abnimmt, müssen dieselben eine sphärische Struktur aufweisen, d. h. die räumliche Sterndichte $D(r)$ ist lediglich eine Funktion des Abstandes r vom Zentrum des Haufens. Wir versuchen nun, aus der Sterndichte der Projektion auf die Sphäre die räumliche Dichte zu bestimmen. Dazu greifen wir ein lamellenförmiges Volumenelement heraus, das von zwei parallelen Ebenen im Abstand $d\varrho$ begrenzt wird, parallel zur Richtung Erde–Kugelhaufen liegt und im Abstand ϱ an dessen Zentrum vorbeigeht (Abb. 60). Bedeutet R den Radius der Kugel, so ist das Volumen der Lamelle $dV = (R^2 - \varrho^2)\,\pi\,d\varrho$. Wir zählen nun die Sterne in diesem Volumenelement, das sich als ein im Abstand ϱ

am Zentrum vorbeilaufender Streifen von der Breite $d\varrho$ an die Sphäre projiziert, ab; ihre Zahl sei $L(\varrho)\, d\varrho$. Wir können die Funktion $L(\varrho)$ aber auch aus
der Dichtefunktion berechnen:

$$L(\varrho) = \int \int D(r)\, dx\, dy \qquad (18.15)$$

wobei wir in der Ebene unserer Lamelle ein (x, y)-System eingeführt haben

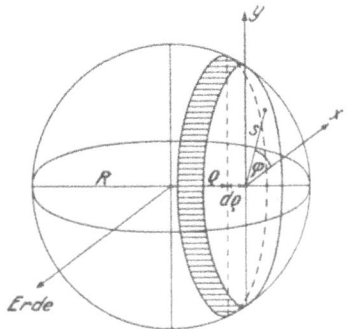

Abb. 60
Zur Ableitung der Dichtefunktion in Kugelsternhaufen.

mit dem Nullpunkt in deren Zentrum. Der Abstand r des Volumenelementes
$dx\, dy\, d\varrho$ vom Zentrum des Kugelhaufens beträgt

$$r^2 = x^2 + y^2 + \varrho^2 \qquad (18.16)$$

Führen wir hingegen auf der Lamelle Polarkoordinaten φ, s ein, so erhalten wir:

$$x = s \cos\varphi$$
$$y = s \sin\varphi$$
$$x^2 + y^2 = s^2 \qquad (18.17)$$
$$dx\, dy = s\, d\varphi\, ds$$

Da für die ganze Lamelle ϱ konstant ist, ergibt sich aus (18.16):

$$r\, dr = s\, ds$$
$$dx\, dy = r\, dr\, d\varphi$$

Setzen wir dieses Volumenelement in (18.15) ein, so ergibt sich:

$$L(\varrho) = \int_{\varrho}^{R} \int_{0}^{2\pi} D(r)\, r\, dr\, d\varphi = 2\pi \int_{\varrho}^{R} D(r)\, r\, dr = -2\pi \int_{R}^{\varrho} D(r)\, r\, dr \qquad (18.18)$$

Die gesuchte Funktion $D(r)$ erhalten wir nun durch Differentiation:

$$\frac{dL(\varrho)}{d\varrho} = -2\,\pi\,D(\varrho)\,\varrho \qquad (18.19)$$

$$D(\varrho) = -\frac{1}{2\,\pi\,\varrho} \cdot \frac{dL(\varrho)}{d\varrho} \qquad (18.20)$$

Man erhält somit die Sterndichte durch Differentiation der durch Sternauszählungen erhaltenen Funktion $L(\varrho)$.

99. Die räumliche Verteilung der Kugelhaufen

Das System der Kugelhaufen zeigt ebenfalls eine Orientierung nach der galaktischen Ebene, indem von den 95 bekannten Objekten 47 auf der nördlichen, 48 auf der südlichen galaktischen Halbkugel liegen. Auffallend ist ihre stark asymmetrische Verteilung nach galaktischer Länge, indem 91 Kugelhaufen in dem Halbraum mit dem Pol bei $\beta = 0^0$, $\lambda = 327^0$ liegen und nur vier Objekte in der entgegengesetzten Hemisphäre! Das bedeutet, daß das Zentrum des Kugelhaufensystems in großer Entfernung in Richtung $\lambda = 327^0$ liegt und wir innerhalb dieses Systems zwar nahe dessen Symmetrieebene, aber sehr exzentrisch gelegen sind.

In den näheren Kugelhaufen wurden zahlreiche Veränderliche vom Typus der kurzperiodischen Cepheiden festgestellt, deren Periode in strenger Korrelation zu ihrer absoluten Helligkeit steht (Ziffer 51). Aus den unschwer zu beobachtenden Perioden und scheinbaren Helligkeiten folgt dann mit Hilfe der erwähnten Korrelation und der photometrischen Grundgleichung (2.3) unmittelbar die Entfernung. Bei den entfernteren Kugelhaufen gelingt es nicht mehr, einzelne Sterne zu untersuchen, und man ist dann auf die integralen Eigenschaften: scheinbare Gesamthelligkeit und scheinbarer Durchmesser b, angewiesen. Da beide Größen bei den näheren Haufen eine ausgesprochene Korrelation mit der Entfernung r aufweisen, können von den entfernteren Haufen mit dieser Korrelation und jenen integralen Größen die Distanzen bestimmt werden. Insbesondere hat die Durchmessermethode ausgedehnte Verwendung gefunden, da die Messung von b im Gegensatz zur scheinbaren Gesamthelligkeit nicht von der interstellaren Absorption beeinflußt wird (hingegen unterliegen natürlich die photometrisch bestimmten Entfernungen, mit deren Hilfe die Durchmesser-Entfernungs-Beziehung geeicht worden ist, der Verfälschung durch die interstellare Absorption). Hätten alle Kugelhaufen denselben linearen Durchmesser B, so wäre einfach $r = B/b$. Tatsächlich streuen aber die B um ihren Mittelwert $\bar{B}$, wenn auch nicht stark. Wir führen nun die Verteilungsfunktion $\varphi(r)$ der Kugelhaufen im Raum ein, indem wir die Zahl der in einem bestimmten Bereich der Himmelssphäre zwischen den Entfernungen r und $r + dr$ enthaltenen Objekte gleich $\varphi(r)\,dr$ setzen. Von diesen besitze der Bruchteil $\psi(B)\,dB$ lineare Durchmesser zwischen B und $B + dB$. Die Anzahl der Haufen im Bereich r bis $r + dr$ mit Durchmessern von B bis $B + dB$ beträgt somit

$$\varphi(r)\,\psi(B)\,dr\,dB \tag{18.21}$$

Innerhalb des betrachteten Entfernungsbereiches ist r konstant und somit

$$dB = r\,db \tag{18.22}$$

Deshalb beträgt die Anzahl der in der Entfernung r, $r + dr$ liegenden Haufen mit scheinbaren Durchmessern b, $b + db$:

$$\varphi(r)\,\psi(r\,b)\,r\,dr\,db \tag{18.23}$$

Wir unterteilen nun das Material in Gruppen konstanten scheinbaren Durchmessers und berechnen den Mittelwert $\overline{r_b}$ der Entfernungen der Haufen, die unter dem Durchmesser b erscheinen:

$$\overline{r_b} = \frac{\int\limits_{0}^{\infty} \varphi(r)\,\psi(r\,b)\,r^2\,dr}{\int\limits_{0}^{\infty} \varphi(r)\,\psi(r\,b)\,r\,dr} = f(b) \tag{18.24}$$

Für die Bestimmung der Funktion $f(b)$, die im Falle verschwindend kleiner Streuung in B gleich $\overline{B}/b$ würde, werden die Funktionen φ und ψ benötigt; ψ wird unter der Voraussetzung, daß diese Funktion nicht von r abhängt, aus den mit Hilfe der Cepheidenmethode bestimmten Entfernungen und linearen Durchmessern der näheren Haufen abgeleitet, während man für φ mit $B = \overline{B}$ einen ersten Näherungswert erhält.

Nach den skizzierten Methoden hat SHAPLEY die im folgenden mit r_s bezeichneten Entfernungen der Kugelhaufen bestimmt. Abgesehen von einer in der Ungenauigkeit der Eichung der Perioden-Helligkeits-Beziehung liegenden Unsicherheit in den r_s-Werten, sind dieselben noch mit einem der interstellaren Absorption Rechnung tragenden Faktor $f < 1$ zu versehen: $r = f\,r_s$. Da das Licht der Kugelhaufen die halbe galaktische Absorptionszone von der Dicke d zu durchsetzen hat, beträgt die Schwächung auf dieser Strecke nach (18.5):

$$\Delta m - k\,\frac{d}{2}\,\operatorname{cosec}\beta \tag{18.25}$$

wobei β die galaktische Breite des Haufens bedeutet. Die photometrische Entfernungsbestimmung liefert somit:

ohne Absorption: $\qquad m - M + 5 = 5\log r_s \tag{18.26}$

mit Absorption: $\qquad \left(m - k\,\frac{d}{2}\,\operatorname{cosec}\beta\right) - M + 5 = 5\log r \tag{18.27}$

Unter Berücksichtigung der in Ziffer 95 erhaltenen Werte $k = 0{,}67^m/10^3$ pc, $d = 500$ pc, ergibt sich für f:

$$\log f = \log r - \log r_s = -\frac{k\,d}{10}\,\operatorname{cosec}\beta = -0{,}0335\,\operatorname{cosec}\beta \tag{18.28}$$

Mit den reduzierten Entfernungen r ist das in Abb. 59 dargestellte Modell des Kugelhaufensystems gezeichnet. Sie stellt die Projektion der Kugelhaufen auf die zur galaktischen Ebene senkrechte, durch die Sonne und den Systemmittelpunkt verlaufende, also in die galaktische Länge 326⁰ weisende Ebene dar. Das System erfüllt einen schwach ellipsoidischen, nahezu sphärischen Raum, dessen Längserstreckung, von vereinzelten Außenseitern abgesehen, rund 50000 pc beträgt, während die Ausdehnung senkrecht zur galaktischen Ebene rund 40000 pc mißt. Die galaktische Ebene ist in einer Dicke von 1000 pc frei von Kugelhaufen. Die Sonne steht stark exzentrisch in 10000 pc Abstand vom Systemmittelpunkt. Inwiefern das Fehlen der Kugelhaufen in der galaktischen Zone reell ist und inwiefern dasselbe durch die galaktische Absorptionszone nur vorgetäuscht ist (nach (18. 25) sind für $\beta = 0$ die Objekte überhaupt unsichtbar), kann gegenwärtig noch nicht entschieden werden.

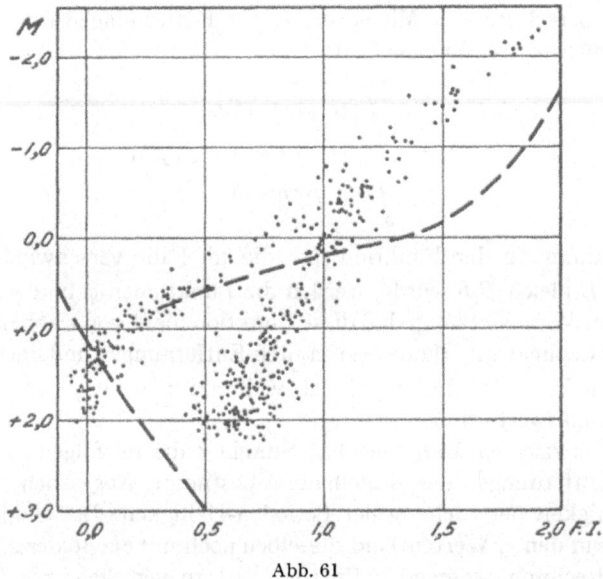

Abb. 61

Farben-Helligkeits-Diagramm des kugelförmigen Sternhaufens M 92 (nach O. Hachenberg). Die gestrichelten Kurven geben die Lage des Riesen- und des Hauptastes der Feldsterne.

100. Die Farben-Helligkeits-Diagramme der Kugelhaufen

haben wie diejenigen der offenen Haufen die HRD zu ersetzen, denn infolge der großen Entfernungen kommt eine Spektralklassifikation nicht mehr in Frage, und auch die Bestimmung des FI ist auf die absolut hellen Objekte beschränkt. So sehen wir z. B. in dem in Abb. 61 dargestellten FHD eines Kugelhaufens nur Objekte heller als $M = 2$, während die schwächeren Zwergsterne des Hauptastes von der Photometrie nicht mehr erfaßt worden sind. Der in Abb. 61 allein zum Ausdruck kommende Riesenast unterscheidet sich aber durch einen steileren Verlauf wesentlich von der Anordnung der Riesensterne der näheren Sonnenumgebung. Das prinzipiell Neue besteht aber in der Gabelung des Riesenastes etwa von FI = 0,8 und M = 0,0 an gegen die früheren Typen. Der lichtschwächere Teilast verläuft steiler als das nicht-gespaltene Stück des Riesenastes, während der lichtstärkere flacher verläuft und sich näher dem Riesenast der Feldsterne unserer näheren Umgebung anschließt. Diese Zuordnung wird noch dadurch bekräftigt, daß wir die be-kannte Lücke im HRD bei dem den F-Riesen entsprechenden FI von 0,5 bis 0,8 wiederfinden. Auf diesem Ast liegen auch die für die Kugelhaufen so cha-rakteristischen kurzperiodischen Veränderlichen. Auf die Gabelung des Riesen-astes dürfte auch das bei mehreren Haufen in der Häufigkeitsfunktion der ab-soluten Helligkeiten bei M = 0 festgestellte «preliminäre» Maximum zurückzu-führen sein. Trotzdem in den Kugelhaufen die Riesen relativ häufiger sind als unter den Feldsternen unserer Umgebung, nimmt bei ihnen die Häufigkeits-funktion mit zunehmender Leuchtkraft ebenfalls sehr rasch ab, steigt aber bei $M \sim 0$ zu einem sekundären Maximum an, das durch den flach verlaufenden Zweig des Riesenastes bedingt ist.

Man bezeichnet die Sternverteilung im HRD, wie sie bei Kugelsternhaufen und elliptischen Nebeln (Ziffer 124) beobachtet wird als vom Typus II, im Gegensatz zu Typus I der Verteilung, wie sie in der Umgebung der Sonne ge-funden wird.

101. Kosmogonie der sphärischen Sternhaufen

Bisher war *die* Vorstellung über die Entstehung der sphärischen Sternhaufen am verbreitetsten, wonach sich an einer Stelle, die hinreichend weit entfernt ist von den übrigen Massen, eine Zusammenballung gasförmiger Materie bildet, aus der die einzelnen Sterne entstehen. Diese Sternansammlung hat die Ten-denz, eine mehr oder weniger kugelsymmetrische Gestalt anzunehmen und dem Zustand isothermen Gleichgewichtes zuzustreben. Da aber die isotherme Gas-kugel unendlichen Radius hat, bedeutet diese Entwicklung eine allmähliche Auflösung des Sternhaufens. Da diese Theorie jedoch auf beträchtliche Schwie-rigkeiten stößt, hat VON DER PAHLEN neuerdings die Vermutung ausgesprochen, daß die zentralen Verdichtungen der kugelförmigen Sternhaufen durch ein Zusammenströmen der Sterne entstanden sein könnten. Wahrscheinlicher als die Bildung einer zentralen Zusammenballung in einer diffusen Gaswolke ist die Entstehung zahlreicher lokaler Verdichtungen, aus denen die Sterne hervor-gehen. Diese Sterne würden dann aber in bezug auf die sie erzeugende Wolke, wenigstens im statistischen Sinne, ruhen. Tatsächlich ist die sehr kleine Streu-ung der individuellen Geschwindigkeiten der Mitglieder eines Sternhaufens das charakteristischste kinematische Merkmal. Wir betrachten eine Ansammlung von Sternen starker räumlicher Verdünnung, die sich gegeneinander praktisch in Ruhe befinden, und untersuchen, wie sich dieses System unter dem Einfluß seines eigenen Gravitationspotentials zusammenzieht.

Wir setzen die Sternansammlung, deren anfängliche Dichteverteilung durch $f_0(r)$ gegeben sei, als kugelsymmetrisch voraus. Diese Funktion soll so beschaffen sein, daß während der Kontraktion des Sternhaufens keine Überholungen der verschiedenen Kugelschalen stattfinden sollen; diese Forderung bedeutet in Wirklichkeit nur eine sehr geringe Einschränkung, bringt aber für die Rechnung die Bequemlichkeit, daß die Masse innerhalb jeder Kugelschale zeitlich konstant bleibt. Zur Zeit $t = 0$ erfährt die Kugelschale mit dem Radius r_1 die Beschleunigung $- [G\,M(r_1)]/r_1^2$, wobei $M(r_1)$ die Masse innerhalb des Radius r_1 bedeutet:

$$M(r_1) = 4\,\pi \int\limits_0^{r_1} f_0(r)\; r^2\; dr \qquad (18.29)$$

Im speziellen Fall $f_0(r) = \text{const}/r$ ist die Anfangsbeschleunigung unabhängig von r; da aber die Beschleunigung der inneren Schichten schneller zunimmt als diejenige der äußeren, ist es klar, daß keine Überholungen auftreten und die Zentralverdichtung immer stärker wird. Jeder Stern beschreibt eine Pendelbahn, die als Ellipse mit der Exzentrizität $e = 1$ und der halben großen Achse $a = r_1/2$ aufgefaßt werden kann. Die mittlere Bewegung beträgt dann nach (17.45)

$$n = \frac{\sqrt{G\,M(r_1)}}{a^{3/2}} = \frac{2\sqrt{2\,G\,M(r_1)}}{r_1\sqrt{r_1}} \qquad (18.30)$$

und die halbe Periode

$$\frac{P}{2} = \frac{\pi}{n} = \frac{\pi\,r_1\sqrt{r_1}}{2\sqrt{2\,G\,M(r_1)}} \qquad (18.31)$$

Diese Formel liefert für eine Sternwolke von 10^6 Sonnenmassen mit einem Anfangsradius von 1000 pc $P/2 = 5 \cdot 10^8$ Jahre. Dies ist also die Zeitspanne, in welcher sich der Kugelhaufen theoretisch auf einen Punkt zusammenziehen wird. Da die jetzigen Radien der Kugelsternhaufen ungefähr 20 pc betragen, also klein sind gegen die Anfangsradien, kann sich ihre Entwicklungszeit nicht wesentlich von $P/2$ unterscheiden. Wir erhalten also für die Kugelhaufen eine Entwicklungsdauer von $5 \cdot 10^8$ Jahren; in dieser Zeit hat die Sterndichte in unserem numerischen Beispiel von 0,00024 auf 30 Sonnenmassen pro Kubikparsec zugenommen. Es ist wesentlich, daß diese Theorie auch die Haufen ohne jegliche Zentralverdichtung verstehen läßt, die als Auflösungserscheinungen eines ursprünglich stark konzentrierten Haufens schwer zu deuten wären.

Das bekannteste Beispiel ist der sog. Sculptorhaufen, eine Sternansammlung in der galaktischen Breite -83^0 und der Entfernung 76000 pc mit einem Durchmesser von 1500 pc. Bis zur Erreichung dieses «Sculptorstadiums» ist eine Zeit von zirka 10^8 Jahren notwendig, während die Weiterentwicklung zu einem typischen Kugelhaufen nur noch 10^6 Jahre benötigt. Da der Verdichtungsprozeß anfangs langsam, dann immer stürmischer verläuft, unterscheiden sich Kugelsternhaufen mit sehr verschiedener Zentralverdichtung nach ihrem Alter nur wenig voneinander.

XIX. DER RÄUMLICHE AUFBAU
DES GALAKTISCHEN STERNSYSTEMS

Das Problem der räumlichen Struktur unseres Sternsystems wäre gelöst, wenn es gelänge, von jedem einzelnen Objekt desselben neben seinen sphärischen Koordinaten (Lage an der Himmelssphäre) seine Entfernung zu bestimmen. Individuelle Parallaxen können aber nur für eine sehr beschränkte Auswahl von Objekten, vorwiegend solchen unserer näheren Umgebung, ermittelt werden. Bei der Erforschung des räumlichen Aufbaues des Sternsystems treten deshalb die individuellen Parallaxen in den Hintergrund gegenüber den Kollektivparallaxen ausgewählter Sterngruppen, und an Stelle individueller Untersuchungsmethoden treten statistische.

102. Grundbegriffe der Stellarstatistik

Das umfangreichste stellarstatistische Material betrifft die scheinbaren Helligkeiten. Die scheinbare Helligkeit m eines Objektes in bezug auf ein solches mit der scheinbaren Helligkeit m_0 ist definitionsgemäß:

$$\log \frac{I}{I_0} = -0,4\,(m - m_0) = -0,4\,\Delta m \qquad (19.1)$$

Dabei bedeuten I und I_0 die Intensitäten (Leuchtkräfte) der beiden Objekte und m bzw. m_0 ihre Größenklassen. Durch (19.1) ist zunächst nur die Differenz der Größenklassen festgelegt: nimmt die Größenklasse um 1 ab, so steigt die Intensität auf das 2,513fache, nimmt jene um 5 ab, so steigt diese auf das 100fache usw. Der Nullpunkt der Helligkeitsskala wird festgelegt indem man einem bestimmten Objekt eine bestimmte Größenklasse m_0 zuordnet (siehe Ziffer 8).

Aus Helligkeitskatalogen lassen sich die beiden folgenden für die Stellarstatistik wichtigsten Funktionen bilden:

$A(m)$ oder auch A_m = Gesamtzahl aller Sterne von den hellsten Objekten bis zur scheinbaren Helligkcit m in irgendeinem noch näher zu bezeichnenden Ausschnitt der Himmelssphäre.

$N(m)$ oder auch N_m = Anzahl der Sterne pro Größenklasse, also im Intervall $m - (1/2)$ bis $m + (1/2)$ in irgendeinem noch näher zu bezeichnenden Ausschnitt der Himmelskugel.

Ferner führen wir die Sterndichte und die Leuchtkraftfunktion ein. Unter der Sterndichte D versteht man die Anzahl der Sterne pro Volumeneinheit; D wird im allgemeinen vom Ort, d. h. von den sphärischen Koordinaten α, δ (Rektaszension, Deklination), und von der Entfernung r abhängen. Die Häufigkeitsfunktion der absoluten Leuchtkräfte $\Phi(I)$, auch bloß Helligkeitsfunktion genannt, gibt den Bruchteil der in der Volumeneinheit enthaltenen Sterne an, deren Leuchtkräfte in dem Intervall I, $I + dI$ liegen. Wir werden im folgenden immer voraussetzen, daß die Leuchtkraftfunktion auf 1 normiert ist:

$$\int \Phi(I)\, dI = 1 \qquad (19.2)$$

Im allgemeinen wird auch $\Phi(I)$ eine Ortsfunktion sein. Wir wollen vorerst aber die einschränkende Voraussetzung machen, Φ, d. h. das Mischungsverhältnis der verschiedenen Leuchtkräfte, sei nicht ortsabhängig. Dann stellt sich das Grundproblem der Stellarstatistik folgendermaßen: aus Abzählungen der Sterne nach ihrer scheinbaren Helligkeit in einem kleinen Gebiet, z. B. einem Quadratgrad der Himmelssphäre in Richtung α, δ erhält man die Funktion N_m bzw. A_m. Gesucht ist $\Phi(I)$ und die Dichtefunktion $D(r)$ in der Richtung α, δ. Man sieht, daß in dieser Form das Problem noch nicht gelöst werden kann, da den beiden unbekannten Funktionen nur *eine* empirisch gegebene Funktion gegenübersteht.

Bevor wir das Problem in seiner allgemeinen Form behandeln, sei hier kurz der Fall konstanter Sterndichte betrachtet. Wir gruppieren dazu die Sterne nach ihrer Leuchtkraft: Gruppe 1 enthalte die Sterne der Leuchtkraft I_1, Gruppe 2 diejenigen der Leuchtkraft I_2 usw. I_1 sei dabei die größte überhaupt auftretende Leuchtkraft. In der ersten Gruppe befinden sich a_1 Sterne, die uns als Sterne 1. Größe erscheinen, in der zweiten a_2 usw. Somit ist die Anzahl der Sterne 1. Größe:

$$A_1 = (a_1 + a_2 + a_3 + \cdots) \qquad (19.3)$$

Wir betrachten nun die allgemeine Gruppe k, welche die Sterne der Leuchtkraft I_k enthält. Die scheinbaren Intensitäten i_m und i_n zweier Sterne dieser Gruppe, die von den Größenklassen m bzw. n erscheinen, verhalten sich umgekehrt wie die Quadrate ihrer Entfernungen r_m bzw. r_n:

$$\frac{i_m}{i_n} = \frac{r_n^2}{r_m^2} = \delta^{-(m-n)} \qquad (19.4)$$

wobei wir mit δ den der Differenz einer Größenklasse entsprechenden Intensitätsfaktor bezeichnet haben (2,513). Die Gesamtzahl $A_{k,m}$ der Sterne der Gruppe k bis zur scheinbaren Helligkeit m ist proportional dem Volumen des Kegels von der Höhe r_m und dem Öffnungswinkel, in welchem die Sternabzählungen vorgenommen worden sind, also proportional r_m^3:

$$\frac{A_{k,m}}{A_{k,n}} = \frac{r_m^3}{r_n^3} = \left(\frac{i_n}{i_m}\right)^{3/2} = \delta^{3/2\,(m-n)} \qquad (19.5)$$

Schreitet man in Stufen von je einer Größenklasse vor, setzt also $n = m - 1$, so folgt:

$$\log\frac{A_{k,m}}{A_{k,m-1}} = \frac{3}{2}\log\delta = 0{,}6 \qquad \frac{A_{k,m}}{A_{k,m-1}} = 3{,}982 \sim 4 \qquad (19.6)$$

Jeweils, wenn man um *eine* Größenklasse fortschreitet, nimmt $A_{k,m}$ auf das $\delta^{3/2}$-fache, d. h. praktisch auf das Vierfache zu. Dies gilt für jede Gruppe einheitlicher Leuchtkraft; somit wird beim Übergang von A_1 zu A_2 in (19.3) jeder Summand der rechten Seite mit $\delta^{3/2}$ multipliziert:

$$A_2 = (a_1 + a_2 + a_3 + \cdots)\, \delta^{3/2}$$
$$A_3 = (a_1 + a_2 + a_3 + \cdots)\, \delta^{3}$$
$$\cdots\cdots\cdots\cdots\cdots\cdots\cdots\cdots\cdots\cdots$$
$$A_m = (a_1 + a_2 + a_3 + \cdots)\, \delta^{(m-1)(3/2)}$$

(19.7)

Es gilt somit im Falle konstanter Sterndichte und konstanten Mischungsverhältnisses der Leuchtkräfte das erste Theorem: Die kumulativen Sternzahlen A_m nehmen beim Fortschreiten um eine Größenklasse jeweils auf das ~ 4fache zu:

$$A_m = \text{const}\,(3{,}982)^m$$

(19.8)

Unter denselben Voraussetzungen berechnen wir die mittlere Entfernung $\bar{r}_m$ der Sterne der scheinbaren Helligkeit m. Wir betrachten zunächst wieder die Sterne der Gruppe k; von diesen mögen diejenigen, welche unter der scheinbaren Helligkeit 1 erscheinen, in der Entfernung $r_{k,1}$ liegen, diejenigen der scheinbaren Helligkeit m in der Entfernung $r_{k,m}$. Nach (19.4) besteht dann die Beziehung:

$$r_{k,m} = r_{k,1}\, \delta^{(1/2)(m-1)}$$

(19.9)

Die Zahl der Sterne der Gruppe k, welche im Helligkeitsintervall m, $m + \Delta m$ liegen, beträgt nach (19.7):

$$a_k\, \delta^{(3/2)(m+\Delta m-1)} - a_k\, \delta^{(3/2)(m-1)}$$

(19.10)

Nachdem nun Anzahl und Entfernung der Sterne der Gruppe k und der scheinbaren Helligkeit m berechnet sind, folgt durch Summation die mittlere Entfernung $\bar{r}_m$:

$$\bar{r}_m = \frac{\sum\limits_k a_k \left[\delta^{(3/2)(m+\Delta m-1)} - \delta^{(3/2)(m-1)} \right] r_{k,1}\, \delta^{(1/2)(m-1)}}{\sum\limits_k a_k \left[\delta^{(3/2)(m+\Delta m-1)} - \delta^{(3/2)(m-1)} \right]}$$

$$= \frac{\sum\limits_k a_k\, r_{k,1}}{\sum\limits_k a_k}\, \delta^{(1/2)(m-1)}$$

(19.11)

Damit haben wir das zweite Theorem erhalten: Bei konstanter Sterndichte und Leuchtkraftfunktion nimmt die mittlere Entfernung beim Fortschreiten um eine Größenklasse auf das $\sqrt{\delta} \sim 1{,}585$ fache zu:

$$\bar{r}_m = \text{const}\,(1{,}585)^m$$

(19.12)

Zur Prüfung des ersten Theorems sind in Tab. 27 für drei verschiedene galaktische Breitenzonen und für verschiedene scheinbare Helligkeiten die Werte

$\alpha = \log (A_{m+(1/2)}/A_m)$ mitgeteilt. Unter den für die Ableitung der Theoreme 1 und 2 gemachten Voraussetzungen müßten nach (19.6) alle diese Werte den Betrag 0,3 besitzen. Nirgends in Tab. 27 wird dieser Betrag ganz erreicht, annähernd jedoch in der Umgebung der Sonne. Mit zunehmendem m, d. h. mit zunehmender Entfernung, hauptsächlich etwa ab $m = 9$, nimmt α rasch ab, und zwar in hohen galaktischen Breiten bedeutend schneller als in tiefen. Die zu kleinen α-Werte können durch eine von der Sonne aus in jeder Richtung erfolgende Dichteabnahme gedeutet werden. Bis zur mittleren Entfernung der Sterne 7. Größe zeigt sich keine ausgesprochene Richtungsabhängigkeit des Dichtegradienten, bei größeren

Tabelle 27

Progression der Sternzahlen in verschiedenen galaktischen Breitenzonen
(nach VAN RHIJN)

m	-70^0 bis -90^0 und $+70^0$ bis $+90^0$	-30^0 bis -50^0 und $+30^0$ bis $+50^0$	-10^0 bis $+10^0$
1	0,289	0,261	0,270
3	0,281	0,259	0,267
5	0,268	0,252	0,265
7	0,246	0,242	0,259
9	0,220	0,229	0,253
11	0,180	0,200	0,226
13	0,138	0,164	0,193
15	0,109	0,141	0,171

Entfernungen dagegen erfolgt die Dichteabnahme in hohen Breiten viel schneller als in tiefen. Die bei dieser Interpretation aus Tab. 27 erhaltenen Flächen konstanter Sterndichte würden näherungsweise Rotationsellipsoide sein, deren Hauptsymmetrieachse durch die Sonne geht und zur galaktischen Ebene senkrecht steht. Die Rotationssymmetrie und die zentrale Stellung der Sonne sind jedoch Eigenschaften, die durch die Summation der Sternzahlen über alle galaktischen Längen entstanden sind und die dem realen Sternsystem keineswegs anzuhaften brauchen.

Dies ist allerdings nur *eine*, wenn auch die nächstliegende Interpretation der zu kleinen α-Werte. Diese ließen sich beispielsweise auch durch eine Variation der Leuchtkraftfunktion oder durch eine interstellare Lichtabsorption deuten.

103. Die Grundgleichungen der Stellarstatistik

Wir betrachten einen Ausschnitt der Himmelskugel, der unter dem Raumwinkel ω erscheint. Aus dem kegelförmigen Raum mit dem Öffnungswinkel ω an der am Beobachtungsort liegenden Spitze S wird durch zwei konsekutive Kugelflächen von den Radien r und $r + dr$ das Volumenelement der Größe $\omega\, r^2\, dr$ herausgeschnitten (Abb. 62); in diesem sind $\omega\, r^2 D(r)\, dr$ Sterne enthalten. Da man in der Astrophotometrie im allgemeinen mit Größenklassen und nicht mit Intensitäten rechnet, ist es zweckmäßiger, an Stelle der Verteilungsfunktion der Leuchtkräfte, $\Phi(I)$, diejenige der absoluten Helligkeiten, $\varphi(M)$, einzuführen; auch diese ist stets auf 1 normiert gedacht:

$$\int \varphi(M)\, dM = 1 \qquad (19.13)$$

Die Zahl der in unserem Volumenelement enthaltenen Sterne der absoluten Helligkeit M bis $M + dM$ beträgt somit $\omega\, r^2\, D(r)\, \varphi(M)\, dr\, dM$. Die photometrische Grundgleichung, welche die Beziehung zwischen Entfernung, absoluter und scheinbarer Helligkeit herstellt, bestimmt die absolute Helligkeit M,

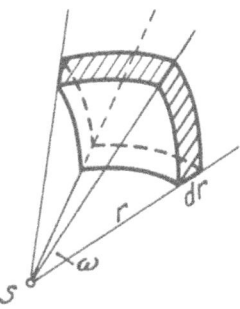

Abb. 62
Zur Ableitung der Grundgleichung der Stellarstatistik.

die das Objekt haben muß, damit es, aus der Entfernung r betrachtet, die scheinbare Helligkeit m besitzt:

$$M = m + 5 - 5 \log r \qquad (19.14)$$

Berücksichtigen wir ferner noch, daß innerhalb des Volumenelements r konstant und deshalb $dM = dm$ zu setzen ist, so erhält man schließlich für die Zahl der in dem Volumenelement enthaltenen Sterne, welche von S aus gesehen die scheinbare Helligkeit m besitzen:

$$\omega\, r^2\, D(r)\, \varphi(m + 5 - 5 \log r)\, dr\, dm \qquad (19.15)$$

Da die individuellen Sternentfernungen nicht bekannt sind, kommt nur die Gesamtzahl der im Öffnungswinkel ω enthaltenen Sterne des Helligkeitsintervalles m, $m + dm$ zur Beobachtung; diese beträgt:

$$N(m)\, dm = \omega \int_0^\infty D(r)\, \varphi(m + 5 - 5 \log r)\, r^2\, dr\, dm \qquad (19.16)$$

Eine weitere Integralgleichung erhält man, wenn (19.15) vor der Integration mit der Parallaxe $\pi = 1/r$ der Sterne des betrachteten Volumenelementes multipliziert wird:

$$\bar{\pi}(m)\, N(m)\, dm = \omega \int_0^\infty D(r)\, \varphi(m + 5 - 5 \log r)\, r\, dr\, dm \qquad (19.17)$$

Die simultanen, als Grundgleichungen der Stellarstatistik bezeichneten Integralgleichungen (19.16) und (19.17) gestatten, die beiden Funktionen $D(r)$

und $\varphi(M)$ zu bestimmen, falls die Sternzahlen $N(m)$ und die mittlere Parallaxe $\bar{\pi}(m)$ der Sterne der scheinbaren Helligkeit m aus Beobachtungen bekannt sind. Vorausgesetzt wird dabei allerdings, daß $\varphi(M)$ nicht von r abhängt und daß keine interstellare Lichtabsorption stattfindet. Die Dichtefunktion kann bis zu so großen Entfernungen bestimmt werden, als die Funktionen N und $\bar{\pi}$ bekannt sind. Die Sternzahlen N können erhalten werden bis zur Grenze der photographisch erfaßbaren Sterne, während die mittleren Parallaxen aus den Eigenbewegungen abgeleitet werden müssen und daher wie diese nur bis zu den helleren teleskopischen Sternen zuverlässig sind. Dies bedeutet jedoch keine wesentliche Einschränkung unseres Problems; man bestimmt dann zunächst $D(r)$ und $\varphi(M)$, soweit $\bar{\pi}(m)$ bekannt ist, d. h. für die nähere Umgebung der Sonne. Da wir ohnehin die räumliche Konstanz von $\varphi(M)$ vorausgesetzt haben, können wir die so bestimmte Leuchtkraftfunktion in (19.16) einsetzen, wodurch jetzt nur noch diese Gleichung mit der einzigen unbekannten Funktion $D(r)$ übrigbleibt. Deshalb bezeichnet man auch (19.16) allein als die Grundgleichung der Stellarstatistik.

104. Die Schwarzschildsche Lösung der Grundgleichungen der Stellarstatistik

Während für die praktische Photometrie die Verwendung scheinbarer Sternhelligkeiten (Größenklassen m) bevorzugt wird, ist es für die theoretische Behandlung der Grundgleichungen zweckmäßiger, mit scheinbaren Intensitäten i zu rechnen. Es bedeute $B(i)\,di$ die Anzahl der im Raumwinkel ω und im Intensitätsintervall i, $i + di$ enthaltenen Sterne, und analog bedeute $\bar{p}(i)$ die mittlere Parallaxe dieser Sterne. Dann bestehen die Beziehungen:

$$B(i)\,di = N(m)\,dm$$
$$\bar{p}(i)\,di = \bar{\pi}(m)\,dm \tag{19.18}$$

Von den $D(r)\,\omega\,r^2\,dr$ Sternen, die sich in dem in Abb. 62 dargestellten Volumenelement befinden, erscheinen von S aus nur diejenigen im Intensitätsintervall i, $i + di$, deren absolute Intensitäten zwischen $I = i\,r^2$ und $(i + di)\,r^2$ liegen. Dieser Bruchteil beträgt $\Phi(I)\,dI = \Phi(i\,r^2)\,r^2\,di$ und damit die Anzahl jener Sterne

$$\omega\,r^2\,dr\,D(r)\,\Phi(i\,r^2)\,r^2\,di = \omega\,D(r)\,\Phi(i\,r^2)\,r^4\,di\,dr \tag{19.19}$$

Schließlich liefert die Integration über alle Entfernungen:

$$B(i)\,di = \omega \int_0^\infty D(r)\,\Phi(i\,r^2)\,r^4\,dr\,di \tag{19.20}$$

Wird dagegen (19.19) vor der Integration mit der Parallaxe $\pi = 1/r$ multipliziert, so erhält man:

$$\bar{p}(i)\,B(i)\,di = \omega \int_0^\infty D(r)\,\Phi(i\,r^2)\,r^3\,dr\,di \tag{19.21}$$

Diese beiden Gleichungen (19.20) und (19.21) sind den Grundgleichungen (19.16) und (19.17) vollständig äquivalent.

Bei Einführung der Substitutionen:

$$i = e^{-2\mu} \tag{19.22}$$

$$r = e^{-\varrho} \tag{19.23}$$

$$I = i\,r^2 = e^{-2(\mu+\varrho)} = e^{-2\lambda} \tag{19.24}$$

aus denen

$$dr = -e^{-\varrho}\,d\varrho = -r\,d\varrho \tag{19.25}$$

und

$$\lambda = \mu + \varrho \tag{19.26}$$

folgt, sowie bei Benutzung der Abkürzungen:

$$\omega\,D(r)\,r^5 = \omega\,D(e^{-\varrho})\,e^{-5\varrho} = f(\varrho) \tag{19.27}$$

$$\Phi(I) = \Phi(e^{-2\lambda}) = g(\lambda) \tag{19.28}$$

$$B(i) = B(e^{-2\mu}) = b(\mu) \tag{19.29}$$

$$p(i)\,B(i) = p(e^{-2\mu})\,B(e^{-2\mu}) = c(\mu) \tag{19.30}$$

nehmen die Grundgleichungen (19.20) und (19.21) die Form an:

$$b(\mu) = \int_{-\infty}^{+\infty} f(\varrho)\,g(\mu+\varrho)\,d\varrho \tag{19.31}$$

$$c(\mu) = \int_{-\infty}^{+\infty} f(\varrho)\,g(\mu+\varrho)\,e^{\varrho}\,d\varrho \tag{19.32}$$

Nach dem Fourierschen Integralsatz läßt sich eine beliebig vorgegebene Funktion $F(x)$ darstellen durch einen Ausdruck von der Form:

$$F(x) = \int_{0}^{\infty} A(q)\,\cos(q\,x)\,dq + \int_{0}^{\infty} B(q)\,\sin(q\,x)\,dq \tag{19.33}$$

wobei die Fourier-Koeffizienten A und B die Bedeutung haben:

$$A(q) = \frac{1}{\pi} \int_{-\infty}^{+\infty} F(x)\,\cos(q\,x)\,dx \tag{19.34}$$

$$B(q) = \frac{1}{\pi} \int_{-\infty}^{+\infty} F(x)\,\sin(q\,x)\,dx \tag{19.35}$$

(vergleiche dazu die Ausführungen unter Ziffer 75). Nun führt man die neue Hilfsfunktion ψ ein, die folgendermaßen definiert ist:

$$\psi(q) = \frac{A(q) - i\,B(q)}{2} \tag{19.36}$$

wobei hier i die imaginäre Einheit bedeutet und nicht mit der ebenfalls mit i bezeichneten scheinbaren Intensität zu verwechseln ist. Da A eine gerade, B eine ungerade Funktion ist, folgt weiter:

$$\psi(-q) = \frac{A(q) + i\,B(q)}{2} \tag{19.37}$$

Umgekehrt lassen sich nun die Koeffizienten A und B durch die neue Funktion ψ ausdrücken:

$$A(q) = \psi(q) + \psi(-q) \tag{19.38}$$

$$B(q) = [\psi(q) - \psi(-q)]\,i \tag{19.39}$$

Damit geht (19.33) in die komplexe Schreibweise über:

$$F(x) = \int_0^\infty \psi(q)\,\cos(q\,x)\,dq + \int_0^\infty \psi(-q)\,\cos(q\,x)\,dq$$

$$+ \int_0^\infty i\,\psi(q)\,\sin(q\,x)\,dq - \int_0^\infty i\,\psi(-q)\,\sin(q\,x)\,dq \tag{19.40}$$

$$= \int_0^\infty \psi(q)\,e^{i q x}\,dq + \int_0^\infty \psi(-q)\,e^{-i q x}\,dq = \int_{-\infty}^{+\infty} \psi(q)\,e^{i q x}\,dq$$

Dies ist der Fouriersche Integralsatz in komplexer Schreibweise. Der jetzt ebenfalls komplexe Fourier-Koeffizient ψ berechnet sich leicht aus (19.34) bis (19.36):

$$\psi(q) = \frac{A - i\,B}{2} = \frac{1}{2\pi} \int_{-\infty}^{+\infty} F(x)\,[\cos(q\,x) - i\,\sin(q\,x)]\,dx$$

$$= \frac{1}{2\pi} \int_{-\infty}^{+\infty} F(x)\,e^{-i q x}\,dx \tag{19.41}$$

Nun wenden wir die Integralformel (19.40) an zur Darstellung der unter (19.27) bis (19.30) eingeführten Funktionen:

$$b(\mu) = \int_{-\infty}^{+\infty} B^*(q)\,e^{i q \mu}\,dq$$

$$f(\varrho) = \int_{-\infty}^{+\infty} F^*(q)\,e^{i q \varrho}\,dq$$

$$g(\lambda) = \int_{-\infty}^{+\infty} G^*(q)\,e^{i q \lambda}\,dq \tag{19.42}$$

$$c(\mu) = \int_{-\infty}^{+\infty} C^*(q)\,e^{i q \mu}\,dq$$

Die mit Stern versehenen Koeffizienten lassen sich nach (19.41) berechnen:

$$B^*(q) = \frac{1}{2\pi} \int_{-\infty}^{+\infty} b(\mu)\, e^{-iq\mu}\, d\mu$$

$$F^*(q) = \frac{1}{2\pi} \int_{-\infty}^{+\infty} f(\varrho)\, e^{-iq\varrho}\, d\varrho$$

$$G^*(q) = \frac{1}{2\pi} \int_{-\infty}^{+\infty} g(\lambda)\, e^{-iq\lambda}\, d\lambda \qquad (19.43)$$

$$C^*(q) = \frac{1}{2\pi} \int_{-\infty}^{+\infty} c(\mu)\, e^{-iq\mu}\, d\mu$$

Mit den nunmehr bereitgestellten Formeln können die Grundgleichungen (19.31) und (19.32) leicht gelöst werden. Zunächst wird (19.31) mit $e^{-iq\mu}\, d\mu$ multipliziert, die rechte Seite überdies mit dem Faktor $e^{iq\varrho}\, e^{-iq\varrho} = 1$, und hernach von $\mu = -\infty$ bis $+\infty$ integriert:

$$\int_{-\infty}^{+\infty} b(\mu)\, e^{-iq\mu}\, d\mu = \int_{-\infty}^{+\infty}\int_{-\infty}^{+\infty} f(\varrho)\, g(\mu + \varrho)\, e^{-iq\mu}\, e^{iq\varrho}\, e^{-iq\varrho}\, d\varrho\, d\mu$$

$$= \int_{-\infty}^{+\infty} f(\varrho)\, e^{iq\varrho}\, d\varrho \int_{-\infty}^{+\infty} g(\mu + \varrho)\, e^{-iq(\mu+\varrho)}\, d(\mu + \varrho) \qquad (19.44)$$

$$= \int_{-\infty}^{+\infty} f(\varrho)\, e^{iq\varrho}\, d\varrho \int_{\infty}^{+\infty} g(\lambda)\, e^{-iq\lambda}\, d\lambda$$

Dabei haben wir die Integrationen nach ϱ und μ getrennt und im zweiten Integral, in welchem ϱ die Rolle eines Parameters spielt, $d\mu = d(\mu + \varrho)$ setzen können. Die hier auftretenden Integrale sind aber die in (19.43) enthaltenen Fourier-Koeffizienten:

$$B^*(q) = 2\pi\, F^*(-q)\, G^*(q) \qquad (19.45)$$

In genau gleicher Weise wird nun auch die zweite Grundgleichung (19.32) behandelt:

$$\int_{-\infty}^{+\infty} c(\mu)\, e^{-iq\mu}\, d\mu = \int_{-\infty}^{+\infty}\int_{-\infty}^{+\infty} f(\varrho)\, g(\mu + \varrho)\, e^{\varrho}\, e^{-iq\mu}\, e^{iq\varrho}\, e^{-iq\varrho}\, d\mu\, d\varrho$$

$$= \int_{-\infty}^{+\infty} f(\varrho)\, e^{\varrho}\, e^{iq\varrho}\, d\varrho \int_{-\infty}^{+\infty} g(\mu + \varrho)\, e^{-iq(\mu+\varrho)}\, d(\mu + \varrho) \qquad (19.46)$$

$$= \int_{-\infty}^{+\infty} f(\varrho)\, e^{-i\varrho(i-q)}\, d\varrho \int_{-\infty}^{+\infty} g(\lambda)\, e^{-iq\lambda}\, d\lambda$$

Daraus folgt weiter mit Hilfe von (19.43):

$$C^*(q) = 2 \pi F^*(i - q) G^*(q) \tag{19.47}$$

Die Gleichungen (19.45) und (19.47) enthalten bereits die Lösung unseres Problems. Ihr Quotient beträgt:

$$\frac{C^*(q)}{B^*(q)} = \frac{F^*(i-q)}{F^*(-q)} \tag{19.48}$$

Da b und c empirisch gegebene Funktionen sind, können auch B^* und C^* als bekannt angesehen werden. Um (19.48) nach F^* aufzulösen, führt man die neue Variable $t = i q$ ein und die neue Funktion $F(t) = \log F^*(-q) = \log F^*(i t)$. Damit erhält man aus (19.48):

$$\begin{aligned}
\log \frac{C^*(q)}{B^*(q)} &= \log \frac{C^*(-i t)}{B^*(-i t)} = \log F^*(i - q) - \log F^*(-q) \\
&= \log F^*[i(1 + t)] - \log F^*(i t) = F(1 + t) - F(t) = \Delta F(t)
\end{aligned} \tag{19.49}$$

Da die linke Seite dieser Differenzengleichung bekannt ist, ergibt die Integration von (19.49) $F(t)$. Von F geht man zurück auf F^* und erhält aus (19.45) oder (19.47) G^*; aus diesen Funktionen folgen nach (19.42) weiter $f(\varrho)$ und $g(\lambda)$ und schließlich aus den Substitutionen (19.27) und (19.28) die gesuchten Funktionen $D(r)$ und $\Phi(I)$.

Man wird aber kaum diesen Lösungsweg beschreiten; wir haben ja schon erwähnt, daß die Leuchtkraftfunktion nur so weit bestimmt werden kann wie $\bar{\pi}(m)$, also nur für die näheren Objekte, weshalb es keine wesentlich weiter gehende Einschränkung bedeutet, wenn wir die Leuchtkraftfunktion überhaupt nur aus denjenigen Sternen bilden, von denen individuelle Parallaxen bekannt sind. Es sind dann die Funktionen $\Phi(I)$ und $B(i)$ und damit $g(\lambda)$ und $b(\mu)$ und schließlich nach (19.43) auch G^* und B^* empirisch gegeben. Aus den letzteren ergibt sich nach (19.45)

$$F^*(q) = \frac{1}{2 \pi} \cdot \frac{B^*(-q)}{G^*(-q)} \tag{19.50}$$

Aus F^* folgt nach (19.42) $f(\varrho)$ und nach (19.27) schließlich $D(r)$.

105. Das Dichtegesetz

Die soeben dargelegte Schwarzschildsche Methode gestattet, $D(r)$ aus den empirischen Funktionen $N(m)$ und $\bar{\pi}(m)$ zu berechnen, sofern die ihnen entsprechenden Funktionen $b(\mu)$ und $c(\mu)$ durch Fouriersche Integralausdrücke darstellbar sind. Dies ist naturgemäß immer der Fall, jedoch könnte die Berechnung von $D(r)$ auf sehr große mathematische Schwierigkeiten stoßen, wenn jene Funktionen eine kompliziertere Struktur aufweisen. Dies ist aber nicht der Fall, indem das Dichtegesetz einen einfachen Verlauf besitzt und die A_m nach Ziffer 102 nahezu in geometrischer Progression fortschreiten. Auch die Leuchtkraftfunktion weist einen einfachen, weitgehend durch eine Fehlerfunktion darstellbaren Verlauf auf. Wir machen deshalb für die beiden im wesentlichen die Sternhäufigkeit bzw. die Leuchtkraftfunktion darstellenden Ausdrücke $b(\mu)$ und $g(\lambda)$ die Ansätze:

$$b(\mu) = b_0\, e^{b_1 \mu - b_2 \mu^2} \qquad (19.51)$$

$$g(\lambda) = g_0\, e^{g_1 \lambda - g_2 \lambda^2} \qquad (19.52)$$

Durch diese Exponentialausdrücke kann bei geeigneter Wahl der Koeffizienten b_0, b_1, b_2, g_0, g_1, g_2 das empirische Material stets hinreichend gut dargestellt werden. Andererseits können wegen der einfachen Struktur von $b(\mu)$ und $g(\lambda)$ die Funktionen B^* und G^* nach (19.43) leicht berechnet werden, wie für die Funktion B^* gezeigt sei. Durch Einsetzen von (19.51) in (19.43) erhält man:

$$B^*(q) = \frac{b_0}{2\pi} \int_{-\infty}^{+\infty} e^{b_1 \mu - b_2 \mu^2 - i q \mu}\, d\mu = \frac{b_0}{2\pi} \int_{-\infty}^{+\infty} e^{(b_1 - iq)\mu - b_2 \mu^2}\, d\mu \qquad (19.53)$$

Mit der Abkürzung $b_1 - i\,q = \alpha$ wird der Exponent:

$$\alpha\,\mu - b_2\,\mu^2 = -\,b_2 \left(\mu^2 - \frac{\alpha}{b_2}\,\mu\right) = -\,b_2 \left(\mu - \frac{\alpha}{2\,b_2}\right)^2 + \frac{\alpha^2}{4\,b_2} \qquad (19.54)$$

und damit:

$$B^*(q) = \frac{b_0}{2\pi}\, e^{\frac{\alpha^2}{4\,b_2}}\, \frac{1}{\sqrt{b_2}} \int_{-\infty}^{+\infty} e^{-b_2 \left(\mu - \frac{\alpha}{2\,b_2}\right)^2} \sqrt{b_2}\, d\mu = \frac{b_0}{\sqrt{4\,\pi\,b_2}}\, e^{\frac{(b_1 - iq)^2}{4\,b_2}} \qquad (19.55)$$

Dabei wurde von dem Integral $\int_{-\infty}^{+\infty} e^{-x^2}\, dx = \sqrt{\pi}$ Gebrauch gemacht. In genau gleicher Weise erhält man:

$$G^*(q) = \frac{g_0}{\sqrt{4\,\pi\,g_2}}\, e^{\frac{(g_1 - iq)^2}{4\,g_2}} \qquad (19.56)$$

Unter Benutzung dieser Ausdrücke für B^* und G^* liefert (19.50):

$$F^*(q) = \frac{1}{2\pi} \cdot \frac{b_0}{g_0} \sqrt{\frac{g_2}{b_2}}\, e^{\frac{(b_1 + iq)^2}{4\,b_2} - \frac{(g_1 + iq)^2}{4\,g_2}} = f_0\, e^{i f_1 q - f_2 q^2} \qquad (19.57)$$

wobei sich die hier eingeführten Koeffizienten f_0, f_1, f_2 durch Ausmultiplikation des Exponenten berechnen ließen; nunmehr läßt sich nach (19.42) auch $f(\varrho)$ berechnen:

$$f(\varrho) = \int_{-\infty}^{+\infty} f_0\, e^{i f_1 q - f_2 q^2 + i q \varrho}\, dq = f_0 \int_{-\infty}^{+\infty} e^{i (f_1 + \varrho) q - f_2 q^2}\, dq \qquad (19.58)$$

Dieses Integral hat dieselbe Form wie (19.53), wobei bloß an Stelle von $b_1 - i\,q$ hier $i\,(f_1 + \varrho)$ steht und an Stelle von b_2 jetzt f_2; deshalb können wir die Lösung (19.55) hier unmittelbar übernehmen:

$$f(\varrho) = f_0 \sqrt{\frac{\pi}{f_2}}\, e^{-\frac{(f_1 + \varrho)^2}{4\,f_2}} = e^{-c_0 - c_1 \varrho - c_2 \varrho^2} \qquad (19.59)$$

wobei sich die neu eingeführten Koeffizienten c_0, c_1, c_2 wieder durch Ausmultiplikation des Exponenten berechnen ließen. Schließlich erhält man unter Berücksichtigung der Substitution (19. 27):

$$D(r) = \frac{e^{5\varrho}}{\omega} e^{-c_0 - c_1 \varrho - c_2 \varrho^2} \tag{19.60}$$

$$\log D(r) = (5 \varrho - c_0 - c_1 \varrho - c_2 \varrho^2) \log e - \log \omega = a_0' + a_1' \varrho + a_2' \varrho^2 \tag{19.61}$$

und bei Verwendung der aus (19. 23) folgenden Beziehung $\varrho = - \log r / \log e$:

$$\log D(r) = a_0 + a_1 \log r + a_2 (\log r)^2 \tag{19.62}$$

Die in diesem Dichtegesetz auftretenden Koeffizienten a_0, a_1, a_2 könnten in der
angedeuteten Weise aus denjenigen der empirischen Funktionen ($b_0, b_1, b_2, g_0, g_1, g_2$)
abgeleitet werden. Wir wollen aber zur Bestimmung der Koeffizienten einen
andern Weg einschlagen, wobei wir berücksichtigen, daß beobachtungsmäßig
zunächst ja nicht b und g gegeben sind, sondern $N(m)$ und $\varphi(M)$. Wenden wir
die in (19. 51) und (19. 52) gemachten Ansätze für b und g auf $N(m)$ und $\varphi(M)$
an, so erhalten wir:

$$\log N(m) = a + b \, m - c \, m^2 \tag{19.63}$$

$$\log \varphi(M) = p + q \, M - s \, M^2 \tag{19.64}$$

Führen wir ferner eine neue Entfernungsvariable z ein, die wie ϱ proportional
zu $\log r$ sein soll, so nimmt (19. 62) die Form an:

$$\log D(z) = h + k \, z - l \, z^2 \tag{19.65}$$

Es sind nun die unbekannten Koeffizienten h, k, l aus den bekannten a, b, c,
p, q, s zu berechnen. Indem wir für die neue Variable setzen:

$$z = 5 \log r - 5 \tag{19.66}$$

folgen weiter die Beziehungen:

$$M = m + 5 - 5 \log r = m - z \tag{19.67}$$

$$r = 10^{0,2 \, (z + 5)} \tag{19.68}$$

$$dz = 5 \log e \, \frac{dr}{r} \tag{19.69}$$

$$r^2 \, dr = \frac{1}{5 \log e} \, 10^{0,6 \, (z + 5)} \, dz \tag{19.70}$$

Mit diesen neuen Bezeichnungen nimmt die Grundgleichung (19. 16) die Form
an:

$$N(m) = \frac{\omega \, 200}{\log e} \int\limits_{-\infty}^{+\infty} D(z) \, \varphi(m - z) \, 10^{0,6 \, z} \, dz \tag{19.71}$$

Die vor dem Integral stehende Konstante $C = 200 \, \omega / \log e$ hat den Wert 0,14028, falls sich die Sternzählungen auf 1 Quadratgrad beziehen. Nun führen wir die Ansätze (19.63) bis (19.65) in (19.71) ein und erhalten weiter:

$$10^{a+bm-cm^2} = C \int_{-\infty}^{+\infty} 10^{h+kz-lz^2+p+q(m-z)-s(m-z)^2+0,6z}\,dz \tag{19.72}$$

$$= C\,10^{h+p+qm-sm^2} \int_{-\infty}^{+\infty} 10^{(k-q+2sm+0,6)z-(l+s)z^2}\,dz \tag{19.73}$$

Dabei haben wir die von z unabhängigen Faktoren vor das Integral gesetzt. Der im Integral verbleibende Exponent wird folgendermaßen umgeschrieben:

$$\frac{(k-q+2ms+0,6)^2}{4(l+s)} - (l+s)z^2 + (k-q+2ms+0,6)z$$
$$- \frac{(k-q+2ms+0,6)^2}{4(l+s)} \tag{19.74}$$
$$= \frac{(k-q+2ms+0,6)^2}{4(l+s)} - (l+s)\left[z - \frac{k-q+2ms+0,6}{2(l+s)}\right]^2$$

Indem man wiederum die nicht von z abhängigen Faktoren vor das Integral zieht, ergibt sich weiter:

$$10^{a+bm-cm^2} = C\,10^{h+p+qm-sm^2+\frac{(k-q+2ms+0,6)^2}{4(l+s)}}$$
$$\times \int_{-\infty}^{+\infty} 10^{-(l+s)\left[z-\frac{k-q+2ms+0,6}{2(l+s)}\right]^2}\,dz \tag{19.75}$$

Indem man dieses Integral leicht auf die Form $\int_{-\infty}^{+\infty} e^{-x^2}\,dx = \sqrt{\pi}$ bringen kann, erhält man für dasselbe den Wert $\sqrt{\pi \log e/(l+s)}$ und somit:

$$10^{a+bm-cm^2} = C\sqrt{\frac{\pi \log e}{l+s}}\,10^{h+p+qm-sm^2+\frac{(k-q+2ms+0,6)^2}{4(l+s)}} \tag{19.76}$$

Die Vergleichung der Koeffizienten derselben Potenzen von m auf der linken und rechten Seite von (19.76) liefert nun:

$$a = h + p + \log C\sqrt{\frac{\pi \log e}{l+s}} + \frac{(k-q+0,6)^2}{4(l+s)}$$
$$= h + p + \frac{(k-q+0,6)^2}{4(l+s)} - \frac{1}{2}\log(l+s) + \log C\sqrt{\pi \log e} \tag{19.77}$$

$$b = q + \frac{s(k-q+0,6)}{l+s} \tag{19.78}$$

$$c = s - \frac{s^2}{l+s} = \frac{sl}{l+s} \tag{19.79}$$

Da aber a, b, c bekannt, h, k, l dagegen unbekannt sind, lösen wir diese drei Gleichungen nach den letztgenannten Koeffizienten auf:

$$h = a - p - \frac{1}{4} \cdot \frac{(b-q)^2 (l+s)^2}{(l+s)\,s^2} - \frac{1}{2} \log \frac{s-c}{s^2} - \log C \sqrt{\pi \log e}$$

$$= a - p - \frac{1}{4} \cdot \frac{(b-q)^2}{s-c} - \frac{1}{2} \log \frac{s-c}{s^2} - \log C \sqrt{\pi \log e} \qquad (19.80)$$

$$k = (b-q) \frac{l+s}{s} + q - 0{,}6 = (b-q) \frac{s}{s-c} + q - 0{,}6 \qquad (19.81)$$

$$l = c \frac{l+s}{s} = \frac{s\,c}{s-c} \qquad (19.82)$$

Nachdem nun $D(z)$ bestimmt ist, geht man durch Rückgängigmachung der Substitution (19.66) auf $D(r)$ über.

106. Bemerkungen zur analytischen Methode

So wichtig und wertvoll auch die strenge Schwarzschildsche Lösung ist, so ist doch ihre praktische Bedeutung sehr beschränkt.

Zunächst ist in der Grundgleichung (19.16) die interstellare Absorption nicht berücksichtigt; durch diese werde ein Objekt in der Entfernung r um $5\,A(r)$ Größenklassen geschwächt. Seine scheinbare Helligkeit beträgt dann nicht mehr m, sondern $m_0 = m + 5\,A(r)$, und seine absolute Helligkeit $M = m_0 - 5\,A(r) + 5 - 5 \log r$. Somit lautet die Grundgleichung bei Berücksichtigung der interstellaren Absorption:

$$N(m_0)\,dm_0 = \omega\,dm_0 \int\limits_0^\infty D(r)\,\varphi(m_0 - 5\,A(r) + 5 - 5 \log r)\,r^2\,dr \qquad (19.83)$$

Wir substituieren nun r durch eine reduzierte Entfernung ϱ durch die Definition:

$$\varrho = r\,e^{A/\log e} \qquad \log \varrho = \log r + A \qquad (19.84)$$

Aus dieser Substitutionsgleichung folgen die in (19.83) auftretenden Größen, ausgedrückt in der neuen Variablen ϱ, nämlich:

$$M = m_0 - 5 \log \varrho + 5 \qquad (19.85)$$

$$r^2 = \varrho^2\,e^{-2\,A/\log e} \qquad (19.86)$$

$$d\varrho = r\,e^{A/\log e}\,\frac{dA}{dr} \cdot \frac{dr}{\log e} + dr\,e^{A/\log e} = e^{A/\log e}\left(r\,\frac{A'}{\log e} + 1\right)dr \qquad (19.87)$$

$$dr = d\varrho\,\frac{1}{e^{A/\log e}\,[1 + r\,(A'/\log e)]} \qquad (19.88)$$

$$r^2\,dr = \frac{\varrho^2\,d\varrho}{F} \qquad (19.89)$$

wobei abkürzungsweise $e^{3\,A/\log e}\,[1 + r\,(A'/\log e)] = F$ gesetzt worden ist. Wie wir eine reduzierte Entfernung definiert haben, so führen wir nun auch eine reduzierte Dichtefunktion ein:

$$\Delta(\varrho) = \frac{1}{F} D(r) \qquad (19.90)$$

Damit erhält man nun für den Integranden von (19.83):

$$\Delta(\varrho)\, \varphi\, (m_0 + 5 - 5 \log \varrho)\, \varrho^2\, d\varrho \qquad (19.91)$$

d. h. formal genau dieselbe Grundgleichung wie ohne Absorption. Es ist deshalb grundsätzlich unmöglich, aus Sternabzählungen allein die interstellare Absorption zu bestimmen oder auch nur die Existenz einer solchen nachzuweisen. Die Schwarzschildsche Lösung liefert also immer nur die reduzierte Sterndichte Δ als Funktion der reduzierten Entfernung ϱ und nur bei Abwesenheit der interstellaren Absorption die wahre räumliche Dichte $D(r)$.

Ferner wird die Schwarzschildsche Methode durch rein mathematische Schwierigkeiten stark beschränkt; es ist klar, daß sie in ihrer allgemeinen Form imstande ist, jede beliebige Dichteverteilung richtig wiederzugeben, falls von der interstellaren Absorption abgesehen werden kann und falls $N(m)$ beobachtungsmäßig hinreichend genau bekannt ist. Bisher wurde nach der Schwarzschildschen Methode die Dichtefunktion nur für den Ansatz (19.63) berechnet. Es steht hier deshalb auch nur die diesem Ansatz entsprechende Lösung (19.65) zur Diskussion. Macht man für $N(m)$ auch nur wenig kompliziertere Ansätze, so erweist sich die Berechnung der Dichtefunktion praktisch als unmöglich. Der Schwarzschildsche Dichteverlauf (19.65) beginnt bei $r = 0$ mit $D = 0$, steigt bei zunehmendem r zu einem Maximum an und fällt dann wieder auf Null ab. Nur wenn die wahre Dichteverteilung diesen Charakter besitzt, liefert die Schwarzschildsche Methode ein sinnreiches Resultat. Falls aber die wahre Dichteverteilung mehrere Maxima aufweist, z. B. wenn die Dichte von $r = 0$ bis 1 den Wert 1 hat, von 1 bis 2 den Wert 0, von 2 bis 3 den Wert 1 usw., so ist es klar, daß das Schwarzschildsche Dichtegesetz mit seinem einzigen Maximum ein sehr verzerrtes Bild der wahren Dichteverteilung geben muß, und zwar auch dann, wenn sich die $N(m)$ befriedigend durch den Ansatz (19.63) darstellen lassen. Der tiefere Grund liegt in der sehr großen Streuung der absoluten Helligkeiten, welche den Einfluß auch stärkerer Schwankungen der räumlichen Dichte auf die Sternzahlen fast unmerklich macht, indem die Sterne derselben scheinbaren Helligkeit in sehr verschiedenen Entfernungen stehen und deshalb in den $N(m)$-Zahlen lokale Variationen der Dichte nur sehr stark verschmiert in Erscheinung treten. Dies bedeutet, daß von den beiden im Grundproblem der Stellarstatistik auftretenden Funktionen D und φ die letztere ausschlaggebend ist, und läßt verstehen, daß ein und dieselbe Dichteverteilung durch ziemlich verschiedene Dichtegesetze dargestellt werden kann, daß sogar der Ansatz $D = \text{const}$ durchaus in der Lage ist, die $N(m)$-Zahlen darzustellen, falls man eine passende interstellare Lichtabsorption postuliert.

Nachdem wir erkannt haben, daß die Leuchtkraftfunktion für die Untersuchung des Aufbaues des Sternsystems ausschlaggebend ist, bedeutet die der Schwarzschildschen Lösung anhaftende, der Wirklichkeit nicht entsprechende Voraussetzung, φ solle ortsunabhängig sein, eine sehr wesentliche Einschränkung.

Nachdem sich ferner gezeigt hatte, daß das Sternsystem eine komplizierte wolkige Struktur besitzt, war es klar, daß eine analytische Darstellung der Funktionen $N(m)$ und $D(r)$ nicht ohne Zwang und Willkür möglich sein kann. Deshalb wurden die analytischen Methoden weitgehend verlassen, zugunsten numerischer Methoden, die dem Problem besser angepaßt sind.

107. Das Kapteynsche Schema

Der erste Vorstoß, nach numerischen Methoden die Struktur des Sternsystems zu erforschen, wurde von KAPTEYN um 1920 unternommen. Wir denken uns den Raum durch Kugelflächen unterteilt, deren Mittelpunkte mit dem irdischen Beobachter zusammenfallen sollen.

Der Radius r_k der Kugelfläche k sei gegeben durch:

$$\log r_k = \frac{2\,(k+5)}{10} \tag{19.92}$$

so daß die innerste Fläche, $k = 0$, den Radius 10 pc aufweist. Jeweils beim Übergang zur nächstfolgenden Schale nimmt $\log r$ um 0,2 zu, d. h. der Radius wächst auf das 1,585fache. Das bedeutet aber nach unserem zweiten Theorem (19.12), daß die scheinbare Helligkeit m gerade um 1 Größenklasse zunimmt, wenn der Stern von der k-ten in die $(k+1)$-te Schale versetzt wird. Das innerste Raumelement a_0 ist somit eine Kugel vom Radius 10 pc, das nächstfolgende a_1 eine Kugelschale mit einem inneren Radius von 10 und einem äußeren von 15,85 pc usw. Der Quotient der Volumina zweier aufeinanderfolgender Schalen beträgt

$$\frac{r_{k+1}^3 - r_k^3}{r_k^3 - r_{k-1}^3} = \frac{1{,}585^{\,3(k+1)} - 1{,}585^{\,3k}}{1{,}585^{\,3k} - 1{,}585^{\,3(k-1)}} = \frac{1{,}585^3 - 1}{1 - 1{,}585^{-3}}$$

$$= 1{,}585^3 \cdots = \varepsilon \cong 3{,}982 \tag{19.93}$$

Setzt man das Volumen von a_0 gleich 1, so ist dasjenige der k-ten Schale ε^k. In Tab. 28 sind die einzelnen Schalen aufgeführt. Nun denken wir uns erstens die absoluten Helligkeiten auf die nächstgelegene ganzzahlige Größenklasse auf-

Tabelle 28

Das Kapteynsche Schema

Schale	r_k in pc	π_k''	Volumen	$m = M_0$	$m = M_0 + 1$	$m = M_0 + 2$	$m = M_0 + 3$	
a_0	10	0,100	1	$\varphi(M_0)\,D_0$	$\varphi(M_0+1)\,D_0$	$\varphi(M_0+2)\,D_0$	$\varphi(M_0+3)\,D_0$	$\cdots$
a_1	15,8	0,063	ε		$\varepsilon\,\varphi(M_0)\,D_1$	$\varepsilon\,\varphi(M_0+1)\,D_1$	$\varepsilon\,\varphi(M_0+2)\,D_1$	$\cdots$
a_2	25,1	0,040	ε^2			$\varepsilon^2\,\varphi(M_0)\,D_2$	$\varepsilon^2\varphi(M_0+1)\,D_2$	$\cdots$
a_3	39,8	0,025	ε^3				$\varepsilon^3\varphi(M_0)\,D_3$	$\cdots$
$\cdots$	$\cdots$	$\cdots$	$\cdots$					
				$N(m=M_0)$	$N(m=M_0+1)$	$N(m=M_0+2)$	$N(m=M_0+3)$	

oder abgerundet und zweitens alle Sterne an die äußere Begrenzung derjenigen Schale verschoben, der sie angehören, so daß die Sterne der Schale a_0 alle die Entfernung 10 pc bzw. die Parallaxe $0,1''$ hätten, diejenigen der k-ten Schale dagegen die Entfernung $10 \cdot 1,585^k$ pc. Es bedeute nun wieder $\varphi(M)$ die Leuchtkraftfunktion und D_k die Sterndichte in der k-ten Schale. Die größte überhaupt auftretende absolute Helligkeit sei M_0; die größte scheinbare Helligkeit wird von den Sternen der absoluten Helligkeit M_0 der Schale a_0 erreicht und beträgt, da diese eine Entfernung von 10 pc haben, M_0. Wir klassifizieren die Sterne wieder nach ihrer scheinbaren Helligkeit und reservieren im Kapteynschen Schema für jede Größenklasse eine Kolonne, beginnend mit $m = M_0$.

Tabelle 29

Die Leuchtkraftfunktion $\varphi(M)$ für absolute visuelle Helligkeiten

M_{vis}	-6	-5	-4	-3	-2	-1	0	1	2	3
$\log \varphi(M) + 10$	1,63	2,77	3,58	4,12	4,71	5,32	5,98	6,59	6,71	6,98

M_{vis}	4	5	6	7	8	9	10	11	12	13
$\log \varphi(M) + 10$	7,29	7,40	7,45	7,45	7,55	7,75	7,84	7,99	8,02	8,05

In der Schale a_0 mit dem Volumen 1 sind D_0 Sterne enthalten, von denen $\varphi(M_0) D_0$ die scheinbare Helligkeit $m = M_0$ besitzen, $\varphi(M_0 + 1) D_0$ die scheinbare Helligkeit $M_0 + 1$ usw. In der Schale a_1 mit dem Volumen ε sind εD_1 Sterne enthalten, von denen der Bruchteil $\varphi(M_0)$ die scheinbare Helligkeit $M_0 + 1$ besitzt, der Bruchteil $\varphi(M_0 + 1)$ die scheinbare Helligkeit $M_0 + 2$ usw. Die erste Kolonne bleibt für die Schale a_1 leer, da die Sterne mit der größten absoluten Helligkeit, M_0, die scheinbare Helligkeit $M_0 + 1$ besitzen und somit in die zweite Kolonne zu stehen kommen. Die einzelnen im Kapteynschen Schema auftretenden Sternzahlen $\varepsilon^k \varphi(M_0 + n) D_k$ sind jedoch unbekannt; beobachtbar sind dagegen die Summen der in ein und derselben Kolonne stehenden Sternzahlen, d. h. die Gesamtzahlen der Sterne einer bestimmten scheinbaren Helligkeit:

$$N(m) = \varphi(M_0) D_0$$
$$N(m + 1) = \varphi(M_0 + 1) D_0 + \varepsilon \varphi(M_0) D_1$$
$$N(m + 2) = \varphi(M_0 + 2) D_0 + \varepsilon \varphi(M_0 + 1) D_1 + \varepsilon^2 \varphi(M_0) D_2 \qquad (19.94)$$
$$\dots\dots\dots\dots\dots\dots\dots\dots\dots\dots\dots\dots\dots$$
$$N(m + n) = \varphi(M_0 + n) D_0 + \varepsilon \varphi(M_0 + n - 1) D_1 + \cdots + \varepsilon^n \varphi(M_0) D_n$$

Falls φ als bekannt vorausgesetzt werden kann, lassen sich aus diesem System von $n + 1$ Gleichungen die $n + 1$ Unbekannten $D_0 \dots D_n$ bestimmen. Die von VAN RHIJN unter ausschließlicher Verwendung von individuellen trigonometrischen und spektroskopischen Parallaxen abgeleitete, sich also auf die nähere Umgebung der Sonne beziehende Leuchtkraftfunktion ist in Tab. 29 dargestellt.

Darin bedeutet $\varphi(M)$ die Zahl der Sterne pro Kubikparsec im Helligkeitsintervall $M - (1/2)$ bis $M + (1/2)$ in der näheren Umgebung der Sonne. So findet man z. B., daß durchschnittlich 1 Stern der absoluten Helligkeit 3 auf 1000 pc³ entfällt; die Gesamtdichte in der näheren Umgebung der Sonne dürfte etwa 0,1 Stern pro Kubikparsec betragen. Es ist bemerkenswert, daß nach Tab. 29 mit abnehmender Leuchtkraft die Sternzahl ständig zunimmt, die Leuchtkraftfunktion also entgegen unserer früheren Annahme in ihrem Gesamtverlauf nicht durch eine Gaußsche Fehlerkurve darstellbar ist. Hingegen ist eine solche Darstellung für begrenzte Teile der Leuchtkraftfunktion, z. B. für $M < 9$ sehr wohl möglich. Der Verlauf der Leuchtkraftfunktion bei $M > 9$ ist für die Stellarstatistik unbedeutend, da diese absolut schwachen Sterne schon bei Entfernungen von einigen hundert Parsec zu schwach erscheinen, um von den bisherigen Sternabzählungen noch erfaßt zu werden.

Tabelle 30

Die Leuchtkraftfunktion $\varphi(M)$ für absolute photographische Helligkeiten in Abständen kleiner und größer als 500 pc von der galaktischen Ebene, unter Ausschluß der B-Sterne

M		-3	-2	-1	0	1	2	3	4	5	6	7	8	9
$\log \varphi(M)$	< 500 pc	2,85	3,73	4,65	5,46	6,07	6,50	6,84	7,12	7,30	7,42	7,50	7,58	7,65
$+ 10$	> 500 pc	2,44	3,31	4,10	4,91	5,67	6,27	6,72	7,05	7,28	7,44	7,56	7,66	7,74

Nach dieser Methode hat KAPTEYN um 1920 den ersten großangelegten Versuch zur Erfassung des gesamten Sternsystems unternommen. Sein Ergebnis, das Kapteynsche oder sog. typische Sternsystem, besitzt aber aus zwei Gründen nur noch historische Bedeutung: Erstens trifft die Voraussetzung einer durch das ganze Sternsystem einheitlichen Leuchtkraftfunktion nicht zu, vielmehr zeigt sich nach Tab. 30, worin $\varphi(M)$ wieder die Sternzahl pro Kubikparsec im Intervall $M - (1/2)$ bis $M + (1/2)$ bedeutet, eine systematische Abhängigkeit derselben vom Abstand von der Milchstraßenebene. In kleinen Abständen von der galaktischen Ebene sind die absolut hellen Sterne relativ zu den absolut schwachen häufiger als in großen Abständen, d. h. die Sterne großer Leuchtkraft zeigen eine stärkere galaktische Konzentration als diejenigen kleiner Leuchtkraft. Trotzdem hätte durch die Vernachlässigung dieser beträchtlichen Ortsvariation der Leuchtkraftfunktion allein nicht ein so verzerrtes Bild unseres Sternsystems wie das Kapteynsche entstehen können. Zweitens wurden der Untersuchung Sternzahlen $N(m)$ zugrunde gelegt, welche in einer bestimmten galaktischen Breitenzone durch Mittelung über alle galaktischen Längen erhalten worden waren. Dadurch wurde die Sonne als im Mittelpunkt des Systems stehend und dieses als rotationssymmetrisch angenommen.

Wir werden nun im folgenden Abschnitt vom typischen zum realen Sternsystem übergehen, indem wir diese zweite Voraussetzung der zentralen Stellung der Sonne fallen lassen, hingegen die erste Voraussetzung einer universellen Leuchtkraftfunktion vorläufig noch beibehalten. Erst im Abschnitt 111 werden wir zeigen, wie man sich auch von dieser Voraussetzung freimachen und zu einer Methode gelangen kann, die eine einwandfreie Erforschung des räumlichen Aufbaues des Sternsystems gestattet.

108. Das reale Sternsystem

Den ersten wesentlichen Fortschritt über das Kapteynsche Sternsystem hinaus erzielte PANNEKOEK, indem er seiner Analyse nicht mehr Sternabzählungen zugrunde legte, die über alle galaktischen Längen gemittelt waren, sondern solche, die sich auf Himmelsausschnitte von je 400 Quadratgrad bezogen.

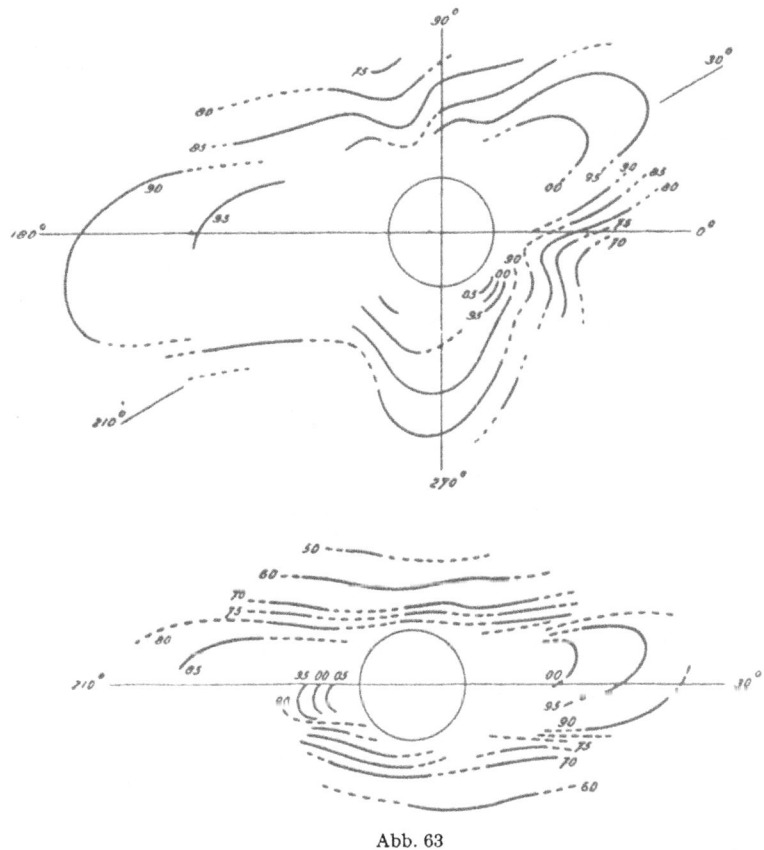

Abb. 63

Kurven gleicher Sterndichte (nach PANNEKOEK). Oben: Parallelschnitt zur galaktischen Ebene, $\beta = 0^0$ bis $+ 20^0$. Unten: Meridianschnitt in der Länge $30^0 - 210^0$. Der Radius des eingezeichneten Kreises beträgt 100 pc.

Diese Felder bedecken allerdings nicht die ganze Himmelskugel, sondern stellen nur ein mehr oder weniger dichtes Netz von Stichproben dar. Aus diesem Grund sind die in Abb. 63 dargestellten Kurven gleicher Sterndichte noch sehr fragmentarisch. In diesem Pannekoekschen System, das sich allerdings nur bis zu einigen hundert Parsec Entfernung erstreckt, ist von dem allseitig regelmäßigen Dichteabfall des Kapteynschen Systems bei zunehmender Entfernung von der Sonne nichts mehr übriggeblieben, vielmehr scheint die Sonne inmitten einer regellos zerstreuten Gruppe von losen Sternanhäufungen zu liegen. Auffällig ist die langsame Dichteabnahme in den Richtungen Cygnus und Monoceros, in denen ausgedehnte Sternwolken stehen. Allerdings hat PANNEKOEK die interstellare Absorption nicht berücksichtigt, doch dürfte diese, da das System nur die nähere Umgebung der Sonne erfaßt, das Ergebnis nicht in wesentlicher Weise verändern.

In dem Kapteynschen Schema, das bei diesen Untersuchungen verwendet worden ist, läßt sich aber sowohl die interstellare Absorption als auch die räumliche Variation der Leuchtkraftfunktion berücksichtigen. Man geht aus von einem System der konstanten Dichte 1 und der ortsunabhängigen, in Tab. 29 dargestellten Leuchtkraftfunktion; damit lassen sich die Sternzahlen in jedem einzelnen Feld des Kapteynschen Schemas berechnen. Gegenüber dem in Tab. 28 dargestellten Schema müssen alle Sternzahlen mit $\omega/4\,\pi$ multipliziert werden, falls sich die Sternabzählungen nicht auf die ganze Himmelskugel, sondern auf den Raumwinkel ω beziehen. Die Summen $N'(m)$ der Sternzahlen jeder Kolonne dieses Schemas werden aber im allgemeinen mit den beobachteten Werten $N(m)$ nicht übereinstimmen. Hingegen läßt sich stets eine hinreichend genaue Übereinstimmung erzielen durch eine oder mehrere der drei folgenden Operationen:

a) Die Dichte 1 wird durch eine für jede Schale individuelle Dichte D_k ersetzt, d. h. alle Sternzahlen der sich auf die k-te Schale beziehenden Zeile des Schemas werden mit D_k multipliziert.

b) Die ortsunabhängige Leuchtkraftfunktion φ wird durch eine für jede Schale individuelle φ_k ersetzt, d. h. alle Sternzahlen der sich auf die k-te Schale beziehenden Zeile des Schemas werden mit φ_k/φ multipliziert.

c) Die Wirkung einer ganz beliebigen interstellaren absorbierenden Materie läßt sich stets darstellen als die Summe der Wirkungen einzelner absorbierender Kulissen, die zwischen den verschiedenen Sternschalen liegen und eine passende Absorptionskraft besitzen. Eine solche Kulisse, die zwischen den Schalen a_k und a_{k+1} liegt und das Licht um n Größenklassen schwächt, bewirkt eine Verschiebung sämtlicher Sternzahlen des Kapteynschen Schemas von der der $(k+1)$-ten Schale entsprechenden Zeile an um n Kolonnen nach rechts.

Unter einer großen Zahl von Proberechnungen mit variierten Ansätzen für D_k, φ_k und die interstellare Absorption wird man diejenige als die beste Lösung ansehen, welche die kleinsten Differenzen gegen die Beobachtungen ergibt und vom Standpunkt des Gesamtsystems aus am vernünftigsten erscheinen. In dieser verallgemeinerten Form wurde die Kapteynsche Methode hauptsächlich von BOK verwendet. Als Beispiel zeigt Tab. 31 den Verlauf der Sterndichte, die in der Umgebung der Sonne = 1 gesetzt worden ist, für vier verschiedene Gebiete der Milchstraße, abgeleitet aus photographischen Helligkeiten bis $m = 18$ und unter der Annahme eines konstanten Absorptionskoeffizienten von $0{,}4^m$ pro Kiloparsec. Die vier Felder verhalten sich sehr verschieden; in Richtung 329^0, die gegen das Zentrum des Sternsystems weist, nimmt die Dichte mit zunehmender Entfernung bis 1000 pc ab, dann wieder zu, während in den übrigen Feldern ein mehr oder weniger gleichförmiger Abfall beobachtet wird. In anderer Weise hat OORT die interstellare Absorption in Rechnung gestellt, indem

Tabelle 31

Die Dichtefunktion in vier milchstraßennahen Gebieten
(nach Bok)

Entfernung in pc	$\lambda = 33^0$ Cygnus	$\lambda = 117^0$ Perseus	$\lambda = 179^0$ Monoceros	$\lambda = 329^0$ Sagittarius
100	1,00	1,00	1,00	1,00
158	0,50	0,50	0,75	0,80
251	0,50	0,40	0,75	0,60
398	1,00	0,30	0,75	0,25
631	1,00	0,30	0,75	0,10
1000	0,50	0,20	0,75	0,10
1580	0,40	0,10	0,40	0,30
2510	0,40	0,10	0,30	0,70
3980	0,40	0,12	0,30	0,90

er berücksichtigt, daß die absorbierende Materie hauptsächlich in einer galaktischen Schicht von 300—500 pc Dicke konzentriert ist (Ziffer 95). Sieht man dann von den nächsten, innerhalb der absorbierenden Schicht stehenden Sternen ab, so wird die Helligkeit aller Sterne um denselben Betrag vermindert, der nur von der galaktischen Breite abhängt. Das von OORT erhaltene Resultat ist in Abb. 64 in einem Meridianschnitt durch Sonne und Systemzentrum (galaktische Länge 325°) senkrecht zur galaktischen Ebene dargestellt. Die allgemeine Zunahme der Sterndichte gegen das galaktische Zentrum wird in der Nähe der Sonne durch eine lokale Abnahme unterbrochen, so daß die Umgebung der Sonne ein Gebiet unternormaler Sterndichte ist, während alle übrigen Untersuchungen stets wahrscheinlich gemacht hatten, die Sonne befinde sich in einer Sternverdichtung (sog. lokales Sternsystem; siehe Tab. 31).

Die bereits in Tab. 31 und Abb. 63 zutage tretende, besonders von SEARES untersuchte Abhängigkeit der Sterndichte von der galaktischen Länge ist in

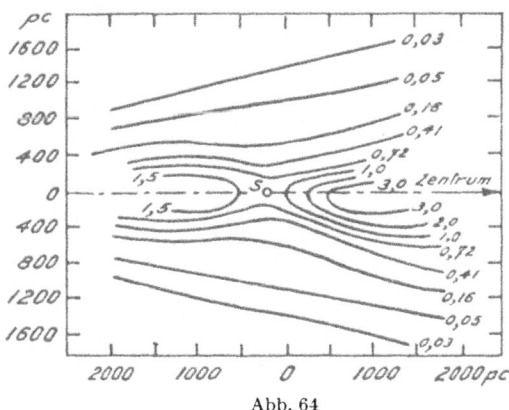

Abb. 64
Kurven gleicher Sterndichte im Meridianschnitt der galaktischen Länge 325° (nach J. H. OORT).

Tab. 32 ausführlicher dargestellt. Sie kommt hauptsächlich bei den schwächsten Sternen in niedrigen bis mittleren galaktischen Breiten zum Ausdruck und äußert sich in einem größeren Sternreichtum in Richtung 330° als in der Gegenrichtung. Bedeutet A_m die Zahl der Sterne pro Quadratgrad bis zur

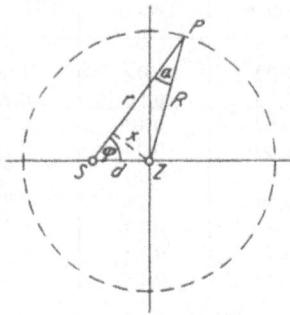

Abb. 65
Zur Ableitung der Sternverteilung in galaktischer Länge.

scheinbaren Helligkeit m an der Stelle λ, β der Himmelskugel, A'_m dagegen den für die Breite β über alle Längen λ gemittelten Wert von A_m, so läßt sich nach SEARES die Differenz $\Delta \log A_m = \log A_m - \log A'_m$ als Funktion der galaktischen Länge in einfacher Weise darstellen:

$$\Delta \log A_m = b \cos(\lambda - \lambda_0) \qquad (19.95)$$

wobei λ_0 die Richtung des größten Sternreichtums bedeutet. Dieses Gesetz kann durch eine exzentrische Stellung der Sonne im Sternsystem gedeutet werden. In Abb. 65 sei R der Radius des Sternsystems, innerhalb dessen die Sterndichte D konstant, außerhalb dagegen $= 0$ sei. Die Sonne S habe vom

Tabelle 32

Logarithmen der Sternzahlen A_m pro Quadratgrad für verschiedene Grenzhelligkeiten in Abhängigkeit von der galaktischen Länge und Breite

Galaktische Länge	Grenzhelligkeit								
	6^m			12^m			18^m		
	Galaktische Breite								
	$0°$	$+40°$	$+80°$	$0°$	$+40°$	$+80°$	$0°$	$+40°$	$+80°$
150°	9,08−10	8,63−10	8,54−10	1,88	1,25	1,04	4,00	2,92	2,74
180°	9,08	8,47	8,63	2,03	1,24	1,02	3,97	2,95	2,76
240°	9,50	8,76	8,56	2,13	1,26	1,05	4,72	3,18	2,81
300°	9,20	8,65	8,57	2,00	1,30	1,04	4,58	3,23	2,83
330°	9,08	8,79	8,64	1,86	1,23	1,02	4,37	3,25	2,83
360°	9,00	8,81	8,63	1,76	1,27	1,02	3,99	3,34	2,84
90°	9,16	8,71	8,62	1,73	1,24	1,02	3,74	3,04	2,80

Zentrum Z den Abstand d. Bedeutet ferner r den Abstand der Sonne von einem beliebigen Peripheriepunkt, so ist:

$$A_m = \frac{\omega\, r^3}{3}\, D$$

$$A'_m = \frac{\omega\, R^3}{3}\, D \qquad\qquad (19.\,96)$$

$$\varDelta \log A_m = \log\left(\frac{r}{R}\right)^3$$

Nach Abb. 65 ist aber:

$$r = R\cos\alpha + d\cos\varphi$$

$$\sin\alpha = \frac{x}{R} = \frac{d}{R}\sin\varphi$$

$$r = R\sqrt{1 - \frac{d^2}{R^2}\sin^2\varphi} + d\cos\varphi \cong R + d\cos\varphi$$

wobei $(d/R)^2$ gegen 1 vernachlässigt worden ist.

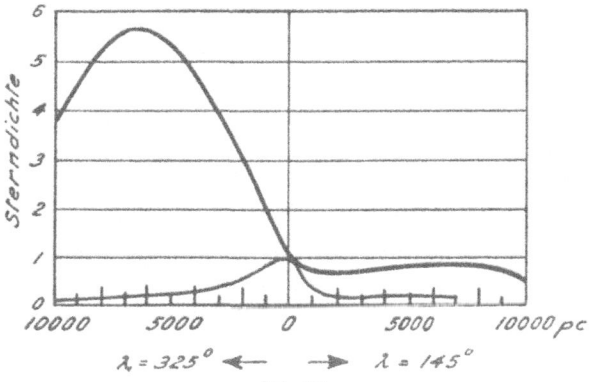

Abb. 66
Variation der Sterndichte in Richtung auf das galaktische Zentrum (nach F. Seares).

$$\varDelta\log A_m = \log\left(1 + \frac{d}{R}\cos\varphi\right)^3 \cong \log\left(1 + \frac{3\,d}{R}\cos\varphi\right) \cong 3\,\frac{d}{R}\cos\varphi \qquad (19.\,97)$$

Dies ist das empirische Gesetz (19.95), falls $\varphi = \lambda - \lambda_0$ ist, d.h. λ_0 die Länge des galaktischen Zentrums bedeutet. Aus der Sternverteilung bis zur Grenzhelligkeit $m = 18$ folgt $\lambda_0 = 319^0$, während die Kugelsternhaufen (Ziffer 99) $\lambda_0 = 325^0$ geliefert hatten. In dieser Gegend weist auch die Milchstraße mit den Sternwolken Scutum, Sagittarius und Scorpio die größte Helligkeit auf. Seares bestimmte ferner für diese ausgezeichnete Richtung und ihre Gegenrichtung nach der Schwarzschildschen Methode den Dichteabfall mit dem Ergebnis, daß die Sterndichte nach beiden Richtungen abnimmt, nach «außen» allerdings etwas rascher als gegen das Zentrum (Abb. 66, dünne Kurve). Nachdem die interstellare Absorption im Betrag von $0{,}67^{m}$ pro 1000 pc, wie er sich aus den offenen Sternhaufen ergab (Ziffer 95), berücksichtigt ist, wird die Dichteverteilung durch die dicke Kurve der Abb. 66 dargestellt. Das Maximum in der Sonnenumgebung (lokales Sternsystem) ist verschwunden, während in Richtung 325⁰ in gegen 10^4 pc Entfernung ein großes Maximum der Sterndichte auftritt, das wohl als der Kern unseres Sternsystems zu betrachten ist. Das

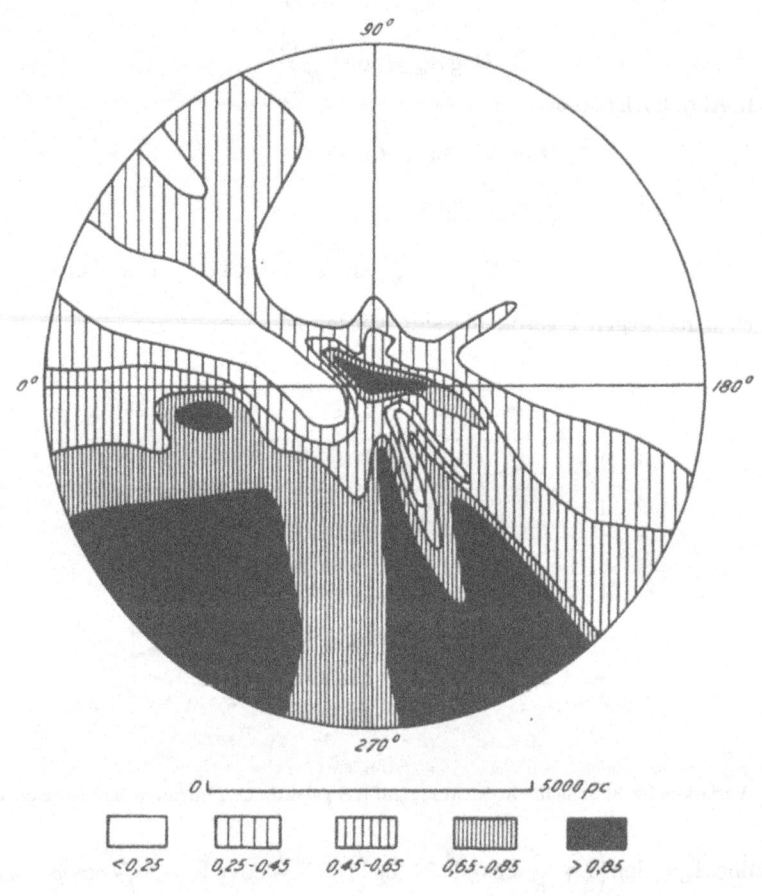

Abb. 67

Die Verteilung der Sterndichte in der galaktischen Ebene, ausgedrückt in Einheiten der Sterndichte der näheren Sonnenumgebung (nach B. J. Boĸ), berechnet unter Annahme eines Absorptions-koeffizienten von $0{,}40^m$/kpc.

sekundäre Maximum gegen das Antizentrum, durch welches die Sonne wie nach Abb. 64 in ein sternarmes Gebiet zu liegen käme, dürfte durch Überkompensation der interstellaren Absorption entstanden sein, denn zweifellos ist der verwendete Absorptionskoeffizient für diese äußeren Gebiete zu hoch.

Schließlich zeigen wir in Abb. 67 die Dichteverteilung in der galaktischen Ebene. Auch darin kommt die allgemeine Dichtezunahme gegen $\lambda \sim 300^0$ und die Abnahme in der Gegenrichtung deutlich zum Ausdruck; dagegen dürfte der lokalen Sternverdichtung um die Sonne nach dem Kommentar zu Abb. 66 keine reelle Bedeutung zukommen.

Die bisherigen Betrachtungen über das reale Sternsystem bezogen sich hauptsächlich auf die Sterndichteverteilung in der galaktischen Ebene; es mag deshalb noch kurz auf die Verteilung senkrecht zur galaktischen Ebene hingewiesen werden, soweit diese nicht schon aus den Abb. 63 und 64 hervorgeht. Nach Tab. 32 sind die Sternzahlen in niedrigen galaktischen Breiten stets größer als in hohen; diese sog. galaktische Konzentration wird mit abnehmender scheinbarer Helligkeit ausgeprägter. Für die visuellen Sterne beträgt das Verhältnis der Sternzahl in der galaktischen Ebene zur Sternzahl am galaktischen Pol A_0/A_{90}, 3,4 und steigt auf 21 für $m = 18$. Diese Erscheinung deutet auf eine rasche Dichteabnahme mit zunehmendem Abstand von der galaktischen Ebene, d. h. auf eine starke Abplattung des Sternsystems. Sehr starke galaktische Konzentration weisen die O- und B-Sterne auf, schwächere die G- und K-Sterne. Aus dem Überwiegen der Sternzahlen südlich der Milchstraßenebene läßt sich folgern, daß die Sonne 40—50 pc nördlich der Symmetrieebene steht.

Wir erhalten heute somit folgendes Bild von der Struktur unseres Sternsystems: Die Gesamtheit der Sterne erfüllt einen linsenförmigen Raum von etwa 30000 pc Durchmesser und etwa 5000 pc Dicke. Die Sterndichte nimmt von einem hohen Maximum im Zentrum des Systems nach außen mehr oder weniger regelmäßig ab. Dieses Sternsystem ist zentrisch in das nahezu sphärische System der Kugelsternhaufen mit einem Durchmesser von etwa 50000 pc eingebaut.

Diese spärlichen Ergebnisse über den Bau des realen Sternsystems stellen bloß einen ersten Versuch seiner Erforschung dar; die Resultate sind noch unexakt, und selbst in wichtigen Punkten gehen die Meinungen noch weit auseinander.

109. Bestimmung von D ohne Kenntnis von φ (analytische Methode)

Neben der interstellaren Absorption stellt sich einer sauberen Lösung des stellarstatistischen Problems hauptsächlich die enorm starke Streuung der Leuchtkräfte der Sterne entgegen, worauf schon in Ziffer 106 hingewiesen worden ist. Diese durch ungenügende Kenntnis der Leuchtkraftfunktion φ bedingte Schwierigkeit kommt aber in Wegfall, wenn man sich auf Sterne einheitlichen Spektraltyps beschränkt, z. B. auf B-Sterne, A-Sterne usw. In einzelnen Untergruppen ist die Streuung der absoluten Helligkeiten kaum größer als allein schon auf Grund der Messungsungenauigkeiten zu erwarten ist, so daß für die Sterne dieser Untergruppe mit einer konstanten absoluten Helligkeit $\overline{M}$ gerechnet werden kann. Aus der gemessenen scheinbaren Helligkeit m folgt dann aus der photometrischen Grundgleichung

$$\overline{M} = m + 5 - 5 \log r \qquad (19.98)$$

sofort die Entfernung r. Durch Auszählen der Sterne nach ihren Entfernungen erhält man die Dichtefunktion $D_i(r)$ der Sterne der Spektralgruppe i und, indem man diese Untersuchung für alle Spektralklassen durchführt, durch Summation aller D_i die Sterndichte $D(r)$.

Ein Blick auf das Hertzsprung-Russell-Diagramm, Abb. 19, zeigt aber, daß im allgemeinen die Streuung der absoluten Helligkeit einer bestimmten Spektralklasse nicht ganz zu vernachlässigen ist, wenngleich sie auf dem Hauptast nur etwa 1^m beträgt gegenüber weit mehr als 10 Größenklassen für die Gesamtheit der Sterne. Diese sich auf die Spektralklasse i beziehende Leuchtkraftfunktion geringer Streuung ist in jedem Fall mit hinreichender Genauigkeit durch eine Gaußsche Fehlerverteilung darstellbar:

$$\varphi_i(M) = \frac{h}{\sqrt{\pi}}\, e^{-h^2(M-\overline{M})^2} = \frac{1}{\sigma\sqrt{2\pi}}\, e^{-(1/2\,\sigma^2)\,(M-\overline{M})^2} \qquad (19.99)$$

Dabei ist der Faktor vor der Exponentialfunktion so gewählt, daß $\int \varphi_i(M)\, dM = 1$ wird. Bei der Ableitung der Sterndichte unter Zugrundelegung dieser Leuchtkraftfunktion leistet die sog. Eddingtonsche Formel gute Dienste, die wir deshalb in einem kleinen Exkurs ableiten wollen.

Es bedeute $v(x)\, dx$ die beobachtete Zahl von Sternen, deren irgendwelches Charakteristikum zwischen x und $x + dx$ liegt, und $u(x)\, dx$ die wahre Zahl der Sterne innerhalb dieser Grenzen des Charakteristikums. Die beobachtete Größe x ist aber stets mit einem Beobachtungsfehler ε versehen, so daß der wahre Wert beträgt:

$$t = x - \varepsilon \qquad (19.100)$$

Es ist klar, daß im Falle verschwindender Beobachtungsfehler die Funktionen u und v identisch werden. Die Beobachtungsfehler seien in bekannter Weise durch das Gaußsche Fehlergesetz darstellbar, so daß $(h/\sqrt{\pi})\, e^{-h^2\varepsilon^2}\, d\varepsilon$ den Bruchteil der Fehler bedeutet, deren Betrag zwischen ε und $\varepsilon + d\varepsilon$ liegt. Die wahre Zahl der Sterne mit dem Charakteristikum zwischen t und $t + dt$ beträgt $u(t)\, dt$; davon sind mit einem Fehler zwischen ε und $\varepsilon + d\varepsilon$ behaftet:

$$u(t)\, \frac{h}{\sqrt{\pi}}\, e^{-h^2\varepsilon^2}\, d\varepsilon\, dt \qquad (19.101)$$

Mit Hilfe von (19.100) transformiert man diesen Ausdruck auf die Variable x:

$$u(x - \varepsilon)\, \frac{h}{\sqrt{\pi}}\, e^{-h^2\varepsilon^2}\, d\varepsilon\, dx \qquad (19.102)$$

und erhält schließlich durch Integration über alle Beobachtungsfehler:

$$v(x) = \frac{h}{\sqrt{\pi}} \int_{-\infty}^{+\infty} u(x - \varepsilon)\, e^{-h^2\varepsilon^2}\, d\varepsilon \qquad (19.103)$$

Darin ist v beobachtet, u gesucht; $v(x)$ sei empirisch gegeben für die Werte $x_1 \ldots x_n$, wobei die Argumente x_i äquidistant liegen sollen. Somit ist $v(x)$ und damit auch $u(x)$ ein Polynom vom Grade $(n - 1)$, weshalb sich das Integral

(19.103) folgendermaßen umschreiben läßt:

$$v(x) = \frac{h}{\sqrt{\pi}} \int_{-\infty}^{+\infty} \left\{ u(x) - \varepsilon\, u'(x) + \frac{\varepsilon^2}{2}\, u''(x) + \cdots + \frac{(-1)^{n-1}}{(n-1)!}\, \varepsilon^{n-1}\, u^{(n-1)}(x) \right\}$$
$$\times\, e^{-h^2 \varepsilon^2}\, d\varepsilon \qquad (19.104)$$
$$= \frac{h}{\sqrt{\pi}} \int_{-\infty}^{+\infty} \left\{ u(x) + \frac{\varepsilon^2}{2}\, u''(x) + \frac{\varepsilon^4}{4!}\, u^{(IV)}(x) + \cdots \right\} e^{-h^2 \varepsilon^2}\, d\varepsilon$$

Die Integrale über die ungeraden Potenzen von ε verschwinden, und es bleiben nur diejenigen über die geraden übrig, welche aus der kinetischen Gastheorie bekannt sind:

$$\int_{-\infty}^{+\infty} e^{-h^2 \varepsilon^2}\, d\varepsilon = \frac{\sqrt{\pi}}{h} \qquad (19.105)$$

$$\int_{-\infty}^{+\infty} \varepsilon^2\, e^{-h^2 \varepsilon^2}\, d\varepsilon = \frac{\sqrt{\pi}}{2\, h^3} \qquad (19.106)$$

$$\int_{-\infty}^{+\infty} \varepsilon^{2p}\, e^{-h^2 \varepsilon^2}\, d\varepsilon = \frac{\sqrt{\pi}}{h} \cdot \frac{(2p)!}{p!\,(4\,h^2)^p} \qquad (19.107)$$

Damit geht (19.104) über in:

$$v(x) = u(x) + \frac{1}{4\,h^2}\, u''(x)$$
$$+ \frac{1}{32\,h^4}\, u^{(IV)}(x) + \cdots + \frac{1}{p!\,(4\,h^2)^p}\, u^{(2p)}(x) \qquad (19.108)$$

Nun haben wir aber u aus der bekannten Funktion v zu berechnen; wir erhalten als 1. Näherung:

$$u(x) = v(x) \qquad (19.109)$$

als 2. Näherung:

$$u(x) = v(x) - \frac{1}{4\,h^2}\, v''(x) \qquad (19.110)$$

als 3. Näherung:

$$u(x) = v(x) - \frac{1}{4\,h^2} \cdot \frac{d^2}{dx^2} \left\{ v(x) - \frac{1}{4\,h^2}\, v''(x) \right\} - \frac{1}{32\,h^4}\, v^{(IV)}(x)$$
$$= v(x) - \frac{1}{4\,h^2}\, v''(x) + \frac{1}{32\,h^4}\, v^{(IV)}(x) \qquad (19.111)$$

Obschon diese Näherung für unsere Anwendungen stets genügen wird, sei der Vollständigkeit wegen noch die allgemeine Formel mitgeteilt:

$$u(x) = v(x) - \frac{1}{4\,h^2}\, v''(x) + \frac{1}{2!\,(4\,h^2)^2}\, v^{(IV)}(x)$$
$$- \frac{1}{3!\,(4\,h^2)^3}\, v^{(VI)}(x) + \cdots \qquad (19.112)$$

Empirisch ist die Funktion $n(m)$ gegeben, wobei n die Anzahl der Sterne einer bestimmten Spektralklasse von der scheinbaren Helligkeit m bedeutet. Hätten alle diese Sterne exakt dieselbe absolute Leuchtkraft $\overline{M}$, so würde die Entfernung r jedes einzelnen Sternes sofort aus der photometrischen Grundgleichung (19.98) hervorgehen. Aus der scheinbaren Helligkeit des Objekts folgt der Ausdruck $5 \log r$, dessen Auszählung die Häufigkeitsfunktion $n_0(5 \log r) = n_0(y)$ liefert. Diese beobachtete Funktion, die in der Eddingtonschen Formel (19.112) mit $v(x)$ zu identifizieren ist, wäre identisch mit der wahren Verteilung $n(y)$, falls die absoluten Helligkeiten keine Streuung aufwiesen. Da aber eine durch eine Gaußsche Verteilung darstellbare Streuung vorhanden ist, so wird der Zusammenhang zwischen $n(y)$ und $n_0(y)$ durch die Eddingtonsche Formel geliefert:

$$n(y) = n_0(y) - \frac{1}{4\,h^2}\, n_0''(y) + \frac{1}{32\,h^4}\, n_0^{(\mathrm{IV})}(y) \qquad (19.113)$$

Dabei ist h der Fehlerfunktion (19.99) zu entnehmen. Es ist formal völlig belanglos, daß im vorliegenden Fall die «Fehler» keine Beobachtungsfehler sind, sondern die reellen Streuungen der absoluten Helligkeit.

Nach (19.15) ist die Zahl der in dem in Abb. 62 dargestellten Volumenelement enthaltenen Sterne, deren scheinbare Helligkeit zwischen m und $m + dm$ liegt, gegeben durch:

$$\psi(m, r)\, dm\, dr = \omega\, D(r)\, \varphi_i(m + 5 - 5 \log r)\, r^2\, dr\, dm \qquad (19.114)$$

Darin ersetzen wir r durch die bereits oben eingeführte Größe y:

$$
\begin{aligned}
y &= 5 \log r \doteq 5 \lg r \log e \\
dy &= 5 \log e\, \frac{dr}{r} \\
r &= 10^{0,2\,y} \\
dr &= \frac{10^{0,2\,v}}{5 \log e}\, dy
\end{aligned}
\qquad (19.115)
$$

Auch die Funktionen ψ und D werden auf die neue Variable transformiert:

$$\psi(m, r)\, dr = \psi^*(m, y)\, dy \qquad (19.116)$$

$$D(r)\, dr = D^*(y)\, dy \qquad (19.117)$$

Damit nimmt die Grundgleichung (19.114) die neue Gestalt an:

$$\psi^*(m, y)\, dm = \omega\, D^*(y)\, \varphi_i(m + 5 - y)\, 10^{0,4\,y}\, dm \qquad (19.118)$$

Integriert man diese über m, so erhält man linker Hand die Häufigkeitsfunktion $n(y)$, während sich die rechte Seite wegen der Normierung (19.13) vereinfacht:

$$n(y) = \omega\, 10^{0,4\,y}\, D^*(y) \qquad (19.119)$$

oder nach der Dichtefunktion aufgelöst unter Berücksichtigung von (19.113):

$$D^*(y) = \frac{1}{\omega\, 10^{0,4\,v}} \left[n_0(y) - \frac{1}{4\,h^2}\, n_0''(y) + \frac{1}{32\,h^4}\, n_0^{(\mathrm{IV})}(y) \right] \qquad (19.120)$$

110. Bestimmung von D ohne Kenntnis von φ (numerische Methode)

Das hier dargestellte, hauptsächlich von SCHALÉN benutzte Verfahren ist analog dem Kapteynschen. Die Einführung der allgemeinen Leuchtkraftfunktion φ umgehen wir wieder, indem wir uns auf eine bestimmte Spektralgruppe i beschränken, die durch die mittlere absolute Helligkeit M und die Streuung σ festgelegt sei. Die spezielle Leuchtkraftfunktion dieser Spektralgruppe lautet dann:

$$\varphi_i(M) = \frac{1}{\sigma \sqrt{2\pi}}\, e^{-(1/2\,\sigma^2)\,(M - \overline{M})^2} \qquad (19.121)$$

Greifen wir aus der Gruppe i die Sterne der scheinbaren Helligkeit m heraus, so ist deren mittlere absolute Helligkeit $\overline{M}_m \neq \overline{M}$ und ihre Leuchtkraftfunktion $\varphi_{i,m} \neq \varphi_i$. Diese Ungleichheiten rühren daher, daß, gerade wegen der Streuung der absoluten Helligkeit, eine Unterteilung nach m nicht nur eine Gruppierung nach Entfernungen, sondern auch eine solche nach absoluten Helligkeiten bedeutet. Wir haben zunächst $\overline{M}_m$ und $\varphi_{i,m} = (1/\sigma\sqrt{2\pi})\,e^{-(1/2\,\sigma^2)\,(M - \overline{M}_m)^2}$ aus $\overline{M}$ und σ zu berechnen.

Indem wir die Grundgleichung (19.16) vor der Integration mit M multiplizieren, erhalten wir den Mittelwert

$$\overline{M}_m = \omega\, \frac{\displaystyle\int_0^\infty M\, D(r)\, \varphi_i(M)\, r^2\, dr}{\displaystyle\int_0^\infty D(r)\, \varphi_i(M)\, r^2\, dr} \qquad (19.122)$$

Die Differentiation der Grundgleichung (19.16) liefert unter Benutzung von (19.121):

$$\frac{dN(m)}{dm} = \omega \int_0^\infty D(r)\, \frac{d\varphi_i(M)}{dm}\, r^2\, dr = \frac{\omega}{\sigma^2} \int_0^\infty D(r)\, \varphi_i(M)\, (\overline{M} - M)\, r^2\, dr$$

$$= \frac{N(m)\,\overline{M}}{\sigma^2} - \frac{\overline{M}_m\, N(m)}{\sigma^2} = \frac{N(m)}{\sigma^2}\, (\overline{M} - \overline{M}_m) \qquad (19.123)$$

$$\overline{M}_m = \overline{M} - \frac{\sigma^2}{N(m)} \cdot \frac{dN(m)}{dm} = \overline{M} - \sigma^2\, \frac{d\lg N(m)}{dm}$$

Nun wissen wir, daß die Sternzahlen näherungsweise nach einer geometrischen Reihe mit m zunehmen (Ziffer 102), also $d\lg N(m)/dm$ nahezu als konstant angesehen werden kann; mit dieser Näherung begnügen wir uns hier.

In Tab. 33 ist das Ergebnis einer sehr einfachen Sternabzählung mitgeteilt; die Spektralgruppe, auf die sich dieselbe bezieht, wird durch $\overline{M} = -1{,}7$ und $\sigma = 0{,}5$ charakterisiert. Rechnet man nach Tab. 33 mit $d\lg N(m)/dm = 1{,}25$, so folgt nach (19.123):

$$\overline{M}_m = \overline{M} - 0{,}3 = -2{,}0 \qquad (19.124)$$

Nun haben wir zu berücksichtigen, daß nicht alle Sterne der gleichen scheinbaren Helligkeit m dieselbe absolute Helligkeit besitzen. Von den $N(m)$ Sternen einer bestimmten scheinbaren Helligkeit m liegt nach (19.121) der Bruchteil

$$N(m)\,\varphi_{i,\,m}(M)\,dM = N(m)\,\frac{1}{\sigma\sqrt{2\pi}}\,e^{-(1/2\,\sigma^2)\,(M-\overline{M}_m)^2}\,dM \qquad (19.125)$$

zwischen den absoluten Helligkeiten M und $M + dM$. Man gibt $dM = \delta$ einen endlichen Wert, der zweckmäßigerweise gleich der Größe des Intervalls in m

Tabelle 33

Zahlenmaterial für ein numerisches Beispiel

m	$N(m)$	$\lg N(m)$	$\dfrac{\Delta \lg N(m)}{\Delta m}$
7,8	1	0,000	
8,3	2	0,692	1,384
8,8	5	1,610	1,836
9,3	8	2,080	0,940
9,8	12	2,480	0,800
10,3	23	3,134	1,308

gewählt wird, in unserem Falle also $\delta = 0,5^m$. Es ist somit die Zahl der Sterne mit einer absoluten Helligkeit zwischen $\overline{M}_m$ und $\overline{M}_m + \delta$ bzw. $\overline{M}_m$ und $\overline{M}_m - \delta$:

$$N(m)\,\varphi_{i,\,m}\left(\overline{M}_m \pm \frac{\delta}{2}\right)\delta = N(m)\,\frac{1}{\sigma\sqrt{2\pi}}\,e^{-(1/2\,\sigma^2)\,(\delta/2)^2}\,\delta \qquad (19.126)$$

die Zahl der Sterne mit einer absoluten Helligkeit zwischen $\overline{M}_m + \delta$ und $\overline{M}_m + 2\delta$ bzw. zwischen $\overline{M}_m - \delta$ und $\overline{M}_m - 2\delta$:

$$N(m)\,\varphi_{i,\,m}\left(\overline{M}_m \pm \frac{3}{2}\delta\right)\delta = N(m)\,\frac{1}{\sigma\sqrt{2\pi}}\,e^{-(1/2\,\sigma^2)\,(3\,\delta/2)}\,\delta \qquad (19.127)$$

$\dots\dots\dots\dots\dots\dots\dots\dots\dots\dots\dots\dots\dots\dots\dots\dots$

Da in unserem Falle $\sigma = 0,5$, $\delta = 0,5$ beträgt, erhält man für die Faktoren von $N(m)$ auf der rechten Seite dieser Gleichungen:

$$\frac{1}{\sigma\sqrt{2\pi}}\,e^{-(1/2\,\sigma^2)\,(\delta/2)^2}\,\delta = 0,353$$

$$\frac{1}{\sigma\sqrt{2\pi}}\,e^{-(1/2\,\sigma^2)\,(3\,\delta/2)^2}\,\delta = 0,130 \qquad (19.128)$$

$$\frac{1}{\sigma\sqrt{2\pi}}\,e^{-(1/2\,\sigma^2)\,(5\,\delta/2)^2}\,\delta = 0,017$$

$\dots\dots\dots\dots\dots\dots\dots\dots\dots\dots\dots\dots$

Angewandt auf Tab. 33 bedeutet dies, daß z. B. von den 12 Sternen mit der scheinbaren Helligkeit $9,8 \pm \delta/2$ 35%, also etwa 4, eine absolute Helligkeit zwischen $\overline{M}_m$ und $\overline{M}_m + \delta$ aufweisen, 13%, also etwa 1 Stern, eine solche zwischen $\overline{M}_m + \delta$ und $\overline{M}_m + 2\delta$ usw. So entsteht aus Tab. 33 die folgende Tafel, welche die Sternzahlen in Abhängigkeit von M und m darstellt:

Tabelle 34

Verteilung der Sterne der Tab. 33 nach absoluten Helligkeiten

M	$m = 7{,}8$	$m = 8{,}3$	$m = 8{,}8$	$m = 9{,}3$	$m = 9{,}8$	$m = 10{,}3$
− 0,5						
					0,5	0,5
− 1,0						
			0,5	1	1,5	3
− 1,5						
	0,5	1	2	3	4	8
− 2,0						
	0,5	1	2	3	4	8
− 2,5						
			0,5	1	1,5	3
− 3,0						
					0,5	0,5
− 3,5						

Da nun für die Sterne jedes einzelnen Feldes m und M festgelegt sind, läßt sich mit Hilfe der photometrischen Grundgleichung unmittelbar auch ihre Entfernung errechnen, d. h. man kann an Stelle der M-Skala eine r-Skala einführen; dies ist in Tab. 35 geschehen, wobei auch noch die Sterne geringerer

Tabelle 35

Verteilung der Sterne der Tab. 34 nach Entfernungen

r in pc	$m =$ 7,8	8,3	8,8	9,3	9,8	10,3	10,8	11,3	11,8	Σ	$V \cdot 10^{-6}$	$D \cdot 10^{6}$
724												
	0,5									0,5	0,754	0,66
912												
	0,5	1	0,5							2	1,51	1,32
1148												
		1	2	1	0,5					4,5	2,99	1,50
1445												
			2	3	1,5	0,5				7	5,97	1,17
1820												
				0,5	3	4	3	0,5		11	11,94	0,92
2211												
					1	4	8	4	1	18	23,87	0,75
2881												
					1,5	8	13	8	1,5	32	47,55	0,67
3631												

scheinbarer Helligkeit mit berücksichtigt sind, soweit sie in einer Entfernung < 3600 pc stehen. Diese Tabelle geht aus Tab. 34 hervor, indem jede Kolonne gegenüber der vorangehenden um eine Zeile tiefer gesetzt ist, entsprechend der Zunahme der Entfernung um ein Entfernungsintervall bei Abnahme der scheinbaren Helligkeit um δ, und darin offenbart sich der Vorteil der getroffenen Wahl von δ. Unter Σ ist die Summe der Sternzahlen der einzelnen Entfernungsintervalle mitgeteilt, aus der sich die Sterndichte D (Anzahl der Sterne pro Kubikparsec) durch Division durch das Raumvolumen V (in Kubikparsec) ergibt. Der Inhalt der kegelstumpfförmigen Volumina beträgt $(\omega/3)\,(r_a^3 - r_i^3)$, wobei r_a die Entfernung der äußeren, r_i diejenige der inneren Begrenzung bedeutet. Die in Tab. 35 mitgeteilte Sternstatistik bezieht sich auf $\omega = 19{,}6$ Quadratgrad $= 0{,}00597$.

111. Die räumliche Verteilung der Sterne einzelner Spektralklassen

Es ist klar, daß die soeben erläuterten Methoden, die Sterndichte ohne Kenntnis der allgemeinen Leuchtkraftfunktion zu bestimmen, nicht die Gesamtsterndichte zu liefern imstande sind, sondern nur die Dichte der Sterne des ausgewählten engen Bereiches der absoluten Helligkeit bzw. des ausgewählten Spektraltypus ergeben. Erst wenn man dieselbe Untersuchung für jede einzelne Spektralgruppe durchgeführt hat, ergibt die Summation der Teildichten die Gesamtdichte. Nebenbei erhält man die relative Häufigkeit der einzelnen Spektralgruppen bzw. der absoluten Helligkeiten, d. h. die allgemeine Leuchtkraftfunktion. Wenn diese weitgehend voraussetzungslose Methode heute noch immer in den Anfängen steht, so liegt dies daran, daß sie nicht nur Helligkeiten der Sterne, sondern auch ihre Spektralklassifikation verlangt. Die Spektralkataloge reichen günstigstenfalls bis zur 14. Größenklasse und erfassen nur einen kleinen Teil des Gesamthimmels; Vollständigkeit liegt nur bis zur 9. Größenklasse vor (Henry-Draper-Katalog).

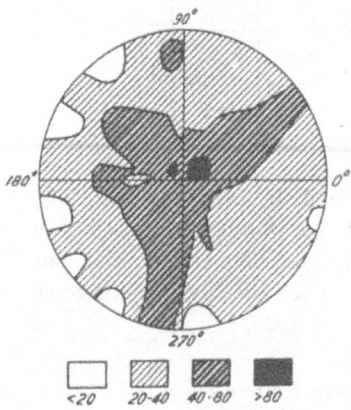

Abb. 68. Dichte der A-Sterne, ausgedrückt in Sternzahlen pro $10^5\,\mathrm{pc}^3$, in der galaktischen Ebene (nach MALMQUIST und HUFNAGEL) Der Radius des Umkreises beträgt 140 pc.

Die 175 bekannten O-Sterne zeigen eine starke galaktische Konzentration, indem sie in einer zirka 200 pc dicken, zur Milchstraßenebene symmetrischen Schicht gelegen sind.

Etwas schwächer als bei den O-Sternen, aber immer noch stark, ist die galaktische Konzentration der B-Sterne, indem die zirka 4000 Objekte dieser Klasse in einer zirka 500 pc dicken Schicht angeordnet sind. Innerhalb dieser Schicht sind die Sterne aber ziemlich unregelmäßig angeordnet; auffällige Verdichtungen liegen in Richtung Orion, Scorpius und Carina in Entfernungen von zirka 340, 550 bzw. 960 pc.

Auch die A-Sterne weisen eine hohe galaktische Konzentration auf und liegen im wesentlichen in einer Schicht von zirka 600 pc Dicke. Auch sie zeigen eine starke Tendenz zur Bildung lokaler Verdichtungen, wenn auch weniger ausgeprägt als bei den B-Sternen. Abb. 68 illustriert die Dichteverteilung der A-Sterne in der näheren Umgebung der Sonne.

Die späteren Spektraltypen zeigen nach Tab. 36 eine zunehmend schwächere galaktische Konzentration, während die N-Sterne wieder eine höhere zu besitzen scheinen. Die räumliche Verteilung der K-Riesen ist von PANNEKOEK untersucht worden, wobei sich eine ähnliche wolkige Struktur ergab wie bei den A-Sternen. Abgesehen von den sternreichen Gegenden Cygnus und Carina scheinen die Ver-

Tabelle 36

Der Dichteabfall der Riesensterne senkrecht zur galaktischen Ebene

Abstand von der galaktischen Ebene in Parsec	Spektraltyp					
	A	F	g G	g K	g M	g N
0	1,00	1,00	1,0	1,0	1,0	1,0
100	0,28	0,54	0,8	0,6	0,9	0,9
200	0,12	0,31	0,5	0,4	0,9	0,7
300	0,04	0,10	0,4	0,3	0,8	0,5
400	0,01	0,03	0,3	0,2	0,8	0,35
500			0,2	0,1	0,7	0,22
750			0,1		0,5	0,08
1000					0,5	0,03

dichtungen der K- und A-Sterne im allgemeinen nicht zusammenzufallen. PANNE-
KOEK kam zu dem Ergebnis, daß jede einigermaßen bedeutende Anhäufung von
B-Sternen immer mit einer Verdichtung der A-Sterne zusammenfällt, daß dagegen mehrere Anhäufungen von A-Sternen so gut wie gar keine B-Sterne enthalten.
Diese von B-Sternen freien Anhäufungen von A-Sternen scheinen gerade an denjenigen Stellen zu liegen, an denen sich auch die K-Riesen häufen, d. h. man hat
Häufungsstellen von A-Sternen, die Häufungsstellen von B-Sternen sind, und
solche, die Häufungsstellen von K-Sternen sind, wobei eine gegenseitige Aus-
schließung zu bestehen scheint.

Tabelle 37

Sterndichte (Sternzahl pro 10⁶ pc³) verschiedener Spektralklassen

Spektralklasse	Sterndichte
O	$4,4 \cdot 10^{-3}$
B	0,6
A	50
F	100
d G	$2,5 \cdot 10^4$
d K	$2,5 \cdot 10^5$
d M	$3,2 \cdot 10^5$
g G	40
g K	20
g M	1,3

Abschließend geben wir in Tab. 37 die Dichte der Sterne der einzelnen
Spektralklassen in der näheren Umgebung der Sonne. Diese Werte würden
bei Berücksichtigung der interstellaren Absorption noch etwas erhöht. Ersetzt man in dieser Tabelle den Spektraltyp durch die Leuchtkraft, so erhält
man unmittelbar die Leuchtkraftfunktion. Da aber die einzelnen Spektralklassen, sowohl in der galaktischen Ebene als auch senkrecht dazu, in variablen
Verhältnissen gemischt sind, ist die Leuchtkraftfunktion selbst ortsabhängig.

112. Ausblick

Wie sehr die Erforschung der Struktur des Sternsystems noch in den Anfängen steckt, geht klar daraus hervor, daß die spektralstatistischen Methoden nur bis zu Entfernungen von 2500—3000 pc reichen, während das Zentrum des galaktischen Systems in etwa 10000 pc Entfernung zu suchen ist und sein Durchmesser, gegeben durch denjenigen des Kugelhaufensystems (Ziffer 99), rund 50000 pc beträgt. Es liegt nahe, für den noch unerforschten Raum zwischen dem durch die Spektralstatistik erfaßten Bereich und der durch das

Tabelle 38

Dichteverlauf der RR-Lyrae-Sterne in der dem galaktischen Zentrum benachbarten Richtung $\lambda = 307^0$, $\beta = -20^0$

Entfernung in Parsec	Dichte
2880	8,7
3240	13,3
4270	7,1
5600	14,3
6980	22,1
8710	27,0
10720	12,7
13180	3,5
16600	0,7

System der Kugelhaufen gegebenen Umhüllung die Sterne von sehr großer Leuchtkraft zu verwenden, z. B. die Übergiganten, die δ-Cephei-Sterne und die RR-Lyrae-Sterne. Die beiden erstgenannten Gruppen weisen eine sehr starke galaktische Konzentration auf und sind deshalb einer starken interstellaren Absorption unterworfen, welche eine einigermaßen zuverlässige Entfernungsbestimmung unmöglich macht. Während so diese beiden Sterngruppen hinsichtlich der Struktur des Sternsystems nichts wesentlich Neues zutage förderten, zeigten die RR-Lyrae-Sterne eine auffallend geringe galaktische Konzentration; sie treten in so großen Abständen von der galaktischen Ebene auf, in denen bisher nur die Kugelhaufen bekannt waren. In Richtung zum Antizentrum ($\lambda = 147^0$, $\beta = 0^0$) wurden nur relativ wenig RR-Lyrae-Sterne gefunden und keine in größeren Entfernungen als zirka 10^4 pc. In Richtung auf das galaktische Zentrum ist eine Untersuchung infolge der sehr starken Absorption nicht möglich; hingegen ist die dem Zentrum benachbarte Richtung $\lambda = 307^0$, $\beta = -20^0$, längs welcher die Dichte der RR-Lyrae-Sterne nach den Angaben der Tab. 38 variiert, nur einer schwachen Absorption unterworfen. Das Bemerkenswerte ist das hohe Dichtemaximum bei 8600 pc, welches auf das nahe Zentrum des Systems hindeutet; bei radialsymmetrischer Anordnung der RR-Lyrae-Sterne um das Zentrum erhält man für dieses eine Entfernung von

9700 pc von der Sonne, in bester Übereinstimmung mit dem Ergebnis aus den Kugelsternhaufen. Jenseits des Zentrums nimmt die Dichte sehr rasch ab, was darauf zurückzuführen sein dürfte, daß es mit zunehmender Entfernung sehr schwierig wird, die RR-Lyrae-Sterne überhaupt als solche zu erkennen.

In Abb. 59 ist in schematischer Weise das mutmaßliche Aussehen des Sternsystems dargestellt für einen außergalaktischen Beobachter; eingetragen sind der Umriß des Sternsystems, das System der offenen Sternhaufen, die RR-Lyrae-Sterne, die Kugelsternhaufen und die Lage der Sonne.

In den vorangegangenen Abschnitten haben wir dargelegt, wie es unter Beschränkung auf Objekte einheitlicher Leuchtkraft möglich ist, das stellarstatistische Problem in einwandfreier Weise zu lösen, und damit den mühsamen Weg der zukünftigen Strukturforschung des Sternsystems gewiesen. Allerdings mußten wir immer wieder Einschränkungen machen hinsichtlich der interstellaren Lichtabsorption, die wir bisher noch nicht berücksichtigt haben. Obschon wir in Kap. XXIII dieses Problem behandeln werden, scheinen einige prinzipielle Bemerkungen hier am Platze zu sein. Die interstellare Absorption ist wellenlängenabhängig und geht mit $1/\lambda$; deshalb wird das Licht der Sterne nicht nur geschwächt, sondern auch rot verfärbt. Der Betrag der Verfärbung liefert somit den Betrag der Absorption. Um die Verfärbung zu bestimmen, hat man die Helligkeit des Sternes in zwei verschiedenen Wellenlängenbereichen zu messen. Im Falle lichtschwacher Sterne wird der Spektraltyp durch den Farbenindex ersetzt, der selbst wieder die Photometrie in zwei verschiedenen Wellenlängen voraussetzt. Wir sehen somit, daß es mit Hilfe einer trichromatischen Photometrie der Sterne bei Kenntnis des Verfärbungsgesetzes möglich sein muß, unabhängig voneinander den Verlauf der Sterndichte und denjenigen der interstellaren Absorption simultan zu bestimmen.

XX. KINEMATIK DES STERNSYSTEMS

Waren uns schon die Entfernungen der Sterne nur in unserer näheren Umgebung hinreichend exakt und vollständig bekannt, so gilt dies noch in höherem Maße für die kinematischen Verhältnisse. Nur für eine im Verhältnis zur Gesamtzahl der Sterne unseres Systems sehr kleine Zahl von Objekten sind die Geschwindigkeiten bekannt, und diese liegen alle in der näheren Umgebung der Sonne. Wir werden in diesem Kapitel die Bewegungsverhältnisse in unserer näheren Umgebung darlegen und versuchen, aus den gefundenen Strömungen des Sterngases auf die Kinematik des Gesamtsystems zu schließen, um daraus die Dynamik und letzten Endes die Massenverteilung des Sternsystems zu erforschen, welche die beobachteten kinematischen Erscheinungen hervorruft.

113. Elementare Kinematik des Sterngases

Wir setzen im folgenden die Sonne als ruhenden Koordinatennullpunkt voraus und eine regellose Geschwindigkeitsverteilung der Sterne. Es seien u, v, w die rechtwinkligen Geschwindigkeitskomponenten eines Sternes und W seine Totalgeschwindigkeit:

$$W^2 = u^2 + v^2 + w^2 \tag{20.1}$$

Der Bruchteil der Sterne, deren Geschwindigkeitskomponenten zwischen u und $u + du$, v und $v + dv$ und w und $w + dw$ liegen, beträgt:

$$dN = C F(W) \, du \, dv \, dw \tag{20.2}$$

wobei $F(W)$ die sog. Verteilungsfunktion und C eine Normierungskonstante ist. Die Integration dieser Gleichung liefert:

$$N = C \int\limits_{-\infty}^{+\infty}\!\!\int\int F(W) \, du \, dv \, dw \tag{20.3}$$

oder wenn wir noch die berechtigte Voraussetzung machen, F sei eine gerade Funktion:

$$N = 8 \, C \int\limits_{0}^{+\infty}\!\!\int\int F(W) \, du \, dv \, dw \tag{20.4}$$

Für die Ausführung der Integration empfiehlt es sich, die rechtwinkligen Koordinaten durch Polarkoordinaten W, Φ, Θ zu ersetzen:

$$u = W \sin \Theta \cos \Phi$$

$$v = W \sin \Theta \sin \Phi \tag{20.5}$$

$$w = W \cos \Theta$$

$$du \, dv \, dw = dV = W^2 \sin \Theta \, dW \, d\Theta \, d\Phi \tag{20.6}$$

Dabei bedeutet dV das Volumenelement des Geschwindigkeitsraumes. In diesen neuen Variablen nimmt (20.4) die Form an:

$$N = 8 \, C \int\limits_{0}^{\infty} W^2 F(W) \, dW \int\limits_{0}^{\pi/2} \sin \Theta \, d\Theta \int\limits_{0}^{\pi/2} d\Phi = 8 \, C \, I_1 \frac{\pi}{2} = 4 \, \pi \, C \, I_1 \tag{20.7}$$

wobei das Integral über die Variable W mit I_1 bezeichnet wurde.

Die w-Achse sei so gerichtet, daß sie nach dem betrachteten Stern bzw. nach dem kleinen ins Auge gefaßten Ausschnitt der Himmelskugel weist. Die Radialgeschwindigkeit eines Sternes beträgt dann $R = W \cos \Theta$; ferner sei der mittlere absolute Betrag der Radialgeschwindigkeit der Sterne des betrachteten Himmelsausschnittes mit $\bar{R}$ bezeichnet. Diesen erhält man, indem die rechte Seite der Gleichung (20.7) vor der Integration mit R multipliziert wird:

$$N \, \bar{R} = 8 \, C \int\limits_{0}^{\infty} W^3 F(W) \, dW \int\limits_{0}^{\pi/2} \sin \Theta \cos \Theta \, d\Theta \int\limits_{0}^{\pi/2} d\Phi = 2 \, \pi \, C \, I_2 \tag{20.8}$$

Dabei wurde das neue Integral über die Variable W mit I_2 bezeichnet. Es ist somit

$$\overline{R} = \frac{1}{2} \cdot \frac{I_2}{I_1} \qquad (20.9)$$

Die Integrale I_1 und I_2 können natürlich erst berechnet werden, wenn die Verteilungsfunktion $F(W)$ bekannt ist.

In analoger Weise berechnen wir nun den Mittelwert des Betrages der Geschwindigkeitskomponente senkrecht zur Visionsrichtung, der sog. Transversalgeschwindigkeit

$$T = (u^2 + v^2)^{1/2} = W \sin \Theta \qquad (20.10)$$

Die Zahl der Sterne mit einer Transversalgeschwindigkeit zwischen T und $T + dT$ bzw. mit den Komponenten zwischen u und $u + du$ und zwischen v und $v + dv$ beträgt:

$$dN = C \, du \, dv \int_{-\infty}^{+\infty} F(W) \, dw \qquad (20.11)$$

Den Mittelwert $\overline{T}$ erhalten wir wieder, indem wir die rechte Seite von (20.7) vor der Integration mit T multiplizieren:

$$N \, \overline{T} = 8 \, C \int_0^\infty W^3 F(W) \, dW \int_0^{\pi/2} \sin^2 \Theta \, d\Theta \int_0^{\pi/2} d\Phi = C \, \pi^2 \, I_2 \qquad (20.12)$$

$$\overline{T} = \frac{\pi}{4} \cdot \frac{I_2}{I_1} = \frac{\pi}{2} \overline{R} \qquad (20.13)$$

Schließlich berechnen wir noch den Mittelwert des Betrages der Totalgeschwindigkeit, indem wir (20.7) vor der Integration mit W multiplizieren:

$$N \, \overline{W} = 8 \, C \int_0^\infty W^3 F(W) \, dW \int_0^{\pi/2} \sin \Theta \, d\Theta \int_0^{\pi/2} d\Phi = 4 \, \pi \, C \, I_2 \qquad (20.14)$$

$$\overline{W} = \frac{I_2}{I_1} \qquad (20.15)$$

Während die Werte von $\overline{R}, \overline{T}, \overline{W}$ erst bei Kenntnis von $F(W)$ berechnet werden können, ist ihr gegenseitiges Verhältnis für jede isotrope Geschwindigkeitsverteilung unabhängig von $F(W)$ gegeben durch:

$$\overline{R} : \overline{T} : \overline{W} = 2 : \pi : 4 \qquad (20.16)$$

Von besonderer Wichtigkeit ist der Fall, daß $F(W)$ durch eine Gaußsche Verteilung darstellbar ist:

$$F(W) = A \, e^{-h^2 W^2} \qquad (20.17)$$

Dann erhält man für die berechneten Mittelwerte:

$$\overline{R} = \frac{1}{h \sqrt{\pi}} \qquad (20.18)$$

$$\overline{T} = \frac{\sqrt{\pi}}{h \, 2} \qquad (20.19)$$

$$\overline{W} = \frac{2}{h \sqrt{\pi}} \qquad (20.20)$$

114. Driftkurven

Wir betrachten im folgenden die Transversalgeschwindigkeiten (Eigen-
bewegungen) der Sterne, welche in dem kleinen, durch die Meridiane λ, $\lambda + d\lambda$
und die Breitenkreise β, $\beta + d\beta$ begrenzten Gebiet der Himmelskugel liegen
(Abb. 69). Die Geschwindigkeit U der Sonne ist nach Richtung und Größe

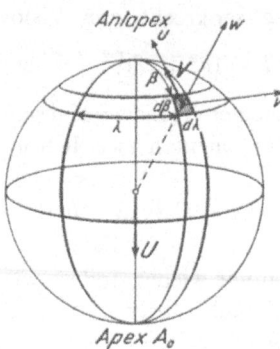

Abb. 69
Die parallaktische Bewegung.

ebenfalls eingezeichnet. Den Zielpunkt der Sonnenbewegung nennt man den
Apex A_0, den Gegenpunkt den Antapex. Hätte der betrachtete Stern keine
Bewegung, so würde er, von der Sonne aus gesehen, sich mit der Geschwindigkeit U gegen den Antapex zu bewegen scheinen; diese scheinbare, sog. parallaktische Bewegung hat die transversale Komponente $V = U \sin \beta$; ihre Richtung,

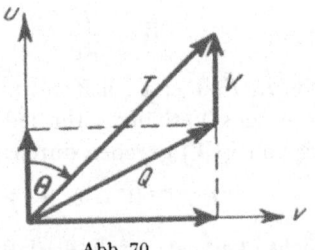

Abb. 70
Die Transversalgeschwindigkeit und ihre Komponenten.

die in der durch den Stern und U gegebenen Ebene tangential an die Himmelskugel liegt, wählen wir zur u-Achse, die Richtung Sonne–Sterne zur w-Achse.
Die beobachtete Transversalgeschwindigkeit T ist zusammengesetzt aus der
speziellen Transversalgeschwindigkeit Q mit den Komponenten u und v und der
parallaktischen Komponente V in der u-Richtung (Abb. 70). In dem betrachteten Himmelsausschnitt $d\lambda$, $d\beta$ seien n Sterne enthalten; davon haben bei
Annahme der Verteilungsfunktion (20.17) dn Sterne Geschwindigkeitskom-

ponenten zwischen u und $u + du$ bzw. zwischen v und $v + dv$:

$$dn = A \, e^{-h^2(u^2+v^2)} \, du \, dv \qquad (20.21)$$

Die Konstante A ergibt sich aus der Integration über sämtliche Geschwindigkeitswerte:

$$n = A \int\limits_{-\infty}^{+\infty} \int\limits_{-\infty}^{+\infty} e^{-h^2(u^2+v^2)} \, du \, dv = A \, \frac{\pi}{h^2} \qquad A = \frac{n \, h^2}{\pi} \qquad (20.22)$$

Nun wollen wir die Zahl der Sterne berechnen, deren Transversalgeschwindigkeitsvektor T, unbeachtet seines Betrages, in dem Richtungsintervall Θ, $\Theta + d\Theta$ liegt. Nach Abb. 70 ist

$$u^2 + v^2 = T^2 + V^2 - 2\,T\,V\cos\Theta \qquad (20.23)$$

$$u = T\cos\Theta - V \qquad (20.24)$$

$$v = T\sin\Theta \qquad (20.25)$$

In Polarkoordinaten ist das Flächenelement $du\,dv$ des Geschwindigkeitsraumes zu ersetzen durch $T\,d\Theta\,dT$. Damit erhalten wir aus (20.21) die Zahl der Sterne, deren Transversalgeschwindigkeiten zwischen T und $T + dT$ und in dem Richtungsintervall zwischen Θ und $\Theta + d\Theta$ liegen:

$$dn = \frac{n\,h^2}{\pi} \, e^{-h^2(T^2+V^2-2\,T\,V\cos\Theta)} \, T \, d\Theta \, dT \qquad (20.26)$$

Die Zahl der Geschwindigkeitsvektoren im Intervall Θ, $\Theta + d\Theta$, unbeachtet des Betrages von T, erhält man durch Integration über alle T-Werte:

$$n(\Theta)\,d\Theta = \frac{n\,h^2}{\pi} \int\limits_{T=0}^{\infty} T \, e^{-h^2(T^2+V^2-2\,T\,V\cos\Theta)} \, dT \, d\Theta \qquad (20.27)$$

Vor der Ausführung dieses Integrals führen wir folgende Substitutionen ein:

$$x = h\,(T - V\cos\Theta) \qquad (20.28)$$

$$\tau = h\,V\cos\Theta \qquad (20.29)$$

$$h\,T = x + \tau \qquad (20.30)$$

Damit nimmt (20.27) die Form an:

$$n(\Theta) = \frac{n}{\pi} \int\limits_{-\tau}^{\infty} (x+\tau)\, e^{-(x^2+2\,x\,\tau+\tau^2)-h^2V^2+2(x+\tau)\tau} \, dx$$

$$= \frac{n}{\pi} \, e^{-h^2V^2} \, e^{\tau^2} \int\limits_{-\tau}^{\infty} e^{-x^2}\,(x+\tau)\,dx \qquad (20.31)$$

$$= \frac{n}{\pi} \, e^{-h^2V^2} \, e^{\tau^2} \left[\frac{1}{2}\,e^{-\tau^2} + \tau \int\limits_{-\tau}^{\infty} e^{-x^2}\,dx \right] = \frac{n}{\pi} \, e^{-h^2V^2} \left[\frac{1}{2} + \tau\,e^{\tau^2} \int\limits_{-\tau}^{\infty} e^{-x^2}\,dx \right]$$

Da der in der eckigen Klammer enthaltene Ausdruck lediglich eine Funktion von τ ist, setzen wir zur Abkürzung

$$f(\tau) = \frac{2}{\sqrt{\pi}}\left[\frac{1}{2} + \tau\, e^{\tau^2} \int\limits_{-\tau}^{\infty} e^{-x^2}\, dx\right] \tag{20.32}$$

und erhalten schließlich die Richtungsverteilung der Transversalgeschwindigkeiten:

$$n(\Theta) = \frac{n}{2\sqrt{\pi}}\, e^{-h^2 V^2}\, f(\tau) = n\,(\Theta,\, h\, V) \tag{20.33}$$

Tabelle 39

Die Funktion $f(\tau)$

τ	$\log f(\tau)$	τ	$\log f(\tau)$
− 1,2	9,0411	0,6	0,2886
− 1,0	9,1355	0,8	0,5061
− 0,8	9,2378	1,0	0,7461
− 0,6	9,3493	1,2	1,0103
− 0,4	9,4711	1,4	1,3003
− 0,2	9,6046	1,6	1,6177
0,0	9,7514	1,8	1,9637
0,2	9,9131	2,0	2,3393
0,4	0,0916		

Die Funktion $f(\tau)$ ist in Tab. 39 mitgeteilt. Da in τ ebenfalls die Variable $h\,V$ auftritt, ist $n(\Theta)$ eine Funktion der Richtung Θ und des Parameters $h\,V$. Die durch (20.33) dargestellten sog. Driftkurven sind in Abb. 71 für verschiedene $h\,V$-Werte, also im wesentlichen für verschiedene Werte der parallaktischen Komponente dargestellt. Die Symmetrielinie dieser Driftkurven fällt in die u-Achse, weist also nach dem Antapex. Für $V = 0$ ist die Verteilung der Transversalgeschwindigkeiten isotrop und wird mit wachsendem V zunehmend anisotroper.

115. Die Sonnenbewegung

Der Bewegung der Sonne kommt an sich keine größere Bedeutung zu als derjenigen irgendeines individuellen Sternes. Da aber sämtliche beobachteten Sternbewegungen, sowohl Eigenbewegungen als auch Radialgeschwindigkeiten, auf die Sonne bezogen sind, ist eine sorgfältige Bestimmung der Sonnenbewegung unerläßlich, um deren Anteil von den Sternbewegungen abzutrennen.

Die nächstliegende Idee zur Bestimmung des Sonnenapex wäre die Bestimmung der Driftkurven in vielen verschiedenen Gebieten der Himmelssphäre; die Verlängerungen der Symmetrielinien aller Driftkurven schneiden sich in einem Punkt, dem Antapex. Die beobachteten Driftkurven zeigen aber einen wesentlich unregelmäßigeren Verlauf als die berechneten (worauf in Abschnitt 116 eingegangen wird), so daß die Festlegung einer Symmetrielinie schwierig oder unmöglich wird.

Nachstehend bestimmen wir die Sonnenbewegung nach der sog. Bravais-schen Methode. Es seien u, v, w die rechtwinkligen Äquator-Geschwindigkeits-komponenten eines Sternes in bezug auf die Sonne, ξ, η, ζ diejenigen der Sonne in bezug auf den kinematischen Mittelpunkt der betrachteten Sternansamm-lung, welche N Sterne umfassen möge. Die Geschwindigkeitskomponenten des

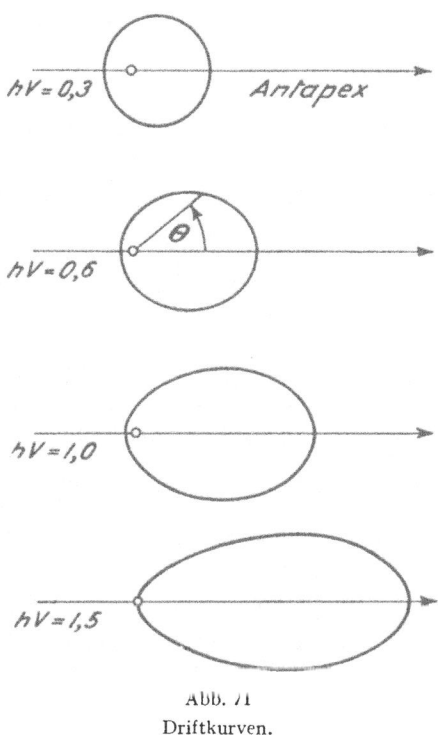

Abb. 71
Driftkurven.

Sternes sind dann in bezug auf den kinematischen Mittelpunkt $u + \xi$, $v + \eta$, $w + \zeta$. Der kinematische Mittelpunkt ist durch die folgenden Bedingungen definiert:

$$N\,\xi + \Sigma\,u = 0 \qquad N\,\eta + \Sigma\,v = 0 \qquad N\,\zeta + \Sigma\,w = 0 \qquad (20.34)$$

wobei die Summation über alle N Sterne zu erstrecken ist. Bedeutet r die Ent-fernung des Sternes mit den Äquatorkoordinaten α, δ, so sind seine rechtwink-ligen Koordinaten:

$$x = r\cos\alpha\cos\delta \qquad y = r\sin\alpha\cos\delta \qquad z = r\sin\delta \qquad (20.35)$$

und seine Geschwindigkeitskomponenten:

$$u = \frac{dr}{dt}\cos\alpha\cos\delta - r\sin\alpha\cos\delta\,\frac{d\alpha}{dt} - r\cos\alpha\sin\delta\,\frac{d\delta}{dt} \qquad (20.36)$$

$$v = \frac{dr}{dt}\sin\alpha\cos\delta + r\cos\alpha\cos\delta\,\frac{d\alpha}{dt} - r\sin\alpha\sin\delta\,\frac{d\delta}{dt} \qquad (20.37)$$

$$w = \frac{dr}{dt}\sin\delta \qquad\qquad\qquad + r\cos\delta\,\frac{d\delta}{dt} \qquad (20.38)$$

Wird als Zeiteinheit 1 Jahr benutzt, so sind $d\alpha/dt$ und $d\delta/dt$ die Komponenten der Eigenbewegung μ_α, μ_δ, und dr/dt ist die Radialgeschwindigkeit ϱ, diese wie u, v, w in Kilometern pro Jahr ausgedrückt. Die Gleichungen (20.34) nehmen dann die Form an:

$$N \xi = - \Sigma \varrho \cos\alpha \cos\delta + \Sigma r \, \mu_\alpha \sin\alpha \cos\delta + \Sigma r \, \mu_\delta \cos\alpha \sin\delta \quad (20.39)$$

$$N \eta = - \Sigma \varrho \sin\alpha \cos\delta - \Sigma r \, \mu_\alpha \cos\alpha \cos\delta + \Sigma r \, \mu_\delta \sin\alpha \sin\delta \quad (20.40)$$

$$N \zeta = - \Sigma \varrho \sin\delta \qquad\qquad\qquad - \Sigma r \, \mu_\delta \cos\delta \qquad\qquad (20.41)$$

Diese drei Gleichungen gestatten die Berechnung der Sonnenkomponenten ξ, η, ζ. Vorausgesetzt wird dabei, daß die auf der rechten Seite auftretenden Größen, nämlich die Entfernungen, Eigenbewegungen und Radialgeschwindigkeiten der N Sterne, bekannt sind. Es gibt aber auch weniger anspruchsvolle Methoden, welche insbesondere die Entfernungen nicht benötigen. Methoden, die ausschließlich Eigenbewegungen verwenden, können naturgemäß nur die Richtung der Sonnenbewegung liefern, solche, welche die Radialgeschwindigkeiten benutzen, dagegen auch ihren Betrag.

Es ist nach der Definition der Sonnenbewegung klar, daß diese sowohl nach Richtung als auch nach Größe von der zu ihrer Bestimmung getroffenen Sternauswahl abhängt; die Apexkoordinaten, die etwa auf 1 bis 2^0 genau angegeben werden können, sind: $\alpha_0 \sim 270^0$ $\delta_0 \sim +30^0$ (20.42)

während sich der Betrag der Sonnengeschwindigkeit zu $18-22$ km/s ergibt.

116. Die Zweistromtheorie

Etwa seit 1900 wurde es immer deutlicher, daß die nach Abzug der parallaktischen Bewegung übrigbleibenden Peculiarbewegungen der Sterne keineswegs regellos verteilt sind, wie im vorangegangenen Abschnitt vorausgesetzt worden war. Zunächst zeigte sich, daß Sterne, die eine engbegrenzte physische Gruppe bilden, oft nach Größe und Richtung alle dieselbe Geschwindigkeit besitzen, was darin zum Ausdruck kommt, daß alle Eigenbewegungsrichtungen einen gemeinsamen Konvergenzpunkt an der Himmelssphäre besitzen. Solche «bewegte» Haufen sind z. B. die Sternhaufen Hyaden, Praesepe und die Plejaden, aber auch die Hauptsterne im Orion, im Ursa major oder im Perseus bilden solche Sternströme (siehe Abschnitt 97). Immerhin ist die Zahl der Objekte, die solchen bewegten Haufen zugeordnet werden können, nur gering, so daß wir dieselben im folgenden außer Betracht lassen werden.

In Abb. 72 ist die Verteilung der Richtungen der Eigenbewegungen nach Positionswinkeln für die Sterne eines kleinen Himmelsausschnittes dargestellt. Diese bohnenförmige Verteilungskurve besitzt allerdings nur entfernte Ähnlichkeit mit den theoretischen, in Abb. 71 dargestellten Driftkurven. Dagegen hat Kapteyn darauf hingewiesen, daß man, wie in der Abbildung gezeigt ist, die beobachteten Richtungsverteilungen stets in befriedigender Weise als Über-

lagerung von zwei Driftkurven darstellen kann. Dies ist in Abb. 73 für die Beobachtungen eines andern Sternfeldes geschehen; die Anzahl n der Sterne, deren

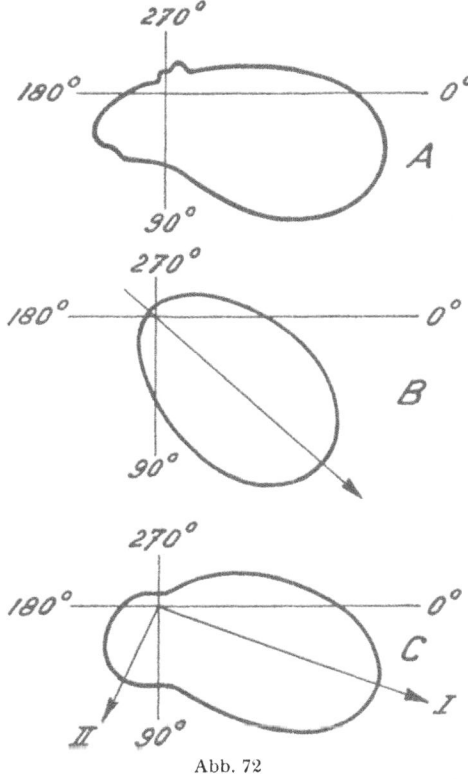

Abb. 72

A Beobachtete Richtungsverteilung der Eigenbewegungen im Gebiet $\alpha = 1^h 12^m$, $\delta = +17^0$ (nach
A. EDDINGTON); B Bestmögliche Darstellung der Kurve A durch eine einzige Driftkurve; C Bestmögliche Darstellung durch zwei überlagerte Driftkurven.

Eigenbewegungsrichtung zwischen den Positionswinkeln Θ und $\Theta + d\Theta$ liegt,
wird zerlegt in die Anzahlen n_1 und n_2 der beiden Driften:

$$n_1 = \frac{N_1}{2\sqrt{\pi}} e^{-h^2 V_1^2} f(\tau_1) \qquad \tau_1 = h \, V_1 \cos(\Theta - \Theta_1) \qquad (20.43)$$

$$n_2 = \frac{N_2}{2\sqrt{\pi}} e^{-h^2 V_2^2} f(\tau_2) \qquad \tau_2 = h \, V_2 \cos(\Theta - \Theta_2) \qquad (20.44)$$

Darin bedeuten Θ_1 und Θ_2 die Positionswinkel der Symmetrieachsen der beiden
Driften, N_1 und N_2 die Anzahlen der Sterne der beiden Driften und $N = N_1 + N_2$
die Gesamtzahl der untersuchten Sterne. Aus Abb. 73 lassen sich die drei Paare
von Unbekannten: N_1, N_2, Θ_1, Θ_2, $h V_1$, $h V_2$ graphisch bestimmen.

Es ist zum vornherein klar, daß sich die «Bohnenkurven» durch zwei Driften
besser als durch nur eine darstellen lassen; ob dieser zunächst rein formalen

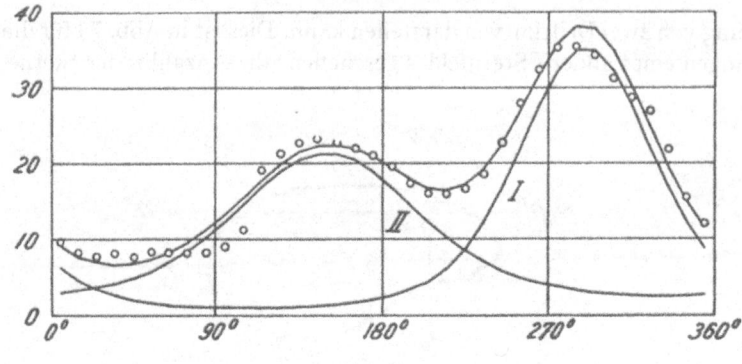

Abb. 73

Zerlegung der beobachteten Richtungsverteilung der Eigenbewegungen im Sternfeld $\alpha = 14^h 5^m$, $\delta = +34^\circ_\cdot 2$, in die beiden reinen Driftkurven I und II (nach W. M. SMART). Aufgetragen ist die Anzahl der Eigenbewegungsrichtungen pro 10^0 Intervall des Positionswinkels.

Zerlegung eine physikalische Bedeutung zukommt, läßt sich nur durch Betrachtung verschiedener Sternfelder entscheiden: die Zerlegung ist sinnvoll, wenn die Symmetrierichtungen aller Driften I in einem Punkt der Himmelssphäre konvergieren und ebenso diejenigen aller Driften II. Wie Abb. 74 zeigt,

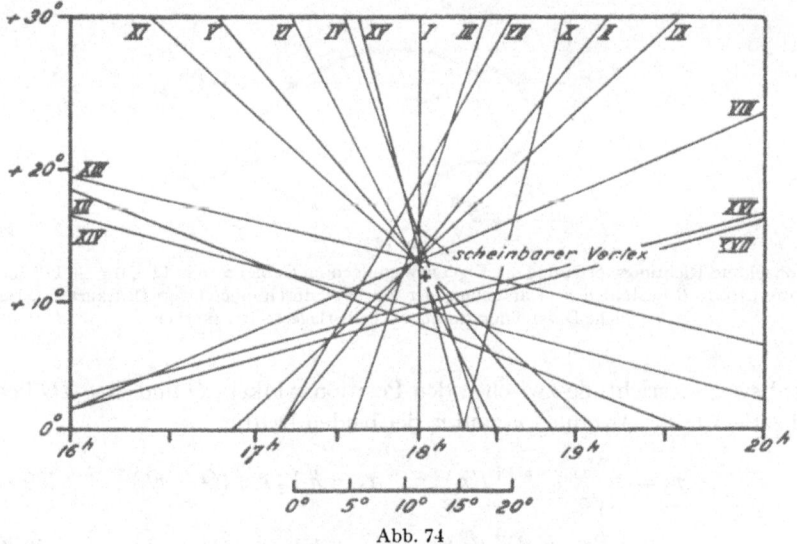

Abb. 74

Scheinbarer Vertex des Sternstromes I (nach A. EDDINGTON).

ist dies tatsächlich der Fall. Die Koordinaten dieser Konvergenzpunkte, der sog. scheinbaren Vertizes, sind:

für Sternstrom I $\alpha = 89^0$ (85 bis 93), $\delta = -11^0$ (−7 bis −15)

für Sternstrom II $\alpha = 276^0$ (246 bis 300) $\delta = -60^0$ (−48 bis −73)

Die in Klammern beigeschriebenen mutmaßlichen Unsicherheitsgrenzen zeigen, daß der Strom I sehr gut, Strom II dagegen weniger exakt festgelegt werden kann. Dies rührt teils daher, daß I mehr Sterne enthält als II: $N_1 : N_2 \cong 3 : 2$, hauptsächlich aber, daß die Geschwindigkeit von I wesentlich größer ist als von II: $hV_1 : hV_2 = 1{,}50 : 0{,}92$. Die beiden Sternströme durchdringen sich völlig, so daß man die beiden Komponenten des Sterngases nur in kinematischer Hinsicht voneinander trennen kann, nicht aber etwa in bezug auf ihre Lage an der Himmelssphäre.

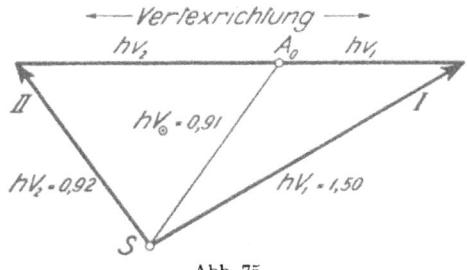

Abb. 75
Bestimmung der Vertexrichtung.

Vom Standpunkt der Sonne aus bietet sich somit folgendes Bild: Strom I bewegt sich mit der Geschwindigkeit 1,50/h nach dem scheinbaren Vertex I, Strom II mit der Geschwindigkeit 0,92/h nach dem Vertex II; diese beiden Richtungen bilden miteinander einen Winkel von rund 100⁰ (Abb. 75). Ein anderes Bild ergibt sich dagegen in bezug auf den Schwerpunkt des Systems beider Sternströme, den wir so lange als ruhend betrachten können, als wir von außerhalb dieser Sternströme stehenden Objekten absehen. Man kann dann nur von der relativen Bewegung der beiden Sternströme gegeneinander sprechen; bewegt sich I gegen II in einer bestimmten Richtung mit einer bestimmten Geschwindigkeit, so bewegt sich II gegen I mit derselben Geschwindigkeit in entgegengesetzter Richtung. Diese ausgezeichnete Richtung, längs der die Relativbewegung der beiden Sternströme stattfindet, nennt man die Vertexrichtung. Man erhält sie graphisch in Abb. 75 als Relativgeschwindigkeit von I gegen II. Bedeuten $X_1, Y_1, Z_1, X_2, Y_2, Z_2$ die Geschwindigkeitskomponenten der Ströme I bzw. II in bezug auf die Sonne und x, y, z diejenigen von I gegen II, so ist

$$x = X_1 - X_2 \qquad y = Y_1 - Y_2 \qquad z = Z_1 - Z_2 \qquad (20.45)$$

und die Relativgeschwindigkeit v der beiden Driften beträgt:

$$v = (x^2 + y^2 + z^2)^{1/2} \qquad (20.46)$$

Bezeichnen wir die Koordinaten der Vertexrichtung mit A und D, so lassen sich die Geschwindigkeitskomponenten durch v ausdrücken:

$$x = v \cos D \cos A$$
$$y = v \cos D \sin A \qquad (20.47)$$
$$z = v \sin D$$

aus denen umgekehrt die Vertexkoordinaten berechnet werden können:

$$\operatorname{tg} A = \frac{y}{x}$$

$$\operatorname{tg} D = \frac{z}{\sqrt{x^2 + y^2}}$$

(20. 48)

Für die Vertexkoordinaten erhält man mit einer Ungenauigkeit von wenigen Graden:

$$A = 274^0 \qquad D = -\cdot 12^0$$

oder in galaktischen Koordinaten:

$$L = 347^0 \qquad B = 0^0$$

Die Tatsache, daß die ausgezeichnete Bewegungsrichtung in die Milchstraßenebene fällt, zeigt deutlich, daß der Zweistromzerlegung eine tiefere Bedeutung zugrunde liegt. Da der wahre Winkel zwischen den beiden Sternströmen 180^0 beträgt, muß der Schwerpunkt A_0 in Abb. 75 auf der Vertexrichtung liegen, und zwar so, daß sich die Geschwindigkeiten v_1 und v_2 der beiden Ströme in bezug auf A_0 umgekehrt verhalten wie $N_1 : N_2$. Es ist somit $\overrightarrow{SA_0}$ die Geschwindigkeit des Schwerpunktes in bezug auf die Sonne bzw. $\overrightarrow{A_0 S}$ diejenige der Sonne in bezug auf den Schwerpunkt des betrachteten Sterngases. Die Koordinaten der Richtung $\overrightarrow{A_0 S}$ sind diejenigen des Sonnenapex: $\alpha \sim 276^0$, $\delta \sim +36^0$. Nachdem Richtung und Größe von V_1 und V_2 (in Einheiten von $1/h$) aus der Beobachtung bekannt sind, folgen die übrigen Geschwindigkeiten, ebenfalls in dieser Einheit ausgedrückt, aus Abb. 75; insbesondere beträgt die Sonnengeschwindigkeit $h V_\odot = 0{,}91$. Da wir aber im vorangehenden Abschnitt diese Geschwindigkeit zu 19,5 km/s gefunden haben, folgt $1/h = 21$ km/s und damit schließlich:

$$v_1 = 15{,}7 \text{ km/s}$$
$$v_2 = 23{,}6 \text{ km/s}$$

Wenn wir vom Schwerpunkt gesprochen haben, so wäre dies nur richtig, wenn alle Sterne dieselbe Masse hätten. Da dies aber nicht zutrifft und wir die individuellen Sternmassen nicht kennen, ist es korrekter, vom kinematischen Mittelpunkt zu sprechen; wegen der geringen Streuung der Sternmassen ist dieser aber praktisch identisch mit dem Schwerpunkt.

117. Die Ellipsoidtheorie

Etwa zu gleicher Zeit als KAPTEYN die «Bohnenkurven» (Abb. 72) durch die dualistische Zweistromtheorie erklärte, deutete SCHWARZSCHILD dieselben durch seine unitarische Ellipsoidtheorie. Denken wir uns in einem Geschwindigkeitsraum jeden Stern durch einen Punkt dargestellt, dessen Koordinaten seine Geschwindigkeitskomponenten in bezug auf den Schwerpunkt des Systems sind, so nennt man die Gesamtheit der Punkte den Geschwindigkeitskörper. Die Flächen, welche Gebiete gleicher Dichte der Geschwindigkeitspunkte miteinander verbinden, heißen Geschwindigkeitsflächen. Während die bevorzugte Bewegungsrichtung in der Zweistromtheorie durch zwei sich längs der Vertexrichtung gegeneinander bewegende Sternströme gedeutet wird, wobei die regellos verteilt gedachten individuellen Bewegungen sich der Strombewegung überlagern, d. h. der empirische, langgestreckte Geschwindigkeitskörper durch Superposition zweier gegeneinander verschobener sphärischer Geschwindigkeitskörper interpretiert wird, erklärte SCHWARZSCHILD den Beobachtungsbefund durch einen einzigen, jedoch ellipsoidischen Geschwindigkeitskörper. Bedeuten U, V, W die linearen Komponenten der Sterngeschwindigkeit, so haben wir bei ellipsoidischer Geschwindigkeitsverteilung das einfache Maxwellsche Gesetz (20.17) durch die neue Geschwindigkeitsfunktion zu ersetzen:

$$A \, e^{-K^2 U^2 - H^2 V^2 - M^2 W^2} \tag{20.49}$$

Die zu dieser Verteilungsfunktion gehörenden Geschwindigkeitsflächen sind dreiachsige Ellipsoide. Da der empirische Geschwindigkeitskörper nur *eine* ausgezeichnete Richtung aufweist, setzte SCHWARZSCHILD $M = H$, wodurch der Exponent von (20.49):

$$K^2 U^2 + H^2 (V^2 + W^2) = 1 \tag{20.50}$$

in ein zweiachsiges, d. h. ein Rotationsellipsoid übergeht. Die U-Achse stelle die lange Achse des Ellipsoides dar, die in die Vertexrichtung fällt. Dementsprechend ist $K < H$.

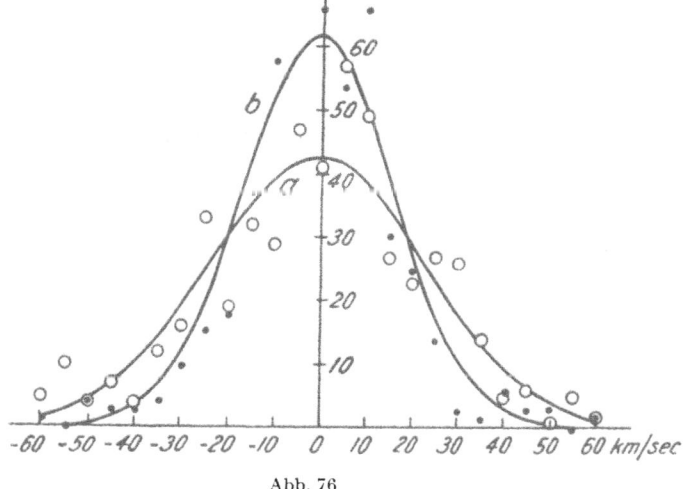

Abb. 76
Gaußsche Verteilung der Radialgeschwindigkeiten; Kurve *a* für die Vertexrichtung, Kurve *b* für die dazu senkrechte Richtung (nach R. E. WILLIAMSON).

Zur Illustration zeigt Abb. 76 die Verteilung der Radialkomponenten der Rest- oder Pekuliarbewegungen, d. h. der in bezug auf die parallaktische Bewegung korrigierten Geschwindigkeiten, und zwar sowohl in der Vertexrichtung als auch in Richtung senkrecht zu dieser. Wie man sieht, ist in jedem Fall die

Geschwindigkeitsverteilung ziemlich gut durch eine Gaußsche Fehlerkurve darstellbar mit dem Unterschied, daß die Dispersion für die Vertexrichtung größer
ist als in der zu dieser senkrechten Richtung. Während die mittlere Radialgeschwindigkeit in der Vertexrichtung 23,4 km/s beträgt, erreicht sie in der zu
dieser senkrechten, in der galaktischen Ebene liegenden Richtung nur den
Betrag von 16,3 km/s.

Man erkennt leicht, daß die Ellipsoidtheorie den Beobachtungsbefund nur formal
anders beschreibt als die Zweistromtheorie, zunächst mit dem einzigen Vorteil einer
mathematisch befriedigenderen unitarischen Darstellung. Die ellipsoidische
Geschwindigkeitsverteilung konnte erst später auf Grund der Dynamik des Sternsystems eine Erklärung finden.

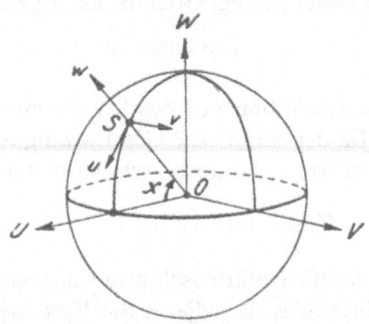

Abb. 77
Hilfsfigur zur Berechnung der Richtungsverteilung der Eigenbewegungen.

Die Anzahl der Sterne mit Geschwindigkeitskomponenten U bis $U + dU$,
V bis $V + dV$, W bis $W + dW$ beträgt nach (20.49):

$$dN = A\, e^{-K^2 U^2 - H^2 (V^2 + W^2)}\, dU\, dV\, dW \qquad (20.51)$$

Die Konstante A ergibt sich wieder aus der Summation über alle Geschwindigkeiten, die zur Gesamtzahl N der Sterne führt:

$$N = A \int_{-\infty}^{+\infty} e^{-K^2 U^2}\, dU \int_{-\infty}^{+\infty} e^{-H^2 V^2}\, dV \int_{-\infty}^{+\infty} e^{-H^2 W^2}\, dW = A\, \frac{\sqrt{\pi^3}}{K H H}$$

$$A = \frac{N K H^2}{\pi^{3/2}} \qquad (20.52)$$

Die Zahl der Sterne mit einer Geschwindigkeit zwischen U und $U + dU$ bei
irgendwelchen V- und W-Komponenten ist:

$$dN = \frac{N K H^2}{\pi^{3/2}}\, e^{-K^2 U^2}\, dU \int_{-\infty}^{+\infty} e^{-H^2 V^2}\, dV \int_{-\infty}^{+\infty} e^{-H^2 W^2}\, dW = \frac{N K}{\pi^{1/2}}\, e^{-K^2 U^2}\, dU \quad (20.53)$$

Durch Integration über diesen mit U multiplizierten Ausdruck erhält man
schließlich den Mittelwert des Betrages der U-Komponente:

$$\overline{U} = \frac{2 K}{\pi^{1/2}} \int_{0}^{\infty} U\, e^{-K^2 U^2}\, dU = \frac{1}{K \sqrt{\pi}} \qquad \overline{V} = \overline{W} = \frac{1}{H \sqrt{\pi}} \qquad (20.54)$$

Diese Mittelwerte $\bar{U}, \bar{V}, \bar{W}$ sind den Halbachsen des Geschwindigkeitsellipsoides proportional.

Nun berechnen wir auf Grund der Ellipsoidtheorie die Richtungsverteilung der Eigenbewegungen in einem kleinen Himmelsausschnitt um S (Abb. 77). Der Koordinatennullpunkt sei der als ruhend betrachtete Schwerpunkt der näheren Sternumgebung. Von den rechtwinkligen Geschwindigkeitskoordinaten soll die U-Achse in die Vertexrichtung fallen. Es ist jedoch zweckmäßiger, für das Sternfeld um S mit einem (u, v, w)-System zu rechnen, dessen w-Achse radial verläuft, während die v-Achse der V-Achse parallel ist. Der Übergang von dem einen zum andern System wird durch folgende Beziehungen vermittelt:

$$u = U \sin\chi - W \cos\chi \qquad U = u \sin\chi + w \cos\chi$$

$$v = V \qquad\qquad V = v \qquad\qquad (20.55)$$

$$w = U \cos\chi + W \sin\chi \qquad W = - u \cos\chi + w \sin\chi$$

In den neuen Variablen erhält man für den Exponenten in (20.51):

$$
\begin{aligned}
K^2 U^2 + H^2(V^2 + W^2) &= u^2 K^2 \sin^2\chi + w^2 K^2 \cos^2\chi \\
&\quad + 2 K^2 u w \sin\chi \cos\chi + H^2 v^2 + u^2 H^2 \cos^2\chi \\
&\quad + w^2 H^2 \sin^2\chi - 2 H^2 u w \sin\chi \cos\chi \\
&= u^2 (K^2 \sin^2\chi + H^2 \cos^2\chi) + H^2 v^2 \qquad (20.56) \\
&\quad + w^2 (K^2 \cos^2\chi + H^2 \sin^2\chi) \\
&\quad + 2 u w (K^2 - H^2) \sin\chi \cos\chi
\end{aligned}
$$

Nun folgt aus (20.51) für die Zahl der Sterne in dem Geschwindigkeitsintervall $u, u + du, v, v + dv, w, w + dw$

$$A \, e^{- u^2(K^2\sin^2\chi + H^2\cos^2\chi) - H^2 v^2 - \alpha w^2 - 2\beta u w} \, du \, dv \, dw \qquad (20.57)$$

wobei wir die Koeffizienten von w^2 und $2 u w$ in (20.56) mit α bzw. β abgekürzt haben. Da wir uns aber wiederum nur für die Eigenbewegungen an der Sphäre interessieren, erhalten wir die Anzahl dn der Sterne mit den Transversalgeschwindigkeitskomponenten zwischen u und $u + du$, v und $v + dv$ bei beliebiger Radialgeschwindigkeit, indem wir (20.57) über alle Werte von w integrieren:

$$
\begin{aligned}
dn &= A \, e^{- u^2(K^2\sin^2\chi + H^2\cos^2\chi) - H^2 v^2} \, du \, dv \int\limits_{-\infty}^{+\infty} e^{- \alpha w^2 - 2\beta u w} \, dw \\
&= A \, e^{- u^2(K^2\sin^2\chi + H^2\cos^2\chi) - H^2 v^2} \, du \, dv \, e^{(\beta^2/\alpha) u^2} \int\limits_{-\infty}^{+\infty} e^{- \alpha [w + (\beta u/\alpha)]^2} \, dw \\
&\quad\quad\quad\quad\quad\quad\quad\quad\quad\quad\quad\quad\quad\quad\quad\quad\quad\quad (20.58) \\
&= A \sqrt{\frac{\pi}{\alpha}} \, e^{- u^2[K^2\sin^2\chi + H^2\cos^2\chi - (\beta^2/\alpha)] - H^2 v^2} \, du \, dv \\
&= C \, e^{- k^2 u^2 - h^2 v^2} \, du \, dv
\end{aligned}
$$

In dieser letzten Gleichung sind zur Vereinfachung folgende Abkürzungen eingeführt worden:

$$C = A \sqrt{\frac{\pi}{\alpha}} = \frac{N K H^2}{\pi \sqrt{\alpha}} = \frac{N H^2}{\pi \sqrt{(K^2 \cos^2\chi + H^2 \sin^2\chi)/K^2}} \qquad (20.59)$$

$$k^2 = K^2 \sin^2\chi + H^2 \cos^2\chi - \frac{(K^2 - H^2)^2 \sin^2\chi \cos^2\chi}{K^2 \cos^2\chi + H^2 \sin^2\chi}$$

$$= \frac{K^2 H^2}{K^2 \cos^2\chi + H^2 \sin^2\chi} \qquad (20.60)$$

$$h^2 = H^2 \qquad\qquad\qquad\qquad \cdot (20.61)$$

Die durch den Exponenten von (20.58):

$$k^2 u^2 + h^2 v^2 = 1 \qquad (20.62)$$

dargestellte Ellipse mit den Halbachsen $1/k$ und $1/h$ nennt man die Geschwindigkeitsellipse; ihre Halbachsen können mit Hilfe von (20.60) und (20.61) durch die Halbachsen K und H des Geschwindigkeitsellipsoides ausgedrückt werden:

$$\frac{h^2}{k^2} = \frac{K^2 \cos^2\chi + H^2 \sin^2\chi}{K^2} = 1 - \sin^2\chi + \frac{H^2}{K^2} \sin^2\chi \qquad (20.63)$$

$$\frac{h^2}{k^2} - 1 = \left(\frac{H^2}{K^2} - 1\right) \sin^2\chi \qquad (20.64)$$

Da $K < H$, ist auch $k < h$; somit liegt die große Achse der Geschwindigkeitsellipse in der u-Achse. Während ihre Länge nach (20.60) mit χ variiert, ist die kleine Achse unabhängig von der Lage an der Sphäre. Für $\chi = 0^0$ und 180^0 geht die Geschwindigkeitsellipse in einen Kreis vom Radius $1/h = 1/H$ über.

Vom Standpunkt des ruhenden Zentrums des Sternsystems beträgt nach (20.58) die Anzahl der Sterne mit den Eigenbewegungskomponenten u, $u + du$ und v, $v + dv$

$$dn = C\, e^{-k^2 u^2 - h^2 v^2}\, du\, dv \qquad (20.65)$$

wobei die Konstante C nach (20.59) und (20.63) den Betrag $n\,h\,k/\pi$ annimmt, sofern wir die Gesamtzahl der Sterne des betrachteten Feldes mit n bezeichnen. Nunmehr bleibt uns noch zu berechnen, wie die Verteilungsfunktion deformiert wird bei Berücksichtigung der Sonnenbewegung. Die Komponenten derselben in der u- und v-Richtung seien $- U_0$ und $- V_0$ und somit betragen die beobachteten Eigenbewegungskomponenten eines Sternes

$$x = u + U_0 = r \cos\Phi \qquad (20.66)$$

$$y = v + V_0 = r \sin\Phi \qquad (20.67)$$

Damit erhält man aus (20.65) für die Anzahl dn der Sterne mit den Geschwindigkeitskomponenten x, $x + dx$ und y, $y + dy$ bzw. r, $r + dr$ und Φ, $\Phi + d\Phi$:

$$dn = \frac{n\,h\,k}{\pi}\, e^{-k^2 (r \cos\Phi - U_0)^2 - h^2 (r \sin\Phi - V_0)^2}\, r\, dr\, d\Phi \qquad (20.68)$$

Da wir uns weiterhin nur für die Richtung Φ, nicht aber für den Betrag r interessieren, erhalten wir die Zahl $n(\Phi)\, d\Phi$ der Sterne, die sich in den Sektor Φ, $\Phi + d\Phi$ bewegen, durch Integration von (20.68) über alle Werte von r:

$$n(\Phi)\, d\Phi = \frac{n\, h\, k}{\pi}\, e^{-k^2 U_0^2 - h^2 V_0^2}\, d\Phi$$

$$\times \int_0^\infty r\, e^{-r^2 (k^2 \cos^2 \Phi + h^2 \sin^2 \Phi) + 2\, r\, (k^2 U_0 \cos \Phi + h^2 V_0 \sin \Phi)}\, dr \tag{20.69}$$

Mit den Abkürzungen

$$p = (k^2 \cos^2 \Phi + h^2 \sin^2 \Phi)^{1/2} \tag{20.70}$$

$$\xi = \frac{1}{p}\, (k^2 U_0 \cos \Phi + h^2 V_0 \sin \Phi) \tag{20.71}$$

$$\alpha = p\, r - \xi \tag{20.72}$$

schreibt sich dieses Integral:

$$\int_0^\infty r\, dr\, e^{-(r^2 p^2 - 2\, r\, p\, \xi)} = e^{\xi^2} \int_0^\infty r\, dr\, e^{-(r^2 p^2 - 2\, r\, p\, \xi + \xi^2)} = \frac{e^{\xi^2}}{p^2} \int_{-\xi}^\infty (\alpha + \xi)\, e^{-\alpha^2}\, d\alpha$$

$$= \frac{e^{\xi^2}}{p^2} \left[\frac{e^{-\xi^2}}{2} + \int_{-\xi}^\infty \xi\, e^{-\alpha^2}\, d\alpha \right] = \frac{1}{p^2} \left[\frac{1}{2} + \xi\, e^{\xi^2} \int_{-\xi}^\infty e^{-\alpha^2}\, d\alpha \right] = \frac{\sqrt{\pi}}{2\, p^2}\, f(\xi) \tag{20.73}$$

Die hier eingeführte Funktion $f(\xi)$ ist identisch mit der in (20.32) definierten und in Tab. 39 aufgeführten Funktion $f(\tau)$. Damit erhält man schließlich für die Richtungsverteilung der Eigenbewegungen:

$$n(\Phi) = \frac{n\, h\, k}{2 \sqrt{\pi}}\, e^{-k^2 U_0^2 - h^2 V_0^2}\, \frac{1}{p^2}\, f(\xi) \tag{20.74}$$

Dies ist der analytische Ausdruck für die «Bohnenkurve». Stellt man dieser Richtungsverteilung diejenige der reinen Driftkurve (20.33) gegenüber, so erkennt man, daß erstens an Stelle der symmetrischen Richtungsverteilung $f(\tau)$ die unsymmetrische $f(\xi)$ getreten und zweitens diese unsymmetrische Funktion durch den richtungsabhängigen Faktor $1/p^2$ modifiziert ist.

Wir beginnen die Diskussion von (20.74), indem wir nach dem Maximum von $f(\xi)$ fragen. Da $f(\xi)$ nach Tab. 39 monoton mit ξ wächst, ist dieses Problem gleichbedeutend mit der Frage nach der Richtung, in welcher der größte Wert von ξ auftritt. Mit der Abkürzung tg $\Phi = q$ wird aus (20.71)

$$\xi = \frac{k^2 U_0 + h^2 V_0\, q}{(k^2 + h^2 q^2)^{1/2}} \tag{20.75}$$

$$\frac{d\xi}{dq} = \frac{h^2 k^2 (V_0 - U_0\, q)}{(k^2 + h^2 q^2)^{3/2}}$$

$$\frac{d\xi}{d\Phi} = \frac{h^2 k^2 [V_0 - U_0 (\sin \Phi / \cos \Phi)]}{[k^2 + h^2 (\sin^2 \Phi / \cos^2 \Phi)]^{3/2} \cos^2 \Phi} = \frac{h^2 k^2 (V_0 \cos \Phi - U_0 \sin \Phi)}{(k^2 \cos^2 \Phi + h^2 \sin^2 \Phi)^{3/2}} \tag{20.76}$$

Es erreicht somit ξ und damit $f(\xi)$ ein Extremum für tg $\Phi = V_0/U_0$, d. h. in der Richtung der parallaktischen Bewegung, und zwar ein Maximum, wie die zweite Ableitung zeigt, und ein Minimum in der entgegengesetzten Richtung.

Auch bei der reinen Driftkurve (20.33) lag das Maximum in der Richtung der parallaktischen Bewegung und das Minimum in der Gegenrichtung. Während aber die reine Driftkurve in bezug auf die parallaktische Bewegung symmetrisch war, trifft dies für die Funktion $f(\xi)$ nicht mehr zu. Um dies zu zeigen, setzen wir $\Phi = \Phi_0 + \alpha$, wobei Φ_0 den Positionswinkel der parallaktischen Bewegung

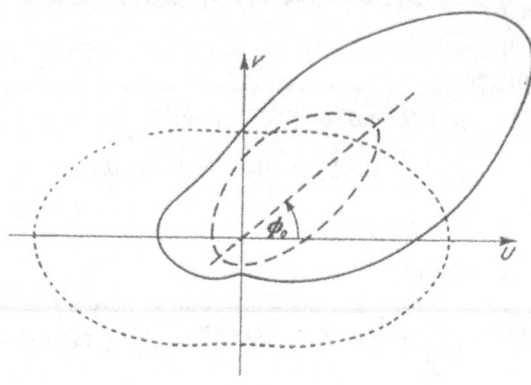

Abb. 78
Interpretation der «Bohnenkurve» nach der Ellipsoidtheorie.

bedeutet und α den von dieser Richtung aus gemessenen Positionswinkel. Es ist somit

$$\operatorname{tg}\Phi_0 = \frac{V_0}{U_0} \tag{20.77}$$

$$\cos\Phi = \cos\Phi_0 \left(\cos\alpha - \frac{V_0}{U_0}\sin\alpha\right) \tag{20.78}$$

$$\sin\Phi = \cos\Phi_0 \left(\sin\alpha + \frac{V_0}{U_0}\cos\alpha\right) \tag{20.79}$$

Damit folgt aus (20.71)

$$\xi(\alpha) = \frac{1}{p}\left(k^2 U_0 \cos\Phi_0 \cos\alpha - k^2 V_0 \cos\Phi_0 \sin\alpha\right.$$

$$\left. + h^2 V_0 \cos\Phi_0 \sin\alpha + \frac{h^2 V_0^2}{U_0}\cos\Phi_0 \cos\alpha\right) \tag{20.80}$$

$$= \frac{\cos\Phi_0}{p U_0}\left\{(h^2 - k^2) U_0 V_0 \sin\alpha + (h^2 V_0^2 + k^2 U_0^2)\cos\alpha\right\}$$

Es ist somit $\xi(-\alpha) \neq \xi(\alpha)$ und damit $f(\xi)$ unsymmetrisch bezüglich der Richtung Φ_0. Nur im Falle $h^2 - k^2 = 0$ wird $\xi(\alpha)$ symmetrisch, d. h. wenn die ellipsoidische Geschwindigkeitsverteilung in die isotrope sphärische übergeht.

Nun ist aber die Funktion $f(\xi)$ durch den Faktor $1/p^2$ deformiert; nach (20.70) ist:

$$p^2 = k^2 \cos^2\Phi + h^2 \sin^2\Phi \tag{20.81}$$

$$\frac{dp^2}{d\Phi} = (h^2 - k^2)\sin 2\Phi \tag{20.82}$$

$$\frac{d^2p^2}{d\Phi^2} = 2(h^2 - k^2)\cos 2\Phi \tag{20.83}$$

Daraus ersieht man, daß $1/p^2$ in den Richtungen $\varPhi = 0^0$, 180^0 ein Maximum vom Betrag $1/k^2$ aufweist und in den Richtungen $\varPhi = 90^0$, 270^0 ein Minimum vom Betrag $1/h^2$. Die Kurve $f(\xi)$ erleidet somit durch $1/p^2$ in den Richtungen $\varPhi = 0^0$, 180^0 eine relative Dehnung, in den Richtungen $\varPhi = 90^0$, 270^0 eine relative Kontraktion. In Abb. 78 stellt die gestrichelte Kurve $f(\xi)$ dar, die punktierte $1/p^2$ und die ausgezogene die resultierende «Bohnenkurve» $\sim f(\xi)/p^2$.

118. Analyse der Richtungsverteilung der Eigenbewegungen nach der Ellipsoidtheorie

Sind in einem engbegrenzten Gebiet der Himmelskugel n Sterne auf die Richtung ihrer Eigenbewegung untersucht, so ist ihre Richtungsverteilung durch (20.74) darstellbar, d. h. durch die Parameter h, k, U_0, V_0; ferner muß die Richtung der u-Achse bekannt sein, deren von der Nordrichtung aus gemessener Positionswinkel $\varTheta_0$ betrage. Wir haben nun diese fünf Größen aus einer beobachteten «Bohnenkurve», welche die Anzahl $n(\varTheta)\,d\varTheta$ der Sterne angibt, die sich in den Positionswinkelsektor $\varTheta$, $\varTheta + d\varTheta$ bewegen, zu bestimmen. Nach (20.74) ist

$$n(\varTheta)\,d\varTheta = \frac{C^2}{p^2}\,f(\xi)\,d\varTheta \qquad (20.84)$$

wobei C^2 eine für das betreffende Sternfeld charakteristische Konstante ist. In (20.70) und (20.71) ist $\varPhi$ nun durch $\varTheta - \varTheta_0$ zu ersetzen. Ändert sich $\varTheta$ um 180^0, so bleibt p^2 unverändert, während ξ das Vorzeichen wechselt. Die Funktion

$$\frac{n(\varTheta)}{n(\varPhi + 180^0)} = \frac{f(\xi)}{f(-\xi)} = \psi(\xi) \qquad (20.85)$$

ist in Tab. 40 für die hauptsächlich in Betracht kommenden ξ-Werte tabelliert. Daraus ersieht man, daß $\log\psi(\xi)$ näherungsweise $1{,}55\,\xi$ beträgt. Nun beobachtet man für jede Richtung $\varTheta$ den Quotienten (20.85), so daß man nach Tab. 40 für jede Richtung ξ und nach Tab. 39 auch $f(\xi)$ kennt. Da die linke Seite von (20.84) beobachtet ist, kennt man nunmehr auch $C^2/p^2 = r_1^2$ für jede Richtung $\varTheta$.

Tabelle 40

Die Funktion $\psi(\xi)$

ξ	$\log f(\xi)$	$\log \psi(\xi)$
0,0	9,7514	0,000
0,1	9,8303	0,154
0,2	9,9131	0,309
0,3	0,0001	0,464
0,4	0,0916	0,620
0,5	0,1876	0,779
0,6	0,2886	0,939
0,7	0,3947	1,102
0,8	0,5061	1,268

Nach (20.70) ist:

$$k^2 \, [r_1 \cos (\Theta - \Theta_0)]^2 + h^2 \, [r_1 \sin (\Theta - \Theta_0)]^2 = C^2 \qquad (20.86)$$

Bezeichnet man die eckigen Klammern, welche die Projektionen von r_1 auf die Richtungen Θ_0 und senkrecht zu dieser bedeuten, mit x bzw. y, so erhält man:

$$\frac{x^2}{(C/k)^2} + \frac{y^2}{(C/h)^2} = 1 \qquad (20.87)$$

Somit stellt r_1 eine Ellipse, die sog. Hilfsellipse dar, mit der großen Achse C/k in der Richtung Θ_0 und der kleinen Achse C/h. Für die Analyse ist es jedoch zweckmäßiger, die Hilfsellipse (20.86) folgendermaßen unter Verwendung der Additionstheoreme umzuschreiben:

$$\frac{k^2}{C^2} \, (1 + \cos 2\, \Theta \cos 2\, \Theta_0 + \sin 2\, \Theta \sin 2\, \Theta_0)$$

$$+ \frac{h^2}{C^2} \, (1 - \cos 2\, \Theta \cos 2\, \Theta_0 - \sin 2\, \Theta \sin 2\, \Theta_0) = \frac{2}{r_1^2}$$

$$\frac{1}{C^2} \, (h^2 + k^2) - \frac{1}{C^2} \, (h^2 - k^2) \cos 2\, \Theta \cos 2\, \Theta_0$$

$$- \frac{1}{C^2} \, (h^2 - k^2) \sin 2\, \Theta \sin 2\, \Theta_0 = \frac{2}{r_1^2}$$

$$X + Y \cos 2\, \Theta + Z \sin 2\, \Theta = \frac{2}{r_1^2} \qquad (20.88)$$

Derartige Gleichungen erhält man so viele als r_1-Werte vorliegen, z. B. 36 bei Θ-Intervallen von je 10°. Aus diesen werden die drei Unbekannten

$$X = \frac{1}{C^2} \, (h^2 + k^2) \qquad (20.89)$$

$$Y = - \frac{1}{C^2} \, (h^2 - k^2) \cos 2\, \Theta_0 \qquad (20.90)$$

$$Z = - \frac{1}{C^2} \, (h^2 - k^2) \sin 2\, \Theta_0 \qquad (20.91)$$

nach der Methode der kleinsten Quadrate aufgelöst. Aus diesen folgen weiter die Größen Θ_0, h/C, k/C bzw. das Achsenverhältnis der Geschwindigkeitsellipse h/k.

Nun fehlen uns noch U_0, V_0, zu deren Bestimmung wir für jeden Θ-Wert die Größe $r_2 = r_1/\xi = C/(p\,\xi)$ bilden. Nach (20.70) und (20.71) ist

$$r_2 \, [k^2 \, U_0 \cos (\Theta - \Theta_0) + h^2 \, V_0 \sin (\Theta - \Theta_0)] = C \qquad (20.92)$$

Dies stellt eine Gerade dar, wie noch deutlicher wird, wenn man die in (20.87) eingeführten, auf die Hauptachsen der Hilfsellipse bezogenen Koordinaten x, y verwendet:

$$k^2 \, U_0 \, x + h^2 \, V_0 \, y = C \qquad (20.93)$$

Diese Gerade erzeugt auf den Hauptachsen der Hilfsellipse die Abschnitte a bzw. b:

$$k^2 \, U_0 \, a = C \qquad h^2 \, V_0 \, b = C \qquad (20.94)$$

Bei Benutzung der Abkürzungen

$$\frac{C}{k} = c \qquad \frac{C}{h} = d \qquad (20.95)$$

ergibt sich für die parallaktischen Komponenten:

$$U_0 = \frac{c}{k\,a} = \frac{c^2}{a\,h\,d} \qquad V_0 = \frac{d}{h\,b} = \frac{d^2}{b\,h\,d} \qquad (20.96)$$

und für den Positionswinkel Θ^* der parallaktischen Bewegung (Richtung zum Antapex):

$$\mathrm{tg}\,(\Theta^* - \Theta_0) = \frac{V_0}{U_0} = \frac{a}{b}\left(\frac{k}{h}\right)^2 \qquad (20.97)$$

Da mit r_1 auch r_2 aus der Beobachtung bekannt ist, kennt man auch die Achsenabschnitte a und b, während die Halbachsen c und d der Hilfsellipse bereits bestimmt worden sind. Daß man die Geschwindigkeiten U_0, V_0 nur in Einheiten von $1/h$ erhält, bedarf keiner weiteren Erläuterung, da wir nur Winkelgeschwindigkeiten verwendet haben.

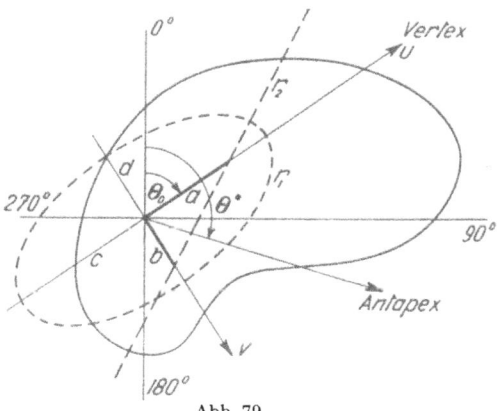

Abb. 79
Analyse der Richtungsverteilung der Eigenbewegungen nach der Ellipsoidtheorie.

Wir rekapitulieren die Analyse der Richtungsverteilung der Eigenbewegungen an Hand eines konkreten Beispiels. Gegeben ist die beobachtete, evtl. ausgeglichene Verteilungskurve $n(\Theta)$ (Abb. 79). Aus je zwei diametralen n-Werten erhält man $\psi(\xi)$, daraus ξ, weiter $f(\xi)$ und schließlich $r_1 = \sqrt{n/f(\xi)} = C/p$, welcher Ausdruck die Hilfsellipse darstellt; ihr entnimmt man die Größen Θ_0, c, d. Nun konstruiert man die Gerade $r_2 = r_1/\xi$ und erhält die Achsenabschnitte a, b. Aus den so bestimmten Größen folgt das Achsenverhältnis der Geschwindigkeitsellipse $h/k = c/d$ und nach (20.97) der Positionswinkel Θ^* der Richtung zum Antapex. Schließlich erhält man aus (20.96) die parallaktischen Komponenten U_0, V_0 in Einheiten von $1/h$ oder $1/k$.

Endlich haben wir noch das Achsenverhältnis des Geschwindigkeitsellipsoides nach (20.64) zu berechnen:

$$\left(\frac{H^2}{K^2} - 1\right)\sin^2\chi = \frac{h^2}{k^2} - 1 \qquad (20.98)$$

Ist die Vertexrichtung A, D anderweitig bestimmt und damit der Abstand χ des untersuchten Sternfeldes vom Vertex bekannt, so ist die Aufgabe bereits gelöst. Andernfalls bestimmt man die Vertexkoordinaten und das Verhältnis K/H aus der Kombination mehrerer Sternfelder. Aus Abb. 80 folgt nach der Beziehung zwischen fünf Stücken (Sinus-Kosinus-Satz):

$$\sin\chi\,\cos\Theta_0 = \sin D\,\cos\delta - \cos D\,\sin\delta\,\cos(A-\alpha) \qquad (20.99)$$

wobei α, δ die Koordinaten des Mittelpunktes des Sternfeldes bedeuten. Aus demselben Dreieck folgt nach dem Sinussatz:

$$\sin\chi\,\sin\Theta_0 = \cos D\,\sin(A-\alpha) \qquad (20.100)$$

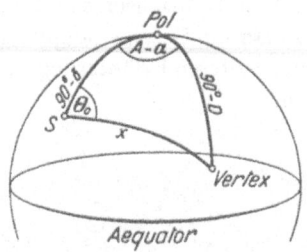

Abb. 80
Zur Bestimmung des Achsenverhältnisses des Geschwindigkeitsellipsoides.

Bei Einführung der Abkürzungen

$$\left(\frac{H^2}{K^2}-1\right)^{1/2} = \zeta \qquad \left(\frac{h^2}{k^2}-1\right)^{1/2} = \zeta_0 \qquad (20.101)$$

$$\zeta\,\sin\chi = \zeta_0 \qquad (20.102)$$

erhält man aus (20.99) und (20.100):

$$\zeta_0\,\cos\Theta_0 = \zeta\,\sin D\,\cos\delta - \zeta\,\cos D\,\sin\delta\,\cos(A-\alpha) \qquad (20.103)$$

$$\zeta_0\,\sin\Theta_0 = \zeta\,\cos D\,\sin(A-\alpha) \qquad (20.104)$$

und unter Benutzung der Substitutionen:

$$\zeta\,\cos D\,\cos A = X \qquad (20.105)$$

$$\zeta\,\cos D\,\sin A = Y \qquad (20.106)$$

$$\zeta\,\sin D \qquad = Z \qquad (20.107)$$

schließlich:

$$\zeta_0\,\cos\Theta_0 = -X\,\sin\delta\,\cos\alpha - Y\,\sin\delta\,\sin\alpha + Z\,\cos\delta \qquad (20.108)$$

$$\zeta_0\,\sin\Theta_0 = -X\,\sin\alpha + Y\,\cos\alpha \qquad (20.109)$$

Jedes untersuchte Sternfeld liefert zwei derartige Gleichungen mit den drei Unbekannten X, Y, Z, welche nach der Methode der kleinsten Quadrate berechnet werden. Durch Umkehrung der Substitutionen (20.105) bis (20.107) erhält man dann die gewünschten Größen:

$$\operatorname{tg} A = \frac{Y}{X} \tag{20.110}$$

$$\operatorname{tg} D = \frac{Z}{(X^2 + Y^2)^{1/2}} \tag{20.111}$$

$$\zeta = (X^2 + Y^2 + Z^2)^{1/2} \tag{20.112}$$

Für die Vertexrichtung ergab sich auf diese Weise:

$$\begin{aligned} A &= 93^0 \text{ bzw. } 273^0 \\ D &= +6^0 \text{ bzw. } -6^0 \end{aligned} \tag{20.113}$$

und für das Achsenverhältnis des Geschwindigkeitsellipsoides $K/H = 0{,}63$.

Abschließend sei noch erwähnt, daß die Theorie auch auf ein dreiachsiges Geschwindigkeitsellipsoid erweitert worden ist, sich jedoch innerhalb der Fehlergrenzen zwischen den Längen der zweiten und dritten Achse kein Unterschied feststellen ließ, so daß das Rotationsellipsoid ausreicht, unsere heutigen Kenntnisse über die Geschwindigkeitsverteilungen der Sterne darzustellen.

XXI. DYNAMIK DES STERNSYSTEMS

Während wir bisher die Bewegungsverhältnisse im Sternsystem von einem rein beschreibenden Standpunkt aus betrachtet haben, versuchen wir im folgenden, dieselben aus der allgemeinen Gravitation und der Massenverteilung im Sternsystem abzuleiten.

119. Die differentielle Rotation der Milchstraße

Während die bisherigen Darstellungen der Geschwindigkeitsverteilungen der Sterne unserer näheren Umgebung unter dem Gesichtswinkel dieser Umgebung erfolgten, versuchen wir nun, dieselben vom Standpunkt des Gesamtsystems zu verstehen. Der erste Versuch, die kinematischen Verhältnisse im Sternsystem einheitlich zu interpretieren, ist die von OORT und LINDBLAD entwickelte Theorie der Rotation der Milchstraße.

Wir betrachten im folgenden der Einfachheit halber nur die Bewegungen der Sterne in der galaktischen Ebene und greifen von diesen zwei, nämlich die Sonne S und einen Stern S' der Sonnenumgebung heraus. Exakter gesagt, wir greifen zur Elimination der zufälligen Pekuliarbewegungen der Sonne und des Sternes eine erste Gruppe von Sternen mit dem Schwerpunkt S und eine zweite mit dem Schwerpunkt S' heraus. Sowohl S als auch S' sollen sich in der galaktischen Ebene auf einer Kreisbahn um ein fernes Zentrum Z bewegen. Es soll $r = \overline{SS'}$ klein sein gegen die Abstände R, R' vom galaktischen Zentrum

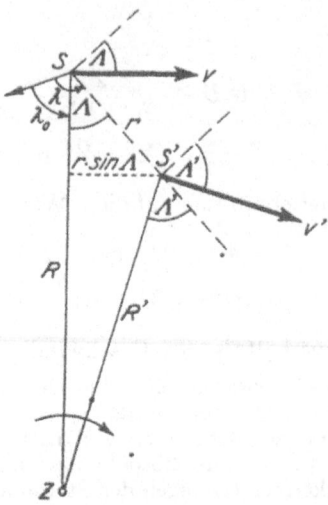

Abb. 81

Schematische Darstellung der differentiellen Rotation.

(Abb. 81). Für die stationären Kreisbewegungen betragen die Zentralbeschleunigungen:

$$b = \frac{v^2}{R} \qquad b' = \frac{v'^2}{R'} \qquad\qquad (21.1)$$

$$v = \sqrt{bR} \qquad v' = \sqrt{b'R'} \qquad\qquad (21.2)$$

Nach Abb. 81 bestehen bei den gemachten Voraussetzungen folgende Beziehungen:

$$\Lambda' = \Lambda + \frac{r \sin \Lambda}{R'} \qquad\qquad (21.3)$$

$$R' = R - r \cos \Lambda \qquad\qquad (21.4)$$

$$b' = b - \frac{\partial b}{\partial R} r \cos \Lambda \qquad\qquad (21.5)$$

denen wir auch folgende Form geben können:

$$\sin \Lambda' = \sin \Lambda \cos \frac{r \sin \Lambda}{R'} + \cos \Lambda \sin \frac{r \sin \Lambda}{R'} = \sin \Lambda \left(1 + \frac{r}{R} \cos \Lambda\right) \quad (21.6)$$

$$\sqrt{R'} = \sqrt{R} \left(1 - \frac{r}{2R} \cos \Lambda\right) \qquad\qquad (21.7)$$

$$\sqrt{b'} = \sqrt{b} \left(1 - \frac{\partial b}{\partial R} \cdot \frac{r}{2b} \cos \Lambda\right) \qquad\qquad (21.8)$$

Zunächst berechnen wir die Radialgeschwindigkeit von S' in bezug auf S:

$$v_r = \frac{dr}{dt} = v' \sin \Lambda' - v \sin \Lambda \qquad\qquad (21.9)$$

Dieser Ausdruck läßt sich unter Verwendung von (21.2) und (21.6) bis (21.8) folgendermaßen umformen:

$$v_r = \sqrt{bR} \sin\Lambda \left[\left(1 - \frac{\partial b}{\partial R} \cdot \frac{r}{2b} \cos\Lambda\right)\left(1 - \frac{r}{2R} \cos\Lambda\right)\left(1 + \frac{r}{R} \cos\Lambda\right) - 1\right]$$

$$= \sqrt{bR} \sin\Lambda \left[1 - \frac{r}{2R} \cos\Lambda - \frac{\partial b}{\partial R} \cdot \frac{r}{2b} \cos\Lambda + \frac{r}{R} \cos\Lambda - 1\right] \qquad (21.10)$$

$$= \frac{\sqrt{bR}}{2} \sin\Lambda \, \frac{r}{R} \cos\Lambda \left[1 - \frac{R}{b} \cdot \frac{\partial b}{\partial R}\right] = \frac{\sqrt{bR}}{4R}\left(1 - \frac{R}{b} \cdot \frac{\partial b}{\partial R}\right) r \sin(2\Lambda)$$

$$v_r = A \, r \sin 2(\lambda - \lambda_0) \qquad (21.11)$$

Bei der Ausmultiplikation von (21.10) wurden die Produkte der kleinen Glieder vernachlässigt und zum Schluß $[\sqrt{bR}/(4R)] \, [1 - (R/b) \, (\partial b/\partial R)] = A$ gesetzt. Ferner bedeutet λ die galaktische Länge von S', λ_0 diejenige des galaktischen Zentrums.

Ehe wir (21.11) diskutieren, leiten wir in analoger Weise eine entsprechende Formel für die Transversalgeschwindigkeit v_T von S' in bezug auf S ab. Nach Abb. 81 ist:

$$v_T = v' \cos\Lambda' - v \cos\Lambda \qquad (21.12)$$

Dieser Ausdruck wird wiederum unter Verwendung von (21.2), (21.7) und (21.8) umgeformt; jedoch benötigen wir an Stelle von (21.6) einen Näherungsausdruck für $\cos\Lambda'$:

$$\cos\Lambda' = \cos\Lambda - \frac{r}{R'} \sin^2\Lambda = \cos\Lambda \left(1 + \frac{r}{R} \cos\Lambda\right) - \frac{r}{R}$$

$$= \cos\Lambda \left[1 + \frac{r}{R}\left(\cos\Lambda - \frac{1}{\cos\Lambda}\right)\right] \qquad (21.13)$$

Damit erhält man aus (21.12):

$$v_T = \sqrt{bR} \cos\Lambda \left\{\left(1 - \frac{r}{2R} \cos\Lambda\right)\left(1 - \frac{\partial b}{\partial R} \cdot \frac{r}{2b} \cos\Lambda\right)\right.$$

$$\times \left[1 + \frac{r}{R}\left(\cos\Lambda - \frac{1}{\cos\Lambda}\right)\right] - 1\Big\}$$

$$= \sqrt{bR} \cos\Lambda \left\{1 - \frac{r}{2R} \cos\Lambda - \frac{\partial b}{\partial R} \cdot \frac{r}{2b} \cos\Lambda\right.$$

$$+ \frac{r}{R} \cos\Lambda - \frac{r}{R \cos\Lambda} - 1\Big\}$$

$$= \sqrt{bR} \cos\Lambda \, \frac{r}{2R} \cos\Lambda \left[1 - \frac{R}{b} \cdot \frac{\partial b}{\partial R}\right] - \frac{r}{R} \sqrt{bR}$$

$$= \sqrt{bR} \cos(2\Lambda) \, \frac{r}{4R} \left[1 - \frac{R}{b} \cdot \frac{\partial b}{\partial R}\right] + \sqrt{bR} \cos(2\Lambda) \, \frac{r}{4R}$$

$$\times \left[1 - \frac{R}{b} \cdot \frac{\partial b}{\partial R}\right] + \sqrt{bR} \, \frac{2\sin^2\Lambda \, r}{4R} \left[1 - \frac{R}{b} \cdot \frac{\partial b}{\partial R}\right] - \sqrt{bR} \, \frac{r}{R}$$

$$= A \, r \cos(2\Lambda) + A \, r - v \, \frac{r}{R} \qquad (21.14)$$

$$v_T = A \, r \cos 2(\lambda - \lambda_0) + B \, r \qquad (21.15)$$

Dabei wurden dieselben Vernachlässigungen und Abkürzungen eingeführt wie bei der Ausrechnung von (21.10); ferner wurde $A - (v/R) = B$ gesetzt. Durch Differentiation von (21.2) erhält man:

$$2\,v\,\frac{\partial v}{\partial R} = \frac{\partial b}{\partial R}\,R + b$$

$$1 - \frac{R}{b}\cdot\frac{\partial b}{\partial R} = 2\left(1 - \frac{v}{b}\cdot\frac{\partial v}{\partial R}\right) = 2\left(1 - \frac{R}{v}\cdot\frac{\partial v}{\partial R}\right)$$

Damit bekommt man für die beiden Konstanten der galaktischen Rotation die Ausdrücke:

$$A = \frac{1}{2}\left(\frac{v}{R} - \frac{\partial v}{\partial R}\right) \tag{21.16}$$

$$B = -\frac{1}{2}\left(\frac{v}{R} + \frac{\partial v}{\partial R}\right) \tag{21.17}$$

Die beiden Hauptformeln (21.11) und (21.15) der galaktischen Rotation zeigen, daß sowohl die Radial- als auch die Transversalgeschwindigkeiten in Abhängigkeit von der galaktischen Länge eine Doppelwelle aufweisen. Für die Radialgeschwindigkeit liegen die Maxima bei $\Lambda = 45^0$, 225^0, die Minima bei 135^0, 315^0. Nach Abb. 82, welche die beobachtete Abhängigkeit der Radialgeschwindigkeit von der galaktischen Länge darstellt, fallen die Maxima auf $\lambda = 10^0$ und 190^0, so daß man für die galaktische Länge des Rotationszentrums erhält: $\lambda_0 = 325^0$, was aufs beste mit der aus der räumlichen Verteilung der Sterne (Ziffer 108) erhaltenen Länge des galaktischen Zentrums übereinstimmt. Die Maxima der Transversalgeschwindigkeit liegen nach (21.15) bei $\Lambda = 0^0$, 180^0 und nach Beobachtung bei $\lambda = 145^0$, 325^0, woraus wieder der obige Wert für λ_0 resultiert.

Nach (21.11) nimmt die Amplitude der Doppelwelle der Radialgeschwindigkeit linear mit der Entfernung zu, was durch Abb. 82 bestätigt wird. Die Konstante A hat die Bedeutung der Amplitude in der Entfernungseinheit; sie kann den Kurven der Abb. 82 entnommen werden. Man erhält den rohen Wert $A = 0{,}02$ km/s pro Parsec.

Die Transversalgeschwindigkeiten können nicht direkt gemessen werden, sondern nur die Eigenbewegungen, d. h. die Winkelgeschwindigkeiten; in (5.7) haben wir die Beziehung zwischen der in km/s gemessenen Transversalgeschwindigkeit, der in Bogensekunden pro Jahr ausgedrückten Eigenbewegung μ und der in Parsec gemessenen Entfernung abgeleitet:

$$v_T = 4{,}74\,\mu\,r \tag{21.18}$$

Man erhält somit an Stelle von (21.15)

$$\mu = \frac{1}{4{,}74}\left[A\,\cos 2\,(\lambda - \lambda_0) + B\right] \tag{21.19}$$

Die Eigenbewegungen zeigen somit eine Doppelwelle mit der von der Entfernung unabhängigen Amplitude $A/4{,}74$. Das in der Formel für die Radialgeschwindigkeit nicht auftretende konstante Glied $B/4{,}74$ bewirkt einen von Null verschiedenen Mittelwert der Eigenbewegungen. Aus der Verschiebung der Kosinuskurve gegenüber der Nullinie erhält man den Betrag der Konstanten B. Die zuverlässigsten Werte für die Konstanten der galaktischen Rotation betragen:

$$A = + 0{,}0155 \pm 0{,}0009 \text{ km/s pc}$$

$$B = - 0{,}0120 \pm 0{,}0027 \text{ km/s pc}$$

$$(21.\,20)$$

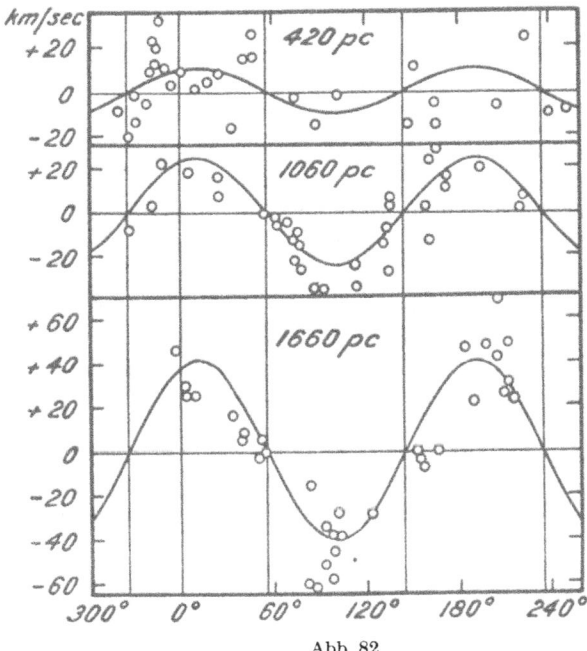

Abb. 82

Die Doppelwelle der Radialgeschwindigkeiten (nach A. H. Joy).

Aus diesen Werten der beiden Konstanten läßt sich nun eine dynamische Bestimmung der bereits aus der räumlichen Verteilung der Mitglieder unseres Sternsystems zu rund 10^4 pc errechneten Entfernung der Sonne vom galaktischen Zentrum vornehmen und darüber hinaus eine Bestimmung der Masse des Sternsystems. Wir machen die vereinfachende Annahme, die Gravitationskraft K an der Stelle der Sonne setze sich zusammen aus einer Kraft K_1, die von einer als punktförmig anzusehenden Zentralmasse im Kern des galaktischen Systems herrührt, und aus einer Kraft K_2, welche durch die als sphärisch aufgebaut und von konstanter Dichte gedachten äußeren Partien des Systems bedingt ist:

$$K = K_1 + K_2 \qquad b = b_1 + b_2 \qquad (21.\,21)$$

$$b_1 = \frac{C_1}{R^2} \qquad b_2 = C_2 R \qquad (21.\,22)$$

Daraus berechnen wir nun die Konstante A:

$$\frac{\partial b}{\partial R} = -\frac{2\,C_1}{R^3} + C_2 = -\frac{1}{R}\left(\frac{2\,C_1}{R^2} - C_2\,R\right) = -\frac{1}{R}\left(2\,b_1 - b_2\right)$$

$$A = \frac{v}{4\,R}\left[1 + \frac{1}{b}\left(2\,b_1 - b_2\right)\right] = \frac{v}{4\,R}\cdot\frac{3\,b_1}{b}$$

$$\frac{b_1}{b} = \frac{4}{3}\cdot\frac{R}{v}\,A = \frac{4}{3}\cdot\frac{A}{A-B} = 0{,}75 \tag{21.23}$$

Aus den numerischen Werten der Konstanten A und B erhält man somit das bemerkenswerte Resultat, daß rund drei Viertel der Gesamtmasse unseres Sternsystems im galaktischen Zentralkern enthalten sind und das Kraftfeld somit nur wenig von demjenigen einer punktförmigen Masse verschieden ist.

Die Beziehung (21.23) könnte auch benutzt werden, um R zu berechnen, falls v bekannt ist. Diese Geschwindigkeit muß in bezug auf Objekte gemessen werden, welche an der galaktischen Rotation nicht beteiligt sind; es kommt in erster Linie das System der Kugelsternhaufen in Betracht, das an der Rotation höchstens geringen Anteil nimmt und wegen seiner Zugehörigkeit zum galaktischen System gegenüber diesem keine Translationsbewegung aufweist. In bezug auf das Kugelsternhaufensystem bewegt sich die Sonne mit einer Geschwindigkeit von 275 km/s nach der galaktischen Länge 70⁰, also nahezu senkrecht zur Richtung nach dem galaktischen Zentrum. Da $A-B$ den Wert 0,0275 km/s pc besitzt, ergibt sich nach (21.23):

$$R = 10^4\ \mathrm{pc} \tag{21.24}$$

in bester Übereinstimmung mit dem aus dem räumlichen Aufbau des Systems erhaltenen Wert. Schließlich berechnet man die Beschleunigung nach (21.1) zu $2{,}5\cdot10^{-8}$ cm s^{-2}; da drei Viertel dieses Betrages auf die Masse M_1 des Zentralkerns zurückzuführen sind, ergibt sich für diese nach der Beziehung

$$G\,\frac{M_1}{R^2} = \frac{3}{4}\,b \tag{21.25}$$

mit $G = 6{,}66\cdot10^{-8}$ rund $2{,}5\cdot10^{44}$ g, während die um den Kern verteilten Massen M_2 sich etwa auf ein Viertel M_1 belaufen dürften, so daß die Gesamtmasse des Systems über $3\cdot10^{44}$ g, also nahezu 200 Milliarden Sonnenmassen beträgt. Endlich läßt sich aus v und R die Umlaufperiode der Sonne zu $2{,}2\cdot10^8$ Jahren berechnen. Die Sonne hat also während ihres bisherigen Lebens etwa 10 Umläufe gemacht, was genügen dürfte, um einen einigermaßen stationären Zustand herbeizuführen, wie wir das vorausgesetzt haben.

120. Schnelläufer und die Asymmetrie der Sternbewegungen

Wir gehen wieder von dem Ansatz aus, daß die Häufigkeit des Vorkommens einer Geschwindigkeit v in einer bestimmten Richtung durch eine Gaußsche Verteilung gegeben sei:

$$f(v) = C_1\,e^{-h^2 v^2} \tag{21.26}$$

Dann erhält man die Häufigkeit $F(v)$ einer Geschwindigkeit v in irgendeiner Richtung durch Integration über die Kugelfläche vom Radius v:

$$F(v) = C_2 \, e^{-h^2 v^2} \, v^2 \qquad (21.27)$$

Mit diesem Gesetz lassen sich in der Tat die beobachteten Raumgeschwindigkeiten zur Hauptsache gut darstellen, wie man sich an Hand der Tab. 41 überzeugt.

Tabelle 41

Verteilung der Raumgeschwindigkeiten

v km/s	F-Sterne		K-Riesen		K-Zwerge	
	beob.	ber.	beob.	ber.	beob.	ber.
0 bis 20	33	33	107	107	7	7
20 bis 40	90	90	154	154	28	28
40 bis 60	41	30	58	19	43	27
60 bis 80	16	5	30	0	24	11
> 80	47	0	16	0	29	2
Gesamtzahl	227	167	365	280	131	75
Überschuß	36 %		30 %		76 %	
h	0,0352		0,0472		0,0263	

Die Konstante h wurde so bestimmt, daß in dem Geschwindigkeitsbereich 0 bis 40 km/s die berechnete Verteilung mit der beobachteten zur besten Übereinstimmung kam. So gut die Darstellung der Häufigkeit bei kleinen Geschwindigkeiten ist, so schlecht ist sie bei großen; die großen Geschwindigkeiten, als welche solche von mehr als 60 km/s zu betrachten sind, erscheinen im Verhältnis zu den kleinen viel zu häufig. Allerdings lassen sich auch die Sterne großer Geschwindigkeit durch (21.27) darstellen, jedoch hat man einen ganz anderen Wert für h zu wählen. Es zeigt sich somit eine ziemlich scharfe Trennung der Sterne bezüglich ihres kinematischen Zustandes in die Gruppe der normalbewegten Sterne und in die Gruppe der Schnelläufer. Diese Unterteilung macht sich auch in der Verteilung der Bewegungsrichtungen bemerkbar; während die Sterne mit Raumgeschwindigkeiten < 63 km/s eine nahezu isotrope Geschwin­digkeitsverteilung besitzen, weisen die Bewegungsrichtungen bei den Sternen mit Raumgeschwindigkeiten > 63 km/s fast ausnahmslos in eine Halbkugel mit dem Pol bei $\lambda = 235^0$, $\beta = 0^0$. Allerdings bilden diese Schnelläufer nicht einen Strom von physisch zusammengehörigen Objekten, denn die Schnellläuferapizes häufen sich nicht in einer Richtung, sondern erfüllen den ganzen Halbraum von $\lambda = 135^0$ bis 335^0 mehr oder weniger gleichförmig, mit zwei Maxima bei $\lambda = 170^0$ und 310^0, während der Bereich außerhalb jener Grenzen praktisch frei ist von Schnelläuferapizes (Abb. 83). Die große Bedeutung dieser kinematischen Besonderheit wird noch unterstrichen durch die Tatsache, daß das von Apizes freie Gebiet gerade in der Richtung liegt, nach welcher die galaktische Rotation der Sonnenumgebung erfolgt ($\lambda \sim 55^0$).

Die verwendeten Raumgeschwindigkeiten waren unter Benutzung der in Ziffer 115 abgeleiteten Sonnengeschwindigkeit berechnet worden. Nachdem die kleine Minderheit der Schnelläufer sich in kinematischer Hinsicht stark von der Hauptmenge der normalbewegten Sterne unterscheidet, ist es naheliegend, die Sonnengeschwindigkeit auch in bezug auf die Schnelläufer zu bestimmen; das Ergebnis lautet: Die Sonne bewegt sich in bezug auf die Schnelläufer mit der Geschwindigkeit von 56 km/s nach der Richtung $\lambda = 45^0$,

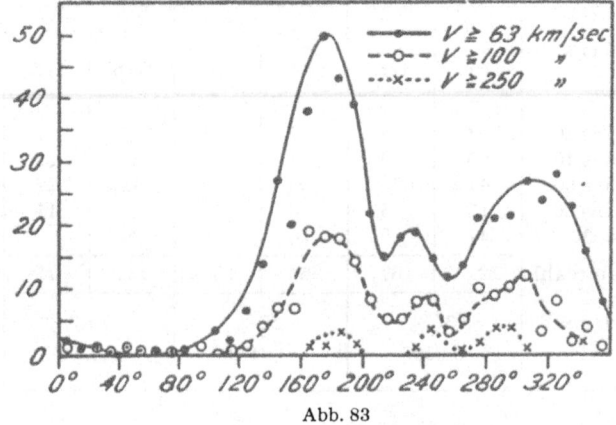

Abb. 83

Verteilung der Schnelläuferapizes nach galaktischer Länge (nach G. MICZAIKA).

$\beta = 8^0$. Zusammen mit der schon früher abgeleiteten Geschwindigkeit der Sonne in bezug auf die normal bewegten Sterne ergibt sich für diese gegenüber den Schnelläufern eine Relativgeschwindigkeit von 40 km/s in Richtung $\lambda = 55^0$, d. h. die normal bewegten Sterne weisen eine um 40 km/s größere Rotationsgeschwindigkeit auf als die Schnelläufer; diese wären also richtiger als «Langsamläufer» zu bezeichnen.

Wie schon in Tab. 41 angedeutet ist, sind die Schnelläufer besonders bei den späten Zwergsternen zahlreich vertreten. Während dieselben bei den frühen Spektraltypen sehr selten sind, betragen sie bei den Riesensternen etwa 4%, bei den G-Zwergen schätzungsweise 14% und bei den M-Zwergen 50%.

Nachdem sich für die Sonnengeschwindigkeit in bezug auf die Schnelläufer ein ganz anderer Wert ergeben hat als in bezug auf die normalen Sterne, liegt es nahe, die Sonnenbewegung für irgendwelche Untergruppen von Sternen zu ermitteln. Während derartige Bestimmungen hinsichtlich der Bewegungsrichtung (Apex) nicht zu wesentlich verschiedenen Resultaten führten, ergab sich eine höchst merkwürdige Abhängigkeit der Sonnengeschwindigkeit vom Spektraltyp (Tab. 42). Abgesehen von einer kleinen systematischen Abnahme der Sonnengeschwindigkeit gegen die späten Spektralklassen, ergibt sich diese für die Zwergsterne viel größer als für die Riesensterne. Die Sonne bewegt sich somit in bezug auf die Zwergsterne schneller als in bezug auf die Riesensterne.

Tabelle 42

Abhängigkeit der Sonnengeschwindigkeit vom Spektraltyp

Spektrum	Sonnengeschwindigkeit in km/s	
	Riesen	Zwerge
A 6 bis F 9	22,3	—
G 0 bis G 9	19,9	40,2
K 0 bis K 9	18,3	33,1
M	16,2	26,6

Tabelle 43

Mittlere Raumgeschwindigkeiten der Sterne einzelner Spektralklassen

Spektrum	Mittlere Raumgeschwindigkeit in km/s	
	Riesen	Zwerge
B	17,4	—
A	19,8	—
F	25,7	43,9
G	32,0	61,1
K	33,1	60,8
M	34,4	64,3

Tabelle 44

Sonnengeschwindigkeit und Apex für verschiedene Geschwindigkeitsgruppen

Raum-geschwindigkeit v_s in km/s	Anzahl	α_ϑ	δ_ϑ	v_ϑ in km/s
0 bis 60	1026	272	+ 30	21
60 bis 100	210	295	43	36
100 bis 150	50	289	39	76
> 150	37	313	54	209

Da aber nach Tab. 43 die Raumgeschwindigkeit der Zwergsterne größer ist als die der Riesensterne (was bei Äquipartition der kinetischen Energie auch zu erwarten ist, da die Zwerge kleinere Maße haben als die Riesen), liegt die Vermutung nach einer Korrelation der Sonnengeschwindigkeit mit der mittleren Raumgeschwindigkeit der zu ihrer Bestimmung verwendeten Sterne nahe. Zur Prüfung dieser Vermutung wurden die Sterne unabhängig von ihrem Spektraltyp nach ihrer für die mittlere Sonnengeschwindigkeit korrigierten Raumgeschwindigkeit gruppiert und für jede Geschwindigkeitsgruppe die Sonnenbewegung bestimmt mit dem in Tab. 44 enthaltenen Resultat.

Während die verschiedenen Geschwindigkeitsgruppen zu nicht stark voneinander abweichenden Sonnenapizes führen, nimmt die Sonnengeschwindigkeit mit der Raumgeschwindigkeit der Gruppe enorm zu. Dies bedeutet, daß
die Schwerpunkte der Geschwindigkeitskörper der betrachteten Sterngruppen
alle in der Richtung des Antapex verschoben sind, und zwar um so stärker, je
größer die innere Streuung der Raumgeschwindigkeiten ist. Diese Verhältnisse
finden in Abb. 84 ihre schematische Darstellung. Die Verschiebung der Mittel-

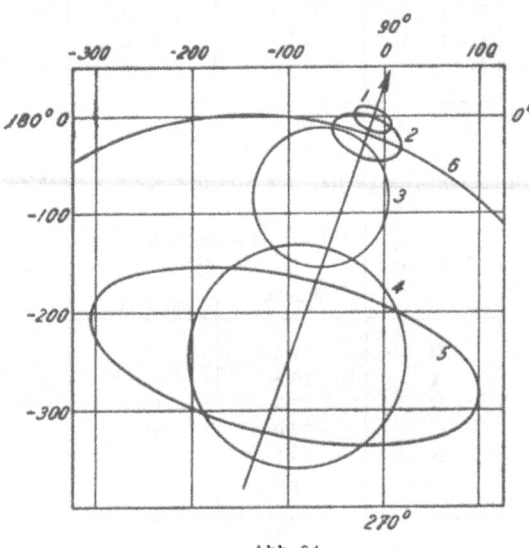

Abb. 84

Die Asymmetrie der Sterngeschwindigkeiten (nach G. STRÖMBERG). Projektion der Geschwindig-
keitsellipsoide auf die galaktische Ebene. 1 A-Sterne; 2 Normalbewegte Sterne der Klassen F, G,
K, M; 3 RR-Lyrae-Sterne; 4 Kugelsternhaufen; 5 Schnelläufer.

punkte der zu den verschiedenen Sterngruppen gehörenden Geschwindigkeitskörper ist um so beträchtlicher, je größer die mittlere Streuung der Geschwindigkeiten ist. Die Verschiebungsrichtung weist nach dem Punkt $\lambda = 70^0$,
$\beta = +5^0$, liegt somit praktisch in der galaktischen Ebene und steht nahezu
senkrecht zur Richtung nach dem galaktischen Zentrum. Zur Erklärung dieser
Asymmetrie der Sternbewegungen ist in Abb. 85 der eindimensionale Fall dargestellt. Die als Abszisse aufgetragene Geschwindigkeitskomponente sei die
Geschwindigkeit in der Apexrichtung, und zwar in bezug auf den als ruhend
angenommenen Mittelpunkt des galaktischen Systems. Es sei V speziell die
Geschwindigkeit unserer näheren Sternumgebung. In der Abb. 85 sind drei
Sterngruppen mit kleiner, mittlerer und großer Streuung der Raumgeschwindigkeit eingetragen. Es ist nun klar, daß die Geschwindigkeit in der Rotations-,
d. h. in der Apexrichtung einen gewissen Betrag, sagen wir V_0, nicht überschreiten kann, ohne daß das betreffende Objekt das Sternsystem verläßt.
Diese Geschwindigkeitsrestriktion läßt die Objekte mit geringer Geschwindigkeitsstreuung praktisch unbeeinflußt, während mit zunehmender Streuung

immer mehr der schnellbewegten Objekte, bei sehr großer Streuung nahezu die Hälfte, ausgeschlossen werden. Der mit der Geschwindigkeit V bewegte Beobachter sieht deshalb in der Richtung der galaktischen Rotation wenige, in der Gegenrichtung viele Objekte, welche ihm gegenüber eine große Geschwindigkeit aufweisen. Je größer die Geschwindigkeitsstreuung einer Sterngruppe ist, um so stärker erscheint deren kinematischer Mittelpunkt gegenüber dem erwähnten Beobachter in der der Rotation entgegengesetzten Richtung verschoben; bei den normal bewegten Sternen, zu denen die große Mehrheit aller Objekte gehört, ist die Relativgeschwindigkeit gegen den Beobachter dem Betrag nach kleiner als $V_0 - V$. Von diesen Objekten bewegen sich somit relativ

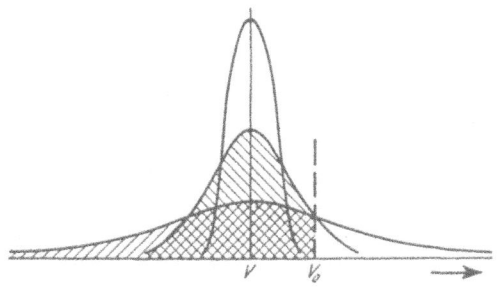

Abb. 85
Eindimensionale Veranschaulichung der Geschwindigkeitsasymmetrie.

zum Beobachter gleich viele in der Rotationsrichtung wie in der Gegenrichtung. Dagegen hat man bei der schematischen Darstellung in Abb. 85 für Relativgeschwindigkeiten $|v| > V_0 - V$ eine vollkommene Anisotropie, indem solche nur in der der Rotation entgegengesetzten Richtung auftreten können, womit die durch die Beobachtung gelieferte Trennung bei der Relativgeschwindigkeit von 63 km/s in die zahlreichen langsam und isotrop bewegten Normalsterne und in die seltenen Schnelläufer mit vollständig anisotroper Verteilung der Geschwindigkeitsrichtungen eine Erklärung gefunden hat.

Die in Abb. 83 dargestellte Richtungsverteilung der Schnelläuferapizes nach galaktischer Länge läßt sich qualitativ an Hand von Abb. 86 verstehen, welche die Geschwindigkeitsverteilung in der galaktischen Ebene darstellt. Die Geschwindigkeiten sind dabei auf das System der Kugelhaufen bezogen, in welches das galaktische System eingebettet ist und welches wegen seines sphärischen Aufbaus offensichtlich an der Rotation nur schwach beteiligt ist. Nach Abb. 84 bewegt sich unsere nähere Umgebung gegen jenes System mit einer Geschwindigkeit von etwa 300 km/s nach der galaktischen Länge 55°. Darnach beträgt bei einer Schnelläufergrenze von 65 km/s die größte Geschwindigkeit, welche überhaupt auftreten kann, 365 km/s; mit dieser Geschwindigkeit als Radius ist der äußere Kreis in Abb. 86 gezeichnet. Die «Entweichgeschwindigkeit» berechnet sich nach den in Ziffer 119 abgeleiteten Daten zu etwa 400 km/s, doch ist es wohl zweckmäßiger, mit dem empirischen Wert zu operieren. Andererseits darf eine Minimalgeschwindigkeit, welche durch den inneren Kreis dargestellt ist, nicht unterschritten werden, wenn die Bahn stabil sein soll. Während bei Kreisbahnen alle Objekte sich nach $\lambda = 55^0$ bewegen würden, können die tatsächlichen Bewegungsrichtungen bei elliptischen Bahnen erheblich von dieser Richtung abweichen; die in Abb. 86 eingezeichneten Richtungen I, II sollen die größten Abweichungen darstellen. Die Geschwindigkeitspunkte der Sterne werden somit in dem Gebiet A, B, C, D liegen. Diejenigen Geschwindigkeitspunkte, welche von dem Geschwindigkeitspunkt P der

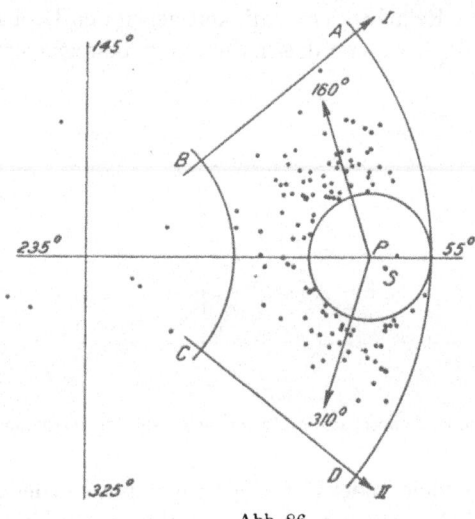

Abb. 86
Veranschaulichung der Richtungsverteilung der Schnelläuferapizes.

Sonnenumgebung einen Abstand < 65 km/s besitzen, sind isotrop verteilt (normal bewegte Sterne), während die außerhalb des mit dem Radius von 65 km/s um P gezeichneten Kreises liegenden Geschwindigkeitspunkte den Schnelläufern angehören und nach Abb. 86 in Richtung $\lambda = 55^0$ völlig fehlen, bei etwa $\lambda = 160^0$ ein Maximum, bei $\lambda = 235^0$ ein Minimum und bei $\lambda = 310^0$ ein zweites Maximum aufweisen, in schöner Übereinstimmung mit dem in Abb. 83 dargestellten Beobachtungsbefund.

121. Der K-Effekt und die Theorie von von der Pahlen und Freundlich

Die Beobachtungen der Radialgeschwindigkeiten v_R der Sterne in der galaktischen Ebene lassen sich durch die folgende Formel darstellen:

$$v_R = v_\odot \cos(\lambda - \lambda_0) + K_0 + K_1 \cos 2(\lambda - \lambda_1) \qquad (21.28)$$

Das erste Glied, in welchem $v_\odot$ die Sonnengeschwindigkeit und λ_0 die Länge des Sonnenapex bedeutet, rührt von der parallaktischen Bewegung her, während die beiden andern Glieder zusammenfassend als *K*-Effekt bezeichnet werden. Das dritte Glied (Doppelwelle) erhielt bereits durch die einfache Rotationstheorie seine Erklärung, während der konstante *K*-Effekt, der bei Mittelung über alle galaktischen Längen übrigbleibt, noch keine Deutung gefunden hat. Dieser konstante *K*-Effekt ist nur bei wenigen Sterngruppen vorhanden; bei den B-Sternen beträgt er + 4,9 km/s, bei den A-Sternen + 1,7 km/s, während er bei den übrigen Spektraltypen innerhalb der Beobachtungsgenauigkeit verschwindet. Da der K_0-Term, wo er auftritt, immer positiv ist, könnte man auf die Idee kommen, denselben als relativistische Rotverschiebung zu interpretieren (Ziffer 11), die gerade bei den B-Sternen mit großen Massen und normalen

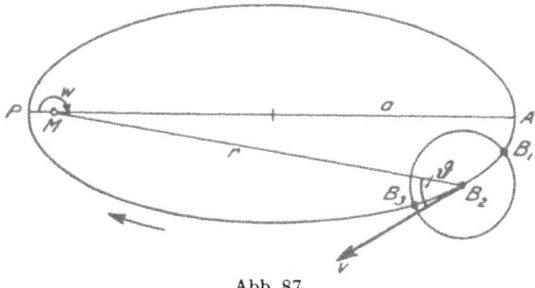

Abb. 87

Zur Theorie von VON DER PAHLEN und FREUNDLICH.

Radien am größten zu erwarten wäre. Dieser Effekt beträgt aber bloß 1 bis 2 km/s, so daß nach Berücksichtigung desselben immer noch ein ungeklärter *K*-Effekt von der Größenordnung 4 km/s übrigbleibt. Will man auch diesen konstanten *K*-Effekt kinematisch deuten, so hat man sich das System der B-Sterne in Expansion begriffen vorzustellen. Unter dieser Voraussetzung haben VON DER PAHLEN und FREUNDLICH zur selben Zeit, als die Rotationstheorie entstand (1928), die Bewegung des Systems der B-Sterne untersucht. Die als räumlich begrenzt gedachte Wolke der B-Sterne bewegt sich im Gravitationsfeld des galaktischen Systems, welches näherungsweise als von einer in der Richtung $\lambda = 325^0$ gelegenen punktförmigen Masse *M* herrührend gedacht wird. Die Sternwolke soll sich auf einer elliptischen Bahn um das Attraktionszentrum *M* bewegen (Abb. 87). Während der in der Abbildung dargestellten Bewegung vom apogalaktischen zum perigalaktischen Punkt *P* der Bahn bewegt sich der vordere Rand der Wolke schneller als der nachfolgende, d. h. die Wolke wird auseinandergezogen, während sie sich auf dem Weg vom perigalaktischen zum apogalaktischen Punkt *A* wieder zusammenzieht. Die Expansion bewirkt den konstanten *K*-Effekt, während die Doppelwelle, die uns hier nicht weiter interessiert, wie bei der Rotationstheorie gedeutet wird. Da die Maxima der Doppelwelle, welche in der Bewegungsrichtung und ihrer Gegenrichtung auftreten, beobachtungsmäßig bei $\lambda = 10^0$ und 190^0 liegen, das galaktische Zentrum aber bei $\lambda = 325^0$, ergibt sich der Winkel ϑ zwischen der momentanen Bewegungsrichtung und der Richtung zum galaktischen Zentrum zu 45^0.

Aus der Theorie der Planetenbewegung folgt für die Geschwindigkeit v auf einer Ellipse mit der großen Halbachse a im Abstand r vom Gravitationszentrum:

$$v^2 = G M \left(\frac{2}{r} - \frac{1}{a} \right) \tag{21.29}$$

Darin bedeutet G die Gravitationskonstante. Die Masse der B-Stern-Wolke wurde gegenüber M vernachlässigt. Die Geschwindigkeiten in den Punkten B_2 und B_3, im Zentrum und am vorderen Rand der Wolke, betragen somit:

$$v_2^2 = G M \left(\frac{2}{r_2} - \frac{1}{a} \right) \tag{21.30}$$

$$v_3^2 = (v_2 + \Delta v)^2 = G M \left(\frac{2}{r_3} - \frac{1}{a} \right) \tag{21.31}$$

Aus diesen beiden Gleichungen berechnen wir die große Halbachse a:

$$\left(\frac{v_3}{v_2} \right)^2 = \frac{2 a - r_3}{r_3} \cdot \frac{r_2}{2 a - r_2} = \frac{r_2}{r_3} \cdot \frac{2 a - r_3}{2 a - r_2} \tag{21.32}$$

$$2 a \left[\left(\frac{v_3}{v_2} \right)^2 r_3 - r_2 \right] = \left[\left(\frac{v_3}{v_2} \right)^2 - 1 \right] r_2 r_3 \tag{21.33}$$

$$a = \frac{1}{2} \cdot \frac{1 - (v_3/v_2)^2}{(1/r_3) - (1/r_2)\,(v_3/v_2)^2} \tag{21.34}$$

oder, indem wir $v_3 = v_2 + \Delta v$ setzen:

$$\frac{a}{r_2} = \frac{1}{2} \cdot \frac{1 - [1 + (\Delta v/v_2)]^2}{(r_2/r_3) - [1 + (\Delta v/v_2)]^2} \tag{21.35}$$

Die Brennpunktsgleichung der Ellipse lautet in Polarkoordinaten:

$$r = \frac{a\,(1 - e^2)}{1 + e \cos w} \tag{21.36}$$

wobei e die Exzentrizität und w die wahre Anomalie bedeutet. Schließlich benötigen wir noch den Flächensatz:

$$r\,v \sin \vartheta = C \tag{21.37}$$

Die Konstante C ergibt sich z. B. aus der Lage des Perigalaktikums:

$$\left. \begin{aligned} r_P &= a\,(1 - e) \\[4pt] v_P &= \sqrt{G M \left[\frac{2}{a\,(1 - e)} - \frac{1}{a} \right]} \\[4pt] \sin \vartheta_P &= 1 \end{aligned} \right\} \quad C = \sqrt{G M a\,(1 + e)\,(1 - e)} \tag{21.38}$$

Aus der Verbindung von (21.29) mit (21.37) folgt:

$$r_2^2 G M \left(\frac{2}{r_2} - \frac{1}{a} \right) \sin^2 \vartheta_2 = G M a\,(1 + e)\,(1 - e) \tag{21.39}$$

$$1 - e^2 = \frac{r_2}{a} \left(2 - \frac{r_2}{a} \right) \sin^2 \vartheta_2 \tag{21.40}$$

Bezeichnet man noch den Abstand $\overline{B_2 B_3}$ mit δ, so ergibt sich nach dem Kosinussatz aus Abb. 87:

$$r_3^2 = r_2^2 + \delta^2 - 2 \, r_2 \, \delta \cos \vartheta_2 \qquad (21.41)$$

$$\left(\frac{r_3}{r_2}\right)^2 = 1 + \left(\frac{\delta}{r_2}\right)^2 - 2 \, \frac{\delta}{r_2} \cos \vartheta_2 \qquad (21.42)$$

Die abgeleiteten Formeln gestatten, aus den fünf als bekannt vorausgesetzten Größen, nämlich der mittleren Entfernung δ der untersuchten Sterne, der Entfernung r_2 der Sonne vom galaktischen Zentrum, der Apexrichtung ϑ_2 der B-Stern-Wolke, dem in der Strömungsrichtung gemessenen und deshalb maximalen K-Effekt Δv und der Geschwindigkeit v_2 des Systems der B-Sterne in bezug auf das galaktische Zentrum, die Bahn des Systems und seine momentane Lage in demselben, also die Größen a, e, w_2 zu bestimmen. Zunächst erhält man aus (21.35) und (21.42) a, hernach aus (21.40) e und schließlich aus (21.36) w_2. Die Autoren gehen von den folgenden numerischen Werten aus:

$$\delta = 200 \text{ pc}$$

$$r_2 = 12\,000 \text{ pc}$$

$$\vartheta_2 = 45^0 \qquad (21.43)$$

$$\Delta v = + 8 \text{ km/s}$$

$$v_2 = 70 \text{ km/s}$$

und erhalten:

$$a = 6\,300 \text{ pc}$$

$$e = 0,95 \qquad (21.44)$$

$$w_2 = 183^0$$

Bevor wir diese Ergebnisse diskutieren können, müssen wir die in (21.43) gemachten Ansätze mit Ausnahme derjenigen für δ und ϑ_2 etwas näher begründen. Die Entfernung r_2 wurde den Ergebnissen über den räumlichen Aufbau des Sternsystems entnommen und dürfte speziell wegen der interstellaren Absorption nicht sehr exakt sein. Hinsichtlich Δv mag es zunächst befremden, daß hier ein rund doppelt so großer Wert eingesetzt wurde, als bei den B-Sternen als K-Effekt beobachtet worden ist. Es ist aber zu beachten, daß der beobachtete Wert über alle galaktischen Längen gemittelt ist, bei der vorliegenden Theorie aber die Expansion nur in der Bewegungsrichtung erfolgt und senkrecht dazu praktisch verschwindet, weshalb der hier allein in Frage stehende maximale K-Effekt rund doppelt so hoch angesetzt worden ist als der beobachtete mittlere. Einer tieferen Begründung bedarf der Ansatz $v_2 = 70$ km/s, nachdem wir bei der Rotation der Milchstraße für die Umlaufsgeschwindigkeit der Sonnenumgebung auf einer Kreisbahn den Strömbergschen Wert von zirka 270 km/s verwendet haben. Die Autoren verwerfen diese aus den Radialgeschwindigkeiten der Kugelhaufen abgeleitete Geschwindigkeit sowohl nach Größe als auch nach Richtung, indem sie darauf hinweisen, daß die 18 Objekte, die STRÖMBERG zur Verfügung gestanden haben, aus verschiedenen Gründen eine zuverlässige Apexrichtung nicht zulassen, und halten sich an die empirisch unbestreitbare Tatsache, daß die mittlere Radialgeschwindigkeit der 18 Kugelsternhaufen − 55 km/s beträgt. Dies würde bedeuten, daß sich die B-Stern-Gruppe gegenwärtig mit dieser Geschwindigkeit dem galaktischen Zentrum nähern würde, und da der Winkel ϑ_2 zu 45° gefunden worden war, müßte die Bahngeschwindigkeit v_2 etwa 70 km/s betragen.

Mit den in (21.43) und (21.44) mitgeteilten Werten erhält man zunächst aus (21.29) die Masse des Sternsystems:

$$M = 2,78 \cdot 10^{44}\, g = 1,4 \cdot 10^{11}\, M_{\odot} \tag{21.45}$$

und unter Verwendung des 3. Keplerschen Gesetzes die Umlaufszeit des Systems der B-Sterne:

$$T = 2\,\pi\,\frac{a^{3/2}}{\sqrt{G\,M}} = 3,96 \cdot 10^{15}\, s = 1,26 \cdot 10^{8}\, \text{Jahre} \tag{21.46}$$

Beide Werte stimmen gut mit den aus der Rotationstheorie erhaltenen überein.

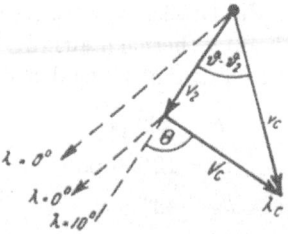

Abb. 88
Bestimmung der relativen Bewegung und des relativen Apex.

Wie man erkennt, unterscheidet sich die hier vorgetragene Theorie nicht sehr stark von der Rotationstheorie mit Ausnahme hinsichtlich des konstanten K-Effektes, der hier von vornherein in die Theorie eingebaut wird. Lediglich die Interpretation der Verteilung der Schnelläuferapizes ist eine etwas andere als in der Rotationstheorie und soll hier noch kurz dargelegt werden.

Zu diesem Zweck betrachten wir die Sterne, welche den Punkt B_2 (Abb. 87) in irgendeiner Richtung mit der Geschwindigkeit v_c durchsetzen; dabei soll v_c so groß sein, daß von B_2 aus betrachtet alle Sterne als Schnelläufer erscheinen. Dies ist der Fall, wenn wir $v_c = 130$ km/s wählen, denn dann haben die in der Bewegungsrichtung des Punktes B_2, welcher selbst eine Bahngeschwindigkeit von 70 km/s aufweist, strömenden Sterne die Relativgeschwindigkeit 60 km/s, die übrigen eine größere. Nach (21.29) besitzen alle Sterne mit derselben Geschwindigkeit v auch dieselbe große Bahnachse a, während die Exzentrizitäten ihrer Bahnen sehr verschieden sein können. Aus den schon benutzten Beziehungen:

$$v_c^2 = G\,M \left(\frac{2}{r_2} - \frac{1}{a} \right) \tag{21.47}$$

$$v_c\, r_2 \sin \vartheta = \sqrt{G\,M\,a\,(1 - e^2)} \tag{21.48}$$

folgt weiter:

$$\frac{a}{r_2} = \frac{G\,M/r_2}{2\,(G\,M/r_2) - v_c^2} \tag{21.49}$$

$$1 - e^2 = v_c^2 \sin^2 \vartheta\, \frac{r_2^2}{G\,M\,a} \tag{21.50}$$

Da die Größen G, M, r_2, v_c bekannt sind, liefert die erste Gleichung zunächst a, hernach die zweite $1 - e^2$ als Funktion von ϑ. Da sich der Stern mit der Geschwindigkeit v_c bewegt, der Beobachtungsort aber mit der Geschwindigkeit v_2 nach $\lambda = 10^0$, so beträgt nach Abb. 88 die Relativgeschwindigkeit V_c des Sternes in bezug auf B_2 sowie die Länge λ_c des relativen Apex:

$$V_c^2 = v_c^2 + v_2^2 - 2\,v_c\,v_2 \cos{(\vartheta - \vartheta_2)}$$
$$V_c \sin\Theta = v_c \sin{(\vartheta - \vartheta_2)}$$

(21. 51)

$$\lambda_c = \Theta + 10^0 \qquad\qquad (21.52)$$

Für jede vorgegebene Länge λ_c können nun aus (21. 51) und (21. 52) die beiden Unbekannten V_c und ϑ sowie aus (21. 50) e bestimmt werden. In Abb. 89 sind

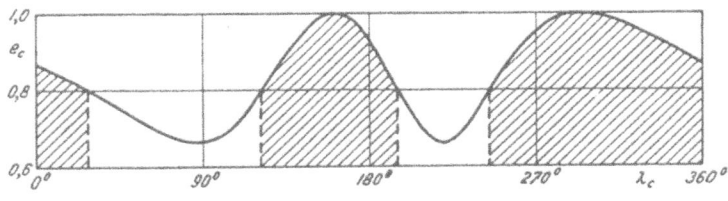

Abb. 89
Die Bahnexzentrizität in Abhängigkeit von der galaktischen Länge des Apex.

die zu den Apizes λ_c gehörenden Exzentrizitäten e_c dargestellt. Nachdem wir beim B-Stern-System eine Exzentrizität von 0,95 gefunden haben, ist die Annahme, daß auch unter den übrigen Sternen kleine Exzentrizitäten nicht vorkommen sollen, wohl nicht abwegig. Schließen wir e-Werte $<0,8$ aus, so dürften die Schnelläuferapizes in Abb. 89 nur noch in den schraffierten Gebieten zwischen $\lambda = 120^0$ bis 200^0 und 240^0 bis 40^0 liegen. Die Schwerpunkte der beiden Gebiete fallen auf die Längen 160^0 und 300^0, in denen tatsächlich die Schnelläuferapizes am zahlreichsten auftreten (Abb. 83); auch das sekundäre Minimum in der Gegend von $\lambda = 220^0$ hat durch diese Theorie eine Erklärung gefunden.

Noch etwas übersichtlicher lassen sich die Verhältnisse an Hand der Abb. 90 übersehen, in welcher der Mittelpunkt den Nullpunkt des Geschwindigkeitsraumes darstellt, d. h. einen in bezug auf das große galaktische System ruhenden Punkt. Die Lage des Geschwindigkeitspunktes von B_2 ergibt sich aus den früher bestimmten Größen: $v_2 = 70$ km/s, $\lambda = 10^0$ bis 20^0. Da in dieser Darstellung die Richtung zum galaktischen Zentrum ($\lambda = 325^0$) senkrecht nach unten verläuft, entsprechen die links von dieser Linie liegenden Geschwindigkeitspunkte den rückläufigen, die übrigen den rechtläufigen Bewegungen. Der eingezeichnete Kreis hat einen Radius von 300 km/s; es ist dies die Kreisbahngeschwindigkeit der galaktischen Rotation im Gebiet der Sonne. Punkt K_1 stellt die rechtläufige Kreisbahn, K_2 die rückläufige dar. Die im Inneren des Kreises gezeichneten Kurven stellen die geometrischen Örter der Spitzen derjenigen von 0 aus gezogenen Geschwindigkeitsvektoren dar, welche Bahnen einer und derselben Exzentrizität entsprechen. Die Geschwindigkeitspunkte der von B_2 aus beobachteten Schnelläufer liegen außerhalb des um B_2 mit dem Radius 70 km/s gezeichneten Kreises, und zwar nur in dem schraffierten Bereich, falls nur Exzentrizitäten $>0,9$ vorkommen. Aus dieser Abbildung ist evident, daß in einem breiten Bereich um $\lambda = 60^0$ keine Schnelläuferapizes vorhanden sind, dagegen ein erstes Maximum bei $\lambda = 160^0$ und ein zweites bei $\lambda = 300^0$ auftreten muß, während bei $\lambda = 220^0$ ein sekundäres Minimum zu erwarten ist, alles in schöner Übereinstimmung mit der Beobachtung (Abb. 83).

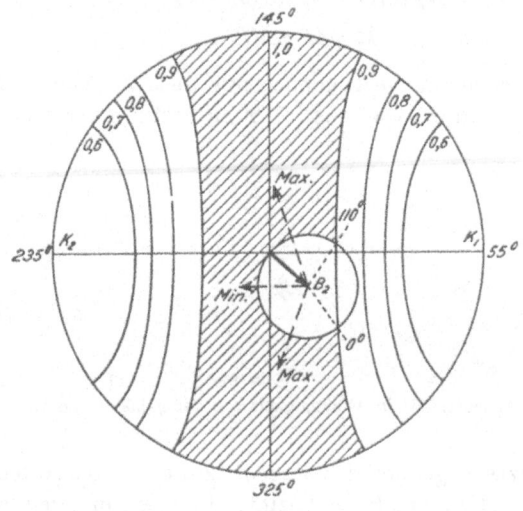

Abb. 90

Erklärung der Richtungsverteilung der Schnelläuferapizes nach der Theorie von VON DER PAHLEN und FREUNDLICH.

Im Gegensatz zu der Vorstellung von Kreisbahnen, wie sie der Theorie der differentiellen Rotation zugrunde lag, ist beim B-Stern-System die Voraussetzung der Stationärität kaum mehr erfüllt, da dasselbe beim Eindringen in die Zentralgebiete des galaktischen Systems so starke Störungen erfahren dürfte, daß es nicht viele Umläufe überdauern wird.

122. Sternbegegnungen und die Äquipartition der Energie

Wir betrachten zwei Sterne mit den Massen m_1 und m_2, deren gemeinsamer Schwerpunkt bei S liegen möge. Bedeutet V die Relativgeschwindigkeit der beiden Sterne, wenn sich diese in sehr großer gegenseitiger Entfernung befinden, so betragen die Geschwindigkeiten V_1 und V_2 der beiden Komponenten in bezug auf den gemeinsamen Schwerpunkt S:

$$V_1 = \frac{m_2}{m_1 + m_2} V \qquad (21.53)$$

$$V_2 = \frac{m_1}{m_1 + m_2} V \qquad (21.54)$$

Die beiden Sterne beschreiben Kegelschnitte um S. Bezeichnen wir die Radienvektoren mit r_1 und r_2 und den gegenseitigen Abstand der beiden Objekte mit r, so lauten die Bewegungsgleichungen:

$$m_1 \frac{d^2 r_1}{dt^2} = - \frac{m_1 m_2 G}{r^2} \qquad (21.55)$$

$$m_2 \frac{d^2 r_2}{dt^2} = - \frac{m_1 m_2 G}{r^2} \qquad (21.56)$$

Durch Addition derselben erhält man die Gleichung für die Relativbewegung des Keplerschen Problems:

$$\frac{d^2 r}{dt^2} = - G \frac{m_1 + m_2}{r^2} \qquad (21.57)$$

Es ist aber $r = r_1 + r_2$ und somit

$$\frac{d^2 r_1}{dt^2} + \frac{d^2 r_2}{dt^2} = - \frac{G(m_1 + m_2)}{(r_1 + r_2)^2} = - \frac{G(m_1 + m_2)}{r_1^2 [(m_1 + m_2)/m_2]^2} = - \frac{G m_2^2}{r_1^2 (m_1 + m_2)} \qquad (21.58)$$

Unter Berücksichtigung von (21.55), (21.56) folgt für die Einzelbeschleunigungen:

$$\frac{d^2 r_1}{dt^2} = - \frac{G m_2^3}{r_1^2 (m_1 + m_2)^2} = - G' \frac{m_1 + m_2}{r_1^2} \qquad (21.59)$$

$$\frac{d^2 r_2}{dt^2} = - \frac{G m_2^2 m_1}{r_1^2 (m_1 + m_2)^2} \qquad (21.60)$$

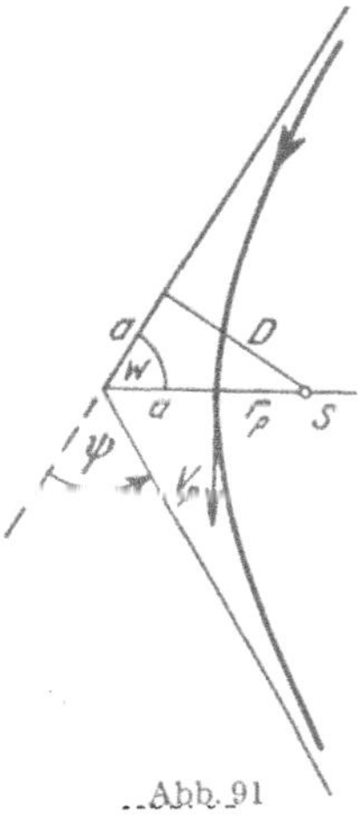

Gleichung (21.59) beschreibt die Bewegung von m_1 um den als Attraktionszentrum gedachten Schwerpunkt S. Man sieht, es ist dieselbe Gleichung wie beim Keplerschen Problem bis auf den Unterschied, daß die Größe G durch $G' = G[m_2^9/(m_1 + m_2)^3]$ ersetzt ist. Unter Berücksichtigung dieser Substitution lassen sich alle Formeln der Keplerschen Bewegung auf das vorliegende Problem anwenden. Der aus dem Unendlichen kommende Stern m_1 beschreibt um S eine Hyperbel (Abb. 91). Für die Bahngeschwindigkeit v erhält man beim Keplerschen Problem:

$$v^2 = G'(m_1 + m_2) \left(\frac{2}{r} + \frac{1}{a} \right) \qquad (21.61)$$

Abb. 91.
Sternbahn in der Umgebung einer Sternbegegnung.

Angewandt auf unser Problem, wo a die reelle Halbachse der Hyperbel bedeutet, ergibt sich für V_1 und die «Periastron»-Geschwindigkeit V_p:

$$V_p^2 - V_1^2 = \frac{2 G'(m_1 + m_2)}{r_p} \qquad (21.62)$$

Bezeichnet D die Distanz von S von der Asymptote, so ist nach dem Flächensatz:

$$r_p V_p = D V_1 \qquad (21.63)$$

oder

$$D^2 = \frac{V_p^2}{V_1^2} r_p^2 = r_p^2 + \frac{2 G'(m_1 + m_2) r_p}{V_1^2} \qquad (21.64)$$

Nach Abb. 91 ist $OS = a\,\varepsilon$, wobei ε die numerische Exzentrizität bedeutet, und somit:

$$r_p = a\,(\varepsilon - 1) \tag{21.65}$$

$$D = a\,\sqrt{\varepsilon^2 - 1} \tag{21.66}$$

$$\frac{D^2}{r_p^2} = \frac{\varepsilon + 1}{\varepsilon - 1} = 1 + \frac{2\,G'(m_1 + m_2)}{r_p\,V_1^2} \tag{21.67}$$

Die totale Richtungsänderung beträgt $\psi = 180^0 - 2\,w$. Nach Abb. 91 ist:

$$\sin\frac{\psi}{2} = \cos w = \frac{1}{\varepsilon} \tag{21.68}$$

Setzt man diesen Wert in (21.67) ein, so ergibt sich

$$\frac{1 + \sin(\psi/2)}{1 - \sin(\psi/2)} - 1 = \frac{2\sin(\psi/2)}{1 - \sin(\psi/2)} = \frac{2\,G'(m_1 + m_2)}{V_1^2\,r_p} \tag{21.69}$$

Mit der Abkürzung

$$\frac{G'(m_1 + m_2)}{V_1^2} = \gamma \tag{21.70}$$

folgt weiter:

$$\frac{\sin\psi/2}{1 - \sin(\psi/2)} = \frac{\gamma}{r_p} \tag{21.71}$$

$$D^2 = r_p^2 + 2\,\gamma\,r_p \tag{21.72}$$

$$r_p = -\gamma \pm \sqrt{\gamma^2 + D^2} \tag{21.73}$$

Indem wir noch $\sin\psi/2$ durch $\operatorname{tg}(\psi/2)/\sqrt{1 + \operatorname{tg}^2(\psi/2)}$ ersetzen, nimmt (21.71) schließlich folgende Form an:

$$\frac{\dfrac{\operatorname{tg}\psi/2}{\sqrt{1 + \operatorname{tg}^2(\psi/2)}}}{1 - \dfrac{\operatorname{tg}\psi/2}{\sqrt{1 + \operatorname{tg}^2(\psi/2)}}} = \frac{\operatorname{tg}\psi/2}{\sqrt{1 + \operatorname{tg}^2(\psi/2)} - \operatorname{tg}\psi/2} = \frac{\gamma/D}{\pm\sqrt{1 + (\gamma/D)^2} - (\gamma/D)} \tag{21.74}$$

woraus folgt:

$$\operatorname{tg}\frac{\psi}{2} = \frac{\gamma}{D} = \frac{G'(m_1 + m_2)}{V_1^2\,D} = \frac{G\,m_2^3}{(m_1 + m_2)^2\,V_1^2\,D} \tag{21.75}$$

Die Zahl solcher Begegnungen pro Zeiteinheit, bei denen der Asymptotenabstand $\leq D$ ist, wird gegeben durch

$$N = \pi\,D^2\,V_1\,n \tag{21.76}$$

wobei n die Anzahl der Sterne pro Volumeneinheit bedeutet. Setzt man hier für D den Wert aus (21.75) ein, so erhält man die Zahl der Begegnungen, die ein Stern pro Zeiteinheit erleidet, bei welchen die Richtung um einen Winkel $\geq \psi$ geändert wird:

$$N = \frac{\pi\,n\,G^2\,m_2^6}{(m_1 + m_2)^4\,V_1^3}\operatorname{ctg}^2\frac{\psi}{2} \tag{21.77}$$

Setzen wir die Sternmassen gleich der Sonnenmasse $m_1 = m_2 = 2 \cdot 10^{33}\,\mathrm{g}$, $V_1 = 10\ \mathrm{km/s} = 10^6\ \mathrm{cm/s}$ und rechnen wir mit 1 Stern pro Kugel von 1 pc

Radius, also mit einer Sterndichte $n = 8,15 \cdot 10^{-57}$ Sterne/cm³, so erhalten wir mit $G = 6,66 \cdot 10^{-8}$ für die Zahl der Ablenkungen $\psi \geqq 90^0$ pro Sekunde:

$$N = 2,82 \cdot 10^{-23} \tag{21.78}$$

Das Intervall zwischen zwei solchen Begegnungen beträgt somit:

$$\tau = 3,5 \cdot 10^{22}\,\text{s} = 10^{15}\,\text{Jahre} \tag{21.79}$$

Diese Zeitdauer ist so groß im Vergleich zu dem heute zu einigen Milliarden Jahren angenommenen Alter des Sternsystems, daß Sternbegegnungen mit starken Richtungsänderungen praktisch keine Rolle spielen können. Einen eigentlichen Zusammenstoß, d. h. eine Begegnung bei $D <$ Sternradius, würde ein Stern durchschnittlich erst nach Ablauf von $3 \cdot 10^{17}$ Jahren erleiden.

Tabelle 45

Mittlere absolute Helligkeit, Masse, Raumgeschwindigkeit und kinetische Energie für verschiedene Spektralklassen

Spektral-klasse	M	m	v^2	$\dfrac{m\,v^2}{2}$
B 3	− 0,6	8,91	219	975
B 8	+ 0,4	6,46	251	810
A 0	+ 0,7	6,03	603	1818
A 2	+ 1,0	5,01	741	1856
A 5	+ 1,5	3,98	891	1721
F 0	+ 2,4	2,51	1288	1617
F 5	+ 3,3	1,55	2291	1755
G 0	+ 4,4	0,98	4169	2043
G 5	+ 5,2	0,76	6026	2291
K 0	+ 5,9	0,68	6310	2145
K 5	+ 7,1	0,62	5495	1702
M *a*	+ 9,8	0,59	6026	1778

Nun sind die Begegnungen mit großem D, d. h. kleinen Ablenkungen, viel häufiger, und man könnte vielleicht erwarten, daß durch die kumulative Wirkung derselben große Ablenkungen schon in viel kürzerer Zeit eintreten. Dies ist aber nicht der Fall, weil sich der obige Wert von τ nur auf 10^{13} bis 10^{14} Jahre reduziert.

Bisher haben wir nur den Fall betrachtet, daß bloß die Richtung der Bewegung geändert wird, nicht aber die Geschwindigkeit, d. h. daß keine Energieübertragung stattfindet. Wenn aber der Schwerpunkt des sich begegnenden Sternpaares in bezug auf das Gesamtsystem nicht ruht, sondern beispielsweise an der Rotation teilnimmt, so sind die Geschwindigkeiten der Komponenten nach der Begegnung in bezug auf das Gesamtsystem nicht mehr dieselben wie vor derselben, d. h. aber, daß zwischen den beiden Sternen ein Energieaustausch stattgefunden hat. Solche Austauschprozesse finden in einem abgeschlossenen Gas in großer Zahl statt und führen zur sog. Äquipartition der Energie. Da aber die Sternbegegnungen so außerordentlich selten sind, müßte erwartet werden, daß sich das Sterngas noch sehr weit vom Zustand der Äquipartition

entfernt befindet. Dies ist aber nicht der Fall, wie aus Tab. 45 hervorgeht;
vielmehr ist die kinetische Energie, wenn man beachtet, daß die Massen im Verhältnis 1:15 variiéren, mit Ausnahme der B-Sterne, auffallend konstant. Da
wir gezeigt haben, daß die Einstellung der Äquipartition unter den heutigen
Bedingungen eine Zeit von mindestens 10^{12} Jahren beanspruchen würde, muß
man annehmen, daß die Äquipartition schon in einem früheren Stadium, als
die Sterndichte noch viel größer war, zustande gekommen und heute sozusagen eingefroren ist, sei es, daß sich das Sternsystem expandiert hat, oder sei
es, daß nach der Theorie von VON DER PAHLEN und FREUNDLICH alle Sterne
in relativ kurzen Intervallen in den Kern des Sternsystems gelangen, wo sich
die Äquipartition der Energie rasch einstellt.

123. Das Grundproblem der Stellardynamik

Unsere bisherigen dynamischen Betrachtungen haben einen ziemlich speziellen Charakter, indem die ihnen zugrunde gelegten Vorstellungen jeweils für
die Erklärung einer bestimmten Erscheinung (Doppelwelle der Radialgeschwindigkeiten, längenunabhängiger K-Effekt usw.) entwickelt worden sind.
Demgegenüber besteht das Zentralproblem der Stellardynamik in der Erklärung aller speziellen Erscheinungen aus der allgemeinen statistischen Theorie
des Sterngases heraus. Dieses Sterngas läßt sich durch die Verteilungsfunktion
f beschreiben, nach welcher die Anzahl der Sterne, die sich zur Zeit t in dem
Volumenelement $dx\,dy\,dz$ befinden und deren Geschwindigkeitskomponenten
zwischen u und $u + du$, v und $v + dv$, w und $w + dw$ enthalten sind, beträgt:

$$f(x, y, z, u, v, w, t)\,dx\,dy\,dz\,du\,dv\,dw \qquad (21.80)$$

Diese Funktion zu bestimmen ist das Grundproblem der Stellardynamik. Aus
Raumgründen müssen wir uns damit begnügen, das Problem zu formulieren,
was auch darin seine Rechtfertigung finden kann, daß das Problem bisher noch
keine allgemeine Lösung gefunden hat. Das Sterngas unterscheidet sich gegenüber einem gewöhnlichen Gas in zwei Punkten: erstens können beim Sterngas
die Zusammenstöße der Teilchen vernachlässigt werden, da dieselben nach den
Ausführungen in Ziffer 122 äußerst selten sind, zweitens unterliegt das Sterngas einem ortsabhängigen, durch das Sternsystem selbst erzeugten Gravitationsfeld. Dieses Gravitationsfeld sei durch das Potential $V(x, y, z, t)$ gegeben, aus
welchem die Beschleunigungskomponenten hervorgehen:

$$\frac{du}{dt} = \frac{\partial V}{\partial x} \qquad \frac{dv}{dt} = \frac{\partial V}{\partial y} \qquad \frac{dw}{dt} = \frac{\partial V}{\partial z} \qquad (21.81)$$

Nach der Zeit dt werden sich die durch (21.80) gegebenen Sterne, die sich alle
parallel zueinander bewegen, in dem Volumenelement $x + u\,dt$, $y + v\,dt$,
$z + w\,dt$ befinden. Die Geschwindigkeitskomponenten betragen nunmehr:

$$u + \frac{\partial V}{\partial x}\,dt \qquad v + \frac{\partial V}{\partial y}\,dt \qquad w + \frac{\partial V}{\partial z}\,dt \qquad (21.82)$$

und somit lautet die Verteilungsfunktion:

$$f\left(x + u\,dt,\, y + v\,dt,\, z + w\,dt,\, u + \frac{\partial V}{\partial x}\,dt,\, v + \frac{\partial V}{\partial y}\,dt,\, w + \frac{\partial V}{\partial z}\,dt\right) \quad (21.83)$$

Da es sich aber um dieselben Sterne handelt, welche durch (21.80) beschrieben sind, müssen (21.80) und (21.83) übereinstimmen, d. h. es muß sein:

$$
\begin{aligned}
df &= \frac{\partial f}{\partial t}\,dt + \frac{\partial f}{\partial x}\,dx + \frac{\partial f}{\partial y}\,dy + \frac{\partial f}{\partial z}\,dz \\
&+ \frac{\partial f}{\partial u}\,du + \frac{\partial f}{\partial v}\,dv + \frac{\partial f}{\partial w}\,dw = 0 \\
&\frac{\partial f}{\partial t} + \frac{\partial f}{\partial x}\,u + \frac{\partial f}{\partial y}\,v + \frac{\partial f}{\partial z}\,w \\
&+ \frac{\partial f}{\partial u}\cdot\frac{\partial V}{\partial x} + \frac{\partial f}{\partial v}\cdot\frac{\partial V}{\partial y} + \frac{\partial f}{\partial w}\cdot\frac{\partial V}{\partial z} = 0
\end{aligned}
\quad (21.84)
$$

Die Lösung dieser partiellen linearen Differentialgleichung läßt sich nach der von LAGRANGE gegebenen Methode auf die Lösung eines Systems gewöhnlicher Differentialgleichungen zurückführen. Dieses System lautet in dem vorliegenden Fall:

$$\frac{du}{\partial V/\partial x} = \frac{dv}{\partial V/\partial y} = \frac{dw}{\partial V/\partial z} = \frac{dx}{u} = \frac{dy}{v} = \frac{dz}{w} \quad (21.85)$$

Es sind dies die Bewegungsgleichungen für einen einzelnen Stern. Sind $E_1, E_2, \ldots$ voneinander unabhängige Integrale dieses Systems, so ist f eine willkürliche Funktion derselben:

$$f = \varphi(E_1, E_2, \ldots) \quad (21.86)$$

Um den Charakter der Lösungen für f etwas überblicken zu können, müssen wir das Problem spezialisieren. Zunächst beschränken wir uns auf stationäre Zustände, wodurch in (21.84) das erste Glied in Wegfall kommt. Weiter vereinfachen wir das Problem durch spezielle Annahmen über die Potentialfunktion. Als erstes betrachten wir den Fall eines sphärischen Gravitationspotentials, in welchem V nur vom Abstand r vom Mittelpunkt abhängt. In diesem Fall nimmt das Gleichungssystem (21.85) die Gestalt an:

$$\frac{du}{(x/r)\,(\partial V/\partial r)} = \frac{dv}{(y/r)\,(\partial V/\partial r)} = \frac{dw}{(z/r)\,(\partial V/\partial r)} = \frac{dx}{u} = \frac{dy}{v} = \frac{dz}{w} \quad (21.87)$$

Von diesem können sofort die drei Flächenintegrale hingeschrieben werden:

$$
\begin{aligned}
\omega_1 &= y\,w - z\,v = \text{const} \\
\omega_2 &= z\,u - x\,w = \text{const} \\
\omega_3 &= x\,v - y\,u = \text{const}
\end{aligned}
\quad (21.88)
$$

Ein weiteres Integral liefert der Energiesatz:

$$E_1 = \frac{1}{2}\,(u^2 + v^2 + w^2) - V = \frac{c^2}{2} - V = \text{const} \quad (21.89)$$

Solange über $V(r)$ nichts weiter bekannt ist, sind dies die einzigen Integrale, und die Verteilungsfunktion nimmt die Form an:

$$f(E_1, \omega_1, \omega_2, \omega_3) \tag{21.90}$$

Infolge der sphärischen Symmetrie können die Argumente ω_1, ω_2, ω_3 nur in der von den Achsenrichtungen unabhängigen Kombination $\omega_1^2 + \omega_2^2 + \omega_3^2$ auftreten:

$$f(E_1, \omega_1^2 + \omega_2^2 + \omega_3^2) \tag{21.91}$$

Diese Kombination beträgt aber nach (21.89):

$$\omega_1^2 + \omega_2^2 + \omega_3^2 = r^2 c^2 - (u\,x + v\,y + w\,z)^2 = r^2 c^2 \sin^2\alpha \tag{21.92}$$

Dabei bedeutet r den Radiusvektor ($r^2 = x^2 + y^2 + z^2$) und α den Winkel zwischen r und c. Damit ergibt sich folgende Verteilungsfunktion:

$$f\left(\frac{c^2}{2} - V, r^2 c^2 \sin^2\alpha\right) \tag{21.93}$$

In einem bestimmten Raumpunkt ist f nur von c und α abhängig; die Häufigkeit einer Geschwindigkeit c in der Richtung α ist gleich groß wie in der Gegenrichtung, wie man aus (21.93) unmittelbar erkennt. Da ferner f nur von α, nicht aber vom «Azimut» abhängt, so ist der Geschwindigkeitskörper eine Rotationsfigur mit der ausgezeichneten Achse in radialer Richtung. Ein kugelsymmetrisch gebautes Sternsystem wäre somit in der Lage, die ellipsoidische Geschwindigkeitsverteilung zu erklären; die Sternströmung müßte aber in radialer Richtung erfolgen, was mit der Beobachtung in Widerspruch steht. Nach den Ausführungen von Kap. XIX kann auch keine Rede davon sein, daß unser Sternsystem sphärisch gebaut ist.

Der Wirklichkeit besser angepaßt ist eine Potentialfunktion, bei welcher die Flächen gleichen Potentials wie diejenigen gleicher Sterndichte Rotationsflächen sind. Das Potentialfeld hat somit eine ausgezeichnete z-Achse, welche wir mit der Rotationsachse des galaktischen Systems identifizieren. Es gilt dann der Flächensatz nur noch für die Projektion der Bewegung auf eine zur z-Achse senkrechte Ebene:

$$\omega_3 = x\,v - y\,u = \text{const} \tag{21.94}$$

Die Verteilungsfunktion lautet in diesem Fall:

$$f\left[\frac{1}{2}(u^2 + v^2 + w^2) - V, \omega_3\right] \tag{21.95}$$

Führt man die dem Problem angepaßten Zylinderkoordinaten r, ϑ, z ein und die Geschwindigkeitskomponenten Π, Θ, Z in diesen Richtungen, so erhält man für das Flächenintegral (21.94)

$$\omega_3 = r\,\Theta \tag{21.96}$$

und für die Verteilungsfunktion:

$$f\left[\frac{1}{2}(\Pi^2 + \Theta^2 + Z^2) - V, r\,\Theta\right] \tag{21.97}$$

Der Geschwindigkeitskörper weist somit wieder eine ausgezeichnete Richtung auf, welche diesmal jedoch nicht die r-Richtung, sondern die ϑ-Richtung ist. Wir erhalten somit einen rotationssymmetrischen Geschwindigkeitskörper, dessen Achse parallel zur galaktischen Ebene $z = 0$ liegt und senkrecht zu r steht. Angewandt auf das stark abgeplattete galaktische System würde dies verlangen, daß die bevorzugte Richtung der Sternströmung erstens in der galaktischen Ebene liegt, was tatsächlich der Fall ist, und zweitens in der Richtung senkrecht zum Radiusvektor ($\lambda = 325^0$) erfolgt, was nach der in Ziffer 116 abgeleiteten Vertexrichtung allerdings nicht zutrifft. Die beobachtete Vertexrichtung liegt zwischen den beiden nach den Lösungen (21.93) und (21.97) zu erwartenden Richtungen.

XXII. DIE AUSSERGALAKTISCHEN STERNSYSTEME

Die Himmelsaufnahmen zeigen sehr zahlreiche neblige Objekte von runder, elliptischer, spindelförmiger oder spiraliger Struktur. Schon um 1750 tauchte die Vermutung auf, diese als «Nebel» bezeichneten Objekte seien ferne Sternsysteme, nach Größe und Struktur dem unsrigen vergleichbar. Diese Vermutung erhielt durch W. HERSCHEL ein wissenschaftliches Fundament, indem er wahrscheinlich machen konnte, daß unser Sternsystem stark abgeplattet ist und aus großer Entfernung gesehen von der Breitseite her scheibenförmig, von der Schmalseite her spindelförmig erscheinen mußte. Aber noch 1917 bestanden mehr Argumente für die galaktische als für die außergalaktische Stellung der «Nebel». Erst ab 1920 gelang es, wenigstens von den näheren Objekten die Entfernungen zu messen; da alle diese weit über unser Sternsystem hinausweisen, kann an der außergalaktischen Natur der Nebel nicht mehr gezweifelt werden. Das Spektroskop hat schon im 19. Jahrhundert gezeigt, daß von den «Nebeln» nur eine sehr kleine Zahl diesen Namen mit Recht trägt, indem ihr Emissionslinienspektrum ihre Gasnatur verrät, während die überwiegende Mehrheit ein Spektrum vom G-Typ zeigt und dadurch die Vermutung bestärkt, daß es sich dabei um Sternansammlungen handle. Die Gasnebel sind relativ kleine, uns nahestehende Objekte unseres Sternsystems (Kap. XXV). Wenn wir in diesem Kapitel gelegentlich die Bezeichnung «Nebel» gebrauchen, so soll darunter ein außergalaktisches Sternsystem verstanden werden.

Da die Erforschung der außergalaktischen Sternsysteme, als der Beobachtung schwer zugängliche Objekte, noch in den Anfängen steht und da man auch in der Theorie der Kinematik und Dynamik sowohl des einzelnen Sternsystems als der Gesamtheit derselben über einige erste Ansätze noch nicht hinausgekommen ist, müssen wir uns hier mit einer kurzen Darlegung der wichtigsten Beobachtungsergebnisse begnügen.

124. Klassifikation der Sternsysteme

Auf Grund ihres Aussehens unterscheidet man elliptische, spiralförmige und unregelmäßige Nebel. Die zahlenmäßig seltenen unregelmäßigen Objekte erscheinen als chaotische Ansammlung von Sternen, welche weder eine Symmetrie noch eine Zentralverdichtung erkennen läßt. Während die größten unter ihnen an Leuchtkraft den elliptischen und spiralförmigen gleichkommen können, ist diejenige ihrer kleinsten Vertreter nur wenig größer als die der kugelförmigen Sternhaufen.

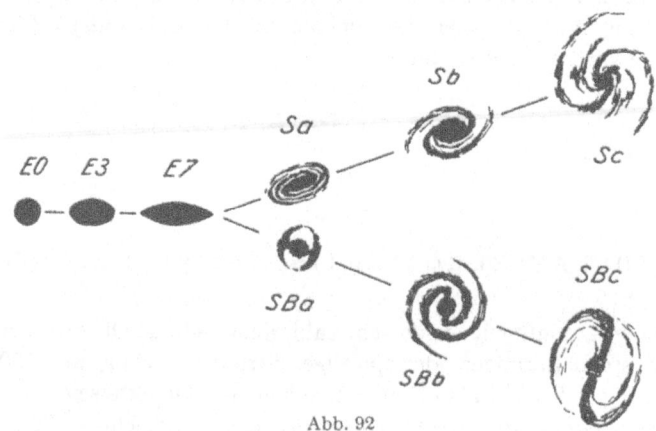

Abb. 92
Klassifikation der extragalaktischen Nebel (nach E. HUBBLE).

Die durch Symmetrieachse und Zentralverdichtung ausgezeichneten regelmäßigen Sternsysteme können in eine kontinuierliche Sequenz geordnet werden, welche in Abb. 92 dargestellt ist. Dieses Schema besteht aus drei Ästen, welche die elliptischen Nebel, die normalen Spiralen und die sog. Balkenspiralen (barred spirals) repräsentieren.

Die elliptischen Systeme sind die am kompaktesten gebauten, in denen meistens weder einzelne Sterne noch irgendwelche Struktureinzelheiten erkennbar sind. Sie werden je nach ihrem Achsenverhältnis in die Gruppen E0, ..., E7 eingeteilt; dabei bedeutet E0 ein kreisförmiges Objekt, E7 ein solches mit dem größten vorkommenden Achsenverhältnis ($\sim 3:1$). Die beobachtete Elliptizität hängt natürlich stark von der Orientierung ab; statistische Überlegungen deuten darauf hin, daß die wirklich abgeplatteten Objekte viel häufiger sein müssen als die kugelförmigen.

Die normalen Spiralnebel werden in die Gruppen Sa, Sb, Sc unterteilt, je nach dem Grad der Öffnung der Spiralen. Sind diese in der Klasse Sa noch so eng und vielfach um den Kern geschlungen, daß sie bei fernen Objekten überhaupt noch nicht aufgelöst werden können, so sind sie in Sc so weit geöffnet, daß die Spiralen das Bild beherrschen. Während bei Sa der deutlich abgegrenzte Kern etwa einen Drittel des Gesamtdurchmessers beträgt, so tritt er in Sc gegen die mächtig entwickelten Spiralarme ganz zurück.

Während bei den S-Typen die Spiralen sich an zwei diametralen Punkten direkt aus dem zentralen Kern heraus entwickeln, verlaufen bei den Balkenspiralen die beiden diametralen Ansätze zunächst radial und biegen erst in einiger Entfernung meist ziemlich scharf in die Spiralen um. Bei den SBa-Typen bilden die Spiralen einen geschlossenen Ring, so daß das Objekt die Form eines Θ annimmt. In der Klasse SBb sind die Spiralen mäßig, in SBc stark geöffnet.

Tabelle 46

Charakteristische Größen der Nebeltypen

Klasse	Häufigkeit	Spektraltyp	Durchmesser	absolute Helligkeit	Farbenindex
E 0 bis E 7	17%	G 4	5000 pc	$-14,3^m$	$+0,94^m$
S a, SB a	19%	G 3	4000 pc	$-14,3^m$	$+0,89^m$
Sb, SBb	25%	G 2	4900 pc	$-14,2^m$	$+0,86^m$
Sc, SBc	36%	F 9	6500 pc	$-14,2^m$	$+0,55^m$
unregelmäßig	2,5%		2000 pc	$-13,5^m$	

In Tab. 46 sind einige, die einzelnen Typen charakterisierende Angaben über relative Häufigkeit, Spektraltyp, Farbenindex, absolute Helligkeit und Durchmesser mitgeteilt. Die beiden letzteren Größen können aus scheinbarer Helligkeit und Winkeldurchmesser erst nach Bestimmung der Entfernung, auf die wir später eingehen werden, berechnet werden. Die fast völlige Übereinstimmung der mittleren absoluten Helligkeiten der verschiedenen Nebeltypen könnte die Vermutung aufkommen lassen, die absolute Helligkeit streue sehr wenig. Dies ist jedoch keineswegs der Fall, da Sternsysteme bekannt sind, deren absolute Helligkeit nur -10^m beträgt. Der absoluten Helligkeit von $-14,2^m$ entspricht die Leuchtkraft von $0,85 \cdot 10^8$ Sonnen. Das galaktische System ist somit sowohl nach seiner Dimension als auch nach seinem Sternreichtum als Riesensystem zu bezeichnen.

125. Die Entfernungen der außergalaktischen Systeme

können nur photometrisch bestimmt werden unter Verwendung der Grundgleichung:

$$M = m + 5 - 5 \log r \qquad (22.1)$$

Die ersten individuellen Objekte, welche in extragalaktischen Systemen beobachtet wurden, sind die neuen Sterne; da man weiß, daß die gewöhnlichen Novae etwa die maximale absolute Helligkeit -7, die Supernovae etwa die absolute Helligkeit -14 erreichen, kann man aus der gemessenen scheinbaren Helligkeit m im Helligkeitsmaximum r bestimmen. Seit 1926 ist es gelungen, die näheren extragalaktischen Systeme in Einzelobjekte aufzulösen; es wurden in ihnen Kugelsternhaufen, offene Sternhaufen, Gasnebel und Einzelsterne großer Leuchtkraft (Riesen und Überriesen) festgestellt, unter den letzteren besonders Veränderliche vom Typus δ-Cephei, aus deren Periode unmittelbar M folgt (Ziffer 51). Mit dieser Methode wurden schon früher für die beiden Magellanschen Sternwolken, welche als kleinere Satelliten unseres Sternsystems aufzufassen sind, Entfernungen r und Durchmesser d bestimmt:

$$\text{Kleine Magellansche Wolke:} \quad r = 29\,000 \text{ pc} \quad d = 1600 \text{ pc}$$
$$\text{Große Magellansche Wolke:} \quad r = 26\,200 \text{ pc} \quad d = 3300 \text{ pc}$$

Für die nächsten außergalaktischen Sternsysteme lieferte die Cepheiden-methode:

$$\text{Andromedanebel:} \quad r = 240\,000 \text{ pc} \quad d = 9000 \text{ pc}$$
$$\text{Spiralnebel M 33 Trianguli:} \quad r = 230\,000 \text{ pc} \quad d = 3300 \text{ pc}$$

Die kleine Zahl von Objekten, deren Entfernung nach dieser oder einer ähnlichen Methode bestimmt werden konnte, zeigte eine auffallend kleine Streuung ihrer absoluten Gesamthelligkeit, welche nach Tab. 46 etwa $-14,2^m$ beträgt. Mit diesem Wert läßt sich nun nach (22.1) von jedem Sternsystem, dessen scheinbare Gesamthelligkeit bestimmt werden kann, und dies ist praktisch für jedes Objekt möglich, welches überhaupt auf der photographischen Platte erscheint, die Entfernung berechnen.

In analoger Weise läßt sich auch der von Nebel zu Nebel als konstant angenommene lineare Durchmesser zusammen mit dem gemessenen Winkeldurchmesser zur Entfernungsbestimmung verwenden, ebenso die in Ziffer 127 zu besprechende Beziehung zwischen Radialgeschwindigkeit und Entfernung. Jedoch reichen diese beiden Methoden nicht so weit wie die photometrische. Die entferntesten bekannten Sternsysteme dürften in einer Distanz von gegen $500 \cdot 10^6$ Lichtjahren stehen.

Bei bekannter Entfernung läßt sich auch der lineare Durchmesser angeben, dessen Mittelwerte für die einzelnen Nebeltypen in Tab. 46 mitgeteilt sind. Auch wenn man berücksichtigt, daß es sehr schwierig ist, den «wahren» Winkeldurchmesser eines Nebels zu bestimmen, da sich dessen äußerste, lichtschwache Teile der Beobachtung entziehen werden, so kann kein Zweifel sein, daß das galaktische System viel größere Dimensionen besitzt als die meisten der bekannten Sternsysteme.

126. Masse und Rotation der extragalaktischen Sternsysteme

Eine erste rohe Abschätzung der Masse eines Sternsystems erhält man aus seiner Leuchtkraft in Verbindung mit der Masse-Leuchtkraft-Beziehung. Da die absolute Helligkeit nach Tab. 46 etwa $-14,2^m$ beträgt, das galaktische System aber 3 bis 4 Größenklassen heller sein dürfte, so übertrifft dieses die übrigen Sternsysteme, nicht nur nach Dimension, sondern auch nach Masse, wohl um eine Größenordnung. Die Masse eines typischen Sternsystems dürfte somit von der Größenordnung 10^{10} Sonnenmassen sein.

Die Abplattung sowie die Spiralarme deuten auf eine Rotation der Sternsysteme, wie sie beim galaktischen beobachtet worden ist. Diese Rotation konnte bei einigen der näheren Sternsysteme spektroskopisch nachgewiesen und gemessen werden. Für die beiden am besten untersuchten Systeme Messier 33 und 31 sind die Ergebnisse in Abb. 93 und 94 mitgeteilt. Betrachten wir ein Sternsystem als eine sphärische Sternansammlung konstanter Dichte ϱ, was natürlich nur eine rohe Annäherung an die wirklichen Verhältnisse dar-

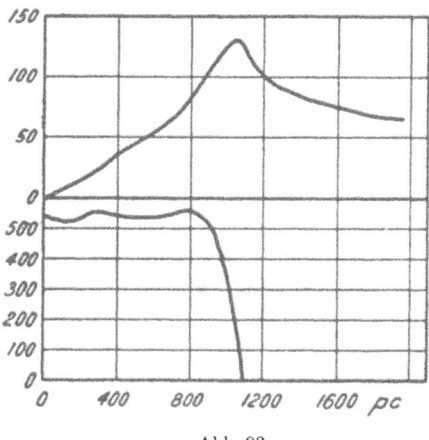

Abb. 93
Rotationsgeschwindigkeit in km/s (oben) und Dichteverteilung (unten) in M 33 (Nebel im Triangulum). (Nach A. B. WYSE und N. U. MAYALL.)

stellen kann, so berechnet sich die Umlaufsgeschwindigkeit v auf einer Kreisbahn im Abstand r:

$$\frac{v^2}{r} = G \, \frac{4\,\pi}{3} \, r \, \varrho \qquad (22.2)$$

$$v = \sqrt{\frac{4\,\pi\,G\,\varrho}{3}} \; r \qquad (22.3)$$

Außerhalb des Systems dagegen beträgt die Umlaufsgeschwindigkeit

$$v = \sqrt{\frac{G\,M}{r}} \qquad (22.4)$$

wobei M die Gesamtmasse des Systems bedeutet. Diese Geschwindigkeitsgesetze sind für den Spiralnebel M 33 sehr gut erfüllt: vom Zentrum bis zu einem Abstand von rund 1000 pc nimmt v nach (22.3) linear mit r zu, um bei noch größeren Abständen gemäß (22.4) wieder abzunehmen. Dies bedeutet, daß unser schematisiertes Modell doch nicht sehr falsch sein kann. Die aus der Geschwindigkeitskurve abgeleitete Dichtefunktion ist im unteren Teil der Abb. 93 dargestellt. Man erkennt daraus, daß die Dichte im inneren Teil tatsächlich praktisch konstant ist und im Abstand von zirka 1000 pc vom Zentrum ziemlich unvermittelt auf einen sehr niedrigen Wert abfällt. Setzt man beispielsweise die im Abstand $r = 1600$ pc gemessene Geschwindigkeit $v = 75$ km/s in

(22. 4) ein, so erhält man für die Gesamtmasse des Systems $4 \cdot 10^{42}\,\text{g} = 2 \cdot 10^9$ Sonnenmassen. Beim Andromedanebel dagegen (Abb. 94) erhält man mit $v = 277$ km/s im Abstand $r = 7000$ pc $M = 2 \cdot 48 \cdot 10^{44}\,\text{g} = 1{,}25 \cdot 10^{11}$ Sonnenmassen, also eine Masse von derselben Größenordnung wie beim galaktischen System.

Der Andromedanebel zeigt noch die Besonderheit, daß nach einem anfänglichen linearen Anstieg von v mit r im innersten Kern die Geschwindigkeit wieder bis auf Null im Abstand 500 pc vom Zentrum abnimmt und von da an wieder mehr oder weniger linear ansteigt. Dies macht sich auch in der zugehörigen

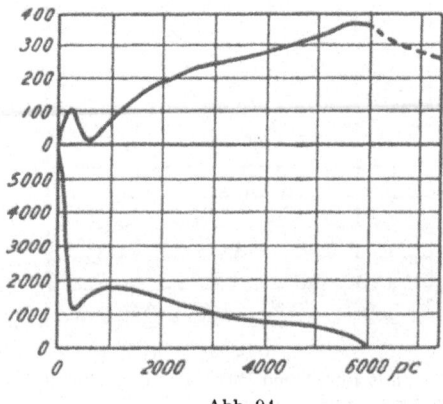

Abb. 94

Rotationsgeschwindigkeit in km/s (oben) und Dichteverteilung (unten) in M 31 (Andromedanebel)
(Nach A. B. WYSE und N. U. MAYALL.)

Dichteverteilung (untere Kurve in Abb. 94) bemerkbar, indem sich deutlich zwei Teile erkennen lassen: der zentrale Kern mit sehr hoher Dichte und einem Radius von zirka 250 pc und die Hülle, in welcher die Dichte viel kleiner ist und nach außen nur langsam abnimmt. Trotz der hohen Dichte im Kern enthält dieser zufolge seiner, verglichen mit dem Gesamtsystem geringen Ausdehnung weniger als 1 % der Gesamtmasse, kann somit nicht verglichen werden mit dem in Ziffer 119 postulierten Kern des galaktischen Systems.

Die Nebel treten häufig zu höheren, sog. hypergalaktischen Systemen vergesellschaftet auf; das bekannteste Beispiel ist der aus über 1000 Nebeln bestehende Coma-Virgo-Haufen. Wir können nun für die Geschwindigkeitsberechnung der einzelnen Nebel dieses Haufens dieselben Formeln verwenden, welche wir für die Geschwindigkeit eines Sternes in einem Sternsystem abgeleitet haben, (22.3) und (22. 4), nur mit dem Unterschied, daß die gemachten Voraussetzungen für den Nebelhaufen besser zutreffen als für ein einzelnes Sternsystem. Die relativen Radialgeschwindigkeiten der äußersten Mitglieder des Coma-Virgo-Haufens, welche von dessen Zentrum etwa 200 000 pc entfernt sind, betragen rund 1500 km/s, woraus sich nach (22. 4) die Gesamtmasse des Haufens zu 10^{14} Sonnenmassen berechnet, die Masse eines einzelnen Sternsystems somit zu rund 10^{11} Sonnenmassen.

127. Die Radialgeschwindigkeiten der extragalaktischen Sternsysteme

Die ersten Radialgeschwindigkeitsmessungen, welche ab 1914 SLIPHER gelangen, zeigten Beträge von bis zu 1000 km/s, die weit über den Radialgeschwindigkeiten der Objekte unseres Sternsystems liegen. Ab 1925 wurden diese Untersuchungen von HUMASON und HUBBLE mit leistungsfähigeren Instrumenten weitergeführt; nicht nur bestätigten sich die großen Radialgeschwindigkeiten, sondern sie erwiesen sich fast ausnahmslos als Rotverschiebungen und um so größer, zu je schwächeren, d. h. entfernteren Nebeln man vordrang (Tab. 47).

Tabelle 47
Radialgeschwindigkeiten ausgewählter extragalaktischer Nebel
(nach HUMASON)

Objekt	Typus	Helligkeit	Radial-geschwindigkeit in km/s
M 31	Sb	9,5	− 220
NGC 6822	Irr	—	− 150
M 33	Sc	11,5	− 70
M 81	S	10,1	− 30
Kleine Magellansche Wolke	Irr	—	+ 170
Große Magellansche Wolke	Irr	—	+ 280
M 101	Sc	12,2	+ 300
NGC 4725	Sb	10,8	+ 1100
NGC 3147	Sc	11,9	+ 2600
NGC 379	Sa	—	+ 5500
NGC 72	SBb	—	+ 7000
UMa Nr. 1	E	15,9	+ 15400
Corona-borealis-Haufen	E 2	16,7	+ 21000
Gemini-Haufen	E	16,8	+ 23000
Bootes-Haufen	E	17,8	+ 39000
UMa Nr. 2	E	17,9	+ 42000

Will man aus diesen Radialgeschwindigkeiten die Komponenten X, Y, Z der Sonnengeschwindigkeit berechnen, so hat man der Zunahme der v_r-Werte mit der Entfernung durch Einführung eines sog. K-Terms, der zuerst von WIRTZ erkannt und von HUBBLE genauer bestimmt worden ist, Rechnung zu tragen:

$$X \cos\alpha \cos\delta + Y \sin\alpha \cos\delta + Z \sin\delta + K\,r = v_r \qquad (22.5)$$

Dabei bedeuten α, δ, r die sphärischen Koordinaten und die Entfernung des Nebels. STRÖMBERG hat aus den Radialgeschwindigkeiten von 44 Objekten für die Koordinaten des Sonnenapex gefunden $\lambda = 59^0$, $\beta = +10^0$ und für die Sonnengeschwindigkeit 344 km/s, was den aus den Radialgeschwindigkeiten der Kugelsternhaufen abgeleiteten Wert wesentlich übertrifft. Dieser Unterschied läßt sich als Translation des galaktischen Systems gegen das System der betrachteten 44 Nebel interpretieren. Nur unter den nächsten Sternsystemen findet man negative Radialgeschwindigkeiten (Annäherung), während bei den entfernteren die individuellen Geschwindigkeiten neben den großen systematischen Entfernungsgeschwindigkeiten verschwinden. Die bereits aus Tab. 47 hervorgehende Zunahme der positiven Radialgeschwindigkeit mit der Entfer-

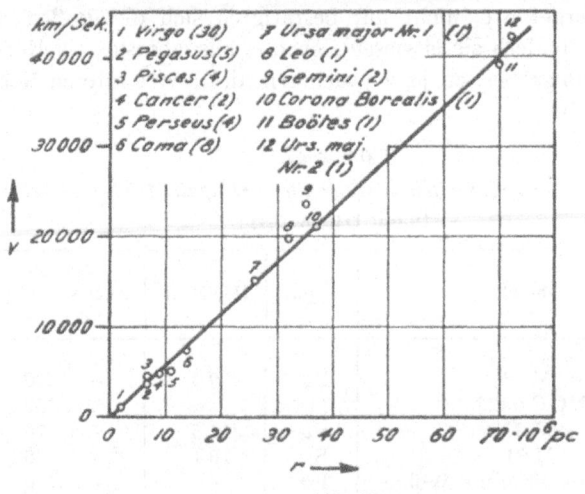

Abb. 95

Zusammenhang zwischen Radialgeschwindigkeit und Entfernung bei extragalaktischen Nebeln (nach E. HUBBLE).

nung ist in Abb. 95 dargestellt. Die Beziehung ist, soweit die Beobachtungen reichen, linear und durch die Formel

$$v_r = + 580 \cdot 10^{-6}\, r \; \text{km/s} \qquad (22.6)$$

darstellbar, wobei die Distanz r in Parsec auszudrücken ist.

128. Die Verteilung der außergalaktischen Nebel an der Sphäre und im Raum

Das Ergebnis einer von HUBBLE vorgenommenen Durchmusterung des Himmels nach Nebeln auf Grund von 1283 Eichfeldern, welche Nebel bis zur 20. Größenklasse enthalten, ist in Abb. 96 wiedergegeben. Die Zahl der Nebel pro Eichfeld schwankt zwischen 0 und 2000. In hohen galaktischen Breiten sind die Nebelzahlen groß und unterliegen relativ geringen Schwankungen. Innerhalb des Gürtels $\pm 40^\circ$ nimmt die Anzahl der Nebel gegen den galaktischen Äquator schnell ab, und am Äquator selbst fehlen diese in einer Zone von 10°, stellenweise bis zu 40° Breite, vollständig («zone of avoidance»). Diese ausgesprochene Orientierung der Verteilung der extragalaktischen Nebel in bezug auf den galaktischen Äquator ist nur scheinbar, bedingt durch die galaktische

Absorptionszone (Ziffer 95). Die nebelfreie Zone ist in Richtung auf das galaktische Zentrum ($\lambda = 325^{\mathrm{G}}$), wo sich die ausgedehntesten Absorptionsgebiete befinden, am breitesten.

Für die Abhängigkeit der Nebelzahlen von der galaktischen Breite β fand HUBBLE auf Grund der erwähnten, bis zur 20. Größenklasse reichenden Eich-

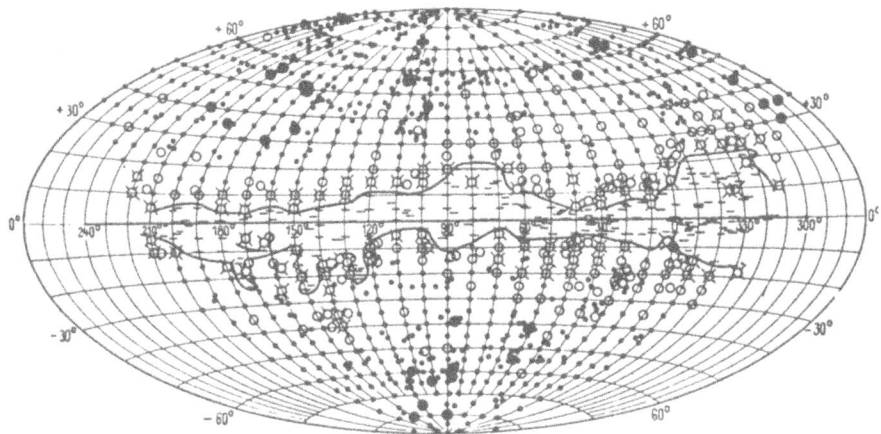

Abb. 96

Die Verteilung der extragalaktischen Nebel an der Himmelssphäre (nach E. HUBBLE). Kleine Punkte = normale Nebeldichte, große Punkte = übernormale Nebeldichte, Kreise = unternormale Nebeldichte, Querstriche = keine Nebel beobachtet.

feldaufnahmen folgendes Gesetz:

$$\log N = 2{,}115 - 0{,}15 \operatorname{cosec} \beta \qquad (22.7)$$

worin N die Anzahl der Nebel pro Quadratgrad bedeutet. Bei konstanter räumlicher Dichte der Nebel beträgt nach (19. 8) die Gesamtzahl bis zur scheinbaren Helligkeit m:

$$A_m = C\,(3{,}982)^m \qquad (22.8)$$

wobei C von der Größe des Raumwinkels, in welchem Nebelzählungen vorgenommen worden sind, abhängt. Nach (23. 4) beträgt die in Größenklassen ausgedrückte Lichtschwächung beim Passieren der galaktischen Absorptionszone:

$$\Delta m = k \frac{h}{2} \operatorname{cosec} \beta \qquad (22.9)$$

Man erfaßt somit bei der Grenzgröße m nur die Nebel, welche ohne Absorption die scheinbare Helligkeit $m - \Delta m$ aufweisen würden; deren Zahl beträgt nach (22.8):

$$A_m = C\,(3{,}982)^{m-\Delta m} \qquad (22.10)$$

$$\log A_m = \log C + m\,0{,}6 - 0{,}6 \frac{k\,h}{2} \operatorname{cosec} \beta \qquad (22.11)$$

Dies ist aber gerade das empirische Gesetz (22. 7). Durch Koeffizientenvergleichung ergibt sich für die Lichtschwächung bei senkrechtem Durchsetzen der ganzen Absorptionszone $k\,h = 0,5^m$. Man kann nun mit Hilfe des Absorptionsgesetzes (22. 9) die Nebelzahlen reduzieren auf den Fall, daß keine Absorption vorhanden wäre (dies ist natürlich nur außerhalb der «zone of avoidance» möglich, denn wo keine Nebel beobachtet worden sind, kann auch keine Reduktion vorgenommen werden). Die so reduzierten Nebelzahlen zeigen zwar von Gebiet zu Gebiet bedeutende, aber völlig unsystematische Schwankungen, so daß man im großen von einer gleichförmigen Verteilung der Nebel an der Himmelssphäre sprechen kann. Dieses Resultat erscheint im rechten Licht, wenn wir bemerken, daß die Hubbleschen Eichfeldaufnahmen nur 2% der ganzen Himmelskugel erfassen. Aus diesem Grunde können auch die von HUBBLE mitgeteilten Nebelzahlen der ganzen Sphäre, nämlich $20 \cdot 10^6$ bis zur 20. und $75 \cdot 10^6$ bis zur 21. Größenklasse, nur die Größenordnung angeben. Immerhin ist es bemerkenswert, daß man bei der Grenzgröße $m = 21$ pro Quadratgrad ebenso viele extragalaktische Sternsysteme erhält wie Einzelsterne unseres Systems.

Was nun die räumliche Dichte der Nebel anbetrifft, so müßte, falls diese mit der Entfernung weder in systematischer Weise zu- noch abnimmt, die Beziehung (22. 8) bestehen:

$$\log A_m = \text{const} + 0,6\,m \qquad (22.\,12)$$

Statt dessen fand HUBBLE empirisch:

$$\log A_m = -\,7,371 + 0,501\,m \qquad (22.\,13)$$

Die Nebelzahlen nehmen mit m also langsamer zu, als bei konstanter Dichte zu erwarten wäre, was durch eine von unserem Standort aus nach jeder Richtung erfolgende Dichteabnahme erklärt werden könnte. Allerdings ist diese Erklärung, die dem galaktischen System eine zentrale Stellung zuweisen würde, wenig befriedigend, so daß wir nach anderen Interpretationen suchen müssen. Zunächst muß zugegeben werden, daß die photometrische Skala der lichtschwachen Nebel noch ziemlich unsicher ist; immerhin soll diese Unsicherheit nicht so groß sein, daß die Tatsache, daß der Koeffizient von m wesentlich kleiner als 0,6 ist, in Zweifel gezogen werden könnte.

Da eine systematische Abhängigkeit der Zunahme von A_m von der Raumrichtung nicht bekannt ist, die Dichteänderung somit in jeder Richtung nach demselben Gesetz erfolgt, so bleibt, falls wir unserem Standort keine ausgezeichnete Stellung zugestehen wollen, nur die Möglichkeit konstanter Nebeldichte. Es handelt sich dann darum, unter der Voraussetzung konstanter Dichte einen Effekt zu finden, welcher den Koeffizienten von m von seinem normalen Wert 0,6 auf 0,5 herunterdrückt. Es sei noch erwähnt, daß dieser unternormale Wert nur bei $m = 18$ bis 21 auftritt, während sich bei den helleren Objekten innerhalb der Fehlergrenzen der normale Wert 0,6 ergibt. Wir postulieren deshalb die bis $m = 17,5$ durch die Beobachtung bestätigte konstante Dichte auch für den Bereich bis $m = 21$; Gründe für den unternormalen Wert des Koeffizienten bei diesen großen Entfernungen sind leicht anzugeben.

Wir greifen auf Abb. 95 zurück, welche die Zunahme der Rotverschiebung mit der Entfernung darstellt; darin ist die Rotverschiebung in km/s ausgedrückt, also stillschweigend kinematisch als Doppler-Effekt gedeutet. Zweifel an dieser Deutung entstanden erst, als immer größere Geschwindigkeiten (bis

1/7 Lichtgeschwindigkeit) beobachtet wurden, welche zum Bild des sich explosionsartig expandierenden Universums führten. Man dachte an einen neuen Effekt der Lichtrötung, der sich wohl bei den von den Nebeln kommenden Lichtquanten, die ein Alter von vielen Millionen Jahren haben, zeigt, sich aber an den Lichtquanten im Laboratorium, die nur eine Lebensdauer von kleinen Bruchteilen einer Sekunde besitzen, nicht beobachten läßt. Ganz gleichgültig, ob die Rotverschiebung ein Doppler-Effekt ist, das Universum sich also expandiert, oder als Alterungserscheinung der Lichtquanten aufzufassen ist, das Universum also statisch wäre, bedingt die Rotverschiebung eine Lichtschwächung, denn die Energie $h\nu = hc/\lambda$ des Quants wird um den Betrag

$$d\varepsilon = \frac{hc}{\lambda^2}\,d\lambda \qquad (22.14)$$

vermindert. Bezeichnen wir mit ε_0 die Energie des unverschobenen Quants, so ist:

$$\frac{\varepsilon}{\varepsilon_0} = \frac{\varepsilon_0 - d\varepsilon}{\varepsilon_0} = \frac{1}{1 + (d\lambda/\lambda)} \qquad (22.15)$$

Da aber $d\lambda/\lambda$ für einen bestimmten Nebel einen festen Wert hat, wird jedes Quant prozentual gleich stark geschwächt. Die Beziehung (22.15) gilt somit auch für die gesamte Strahlung. Die fernen Nebel, bei denen $d\lambda/\lambda$ nicht mehr zu vernachlässigen ist gegen 1, erscheinen somit zu schwach und täuschen eine Dichteabnahme vor, indem der Koeffizient in (22.12) kleiner als 0,6 wird.

Neben dieser Energieabnahme erfolgt im Falle, daß die Rotverschiebung ein Doppler-Effekt ist, noch eine Strahlungsverdünnung, indem sich die emittierte Strahlung auf die zu $c + v$ proportionale Strecke ($v = $ Expansionsgeschwindigkeit des Nebels) verteilt statt nur auf die zu c proportionale, falls der Nebel in bezug auf den Beobachter ruht:

$$\frac{\varepsilon}{\varepsilon_0} = \frac{c}{c+v} = \frac{1}{1 + (v/c)} = \frac{1}{1 + (d\lambda/\lambda)} \qquad (22.16)$$

Diese Lichtschwächung der fernen Nebel ist somit von demselben Betrag, wie die durch (22.15) gegebene. In einem sich expandierenden Universum, in welchem die Rotverschiebung als Doppler-Effekt aufzufassen wäre, ist somit die Lichtschwächung doppelt so stark als in einem statischen Universum, in welchem die Rotverschiebung durch einen noch unbekannten Effekt zu erklären wäre. Im Prinzip kann somit beobachtungsmäßig zwischen diesen beiden Möglichkeiten entschieden werden. Die heute zur Verfügung stehenden Beobachtungen bei $m > 18$ sind allerdings bei weitem noch nicht genügend, um entscheiden zu können, ob nur der Effekt (22.15) wirksam ist oder auch (22.16). Schließlich hat man immer noch im Auge zu behalten, daß sich bei den hier in Frage stehenden sehr großen Entfernungen auch eine intergalaktische Absorption bemerkbar machen könnte, die ebenfalls die Nebelhelligkeiten zu klein erscheinen ließe.

Es spricht somit bisher nichts gegen die Vorstellung, daß der heute bekannte Raum im großen mehr oder weniger gleichförmig mit Sternsystemen besetzt ist.

Die Grenzgröße $m = 21$ entspricht bei der absoluten Helligkeit $M = -14,2$ einer Entfernung von $1,1 \cdot 10^8$ pc. Mit der oben genannten Zahl von $75 \cdot 10^6$ Nebeln bis zu $m = 21$ ergibt sich das Volumen, welches einem Sternsystem durchschnittlich zur Verfügung steht, zu $0,7 \cdot 10^{17}$ pc^3 und die mittlere Entfernung zweier benachbarter Nebel zu $4 \cdot 10^5$ pc, also das Hundertfache der Lineardimensionen der Nebel.

129. Die hypergalaktischen Systeme

Die Sternsysteme treten seltener als isolierte «Feldsysteme» auf, sondern meistens gruppenweise; so besitzt das galaktische System die beiden Magellanschen Wolken als Satelliten, der Andromedanebel zwei kleine elliptische Nebel und den Spiralnebel M 33. Das galaktische System und der Andromedanebel bilden zusammen mit ihren Satelliten und einigen weiteren Sternsystemen die sog. lokale Gruppe mit einer Dimension von etwas über 1 Million Lichtjahre. Bei der Untersuchung der uns zunächstliegenden Gebiete des metagalaktischen Raumes, also im wesentlichen des Gebietes der lokalen Gruppe, wurden neue, in Ziffer 124 nicht erwähnte Typen von Sternsystemen gefunden, welche wegen ihrer sehr geringen Leuchtkraft überhaupt nur in der näheren Umgebung erfaßt werden können.

Die Systeme in Sculptor und Fornax erscheinen der Form nach wie Kugelsternhaufen, besitzen aber die Dimensionen von Sternsystemen. Der Sculptor-Haufen befindet sich in einer Entfernung von 80 000 pc und erscheint unter einem Winkeldurchmesser von 75'; bis zur scheinbaren Helligkeit $19,5^m$ enthält er rund 10^4 Sterne, während die scheinbare Helligkeit der Sterne größter Leuchtkraft $17,8^m$ beträgt. Die gesamte Leuchtkraft des Systems kommt etwa derjenigen von $3 \cdot 10^6$ Sonnen gleich. Die Ähnlichkeit mit einem Kugelsternhaufen bezieht sich nur auf den sphärischen Aufbau, während die Sterndichte und die Konzentration gegen das Zentrum so gering sind, daß das System in allen Teilen durchsichtig ist.

Noch kleinere Systeme, welche aber nicht mehr streng sphärisch aufgebaut, sondern dem Aussehen nach mit offenen Sternhaufen vergleichbar sind, wurden in den Konstellationen Sextans und Leo gefunden. Der Sextansnebel befindet sich in der Entfernung von etwa 10^6 Lichtjahren und besitzt eine $(1,5 \cdot 10^6)$-mal größere Leuchtkraft als die Sonne, während der Leonebel, der sich in einer Distanz von $1,3 \cdot 10^6$ Lichtjahren befindet, mit einer Leuchtkraft, die derjenigen von 600 000 Sonnen gleichkommt, das lichtschwächste heute bekannte Sternsystem ist. Diese beiden kleinen Sternsysteme sind ebenfalls Mitglieder der lokalen Gruppe, und es ist zu vermuten, daß die Zahl der kleinen, noch unbekannten Sternsysteme ziemlich groß ist.

Neben diesen Nebelgruppen gibt es die bereits in Ziffer 126 erwähnten Nebelhaufen, welche aus über 100, oft aus über 1000 Nebeln bestehen. Über 20 derartige Haufen sind schon bekannt. Ihre linearen Dimensionen betragen etwa 2 bis $5 \cdot 10^5$ pc und überschreiten nur in wenigen Fällen 10^6 pc. In Abb. 97 ist die Verteilung der zirka 200 Nebel des Hydra-Haufens dargestellt. Hier wie in dem bekannten Coma-Haufen nimmt die Nebeldichte vom Zentrum nach allen Richtungen gleichmäßig ab; diese Haufen weisen somit eine sphärische Struktur auf. ZWICKY hat diese Tatsache benutzt, um die Haufen als Gaskugeln im Sinne EMDENS (Kap. VI) zu behandeln, wobei die einzelnen Nebel die Rolle der Gasatome übernehmen. Nach einer gewissen Zeit wird sich eine solche Kugel im thermischen Gleichgewicht, d. h. im isothermen Zustand befinden, denn im Gegensatz zu den Verhältnissen bei einem Stern fehlt bei einem Nebelhaufen ein dichter Kern, durch dessen Energieerzeugung ein Temperaturgradient auf-

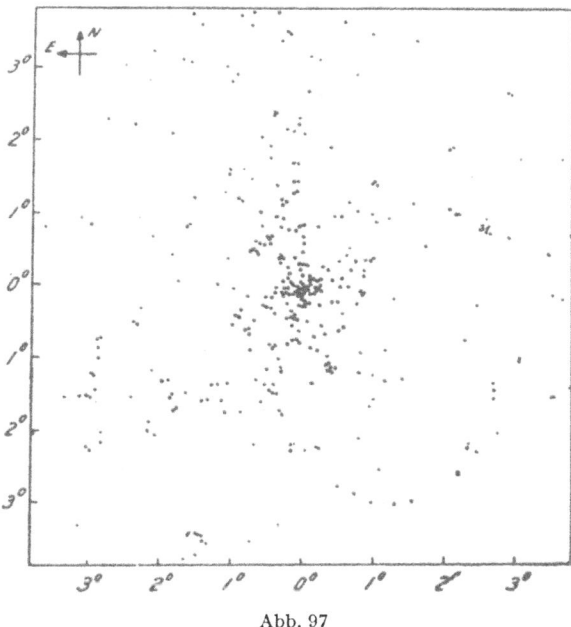

Abb. 97
Der Hydra-Nebelhaufen (nach F. Zwicky)

rechterhalten werden könnte. Wir übernehmen die Emdensche Differential-gleichung (6.4):

$$\frac{d}{dr}\left(\frac{r^2}{\varrho} \cdot \frac{dp}{dr}\right) + 4\,\pi\,G\,\varrho\,r^2 = 0 \tag{22.17}$$

und kombinieren sie mit der Gasgleichung (6.8):

$$p = \frac{\Re\,\varrho\,T}{\mu} \tag{22.18}$$

Beachten wir, daß T jetzt von r unabhängig sein soll, so nimmt (22.17) die neue Form an:

$$\frac{d}{dr}\left(r^2 \frac{d\lg\varrho}{dr}\right) + \frac{4\,\pi\,G\,\mu}{\Re\,T}\,\varrho\,r^2 = 0 \tag{22.19}$$

Nun führen wir die Substitutionen ein:

$$C = \frac{4\,\pi\,G\,\mu}{\Re\,T} \qquad \varrho_1 = \frac{\varrho}{\varrho_0} \qquad r_1 = \frac{r}{\alpha} \qquad C\,\alpha^2\,\varrho_0 = 1 \tag{22.20}$$

wobei ϱ_0 die Dichte im Zentrum ($r = 0$) bedeuten soll. Damit erhalten wir die normierte Differentialgleichung:

$$\frac{d}{dr_1}\left(r_1^2 \frac{d\lg\varrho_1}{dr_1}\right) + r_1^2\,\varrho_1 = 0 \tag{22.21}$$

Diese Gleichung ist von EMDEN numerisch gelöst worden, und das Resultat $\varrho_1(r_1)$ ist in Abb. 98 durch die ausgezogene Kurve dargestellt.

Die Auszählung der Nebel der Abb. 97 liefert zunächst nur die auf die Sphäre projizierte Nebeldichte als Funktion des Abstandes vom Zentrum. Aus dieser erhält man den radialen Dichteabfall nach der in Ziffer 98 für die Kugelstern-haufen dargestellten Methode. In Abb. 98 ist der Dichteabfall des Hydra- und

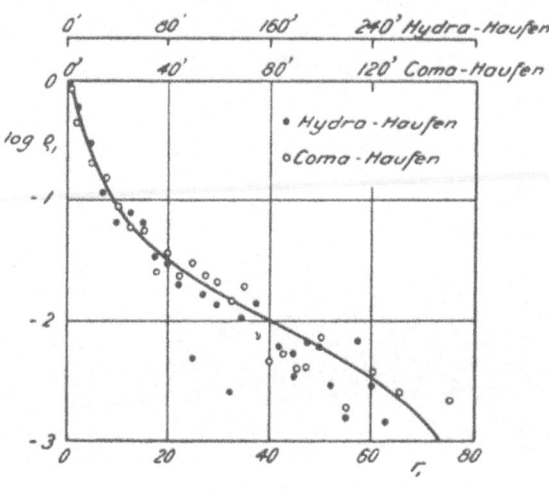

Abb. 98
Die Emden-Funktion zweier Nebelhaufen (nach F. ZWICKY).

Coma-Haufens eingetragen, wobei der Maßstab für den Abstand vom Zentrum in jedem Fall so gewählt ist, daß die beobachteten Punkte möglichst auf die theoretische Kurve zu liegen kommen. Als erstes erkennen wir, daß der iso-therme Aufbau den beobachteten Dichteabfall darzustellen vermag. Ferner entnehmen wir der Abbildung die α-Werte:

$$\text{Coma-Haufen} \quad \alpha = 2'$$
$$\text{Hydra-Haufen} \; \alpha = 4'$$

Da die Entfernungen dieser Haufen 13,8 bzw. $7,3 \cdot 10^6$ pc betragen, erhält man für die linearen α-Werte:

$$\text{Coma-Haufen} \quad \alpha = 2{,}48 \cdot 10^{22} \text{ cm}$$
$$\text{Hydra-Haufen} \; \alpha = 2{,}56 \cdot 10^{22} \text{ cm}$$

(22. 22)

Bei Isothermie besitzen alle Nebel, deren Masse m wir als konstant betrach-ten, die Energie

$$\varepsilon = \frac{m\,\overline{v^2}}{2} = \frac{3}{2}\,k\,T \tag{22.23}$$

und damit erhalten wir für den Druck, falls n die Zahl der Nebel pro Volumen-einheit bedeutet:

$$p = n\,k\,T = \frac{2}{3}\,n\,\varepsilon = \frac{n\,m\,\overline{v^2}}{3} = \frac{\varrho\,\overline{v^2}}{3} = \frac{\Re\,\varrho\,T}{\mu} \tag{22.24}$$

Für die Konstante C ergibt sich nunmehr:

$$C = 4 \pi G \frac{\varrho}{p} = \frac{12 \pi G}{\bar{v}^2} \tag{22.25}$$

und für α nach (22.20):

$$\alpha = \frac{1}{\sqrt{\varrho_0 C}} = \frac{(\bar{v}^2)^{1/2}}{\sqrt{12 \pi G \varrho_0}} \tag{22.26}$$

Nach HUBBLE und HUMASON beträgt die Dispersion der Radialgeschwindig-keiten v_r der Nebel des Coma-Haufens etwa: $(\bar{v_r^2})^{1/2} = 1200$ km/s (siehe Ziffer 126), woraus sich für die Dispersion der Raumgeschwindigkeiten ergibt:

$$(\bar{v}^2)^{1/2} = (3 \, \bar{v_r^2})^{1/2} = 2100 \text{ km/s} \tag{22.27}$$

Setzt man diesen Wert zusammen mit (22.22) in (22.26) ein, so erhält man die Zentraldichte:

$$\varrho_0 = 2{,}8 \cdot 10^{-23} \text{ g/cm}^3 \tag{22.28}$$

Im Zentrum des Coma-Haufens beträgt die projizierte Dichte 3000 Nebel pro Quadratgrad oder 5/6 Nebel pro Bogenminuten-Quadrat, die Massendichte somit 5/6 m g/Quadratminute oder

$$\sigma_0 = \frac{5 \, m}{6 \, (1{,}24 \cdot 10^{22})^2} \text{ g/cm}^2 \tag{22.29}$$

unter Berücksichtigung, daß in der Entfernung des Coma-Haufens $1'$ der Distanz $1{,}24 \cdot 10^{22}$ cm entspricht. Anderseits läßt sich diese projizierte Dichte berechnen:

$$\sigma_0 = \int_{-\infty}^{+\infty} \varrho(r) \, dr = 2 \, \alpha \, \varrho_0 \int_{0}^{\infty} \varrho_1(r_1) \, dr_1 \tag{22.30}$$

Das Integral ergibt sich aus der bekannten Funktion $\varrho_1(r_1)$ zu 1,515, womit man aus (22.22) und (22.28−30) die Masse eines einzelnen Nebels berechnet:

$$m = 3{,}9 \cdot 10^{44} \text{g} = 2 \cdot 10^{11} \, m_\odot \tag{22.31}$$

Tabelle 48

Die Abhängigkeit der Massenbestimmung von der Geschwindigkeitsdispersion
(nach ZWICKY)

$\sqrt{\bar{v}^2}$	$m/m_\odot$	
	Coma-Haufen	Hydra-Haufen
250 km/s	$2{,}8 \cdot 10^9$	$5{,}8 \cdot 10^9$
500 km/s	$1{,}1 \cdot 10^{10}$	$2{,}3 \cdot 10^{10}$
750 km/s	$2{,}5 \cdot 10^{10}$	$5{,}2 \cdot 10^{10}$
1000 km/s	$4{,}5 \cdot 10^{10}$	$9{,}2 \cdot 10^{10}$
1500 km/s	$1{,}0 \cdot 10^{11}$	$2{,}1 \cdot 10^{11}$
2000 km/s	$1{,}8 \cdot 10^{11}$	$3{,}7 \cdot 10^{11}$
2500 km/s	$2{,}8 \cdot 10^{11}$	$5{,}8 \cdot 10^{11}$

Dieser Wert, der der Masse des galaktischen Systems gleichkommt, ist zwar in Übereinstimmung mit dem in Ziffer 126 abgeleiteten, erscheint aber auffallend hoch, wenn man bedenkt, daß die extragalaktischen Sternsysteme durchschnittlich sowohl nach Dimension als auch nach Leuchtkraft beträchtlich hinter dem galaktischen System zurückstehen. Hier bestehen zweifellos noch Unstimmigkeiten, die durch zukünftige Untersuchungen behoben werden müssen. Die größte Unsicherheit bei der Berechnung von m liegt in der Bestimmung der Geschwindigkeitsdispersion; für verschiedene Werte derselben ist die mittlere Masse in Tab. 48 berechnet. Man sieht, daß innerhalb des Bereiches der möglichen $\sqrt{\overline{v^2}}$-Werte die mittlere Masse den Wert (22. 31) nicht wesentlich übersteigen kann, dagegen durchaus eine Größenordnung tiefer liegen könnte, wodurch die erwähnte Unstimmigkeit verschwinden würde.

Die Diskrepanz, welche zwischen den photometrisch und dynamisch bestimmten Massen der Nebel besteht, dürfte zu einem großen Teil auf die noch ungenaue Kenntnis der Leuchtkraftfunktion der Nebel zurückzuführen sein. Hatte man früher die Auffassung, die Leuchtkraftfunktion habe ein Maximum bei $-14{,}2^m$ und eine Streuung von nur etwa $0{,}9^m$, so neigt man heute zur Ansicht, sie nehme mit abnehmender Leuchtkraft ständig zu, wozu die nachstehende Zusammenstellung Anhalt gibt:

Helligkeitsintervall: $-8{,}25$ bis $-9{,}10$ Leosystem; NGC 2419.

$-9{,}95$ bis $-10{,}80$ NGC 147; NGC 185; Sculptorsystem; Sextanssystem; Wolf-Lundmark-Nebel.

$-10{,}80$ bis $-11{,}65$ NGC 205; NGC 6822; IC 1613.

$-11{,}65$ bis $-12{,}50$ Fornaxsystem.

$-12{,}50$ bis $-13{,}35$ Messier 32.

$-14{,}20$ bis $-15{,}05$ Messier 33; kleine Magellansche Wolke.

$-15{,}90$ bis $-16{,}75$ Große Magellansche Wolke.

$-16{,}75$ bis $-17{,}60$ Galaktisches System.

$-17{,}60$ bis $-18{,}45$ Messier 31.

In den fernen Nebelhaufen können aber nur die Systeme großer Leuchtkraft beobachtet werden, so daß sich die dynamisch bestimmte Masse tatsächlich auf eine viel größere als die beobachtete Nebelzahl verteilt, die mittlere Masse eines Nebels somit bedeutend kleiner ausfällt.

FÜNFTER TEIL

Die interstellare Materie

Bis jetzt haben wir uns nur mit der in den Sternen konzentrierten Materie beschäftigt. Die alte Vermutung, daß der ungeheure Raum zwischen den Sternen nicht völlig leer, sondern von einem Medium sehr geringer Dichte durchsetzt sei, ist in neuerer Zeit in mannigfacher Weise bestätigt worden. Diese interstellare Materie macht sich z. T. in augenfälliger Weise bemerkbar, sei es als sog. Dunkelwolke, die uns als sternarmes Gebiet erscheint, indem dieselbe das Licht der hinter ihr stehenden Sterne teilweise absorbiert, sei es als sog. planetarische oder unregelmäßige diffuse Emissionsnebel, Gasnebel, welche durch benachbarte heiße Sterne zum Leuchten angeregt werden, oder sei es als sog. Reflexionsnebel, kosmische Staubmassen, welche von benachbarten Sternen beleuchtet werden. Diese Objekte müssen aber bereits als Verdichtungen im interstellaren Medium, wenn nicht gar als selbständige Himmelskörper, angesprochen werden. Das eigentliche interstellare Medium macht sich nicht in augenfälliger Weise bemerkbar, sondern nur indirekt bei genauerer Analyse des Sternlichtes, sei es, daß dasselbe durch kosmischen Staub allgemein geschwächt und verfärbt wird, sei es, daß es Absorptionslinien enthält, die von einem interstellaren Gas herrühren, oder ihm Emissionslinien eines leuchtenden interstellaren Gases überlagert sind.

Da wir für die Dichten der einzelnen Komponenten der interstellaren Materie Werte von 10^{-26} bis 10^{-23} g/cm^3 finden werden, können wir für eine erste Überschlagsrechnung mit 10^{-24} g/cm^3 rechnen. Mit diesem Wert folgt, wenn wir berücksichtigen, daß die gegenseitigen Entfernungen der Sterne rund 10^8mal größer sind als ihre Lineardimensionen, der interstellare Raum somit den von den Sternen eingenommenen um das 10^{24}fache übertrifft, und andererseits die mittlere Dichte der Sterne (z. B. Sonne) rund 1 g/cm^3 beträgt, daß die im interstellaren Raum enthaltene Masse von derselben Größenordnung sein kann wie die in den Sternen enthaltene. Diese Überlegung läßt die Bedeutung der interstellaren Materie im richtigen Lichte erscheinen.

XXIII. DIE KONTINUIERLICHE
ABSORPTION DER INTERSTELLAREN MATERIE

Physikalisch besteht die interstellare Materie aus zwei Komponenten, aus kosmischem Staub und interstellarem Gas. Während jener eine Lichtschwächung auf allen Wellenlängen verursacht, erfolgen Absorption und Emission des letzteren nur in einzelnen Spektrallinien. Die Beschränkung auf die kontinuierliche Absorption bedeutet somit, daß wir uns in diesem Kapitel nur mit der festen interstellaren Materie beschäftigen.

130. Die Dunkelwolken

sind Gebiete, die sich gegenüber ihrer Nachbarschaft durch Sternarmut unterscheiden und deshalb auch als Sternleeren bezeichnet werden. Die typischen Dunkelwolken liegen alle in der galaktischen Äquatorzone und reichen nicht über die Breite von $30°$ hinaus. Die Untersuchung der Dunkelwolken, d. h. die Bestimmung ihrer Entfernung, ihrer Tiefenerstreckung und ihrer Absorptionskraft erfolgt nach den klassischen Methoden von M. WOLF und PANNEKOEK. In Ziffer 103 haben wir für die Anzahl $N(m)$ der Sterne der Größenklasse m in dem Raumwinkel ω gefunden:

$$N(m) = \omega \int_0^\infty r^2 D(r) \, \varphi(m + 5 - 5 \log r) \, dr \qquad (23.1)$$

Darin bedeutet D die Dichtefunktion, φ die Leuchtkraftfunktion und r die Entfernung in Parsec. Diese Gleichung gilt für ein absorptionsfreies Gebiet. Nun führen wir eine Dunkelwolke von sehr geringer Tiefenausdehnung ein, d. h. eine absorbierende Wand, deren Entfernung r_0 und deren Absorptionskraft ε Größenklassen betragen soll. In diesem Fall haben wir den Ausdruck (23.1) aufzuspalten in einen Anteil, der von den Sternen $r < r_0$ stammt und einen solchen für Sterne $r > r_0$:

$$N(m) = \omega \int_0^{r_0} r^2 D(r) \, \varphi(m + 5 - 5 \log r) \, dr$$

$$+ \, \omega \int_{r_0}^\infty r^2 D(r) \, \varphi(m + 5 - 5 \log r - \varepsilon) \, dr \qquad (23.2)$$

Im zweiten Glied mußte im Argument von φ eine um ε größere Leuchtkraft eingesetzt werden, damit nach Absorption von ε Größenklassen die scheinbare Helligkeit des aus der Entfernung r beobachteten Objektes der absoluten Helligkeit $M = m + 5 - 5 \log r - \varepsilon$ gerade m beträgt. Die Bestimmung der Funktionen D und φ erfolgt aus Sternabzählungen in einem der Dunkelwolke benachbarten absorptionsfreien Gebiet nach einer der in Kap. XIX erläuterten Methoden. Über die beiden Unbekannten r_0 und ε werden zunächst plausible

Annahmen gemacht und dieselben sukzessive verbessert, bis die beobachteten Sternzahlen $N(m)$ hinreichend exakt dargestellt werden.

Häufigere Verwendung findet die anschauliche Wolfsche Methode, die aber die Streuung der absoluten Helligkeiten unberücksichtigt läßt. In einem absorptionsfreien Gebiet nimmt bei konstanter räumlicher Sterndichte der Logarithmus der Sternzahlen jeweils beim Übergang zur nächstfolgenden Größen-

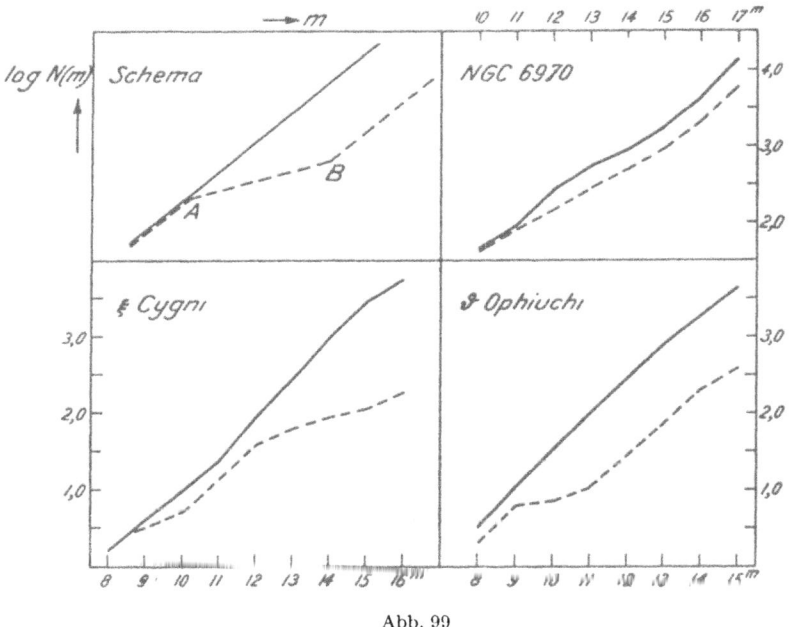

Abb. 99

Beispiele für die Zunahme der Sternzahlen mit der scheinbaren Helligkeit in Gebieten normaler Sterndichte (ausgezogene Kurven) und in benachbarten Absorptionsgebieten (gestrichelte Kurven).

klasse um denselben Betrag zu (Ziffer 102) und wird somit in Abb. 99 durch eine Gerade dargestellt. Anders sieht dagegen der Verlauf der Sternzahlen im Gebiet der Dunkelwolken aus; die Vorderseite der Wolke soll sich in der Entfernung der Sterne der scheinbaren Helligkeit m_1 befinden, die Hinterseite in derjenigen der Sterne der Helligkeit m_2, und ihre Absorptionskraft soll ε Größenklassen betragen. Bei den hellen Sternen fällt der gestrichelte Verlauf der Sternzahlen im Dunkelwolkengebiet mit demjenigen des Vergleichsfeldes zusammen. Von der Helligkeit m_1 an (Punkt A) divergieren die beiden Kurven, indem die Sternzahlen im verdunkelten Gebiet langsamer zunehmen als im unverdunkelten bis zur Helligkeit m_2 (Punkt B), von wo ab die beiden Kurven parallel verlaufen, jedoch eine gegenseitige Verschiebung von ε Größenklassen aufweisen. Die zahlreichen beobachteten Kurven, von denen in Abb. 99 drei typische dargestellt sind, zeigen die charakteristischen Eigenschaften des Schemas. Allerdings sind häufig die Punkte A und B nicht mit der wünschbaren

Schärfe definiert, was durch die starke Streuung der absoluten Helligkeiten bedingt ist; dieser Nachteil kann umgangen werden, wenn man sich auf Sterne engbegrenzter Spektralgruppen, d. h. solche derselben absoluten Helligkeit, beschränkt.

Die bisherigen Untersuchungen geben nur ein fragmentarisches Bild des Systems der Dunkelwolken, das sich mit wenigen Ausnahmen nur auf die nähere Umgebung der Sonne, etwa bis zu Entfernungen von 600 pc bezieht. Aus Abb. 99 entnimmt man, daß das typische Dunkelgebiet bei ϑ Ophiuchi in zirka 250 pc Entfernung beginnt und eine Lichtschwächung von $2{,}0-2{,}3$ Größenklassen bewirkt. Das Gebiet um ξ Cygni zeigt eine kompliziertere Struktur: eine erste Wolke, welche etwa $0{,}5^m$ absorbiert, beginnt in 250 pc, und eine zweite Wolke, welche in zirka 700 pc einsetzt, sich über die mittlere Entfernung der Sterne 16. Größe hinaus erstreckt und eine Absorption von über zwei Größenklassen erreicht. Es ist auffallend, daß die beiden ausgedehnten und nahen Dunkelgebiete im Taurus und Ophiuchus diametral liegen, was nahegelegt hat, anzunehmen, die beiden Gebiete hingen über die Sonne hinweg zusammen.

131. Die galaktische Absorptionszone

Die schon erwähnten Arbeiten TRÜMPLERS (Ziffer 95) über die geometrische und photometrische Entfernungsbestimmung der offenen Sternhaufen führten zu Diskrepanzen, welche durch die Einführung einer interstellaren Absorption von $0{,}67^m$ pro kpc zum Verschwinden gebracht werden konnten. Da die offenen Sternhaufen eine starke Konzentration gegen den galaktischen Äquator zeigen und die untersuchten Objekte außerhalb von Dunkelwolken lagen, war die Annahme einer Absorptionsschicht in der galaktischen Ebene naheliegend. Diese Auffassung wird gestützt durch die Beobachtung, daß alle typischen, von der Seite gesehenen extragalaktischen Nebel in ihrer Symmetrieebene eine Absorptionszone zeigen, und ferner durch die Tatsache, daß in niedrigen galaktischen Breiten keine extragalaktischen Sternsysteme beobachtet werden (Abb. 96).

Schematisieren wir diese Absorptionszone durch eine homogene Schicht der Dicke h, in deren Mittelebene sich der Beobachter befindet, so legt das Licht von einem extragalaktischen Objekt der Breite β in der Absorptionszone den Weg $(h/2)\operatorname{cosec}\beta$ zurück. Sind i_0 und i die Intensitäten vor und nach dem Passieren der Absorptionszone, so ist:

$$i = i_0 \, e^{-k\,(h/2)\,\operatorname{cosec}\beta} \tag{23.3}$$

oder der in Größenklassen ausgedrückte Lichtverlust:

$$\Delta m = k\,\frac{h}{2}\operatorname{cosec}\beta\,\frac{\log e}{0{,}4} \sim k\,\frac{h}{2}\operatorname{cosec}\beta \tag{23.4}$$

Bei Abwesenheit einer Absorptionszone würde der Logarithmus der Nebelzahlen $N(m)$ linear mit m zunehmen wie im Fall des unverdunkelten Sternfeldes (Abb. 99). Diese Kurve wird aber durch die Absorptionszone in der m-Achse um $k\,(h/2)\,\operatorname{cosec}\beta$ Größenklassen verschoben, wenn wir in der Richtung β beobachten, oder um $k\,(h/2)$ Größenklassen, wenn wir gegen den galaktischen Pol beobachten. Die relative Verschiebung der beiden Kurven, die aus den Hubbleschen Nebelzählungen bekannt ist, beträgt somit $k\,(h/2)\,(\operatorname{cosec}\beta - 1)$, woraus die Beobachtungen $k\,(h/2) = 1/4$ liefern. Die optische Dicke der Absorptionszone beträgt somit $0,5^{m}$, woraus mit dem oben erwähnten Absorptionskoeffizienten eine geometrische Dicke von 750 pc folgt.

Bei näherem Zusehen ist aber die für viele Zwecke bequeme Vorstellung einer homogenen Absorptionsschicht nicht haltbar. Die scheinbare Verteilung der extragalaktischen Nebel zeigt viele Unregelmäßigkeiten, die auf eine wolkige Struktur der Absorptionszone hindeuten. Ebenso zeigt eine Neudiskussion der eingangs erwähnten Bestimmung der interstellaren Absorption mit Hilfe der offenen Sternhaufen, daß der erhaltene Wert sehr stark von der Auswahl der Objekte abhängt, und diejenigen, welche in sternreichen Gegenden stehen, überhaupt keine Absorption erkennen lassen. Deshalb hat man das Bild der homogenen Absorptionsschicht zu ersetzen durch ein Netz von Dunkelwolken, die sich von den etwa einen Drittel der Milchstraße bedeckenden, individuell erkennbaren nur durch geringere Absorptionskraft unterscheiden und zwischen denen sich immer wieder Gebiete finden, welche praktisch absorptionsfrei sind.

132. Die Selektivität der interstellaren Absorption

Die in den Dunkelwolken beobachtete Absorption ist im kurzwelligen Bereich stärker als im langwelligen, also selektiv, wobei aber die Möglichkeit, daß die Absorption auch eine neutrale Komponente enthalten könnte, nicht übersehen werden soll. Diese Selektivität macht sich in einer Rötung des Sternlichtes, d. h. in einer Zunahme des Farbenindex, einem sog. Farbenexzeß FE, bemerkbar:

$$FE = (FI)_{beobachtet} - (FI)_{normal} \qquad (23.5)$$

Die Differenz der interstellaren Absorption für die Wellenlängen 4400 und 5500 Å beträgt im Durchschnitt etwa $0,30^{m}$ pro kpc, also etwa einen Drittel der totalen photographischen Absorption. Die selektive Absorption ist örtlich stark verschieden und zeigt nur im allgemeinen einen parallelen Gang mit der Gesamtabsorption. Da es unter den sternreichen Gebieten sowohl verfärbte als auch unverfärbte gibt, muß man annehmen, daß das außerhalb der Dunkelwolken in geringerer Konzentration vorhandene interstellare Medium nicht eine zusammenhängende Schicht bilde, sondern ebenfalls wolkige Struktur besitze.

Die Wellenlängenabhängigkeit der interstellaren Absorption wird allgemein durch ein $1/\lambda^{x}$-Gesetz dargestellt. Wenn auch die meisten Untersuchungen für x auf einen nicht stark von 1 verschiedenen Wert führen, so sei doch nicht unerwähnt, daß andere Untersuchungen Exponenten von 0,5 bis gegen 4 ergeben.

133. Die Natur der kontinuierlich und selektiv absorbierenden Teilchen

Zunächst erinnern wir daran, daß wir bei der Kinematik und Dynamik des Sternsystems die interstellaren Massen vernachlässigt haben, ohne daß wir auf einen Widerspruch gestoßen wären. Dies wäre zweifellos nicht mehr möglich, wenn die gesamte Masse der interstellaren Materie merklich größer wäre als die in den Sternen konzentrierte, d. h. wenn ihre Dichte 10^{-23} g/cm^3 überschreiten würde; dies ist somit ein oberer Grenzwert für die Dichte der interstellaren Materie, welcher sehr wichtig sein wird bei der Beurteilung der Frage nach der Natur der absorbierenden Teilchen. Wie wir gesehen haben, beträgt die obere Grenze der Sterngeschwindigkeiten in unserer Gegend des Sternsystems rund 350 km/s; betrachten wir dies als die Entfliehgeschwindigkeit, so müssen wir folgern, daß die mittlere Dichte innerhalb des Sternsystems nicht größer als 10^{-23} g/cm^3 sein kann.

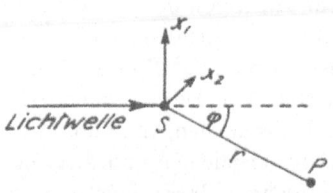

Abb. 100. Streuung einer Licht-welle durch einen Oszillator.

Als erstes untersuchen wir, ob die Absorption durch ein gasförmiges Medium (Atome, Moleküle) zustande kommen kann. Gase absorbieren hauptsächlich in Form von Linien und Banden; hier steht aber nur die kontinuierliche Absorption zur Diskussion, die bei den Gasen durch Streuung zustande kommt.

Ein Oszillator S (Abb. 100) steht im Feld einer von links einfallenden Licht-welle. Er wird somit in Schwingungen geraten und nach allen Richtungen eine Streustrahlung emittieren. Wir interessieren uns speziell für die im Punkte P erhaltene, also für die unter dem Winkel φ gestreute Strahlung im Abstand r vom Oszillator. Die Schwingungen von S zerlegen wir nach den beiden Koordinatenrichtungen x_1 (senkrecht zu der durch den Lichtstrahl und SP gegebenen Ebene) und x_2 (senkrecht zum Lichtstrahl und zu x_1). Wenn das einfallende Licht unpolarisiert ist, so sind die Amplituden $x_{1,0}$, $x_{2,0}$ der beiden Teilschwingungen gleich:

$$x_1 = x_{1,0}\, e^{i\omega t} = x_0\, e^{i\omega t}$$
$$x_2 = x_{2,0}\, e^{i\omega t} = x_0\, e^{i\omega t}$$

$$(23.6)$$

Nach (14.27) beträgt der Energiestrom pro Flächen- und Zeiteinheit im Punkte P:

$$s = \frac{e^2\,\ddot{x}^2}{4\,\pi\,c^3\,r^2}\,\sin^2\vartheta$$

$$(23.7)$$

Dabei bedeutet ϑ den Winkel zwischen der Richtung der Beschleunigung und derjenigen nach P, beträgt somit für die Teilschwingung 1 90°, für die Teilschwingung 2 dagegen 90° $+\ \varphi$. Es ist aber $\ddot{x} = -\omega^2 x$ und somit erhält man für die den beiden Teilschwingungen entsprechenden Energieströme s_1, s_2 in P bzw. für ihre Amplituden $s_{1,0}$, $s_{2,0}$:

$$s_1 = \frac{e^2\,\omega^4\,x_0^2}{4\,\pi\,c^3\,r^2}\,e^{2\,i\,\omega t} \qquad\qquad s_{1,0} = \frac{\omega^4\,(e\,x_0)^2}{4\,\pi\,c^3\,r^2}$$

$$(23.8)$$

$$s_2 = \frac{e^2\,\omega^4\,x_0^2}{4\,\pi\,c^3\,r^2}\,\cos^2\varphi\; e^{2\,i\,\omega t} \qquad s_{2,0} = \frac{\omega^4\,(e\,x_0)^2}{4\,\pi\,c^3\,r^2}\,\cos^2\varphi$$

$$(23.9)$$

Es ist aber $e\,x_0$ das elektrische Moment $= \alpha\,E_0$, wobei α die Polarisierbarkeit und E_0 die Amplitude des elektrischen Vektors der einfallenden Lichtwelle bedeutet. Wir erhalten somit für die gesamte, d. h. auf die Kugel $4\,\pi\,r^2$ pro Zeiteinheit entfallende Streustrahlung:

$$4\,\pi\,r^2\,\frac{\omega^4\,\alpha^2\,E_0^2}{4\,\pi\,r^2\,c^3}\,\overline{(1+\cos^2\varphi)} = \frac{\omega^4\,\alpha^2\,E_0^2}{c^3}\cdot\frac{4}{3} \qquad (23.10)$$

Die Mittelung von $1 + \cos^2\varphi$ erfolgt in elementarer Weise, indem man als Raumwinkelelement die Kugelzone $2\,\pi\,r^2 \sin\varphi\,d\varphi$ einführt. Andererseits beträgt der Energiestrom der einfallenden Welle nach (14.27):

$$s'_{1,0} = s'_{2,0} = \frac{c}{4\,\pi}\,E_0^2 \qquad (23.11)$$

Als Streukoeffizienten σ' des Oszillators definieren wir das Verhältnis von gestreuter zu einfallender Strahlung:

$$\sigma' = \frac{4\,\omega^4\,\alpha^2\,E_0^2}{3\,c^3}\cdot\frac{4\,\pi}{2\,c\,E_0^2} = \frac{8}{3}\,\pi\left(\frac{\omega}{c}\right)^4\alpha^2 \qquad (23.12)$$

Im interstellaren Raum ist die Dichte sehr klein und die Streuintensität dann einfach proportional der Anzahl N der Oszillatoren pro Kubikzentimeter. Es ist somit der Streukoeffizient pro Zentimeter:

$$\sigma = \frac{8\,\pi}{3}\,N\left(\frac{\omega}{c}\right)^4\alpha^2 \qquad (23.13)$$

Schließlich führen wir noch die Beziehung (14.12) zwischen α, N und dem (hier reellen) Brechungsindex n ein und erhalten die sog. Rayleighsche Formel:

$$\sigma = \frac{8\,\pi}{3}\cdot\frac{16\,\pi^4}{\lambda^4}\cdot\frac{(n^2-1)^2}{16\,\pi^2\,N} = \frac{8\,\pi^3}{3\,N}\cdot\frac{(n^2-1)^2}{\lambda^4} \qquad (23.14)$$

Der Brechungsindex n folgt aus demjenigen des Gases unter Normalbedingungen n_0:

$$\frac{n_0^2-1}{n^2-1} = \frac{N_0}{N} \qquad (23.15)$$

wobei N_0 die Anzahl der pro Kubikzentimeter unter Normalbedingungen (Temperatur $= 0^0$, Druck $= 760$ mm Hg) enthaltenen Teilchen bedeutet. Setzt man diesen Ausdruck in (23.14) ein, so liefert die Auflösung nach N:

$$N = \frac{3\,\sigma\,N_0^2\,\lambda^4}{8\,\pi^3\,(n_0^2-1)^2} \qquad (23.16)$$

Da das Licht auf 1 kpc $\sim 3\cdot 10^{21}$ cm um rund eine Größenklasse geschwächt wird, ist σ von der Größenordnung 10^{-21}. Mit $N_0 = 2{,}7\cdot 10^{19}$, $\lambda = 5\cdot 10^{-5}$ und $n_0 = 1{,}000293$ (Luft) erhält man $N = 1{,}6\cdot 10^5$ cm^{-3}. Dies führt unter der Annahme von Wasserstoffatomen auf eine Dichte von 10^{-19} g/cm^3, welche so weit über dem eingangs angeführten Grenzwert liegt, daß die Streuung an atomaren Teilchen keinen merklichen Beitrag zur beobachteten interstellaren Absorption liefern kann.

Nunmehr wollen wir uns überlegen, ob die Streuung an freien Elektronen die interstellare Absorption erklären kann. In der Tat muß infolge der sehr geringen

Dichte eines interstellaren Gases dessen Ionisationsgrad hoch sein. Für ein freies, d. h. an keine Gleichgewichtslage gebundenes Elektron ist $\omega_0 = 0$ und, da die Dämpfung sehr klein ist, können wir ferner $\gamma = 0$ setzen, so daß (14.9) die Form annimmt:

$$\ddot{x} = \frac{e\,E}{m} = \frac{e}{m}\,E_0\,e^{i\,\omega\,t} \qquad (23.17)$$

$$x = -\frac{1}{\omega^2} \cdot \frac{e}{m}\,E_0\,e^{i\,\omega\,t} \qquad (23.18)$$

Damit erhält man für die Polarisierbarkeit:

$$\alpha = \frac{e\,x}{E} = -\frac{e^2}{m\,\omega^2} \qquad (23.19)$$

In Verbindung mit (23.13) erhält man schließlich für den Streukoeffizienten eines Elektronengases der Dichte N_e/cm^3:

$$\sigma = \frac{8\,\pi}{3}\,N_e\,\frac{e^4}{m^2\,c^4} = 0{,}66 \cdot 10^{-24}\,N_e \qquad (23.20)$$

Da σ von der Größenordnung 10^{-21} ist, erhalten wir eine Elektronendichte von $1{,}5 \cdot 10^3/\mathrm{cm}^3$ bzw. eine Minimaldichte (nämlich wenn das interstellare Gas aus praktisch vollständig ionisiertem Wasserstoff besteht) von $2 \cdot 10^{-21}\,\mathrm{g/cm}^3$, welche immer noch hundertmal größer ausfällt als die eingangs abgeleitete Grenzdichte. Auch die Streuung an freien Elektronen vermag somit die interstellare Absorption nicht zu erklären.

Während die Streuung an Atomen und Molekülen eine starke Wellenlängenabhängigkeit aufweist, die wenigstens qualitativ die Selektivität der interstellaren Absorption verständlich machen könnte, ist die Streuung an freien Elektronen (Thomson-Streuung) bemerkenswerterweise von der Frequenz unabhängig.

Nachdem die Erklärung der interstellaren Absorption mit Hilfe atomarer Teilchen sich als unmöglich erwiesen hat, bleibt nur noch die Möglichkeit der Absorption durch makroskopische Teilchen, sog. kosmischen Staub. Zunächst nehmen wir an, daß diese Teilchen so groß seien, daß Streuungs- und Beugungsvorgänge praktisch keine Rolle spielen, und die Lichtschwächung nur durch geometrische Abdeckung erfolge. Da der beobachtete Schwächungsexponent pro Zentimeter rund 10^{-21} beträgt, muß der Querschnitt $\pi\,r^2$ der (als kugelförmig gedachten) N pro Kubikzentimeter enthaltenen Teilchen $10^{-21}\,\mathrm{cm}^2$ betragen. Aus N, r und der Dichte ϱ des Staubmaterials berechnet sich ferner die Dichte d der interstellaren Materie. Wir erhalten somit die beiden Gleichungen:

$$N\,\pi\,r^2 = 10^{-21} \qquad (23.21)$$

$$N\,\frac{4}{3}\,\pi\,r^3\,\varrho = d \qquad (23.22)$$

aus welchen sich bei gegebener Dichte d sowohl N als auch r berechnen lassen. Setzen wir metallische Teilchen voraus (Eisen, $\varrho = 7{,}5$), so erhalten wir für die Grenzdichte von $10^{-23}\,\mathrm{g/cm}^3$ $r = 10^{-3}$ cm. Die wirklichen Dichten sind aber wesentlich kleiner; für den später noch zu begründenden Wert $d = 10^{-25}\,\mathrm{g/cm}^3$ wird $r = 10^{-5}$ cm. Diese Überlegung zeigt uns, daß in der Tat die interstellare

Absorption durch makroskopische feste Teilchen erklärt werden kann. Die hier allein betrachtete geometrische Abdeckung kann allerdings die Selektivität nicht erklären; andererseits ergibt sich der Teilchendurchmesser von der Größenordnung der Lichtwellenlänge, so daß Beugungsvorgänge, die zweifellos wellenlängenabhängig sind, nicht mehr vernachlässigt werden können.

134. Größe und Beschaffenheit der kosmischen Staubpartikel

Bis jetzt kennen wir die beiden Grenzfälle: a) r klein gegen die Lichtwellenlänge λ, Rayleighsche Streuung $\sim \lambda^{-4}$; b) r groß gegen λ, Absorption durch geometrische Abdeckung, unabhängig von λ. In dem Übergangsgebiet, etwa $\lambda/10 < r < 10\,\lambda$ läßt sich die Extinktion ebenfalls durch ein λ^{-x}-Gesetz darstellen, wobei der Exponent mit zunehmendem Teilchendurchmesser progressiv von 4 auf 0 abnimmt.

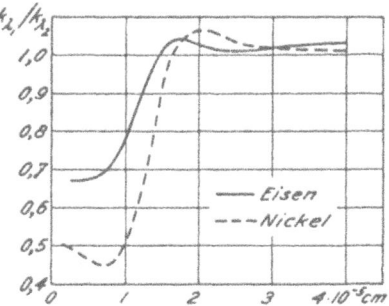

Abb. 101. Der Quotient $k_{\lambda_1}/k_{\lambda_2}$ der Absorptionskoeffizienten in Abhängigkeit vom Durchmesser der streuenden Eisen- bzw. Nickelkugeln (nach C. SCHALÉN).

Die bisherigen theoretischen Untersuchungen beziehen sich auf die Lichtschwächung durch Absorption und Streuung bei kugelförmigen metallischen Teilchen von beugender Größe. Die Theorie wurde bereits 1908 von G. MIE für kolloidale Metalllösungen entwickelt und von 1933 an von verschiedenen Autoren auf den kosmischen Staub angewendet. Wir müssen es uns hier versagen, diese ziemlich komplizierte Theorie darzustellen. Wir können darauf um so eher verzichten, als bei dem engen Intervall von r, in welchem der Exponent zwischen 0 und 4 variiert, die Beobachtungstatsache, daß der Exponent ungefähr 1 beträgt, die Größenordnung der Teilchen bereits festlegt. Wenn man bedenkt, daß das λ^{-1}-Gesetz möglicherweise durch Überlagerung einer stark selektiven mit einer neutralen Komponente zustande kommen könnte, daß der Exponent stark von der Teilchenform abhängt, daß die einzelnen Teilchen nach Größe und Material verschieden sein können, so kommt dem Ergebnis, daß die Miesche Theorie unter ganz bestimmten Annahmen zu einem λ^{-1}-Gesetz führt, keine große Bedeutung zu.

Zur Veranschaulichung der Theorie sind in Abb. 101 die Quotienten der Absorptionskoeffizienten $k_{\lambda_1}/k_{\lambda_2}$ für das Farbenindexsystem 5500/4400 Å für Eisen- und Nickelkugeln als Funktion des Durchmessers dargestellt. Im Falle von Absorption durch geometrische Abdeckung ist $k_{\lambda_1}/k_{\lambda_2} = 1$, im Falle von Rayleigh-Streuung dagegen $k_{\lambda_1}/k_{\lambda_2} = (\lambda_2/\lambda_1)^4 = 0,41$. Wie die Abbildung zeigt, erreicht die Kurve für Nickel bei $0,75 \cdot 10^{-5}$ cm den Minimalwert von 0,45, der nahezu Rayleighscher Streuung entspricht, bei $1,6 \cdot 10^{-5}$ cm dagegen bereits den Wert 1. Wesentlich ist, daß der Übergang des $k_{\lambda_1}/k_{\lambda_2}$-Wertes von 0,41 auf 1 auf einem sehr kleinen Intervall des Teilchendurchmessers erfolgt und für die verschiedensten in Frage kommenden Metalle in demselben Gebiet liegt, wofür als Beispiel in Abb. 101 noch die Kurve für Eisen eingezeichnet ist. Die Bevorzugung dieser beiden Metalle hat ihre Begründung darin, daß ein großer Teil der Meteoriten praktisch aus reinen Eisen-Nickel-Legierungen besteht. Die in Abb. 101 dargestellten Verhältnisse gestatten, den Durchmesser der kosmischen Staubpartikel sehr zuverlässig zu bestimmen ohne nähere Kenntnis ihres Materials und selbst ohne genauere Kenntnis der Wellenlängenabhängigkeit der Selektivität der interstellaren Absorption. Dieser Teilchendurchmesser beträgt $1 \cdot 10^{-5}$ cm.

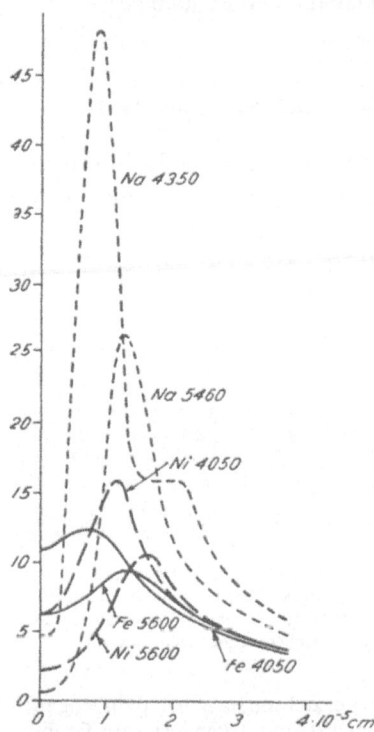

Umgekehrt wird es aber wegen des für verschiedene Metalle fast gleichartigen Verlaufes der Kurven in Abb. 101 kaum möglich sein, aus Verfärbungsmessungen einen Schluß auf das Material der absorbierenden Teilchen zu ziehen. Das nahezu gleichartige Verhalten verschiedener Metalle kommt in Abb. 102 nochmals zum Ausdruck, in welcher die Absorptionsbeträge der Metalle Fe, Ni und Na für je zwei Wellenlängen in Abhängigkeit vom Teilchendurchmesser dargestellt sind. Diese Abbildung läßt noch eine neue, für die Kosmogonie der kosmischen Staubpartikel vermutlich wesentliche Erscheinung erkennen: bei vorgegebener Dichte der interstellaren Materie führt unter allen Teilchendurchmessern der in der Natur realisierte von 10^{-5} cm zur größten Gesamtabsorption.

Abb. 102. Die Absorptionsbeträge verschiedener Metalle bei verschiedenen Wellenlängen in Abhängigkeit vom Teilchendurchmesser (nach E. SCHOENBERG und B. JUNG).

Da der Teilchendurchmesser nun bekannt ist, folgt aus der gemessenen Gesamtabsorption die Anzahl der wirksamen Teilchen, und wenn noch die Tiefenerstreckung, auf welche sich jene bezieht, bekannt ist, die Teilchendichte. Diese ist in Tab. 49 für zwei typische Dunkelwolken sowie den allgemeinen interstellaren Raum mitgeteilt. Die Dichte ϱ wurde aus der Teilchendichte N unter der Annahme des spezifischen Gewichtes 7,8 (Fe) berechnet.

Tabelle 49

Die Dichte der festen interstellaren Materie

Objekt	Absorption	N cm^{-3}	ϱ g/cm^3	Gesamtmasse
Aurigawolke	$1{,}90^m$	$1{,}7 \cdot 10^{-11}$	$0{,}4 \cdot 10^{-25}$	$35\ M_\odot$
Cepheuswolke. . . .	$1{,}30^m$	$2{,}8 \cdot 10^{-11}$	$0{,}6 \cdot 10^{-25}$	$340\ M_\odot$
Interstellarer Raum .	$0{,}50^m$/kpc	$0{,}7 \cdot 10^{-11}$	$0{,}4 \cdot 10^{-26}$	$0{,}5 \cdot 10^{-4}\ M_\odot$/pc^3

XXIV. DER KOSMISCHE
STAUB IM INTERSTELLAREN RAUM

Das vorangegangene Kapitel hat uns mit verschiedenen Absorptionserscheinungen vertraut gemacht, die einheitlich durch die Anwesenheit von kosmischem Staub im interstellaren Raum, der stellenweise zu «Dunkelwolken» verdichtet ist, gedeutet werden konnten. Solche Verdichtungen können, wenn sie von nahestehenden hellen Sternen intensiv beleuchtet werden, als sog. Reflexionsnebel direkt beobachtet werden. Hier wollen wir uns noch mit einigen kosmogonischen Problemen beschäftigen, was um so berechtigter ist, als die Vermutung naheliegt, aus Verdichtungen im kosmischen Staub könnten schließlich Himmelskörper entstehen.

135. Die Entstehung der kosmischen Staubpartikel

bietet heute noch viele Rätsel. Die Theorie vermag zu zeigen, daß ein primär gegebenes sehr kleines Fe-Teilchen bis zum beobachteten Durchmesser anwachsen kann. Experimentell ist bekannt, daß ein großer Temperaturunterschied zwischen dem festen Metall und dem umgebenden Gas die Kondensation der Gasmoleküle an der Metalloberfläche begünstigt. Dieser Fall liegt im interstellaren Raum vor. Die Moleküle des interstellaren Gases haben Geschwindigkeiten, die der Temperatur der Sternstrahlung, rund $10\,000^0$, entsprechen. Dagegen besitzen die festen Teilchen eine nur wenig über dem Nullpunkt liegende Temperatur. Die Strahlungsintensität im Weltraum entspricht der Strahlung von rund 2000 Sternen 1. Größe und kann beispielsweise durch 2000 A_0-Sterne, welche sich in der Entfernung $d = 10$ pc befinden, repräsentiert werden. Die innerhalb von d herrschende Strahlungsdichte kann dargestellt werden als diejenige einer schwarzen Strahlung der Temperatur T. Nach dem Stefan-Boltzmannschen Gesetz ist dann:

$$2000\,\pi\,r^2\,\sigma\,T_s^4 = 4\,\pi\,d^2\,\sigma\,T^4 \qquad (24.1)$$

Mit den für einen A_0-Stern geltenden Größen: Radius $r = 1{,}6 \cdot 10^{11}$ cm, effektive Temperatur $T_s = 10\,000^0$, erhält man für die Temperatur T, auf welche ein absorbierender Körper im Weltraum aufgewärmt wird, rund $3{,}5^0$.

Der Anlagerungsprozeß der Gasmoleküle an das Metall wird aber durch die elektrostatische Abstoßung verlangsamt, denn durch den Photoeffekt wird das Metallteilchen positiv aufgeladen, während das interstellare Gas hauptsächlich in Form positiver Ionen und negativer Elektronen auftritt.

Nach den obigen Ausführungen kann die Strahlung im interstellaren Raum als verdünnte Hohlraumstrahlung aufgefaßt werden. Ihre Dichte beträgt nach dem Planckschen Gesetz:

$$\varrho_\nu = W\,\frac{8\,\pi\,h\,\nu^3}{c^3} \cdot \frac{1}{e^{h\nu/kT} - 1} \qquad (24.2)$$

Der Verdünnungsfaktor ergibt sich aus (24.1):

$$W = \frac{2000\,\pi\,r^2}{4\,\pi\,d^2} \tag{24.3}$$

Bei der Frequenz ν beträgt die Energie eines Lichtquants $h\,\nu$, die Quantendichte somit:

$$N_\nu = \frac{\varrho_\nu}{h\,\nu} = W\,\frac{8\,\pi\,\nu^2}{c^3} \cdot \frac{1}{e^{h\,\nu/k\,T}-1} \tag{24.4}$$

Für die Auslösung des Photoeffektes kommen nur Frequenzen $\nu > \nu_0$ in Betracht, so daß man für die Dichte der ionisierend wirkenden Quanten erhält:

$$N = W\,\frac{8\,\pi}{c^3} \int_{\nu_0}^{\infty} \frac{\nu^2\,d\nu}{e^{h\,\nu/k\,T}-1} \tag{24.5}$$

Beträgt die Ablösearbeit des Elektrons A_0 Elektronenvolt und besitzt das Metallteilchen eine Aufladung von P eV, so sind im gesamten $A = A_0 + P$ eV aufzuwenden, woraus sich ν_0 berechnet:

$$h\,\nu_0 = 1{,}602 \cdot 10^{-12}\,A \tag{24.6}$$

$$\nu_0 = 2{,}42 \cdot 10^{14}\,A \tag{24.7}$$

Im Gleichgewichtszustand werden pro Sekunde ebenso viele Elektronen eingefangen wie durch Photoeffekt der ionisierenden Lichtquanten abgelöst werden:

$$\pi\,r^2\,N\,c = \pi\,r'^2\,N_e\,v \tag{24.8}$$

Dabei bedeutet N_e die Elektronendichte, c und v die Geschwindigkeit der Lichtquanten bzw. der Elektronen. Auf der rechten Seite steht nicht der Teilchenquerschnitt $\pi\,r^2$, sondern der «Wirkungsquerschnitt» $\pi\,r'^2$, weil infolge der elektrostatischen Anziehung zwischen dem positiven Eisenteilchen und dem Elektron dieses auch noch eingefangen wird, wenn es im Abstand $r' > r$ am Zentrum des positiv geladenen Teilchens vorbeifliegt. Anders ausgedrückt: ein geladenes Teilchen vom Radius r fängt ebensoviel Elektronen ein wie ein neutrales vom Radius r'. Die Elektronengeschwindigkeit erhalten wir aus der Beziehung

$$\frac{1}{2}\,m_e\,v^2 = \frac{3}{2}\,k\,T \tag{24.9}$$

wobei T die Temperatur des Elektronengases bedeutet, welche nahezu mit derjenigen der Sternstrahlung übereinstimmt. In der Gleichgewichtsbedingung:

$$N = N_e\,\frac{v}{c}\left(\frac{r'}{r}\right)^2 = N' \tag{24.10}$$

sind zunächst noch r'/r und N_e unbekannt. Zur Berechnung der Vergrößerung des Wirkungsradius betrachten wir Abb. 103, in welcher die Bahn eines Elektrons, welches die Oberfläche der geladenen Eisenkugel vom Radius r gerade streift, dargestellt ist. Die ursprüngliche Bewegungsrichtung ist die Asymptote an die Bahnhyperbel. Führen wir die numerische Exzentrizität $\varepsilon = e/a$ ein, so ist nach Abb. 103:

$$\left(\frac{r'}{r}\right)^2 = \frac{b^2}{(e-a)^2} = \frac{e^2-a^2}{(e-a)^2} = \frac{\varepsilon^2-1}{(\varepsilon-1)^2} = \frac{\varepsilon+1}{\varepsilon-1} \qquad (24.11)$$

Da das Coulombsche und das Newtonsche Gesetz formal übereinstimmen, ist die Bewegung des Elektrons identisch mit der hyperbolischen Bewegung eines Massenpunktes m_2 um die in Z gedachte Zentralmasse m_1. Aus der Zweikörpertheorie (Planetenbewegung) folgt für die Exzentrizität der Hyperbelbahn:

$$\varepsilon^2 = 1 + \frac{f^2 v_0^2}{G^2(m_1+m_2)^2} \qquad (24.12)$$

wobei f die doppelte Flächengeschwindigkeit bedeutet, v_0 die Geschwindigkeit im Unendlichen und G die Gravitationskonstante. Da die konstante Flächengeschwindigkeit $(1/2)\, r'\, v_0$ beträgt, erhält man für die Exzentrizität:

$$\varepsilon^2 = 1 + \frac{r'^2 v_0^4}{G^2(m_1+m_2)^2} \qquad (24.13)$$

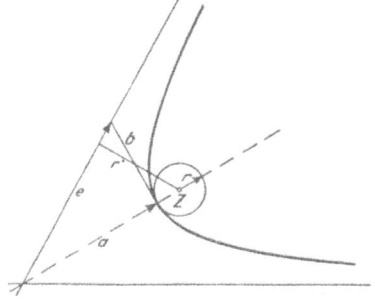

Abb. 103. Einfang eines Elektrons durch eine Eisenkugel.

Die Beschleunigung, welche m_2 beim gegenseitigen Abstand zwischen m_1 und m_2 von 1 cm erfährt, beträgt $G\,m_1$, diejenige, welche m_1 erfährt, $-G\,m_2$, somit die Relativbeschleunigung $G\,(m_1+m_2)$. Der im Nenner von (24.13) auftretende Ausdruck hat somit die Bedeutung des Quadrates der Beschleunigung, welche der ruhend gedachte Körper auf den bewegten im Abstand 1 cm ausübt. Im elektrischen Fall ist

$$b_2 = \frac{e_1 e_2}{m_2} \qquad b_1 = -\frac{e_1 e_2}{m_1} \qquad b = e_1 e_2\left(\frac{1}{m_1}+\frac{1}{m_2}\right)$$

Durch diesen Ausdruck haben wir $G\,(m_1+m_2)$ zu ersetzen:

$$\varepsilon^2 = 1 + \frac{r'^2 v_0^4}{e_1^2 e_2^2[(1/m_1)+(1/m_2)]^2} = 1 + \frac{v_0^4 r^2 m_2^2}{e_1^2 e_2^2}\left(\frac{r'}{r}\right)^2 \qquad (24.14)$$

Darin bedeutet e_1 die Ladung des Eisenteilchens, $e_2 = e_{el}$ diejenige des Elektrons. Da $m_2 \ll m_1$, haben wir $1/m_1$ gegen $1/m_2$ vernachlässigt. Beachten wir noch, daß $e_1/r = \Phi$ das Potential an der Oberfläche der Eisenkugel bedeutet, so wird aus (24.14):

$$\varepsilon^2 = 1 + \frac{v_0^4}{\Phi^2}\left(\frac{m_{el}}{e_{el}}\right)^2\left(\frac{r'}{r}\right)^2 \qquad (24.15)$$

Aus den Gleichungen (24.11) und (24.15) wird ε eliminiert, indem man zunächst aus der ersten Gleichung erhält:

$$\varepsilon = \frac{x+1}{x-1} \qquad (24.16)$$

wobei zur Abkürzung $(r'/r)^2 = x$ gesetzt worden ist. Substituiert man diesen Wert in (24.15) und löst nach x auf, so erhält man

$$\left(\frac{r'}{r}\right)^2 = 1 + \frac{2\,\Phi\, e_{el}}{v_0^2\, m_{el}} \qquad (24.17)$$

Setzt man hier wieder die aus (24.9) erhaltene Elektronengeschwindigkeit v_0 ein, so ergibt sich:

$$N' = N_e \, \frac{v_0}{c} \left(1 + \frac{2\,\Phi\,e_{el}}{v_0^2\,m_{el}} \right) = N'(N_e, \Phi) \tag{24.18}$$

Da bei vorgegebener Temperatur (10000^0) die Elektronendichte nach der Ionisationsformel nur eine Funktion der Dichte ϱ ist, können wir auch schreiben $N' = N'(\varrho, \Phi)$. Diese Funktion ist in Abb. 104 für $\varrho = 10^{-28}$ bis 10^{-20} g cm^{-3} eingezeichnet. Andererseits ist nach (24.5):

$$N = N(T, v_0) = N(T, \Phi) \tag{24.19}$$

Auch diese Funktion ist in Abb. 104 eingetragen, und zwar für die Temperaturen 4000, 6000, 10000 und 15000^0 der Sternstrahlung. Diesem Diagramm entnimmt man aus dem Schnittpunkt zweier Kurven das zugehörige Aufladepotential der Eisenteilchen im Gleichgewichtszustand; z. B. erhält man für $T = 10000^0$ und $\varrho = 10^{-26}$ g cm^{-3}: $\Phi = 10$ V.

Es ist nun sehr fraglich, ob bei dieser starken positiven Aufladung die Eisenteilchen überhaupt noch wachsen können durch Anlagerung von Ionen, denn bei der Temperatur von 10000^0 besitzt ein Ion nur eine mittlere Energie von 1,27 eV. Es gibt allerdings stets Teilchen mit beliebig hoher Energie, aber in entsprechender Seltenheit. Überdies hat man zu berücksichtigen, daß die elektrostatische Abstoßung den Wirkungsradius r' verringert, wie derselbe bei elektrostatischer Anziehung vergrößert wird. An Stelle von (24.17) tritt in diesem Fall:

$$\left(\frac{r'}{r} \right)^2 = 1 - \frac{2\,\Phi\,e_{ion}}{v^2\,m_{ion}} = 1 - \frac{E_{pot}}{E_{kin}} \tag{24.20}$$

wobei sich jetzt e_{ion}, m_{ion} und v auf das positive Ion beziehen. Man erkennt daraus, daß der Wirkungsquerschnitt bei derjenigen Geschwindigkeit null wird, welche gerade genügt, damit bei zentralem Stoß das Ion die Oberfläche des Teilchens erreicht. Unter Berücksichtigung dieser Umstände erhält man das Resultat, daß die Zusammenstöße zwischen den Eisenteilchen und den Ionen unter den Verhältnissen des interstellaren Raumes etwa 10^5- bis 10^6mal seltener sind, als wenn zwischen den beiden Stoßpartnern keine elektrische Abstoßung bestehen würde. Ein Wachstum der Eisenteilchen ist somit unmöglich, da unter den vorausgesetzten Verhältnissen das interstellare Gas nahezu vollständig ionisiert ist. Die Anlagerungsmöglichkeiten werden allerdings, wie aus Abb. 104 hervorgeht, rasch günstiger bei abnehmender Temperatur und zunehmender Dichte; gleichzeitig nimmt aber auch der Ionisationsgrad ab, so daß in jedem Fall das Wachstum durch Ionenanlagerung neben demjenigen durch Atomanlagerung ganz unbedeutend ist. Das Wachstum kosmischer Staubpartikel dürfte somit auf die Anlagerung neutraler Atome in Gebieten erhöhter Dichte des interstellaren Mediums beschränkt sein.

Die Anlagerung neutraler Atome läßt sich aber nach EDDINGTON leicht berechnen. Es seien m, r, σ, v bzw. Masse, Radius, Dichte und Geschwindigkeit des kosmischen Staubteilchens, während die Atome des interstellaren Gases als in Ruhe befindlich betrachtet werden; dann beträgt die Massezunahme in der Zeit dt:

$$dm = \pi\, r^2\, v\, \varrho\, dt \qquad m = \frac{4}{3}\, \pi\, r^3\, \sigma \qquad\qquad (24.21)$$

Durch Elimination von r und Integration erhält man:

$$m = \frac{\pi}{48} \cdot \frac{v^3\, \varrho^3}{\sigma}\, t^5 \qquad\qquad (24.22)$$

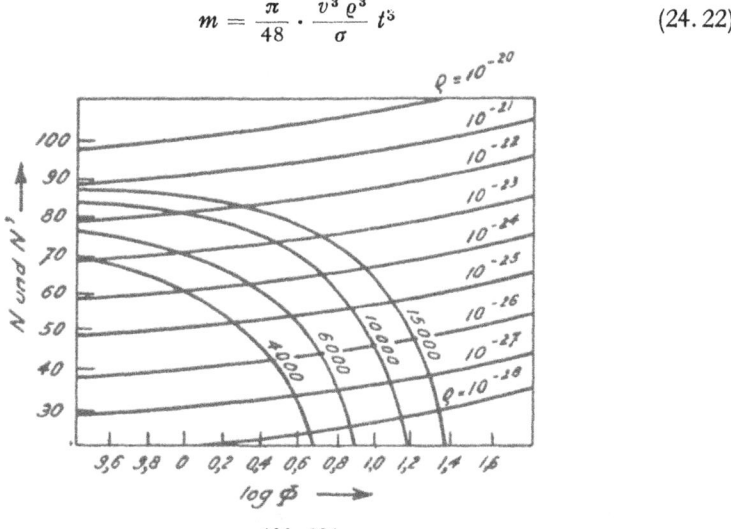

Abb. 104
Diagramm zur Bestimmung des Ionisationspotentials von festem Eisen (nach B. JUNG).

Mit $v = 2$ km/s (entsprechend einer Temperatur von $10\,000^0$ und einem Molekulargewicht 50), $\varrho = 6 \cdot 10^{-27}$ g/cm³, $\sigma = 7$ und $t = 2 \cdot 10^9$ Jahre (Alter unseres Sternsystems) ergibt sich $m = 3{,}7 \cdot 10^{-15}$ g, $r = 0{,}5 \cdot 10^{-5}$ cm, gerade der im vorangegangenen Abschnitt abgeleitete Teilchenradius. Dem Umstand, daß nur die in Minderheit vorhandenen neutralen Atome anlagerungsfähig sind, haben wir dadurch Rechnung getragen, daß eine zehnmal geringere Dichte eingesetzt worden ist, als wir in Tab. 49 für die Dunkelwolken gefunden haben. In Gebieten größerer Dichte erfolgt nach (24.22) das Anwachsen bis auf 10^{-5} cm schon in bedeutend kürzerer Zeit; die Frage, warum in solchen Gebieten die Partikel bis heute nicht über den Durchmesser von 10^{-5} cm hinausgewachsen sind, muß wohl dahin beantwortet werden, daß das zur Verfügung stehende interstellare Gas vorzeitig aufgebraucht war und das Wachstum zum Stillstand gebracht hat.

136. Stabilität und Lebensdauer der Dunkelwolken

Für die Frage nach der Stabilität der Dunkelwolken ist das Verhältnis von Eigenanziehung zu Zentralkraft, ausgeübt vom gesamten Sternsystem, ausschlaggebend. Bei großen Dichten und kleinen Dimensionen ist jene so groß, daß die Teilchen in periodische Bahnen um den Wolkenschwerpunkt gezwungen werden: die Wolke ist stabil. In diffusen Wolken geringer Dichte dagegen beschreiben die Teilchen aperiodische Bahnen: die Wolke ist dynamisch instabil und befindet sich im Zustand der Auflösung. Die Grenze zwischen stabilen und instabilen Wolken dürfte bei einer Gesamtabsorption von 1^m und einem Teilchendurchmesser von 10^{-5} cm bei etwa 20 pc liegen. Die intensiven Dunkelwolken sind somit als stabile Objekte zu betrachten, die diffusen als solche im Stadium der Auflösung und der allgemein verbreitete kosmische Staub (sog. galaktische Absorptionszone) als das Produkt aufgelöster Dunkelwolken.

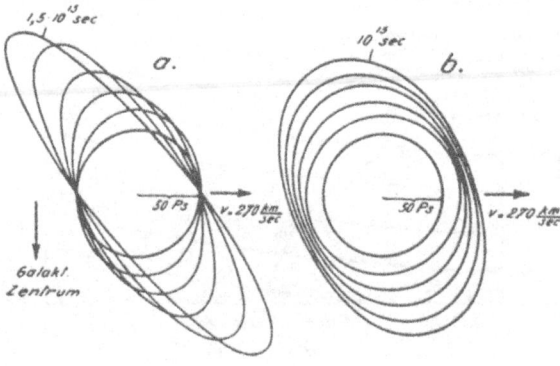

Abb. 105
Auflösung von Dunkelwolken in der Milchstraßenebene (nach H. KLAUDER).

Die instabilen Dunkelwolken verfallen der Auflösung durch Diffusion und unter dem Einfluß der galaktischen Rotation. Eine Wolke vom Radius ϱ_0, welche im Abstand a vom galaktischen Zentrum um dasselbe eine Kreisbahn beschreibt, besitzt an ihrem inneren Umfang die Geschwindigkeit $v_1 = [(GM)/(a - \varrho_0)]^{1/2}$ am äußeren Umfang die Geschwindigkeit $v_2 = [(GM)/(a + \varrho_0)]^{1/2}$, wobei M die Masse innerhalb a bedeutet. Da $v_1 > v_2$, wird die Wolke auseinandergezogen; als Auflösungszeit τ bezeichnen wir das Intervall, in welchem die Wolke auf den Betrag $10\,\varrho_0$ auseinandergezogen wird:

$$\tau = \frac{10\,\varrho_0}{v_1 - v_2} = \frac{10\,\varrho_0}{\sqrt{GM}} \cdot \frac{a^{1/2}}{[1 - (\varrho_0/a)]^{-1/2} - [1 + (\varrho_0/a)]^{-1/2}}$$

$$\cong \frac{10\,\varrho_0}{\sqrt{GM}} \cdot \frac{a^{3/2}}{\varrho_0} = \frac{10}{\omega} \tag{24.23}$$

Mit der Winkelgeschwindigkeit in der Umgebung der Sonne $\omega \cong 10^{-15}$ cm^{-1} erhält man $\tau \sim 10^8$ Jahre. Die Mitberücksichtigung der Diffusion würde die Lebensdauer verkleinern, die Berücksichtigung der Eigenanziehung der Wolke verlängern.

Abb. 105 zeigt die Verhältnisse an zwei Beispielen bei Berücksichtigung von Diffusion, Eigenanziehung und galaktischer Rotation. In Abb. 105 a ist eine instabile Dunkelwolke geringer Dichte vom Radius 50 pc und ihre Deformation in Intervallen von je $3 \cdot 10^{14}$ s $= 10^7$ Jahren dargestellt. Die Abbildung zeigt, daß die

Instabilität in radialer Richtung des Sternsystems beginnt, während im späteren Stadium der Einfluß der galaktischen Rotation immer stärker hervortritt. Während bei diesem Beispiel angenommen worden ist, daß zu Beginn der Auflösung keine Bewegungen der einzelnen Teilchen relativ zum Wolkenzentrum vorhanden waren, ist bei dem noch etwas instabileren Beispiel *b* eine mittlere Teilchengeschwindigkeit von $1{,}4 \cdot 10^5$ cm s^{-1} vorausgesetzt worden.

XXV. DIE EMISSIONSNEBEL

Die leuchtenden Nebel bildeten den ersten augenfälligen Beweis, daß die kosmische Materie nicht nur zu Himmelskörpern konzentriert vorkommt, sondern auch als diffus verteilte interstellare Materie. Allerdings vermögen diese Nebel keine merkbare Temperaturstrahlung zu liefern und leuchten stets•nur in geborgtem Licht, weshalb ihre Sichtbarkeit auf die Umgebung heller Sterne beschränkt ist. Dunkelwolken und Emissionsnebel treten häufig in Verbindung miteinander auf, so daß es sich dabei lediglich um zwei verschiedene Erscheinungsformen, bedingt durch verschiedene physikalische Bedingungen, ein und derselben Wolke interstellarer Materie handelt. Das Spektrum der Emissionsnebel stimmt entweder mit demjenigen des beleuchtenden Sternes überein, was darauf hindeutet, daß der Nebel aus kosmischem Staub besteht, welcher das Sternlicht reflektiert und zerstreut (Reflexionsnebel), oder es besteht aus einem Emissionslinienspektrum, was darauf hinweist, daß der Nebel aus Gas besteht, welches durch die Sternstrahlung zum Leuchten angeregt wird (Gasnebel). Wir beschäftigen uns im folgenden ausschließlich mit den Gasnebeln.

137. Klassifikation der Gasnebel

Wenn unsere grundlegende Vorstellung, daß die Emissionsnebel (inklusive Reflexionsnebel) durch einen nahestehenden Stern beleuchtet werden, richtig ist, so muß eine Beziehung bestehen zwischen der Helligkeit des Sterns und der Ausdehnung der beleuchteten Nebelhülle. Denken wir uns eine relativ dünne, zur Blickrichtung senkrechte Wand von homogener interstellarer Materie, in welche ein Stern eingebettet ist, so emittiert ein Volumenelement derselben eine Lichtmenge, welche I/d^2 proportional ist, wobei I die Leuchtkraft des Sterns und d den Abstand des betrachteten Volumenelementes von demselben bedeutet, wobei noch vorausgesetzt ist, daß die Lichtabnahme durch Absorption klein ist gegen diejenige nach dem reziproken Abstandsquadrat. Die Flächenhelligkeit des Nebels hängt nicht von seiner Distanz R von der Erde ab, denn die empfangene Strahlung ist wie die scheinbare Fläche unseres Elementes proportional $1/R^2$. Somit beträgt die Flächenhelligkeit f:

$$f = c \frac{I}{d^2} = \frac{c\,I}{a^2\,R^2} \tag{25.1}$$

Dabei ist a der Winkelabstand des Elementes vom Stern. In einem bestimmten Abstand a_0 ist die Flächenhelligkeit f_0 so gering geworden, daß der Nebel unsichtbar wird; es ist somit

$$a_0 = \sqrt{\frac{c\,I}{f_0\,R^2}} = \sqrt{\frac{c}{f_0}}\,i \qquad (25.2)$$

der Winkelradius des Nebels; an Stelle der scheinbaren Intensität i des Sternes führt man nach (2.2) seine scheinbare Helligkeit m ein und erhält:

$$m + 5\log a = \text{const} \qquad (25.3)$$

Wie Abb. 106 zeigt, ist diese Beziehung gut erfüllt. Die in (25.3) auftretende Konstante hängt natürlich von der verwendeten Apparatur, der Belichtungszeit usw. ab.

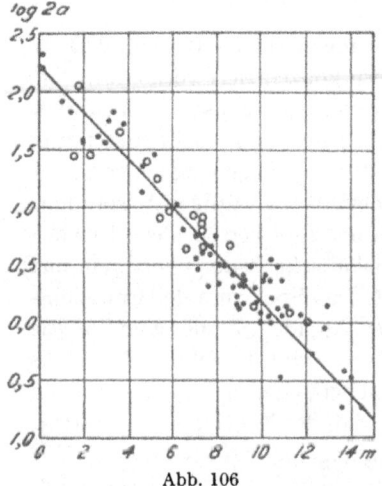

Abb. 106

Beziehung zwischen dem scheinbaren Durchmesser des Nebels und der scheinbaren Helligkeit des beleuchtenden Sterns (nach E. Hubble).

Bei den Gasnebeln kann man einerseits die der Form nach unregelmäßigen unterscheiden und andererseits die rundlichen, welche man auch als planetarische bezeichnet, da sie im Fernrohr wie Planetenscheibchen aussehen. Diese etwa 500 Objekte liegen in Entfernungen von 100 bis mehrere tausend Lichtjahre, also innerhalb des Milchstraßensystems und werden deshalb auch als galaktische Nebel bezeichnet; auch ihre Konzentration zur galaktischen Ebene deutet auf ihre Zugehörigkeit zu unserem Sternsystem. Die Abstandsbestimmung erfolgt mit Hilfe der photometrischen Grundgleichung (2.3), wobei m gemessen und M aus dem beobachteten Spektrum des Zentralsterns, z. B. der Tab. 1, entnommen werden kann. Die planetarischen Nebel besitzen Winkeldurchmesser bis zu $1'$, die diffusen solche bis zu mehreren Graden. Dementsprechend haben die unregelmäßigen Nebel auch größere lineare Durchmesser (Orionnebel z. B. 10 Lichtjahre) als die planetarischen (0,02 bis 5 Lichtjahre).

Es besteht eine enge Beziehung zwischen dem Aussehen des Nebels und der Temperatur seines Zentralsterns. Hat derselbe eine Temperatur, welche niedriger ist als diejenige eines B_1-Sternes, so beobachtet man einen Reflexionsnebel; ist die Temperatur dagegen höher, so verdampft die interstellare Materie, und man beobachtet einen Gasnebel, und zwar einen diffusen Nebel, wenn der Zentralstern vom Typus B0 bis O5 ist, und einen planetarischen Nebel, wenn derselbe ein O-Stern mit Emissionslinien oder ein Wolf-Rayet-Stern ist.

Neben den augenfälligen unregelmäßigen und planetarischen Nebeln sind neuerdings in weiten Gebieten der Milchstraße sog. Wasserstoffemissionsnebel gefunden worden, Wolken, die sich auf gewöhnlichen Himmelsaufnahmen nicht erkennen lassen, welche aber die Wasserstofflinie H_α und andere im Spektrum der Gasnebel auftretende Linien in geringer Intensität emittieren.

138. Die Ionisation der Gasnebel

Die Identifikation der Emissionslinien im Spektrum der Gasnebel (Ziffer 139) zeigt, daß deren Atome stark, nichtmetallische Atome bis vierfach ionisiert sind. Dies hat zwei Ursachen: erstens sind die anregenden Sterne sehr heiß und reich an kurzwelliger ionisierender Strahlung und zweitens ist in den Nebeln die Dichte so gering, daß die Rekombinationen von Ionen mit Elektronen selten sind. Wie schon das Emissionslinienspektrum zu erkennen gibt, kann in einem Gasnebel auch nicht annähernd von thermischem Gleichgewicht gesprochen werden, so daß wir hier die Sahasche Ionisationsformel nicht anwenden können, sondern das Ionisationsgleichgewicht von Grund auf neu berechnen müssen. Dazu betrachten wir ein Volumenelement von 1 cm³ Inhalt, das Atome nur einer Sorte enthält, welche sich auf zwei Energiezustände, die mit 1 bzw. 2 bezeichnet seien, verteilen. Die Konzentrationen der beiden Zustände seien n_1 und n_2. Zur Angabe der Anzahl der Übergänge pro Sekunde zwischen diesen beiden Zuständen, von denen 2 der energiereichere sei, bedienen wir uns der bereits in Ziffer 4 eingeführten Übergangswahrscheinlichkeiten:

$$\text{spontane Emission:} \quad A_{12}\, n_2$$
$$\text{erzwungene Emission:} \quad B_{12}\, n_2\, \varrho_\nu \qquad (25.4)$$
$$\text{Absorption:} \quad B_{21}\, n_1\, \varrho_\nu$$

Dabei bedeutet ϱ_ν die Strahlungsdichte der Frequenz $\nu = (E_2 - E_1)/h$. Im Gleichgewichtszustand zwischen Emission und Absorption besteht somit die Beziehung:

$$(A_{12} + B_{12}\, \varrho_\nu)\, n_2 = B_{21}\, \varrho_\nu\, n_1 \qquad (25.5)$$

Beachten wir noch, daß nach (1.36) und (1.37) $A_{12} = (8\,\pi\,h\,\nu^3/c^3)\, B_{12}$ beträgt, so nimmt die Gleichgewichtsbedingung die Form an:

$$B_{21}\, \varrho_\nu\, n_1 = \left(\frac{8\,\pi\,h\,\nu^3}{c^3} + \varrho_\nu\right) B_{12}\, n_2 = \left(1 + \frac{c^3\,\varrho_\nu}{8\,\pi\,h\,\nu^3}\right) \frac{8\,\pi\,h\,\nu^3}{c^3}\, B_{12}\, n_2 \qquad (25.6)$$

Bezeichnen wir mit 1 den Grundzustand des neutralen und mit 2 denjenigen des ionisierten Atoms, so steht auf der linken Seite von (25.6) die Anzahl der Ionisationsprozesse pro Kubikzentimeter und Sekunde, auf der rechten die Anzahl der Rekombinationen. Beträgt der Absorptionskoeffizient pro Atom für Strahlung der Frequenz ν σ_ν, so absorbiert ein Atom pro Sekunde die Energie $\varrho_\nu\, d\nu\, c\, \sigma_\nu$, wenn c die Lichtgeschwindigkeit bedeutet, und die Anzahl der Ionisationsprozesse pro Kubikzentimeter und Sekunde ergibt sich zu:

$$\frac{\varrho_\nu\, d\nu\, c\, \sigma_\nu\, n_1}{h\,\nu} \qquad (25.7)$$

Analog berechnet sich die Anzahl der Rekombinationen pro Kubikzentimeter und Sekunde zwischen den n_2 Ionen und den dn_e Elektronen mit Geschwindigkeiten zwischen v und $v + dv$:

$$n_2\, \beta'_\nu\, v\, dn_e \qquad (25.8)$$

wobei β'_ν den Emissionskoeffizienten für den mit der Emission des Quants $h\,\nu$ verbundenen Übergang $2 \to 1$, d.h. für die Rekombination, bedeutet. Die Emis-

sion setzt sich aus zwei Anteilen zusammen, dem spontanen und dem erzwungenen. Bezeichnen wir den Koeffizienten für die spontane mit β_ν, so muß β_ν' die
Form haben:

$$\beta_\nu' = \beta_\nu (1 + \alpha \, \varrho_\nu) \qquad (25.9)$$

wobei sich nach (25.6) $\alpha = c^3/(8 \pi h \nu^3)$ ergibt. Somit lautet die Gleichgewichtsbedingung:

$$\frac{\varrho_\nu \, c \, d\nu \, \sigma_\nu \, n_1}{h \, \nu} = n_2 \, \beta_\nu \left(1 + \frac{c^3 \, \varrho_\nu}{8 \pi h \, \nu^3}\right) v \, dn_e \qquad (25.10)$$

Die Beziehung zwischen ν und dem entsprechenden v wird durch die Gleichung
für den Photoeffekt hergestellt:

$$h \, \nu = \frac{1}{2} \, m \, v^2 + \chi \qquad (25.11)$$

$$d\nu = \frac{m \, v \, dv}{h} \qquad (25.12)$$

wobei χ die Ionisationsenergie bedeutet.

Soweit enthalten unsere Betrachtungen noch keinerlei Spezialisierungen.
Ehe wir diese Überlegungen auf den Fall der Gasnebel anwenden, mag es lehr-
reich sein, zunächst den Fall des thermischen Gleichgewichtes zu betrachten.
In diesem entspricht jedem Absorptionsprozeß, bei welchem ein Quant $h \nu$
verschwindet und ein Elektron der Geschwindigkeit v abgelöst wird, genau ein
Rekombinationsprozeß eines Elektrons der Geschwindigkeit v mit einem Ion
unter Emission eines Quants $h \nu$ (monochromatisches Gleichgewicht). In diesem Fall können wir über das Gas folgende Aussagen machen:

a) Es gilt die Sahasche Ionisationsgleichung (4.23):

$$\frac{n_2 \, n_e}{n_1} = \omega_0 \, \frac{(2 \pi m k T)^{3/2}}{h^3} \, e^{-\chi/kT} = \omega_0 \, f \, e^{-\chi/kT} \qquad (25.13)$$

wobei in ω_0 die in (4.23) vernachlässigten statistischen Gewichte zusammengefaßt sind;

b) es gilt für die Geschwindigkeitsverteilung im Elektronengas das Maxwellsche Gesetz:

$$dn_e = n_e \, \frac{4 \pi m^3}{f \, h^3} \, e^{-(1/2) \, m v^2/kT} \, v^2 \, dv \qquad (25.14)$$

worin m die Elektronenmasse bedeutet;

c) es gilt das Plancksche Strahlungsgesetz:

$$\varrho_\nu = \frac{8 \pi h \, \nu^3}{c^3} \cdot \frac{1}{e^{h \nu/kT} - 1} \qquad (25.15)$$

Nunmehr sind wir in der Lage, β_ν auszurechnen; aus (25.10) erhält man unter
Verwendung von (25.11) bis (25.15):

$$\beta_\nu = \frac{2 \, \sigma_\nu \, h^2 \, \nu^2}{m^2 \, c^2 \, v^2 \, \omega_0} \qquad (25.16)$$

Nun wenden wir uns dem Fall der Gasnebel zu. Auch hier wird sich ein
Gleichgewichtszustand einstellen, bei welchem das Atom pro Sekunde gleich

viel Energie abgibt, wie es aufnimmt. Diese ausgeglichene Bilanz besteht jetzt aber nur noch für die Gesamtenergie, nicht mehr wie im thermischen Gleichgewicht für jeden Spektralbereich. Tatsächlich absorbieren die Atome bei der Photoionisation das im Spektrum des Sternes reichlich vorhandene kurzwellige Licht, während die nachfolgende Rekombination meist nicht direkt in den Grundzustand erfolgt, sondern auf ein angeregtes Niveau, von wo das Atom kaskadenförmig auf das Grundniveau zurückkehrt. An Stelle des absorbierten kurzwelligen energiereichen Lichtquants werden mehrere energieärmere langwellige emittiert (Fluoreszenzstrahlung). Die Gleichgewichtsbedingung (25.10) gilt somit nur noch, wenn wir dieselbe über alle Frequenzen bzw. alle Elektronengeschwindigkeiten integrieren:

$$n_1 c \int_0^\infty \sigma_\nu \varrho_\nu \, d\nu = n_2 \int_{\nu=0}^\infty \beta_\nu \left(1 + \frac{c^3 \varrho_\nu}{8 \pi h \nu^3}\right) h \nu v \, dn_e \qquad (25.17)$$

Mit den Abkürzungen

$$a_{21} = c \int_0^\infty \sigma_\nu \varrho_\nu \, d\nu \qquad (25.18)$$

$$a_{12} = \frac{2 h^3}{m^2 c^2 \omega_0} \int_0^\infty \sigma_\nu \nu^3 \left(1 + \frac{c^3 \varrho_\nu}{8 \pi h \nu^3}\right) \frac{dn_e}{v} \qquad (25.19)$$

welche als «integrale Übergangswahrscheinlichkeiten» bezeichnet werden können, lautet die Gleichgewichtsbedingung:

$$n_1 a_{21} = n_2 a_{12} \qquad (25.20)$$

Um diese Übergangsintegrale berechnen zu können, müssen wir über die darin auftretenden Größen ϱ_ν, v und σ_ν gewisse Annahmen treffen:

a) Die Strahlung sei verdünnte Hohlraumstrahlung der Temperatur T des anregenden Sternes:

$$\varrho_\nu = W \frac{8 \pi h \nu^3}{c^3} (e^{h\nu/kT} - 1)^{-1} \qquad (25.21)$$

b) Die Elektronengeschwindigkeiten seien durch eine Maxwellsche Verteilung (25.14) entsprechend einer noch zu berechnenden Elektronentemperatur T_0 darstellbar.

c) Die Ionisation setzt bei der Frequenz $\nu_0 = \chi/h$ ein; hier hat der Absorptionskoeffizient sein Maximum σ_0 und fällt mit zunehmender Frequenz ab:

$$\sigma_\nu = \sigma_0 \left(\frac{\nu}{\nu_0}\right)^{-3} \qquad \nu > \nu_0 \qquad (25.22)$$

Dieses Gesetz ist von den kontinuierlichen Röntgenabsorptionsspektren sehr gut bekannt.

Unter diesen Annahmen erhält man:

$$a_{21} = \frac{8 \pi \sigma_0 W}{c^2} k T \int_{\nu_0}^\infty \frac{d(h\nu/kT)}{e^{h\nu/kT} - 1} = \frac{8 \pi \sigma_0 W}{c^2} k T \lg (1 - e^{-h\nu_0/kT})^{-1} \qquad (25.23)$$

Bei der Berechnung von a_{12} berücksichtigen wir, daß bei hohen Frequenzen nach dem Planckschen Gesetz das zweite Glied in der Klammer von (25.19) gegen 1 vernachlässigt werden kann:

$$a_{12} = \frac{8\,\pi\,\sigma_0\,n_e\,m}{c^2\,\omega_0\,f} \int_0^\infty e^{-(1/2)\,m\,v^2/k\,T_0}\,d\left(\frac{v}{2}\right)^2 = \frac{8\,\pi\,\sigma_0\,n_e}{c^2\,\omega_0\,f}\,k\,T_0 \qquad (25.24)$$

Setzen wir diese Werte in (25.20) ein und beachten noch die aus (25.13) folgende Bedeutung von f, so erhalten wir folgende Ionisationsgleichung:

$$\frac{n_2\,n_e}{n_1} = \frac{W\,\omega_0\,(2\,\pi\,m\,k\,T_0)^{3/2}}{h^3}\cdot\frac{T}{T_0}\,\lg\,(1 - e^{-h\,v_0/k\,T})^{-1}$$

$$\cong \frac{W\,\omega_0\,(2\,\pi\,m\,k\,T)^{3/2}}{h^3}\,\sqrt{\frac{T_0}{T}}\,e^{-h\,v_0/k\,T} \qquad (25.25)$$

Der Ionisationsgrad hängt somit außer von T und n_e auch von den die Abweichung vom thermischen Gleichgewicht charakterisierenden Größen W und T_0 ab. Vergleichsweise stellen wir dieser Formel diejenige für thermisches Gleichgewicht gegenüber:

$$\frac{n_2\,n_e}{n_1} = \frac{\omega_0\,(2\,\pi\,m\,k\,T)^{3/2}}{h^3}\,e^{-h\,v_0/k\,T} \qquad (25.26)$$

Wir sehen daraus, daß sich (25.25) von (25.26) nur durch den Faktor $W\sqrt{T_0/T}$ unterscheidet, d. h. wir können auch für den Gasnebel formal mit der Sahaschen Formel rechnen, sofern alle Dichten n_1, n_2, n_e durch die um den Faktor $W\sqrt{T_0/T}$ reduzierten Werte ersetzt werden. Es bleiben uns noch die Größen W und T_0 zu berechnen.

Bei der Ionisation wird das Elektron im allgemeinen nicht nur abgelöst, sondern erhält überdies eine Anfangsgeschwindigkeit v_0. Dieses schnell bewegte Elektron verliert durch Zusammenstöße nach und nach seine kinetische Energie, und schließlich erfolgt die Rekombination. Der Energieverlust dE eines geladenen Teilchens beim Durchgang durch Materie ist proportional v^{-1}:

$$dE = m\,v\,dv = -\,C\,v^{-1}\,dx \qquad (25.27)$$

Anfänglich bewegt sich das Teilchen schnell und mit kaum verminderter Geschwindigkeit, bis dann Energie- und Geschwindigkeitsverlust sich gegenseitig sehr rasch steigern und das Teilchen fast plötzlich zum Stillstand bringen. Die Partikel besitzen somit eine wohldefinierte Reichweite x_0, eine von den radioaktiven Korpuskularstrahlen her bekannte Erscheinung. Die Reichweite ergibt sich durch Integration aus (25.27):

$$x_0 = -\int_{v_0}^0 \frac{m\,v^2\,dv}{C} = \frac{m}{3\,C}\,v_0^3 \qquad (25.28)$$

Diese Beziehung zwischen Anfangsgeschwindigkeit und Reichweite ist bei den radioaktiven Korpuskularstrahlen vielfach geprüft und bestätigt worden. Aus

(25. 27) folgt für das Intervall τ, während welchem das Elektron frei ist, d. h. für die Zeit von der Ionisation bis zur Rekombination:

$$\tau = \int_0^{x_0} \frac{dx}{v} = \frac{m}{2\,C}\,v_0^2 \qquad (25.29)$$

Die Temperatur T_0 des Elektronengases wird in der üblichen Weise durch das mittlere Geschwindigkeitsquadrat definiert:

$$\frac{1}{2}\,m\,\overline{v^2} = \frac{3}{2}\,k\,T_0 \qquad (25.30)$$

$$\overline{v^2} = \frac{1}{\tau}\int_0^{\tau} v^2\,\frac{dx}{v} = \frac{v_0^2}{2} \qquad (25.31)$$

$$T_0 = \frac{m\,v_0^2}{6\,k} \qquad (25.32)$$

Zur Berechnung der Anfangsgeschwindigkeit v_0 benötigen wir die mittlere Energie ε der ionisierenden Quanten. Die Energie der ionisierenden Strahlung pro Volumeneinheit beträgt in der Wienschen Näherung:

$$E = \frac{W\,8\,\pi\,h}{c^3}\int_{\nu_0}^{\infty} \nu^3\,e^{-h\,\nu/k\,T}\,d\nu \qquad (25.33)$$

und die Anzahl der ionisierenden Quanten

$$Z = \frac{W\,8\,\pi}{c^3}\int_{\nu_0}^{\infty} \nu^2\,e^{-h\,\nu/k\,T}\,d\nu \qquad (25.34)$$

Die hier auftretenden Integrale löst man mit Hilfe der Substitution $x = -h\,\nu/kT$:

$$\int_{x_0}^{-\infty} x^3\,e^x\,dx = J_3 = -e^{x_0}\,(x_0^3 - 3\,x_0^2 + 6\,x_0 - 6) \qquad (25.35)$$

$$\int_{x_0}^{-\infty} x^2\,e^x\,dx = J_2 = -e^{x_0}\,(x_0^2 - 2\,x_0 + 2) \qquad (25.36)$$

Es ist dann:

$$\varepsilon = -k\,T\,\frac{J_3}{J_2} \cong -k\,T\,(x_0 - 1) = h\,\nu_0 + k\,T \qquad (25.37)$$

Davon wird bei der Ionisation der Betrag $h\nu_0$ verbraucht, so daß die kinetische Anfangsenergie des Elektrons $(1/2)\,m\,v_0^2 = k\,T$ beträgt, woraus sich zusammen mit (25.32) die Elektronentemperatur ergibt:

$$T_0 = \frac{T}{3} \qquad (25.38)$$

Wir beschließen diesen Abschnitt mit einer Anwendung auf den sog. Trifid-nebel, ein Zwischenglied zwischen den planetarischen und den unregelmäßigen

Nebeln. Der Zentralstern besitzt die scheinbare visuelle Helligkeit $m = 7$ und als O-Stern die absolute Helligkeit $M = -3,5$. Daraus folgt mit Hilfe der photometrischen Grundgleichung seine Distanz zu 1259 pc. Weiter ergibt sich nun aus dem scheinbaren Nebeldurchmesser von 10′ sein linearer Durchmesser zu 3,5 pc = 11,4 Lichtjahre $\sim 10^{19}$ cm. Die Oberflächentemperatur des O-Sternes beträgt rund $T_{St} = 35000^0$, seine absolute bolometrische Helligkeit nach Tab. 1: $M_{bol} = -7,5$; er ist also um 12^m, d. h. um einen Faktor 60000 heller als die Sonne. Daraus läßt sich der Radius des Sterns R_{St} in Einheiten des Sonnenradius R_S berechnen:

$$\frac{R_{St}^2\, T_{St}^4}{R_S^2\, T_S^4} = 60000$$

$$R_{St} = 7\, R_S = 5 \cdot 10^{11} \text{ cm} \tag{25.39}$$

Dabei wurde die Sonnentemperatur $T_S = 6000^0$ angenommen. Der Verdünnungsfaktor beträgt im Abstand d vom Zentralstern

$$W = \frac{R_{St}^2}{4\, d^2} \tag{25.40}$$

Für den Abstand $d = 1$ pc folgt daraus $W = 0,7 \cdot 10^{-14}$. Schließlich haben wir für die Elektronentemperatur nach (25.38) rund 10000^0 anzunehmen. Im Spektrum des Trifidnebels erscheinen die Linien von O III und O II ungefähr mit der gleichen Intensität, so daß wir annehmen können, die einfach und die doppelt ionisierten O-Atome seien etwa in derselben Konzentration vorhanden, d. h. wir haben in (25.25) $n_2 = n_1$ zu setzen. Die der zweifachen Ionisation entsprechende Energie beträgt 34,9 eV, woraus das zugehörige ν_0 hervorgeht. Nunmehr sind alle in (25.25) auftretenden Größen bekannt (ω_0 ist nach den Ausführungen von Ziffer 19 stets von der Größenordnung 1) außer n_e, so daß dieses berechnet werden kann. Man erhält $n_e \cong 200$ cm^{-3}, woraus sich für die Dichte $\varrho = 3 \cdot 10^{-22}$ g/cm^3 ergibt, sofern man annimmt, daß der Wasserstoff im interstellaren Gas dominiere.

139. Das Spektrum der Gasnebel

besteht außer einem schwachen Kontinuum, welches von frei-frei-Übergängen der Elektronen herrühren kann oder von Seriengrenzkontinua oder von dem Gas beigemischtem kosmischem Staub, uns hier aber weiter nicht interessiert, aus markanten Emissionslinien, von welchen die wichtigeren in Tab. 50 zusammengestellt sind. Zunächst sind die bekannten Linien der Balmer-Serie zu erwähnen sowie die Linien des neutralen und ionisierten Heliums; einige schwächere Linien konnten den Ionen von C, N und O zugeschrieben werden. Dagegen konnte eine große Zahl von zum Teil intensiven Linien, welche weder in irdischen noch in andern kosmischen Lichtquellen gefunden wurden, nicht identifiziert werden und wurden deshalb als Nebellinien bezeichnet. Die Identifikation dieser Linien gelang 1928 I. S. BOWEN, der die Hauptnebellinien als sog. verbotene Übergänge von O II, O III und N II erkannte. Bis heute konnten in den Gasnebeln folgende Ionen festgestellt werden: H, He I, He II, C II, C III, C IV, N I, N II, N III, O I, O II, O III, F IV, Ne III, Ne V, S II, S III, Cl III, A III, A IV, A V, K IV, Ca V, Fe V, Fe VI und Fe VII, während für Mg I, Si II, Si III, Cl IV, K V und K VI der Nachweis noch unsicher ist.

Tabelle 50

Die wichtigsten Emissionslinien im Spektrum der Gasnebel

λ	Intensität	Identifikation	λ	Intensität	Identifikation
3703,9	1	H ξ	4101,74	60	H δ
3705	1	He I	4121	1	He I
3712,4	1	H ν	4144,0	1	He I
3721	2	H μ	4267,1	1	C II
3726,16	40	O II	4340,47	100	H γ
3728,91	30	O II	4363,21	6	O III
3734	2	H λ	4388,00	4	He I
3750	3	H $\varkappa$	4471,5	20	He I
3771	6	H ι	4713	1	He I
3798	10	H ϑ	4861,33	70	H β
3820	1	He I	4922	1	He I
3835	15	H η	4958,9	50	O III
3868,74	40	Ne III	5006,84	70	O III
3889	40	Hζ, He I	5754,8	2	N II
3964,8	10	He I	5875,6	20	He I
3967,51	30	Ne III	6348,1	5	N II
3970,08	40	H ε	6548,1	6	N II
4020	10	He I, He II	6562,79	70	H α
4069	5	S II	6583,6	20	N II
4076	2	S II	7325	—	O II

Zur Erläuterung der verbotenen Linien sind in Abb. 107 die Termschemata der Träger der Hauptnebellinien, nämlich der Ionen O II, O III und N II in dem dafür in Betracht fallenden Bereich wiedergegeben und die den Nebellinien entsprechenden Übergänge eingezeichnet. Das den Niveaus beigeschriebene Symbol $S, P, D, \dots$ gibt den resultierenden Bahndrehimpuls L der Elektronenkonfiguration in Einheiten von $h/(2\pi)$ (h = Plancksche Konstante), wobei $SL = 0$, $PL = 1$, $DL = 2$ bedeutet. Das resultierende Spinmoment S (nicht zu verwechseln mit dem Symbol S für $L = 0$) setzt sich mit L vektoriell zum Gesamtdrehimpuls J zusammen, der als Index rechts unten an das Symbol für L angehängt wird, während die sog. Multiplizität $r = 2S + 1$ als Index links oben gesetzt wird. Das Atom kann nun nicht von irgendeinem Niveau zu irgendeinem andern desselben Schemas übergehen, sondern es bestehen bestimmte Auswahlregeln, die mit gewissen Einschränkungen, auf welche hier nicht näher eingegangen werden kann, verlangen, daß die Quantenzahlen L, J und S beim Übergang folgenden Änderungen unterliegen müssen:

$$\Delta J = 0 \text{ oder } \pm 1$$
$$\Delta L = 0 \text{ oder } \pm 1 \qquad\qquad (25.41)$$
$$\Delta S = 0$$

Wie man sich leicht überzeugt, ist bei allen in Abb. 107 dargestellten Linien mindestens eine dieser drei Auswahlregeln nicht erfüllt, d. h. alle diese Übergänge sind
verboten (auf die beim P-D-Übergang von O II vorliegenden etwas komplizierte-
ren Verhältnisse kann hier nicht eingegangen werden). In Abb. 107 sind nur die
tiefstliegenden Niveaus der betreffenden Ionen eingezeichnet. Von diesen Niveaus
gibt es zahlreiche erlaubte Übergänge zu höher gelegenen, nicht eingezeichneten
Energiezuständen; aus den beobachteten Frequenzen dieser Übergänge war es
möglich, die Lage der tiefliegenden Niveaus, zwischen denen keine Übergänge
erfolgen, zu berechnen und daraus die Wellenlängen der verbotenen Linien anzugeben.

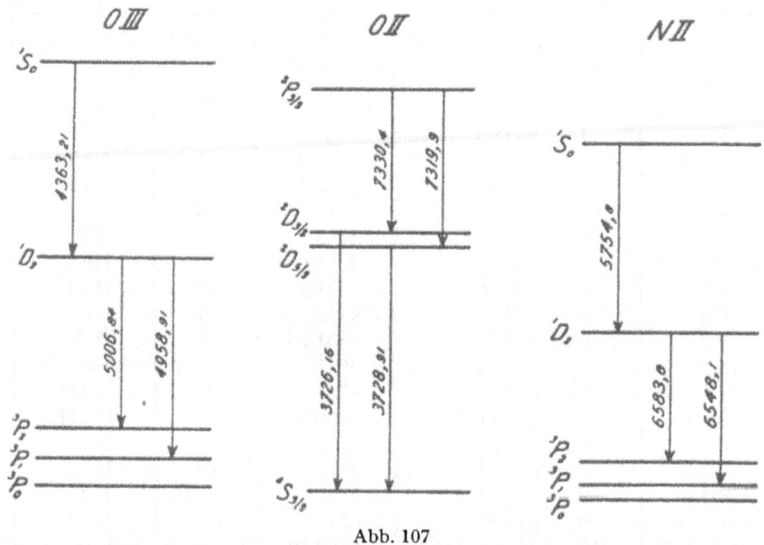

Abb. 107

Die tiefliegenden Energiestufen der Ionen O^{++}, O^+, N^+ und die verbotenen Übergänge zwischen ihnen.

Zunächst ist die Frage zu beantworten, warum die verbotenen Linien, die in
irdischen Lichtquellen tatsächlich nicht beobachtet werden, in den Gasnebeln
auftreten. Ein Atom verharrt normalerweise in einem angeregten Zustand nur
10^{-8} s und geht dann spontan unter Emission einer erlaubten Linie in ein
tieferes Niveau über. Wenn aber z. B. das O II-Ion in den $^2D_{3/2}$-Zustand gerät,
so kann es seine Anregungsenergie nicht durch spontane Ausstrahlung ab-
geben, da der einzige in Betracht kommende Übergang nach dem Grundniveau
verboten ist. Man nennt einen solchen Zustand, von welchem aus es keinen erlaubten Übergang nach einem tieferen Niveau gibt, metastabil. Wenn ein Atom
einmal in einen metastabilen Zustand geraten ist, so kann es diesen nicht wieder verlassen, es sei denn, daß es ein Lichtquant absorbiere oder mit einer Kor-
puskel zusammenstoße. Das solchen Störungen nicht ausgesetzte Atom wird
allerdings auch nur eine endliche Zeit im metastabilen Zustand verharren und
dann unter Emission der verbotenen Linie in den Grundzustand übergehen.
Die Übergangswahrscheinlichkeit verbotener Linien ist somit zwar sehr klein,
verglichen mit erlaubten Linien, aber keineswegs $= 0$, d. h. die Verweilzeit im
metastabilen Niveau ist groß, verglichen mit der Verweilzeit von 10^{-8} s in

normalen Niveaus, nämlich rund 1 s. Verbotene Linien können also nur emittiert werden, wenn der metastabile Zustand während mindestens einer Sekunde ungestört bleibt. Dazu ist notwendig, daß sowohl die Strahlungsdichte als auch die Materiedichte hinreichend klein sind. Beide Bedingungen sind in den Gasnebeln erfüllt, wie aus folgenden Überlegungen hervorgeht:

a) Die Stoßzahl Z berechnen wir in elementarer Weise:

$$Z = \pi (2\,r)^2\, v\, n \qquad (25.42)$$

Darin bedeutet $r = 10^{-8}$ cm den Teilchenradius, v die Geschwindigkeit ($\sim 10^6$ cm/s) und n die Teilchendichte; setzt man nach dem Ergebnis am Schluß des letzten Abschnittes $n = 200$, so erhält man $Z = 2 \cdot 10^{-7}$ s^{-1} bzw. das Intervall zwischen zwei Zusammenstößen $T = 5 \cdot 10^6$ s $= 58$ Tage. Die freie Weglänge beträgt dann $50 \cdot 10^6$ km $=$ ein Drittel Distanz Erde–Sonne.

b) Der Zentralstern des Trifidnebels emittiert 60 000mal mehr Energie als die Sonne, also $2,4 \cdot 10^{38}$ erg/s oder $2,4 \cdot 10^{49}$ Quanten pro Sekunde, wenn wir als mittlere Energie eines Quants entsprechend der hohen Temperatur des Sterns 10^{-11} erg annehmen. Machen wir jetzt die Voraussetzung, daß alles kurzwellige Licht, also der Hauptanteil der Sternstrahlung, im Gasnebel vollständig absorbiert werde, so haben wir den Strahlungsumsatz im Nebel sicher nicht unterschätzt. Im Nebel finden somit pro Sekunde $2,4 \cdot 10^{49}$ Absorptionsprozesse statt während der Nebel, wenn wir die Resultate vom Trifidnebel am Schluß des letzten Abschnittes verwenden, rund 10^{59} Atome enthält. Ein einzelnes Atom erfährt somit jeweils erst wieder nach 100 Jahren einen Absorptionsprozeß!

Diese beiden Überlegungen zeigen, daß jedes Atom, welches einmal in einen metastabilen Zustand gerät, mit Sicherheit das Ende der Verweilzeit (1 s) ungestört erlebt und somit eine verbotene Linie emittiert. Auch wenn man die elektrostatische Anziehung zwischen Ionen und Elektronen berücksichtigt, ist das Stoßintervall immer noch sehr groß gegen 1 s. Andererseits ist jetzt auch klar, daß in irdischen Lichtquellen die verbotenen Linien nicht auftreten, denn selbst im besten Vakuum erleiden die Atome schon in Intervallen, welche viel kürzer sind als 1 s, Zusammenstöße mit andern Atomen oder mit den Gefäßwänden, welche zur Zerstörung des metastabilen Zustandes führen.

140. Strahlungsumsatz in einem Wasserstoffnebel

Die geringe Häufigkeit von Absorptionsprozessen, die wir soeben berechnet haben, hat zur Folge, daß die Wasserstoffatome eines Gasnebels sich praktisch immer im Grundzustand befinden oder als Ionen vorhanden sind. Aus diesem Grund kann die visuelle Strahlung des Zentralsterns im Nebel überhaupt nicht absorbiert werden, sondern nur die kurzwellige Strahlung (Lyman-Serie, Lyman-Kontinuum $\lambda < 912$ Å). Im sichtbaren Spektralbereich ist der Nebel somit bei beliebiger räumlicher Ausdehnung durchsichtig, während er bei genügender Ausdehnung, die hier vorausgesetzt wird, für die kurzwellige Strahlung, worunter wir solche mit $\lambda < 912$ Å verstehen, undurchsichtig ist. Diese kurzwellige Strahlung ionisiert den Wasserstoff. Bei der Rekombination von Proton und Elektron können folgende Fälle eintreten: a) Rekombination in den Grundzustand; das absorbierte Quant wird mit derselben Frequenz, aber in anderer Richtung reemittiert (Streuung) und wird erneut zur Ionisation verwendet. b) Rekombination in das zweite Niveau, unter Emission des Balmer-Kontinuums, gefolgt vom Übergang in den Grundzustand unter Emission eines L_α-Quants. Während das Balmer-Kontinuumsquant den Nebel unbehindert verlassen kann, wird das L_α-Quant von H-Atomen mehrfach gestreut, bis es schließlich den Nebel ebenfalls verläßt. Ergebnis: 1 Balmer-Kontinuumsquant $+ 1\, L_\alpha$. c) Rekombination in das dritte Niveau liefert zunächst ein Quant des Paschen-Kontinuums, hernach entweder ein H_α-Quant und anschließend ein L_α-Quant oder ein L_β-Quant, welch letzteres aber alsbald wieder absorbiert und schließlich ebenfalls in $H_\alpha + L_\alpha$ aufgespalten wird, usw. Wir erhalten somit die Bilanz: Jedes kurzwellige ionisierende Quant wird aufgespalten in ein und nur ein Balmer-Quant und weitere uns hier nicht interessierende Quanten. Es ist somit die Anzahl der vom Nebel emittierten, beobachtbaren Balmer-Quanten N_B (inklusive Balmer-Kontinuum) gleich der Anzahl der vom Zentralstern emittierten kurzwelligen, nicht beobachtbaren Quanten. Formelmäßig ausgedrückt lautet diese Bilanz:

$$N_B = \frac{E_B}{(h\,\nu)_B} = 4\,\pi\,R^2 \int\limits_{\nu_0}^{\infty} \frac{2\,\nu^2}{c^2} \cdot \frac{d\nu}{e^{h\,\nu/kT}-1} \qquad (25.43)$$

Darin bedeutet $(h\nu)_B$ die mittlere Energie eines Balmer-Quants (etwa $4 \cdot 10^{-12}$ erg) und ν_0 die der Ionisationsgrenze (912 Å) entsprechende Frequenz. Man bestimmt zunächst durch Photometrie der monochromatischen Nebelbilder auf einem Objektivprismenspektrogramm die scheinbare Helligkeit des Nebels in der gesamten Balmer-Strahlung und mit Hilfe der als bekannt vorausgesetzten Entfernung die absolute Balmer-Emission E_B pro Sekunde. Auf der rechten Seite treten allerdings die beiden Unbekannten Sternradius R und Temperatur T auf, zu deren Bestimmung wir eine weitere Beziehung heranziehen müssen; als solche verwenden wir die monochromatische Leuchtkraft L_v des Sterns, gemessen an irgendeiner Stelle des visuellen Bereiches:

$$L_v = 4\,\pi\,R^2 \,\frac{2\,h\,\nu_v^3}{c^2} \cdot \frac{1}{e^{h\,\nu_v/kT}-1} \qquad (25.44)$$

Bildet man den Quotienten dieser beiden Beziehungen, so fällt rechter Hand der Sternradius heraus, während linker Hand E_B/L_v durch das Verhältnis aus scheinbarer Leuchtkraft des Nebels in der Balmer-Strahlung zu scheinbarer visueller Leuchtkraft des Sterns ersetzt werden kann, da beide Objekte in derselben Entfernung stehen. Man erhält somit eine Beziehung zwischen beobachtbaren Größen und der Sterntemperatur, woraus letztere bestimmt werden kann (Methode von ZANSTRA). Bei den Zentralsternen der planetarischen Nebel wurden auf diese Weise Oberflächentemperaturen bis über 150000^0 gefunden.

141. Mechanismen des Nebelleuchtens

Als einen ersten Mechanismus, welcher für die Wasserstoffemissionen des Nebels verantwortlich ist, haben wir die photoelektrische Ionisation durch die Sternstrahlung kennengelernt mit nachfolgendem Rekombinationsleuchten. Auf diesem gleichen Mechanismus I beruhen auch die Emissionen von He I

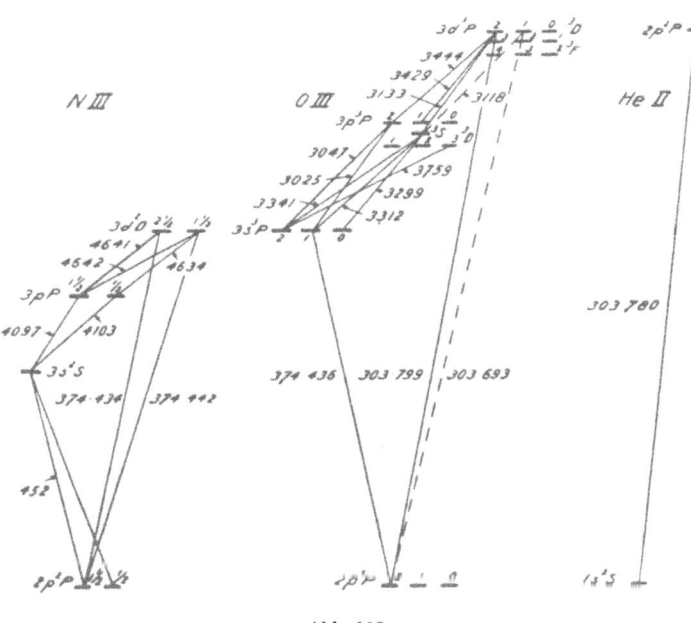

Abb. 108

Zufällige Koinzidenzen in den Niveauschema von N++, O++ und He+.

und He II mit dem Unterschied, daß die Grenzwellenlängen für Ionisation bei diesen Ionen bei 504 Å bzw. bei 228 Å liegen. Bei diesem Rekombinationsleuchten werden zum Teil sehr kurzwellige Linien emittiert, von He II z. B. die Wellenlängen 243, 256, 304 Å, welche ihrerseits fähig sind, H und He I zu ionisieren und He II anzuregen. Wir haben somit als Mechanismus II: Anregung oder Ionisation mit nachfolgender Rekombination durch die bei Mechanismus I frei werdende kurzwellige Sekundärstrahlung des Nebels. Ein besonderer Anregungsmechanismus III beruht auf der zufälligen Koinzidenz von Resonanzlinien der Ionen He II, O III, N III. Durch die Mechanismen I und II wird der Hauptteil der He II-Emission in dessen Resonanzlinie umgewandelt, wie wir dies im Falle des Wasserstoffs ausführlich dargelegt haben. Zufälligerweise koinzidiert diese intensive Resonanzlinie 303·780 Å sehr nahe mit der O III-Linie 303·799 Å (Abb. 108) und wird somit durch diese sehr kräftig absorbiert. Die geringe Wellenlängendifferenz spielt keine Rolle, da

durch die relative Bewegung (Doppler-Effekt) der Atome stets eine hinrei-
chende Anzahl von O III-Ionen in der Lage ist, die He II-Resonanzlinie zu
absorbieren. Wie die Abbildung zeigt, emittiert das angeregte O III-Ion verschiedene im sichtbaren gelegene Linien und anschließend die kurzwellige Linie
374·436 Å. Sollte das angeregte Ion wieder die Linie 303·799 emittieren,
so würde diese Emission vom nächsten besten O III-Ion absorbiert und
schließlich doch in die erwähnten visuellen und die kurzwellige Linie aufgespalten. Wenn die O III-Ionen so dicht sind, daß der Nebel für die Strahlung
304 Å undurchsichtig ist, so werden in der Wellenlänge 374 Å ebenso viele
Quanten emittiert wie in der Resonanzlinie 304 Å. Zufälligerweise koinzidiert
nun die intensive Linie 374·436 Å praktisch vollkommen mit dem Dublett
374·434/374·442 Å des Ions N III (Abb. 108). Das angeregte Ion emittiert verschiedene visuelle Linien und anschließend die kurzwellige 452 Å. Daß dieser auf
zwei zufälligen Koinzidenzen beruhende Mechanismus tatsächlich im Spiele
steht, geht einerseits daraus hervor, daß die monochromatischen Nebelbilder in
den erlaubten Linien von O III und N III dieselbe Ausdehnung besitzen wie
diejenigen der He II-Linien, andererseits aus dem Umstand, daß von den
erlaubten Linien von O III und N III in den Nebeln praktisch nur diejenigen
beobachtet werden, welche nach Abb. 108 auftreten können, während im
Laboratorium andere, durch den Mechanismus III nicht erzeugbare Linien die
intensivsten sind.

Die drei besprochenen Mechanismen gestatten, das Auftreten und die Intensität der in den Gasnebeln beobachteten erlaubten Linien zu verstehen.
Nunmehr müssen wir noch Mechanismus IV erwähnen, welcher für das Auftreten der verbotenen Linien verantwortlich ist. Die metastabilen Niveaus, von
denen die verbotenen Linien ausgehen, liegen, wie wir gesehen haben (Abb. 107),
unmittelbar über dem Grundniveau; z. B. betragen die Anregungsenergien der
Hauptnebellinien 4959 und 5007 Å von O III nur 2,5 eV, während diejenigen
der erlaubten Nebellinien über 10 bis gegen 100 eV liegen. Aus diesem Unterschied muß man bei verbotenen und erlaubten Linien auf einen verschiedenen
Anregungsmechanismus schließen. Bei den nach Mechanismus I und II erfolgenden Ionisationsprozessen werden Elektronen ausgelöst, deren Anfangsenergie nach (25.37) näherungsweise kT beträgt, also selbst bei einer Zentralsterntemperatur von 100000° erst 9 eV erreicht. Diese Energie reicht nicht
zur Anregung der erlaubten Linien, wohl aber um die N II-, O II-, O III- usw.
Ionen durch Stoß in die tiefliegenden metastabilen Niveaus zu heben, von
denen aus die verbotenen Linien emittiert werden. Solange die Elektronen
noch energiereich sind, ist die Wahrscheinlichkeit für eine Rekombination
mit einem Wasserstoff- oder Heliumion gering; diese erfolgt vielmehr erst,
wenn das Elektron durch mehrere Stöße nahezu seine ganze kinetische Energie
abgegeben hat. Die kinetische Energie der Elektronen wird somit umgewandelt
in die von den verbotenen Linien emittierte (hauptsächlich visuelle) Strahlung.
Von der kurzwelligen Strahlungsemission des Sternes, E_{St}, wird der Betrag
$h\nu_0 N$ für die Ionisation verbraucht, wobei N die Anzahl der pro Zeiteinheit
ausgestrahlten ionisierenden Quanten bedeutet, während der Rest schließlich

in den Emissionen E_N der verbotenen Linien ausgestrahlt wird. Diese drei Anteile betragen:

$$E_{St} = 4\,\pi\,R^2 \int\limits_{v_0}^{\infty} \frac{2\,h\,v^3}{c^3} \cdot \frac{dv}{e^{h\,v/kT} - 1} = \frac{8\,\pi\,R^2\,k^4\,T^4}{c^3\,h^3} \int\limits_{x_0}^{\infty} \frac{x^3\,dx}{e^x - 1} \qquad (25.45)$$

$$h\,v_0\,N = h\,v_0\,4\,\pi\,R^2 \int\limits_{v_0}^{\infty} \frac{2\,v^2}{c^3} \cdot \frac{dv}{e^{h\,v/kT} - 1} = x_0\,\frac{8\,\pi\,R^2\,k^4\,T^4}{c^3\,h^3} \int\limits_{x_0}^{\infty} \frac{x^2\,dx}{e^x - 1} \quad (25.46)$$

$$E_N = \int\limits_{0}^{\infty} A_v\,S_v = 2\,\pi\,R^2 \int\limits_{0}^{\infty} A_v\,\frac{2\,h\,v^3}{c^3} \cdot \frac{dv}{e^{h\,v/kT} - 1}$$

$$= \frac{4\,\pi\,R^2\,k^4\,T^4}{c^3\,h^3} \int\limits_{0}^{\infty} A_x\,\frac{x^3\,dx}{e^x - 1} \qquad (25.47)$$

Dabei wurde die Abkürzung $x = h\,v/kT$ und die beobachtbare Größe $A_v =$ Intensität des Nebels : Intensität des Zentralsterns (beide gemessen bei der Frequenz v) eingeführt. Da für die Strahlung der verbotenen Linien der Nebel durchsichtig ist, erhält man diese Strahlung aus dem ganzen Nebel, die Sternstrahlung dagegen nur von einer Halbkugel, weshalb in (25.47) vor dem Integral der Faktor $2\,\pi\,R^2$ steht. Der Integrand von (25.47) ist nur im Gebiet der verbotenen Linien endlich, während außerhalb $A_x = 0$ ist. Somit lautet die Energiebilanz:

$$\int\limits_{x_0}^{\infty} \frac{x^3\,dx}{e^x - 1} - x_0 \int\limits_{x_0}^{\infty} \frac{x^2\,dx}{e^x - 1} = \frac{1}{2} \int\limits_{0}^{\infty} A_x\,\frac{x^3\,dx}{e^x - 1} \qquad (25.48)$$

In dieser Beziehung ist nur die in x enthaltene Zentralsterntemperatur T unbekannt, so daß man diese aus der Intensität der verbotenen Linien berechnen kann.

Im allgemeinen zeigen die Nebel keine Dichtezunahme gegen den Zentralstern hin; bei konstanter Dichte muß aber der Ionisationsgrad in unmittelbarer Nähe des Sternes, wo die Strahlungsdichte sehr groß ist, maximal sein und nach außen abnehmen. Dies läßt sich bei den regelmäßig gebauten planetarischen Nebeln bestätigen: die Linien der höchsten Ionisationsstufen treten nur in den innersten Partien auf, während in den Linien niedrigerer Ionisationsstufen der Nebel zunehmend größer erscheint.

Nachdem die Leuchtprozesse in den Nebeln geklärt waren, konnte auch versucht werden, aus den Linienintensitäten die relative Häufigkeit der Elemente zu bestimmen. Nach BOWEN und WYSE bestehen die Gasnebel zur Hauptsache aus den fünf Elementen H, He, C, N, O, deren Häufigkeiten sich verhalten wie $100 : 10 : 1 : 1 : 1$, während alle übrigen Elemente nur spurenhaft vertreten sind.

142. Die kosmogonische Stellung der planetarischen Nebel

Bis jetzt haben wir die diffusen und die planetarischen Nebel gemeinsam behandelt, was in der Übereinstimmung ihres Emissionslinienspektrums begründet war. Die kosmogonische Stellung der beiden Gruppen ist jedoch eine ganz verschiedene. Während die diffusen Nebel interstellare Materie sind, welche durch die zufällige Anwesenheit heißer Sterne zum Leuchten angeregt wird, handelt es sich bei den regelmäßig gebauten planetarischen Nebeln um Objekte, welche in genetischem Zusammenhang stehen mit dem anregenden Zentralstern, indem sie wahrscheinlich von demselben ausgestoßen worden sind. Während bei den unregelmäßigen Nebeln die Anregung durch normale B- und O-Sterne erfolgt, ist die Leuchtkraft der Zentralsterne der planetarischen Nebel im allgemeinen viel kleiner ($M_{ph} \approx +3^m$ bis $+6^m$) als diejenige der normalen Oe- und Wolf-Rayet-Sterne, so daß sie im Hertzsprung-Russell-Diagramm zwischen den normalen weißen Sternen und den weißen Zwergen unterzubringen sind, also gerade in dem Gebiet, wo man die Sterne zu finden glaubt, welche einen Novaausbruch überstanden haben. Das Novaphänomen besteht darin, daß ein normaler Stern innerhalb weniger Stunden sich explosionsartig aufbläht und an Helligkeit auf mehr als das 10000fache zunimmt; nach Monaten und Jahren geht der Stern wieder nahezu auf seine ursprüngliche Helligkeit zurück, jedoch scheint seine innere Konstitution dann eine völlig andere zu sein als im Pränovastadium. Die gewöhnlichen Novae erreichen im Helligkeitsmaximum etwa die absolute Helligkeit -7^m, die viel selteneren sog. Supernovae etwa die absolute Helligkeit -14^m, also eine Leuchtkraft, die derjenigen eines ganzen Sternsystems gleich ist!

Die durch die enge Verwandtschaft der Zentralsterne der planetarischen Nebel mit den Exnovae nahegelegte Vermutung, daß es sich bei den planetarischen Nebeln um alte Novae in späten Entwicklungsstadien handle, wird durch weitere übereinstimmende Entwicklungsmerkmale fast zur Gewißheit. Alle typischen in neuerer Zeit beobachteten Novae, insbesondere Nova Persei 1901, Nova Herculis 1934, haben um sich herum eine sich expandierende Gashülle entwickelt, die sich wie ein kleiner planetarischer Nebel ansieht und ein Emissionslinienspektrum besitzt mit den bekannten verbotenen Nebellinien. Auch bei zahlreichen planetarischen Nebeln konnte eine entsprechende Expansion beobachtet werden; z. B. nimmt der Durchmesser des sog. Krebsnebels, der heute $150''$ beträgt, jährlich um $0,17''$ zu, so daß der Nebel vor etwa 900 Jahren entstanden sein muß. Tatsächlich wird aus dem Jahre 1054 an der Stelle des heutigen Krebsnebels das Aufleuchten einer Supernova gemeldet. Nach MINKOWSKI betragen die Zustandsgrößen dieser Exsupernovae:

Leuchtkraft	$L = 30000\,L_\odot$
Radius	$R = 0,02\,R_\odot$
Temperatur	$T = 500000^0$
Dichte	$\varrho = 180000\,M/M_\odot$

Dieser Zentralstern ist somit nach Leuchtkraft ein weißer Riese, nach Radius, Dichte und innerer Konstitution dagegen ein weißer Zwerg.

Bei den meisten planetarischen Nebeln sind die Expansionsgeschwindigkeiten allerdings kleiner als beim Krebsnebel, ihr Alter somit größer als bei diesem, nämlich bis zu über 30000 Jahren. Da man nur 150 planetarische Nebel kennt, müßte bei einem stationären Entwicklungszustand pro 200 Jahre ein solcher entstehen. Da die Frequenz der Novae viel größer ist, könnten nur ganz bestimmte, seltene Typen von Novaausbrüchen, vielleicht die Supernovae, zu einem planetarischen Nebel führen.

XXVI. DAS INTERSTELLARE GAS

Neben den im vorangegangenen Kapitel betrachteten leuchtenden Gasnebeln, die sich in augenfälliger Weise bemerkbar machen und schon eher als Himmelskörper denn als interstellare Materie anzusprechen sind, gibt es auch ein in unserem Sternsystem allgemein verbreitetes gasförmiges Medium, das sich nur indirekt bemerkbar macht, indem es aus dem Licht ferner Sterne bestimmte, für das interstellare Gas charakteristische Linien absorbiert. Wir beschäftigen uns in diesem Kapitel ausschließlich mit dieser von HARTMANN 1904 entdeckten interstellaren Linienabsorption.

143. Die interstellaren Absorptionslinien

HARTMANN schloß aus zwei Beobachtungen auf den interstellaren Ursprung der von ihm im Spektrum des spektroskopischen Doppelsternes δ Orionis gefundenen Linien H und K von Ca II: erstens erschienen diese viel schärfer als die übrigen Absorptionslinien des Sternspektrums, und zweitens zeigten sie die periodischen, durch die Bahnbewegung bedingten Verschiebungen (Doppler-Effekt) der übrigen Linien nicht. Tab. 51 gibt eine Zusammenstellung der heute bekannten interstellaren Absorptionslinien und ihrer Identifikationen. Die interstellaren Absorptionslinien werden in allen Spektraltypen heißer als B_3 beobachtet; die kühleren Typen sind meist so linienreich, daß die schwachen interstellaren Linien nicht zur Beobachtung gelangen. Die Tatsache, daß die Intensität der interstellaren Kalzlumlinien linear mit der Entfernung des beobachteten Sternes zunimmt (Abb. 109), ließ als erste Arbeitshypothese die Vor-

Tabelle 51

Die interstellaren Absorptionslinien und ihre Identifikation

λ	Identifikation	λ	Identifikation
3072,98	Ti^+	3878,78	CH
3229,21	Ti^+	3886,42	CH
3242,01	Ti^+	3890,22	CH
3302,38	D_2' Na	3933,68	K Ca^+
3302,98	D_1' Na	3957,71	CH^+
3383,77	Ti^+	3968,49	H Ca^+
3579,99	CN	4226,74	Ca
3719,95	Fe	4232,57	CH^+
3745,33	CH^+	4300,34	CH
3859,92	Fe	5889,98	D_2 Na
3874,02	CN	5895,94	D_1 Na
3874,62	CN	7698,98	K
3875,77	CN		

stellung eines über den ganzen Raum gleichmäßig verbreiteten interstellaren Gases entstehen. Daß nur eine so kleine Zahl interstellarer Absorptionslinien beobachtet worden ist (bis 1936 waren überhaupt nur K, H, D_1 und D_2 bekannt), liegt an den einschränkenden Bedingungen, denen diese unterliegen. Wegen der sehr geringen Materie- und Strahlungsdichte (ein Atom des interstellaren Gases erfährt Zusammenstöße in Intervallen von Wochen und Absorptionsprozesse in Intervallen von vielen Jahren) befinden sich praktisch

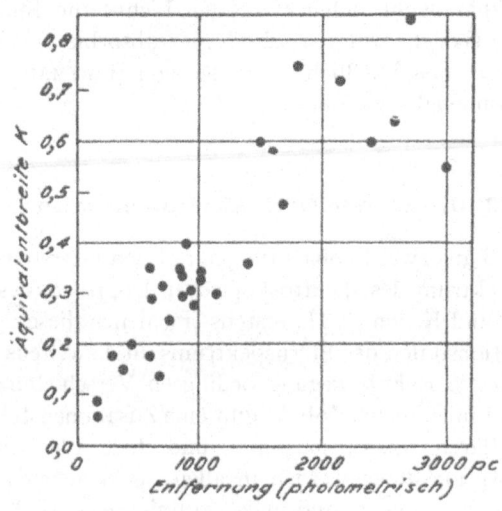

Abb. 109

Die Intensität der interstellaren K-Linie in Abhängigkeit von der Entfernung (nach R. F. Sanford).

alle Atome und Ionen im Grundzustand. Es sind somit nur Linien zu erwarten, welche vom Grundzustand ausgehen. Ferner müssen diese Linien im zugänglichen Spektralgebiet liegen und schließlich kommen wegen der außerordentlich geringen Dichte nur Ionisationsstufen von relativ häufigen Elementen in Betracht.

144. Der kinematische Zustand und die Struktur des interstellaren Gases

Die interstellaren Linien sind nicht «ruhend», wie man anfänglich glaubte, sondern zeigen, wenn man sie mit den Vakuumwellenlängen der betreffenden irdischen Linien vergleicht, Doppler-Effekte, welche in systematischer Weise von Stern zu Stern variieren und längs des galaktischen Äquators durch eine Doppelwelle dargestellt werden können:

$$v_r = A \, \frac{r}{2} \, \sin 2 \, (\lambda - \lambda_0) \qquad (26.1)$$

Die Radialgeschwindigkeit v_r des interstellaren Gases unterliegt somit demselben Gesetz wie die durch die Rotation der Milchstraße bedingte Radialgeschwindigkeit der Sterne (21. 11). Allerdings steht an Stelle der Entfernung r des Sternes jetzt $r/2$, was aber zu erwarten ist, wenn das interstellare Gas gleichförmig verteilt ist, denn dann liegt der Schwerpunkt der absorbierenden Gassäule im Abstand $r/2$. Trotzdem diese Beobachtung sowie die in allen Richtungen in gleichem Maß mit der Entfernung zunehmende Absorption für eine gleichförmige Verteilung des interstellaren Gases zu sprechen scheinen, neigt man heute mehr der Auffassung zu, daß dieses aus einzelnen isolierten Wolken bestehe. Diese Auffassung vermag natürlich, sofern die Wolken einigermaßen gleichförmig verteilt sind, die beiden erwähnten Beobachtungstatsachen ebenfalls zu erklären (statistisch). Für die Wolkenstruktur spricht die häufig gemachte Beobachtung, daß die K-Linie aus mehreren Komponenten besteht, welche nach Lage und Intensität von Ort zu Ort an der Himmelssphäre regellos variieren. Eine solche Aufspaltung ist zu erwarten, wenn das Licht nacheinander mehrere Wolken mit verschiedenen Pekuliarbewegungen passiert; sind die Unterschiede derselben nur gering, so kommt bloß eine Linienverbreiterung zustande. Auch die molekularen Linien geben einen Hinweis in dieser Richtung, indem sie kaum eine Intensitätszunahme mit der Entfernung erkennen lassen. Da diese Wolken vermutlich in der Umgebung heißer Sterne auftreten, ist es vielleicht korrekter, von zirkumstellaren an Stelle von interstellaren Linien zu sprechen. Nach W. BECKER stehen die Intensität der «ruhenden» K-Linie und die durch den kosmischen Staub bedingte Verfärbung in keinem Zusammenhang, so daß die staubförmige und die gasförmige Komponente der interstellaren Materie offenbar verschiedene räumliche Verteilungen besitzen.

145. Ionisation und chemische Zusammensetzung des interstellaren Gases

In Tab. 52 sind die Gesamtabsorptionen und Oszillatorenstärken der vier beobachteten Na-Linien für den Stern χ^2 Orionis mitgeteilt. Aus diesen vier

Tabelle 52

Gesamtabsorption und Oszillatorenstärke der interstellaren Na-Linien
(nach DUNHAM)

Linie	D_1	D_2	D_1'	D_2'
λ	5896	5890	3303	3302
f	0,33	0,66	0,0047	0,0094
$F = 10^6 A_\lambda/\lambda$	66	78	12	18
$f\lambda$	1950	3900	15	31

Intensitäten läßt sich eine Wachstumskurve konstruieren. Gegenüber Abb. 41 benutzen wir hier als Ordinaten an Stelle von $A_\lambda/2\,\Delta\lambda_D$ die dazu proportionale Größe:

$$\frac{A_\lambda}{\lambda} = \frac{A_\lambda}{2\,\Delta\lambda_D} \cdot \frac{2}{C}\sqrt{\frac{2\,R\,T}{\mu}} \tag{26.2}$$

In analoger Weise verwenden wir als Abszissen an Stelle von $N'H/\Delta\omega_D$ (N' = Dichte der Oszillatoren) die dazu proportionale Größe

$$N H f \lambda = \frac{N'H}{\Delta\omega_D} 2\pi \sqrt{\frac{2RT}{\mu}} \qquad (26.3)$$

(N = Dichte der Na-Atome im Grundzustand = Dichte der neutralen Na-Atome überhaupt.) Allerdings ist NH zunächst unbekannt; da aber als Abszisse der Wachstumskurve log $N H f \lambda$ aufzutragen ist, bedeutet jene Unkenntnis, daß die Wachstumskurve erst bis auf eine Verschiebung parallel zur Abszissenachse festgelegt ist. Da wegen der geringen Dichte des interstellaren

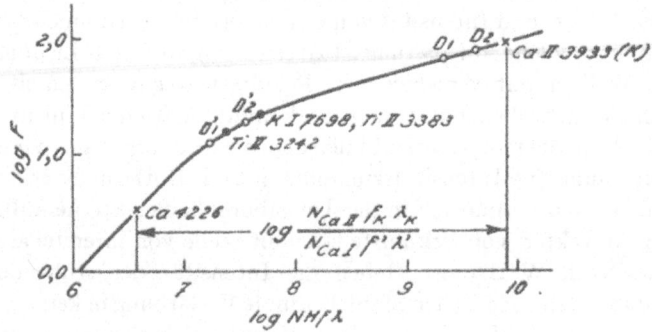

Abb. 110
Wachstumskurve der interstellaren Linien (nach TH. DUNHAM).

Gases Stoßdämpfung keine Rolle spielt, ist der Parameter der Wachstumskurve a = natürliche Linienbreite : Doppler-Breite. Jene beträgt 10^{-4} Å, diese bei der Temperatur $T = 10^4$ (siehe Ziffer 77) rund 10^{-1} Å und somit $a = 10^{-3}$. Wir haben somit unsere Wachstumskurve in der Abszissenrichtung so zu verschieben, daß sie mit der theoretischen Kurve für $a = 10^{-3}$ (Abb. 41) zur Deckung kommt, wodurch NH festgelegt wird. Dies ist in Abb. 110 geschehen. Wie man erkennt, liegen die vier Na-Linien bereits auf dem Sättigungsast der Wachstumskurve, wie schon daraus hervorgeht, daß die Intensitätsverhältnisse D_2/D_1 und D_2'/D_1' wesentlich kleiner sind als der Quotient der entsprechenden Oszillatorenstärken $f_2/f_1 = 2$. In dieselbe Wachstumskurve können wir auch die Intensitäten der Kalziumlinien eintragen, da der kleine Unterschied von $\sqrt{\mu}$ gegenüber dem Natrium unwesentlich ist. Es ist ein glücklicher Umstand, daß vom Ca sowohl die Resonanzlinie des neutralen ($\lambda' = 4226$ Å) als auch diejenige des einfach ionisierten Atoms ($\lambda_K = 3933$ Å) auftritt. Ihre Intensitäten im Spektrum von χ^2 Orionis sind ebenfalls in Abb. 110 eingetragen. Aus der zugehörigen Abszissendifferenz folgt

$$\log \frac{N_{\mathrm{Ca\,II}}\, f_K\, \lambda_K}{N_{\mathrm{Ca\,I}}\, f'\, \lambda'} = 3{,}32 \qquad (26.4)$$

Da $f_K \lambda_K / f' \lambda'$ von der Größenordnung 1 ist, sind die ionisierten Ca-Atome einige tausendmal häufiger als die neutralen. Setzt man die bekannten Oszillatorenstärken f_K, f' und die angeführten Wellenlängen ein, so erhält man:

$$\frac{\text{Ca II}}{\text{Ca I}} = 3500 \tag{26.5}$$

Der Ionisationsgrad des Ca läßt sich auch aus (25.25) berechnen. Die darin auftretenden Variablen W, T_0, T sind von derselben Größenordnung wie bei den Gasnebeln, und da die Atomkonstanten ω_0, $h\nu_0$ ebenfalls bekannt sind, läßt sich, falls man für n_2/n_1 den soeben abgeleiteten empirischen Wert einsetzt, die Elektronendichte berechnen:

$$n_e = 14{,}4 \, \text{cm}^{-3} \tag{26.6}$$

Nachdem diese bekannt ist, können wir die Ionisationsgleichung (25.25) benutzen, um für alle im interstellaren Gas nachgewiesenen Atomarten die Ionisationsverhältnisse zu berechnen. Man erhält:

$$
\begin{aligned}
\text{H I} : \text{H II} \qquad\qquad\quad &= 1{:}21{,}4 \\
\text{Na I} : \text{Na II} : \text{Na III} \qquad\;\; &= 1{:}1809{:}416 \\
\text{K I} : \text{K II} : \text{K III} : \text{K IV} \qquad &= 1{:}3570{:}14\,300{:}828 \\
\text{Ca I} : \text{Ca II} : \text{Ca III} : \text{Ca IV} &= 1{:}3500{:}141\,000{:}15\,250 \\
\text{Ti I} : \text{Ti II} : \text{Ti III} : \text{Ti IV} : \text{Ti V} &= 1{:}1420{:}\;45\,100{:}32\,300{:}258
\end{aligned}
$$

Hat man die Intensität einer einzigen Linie eines Atoms gemessen, so folgt aus der Wachstumskurve bei bekanntem f die Zahl der wirksamen Atome $N \cdot H$ in dem betreffenden Ionisationszustand und mit Hilfe der eben hingeschriebenen Verhältniszahlen die Gesamtzahl der betreffenden Atomsorte. Schließlich erhält man bei bekannter Entfernung H des Sternes, welche bei χ^2 Orionis 725 pc beträgt, die Atomzahlen pro Volumeneinheit. Diese sind in Tab. 53 mitgeteilt. Die Dichte der im interstellaren Gas beobachteten Metalle beläuft sich somit auf rund 100 Atome pro Kubikmeter. Dieses Resultat dürfte der Größenordnung nach auch dann noch bestehen bleiben, wenn man auch die Häufigkeit der nichtbeobachteten Metalle in Rechnung stellen könnte. Aber selbst bei einer Dichte von 10^3 Metallatomen pro Kubikmeter könnten diese bei durch-

Tabelle 53

Teilchenzahl pro Kubikmeter im interstellaren Raum
(nach Dunham)

Ionisations-stufe	Elektronen	Wasserstoff	Natrium	Kalium	Kalzium	Titan
I	14\,400\,000	700\,000	0,050	0,000\,83	0,000\,04	0,000\,000\,91
II		14\,400\,000	90,0	2,96	0,14	0,001\,3
III			21,0	11,8	5,65	0,042
IV				0,69	0,61	0,030
Summe	14\,400\,000	15\,100\,000	111	15,5	6,4	0,073

schnittlich zweifacher Ionisation nur einen verschwindend kleinen Bruchteil der beobachteten Elektronen liefern. Daß die freien Elektronen nicht von den Metallatomen stammen können, geht schon daraus hervor, daß dann bei zweifacher Ionisation und dem Atomgewicht 40 eine Dichte der Metallatome von $4 \cdot 10^{-22}$ g/cm³ folgen würde, welche weit über der zulässigen Maximaldichte liegt (Ziffer 133). Als Elektronenlieferant kommt somit nur ein leichtes Element, in erster Linie Wasserstoff, in Betracht. Die Dichte der Wasserstoffionen ist somit gleich derjenigen der Elektronen, während die neutralen H-Atome in viel geringerer Menge vorhanden sind. Man erhält nach dieser Vorstellung eine Dichte von $2,4 \cdot 10^{-23}$ g/cm³, die zwar reichlich groß erscheint und den Maximalwert für die mittlere Dichte bereits etwas überschreitet. Aus diesem Grunde ist es wenig wahrscheinlich, daß an der Elektronenlieferung auch schwerere Elemente (He, C, N, O) wesentlich beteiligt sind. Man muß allerdings im Auge behalten, daß dieses sich auf das Gebiet zwischen der Sonne und χ^2 Orionis beziehende Resultat noch keineswegs verallgemeinert werden darf. Da die Linie 4226 Å nur in wenigen Fällen beobachtet wird, ist es naheliegend, anzunehmen, daß· die Dichte im allgemeinen kleiner ist als im Gebiet gegen χ^2 Orionis. Ergänzend sei noch erwähnt, daß die Dichte der in Tab. 51 aufgeführten Moleküle im interstellaren Raum von der Größenordnung 10^{-6} pro Kubikmeter ist.

146. Der interstellare Wasserstoff

Nachdem wir gefunden haben, daß das interstellare Gas vorwiegend aus Wasserstoff bestehen muß, mag es gerechtfertigt erscheinen, den physikalischen Zustand dieses Wasserstoffgases etwas genauer zu untersuchen, um so mehr, als dasselbe direkt nicht nachweisbar ist, da die interstellaren H-Linien (Lyman-Linien) im unzugänglichen Spektralgebiet liegen. In der Nähe von heißen Sternen wird der Wasserstoff vollständig ionisiert, in großen Entfernungen von solchen dagegen praktisch neutral sein. Im ionisierten Gebiet wird die kurzwellige ionisierende Strahlung unmerklich absorbiert, stark dagegen sobald dieselbe in die äußeren Gebiete gelangt, wo neutrale Atome vorhanden sind. Da die Konzentration der neutralen Atome nach außen zunimmt, wird die Intensität der ionisierenden Strahlung, welche im inneren Gebiet keine Absorption erfährt, ziemlich abrupt abnehmen, wodurch eine ionisierte Wolke von ziemlich scharf definiertem Radius s_0 entsteht. Diesen Radius berechnen wir nach dem Vorgehen von B. STRÖMGREN, indem wir auf die Ionisationsgleichung (25.25) zurückgreifen:

$$\frac{n_2\,n_e}{n_1} = \omega_0\,\frac{(2\,\pi\,m\,k\,T)^{3/2}}{h^3}\,\sqrt{\frac{T_0}{T}}\,e^{-h\,\nu_0/k\,T}\,W\,e^{-\tau} \qquad (26.7)$$

An Stelle von W haben wir hier $We^{-\tau}$ geschrieben, um zum Ausdruck zu bringen, daß die Abnahme der Strahlungsdichte nicht nur geometrisch erfolgt, sondern auch zufolge Absorption. Der geometrische Verdünnungsfaktor beträgt im Abstand s vom Stern mit dem Radius R:

$$W = \frac{R^2}{4\,s^2} \tag{26.8}$$

Auf diese Entfernung s bezieht sich auch die Elektronentemperatur T_0 und die optische Dicke τ für die ionisierende Strahlung. Indem wir $n_1 + n_2 = n$ setzen und den Ionisationsgrad $x = n_2/n$ einführen, erhalten wir

$$n_1 = (1 - x)\, n$$
$$n_2 = x\, n \tag{26.9}$$
$$n_e = x\, n$$

womit die Ionisationsgleichung folgende Form annimmt:

$$\frac{x^2}{1-x}\, n = C\, \frac{e^{-\tau}}{s^2} \tag{26.10}$$

Die Größe C enthält außer Atomkonstanten nur die Temperatur und den Radius des Sternes, da ja nach (25.38) die Elektronentemperatur ebenfalls auf die Sterntemperatur zurückgeführt werden kann. Bezeichnen wir mit k den Absorptionskoeffizienten pro Atom für die ionisierende Strahlung, so ist

$$d\tau = (1 - x)\, n\, k\, ds \tag{26.11}$$

woraus man in Verbindung mit (26.10) erhält:

$$e^{-\tau}\, d\tau = \frac{x^2\, s^2\, n^2}{C}\, k\, ds \tag{26.12}$$

Nun führen wir die Abkürzungen ein:

$$y = e^{-\tau} \qquad dy = -e^{-\tau}\, d\tau \tag{26.13}$$
$$z = \frac{n^2\, k\, s^3}{3\, C} \qquad dz = \frac{n^2\, s^2}{C}\, k\, ds \tag{26.14}$$

wodurch (26.12) die Form annimmt:

$$dy = -x^2\, dz \tag{26.15}$$

Zu Beginn dieses Abschnittes hatten wir uns überlegt, daß der Ionisationsgrad in der näheren Umgebung des Sternes nahe $= 1$ sein muß und daß derselbe im Abstand s_0 ziemlich unvermittelt auf 0 herabsinkt. Zur Berechnung dieses Radius s_0 integrieren wir (26.15) für das ionisierte Gebiet, in welchem $x \cong 1$ ist:

$$y - y_0 = -z \qquad y = 1 - z \tag{26.16}$$

Es ist nämlich für $z = 0$ $y = y_0 = 1$. Die Grenze des Ionisationsgebietes liegt somit bei $z = 1$, denn dort ist $\tau = \infty$, d. h. es dringt keine ionisierende Strahlung in das Gebiet $z > 1$. Schließlich erhält man in Verbindung mit (26.14) den gesuchten Radius:

$$s_0 = \left(\frac{3\, C}{n^2\, k} \right)^{1/3} = f(R,\, T)\, \frac{1}{n^{2/3}} \tag{26.17}$$

Die Ausdehnung des ionisierten Gebietes hängt somit außer von den Zustands-
größen R, T des Sternes, von denen T ausschlaggebend ist, auch von der
Dichte n des interstellaren Wasserstoffs ab. Die in Tab. 54 mitgeteilten, von
B. STRÖMGREN berechneten Werte gelten für die Dichte 1 H-Atom pro Kubik-
zentimeter. Für die am Schluß des vorangegangenen Abschnittes abgeleitete
Dichte wären diese s_0-Werte durch 6 zu dividieren. Andererseits können in
Gebieten, wo mehrere O-Sterne nahe beisammen stehen, die s_0 bedeutend
größere Werte annehmen.

Tabelle 54

Die Radien der ionisierten zirkumstellaren Wasserstoffsphären

Spektral-typ	s_0 in pc	Spektral-typ	s_0 in pc
O 5	140	B 1	17
O 6	110	B 2	11
O 7	87	B 3	7,2
O 8	66	B 4	5,2
O 9	46	B 5	3,7
B 0	26	A 0	0,5

Die Tabelle zeigt, daß für die Ionisation praktisch nur die sehr heißen Sterne
in Betracht kommen; so ist z. B. das von einem O 7-Stern ionisierte Volumen
gleich demjenigen von 5 Millionen A_0-Sternen. An diesem Resultat kann auch
die Tatsache nichts ändern, daß die heißen Sterne viel seltener sind als die
kühleren.

In den ionisierten Gebieten findet dauernd Rekombination statt, bei welcher
auch ein kleiner Teil der emittierten Strahlung auf die im Sichtbaren gelegenen
Wasserstofflinien entfällt. Die Ionisationsgebiete des interstellaren Wasserstoffs
in der Umgebung heißer Sterne, die ja an sich beobachtungsmäßig nicht erfaß-
bar sind, sollten sich somit durch ein schwaches Leuchten in den Balmer-
Linien zu erkennen geben. Es ist wohl kaum daran zu zweifeln, daß diese postulierten Gebiete mit den von STRUVE und ELVEY in vielen sternreichen Gegenden der Milchstraße beobachteten H_α-Emissionsgebieten, welche Durchmesser
bis zu 300 pc aufweisen, identisch sind.

Anhang

ASTROPHYSIKALISCHE KONSTANTEN

Gravitationskonstante G	$6{,}66 \cdot 10^{-8}$ g^{-1} cm^3 s^{-2}
Lichtgeschwindigkeit c	$2{,}9978 \cdot 10^{10}$ cm s^{-1}
Elektrische Elementarladung e	$4{,}8025 \cdot 10^{-10}$ elektrostatische Einh. $= 1{,}60 \cdot 10^{-19}$ As
Ruhmasse des Elektrons m_0	$9{,}1066 \cdot 10^{-28}$ g
Ruhmasse des Protons m_H	$1{,}6725 \cdot 10^{-24}$ g
Plancksche Konstante h	$6{,}624 \cdot 10^{-27}$ erg s
Boltzmannsche Konstante k	$1{,}384 \cdot 10^{-16}$ erg/grad
Gaskonstante $\Re$	$8{,}31 \cdot 10^7$ erg/grad
Loschmidtsche Zahl $L = \Re/k$	$6{,}0228 \cdot 10^{23}$
Konstante des Stefan-Boltzmannschen Gesetzes σ	$5{,}75 \cdot 10^{-5}$ erg cm^{-2} s^{-1} $grad^{-4}$
Strahlungsdruckkonstante a	$7{,}66 \cdot 10^{-15}$ erg cm^{-3} $grad^{-4}$
1 Elektronenvolt (eV)	$1{,}6020 \cdot 10^{-12}$ erg
Einer Termdifferenz von 1 eV entspricht eine Wellenzahl von	$8067{,}5$ cm^{-1}
Astronomische Einheit (AE)	$1{,}4967 \cdot 10^{13}$ cm
Parsec (pc)	$3{,}0872 \cdot 10^{18}$ cm
Lichtjahr (LJ)	$9{,}4608 \cdot 10^{17}$ cm
Sonnenradius $R_\odot$	$6{,}9635 \cdot 10^{10}$ cm
Sonnenparallaxe $\pi_\odot$	$8{,}790''$
Sonnenmasse $M_\odot$	$1{,}993 \cdot 10^{33}$ g
Leuchtkraft der Sonne $L_\odot$	$3{,}72 \cdot 10^{33}$ erg/s
Äquatordurchmesser des galaktischen Systems	30000 pc
Polarer Durchmesser des galaktischen Systems	5000 pc
Durchmesser des Systems der Kugelsternhaufen	50000 pc
Abstand der Sonne vom galaktischen Zentrum	10000 pc

Masse des galaktischen Systems	$2,5 \cdot 10^{11} \, M_{\odot}$
Durchschnittliche Dichte im galaktischen System	$0,1 \, \text{Stern/pc}^3 = 0,7 \cdot 10^{-24} \text{g cm}^{-3}$
Koordinaten des galaktischen Nordpols .	$\alpha = 190^0 \quad \delta = +28^0$
Sonnenapex in bezug auf die nähere Sternumgebung	$\alpha = 270^0 \quad \delta = +34^0$
Geschwindigkeit der Sonne in bezug auf die nähere Sternumgebung	19,6 km/s
Apex der galaktischen Rotationsbewegung	$\lambda = 67^0 \quad \beta = 0^0$
Geschwindigkeit der galaktischen Rotation	274 km/s

SACHREGISTER

A

M-Sterne s. Spektraltypen der Sterne
23–25
Multipletts 40–43, 181
Multiplettintensitäten 42–43

N

Na-Linien in Sternspektren 24
– –, interstellare 359–364
natürliche Linienbreite 166–167
Nebel s. außergalaktische Nebel,
Emissionsnebel, Gasnebel, plane-
tarische Nebel u. Reflexionsnebel
nebelfreie Zone 318–320
Nebelhaufen 316, 322–326
Nebelleuchten, Mechanismus dessel-
ben 355–357
Nebellinien 41, 350–357
Novae 112, 201–204, 313, 358

O

Offene Sternhaufen 62, 219–224
– –, Anzahl 219
– –, Dichte 223
– –, Durchmesser 219
– –, Durchmesser und Entfernung
219–222
– –, Farben-Helligkeits-Diagramm
117, 223
– –, Klassifikation 219–220
– –, räumliche Verteilung 219, 222
– –, Sternreichtum 219–220
Opazität 69, 72, 86, 89
Opazitätskoeffizient, Rosselandscher
140, 155–157
optische Dicke 163
– Tiefe 125
– –, Abhängigkeit der optischen
Tiefe in der Sonnenatmosphäre
von der Wellenlänge und der Temperatur 155
– –, Abhängigkeit der Strahlungsintensität von der optischen Tiefe
128–131
– – der Schicht, in der die effektive
Temperatur erreicht wird 132
– – der Schicht, aus der die unter
dem Winkel ϑ austretende Strahlung stammt 135–136
optischer Weg 125

O-Stern s. Spektraltypen der Sterne
23–25, 35, 344, 350, 358, 366
Oszillatorenstärke 43–45, 171, 361
Ozonabsorption in der Erdatmosphäre 31

P

Parallaktische Eigenbewegung 60,
268, 298
Parallaxe 26, 32, 58, 60–61, 214, 231
– der Sonne 367
Parsec 25, 60, 367
Paschen-Serie 38, 45, 152
Pauli-Prinzip 96
Pekuliarbewegungen der Sterne 224,
272, 277
Periastron 206
Periode-Helligkeits-Beziehung der
veränderlichen Sterne 104
Periodenlänge und Spektraltyp bei
Doppelsternen 218
Phasenstörungsstoß 169–170
Photoeffekt 55, 86, 89, 150–151
photometrische Grundgleichung 25
bis 26, 104, 219, 235, 255, 313
Photosphäre 131–132, 137, 158–159,
184–185
Plancksche Konstante 16, 367
Plancksches Strahlungsgesetz 18–22,
26, 28–29, 135, 149
planetarische Nebel 24, 344, 357–358
polytrope Gaskugeln 64–67
– Sterne 81–87
Polytropenindex 66, 83–85
Pulsationen von Gaskugeln 105–109
pulsierende Sterne 102–104, 109
– –, Linienkonturen 202–204
Punktquellenmodell 89–91

Q

Quant 16, 18–19
Quantenzahlen 37

R

Radialgeschwindigkeiten außergalak-
tischer Nebel 317–318
– bei pulsierenden Sternen 103
– bei spektroskopischen Doppelsternen 210–213, 216–217

Made in United States
Orlando, FL
22 March 2026

79555423R00214